ter Haseborg, Schuster, Kasper

**Fit für die Prüfung – Elektrotechnik**

Jan Luiken ter Haseborg/Christian Schuster/Manfred Kasper

# Fit für die Prüfung – Elektrotechnik

Effektives Lernen mit Beispielen
und ausführlichen Lösungen

2., aktualisierte Auflage

HANSER

**Die Autoren:**

Prof. Dr.-Ing. Dr.-Ing. E.h. Jan Luiken ter Haseborg, Professor im Ruhestand, TU Hamburg

Prof. Dr. sc. techn. Christian Schuster, TU Hamburg

Prof. Dr.-Ing. Manfred Kasper, Professor im Ruhestand, TU Hamburg

FSC www.fsc.org MIX Papier aus verantwortungsvollen Quellen FSC® C083411



Bibliografische Information der Deutschen Nationalbibliothek:
Die Deutsche Nationalbibliothek verzeichnet diese Publikation in der Deutschen Nationalbibliografie; detaillierte bibliografische Daten sind im Internet über http://dnb.d-nb.de abrufbar.


Internet: www.hanser-fachbuch.de

Lektorat: Frank Katzenmayer
Herstellung: Frauke Schafft
Coverkonzept: Marc Müller-Bremer, www.rebranding.de, München
Satz: Dr. Steffen Naake, Limbach-Oberfrohna
Druck und Bindung: CPI books GmbH, Leck
Printed in Germany

Print-ISBN 978-3-446-47871-8
E-Book-ISBN 978-3-446-47876-3

# Vorwort zur zweiten Auflage

Der Empfehlung des Carl Hanser Verlags eine zweite Auflage des Buches „Fit für die Prüfung – Elektrotechnik" zu erstellen, sind wir gerne nachgekommen. Es handelt sich hier um ein Übungsbuch mit Aufgaben und den dazugehörigen Lösungen zu den Grundlagenvorlesungen der Elektrotechnik an Universitäten bzw. Technischen Universitäten, wobei ein Großteil der Aufgaben auch für Studierende an Fachhochschulen gedacht ist. Die Aufgaben sind thematisch in 12 Kapitel eingeteilt und jeweils kapitelweise mit einer kurzen Einführung versehen. Die vorliegende Aufgabensammlung ist im Wesentlichen ein Auszug aus den Klausuraufgaben zu den Grundlagenvorlesungen der Elektrotechnik an der Technischen Universität Hamburg. Durch den beschriebenen Aufbau eignet sich das Buch sehr gut zum Selbststudium sowie für Studierende, die die Grundlagen an anderen Universitäten gehört haben. Wie bereits im Vorwort zur ersten Auflage erwähnt, zeichnet sich das Buch dadurch aus, dass nicht nur Lösungsschritte angedeutet werden, sondern dass die Lösungen sehr ausführlich aufgebaut sind, sodass Studierende einzelne Zwischenschritte im Lösungsweg nachvollziehen können. Der Inhalt des vorliegenden Werkes soll nicht die Übungen zu den Vorlesungen ersetzen, sondern ist als ergänzendes Hilfsmittel für deren erfolgreiche Bearbeitung und die Vertiefung des Vorlesungsstoffes gedacht.

Die Autoren danken allen, die an diesem Buch mitgearbeitet haben. Ebenso danken wir für die vielen konstruktiven Vorschläge und Kommentare für die zweite Auflage. Ein besonderer Dank geht in diesem Zusammenhang an den Carl Hanser Verlag, der uns hervorragend beraten hat.

Diese zweite Auflage stellt eine aktualisierte Version der ersten Auflage dar.

Hamburg im August 2023

Jan Luiken ter Haseborg
Christian Schuster
Manfred Kasper

# Inhalt

# 1 Elektrische Gleichstromnetzwerke

Die Berechnung elektrischer Netzwerke ist ein zentrales und grundlegendes Kapitel der Elektrotechnik. In diesem Kapitel werden ausschließlich Gleichstromnetzwerke behandelt. Grundlage sind das Ohmsche Gesetz und die Kirchoffschen Regeln. Sind in einem Netzwerk mit $z$ Zweigen die $z$ Zweigspannungen bekannt, lassen sich die $z$ Zweigströme berechnen. Entsprechendes gilt für $z$ bekannte Zweigströme, d. h. in diesem Fall lassen sich die unbekannten $z$ Zweigspannungen ermitteln. Die Knotenregel liefert für ein Netzwerk mit $k$ Knoten genau $k - 1$ linear unabhängige Gleichungen. Die restlichen $m = z - (k - 1)$ linear unabhängigen Gleichungen lassen sich mithilfe der Maschenregel aufstellen. Ist der vollständige Baum eines Netzwerkes festgelegt, bilden die $k - 1$ Zweige des vollständigen Baums die Baumzweige und die $m = z - (k - 1)$ Zweige, die nicht zum vollständigen Baum gehören, die Maschenzweige oder auch Verbindungszweige. Der vollständige Baum ist dadurch charakterisiert, dass er keine geschlossenen Maschen enthält und dass alle Knoten direkt oder indirekt miteinander verbunden sind.

In diesem Kapitel werden die bekannten Lösungsverfahren

- **Maschenstromverfahren**
- **Knotenpotenzialverfahren**
- **Ersatzspannungsquelle, Ersatzstromquelle**
- **Superpositionsprinzip**

angewandt.

Auf die mathematische Herleitung der linearen Gleichungssysteme im Rahmen des Maschenstrom- und des Knotenpotenzialverfahrens wird an dieser Stelle verzichtet. Ausgehend von der Herleitung wird in diesem Kapitel für beide Verfahren eine systematische Vorgehensweise für die Aufstellung der linearen Gleichungssysteme angegeben.

Als ein sehr wichtiges Werkzeug zur Berechnung elektrischer Netzwerke werden diese beiden Verfahren in Verbindung mit der Ersatzspannungsquelle und Ersatzstromquelle angesehen. Die Ersatzspannungsquelle und die Ersatzstromquelle spielen u. a. bei dem Maschenstrom- und dem Knotenpotenzialverfahren eine wichtige Rolle, wenn Stromquellen in Spannungsquellen und umgekehrt umzuwandeln sind.

Mit dem Überlagerungssatz (Superpositionsprinzip) werden lineare elektrische Netzwerke mit mehr als einer Quelle berechnet. Das Kapitel 1 enthält u. a. Aufgaben, bei denen Kombinationen aus den oben erwähnten Lösungsverfahren zur Anwendung kommen.

Die Berechnung von elektrischen Netzwerken erfolgt in den Aufgaben 1.1 bis 1.7 mithilfe des Maschenstromverfahrens und in den Aufgaben 1.8 bis 1.14 mithilfe des Knotenpotenzialverfahrens. Die Aufgaben 1.15 und 1.16 wenden jeweils beide Verfahren an. Die Ersatzstromquelle kommt in Aufgabe 1.17 und die Ersatzspannungsquelle in den Aufgaben 1.18

und 1.19 zur Anwendung. Die Aufgaben 1.20 und 1.22 behandeln den Überlagerungssatz, während in Aufgabe 1.21 Ersatzspannungsquelle und Ersatzstromquelle den Schwerpunkt bilden.

### Systematisches Vorgehen für die Berechnung elektrischer Netzwerke mit dem Maschenstromverfahren

1. Bestimmen der Anzahl $m$ der unabhängigen Maschengleichungen:
   Es gilt: $m = z - (k - 1)$, wobei $z$ die Anzahl der Zweige und $k$ die Anzahl der Knoten darstellt.
2. Umrechnen aller Stromquellen in äquivalente Spannungsquellen
3. Für jede Masche ist ein Maschenstrom anzunehmen. Die Pfeilrichtung der Maschenströme erfolgt möglichst entgegen dem Uhrzeigersinn. Jeder Zweig muss in mindestens einer Masche enthalten sein; Zusammenhang zwischen fiktiven Maschenströmen und wahren Strömen herstellen.
4. Für jede Masche: Aufstellung der Maschenregel: $\sum U = 0$ und eintragen in folgendes Rechenschema:

   **Tabelle 1.1** Aufstellung des Gleichungssystems

   | | $I_{M1}$ | $I_{M2}$ | $I_{M3}$ | ... | $I_{Mm}$ | |
   |---|---|---|---|---|---|---|
   | Masche 1 | $R_{11}$ | $R_{12}$ | $R_{13}$ | ... | $R_{1m}$ | $U_1$ |
   | Masche 2 | $R_{21}$ | $R_{22}$ | $R_{23}$ | ... | $R_{2m}$ | $U_2$ |
   | Masche 3 | $R_{31}$ | $R_{32}$ | $R_{33}$ | ... | $R_{3m}$ | $U_3$ |
   | ... | ... | ... | ... | ... | ... | ... |
   | Masche m | $R_{m1}$ | $R_{m2}$ | $R_{m3}$ | ... | $R_{mm}$ | $U_m$ |

   Die Abkürzungen bedeuten:

   $I_{Mx}$ Maschenstrom in der Masche $x$

   $U_x$ Summe aller Quellenspannungen, positiv, wenn Richtung des Maschenstromes entgegengesetzt zu den Spannungspfeilen der Quellenspannungen ist, sonst negativ

   $R_{xx}$ Summe aller Widerstände in der Masche $m$, stets positiv

   $R_{xy}$ Widerstand, der von den Maschenströmen $I_x$ und $I_y$ gemeinsam durchflossen wird. Positiv, wenn Pfeile der Maschenströme im Koppelzweig gleichgerichtet sind, sonst negativ.
5. Kontrolle des Schemas:
   Die Koeffizienten des Rechenschemas müssen symmetrisch zur Hauptdiagonalen sein.
6. Lösung des linearen Gleichungssystems, z. B. mithilfe der Cramerschen Regel

### Systematisches Vorgehen für die Berechnung elektrischer Netzwerke mit dem Knotenpotenzialverfahren

1. Umrechnen aller Spannungsquellen in äquivalente Stromquellen
2. Die Knoten werden durchnummeriert (von 1 bis n) und ein Knoten als Bezugsknoten gewählt (Ziffer 0).
3. Für jeden Knoten: Aufstellung der Knotenregel: $\sum I = 0$ und eintragen in folgendes Rechenschema:

**Tabelle 1.2** Aufstellung des Gleichungssystems

| | $U_{10}$ | $U_{20}$ | $U_{30}$ | ... | $U_{n0}$ | |
|---|---|---|---|---|---|---|
| Knoten 1 | $G_{11}$ | $-G_{12}$ | $-G_{13}$ | ... | $-G_{1n}$ | $I_1$ |
| Knoten 2 | $-G_{21}$ | $G_{22}$ | $-G_{23}$ | ... | $-G_{2n}$ | $I_2$ |
| Knoten 3 | $-G_{31}$ | $-G_{32}$ | $G_{33}$ | ... | $-G_{3n}$ | $I_3$ |
| ... | ... | ... | ... | ... | ... | ... |
| Knoten n | $-G_{n1}$ | $-G_{n2}$ | $-G_{n3}$ | ... | $G_{nn}$ | $I_n$ |

Die Abkürzungen bedeuten:

$U_{x0}$ Knotenspannungen zwischen dem Knoten $x$ und dem Bezugsknoten 0

$I_x$ Summe aller Quellenströme, die in den Knoten fließen, negativ, wenn Strom vom Knoten wegfließt, sonst positiv

$G_{xx}$ Summe aller Leitwerte, die einseitig mit Knoten $x$ verbunden sind (Knotenleitwert, in Hauptdiagonale)

$G_{xy}$ Leitwert zwischen Knoten $x$ und Knoten $y$ (Koppelleitwert, es ist $G_{xy} = G_{yx}$)

4. Kontrolle des Schemas:

   Die Koeffizienten des Rechenschemas müssen symmetrisch zur Hauptdiagonalen sein.

5. Lösung des linearen Gleichungssystems, z. B. mithilfe der Cramerschen Regel

## Cramersche Regel zur Lösung linearer Gleichungssysteme

Mithilfe der Cramerschen Regel lassen sich Gleichungssysteme mit $n$ linearen Gleichungen und $n$ Veränderlichen lösen.

$$[A] \cdot [x] = [y]$$

$$\begin{bmatrix} a_{11} & \dots & a_{1n} \\ \dots & \dots & \dots \\ a_{n1} & \dots & a_{nn} \end{bmatrix} \cdot \begin{bmatrix} x_1 \\ \dots \\ x_n \end{bmatrix} = \begin{bmatrix} y_1 \\ \dots \\ y_n \end{bmatrix}$$

$$x_i = \frac{\det(A_i)}{\det(A)},$$

wobei $\det(A)$ die Koeffizientendeterminante der Koeffizientenmatrix $[A]$ und $\det(A_i)$ die Determinante der Matrix $[A_i]$ darstellen. Die Determinante der Matrix $[A_i]$ ergibt sich, wenn die i-te Spalte der Matrix $[A]$ durch die rechte Seite des Gleichungssystems ersetzt wird.

Zum Beispiel für eine dreireihige Koeffizientenmatrix und den Unbekannten $x_1$, $x_2$ und $x_3$ ergibt sich für die Unbekannte $x_2$:

$$x_2 = \frac{\det(A_2)}{\det(A)}$$

$$A_2 = \begin{bmatrix} a_{11} & y_1 & a_{13} \\ a_{21} & y_2 & a_{23} \\ a_{31} & y_3 & a_{33} \end{bmatrix} \qquad A = \begin{bmatrix} a_{11} & a_{12} & a_{13} \\ a_{21} & a_{22} & a_{23} \\ a_{31} & a_{32} & a_{33} \end{bmatrix}$$

$$\det(A) = \begin{vmatrix} a_{11} & a_{12} & a_{13} \\ a_{21} & a_{22} & a_{23} \\ a_{31} & a_{32} & a_{33} \end{vmatrix}$$

$$= a_{11}(a_{22} \cdot a_{33} - a_{23} \cdot a_{32}) - a_{12}(a_{21} \cdot a_{33} - a_{23} \cdot a_{31}) + a_{13}(a_{21} \cdot a_{32} - a_{22} \cdot a_{31})$$

$$\det(A_2) = \begin{vmatrix} a_{11} & y_1 & a_{13} \\ a_{21} & y_2 & a_{23} \\ a_{31} & y_3 & a_{33} \end{vmatrix}$$
$$= a_{11}(y_2 \cdot a_{33} - a_{23} \cdot y_3) - y_1(a_{21} \cdot a_{33} - a_{23} \cdot a_{31}) + a_{13}(a_{21} \cdot y_3 - y_2 \cdot a_{31})$$

## Maschenstromverfahren

### Aufgabe 1.1

Das folgende lineare Netzwerk ist gegeben:

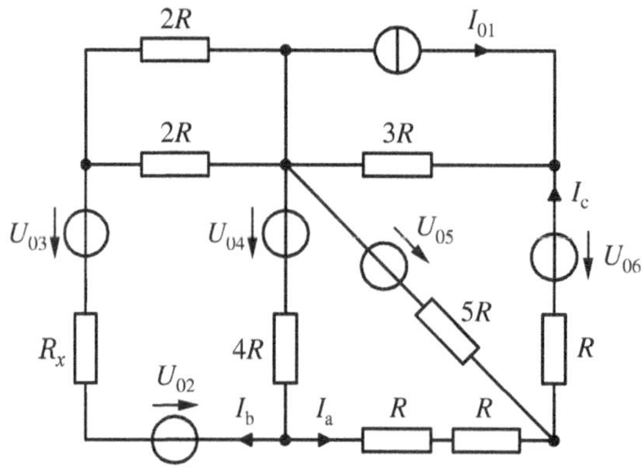


**Bild 1.1.1** Lineares Netzwerk

a) Formen Sie die Stromquelle $I_{01}$ in die äquivalente Spannungsquelle $U_{01}$ um und fassen Sie Widerstände zusammen, um das Netzwerk zu vereinfachen.

b) Stellen Sie mithilfe des Maschenstromverfahrens das Gleichungssystem für die unabhängigen Ströme $I_\mathrm{a}$, $I_\mathrm{b}$ und $I_\mathrm{c}$ auf (Matrixform).

c) Der Widerstand $R_x$ besteht aus einem Heizdraht. Dieser hat einen Durchmesser von $d = 0{,}5\,\mathrm{mm}$, eine Länge von $l = 50\,\mathrm{cm}$ und besteht aus Konstantan mit einem spezifischen Widerstand von $\varrho = 0{,}5 \cdot 10^{-6}\,\Omega \cdot \mathrm{m}$. Bestimmen Sie die Leistung an dem Heizdraht, wenn der Strom $I_\mathrm{a} = 500\,\mathrm{mA}$ beträgt.

Gegeben ist die Lösungsmatrix eines **anderen** Netzwerkes.

$$\begin{bmatrix} 3R & 0 & 2R \\ 0 & 6R & R \\ 2R & R & 7R \end{bmatrix} \cdot \begin{bmatrix} I_\mathrm{d} \\ I_\mathrm{e} \\ I_\mathrm{f} \end{bmatrix} = \begin{bmatrix} 10\,\mathrm{V} \\ 15\,\mathrm{V} \\ 20\,\mathrm{V} \end{bmatrix}$$

Lösungsmatrix eines Netzwerks

d) Bestimmen Sie den Strom $I_\mathrm{d}$ aus der oben genannten Matrix. Der Lösungsweg soll hierbei erkennbar sein. Geben Sie auch den Zahlenwert für $R = 100\,\Omega$ an.

### Lösung zu Aufgabe 1.1

*Hinweis:* Lineare Netzwerke bestehen ausschließlich aus linearen Elementen. Ein lineares Element zeichnet sich dadurch aus, dass der Strom der Spannung in linearer Weise folgt.

$$I = k \cdot U,$$

wobei $k$ ein Proportionalitätsfaktor ist.

a) Erstellung der äquivalenten Spannungsquelle:

$3R$ ist parallel zur Stromquelle $I_{01}$, daher kann die äquivalente Spannungsquelle als $U_{01} = 3R \cdot I_{01}$ geschrieben werden.

Vereinfachung des Netzwerkes:

Die Parallelschaltung aus den beiden Widerständen $2R$ wird zu $2R \parallel 2R = R$ vereinfacht. Die Reihenschaltung aus $R$ und $R$ wird zu $2R$ vereinfacht.

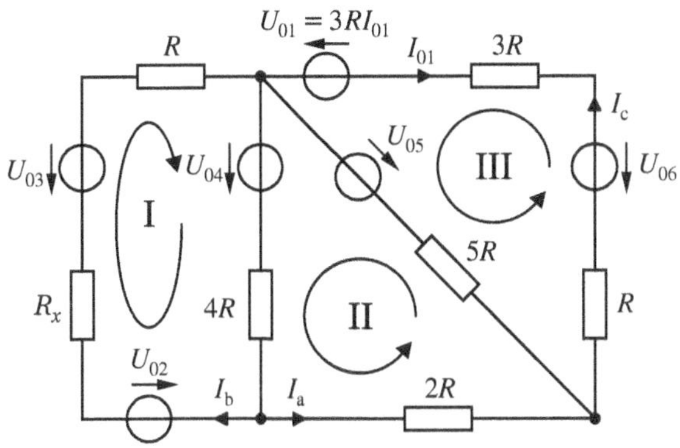


**Bild 1.1.2** Vereinfachung des Netzwerks

b)

| | $I_a$ | $I_b$ | $I_c$ | Quellen |
|---|---|---|---|---|
| Masche I | $5R + R_x$ | $4R$ | 0 | $U_{02} + U_{03} - U_{04}$ |
| Masche II | $4R$ | $11R$ | $-5R$ | $U_{05} - U_{04}$ |
| Masche III | 0 | $-5R$ | $9R$ | $U_{06} - U_{05} - U_{01}$ |

Die angegebene Matrix ist eine von mehreren möglichen Lösungen. Die Richtung der Maschenumläufe kann beliebig gewählt werden.

c) Berechnung des Widerstandes des Drahtes: $R_x = \varrho \cdot \dfrac{l}{\pi \cdot r^2} = 1{,}27\,\Omega$

Berechnung der Leistung: $P_{R_x} = I_a^2 \cdot R_x = \underline{\underline{0{,}32\,\text{W}}}$

d)

$$\begin{aligned}\det(A) &= (300 \cdot 600 \cdot 700 - 200 \cdot 600 \cdot 200 - 100 \cdot 100 \cdot 300) \cdot \Omega^3 \\ &= 99\,000\,000\,\Omega^3\end{aligned}$$

$$\begin{aligned}\det(A_d) &= (10 \cdot 600 \cdot 700 + 200 \cdot 15 \cdot 100 - 200 \cdot 600 \cdot 20 - 10 \cdot 100 \cdot 100) \cdot \text{V} \cdot \Omega^2 \\ &= 2\,000\,000\,\text{V} \cdot \Omega^2\end{aligned}$$

$$I_d = \frac{\det(A_d)}{\det(A)} = \underline{\underline{0{,}0202\,\text{A}}}$$

## Aufgabe 1.2

Das folgende lineare Netzwerk ist gegeben:

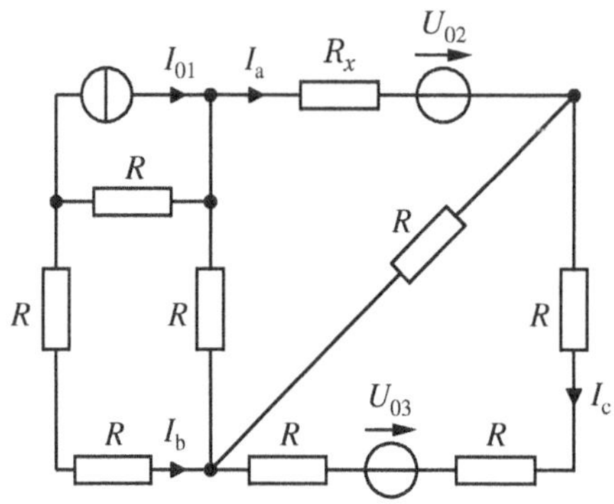


**Bild 1.2.1** Lineares Netzwerk

a) Formen Sie die Stromquelle $I_{01}$ in die äquivalente Spannungsquelle $U_{01}$ um und vereinfachen Sie das Netzwerk.

b) Stellen Sie mithilfe des Maschenstromverfahrens das Gleichungssystem für die unabhängigen Ströme $I_a$, $I_b$ und $I_c$ auf (Matrixform).

Es seien nachfolgende Werte gegeben:

$$R = 100\,\Omega, \quad R_x = 100\,\Omega, \quad I_{01} = 50\,\text{mA}, \quad U_{02} = 10\,\text{V}, \quad U_{03} = 5\,\text{V}$$

c) Bestimmen Sie den Strom $I_a$ zunächst algebraisch. Geben Sie danach ebenfalls seinen Zahlenwert an.

Die Größe des Widerstands $R_x$ sei temperaturabhängig. Sein Temperaturkoeffizient $\alpha$ betrage bei 20 °C $\alpha_{20} = 3{,}85 \cdot 10^{-3}\,\text{K}^{-1}$. Somit ist sein Widerstand bei 20 °C $R_{x,20} = 100\,\Omega$.

d) Der Widerstand $R_x$ erwärmt sich von Raumtemperatur (20 °C) auf 200 °C. Geben Sie nun den neuen Strom $I_a$ ($T = 200\,°\text{C}$) an.

## Lösung zu Aufgabe 1.2

a) Vereinfachung des Netzwerkes: Umformen von $I_{01}$ in $U_{01}$, Zusammenfassen der Widerstände zu $3R$.

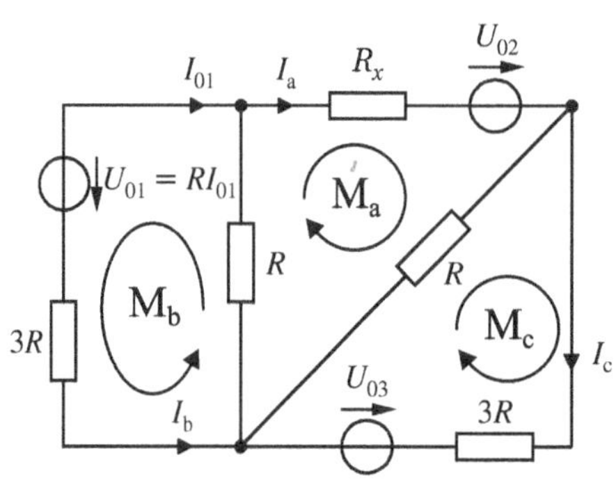


**Bild 1.2.2** Vereinfachung des Netzwerks

b)

| | $I_a$ | $I_b$ | $I_c$ | Quellen |
|---|---|---|---|---|
| Masche a | $R_x+R+R$ | $R$ | $-R$ | $-U_{02}$ |
| Masche b | $R$ | $3R+R$ | 0 | $-U_{01}$ |
| Masche c | $-R$ | 0 | $3R+R$ | $U_{03}$ |

c)
$$\det(A) = 16R^2R_x + 24R^3$$
$$\det(A_a) = R^2(4U_{01} - 16U_{02} + 4U_{03})$$
$$I_a = \frac{\det(A_a)}{\det(A)} = \frac{4U_{01} - 16U_{02} + 4U_{03}}{16R_x + 24R}$$
$$I_a = \underline{\underline{-30\,\text{mA}}}$$

d) Es wird davon ausgegangen, dass sich der Widerstandswert linear mit der Temperatur ändert.
$$R_x(T = 200\,°\text{C}) = R_{x,20} + \alpha_{20} \cdot (T - 20\,°\text{C})$$
$$R_x(T = 200\,°\text{C}) = R_{x,20} \cdot (1 + \alpha_{20} \cdot (T - 20\,°\text{C})) = \underline{\underline{169{,}3\,\Omega}}$$

$I_a$ wird analog Aufgabenteil c) berechnet:
$$I_a(T = 200\,°\text{C}) = \underline{\underline{-23\,\text{mA}}}$$

## Aufgabe 1.3

Das folgende lineare Netzwerk ist gegeben:

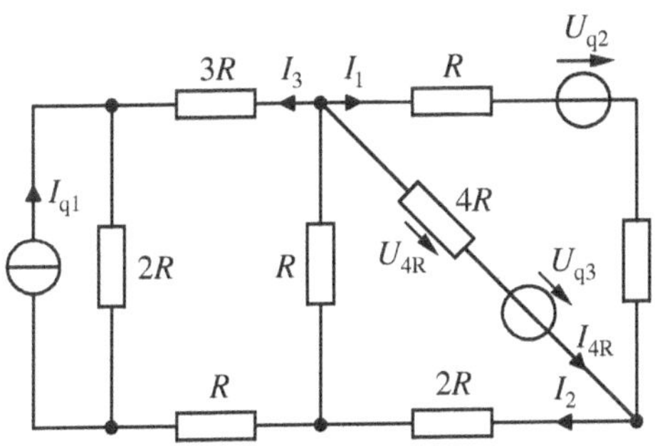


**Bild 1.3.1** Lineares Netzwerk

a) Formen Sie die Stromquelle $I_{q1}$ in eine äquivalente Spannungsquelle $U_{q1}$ um.

b) Die eingezeichneten Ströme $I_1$, $I_2$ und $I_3$ sind unabhängig. Geben Sie für diesen Fall den vollständigen Baum für das umgeformte Netzwerk an.

c) Stellen Sie mithilfe des Maschenstromverfahrens ein lineares Gleichungssystem für diese unabhängigen Ströme auf (Matrixform).

Es seien nachfolgende Werte gegeben:
$$R = 100\,\Omega, \quad I_{q1} = 100\,\text{mA}, \quad U_{q2} = 10\,\text{V}, \quad U_{q3} = 30\,\text{V}$$

d) Berechnen Sie die Ströme $I_1$ und $I_2$.

e) Berechnen Sie die Spannung $U_{4R}$.

## Lösung zu Aufgabe 1.3

a)

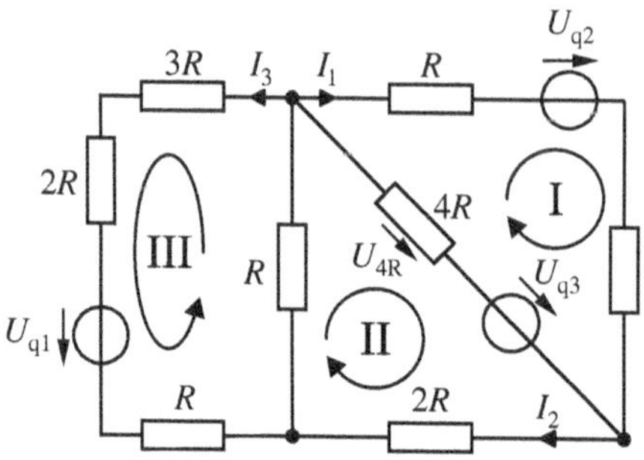


**Bild 1.3.2** Umwandlung der Stromquelle in eine äquivalente Spannungsquelle

b) Der vollständige Baum verbindet alle Knoten eines Netzwerkes, ohne dass eine geschlossene Masche gebildet wird. Er besteht aus $(k-1)$ Baumzweigen, wobei $k$ die Anzahl der Knoten ist.

**Bild 1.3.3** Vollständiger Baum

c) $$\begin{bmatrix} 6R & -4R & 0 \\ -4R & 7R & R \\ 0 & R & 7R \end{bmatrix} \cdot \begin{bmatrix} I_1 \\ I_2 \\ I_3 \end{bmatrix} = \begin{bmatrix} +U_{q3} - U_{q2} \\ -U_{q3} \\ -U_{q1} \end{bmatrix}$$

d) $I_1 = \underline{\underline{11{,}36\,\text{mA}}}$

$I_2 = \underline{\underline{-32{,}95\,\text{mA}}}$

e) $I_{4R} = I_2 - I_1 = \underline{\underline{-44{,}28\,\text{mA}}}$

$U_{4R} = I_{4R} \cdot 4R = \underline{\underline{-17{,}712\,\text{V}}}$

## Aufgabe 1.4

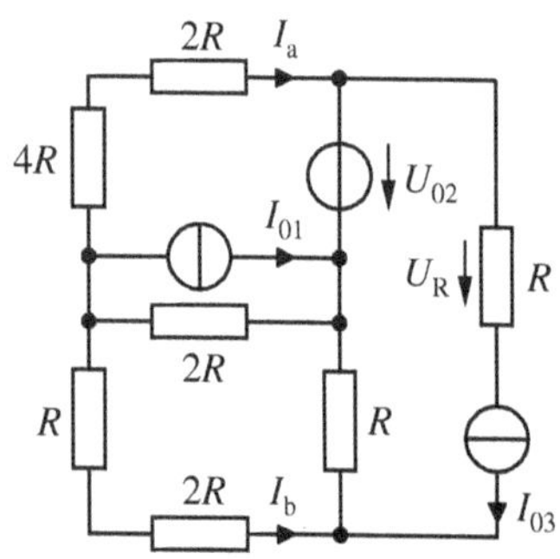


**Bild 1.4.1** Lineares Netzwerk

$R = 10\,\Omega,\quad I_{01} = 100\,\text{mA},\quad U_{02} = 5\,\text{V},\quad I_{03} = 50\,\text{mA}$

a) Wandeln Sie alle in der gegebenen Schaltung enthaltenen Stromquellen in äquivalente Spannungsquellen um.

b) Stellen Sie einen vollständigen Baum auf, in dem die angegebenen Ströme $I_a$, $I_b$ und $I_{03}$ die unabhängigen Ströme darstellen.

c) Stellen Sie das lineare Gleichungssystem auf, stellen Sie mithilfe des Maschenstromverfahrens eine Gleichung für den Strom $I_b$ auf und berechnen Sie den Zahlenwert.

d) Berechnen Sie den Zahlenwert der angegebenen Spannung $U_R$.

## Lösung zu Aufgabe 1.4

a)

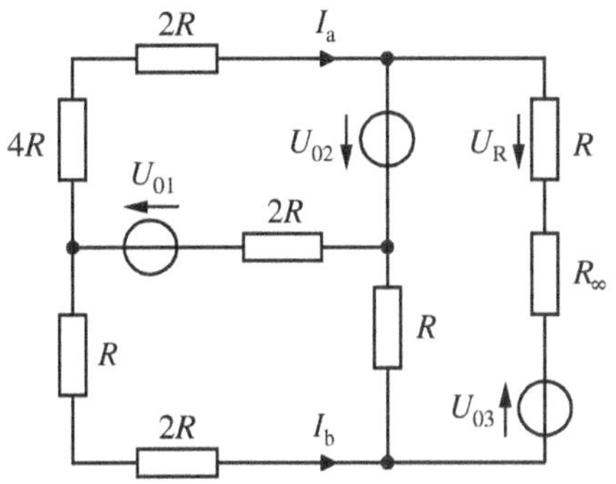


**Bild 1.4.2** Umwandlung der Stromquelle in eine äquivalente Spannungsquelle

$$U_{01} = I_{01} \cdot 2R$$

Bei Stromquellen ohne parallelen Widerstand (in dieser Aufgabe $I_{03}$) wird von einem „virtuellen" parallelen Widerstand ausgegangen. Der Widerstandswert dieses Widerstandes strebt gegen $\infty$.

$$U_{03} = I_{03} \cdot R_\infty \quad \text{mit} \quad R_\infty \to \infty$$

b)

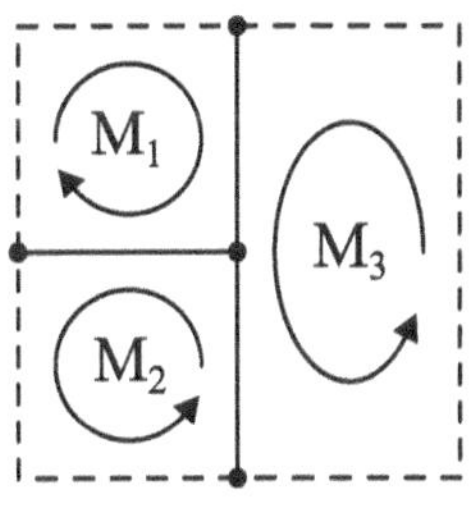


**Bild 1.4.3** Vollständiger Baum

c)

$$\begin{bmatrix} 8R & 2R & 0 \\ 2R & 6R & -R \\ 0 & -R & 2R + R_\infty \end{bmatrix} \cdot \begin{bmatrix} I_{M1} \\ I_{M2} \\ I_{M3} \end{bmatrix} = \begin{bmatrix} -U_{01} - U_{02} \\ -U_{01} \\ -U_{02} - U_{03} \end{bmatrix}$$

Bei der Berechnung muss der in Aufgabenteil a) eingesetzte „virtuelle" Widerstand berücksichtigt werden.

$$I_b = \lim_{R_\infty \to \infty} I_{M2} = \lim_{R_\infty \to \infty} \frac{\det D_2}{\det D}$$

$$\det(D) = \begin{vmatrix} 8R & 2R & 0 \\ 2R & 6R & -R \\ 0 & -R & 2R + R_\infty \end{vmatrix}$$

$$= 8R \cdot \begin{vmatrix} 6R & -R \\ -R & 2R + R_\infty \end{vmatrix} - 2R \cdot \begin{vmatrix} 2R & -R \\ 0 & 2R + R_\infty \end{vmatrix}$$

$$= 8R \cdot \left(12R^2 + 6RR_\infty - R^2\right) - 2R \cdot \left(4R^2 + 2RR_\infty\right)$$

$$= 88R^3 + 48R^2R_\infty - 8R^3 - 4R^2R_\infty = 80R^3 + 44R^2R_\infty$$

$$\det(D_2) = \begin{vmatrix} 8R & -U_{01} - U_{02} & 0 \\ 2R & -U_{01} & R \\ 0 & -U_{02} - U_{03} & 2R + R_\infty \end{vmatrix}$$

$$= -(-U_{01} - U_{02}) \cdot \begin{vmatrix} 2R & -R \\ 0 & 2R + R_\infty \end{vmatrix} + (-U_{01}) \cdot \begin{vmatrix} 8R & 0 \\ 0 & 2R + R_\infty \end{vmatrix}$$

$$- (-U_{02} - U_{03}) \cdot \begin{vmatrix} 8R & 0 \\ 2R & -R \end{vmatrix}$$

$$= (U_{01} + U_{02}) \cdot \left(4R^2 + 2RR_\infty\right) - U_{01} \cdot \left(16R^2 + 8RR_\infty\right)$$

$$+ (U_{02} + U_{03}) \cdot (-8R^2)$$

$$= -U_{01} \cdot 12R^2 - U_{01} \cdot 6RR_\infty - U_{02} \cdot 4R^2 + U_{02} \cdot 2RR_\infty - U_{03} \cdot 8R^2$$

$$\frac{\det(D_2)}{\det(D)} = \frac{-U_{01} \cdot 12R^2 - U_{01} \cdot 6RR_\infty - U_{02} \cdot 4R^2 + U_{02} \cdot 2RR_\infty - U_{03} \cdot 8R^2}{80R^3 + 44R^2R_\infty}$$

$$= \frac{R_\infty}{R_\infty} \cdot \frac{\dfrac{-U_{01} \cdot 12R^2}{R_\infty} - U_{01} \cdot 6R - \dfrac{U_{02} \cdot 4R^2}{R_\infty} + U_{02} \cdot 2R - \dfrac{U_{03}}{R_\infty} \cdot 8R^2}{\dfrac{80R^3}{R_\infty} + 44R^2}$$

$$= \frac{\dfrac{-U_{01} \cdot 12R^2}{R_\infty} - U_{01} \cdot 6R - \dfrac{U_{02} \cdot 4R^2}{R_\infty} + U_{02} \cdot 2R - \dfrac{U_{03}}{R_\infty} \cdot 8R^2}{\dfrac{80R^3}{R_\infty} + 44R^2}$$

$$\lim_{R_\infty \to \infty} \frac{\det(D_2)}{\det(D)} = \frac{\dfrac{-U_{01} \cdot 12R^2}{R_\infty} - U_{01} \cdot 6R - \dfrac{U_{02} \cdot 4R^2}{R_\infty} + U_{02} \cdot 2R - \dfrac{U_{03}}{R_\infty} \cdot 8R^2}{\dfrac{80R^3}{R_\infty} + 44R^2}$$

$$= \frac{-U_{01} \cdot 6R + U_{02} \cdot 2R - I_{03} \cdot 8R^2}{44R^2}$$

$$\rightarrow I_\mathrm{b} = \frac{-U_{01} \cdot 6 + U_{02} \cdot 2 - I_{03} \cdot 8R}{44R} = \frac{-12\,\mathrm{V} + 10\,\mathrm{V} - 50\,\mathrm{mA} \cdot 8 \cdot 10\,\Omega}{44 \cdot 10\,\Omega}$$

$$= \underline{\underline{-13{,}64\,\mathrm{mA}}}$$

$$U_R = I_{03} \cdot R = 50\,\mathrm{mA} \cdot 10\,\Omega$$

$$= \underline{\underline{0{,}5\,\mathrm{V}}}$$

## Aufgabe 1.5

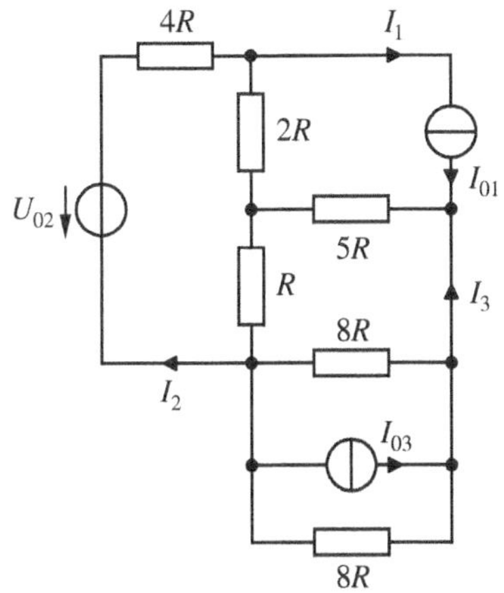


**Bild 1.5.1** Lineares Netzwerk

a) Ersetzen Sie in der Schaltung die Stromquellen $I_1$, $I_3$ durch äquivalente Spannungsquellen $U_1$ und $U_3$ und vereinfachen Sie die Schaltung.

b) Geben Sie für die vereinfachte Schaltung den vollständigen Baum an, für den die eingezeichneten Ströme $I_1$, $I_2$, $I_3$ unabhängig sind.

c) Stellen Sie mithilfe des Maschenstromverfahrens ein lineares Gleichungssystem für die unabhängigen Ströme auf.

d) Berechnen Sie aus dem linearen Gleichungssystem den eingezeichneten Strom $I_2$.

e) Welche Leistung $P$ wird von dem Widerstand $4R$ in Wärme umgesetzt, wenn $R = 10\,\Omega$, $I_{01} = 1\,\text{A}$, $U_{02} = 20\,\text{V}$ und $I_{03} = 0{,}5\,\text{A}$ sind?

## Lösung zu Aufgabe 1.5

a) Quellenumwandlung und Vereinfachen der Schaltung:

Parallel zu $I_1$ wird ein „virtueller" Widerstand $R_1$ eingesetzt. Die beiden, parallelen Widerstände $8R$ werden zu einem mit $4R$ zusammengefasst.

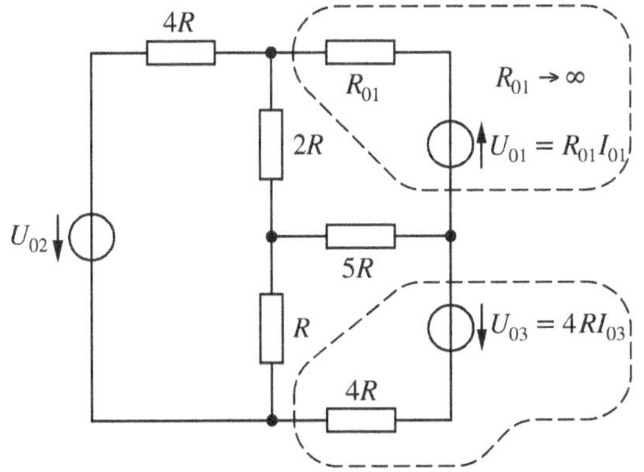


**Bild 1.5.2** Umwandlung der Stromquellen in äquivalente Spannungsquellen

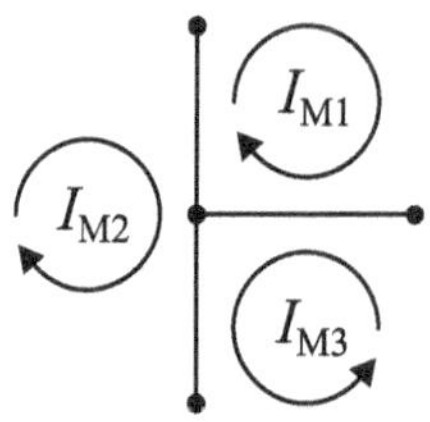


**Bild 1.5.3** Vollständiger Baum

b) Vollständiger Baum:

c) Aufstellen des Gleichungssystems:

$$\begin{bmatrix} 7R+R_{01} & -2R & 5R \\ -2R & 7R & R \\ 5R & R & 10R \end{bmatrix} \cdot \begin{bmatrix} I_{M1} \\ I_{M2} \\ I_{M3} \end{bmatrix} = \begin{bmatrix} U_{01} \\ U_{02} \\ U_{03} \end{bmatrix}$$

d) Berechnen von $I_2$:

$$I_2 = I_{M2}$$

$$I_2 = \frac{\det\begin{pmatrix} 7R+R_{01} & U_{01} & 5R \\ -2R & U_{02} & R \\ 5R & U_{03} & 10R \end{pmatrix}}{\det\begin{pmatrix} 7R+R_{01} & -2R & 5R \\ -2R & 7R & R \\ 5R & R & 10R \end{pmatrix}} = \frac{\det(R_2)}{\det(R)}$$

$$\begin{aligned} \det(R_2) &= 70R^2 \cdot U_{02} + 10RR_{01} \cdot U_{02} + 5R^2 \cdot U_{01} - 10R^2 \cdot U_{03} - 25R^2 \cdot U_{02} \\ &\quad - 7R^2 \cdot U_{03} - RR_{01} \cdot U_{03} + 20R^2 \cdot U_{01} \\ &= 25R^2 \cdot U_{01} + 45R^2 \cdot U_{02} - 17R^2 \cdot U_{03} + R_{01} \cdot (10R \cdot U_{02} - R \cdot U_{03}) \\ \det(R) &= 490R^3 + 70R^2R_{01} - 10R^3 - 10R^3 - 175R^3 - 7R^3 - R^2R_0 - 40R^3 \\ &= 248R^3 + 69R^2R_{01} \end{aligned}$$

$$\begin{aligned} I_2 &= \frac{25R^2 \cdot U_{01} + 45R^2 \cdot U_{02} - 17R^2 \cdot U_{03} + R_{01} \cdot (10R \cdot U_{02} - R \cdot U_{03})}{248R^3 + 69R^2R_{01}} \\ &= \frac{\frac{25R^2 \cdot U_{01}}{R_{01}} + \frac{45R^2 \cdot U_{02}}{R_{01}} - \frac{17R^2 \cdot U_{03}}{R_{01}} + (10R \cdot U_{02} - R \cdot U_{03})}{\frac{248R^3}{R_{01}} + 69R^2} \\ &= \frac{25R^2 \cdot I_{01} + \frac{45R^2 \cdot U_{02}}{R_{01}} - \frac{68R^3 \cdot I_{03}}{R_{01}} + (10R \cdot U_{02} - R \cdot U_{03})}{\frac{248R^3}{R_{01}} + 69R^2} \end{aligned}$$

$$\lim_{R_\infty \to \infty} I_2 = \frac{25R \cdot I_{01} + (10U_{02} - 4R \cdot I_{03})}{69R}$$

$$\underline{\underline{I_2 = 0{,}62\,\text{A}}}$$

e) Leistungsberechnung:

$$P = U \cdot I \qquad U = R \cdot I \qquad \Rightarrow P = R \cdot I^2$$

$$P = 4R \cdot I_2^2 = 4 \cdot 10\,\Omega \cdot (0{,}62\,\text{A})^2 = \underline{\underline{15{,}5\,\text{W}}}$$

## Aufgabe 1.6

Gegeben sei folgendes lineares Netzwerk:

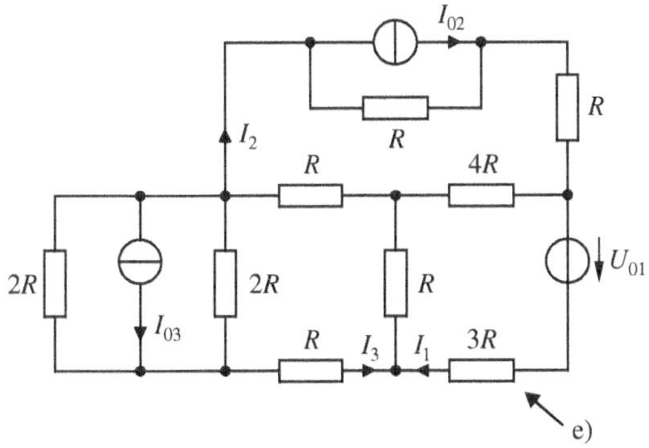


**Bild 1.6.1** Lineares Netzwerk

a) Ersetzen Sie in der Schaltung die Stromquellen $I_{02}$, $I_{03}$ durch äquivalente Spannungsquellen $U_{02}$, $U_{03}$ und vereinfachen Sie die Schaltung.

b) Geben Sie für die vereinfachte Schaltung den vollständigen Baum an, für den die eingezeichneten Ströme $I_1$, $I_2$, $I_3$ unabhängig sind.

c) Stellen Sie mithilfe des Maschenstromverfahrens ein lineares Gleichungssystem für die unabhängigen Ströme auf.

d) Berechnen Sie aus dem linearen Gleichungssystem den eingezeichneten Strom $I_1$.

e) Welche Leistung $P$ wird von dem Widerstand $3R$ im rechten unteren Zweig in Wärme umgesetzt, wenn $R = 10\,\Omega$, $U_{01} = 10\,\text{V}$, $I_2 = 2\,\text{A}$, $I_3 = 0{,}1\,\text{A}$ sind?

*Hinweis:* Falls Sie den Aufgabenteil a) bis d) nicht lösen können, rechnen Sie für den Aufgabenteil e) mit folgender Gleichung weiter:

$$I_1 = \frac{-54U_1 + 34I_2R - 22I_3R}{590R}$$

## Lösung zu Aufgabe 1.6

a) Quellenumwandlung und Vereinfachen der Schaltung:

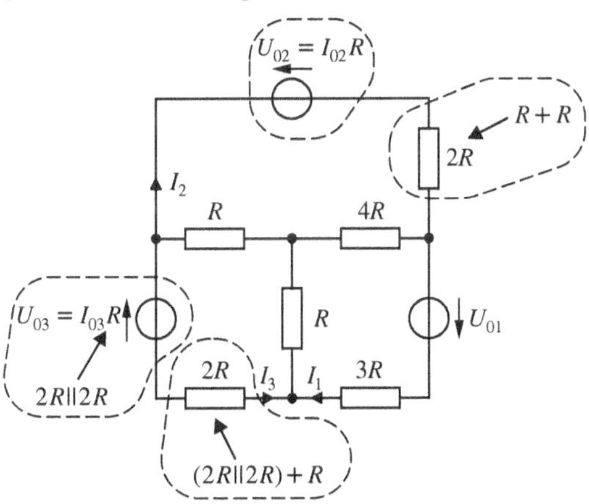


**Bild 1.6.2** Umwandlung der Stromquellen in äquivalente Spannungsquellen und Vereinfachung der Schaltung in Bild 1.6.1

b) Vollständiger Baum:

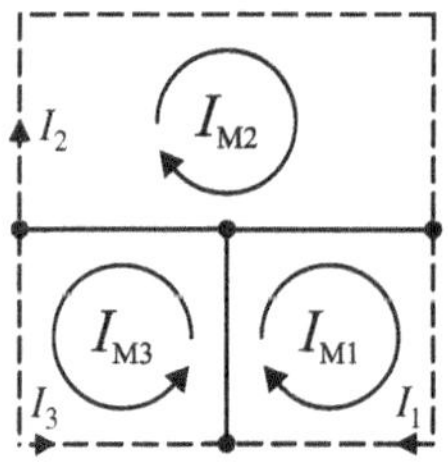


**Bild 1.6.3** Vollständiger Baum

c) Aufstellen des linearen Gleichungssystems:

$$\begin{bmatrix} 8R & -4R & R \\ -4R & 7R & R \\ R & R & 4R \end{bmatrix} \cdot \begin{bmatrix} I_{M1} \\ I_{M2} \\ I_{M3} \end{bmatrix} = \begin{bmatrix} -U_{01} \\ U_{02} \\ U_{03} \end{bmatrix}$$

d) Berechnen von $I_1$:

$$I_{M1} = \frac{\det(A_1)}{\det(A)}, \quad I_1 = I_{M1}$$

$$\begin{aligned} \det(A_1) &= \det \begin{pmatrix} -U_{01} & -4R & R \\ U_{02} & 7R & R \\ U_{03} & R & 4R \end{pmatrix} \\ &= -U_{01}\left(28R^2 - R^2\right) - U_{02}\left(-16R^2 - R^2\right) + U_{03}\left(-4R^2 - 7R^2\right) \\ &= -U_{01} \cdot 27R^2 + U_{02} \cdot 17R^2 - U_{03} \cdot 11R^2 \end{aligned}$$

$$\begin{aligned} \det(A) &= \det \begin{pmatrix} 8R & -4R & R \\ -4R & 7R & R \\ R & R & 4R \end{pmatrix} \\ &= 8R\left(28R^2 - R^2\right) + 4R\left(-16R^2 - R^2\right) + R\left(-4R^2 - 7R^2\right) \\ &= 8R \cdot 27R^2 - 4R \cdot 17R^2 - R \cdot 11R^2 \end{aligned}$$

$$\begin{aligned} I_{M1} &= \frac{-U_{01} \cdot 27R^2 + U_{02} \cdot 17R^2 - U_{03} \cdot 11R^2}{8R \cdot 27R^2 - 4R \cdot 17R^2 - R \cdot 11R^2} \\ &= \frac{-U_{01} \cdot 27 + U_{02} \cdot 17 - U_{03} \cdot 11}{8R \cdot 27 - 4R \cdot 17 - R \cdot 11} = \frac{-27U_{01} + 17U_{02} - 11U_{03}}{137R} \end{aligned}$$

$$I_1 = I_{M1}$$

e) Leistungsberechnung:

$$P = U \cdot I, \quad U = 3R \cdot I_1, \quad I = I_1$$

$$P = 3R \cdot I_1^2 = 3R \cdot I_{M1}^2$$

$$\begin{aligned} I_1 &= \frac{-27U_{01} + 17I_{02} \cdot R - 11I_{03} \cdot R}{137R} \\ &= 137\frac{-27 \cdot 10\,\mathrm{V} + 17 \cdot 2\,\mathrm{A} \cdot 10\,\Omega - 11 \cdot 0{,}1\,\mathrm{A} \cdot 10\,\Omega}{295 \cdot 10\,\Omega} = \frac{-270\,\mathrm{V} + 340\,\mathrm{V} - 11\,\mathrm{V}}{1370\,\Omega} \\ &= \frac{59\,\mathrm{V}}{1\,370\,\Omega} = 0{,}043\,\mathrm{A} \end{aligned}$$

$$P = 3 \cdot 10\,\Omega \cdot (0{,}043\,\mathrm{A})^2 = \underline{\underline{0{,}056\,\mathrm{W}}}$$

## Aufgabe 1.7

a) Passen Sie das Netzwerk in Bild 1.7.1 so an, dass das Maschenstromverfahren angewendet werden kann.

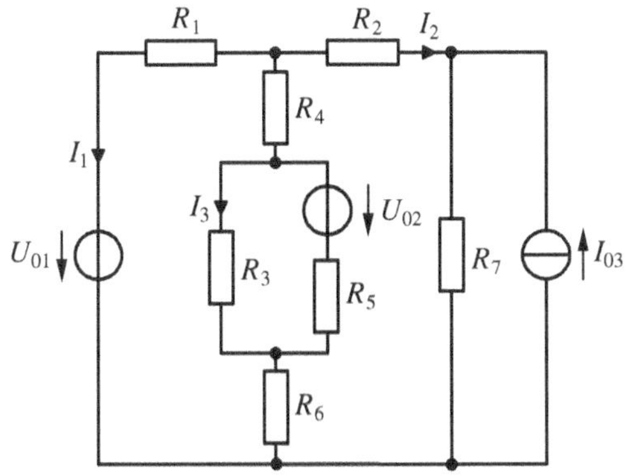


**Bild 1.7.1** Lineares Netzwerk

b) Begründen Sie, warum es nicht möglich ist, die in Bild 1.7.2 eingezeichneten Ströme ($I_A$, $I_B$ und $I_C$) als Maschenströme zu verwenden.

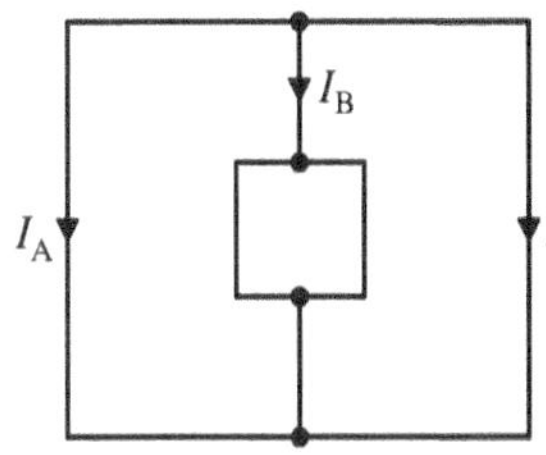


**Bild 1.7.2** Graph mit Strömen

c) Verwenden Sie jetzt die Ströme $I_1$, $I_2$ und $I_3$ aus Bild 1.7.1 als Maschenströme. Zeichnen Sie den dazugehörigen Baum mit seinen komplementären Zweigen und den Maschenumläufen. Bestimmen Sie mithilfe des Maschenstromverfahrens für diesen Fall das lineare Gleichungssystem. Verwenden Sie hierzu ausschließlich die Maschenströme $I_1$, $I_2$, $I_3$ und Bezeichnungen, die in Bild 1.7.1 gegeben sind.

Diese Teilaufgabe kann auch unabhängig von den vorherigen Ergebnissen gelöst werden. Im Folgenden seien nachstehende Werte gegeben: $U_{01} = 2\,\text{V}$, $U_{02} = 3\,\text{V}$, $I_{03} = 3\,\text{A}$, $R_6 = 2\,\Omega$, $R_1 = R_2 = R_3 = R_4 = R_5 = R_7 = 1\,\Omega$, $I_1 = 0{,}2\,\text{A}$, $I_2 = -0{,}4\,\text{A}$

d) Berechnen Sie für diesen Fall den Strom $I_3$, der durch den Widerstand $R_3$ fließt.

## Lösung zu Aufgabe 1.7

a) Die Stromquelle ist für die Anwendung des Maschenstromverfahrens in eine äquivalente Spannungsquelle umzuwandeln (Bild 1.7.3).

b) Die Ströme sind *linear abhängig*: $I_A = I_B = I_C = 0$, daher können sie nicht als Maschenströme gewählt werden. Dies lässt sich auch mithilfe des Baums zeigen. Versucht man $I_A$, $I_B$ und $I_C$ als Zweige des Komplementärbaums zu wählen, so stellt man fest, dass die verbleibenden drei Zweige keinen Baum bilden.

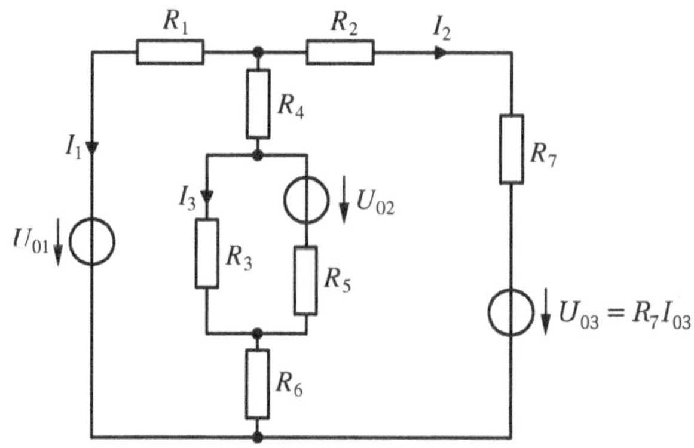


**Bild 1.7.3** Umwandlung der Stromquelle in eine äquivalente Spannungsquelle

c) Der Baum und die Maschen sind nun wie im Graph dargestellt zu wählen.

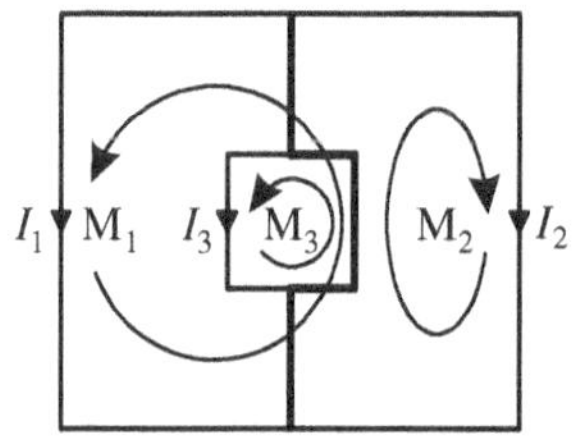


**Bild 1.7.4** Vollständiger Baum

Daraus ergibt sich das folgende Gleichungssystem:

$$\begin{bmatrix} R_1 + R_4 + R_5 + R_6 & R_4 + R_5 + R_6 & R_5 \\ R_4 + R_5 + R_6 & R_2 + R_4 + R_5 + R_6 + R_7 & R_5 \\ R_5 & R_5 & R_3 + R_5 \end{bmatrix} \cdot \begin{bmatrix} I_1 \\ I_2 \\ I_3 \end{bmatrix} = \begin{bmatrix} U_{02} - U_{01} \\ U_{02} - R_7 \cdot I_{03} \\ U_{02} \end{bmatrix}$$

d) Einsetzen der gegebenen Zahlenwerte in das Gleichungssystem liefert:

$$\begin{bmatrix} 5\,\Omega & 4\,\Omega & 1\,\Omega \\ 4\,\Omega & 6\,\Omega & 1\,\Omega \\ 1\,\Omega & 1\,\Omega & 2\,\Omega \end{bmatrix} \cdot \begin{bmatrix} 0{,}2\,\text{A} \\ -0{,}4\,\text{A} \\ I_3 \end{bmatrix} = \begin{bmatrix} 1\,\text{V} \\ 0\,\text{V} \\ 3\,\text{V} \end{bmatrix}$$

Durch Ausmultiplizieren erhält man nun:

$$5\,\Omega \cdot 0{,}2\,\text{A} - 4\,\Omega \cdot 0{,}4\,\text{A} + 1\,\Omega \cdot I_3 = 1\,\text{V}$$
$$4\,\Omega \cdot 0{,}2\,\text{A} - 6\,\Omega \cdot 0{,}4\text{A} + 1\,\Omega \cdot I_3 = 0\,\text{V}$$
$$1\,\Omega \cdot 0{,}2\,\text{A} - 1\,\Omega \cdot 0{,}4\,\text{A} + 2\,\Omega \cdot I_3 = 3\,\text{V}$$

Jede der drei Gleichungen liefert das Ergebnis:

$$\underline{\underline{I_3 = 1{,}6\,\text{A}}}$$

Soll der Strom $I_3$ unabhängig von der Lösung der Teilaufgaben a) bis c) bestimmt werden, so ist von Maschen- und Knotengleichungen Gebrauch zu machen. Ein Maschenumlauf über die Spannungsquelle $U_{02}$ und den Widerstand $R_5$ liefert

$$R_3 I_3 = U_{02} + U_{R5} = U_{02} + R_5 I_{R5}$$

Den Strom durch den Widerstand $R_5$ bestimmt man aus Knotengleichungen:

$$I_{R5} = I_{R4} - I_3 = -I_1 - I_2 - I_3$$

Einsetzen und Auflösen nach $I_3$ ergibt:

$$R_3 I_3 = U_{02} + R_5(-I_1 - I_2 - I_3)$$

$$(R_5 + R_3)\, I_3 = U_{02} + R_5(-I_1 - I_2)$$

$$I_3 = \frac{U_{02} + R_5\,(-I_1 - I_2)}{R_5 + R_3} = \frac{3\,\mathrm{V} + 1\,\Omega \cdot 0{,}2\,\mathrm{A}}{2\,\Omega} = 1{,}6\,\mathrm{A}$$

Zur Lösung können auch andere Maschenumläufe und Knoten gewählt werden.

## Knotenpotenzialverfahren

### Aufgabe 1.8

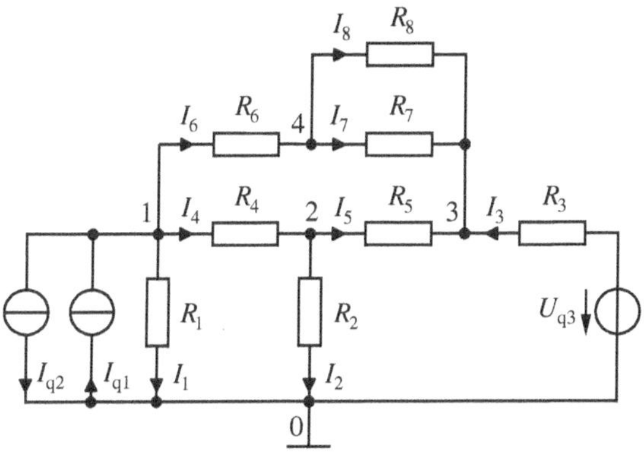


**Bild 1.8.1** Lineares Netzwerk

Gegebene Werte:

$$R_1 = 1\,\Omega \qquad R_{35} = 1\,\Omega \qquad I_{q1} = 8\,\mathrm{A}$$

$$R_2 = \frac{1}{3}\,\Omega \qquad R_6 = 1\,\Omega \qquad I_{q2} = 3\,\mathrm{A}$$

$$R_3 = 5\,\Omega \qquad R_7 = 2\,\Omega \qquad U_{q3} = 10\,\mathrm{V}$$

$$R_4 = 1\,\Omega \qquad R_8 = 2\,\Omega$$

a) Eliminieren Sie Knoten 4 und vereinfachen Sie die Schaltung soweit wie möglich.

b) Wandeln Sie alle Spannungsquellen in äquivalente Stromquellen und alle Widerstände in ihre entsprechenden Leitwerte um. Zeichnen Sie ein neues Schaltbild.

c) Erstellen Sie ein Gleichungssystem, um die Schaltung mittels Knotenpotenzialverfahrens zu lösen. Knoten 0 ist hierbei als Bezugsknoten zu verwenden. Das Gleichungssystem soll in der Matrixform $[G] \cdot [U] = [I]$ angegeben werden.

Für die nachfolgenden Teilaufgaben soll untenstehendes Gleichungssystem verwendet werden. Es ist davon auszugehen, dass das Schaltbild bis auf geänderte Bauteilwerte unverändert bleibt.

$$[G] \cdot [U] = [I]\,, \qquad \begin{bmatrix} 1\,\mathrm{S} & -2\,\mathrm{S} & -1\,\mathrm{S} \\ -2\,\mathrm{S} & 1\,\mathrm{S} & -1\,\mathrm{S} \\ -1\,\mathrm{S} & -1\,\mathrm{S} & 2\,\mathrm{S} \end{bmatrix} \cdot \begin{bmatrix} U_{10} \\ U_{20} \\ U_{30} \end{bmatrix} = \begin{bmatrix} 6\,\mathrm{A} \\ 1\,\mathrm{A} \\ 3\,\mathrm{A} \end{bmatrix}$$

d) Berechnen Sie die Spannung $U_{20}$.

e) Welche Leistung wird am Widerstand $R_2 = 1\,\Omega$ umgesetzt?

## Lösung zu Aufgabe 1.8

a) Elimination von Knoten 4: $R_x = R_6 + (R_7 \| = 2\,\Omega$

$I_{q1}$ und $I_{q2}$ zusammenfassen zu $I_{q4} = 5\,\text{A}$, Stromrichtung wie $I_{q1}$

b) $G_1 = \dfrac{1}{R_1} = 1\,\text{S}$

$G_2 = \dfrac{1}{R_2} = 3\,\text{S}$

$G_3 = \dfrac{1}{R_3} = \dfrac{1}{5}\,\text{S}$

$G_4 = \dfrac{1}{R_4} = 1\,\text{S}$

$G_5 = \dfrac{1}{R_5} = 1\,\text{S}$

$G_x = \dfrac{1}{R_6 + (\text{R}_7 \| R_8)} = 0{,}5\,\text{S}$

$U_{q3}$ in Stromquelle wandeln:

$I_{q3} = \dfrac{U_{q3}}{R_3} = 2\,\text{A}$

c)

| | $U_{10}$ | $U_{20}$ | $U_{30}$ | |
|---|---|---|---|---|
| Knoten 1 | $G_1+G_4+G_x = 2{,}5\,\text{S}$ | $-G_4 = -1\,\text{S}$ | $-G_x = -0{,}5\,\text{S}$ | $I_{q4} = 5\,\text{A}$ |
| Knoten 2 | $-G_4 = -1\,\text{S}$ | $G_4+G_2+G_5 = 5\,\text{S}$ | $-G_5 = -1\,\text{S}$ | 0 |
| Knoten 3 | $-G_x = -0{,}5\,\text{S}$ | $-G_5 = -1\,\text{S}$ | $G_3+G_5+G_x = 1{,}7\,\text{S}$ | $I_{q3} = 2\,\text{A}$ |

$$[G] \cdot [U] = [I]$$

$$\begin{bmatrix} 2{,}5\,\text{S} & -1\,\text{S} & -0{,}5\,\text{S} \\ -1\,\text{S} & 5\,\text{S} & -1\,\text{S} \\ -0{,}5\,\text{S} & -1\,\text{S} & 1{,}7\,\text{S} \end{bmatrix} \cdot \begin{bmatrix} U_{10} \\ U_{20} \\ U_{30} \end{bmatrix} = \begin{bmatrix} 5\,\text{A} \\ 0\,\text{A} \\ 2\,\text{A} \end{bmatrix}$$

d) $U_{20}$ berechnen:

$$A = \begin{bmatrix} 1 & -2 & -1 \\ -2 & 1 & -1 \\ -1 & -1 & 2 \end{bmatrix} \text{S}$$

Cramersche Regel:

$$\det(A) = 2 + (-2) + (-2) - (1 + 1 + 8) = -12$$

$$\det(A_2) = 2 + 6 + 6 - (1 - 3 - 24) = 40$$

$$U_{20} = \frac{\det(A_2)}{\det(A)} = \frac{40}{-12} = \underline{\underline{-3{,}33\,\text{V}}}$$

e) $P = \dfrac{U^2}{R} = \dfrac{(-3{,}33\,\text{V})^2}{1\,\Omega} = \underline{\underline{11{,}11\,\text{W}}}$

## Aufgabe 1.9

*Teil 1 – Allgemeine Fragen:*

a) Bestimmen Sie den Gesamtwiderstand des im Bild 1.9.1 gezeigten Widerstandsnetzwerkes.

Es gilt folgende Bedingung: $\frac{R_1}{R_2} = \frac{R_3}{R_4}$.

b) Es ist das im Bild 1.9.2 gezeigte Netzwerk gegeben. Ist das Maschenstrom- oder das Knotenpotenzialverfahren besser geeignet? Begründen Sie kurz (*nicht* analysieren).

c) Ist es prinzipiell egal, ob man ein Netzwerk nach dem Knotenpotenzial- oder dem Maschenstromverfahren berechnet? Begründen Sie kurz.

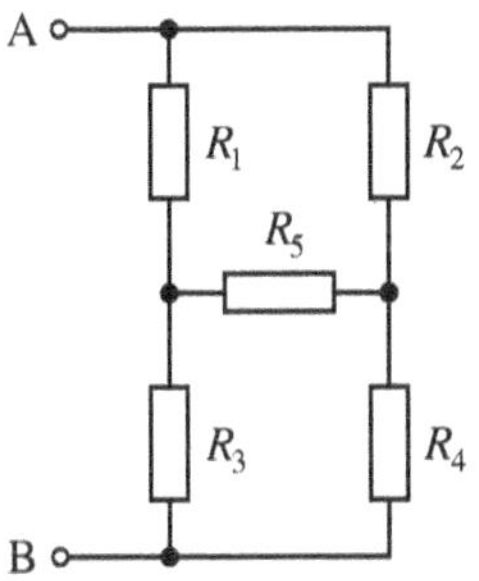


**Bild 1.9.1** Widerstandsnetzwerk

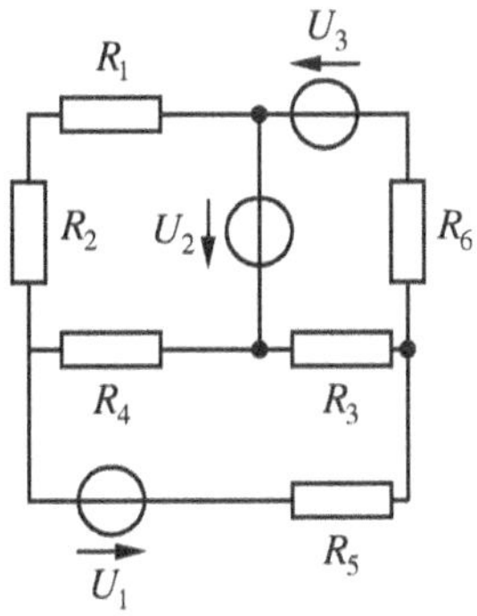


**Bild 1.9.2** Netzwerk

*Teil 2 – Knotenpotenzialverfahren:*

Gegeben ist das im Bild 1.9.2 gezeigte Netzwerk.

d) Wandeln Sie die Spannungsquelle in eine äquivalente Stromquelle und die Widerstände in Leitwerte um. Geben Sie für die vereinfachte Schaltung den vollständigen Baum an.

e) Stellen Sie mithilfe des Knotenpotenzialverfahrens ein lineares Gleichungssystem für die Knotenspannungen relativ zum Bezugspotenzial K4 auf (siehe Bild 1.9.3).

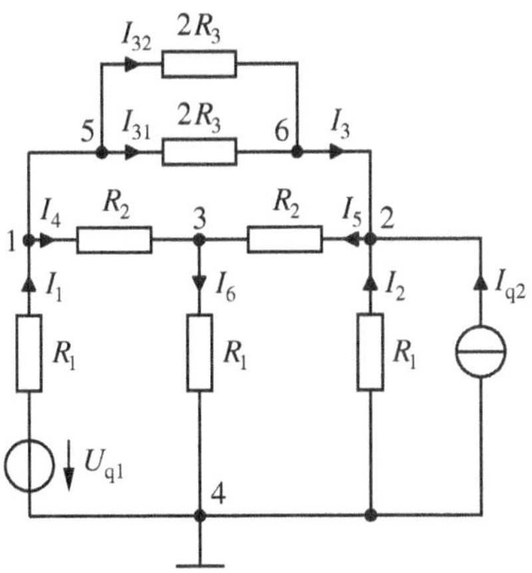


**Bild 1.9.3** Lineares Netzwerk

f) Gegeben ist das nachstehende Gleichungssystem eines **anderen** Netzwerkes (Bild 1.9.3). Berechnen Sie die Spannung $U_B$. Die Lösungsschritte müssen dabei ersichtlich sein. Eine richtige Lösung alleine reicht nicht aus.

$$\begin{bmatrix} 13G & -8G & -4G \\ -8G & 10G & -G \\ -4G & -G & 5G \end{bmatrix} \cdot \begin{bmatrix} U_A \\ U_B \\ U_C \end{bmatrix} = \begin{bmatrix} 5\,\mathrm{A} \\ 10\,\mathrm{A} \\ 16\,\mathrm{A} \end{bmatrix}$$

## Lösung zu Aufgabe 1.9

Kurzfragen:

a) Die Brücke ist abgeglichen, aus der Bedingung folgt, dass keine Spannung über $R_5$ abfällt. Da kein Potenzialunterschied an den Klemmen von $R_5$ auftritt, können die beiden Klemmen verbunden werden. Das so vereinfachte Netzwerk lässt sich mit folgender Formel berechnen:

$$(R_1 \parallel R_2) + (R_3 \parallel R_4)$$

b) Das Maschenstromverfahren ist für das Problem besser geeignet, da ausschließlich Spannungsquellen vorhanden sind und deswegen keine Umwandlung der Quellen notwendig ist. Das Netzwerk lässt sich in drei Maschen aufteilen, das zugehörige Gleichungssystem für das Maschenstromverfahren besitzt drei Gleichungen. Das Netzwerk besitzt deutlich mehr Knoten als Maschen, daher ist der Rechenaufwand bei dem Maschenstromverfahren geringer.

c) Prinzipiell ist es egal, da sich die Widerstände und Spannungsquellen in Leitwerte bzw. äquivalente Stromquellen umwandeln lassen. Beide Verfahren haben ihre Berechtigung, da je nach Aufbau des Netzwerkes eines der beiden Verfahren mit geringerem Aufwand zum Ziele führen kann.

Knotenpotenzialverfahren:

d) Umwandlung der Quelle $U_{q1}$ in eine äquivalente Stromquelle $I_{q1}$:

$$\frac{U_{q1}}{R_1} = I_{q1}$$

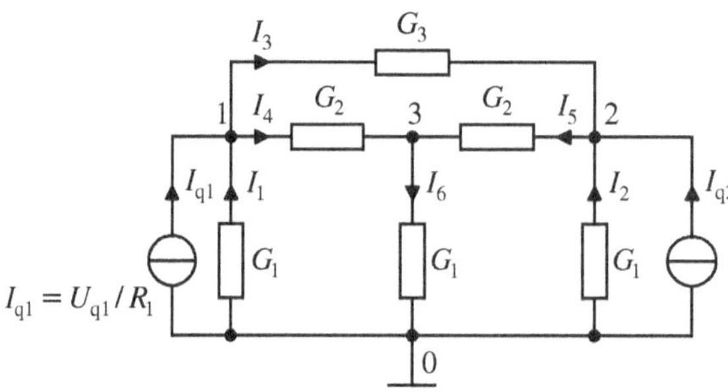


**Bild 1.9.4** Umwandlung der Stromquelle in eine äquivalente Spannungsquelle

e)

| | $U_{10}$ | $U_{20}$ | $U_{30}$ | |
|---|---|---|---|---|
| K1 | $G_1 + G_2 + G_3$ | $-G_3$ | $-G_2$ | $U_{q1} \cdot G_1$ |
| K2 | $-G_3$ | $G_1 + G_2 + G_3$ | $-G_2$ | $I_{q2}$ |
| K3 | $-G_2$ | $-G_2$ | $G_1 + 2G_2$ | 0 |

f) $$\det(A) = \det\begin{bmatrix} 13 & -8 & -4 \\ -8 & 10 & -1 \\ -4 & -1 & 5 \end{bmatrix} = 93\,\mathrm{S}^3$$

$$\det(A_\mathrm{B}) = \det\begin{bmatrix} 13 & 5 & -4 \\ -8 & 10 & -1 \\ -4 & 16 & 5 \end{bmatrix} = 1\,430\,\mathrm{S}^2 \cdot \mathrm{A}$$

$$U_\mathrm{B} = \frac{\det(A_\mathrm{B})}{\det(A)} = \underline{\underline{15{,}3763\,\mathrm{V}}}$$

## Aufgabe 1.10

Es ist folgendes Netzwerk gegeben mit den Werten:

$$R_1 = 1\,\Omega,\quad R_2 = \frac{1}{3}\,\Omega,\quad R_3 = 1\,\Omega,\quad R_4 = 1\,\Omega,\quad R_5 = 1\,\Omega,\quad R_6 = \frac{1}{2}\,\Omega,$$
$$I_{q1} = 7\,\mathrm{A},\quad I_{q2} = 2\,\mathrm{A},\quad I_{q3} = 4\,\mathrm{A}$$

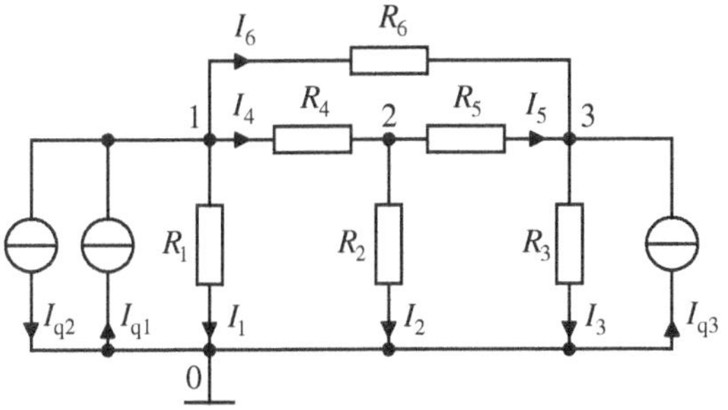


**Bild 1.10.1** Lineares Netzwerk

a) Wandeln Sie alle Widerstände in Leitwerte um und zeichnen Sie das resultierende Netzwerk. Geben Sie die Admittanzen zahlenmäßig an.

b) Verwenden Sie das Knotenpotenzialverfahren, stellen Sie das Gleichungssystem auf und berechnen Sie aus diesem die Knotenspannung $U_{10}$.

c) Geben Sie den Strom $I_5$ aus Bild 1.10.1 formelmäßig an.

d) Nun werde eine Spannungsquelle zwischen die Knoten 2 und 3 und damit parallel zu $R_5$ geschaltet. Stellen Sie das neue Gleichungssystem auf. Beschreiben Sie die Spannung $U_3$ in Abhängigkeit von $U_\mathrm{S}$ und $U_2$.

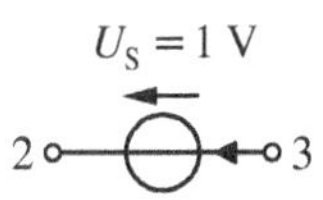


**Bild 1.10.2** Zuschaltung einer Spannungsquelle

e) Eliminieren Sie den durch die Spannungsquelle hervorgerufenen Strom aus dem Gleichungssystem.

f) Ist das Gleichungssystem lösbar? Geben Sie eine Begründung an.

## Lösung zu Aufgabe 1.10

a) Umgezeichnetes Netzwerk:

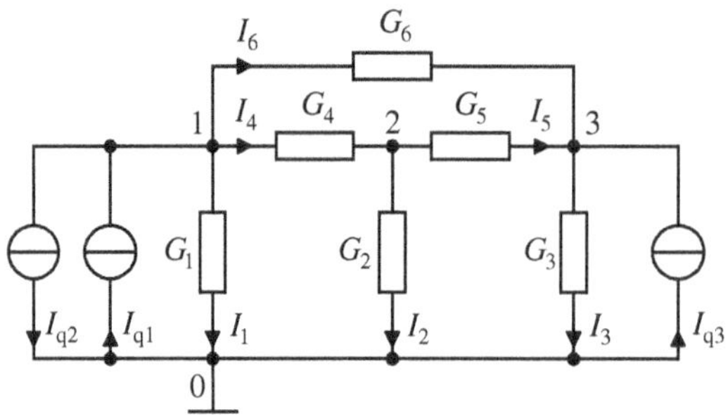


**Bild 1.10.3** Netzwerk mit Leitwerten

$$G_1 = \frac{1}{R_1} = 1\,\text{S},\quad G_2 = \frac{1}{R_2} = 3\,\text{S},\quad G_3 = \frac{1}{R_3} = 1\,\text{S},$$
$$G_4 = \frac{1}{R_4} = 1\,\text{S},\quad G_5 = \frac{1}{R_5} = 1\,\text{S},\quad G_6 = \frac{1}{R_6} = 2\,\text{S}$$

b) Gleichungssystem:

$$\begin{bmatrix} G_1 + G_4 + G_6 & -G_4 & -G_6 \\ -G_4 & G_2 + G_4 + G_5 & -G_5 \\ -G_6 & -G_5 & G_6 + G_5 + G_3 \end{bmatrix} \cdot \begin{bmatrix} U_{10} \\ U_{20} \\ U_{30} \end{bmatrix} = \begin{bmatrix} I_{q1} - I_{q2} \\ 0 \\ I_{q3} \end{bmatrix}$$

Einsetzen der Zahlenwerte ergibt:

$$\begin{bmatrix} 4 & -1 & -2 \\ -1 & 5 & -1 \\ -2 & -1 & 4 \end{bmatrix} \cdot \begin{bmatrix} U_{10} \\ U_{20} \\ U_{30} \end{bmatrix} = \begin{bmatrix} 5 \\ 0 \\ 4 \end{bmatrix}$$

$$U_{10} = \frac{\det(A_1)}{\det(A)} = \frac{139\,\text{A}\cdot\text{S}^3}{48\,\text{S}^2} = \underline{\underline{2{,}896\,\text{V}}}$$

c) $$I_5 = \frac{U_{23}}{R_5} = \frac{U_{20} - U_{30}}{R_5} = G_5 \cdot (U_{20} - U_{30})$$

d) $$\begin{bmatrix} G_1 + G_4 + G_6 & -G_4 & -G_6 \\ -G_4 & G_2 + G_4 + G_5 & -G_5 \\ -G_6 & -G_5 & G_6 + G_5 + G_3 \end{bmatrix} \cdot \begin{bmatrix} U_{10} \\ U_{20} \\ U_{30} \end{bmatrix} = \begin{bmatrix} I_{q1} - I_{q2} \\ I_x \\ I_{q3} - I_x \end{bmatrix}$$

$$U_{30} = U_S + U_{20}$$

e) Vorgehen:

- Addiere Zeile 2 mit Zeile 3 und umgekehrt.
- Subtrahiere Zeile 3 von Zeile 3.

$$\begin{bmatrix} G_1 + G_4 + G_6 & -G_4 & -G_6 \\ -G_4 - G_6 & G_2 + G_4 & G_3 + G_6 \\ 0 & 0 & 0 \end{bmatrix} \cdot \begin{bmatrix} U_{10} \\ U_{20} \\ U_{30} \end{bmatrix} = \begin{bmatrix} I_{q1} - I_{q2} \\ I_{q3} \\ 0 \end{bmatrix}$$

f) Das Gleichungssystem ist lösbar. Da mit d) das Gleichungssystem aus 2 Gleichungen mit 2 Unbekannten $U_{10}$ und $U_{20}$ besteht. $U_{30}$ wurde in Aufgabenteil d) durch $U_S + U_{20}$ substituiert.

## Aufgabe 1.11

Gegeben ist das dargestellte Netzwerk mit 6 Knoten.

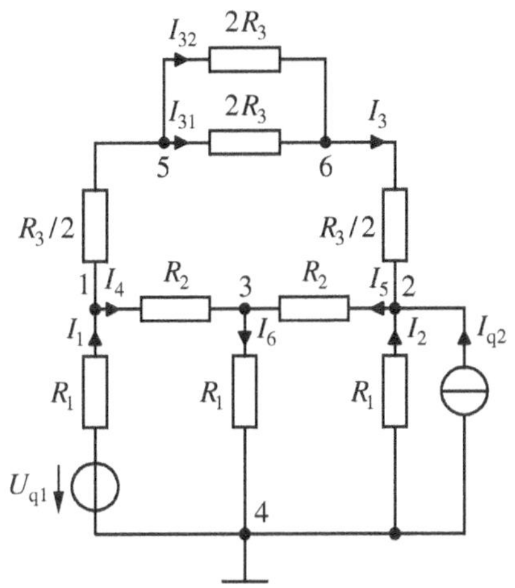


**Bild 1.11.1** Lineares Netzwerk

a) Eliminieren Sie die Knoten 5 und 6, sodass das Netzwerk nur 4 Knoten besitzt.

b) Wandeln Sie die Spannungsquelle in eine äquivalente Stromquelle und die Widerstände in Leitwerte um.

c) Verwenden Sie das Knotenpotenzialverfahren und stellen Sie ein Gleichungssystem für die unabhängigen Spannungen auf. Als Bezugspunkt ist hier der Massepunkt zu wählen.

Es sind folgende Werte gegeben:

$$R_1 = 100\,\Omega,\quad R_2 = 200\,\Omega,\quad R_3 = 50\,\Omega,\quad U_{q1} = 1\,\text{V},\quad I_{q2} = 1\,\text{mA}$$

d) Berechnen Sie die Spannungen $U_{10}$ und $U_{20}$.

e) Es ist der Strom $I_{31}$ zu berechnen.

## Lösung zu Aufgabe 1.11

a)

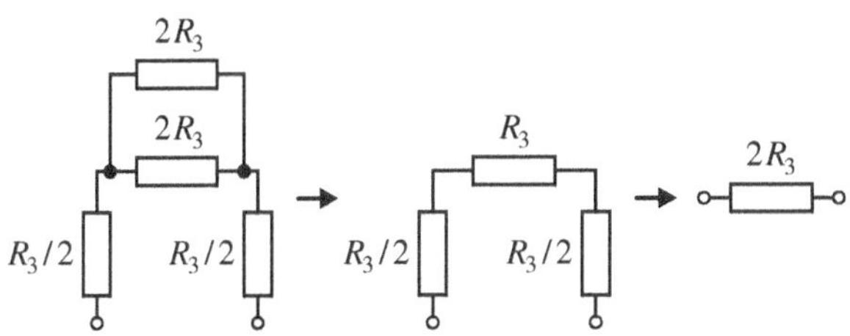


**Bild 1.11.2** Umwandlung des Netzwerkes

b)

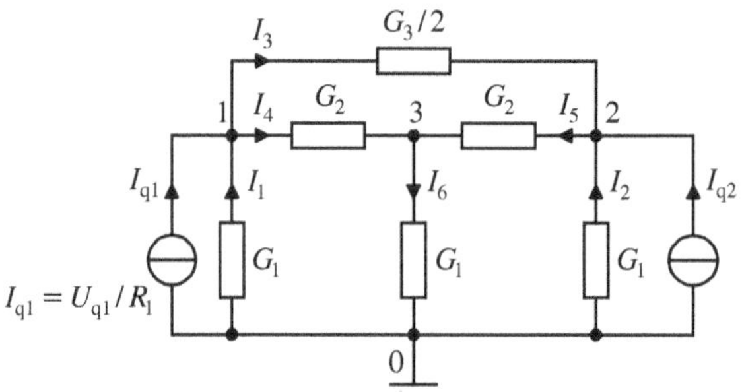


**Bild 1.11.3** Umwandlung der Spannungsquelle in eine äquivalente Stromquelle und Umwandlung der Widerstände in Leitwerte

c) *Hinweis:* Knoten 4 ist mit der Masse verbunden.

| Knotennummer | $U_{10}$ | $U_{20}$ | $U_{30}$ | |
|---|---|---|---|---|
| 1 | $G_1 + G_2 + \frac{G_3}{2}$ | $-\frac{G_3}{2}$ | $-G_2$ | $-U_{q1} \cdot G_1 = I_{q1}$ |
| 2 | $-\frac{G_3}{2}$ | $G_1 + G_2 + \frac{G_3}{2}$ | $-G_2$ | $I_{q2}$ |
| 3 | $-G_2$ | $-G_2$ | $G_1 + 2 \cdot G_2$ | 0 |

d)

$$G_1 = \frac{1}{100\,\Omega} = 0{,}01\,\text{S}$$
$$G_2 = \frac{1}{200\,\Omega} = 0{,}005\,\text{S}$$
$$G_3 = \frac{1}{50\,\Omega} = 0{,}02\,\text{S}$$
$$I_{q1} = U_{q1} \cdot G_1 = 10\,\text{mA}$$

$$\det(D) = \begin{vmatrix} \frac{1}{40} & -\frac{1}{100} & -\frac{1}{200} \\ -\frac{1}{100} & \frac{1}{40} & -\frac{1}{200} \\ -\frac{1}{200} & -\frac{1}{200} & \frac{1}{50} \end{vmatrix} = \frac{7}{800\,000}\,\text{S}^3$$

$$\det(D_1) = \begin{vmatrix} \frac{1}{100} & -\frac{1}{100} & -\frac{1}{200} \\ \frac{1}{1000} & \frac{1}{40} & -\frac{1}{200} \\ 0 & -\frac{1}{200} & \frac{1}{50} \end{vmatrix} = 4{,}975 \cdot 10^{-6}\,\text{S}^2 \cdot \text{A}$$

$$\det(D_2) = \begin{vmatrix} \frac{1}{40} & \frac{1}{100} & -\frac{1}{200} \\ \frac{1}{100} & \frac{1}{1000} & -\frac{1}{200} \\ -\frac{1}{200} & 0 & \frac{1}{50} \end{vmatrix} = 3 \cdot 10^{-6}\,\text{S}^2\text{A}$$

$$U_{10} = \frac{\det(D_1)}{\det(D)} = 0{,}57\,\text{V}, \quad U_{20} = \frac{\det(D_2)}{\det(D)} = \underline{\underline{0{,}34\,\text{V}}}$$

e)

$$I_3 = I_{32} + I_{31} \Rightarrow I_3 = \frac{U_{12}}{2 \cdot R_3} = \frac{U_{10} - U_{20}}{2 \cdot R_3} = 2{,}571\,\text{mA} \Rightarrow I_{31} = \frac{I_3}{2} = \underline{\underline{1{,}2857\,\text{mA}}}$$

## Aufgabe 1.12

Gegeben sei folgendes lineares Netzwerk:

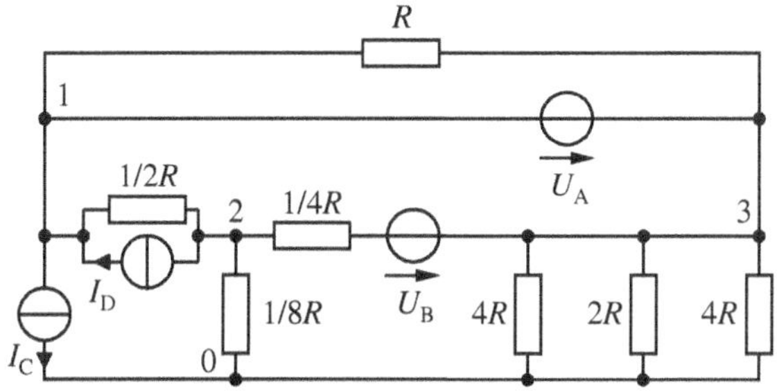

**Bild 1.12.1** Lineares Netzwerk

$U_\mathrm{A} = 8\,\mathrm{V}$, $U_\mathrm{B} = 20\,\mathrm{V}$, $I_\mathrm{C} = 5\,\mathrm{A}$, $I_\mathrm{D} = 10\,\mathrm{A}$, $R = 2\,\Omega$

a) Vereinfachen Sie die Schaltung soweit wie möglich und ersetzen Sie alle enthaltenen Spannungsquellen durch äquivalente Stromquellen. Formen Sie außerdem alle Widerstände in Leitwerte um und zeichnen Sie das resultierende Ersatzschaltbild.

b) Stellen Sie das lineare Gleichungssystem für $U_{10}$, $U_{20}$ und $U_{30}$ bezüglich der Knoten 1, 2 und 3 auf und stellen Sie dies in der folgenden Matrixschreibweise dar:

$$[G] \cdot [U] = [I]$$

c) Berechnen Sie aus dem linearen Gleichungssystem die Spannung $U_{20} = \dfrac{D_{U_{20}}}{D}$ mithilfe der Cramerschen Regel (Zahlenwerte).

d) Welche Leistung $P$ wird von dem Widerstand der Größe $\dfrac{1}{8}R$ in Wärme umgesetzt?

## Lösung zu Aufgabe 1.12

a)

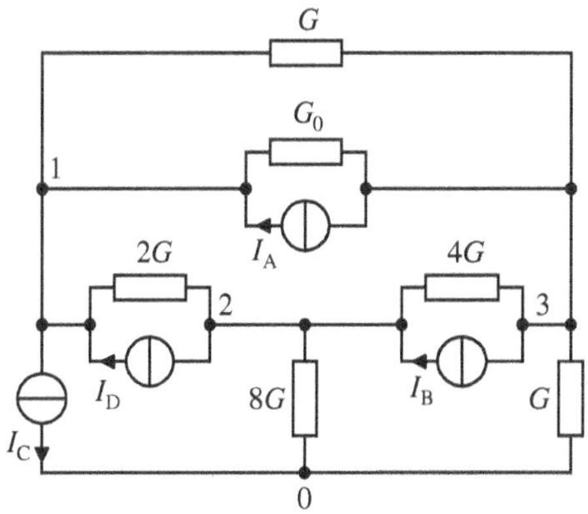

**Bild 1.12.2** Umwandlung der Spannungsquellen in äquivalente Stromquellen und Vereinfachung der Schaltung

Hinzufügen eines „virtuellen" Widerstandes in Reihe zu $U_\mathrm{A}$

$$R_0 \to 0 \Rightarrow G_0 \to \infty$$

$$I_\mathrm{B} = \frac{U_\mathrm{B}}{\frac{1}{4}R} = \frac{20\,\mathrm{V}}{0{,}5\,\Omega} = 40\,\mathrm{A}$$

b) $$\begin{bmatrix} 3G+G_0 & -2G & -G-G_0 \\ -2G & 14G & -4G \\ -G-G_0 & -4G & 6G+G_0 \end{bmatrix} \cdot \begin{bmatrix} U_{10} \\ U_{20} \\ U_{30} \end{bmatrix} = \begin{bmatrix} I_A - I_C + I_D \\ I_B - I_D \\ -I_A - I_B \end{bmatrix}$$

c) $$|G| = \begin{vmatrix} 3G+G_0 & -2G & -G-G_0 \\ -2G & 14G & -4G \\ -G-G_0 & -4G & 6G+G_0 \end{vmatrix}$$

$$= (3G+G_0) \cdot \begin{vmatrix} 14G & -4G \\ -4G & 6G+G_0 \end{vmatrix} + 2G \cdot \begin{vmatrix} -2G & -4G \\ -G-G_0 & 6G+G_0 \end{vmatrix}$$

$$+ (G+G_0) \cdot \begin{vmatrix} -2G & 14G \\ -G-G_0 & -4G \end{vmatrix}$$

$$= (3G+G_0) \cdot (68G^2+14GG_0) + 2G \cdot (-16G^2-6GG_0) - (G+G_0) \cdot (22G^2+14GG_0)$$

$$= 204G^3 + 110G^2G_0 + 14GG_0^2 - 32G^3 - 12G^2G_0 - 22G^3 - 36G^2G_0 - 14GG_0^2$$

$$= 150G^3 + 62G^2G_0$$

$$|G|_{20} = \begin{vmatrix} 3G+G_0 & I_A - I_C + I_D & -G-G_0 \\ -2G & I_B - I_D & -4G \\ -G-G_0 & -I_A - I_B & 6G+G_0 \end{vmatrix}$$

$$= -(I_A - I_C + I_D) \cdot \begin{vmatrix} -2G & -4G \\ -G-G_0 & 6G+G_0 \end{vmatrix}$$

$$+ (I_B - I_D) \cdot \begin{vmatrix} 3G+G_0 & -G-G_0 \\ -G-G_0 & 6G+G_0 \end{vmatrix} I_A - I_B \cdot \begin{vmatrix} 3G+G_0 & -G-G_0 \\ -2G & -4G \end{vmatrix}$$

$$= -(I_A + I_C + I_D) \cdot (-16G^2 - 6GG_0) + (I_B - I_D) \cdot (17G^2 + 7GG_0)$$

$$+ (I_A + I_B) \cdot (-14G^2 - 6GG_0)$$

$$= I_A \cdot 2G^2 - I_C \cdot (16G^2 + 6GG_0) - I_D \cdot (G^2 + GG_0) + I_B \cdot (3G^2 + GG_0)$$

$$U_{20} = \frac{|G|_{20}}{|G|}$$

$$= \left\{ \frac{I_A \cdot 2G^2 - I_C \cdot (16G^2 + 6GG_0) - I_D \cdot (G^2 + GG_0) + I_B \cdot (3G^2 + GG_0)}{150G^3 + 62G^2G_0} \right\}$$

$$= \left\{ \frac{G_0 \cdot \left[ \frac{I_A}{G_0} \cdot 2G^2 - I_C \cdot \left( \frac{16G^2}{G_0} + 6G \right) I_D \cdot \left( \frac{G^2}{G_0} + G \right) + I_B \cdot \left( \frac{3G^2}{G_0} + G \right) \right]}{G_0 \cdot \left[ \frac{150G^3}{G_0} + 62G^2 \right]} \right\}$$

$$= \left\{ \frac{\left[ U_A \cdot 2G^2 - I_C \cdot \left( \frac{16G^2}{G_0} + 6G \right) - I_D \cdot \left( \frac{G^2}{G_0} + G \right) + I_B \cdot \left( \frac{3G^2}{G_0} + G \right) \right]}{G_0 \cdot \left[ \frac{150G^3}{G_0} + 62G^2 \right]} \right\}$$

$$= \frac{U_A \cdot 2G^2 - I_C \cdot 6G - I_D \cdot G + I_B \cdot G}{62G^2} = \frac{U_A \cdot 2G - I_C \cdot 6 - I_D + I_B}{62G}$$

$$= \frac{8\,\text{V} \cdot 2 \cdot \frac{1}{2\,\Omega} - 5\,\text{A} \cdot 6 - 10\,\text{A} + 40\,\text{A}}{62 \cdot \frac{1}{2\,\Omega}}$$

$$U_{20} = \underline{\underline{0{,}258\,\text{V}}}$$

d) $$P = \frac{U_{20}^2}{\frac{1}{8}R} = \underline{\underline{0{,}266\,\text{W}}}$$

## Aufgabe 1.13

Gegeben sei folgendes lineares Netzwerk:

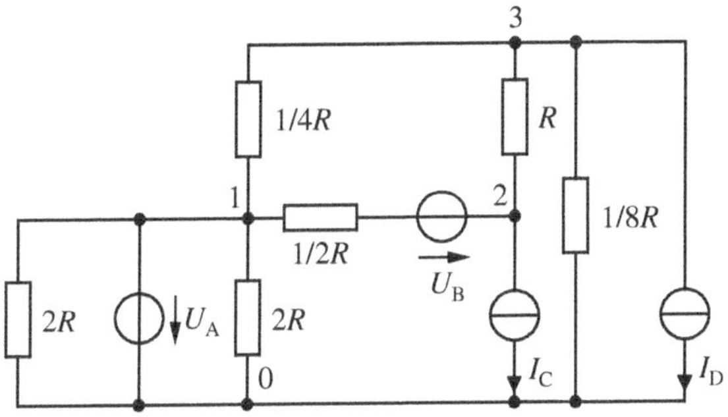


**Bild 1.13.1** Lineares Netzwerk

$U_A = 10\,\text{V}$, $U_B = 6\,\text{V}$, $I_C = 5\,\text{A}$, $I_D = 1\,\text{A}$, $R = 1\,\Omega$

a) Vereinfachen Sie die Schaltung soweit wie möglich (**ohne** Anwendung von Stern-Dreiecksumwandlung) und ersetzen Sie die Spannungsquellen durch äquivalente Stromquellen.

b) Formen Sie alle Widerstände in Leitwerte um und zeichnen Sie das resultierende Ersatzschaltbild.

c) Stellen Sie das lineare Gleichungssystem für $U_{10}$, $U_{20}$ und $U_{30}$ bezüglich der Knoten 1, 2 und 3 auf und stellen Sie dies in der folgenden Matrixschreibweise dar:

$$[I] = \left[G\right] \cdot [U].$$

d) Berechnen Sie aus dem linearen Gleichungssystem die Spannung $U_{30} = \frac{D_{U30}}{D}$ mithilfe der Cramerschen Regel (Zahlenwerte).

e) Welche Leistung $P$ wird von dem Widerstand der Größe $\frac{1}{8}R$ in Wärme umgesetzt?

## Lösung zu Aufgabe 1.13

a)

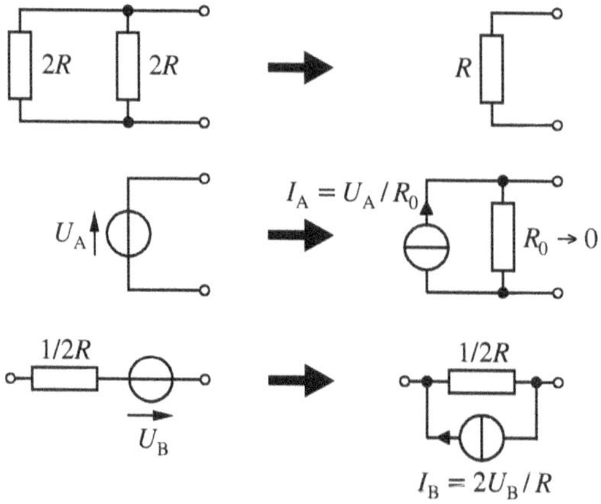


**Bild 1.13.2** Umwandlung der Spannungsquellen in äquivalente Stromquellen und Vereinfachung der Schaltung

b)

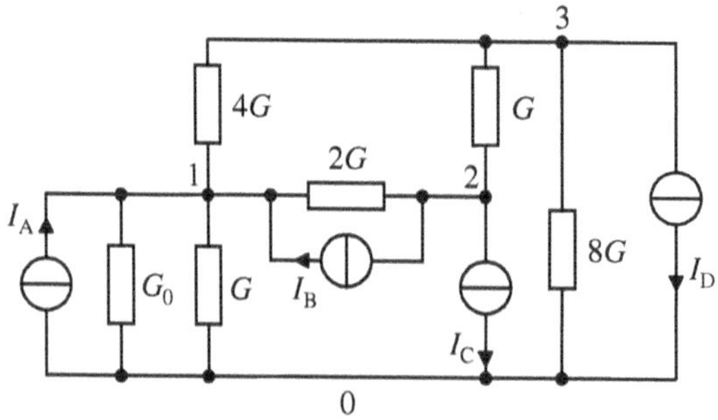


**Bild 1.13.3** Umwandlung der Widerstände in Leitwerte und Erstellung des resultierenden Ersatzschaltbildes

c)

$$\begin{bmatrix} 7G+G_0 & -2G & -4G \\ -2G & 3G & -G \\ -4G & -G & 13G \end{bmatrix} \cdot \begin{bmatrix} U_{10} \\ U_{20} \\ U_{30} \end{bmatrix} = \begin{bmatrix} I_A + I_B \\ -I_B - I_C \\ -I_D \end{bmatrix}$$

d)

$$D_{30} = \begin{vmatrix} 7G+G_0 & -2G & -4G \\ -2G & 3G & -G \\ -4G & -G & 13G \end{vmatrix}$$

$$= (I_A + I_B) \cdot \begin{vmatrix} -2G & 3G \\ -4G & -G \end{vmatrix} - (-I_B - I_C) \cdot \begin{vmatrix} 7G+G_0 & -2G \\ -4G & -G \end{vmatrix}$$

$$+ (-I_D) \cdot \begin{vmatrix} 7G+G_0 & -2G \\ -2G & 3G \end{vmatrix}$$

$$= (I_A + I_B) \cdot \left(2G^2 - (-12G^2)\right) + \left(I_B + I_C\right) \cdot (-7G^2 + GG_0 + 8G^2)$$

$$- I_D \cdot (21G^2 + 3GG_0 - 4G^2)$$

$$D_{30} = (I_A + I_B) \cdot 10G^2 - (I_B + I_C) \cdot (15G^2 + GG_0) - I_D \cdot (17G^2 + GG_0)$$

$$D = \begin{vmatrix} 7G+G_0 & -2G & -4G \\ -2G & 3G & -G \\ -4G & -G & 13G \end{vmatrix}$$

$$= 273G^3 + 39G^2G_0 - 8G^3 - 8G^3 - 48G^3 - 7G^3 - G^2G_0 - 52G^3$$

$$D = 150G^3 + 38G^2G_0$$

$$U_{30}=\frac{D_{30}}{D}=\frac{(I_A+I_B)\cdot 14G^2-(I_B+I_C)\cdot(15G^2+GG_0)-I_D\cdot(17G^2+3GG_0)}{150G^3+38G^2G_0}$$

$$=\frac{U_A\cdot 14G^2+\frac{I_B\cdot 14G^2}{G_0}-\frac{(I_B+I_C)\cdot 15G^2}{G_0}-(I_B+I_C)\cdot G-\frac{I_D\cdot 17G^2}{G_0}-I_D\cdot 3G}{\frac{150G^3}{G_0}+38G^2}$$

$$=\lim G_0\to\infty\frac{U_A\cdot 14G^2-(I_B+I_C)\cdot G-I_D\cdot 3G}{38G^2}=U_A\frac{14}{38}-\frac{I_B+I_C}{38G}-I_D\frac{3}{38G}$$

$$=U_A\frac{14}{38}-\frac{U_B}{19}-\frac{I_C}{38G}-I_D\frac{3}{38G}$$

$$=10\,\text{V}\cdot 0{,}37-6\,\text{V}\cdot 0{,}053-\frac{5\,\text{A}}{38\frac{1}{\Omega}}-1\,\text{A}\cdot 0{,}079\,\Omega$$

$$U_{30}=\underline{\underline{3{,}16\,\text{V}}}$$

e) $$P=\frac{U_{30}^2}{\frac{1}{8}R}=\frac{(3{,}16\,\text{V})^2}{0{,}125\,\Omega}=\underline{\underline{79{,}88\,\text{W}}}$$

## Aufgabe 1.14

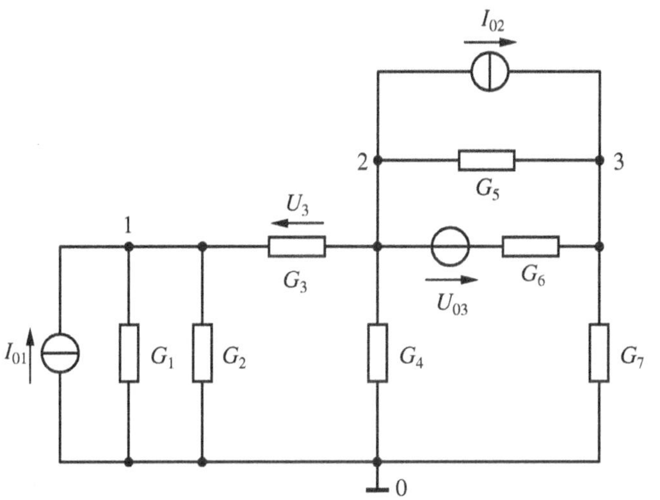


**Bild 1.14.1** Lineares Netzwerk

a) Bestimmen Sie mit dem Knotenpotenzialverfahren das lineare Gleichungssystem für das Netzwerk in Bild 1.14.1. Verwenden Sie hierzu ausschließlich die Knotennummerierung und Bezeichnungen, die in dem Bild gegeben sind.

In allen folgenden Teilaufgaben b) bis d) wird der Leitwert $G_1$ durch einen Kurzschluss ersetzt.

b) Zeichnen Sie das vereinfachte Netzwerk und bestimmen Sie dafür das lineare Gleichungssystem mithilfe des Knotenpotenzialverfahrens.

Verwenden Sie für die nachfolgenden Teilfragen c) und d) die folgenden Werte:

$$G_2 = G_5 = G_6 = 1\,\text{S}, \qquad G_4 = G_7 = 2\,\text{S}, \qquad G_1 \to \infty,$$
$$I_{01} = 2\,\text{A}, \qquad I_{02} = 3\,\text{A}, \qquad U_{03} = 10\,\text{V}$$

c) Bestimmen Sie die in Bild 1.14.1 eingezeichnete Spannung $U_3$ in Abhängigkeit des Leitwerts $G_3$.

d) Wie müssen die Werte $U_0$ und $R_i$ der äquivalenten Ersatzschaltung in Bild 1.14.2 dimensioniert sein, damit am Leitwert $G_3$ die Spannung $U_3$ mit der aus Aufgabenteil c) übereinstimmt?

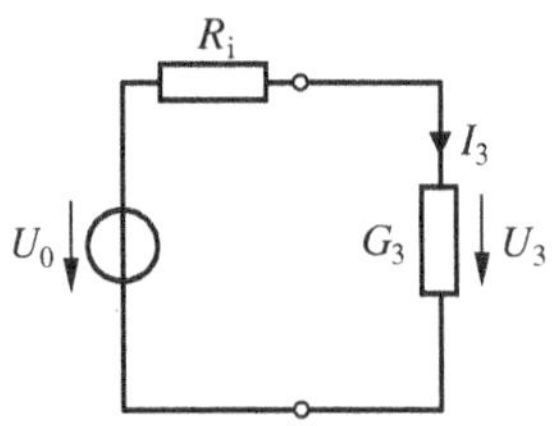


**Bild 1.14.2** Ersatzschaltung

## Lösung zu Aufgabe 1.14

a) Zur Anwendung des Knotenpotenzialverfahrens ist die Spannungsquelle $U_{03}$ in eine äquivalente Stromquelle umzuwandeln. Die beiden damit entstehenden parallelen Stromquellen $U_{03} \cdot G_6$, $I_{02}$ und die parallelen Leitwerte $G_5$, $G_6$ können zusammengefasst werden. Die Anwendung des Knotenpotenzialverfahrens für die Knotenpotenziale $\varphi_1$, $\varphi_2$, $\varphi_3$ liefert das lineare Gleichungssystem:

$$\begin{bmatrix} G_1 + G_2 + G_3 & -G_3 & 0 \\ -G_3 & G_3 + G_4 + G_5 + G_6 & -G_5 - G_6 \\ 0 & -G_5 - G_6 & G_5 + G_6 + G_7 \end{bmatrix} \cdot \begin{bmatrix} \varphi_1 \\ \varphi_2 \\ \varphi_3 \end{bmatrix} = \begin{bmatrix} I_{01} \\ U_{03} \cdot G_6 - I_{02} \\ I_{02} - U_{03} \cdot G_6 \end{bmatrix}$$

b) Die Stromquelle $I_{01}$ und der Leitwert $G_2$ sind nun kurzgeschlossen. Damit befindet sich der Knoten 1 auf Massepotenzial und entfällt. Die vereinfachte Schaltung ist in der Zeichnung dargestellt.

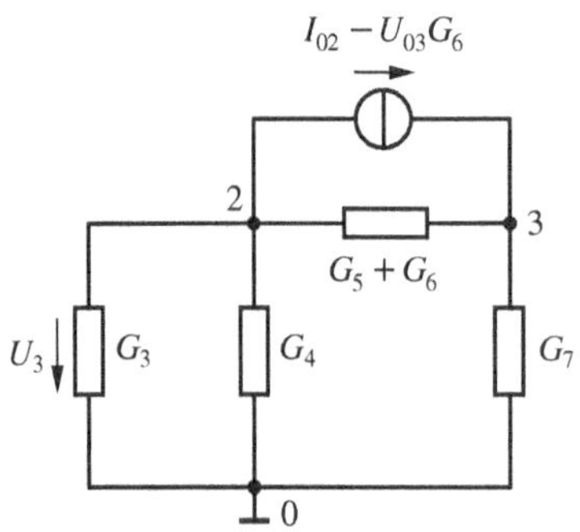


**Bild 1.14.3** Vereinfachung des Netzwerks

Das lineare Gleichungssystem hat nun nur noch zwei unabhängige Knoten. Da Knoten 1 nun auf dem Massepotenzial liegt, erhält man es durch Streichen der ersten Zeile und Spalte aus dem in Aufgabenteil a) aufgestellten Gleichungssystem:

$$\begin{bmatrix} G_3 + G_4 + G_5 + G_6 & -G_5 - G_6 \\ -G_5 - G_6 & G_5 + G_6 + G_7 \end{bmatrix} \cdot \begin{bmatrix} \varphi_2 \\ \varphi_3 \end{bmatrix} = \begin{bmatrix} U_{03} \cdot G_6 - I_{02} \\ I_{02} - U_{03} \cdot G_6 \end{bmatrix}$$

c) Die Spannung $U_3$ ist gleich dem Potenzial $\varphi_2$ (da Knoten 1 nun auf dem Massepotenzial liegt). Die Lösung erhält man durch Einsetzen oder mit der Cramerschen Regel $\varphi_2 = D_1/D$.

$$D = (G_3 + G_4 + G_5 + G_6) \cdot (G_5 + G_6 + G_7) - (G_5 + G_6)^2$$
$$D_1 = (U_{03} \cdot G_6 - I_{02}) \cdot (G_5 + G_6 + G_7) - (I_{02} - U_{03} \cdot G_6) \cdot (-G_5 - G_6)$$
$$U_3 = \varphi_2 = \frac{D_1}{D} = \frac{(U_{03} \cdot G_6 - I_{02}) \cdot (G_5 + G_6 + G_7) - (I_{02} - U_{03} \cdot G_6) \cdot (-G_5 - G_6)}{(G_3 + G_4 + G_5 + G_6) \cdot (G_5 + G_6 + G_7) - (G_5 + G_6)^2}$$

Nach Einsetzen der gegebenen Werte folgt:

$$U_3 = \varphi_2 = \frac{7\,\text{A} \cdot \text{S}}{2\,\text{S} \cdot G_3 + 6\,\text{S}^2}$$

d) Es wird nun die Ersatzspannungsquelle bezüglich der Klemmen des Leitwertes $G_3$ gesucht. Für diese gilt:

$$U_3 = U_0 - R_\text{i} \cdot I_3 = U_0 - R_\text{i} \cdot U_3 \cdot G_3$$
$$U_3 = \frac{U_0}{1 + R_\text{i} \cdot G_3}$$

Durch Koeffizientenvergleich mit der Lösung aus Aufgabenteil c) kann die Leerlaufspannung $U_0$ und der Innenwiderstand $R_\text{i}$ bestimmt werden. Hierzu werden Zähler und Nenner durch $6\,\text{S}^2$ dividiert:

$$U_3 = \frac{\frac{7\,\text{A}}{6\,\text{S}}}{1 + \frac{1}{3\,\text{S}} \cdot G_3} \stackrel{!}{=} \frac{U_0}{1 + R_\text{i} \cdot G_3}$$

Damit ergibt sich unmittelbar:

$$U_0 = \frac{7}{6}\,\text{V} \approx 1{,}167\,\text{V}, \qquad R_\text{i} = \frac{1}{3}\,\Omega \approx 0{,}33\,\Omega$$

*Anmerkung:* Es ist auch möglich, die Teilaufgabe direkt aus der vereinfachten Schaltung in Aufgabenteil b) zu bestimmen, d. h. ohne die Lösung zu Teil c). Hierzu sind Leerlaufspannung und Innenwiderstand bezüglich der Klemmen des Leitwertes $G_3$ zu bestimmen.

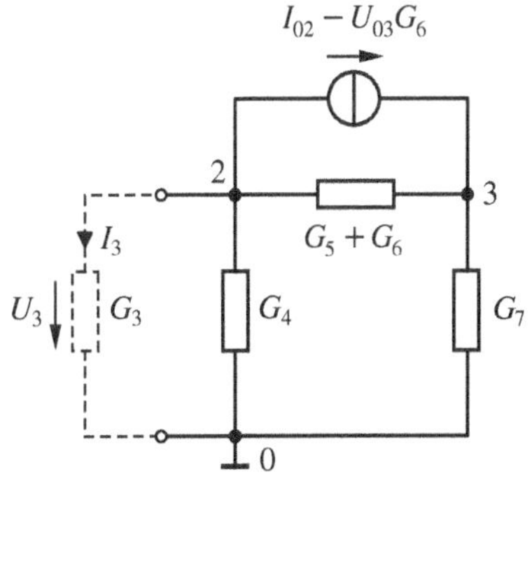


**Bild 1.14.4** Ersatzschaltung

Dann ergibt sich für den Innenwiderstand:

$$\frac{1}{R_\mathrm{i}} = G_4 + \frac{1}{\dfrac{1}{G_5 + G_6} + \dfrac{1}{G_7}}$$

und den Kurzschlussstrom:

$$I_\mathrm{K} = -(I_{02} - U_{03}G_6)\frac{G_7}{G_5 + G_6 + G_7}$$

Nach dem Einsetzen der Zahlenwerte und mit $U_0 = I_\mathrm{K} R_\mathrm{i}$ erhält man die zuvor angegebenen Werte.

## Maschenstromverfahren/Knotenpotenzialverfahren

### Aufgabe 1.15

Gegeben ist das dargestellte Fünfecknetzwerk mit 5 Knoten und 10 Zweigen.

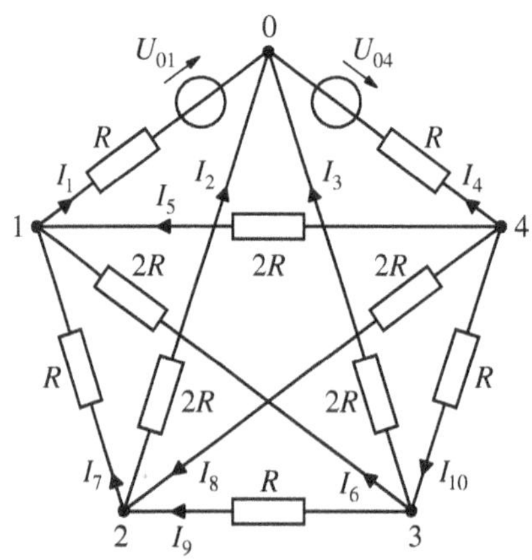


**Bild 1.15.1** Lineares Netzwerk

**Maschenstromverfahren:**

a) Wie viele unabhängige Ströme können vorgegeben werden?

b) Zeichnen Sie den vollständigen Baum, in dem die Ströme $I_1$, $I_2$, $I_3$ und $I_4$ die abhängigen Ströme sind.

c) Stellen Sie Gleichungen auf, die die abhängigen Ströme durch die unabhängigen Ströme ausdrücken.

**Knotenpotenzialverfahren:**

d) Wandeln Sie alle Spannungsquellen in äquivalente Stromquellen um und zeichnen Sie das Netzwerk neu. Stellen Sie ein Gleichungssystem für die unabhängigen Spannungen auf. Vereinfachen Sie das Gleichungssystem soweit wie möglich.

Die Lösung des Gleichungssystems ergibt folgende Werte:

$$U_{10} = -1{,}45\,\mathrm{V}, \quad U_{20} = -4{,}72\,\mathrm{V}, \quad U_{30} = -6{,}18\,\mathrm{V}, \quad U_{40} = -13{,}09\,\mathrm{V}.$$

e) Berechnen Sie die Spannung $U_{14}$.

## Lösung zu Aufgabe 1.15

a) $k = 5; z = 10$

$$\Rightarrow z - k + 1 = 6$$

6 Ströme können unabhängig voneinander vorgegeben werden.

b) In jedem Knoten gilt: $\sum I = 0$

Die **fett** gedruckten Linien bilden den vollständigen Baum.

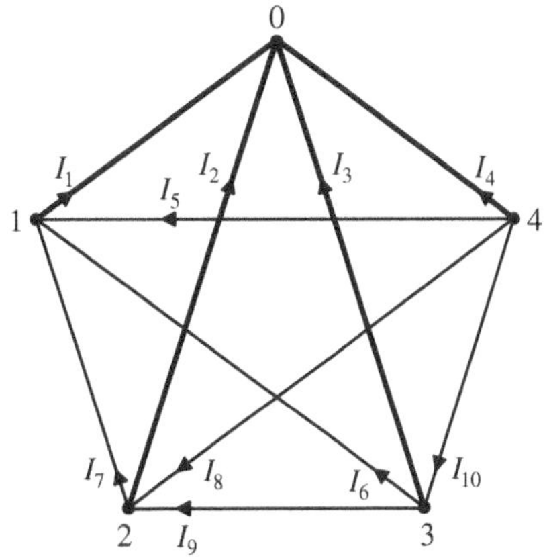


**Bild 1.15.2** Vollständiger Baum

c)
$$I_1 = I_5 + I_6 + I_7$$
$$I_2 = -I_7 + I_8 + I_9$$
$$I_3 = -I_6 - I_9 + I_{10}$$
$$I_4 = -I_5 - I_8 - I_{10}$$

$$\Rightarrow I_1 + I_2 + I_3 + I_4 = 0$$

d) Vorbereitung des Netzwerkes für das Knotenpotenzialverfahren:

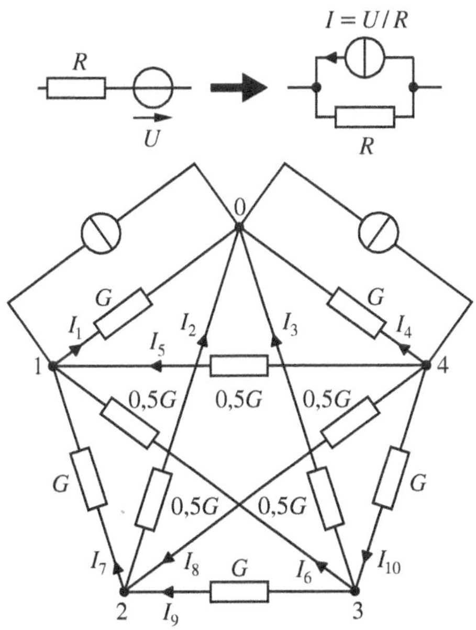


**Bild 1.15.3** Umwandlung der Spannungsquellen in äquivalente Stromquellen und Vereinfachung des Netzwerkes

| | $U_{10}$ | $U_{20}$ | $U_{30}$ | $U_{40}$ | |
|---|---|---|---|---|---|
| Knoten 1 | $3G$ | $-G$ | $-\frac{G}{2}$ | $-\frac{G}{2}$ | $U_{01} \cdot G$ |
| Knoten 2 | $-G$ | $3G$ | $-G$ | $-\frac{G}{2}$ | 0 |
| Knoten 3 | $-\frac{G}{2}$ | $-G$ | $3G$ | $-G$ | 0 |
| Knoten 4 | $-\frac{G}{2}$ | $-\frac{G}{2}$ | $-G$ | $3G$ | $-U_{04} \cdot G$ |

$\Downarrow$

| | $U_{10}$ | $U_{20}$ | $U_{30}$ | $U_{40}$ | |
|---|---|---|---|---|---|
| Knoten 1 | 3 | $-1$ | $-\frac{1}{2}$ | $-\frac{1}{2}$ | $U_{01}$ |
| Knoten 2 | $-1$ | 3 | $-1$ | $-\frac{1}{2}$ | 0 |
| Knoten 3 | $-\frac{1}{2}$ | $-1$ | 3 | $-1$ | 0 |
| Knoten 4 | $-\frac{1}{2}$ | $-\frac{1}{2}$ | $-1$ | 3 | $-U_{04}$ |

$G$ kürzt sich aus dem Gleichungssystem heraus.

e) $U_{14} = U_{40} - U_{10} = \underline{\underline{-11{,}64\,\text{V}}}$

## Aufgabe 1.16

Gegeben ist das in Bild 1.16.1 gezeigte lineare Netzwerk mit folgenden Werten:

$$R = 100\,\Omega, \quad I_{02} = 50\,\text{mA}, \quad U_{01} = 10\,\text{V}$$

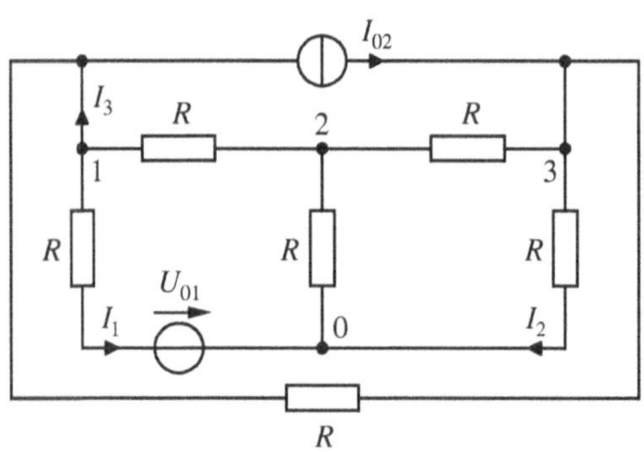


**Bild 1.16.1** Lineares Netzwerk

**Maschenstromverfahren:**

a) Bereiten Sie die gegebene Schaltung für das Maschenstromverfahren vor.

b) Stellen Sie das Gleichungssystem für die unabhängigen Ströme $I_1$, $I_2$ und $I_3$ auf.

c) Berechnen Sie den Strom $I_2$.

**Knotenpotenzialverfahren:**

d) Bereiten Sie die gegebene Schaltung für das Knotenpotenzialverfahren vor.

e) Stellen Sie das Gleichungssystem für die eingezeichneten Knoten relativ zum Bezugspunkt 0 auf und bestimmen Sie $U_{30}$.

f) Zeigen Sie, dass die Spannung $U_{30}$ auch mittels des Ergebnisses des Maschenstromverfahrens berechnet werden kann.

## Lösung zu Aufgabe 1.16

**Lösung zum Maschenstromverfahren:**

a) Umrechnen der Stromquelle in eine äquivalente Spannungsquelle

$$U_{02} = R \cdot I_{02} = 100\,\Omega \cdot 50\,\text{mA} = 5\,\text{V}$$

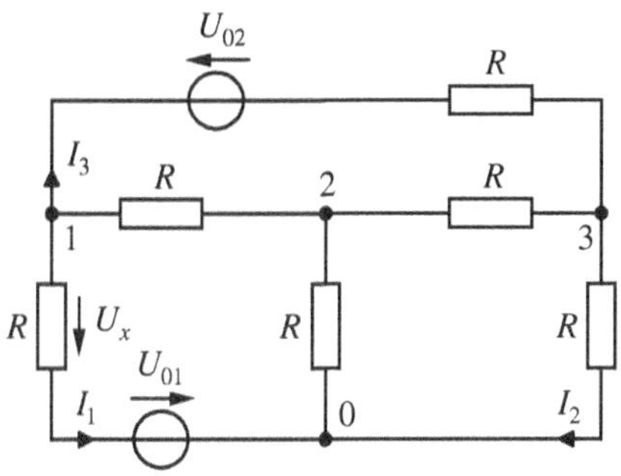


**Bild 1.16.2** Umwandlung der Stromquelle in eine äquivalente Spannungsquelle

b)
$$\begin{bmatrix} 3R & R & R \\ R & 3R & -R \\ R & -R & 3R \end{bmatrix} \cdot \begin{bmatrix} I_1 \\ I_2 \\ I_3 \end{bmatrix} = \begin{bmatrix} -U_{01} \\ 0 \\ U_{02} \end{bmatrix}$$

c)
$$\det(A) = \det \begin{pmatrix} 3R & R & R \\ R & 3R & -R \\ R & -R & 3R \end{pmatrix}$$

$$\det(A_2) = \det \begin{pmatrix} 3R & -U_{01} & R \\ R & 0 & -R \\ R & U_{02} & 3R \end{pmatrix}$$

$$I_2 = \frac{\det(A_2)}{\det(A)} = \frac{\det \begin{pmatrix} 3R & R & R \\ R & 3R & -R \\ R & -R & 3R \end{pmatrix}}{\det \begin{pmatrix} 3R & -U_{01} & R \\ R & 0 & -R \\ R & U_{02} & 3R \end{pmatrix}} = \underline{\underline{37{,}5\,\text{mA}}}$$

mit: $R = 100\,\Omega$, $U_{10} = 10\,\text{V}$

**Lösung zum Knotenpotenzialverfahren:**

d) Umrechnen der Spannungsquelle in eine äquivalente Stromquelle

$$I_{01} = \frac{U_{01}}{R} = \frac{10\,\text{V}}{100\,\Omega} = 100\,\text{mA}$$

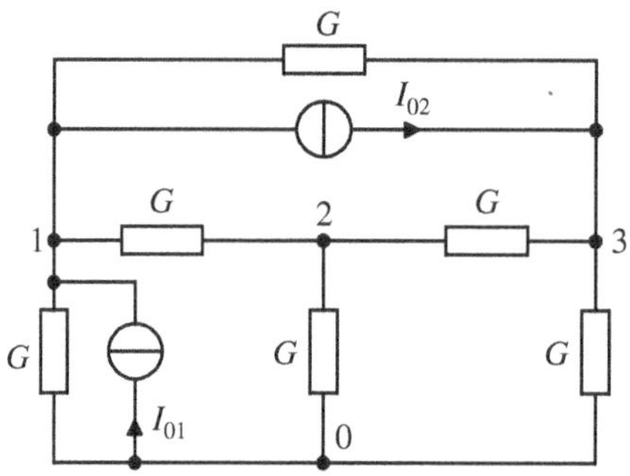


**Bild 1.16.3** Umwandlung der Spannungsquelle in eine äquivalente Stromquelle

e) $$\begin{bmatrix} 3G & -G & -G \\ -G & 3G & -G \\ -G & -G & 3G \end{bmatrix} \cdot \begin{bmatrix} U_{10} \\ U_{20} \\ U_{30} \end{bmatrix} = \begin{bmatrix} I_{01} - I_{02} \\ 0 \\ I_{02} \end{bmatrix}$$

$$U_{30} = \frac{\det\begin{pmatrix} 3G & -G & I_{01} - I_{02} \\ G & 3G & 0 \\ -G & -G & I_{02} \end{pmatrix}}{\det\begin{pmatrix} 3G & -G & -G \\ -G & 3G & -G \\ -G & -G & 3G \end{pmatrix}} = \frac{\det\begin{pmatrix} 0{,}03 & -0{,}01 & 0{,}05 \\ -0{,}01 & 0{,}03 & 0 \\ -0{,}01 & -0{,}01 & 0{,}05 \end{pmatrix}}{\det\begin{pmatrix} 0{,}03 & -0{,}01 & -0{,}01 \\ -0{,}01 & 0{,}03 & -0{,}01 \\ -0{,}01 & -0{,}01 & 0{,}03 \end{pmatrix}} = \underline{\underline{3{,}75\,\mathrm{V}}}$$

f) $$U_{30} = I_2 \cdot R = \underline{\underline{3{,}75\,\mathrm{V}}}$$

## Ersatzstromquelle

### Aufgabe 1.17

Die in dem Bild 1.17.1 verwendeten Spannungsquellen seien reale Spannungsquellen mit den Quellenspannungen $U_1 = 5\,\mathrm{V}$ und $U_2 = 10\,\mathrm{V}$ sowie den Innenwiderständen $R_{i1} = 1\,\Omega$ und $R_{i2} = 5\,\Omega$.

Die Stromquelle sei eine ideale Stromquelle mit einem Quellenstrom von $I_1 = 1\,\mathrm{A}$.

Die Widerstände haben folgende Werte: $R_1 = R_2 = R_3 = 10\,\Omega$

Der temperaturabhängige Widerstand $R_T$ hat folgende Parameter:

$$R_{T,20} = 100\,\Omega, \qquad \alpha_{20\,^\circ\mathrm{C}} = 0{,}004\,\mathrm{K}^{-1}$$

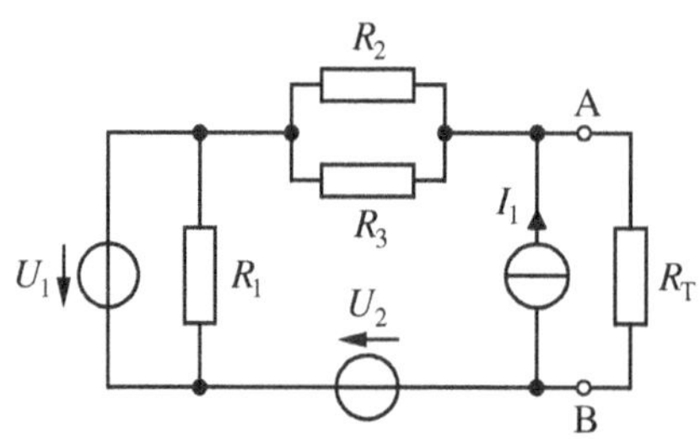


**Bild 1.17.1** Lineares Netzwerk

a) Zeichnen Sie das vollständige, wenn möglich, vereinfachte Ersatzschaltbild der Schaltung nach Bild 1.17.1 (mit den Quellensymbolen und Innenwiderständen für Spannungs- und Stromquellen).

b) Ersetzen Sie die im Bild 1.17.1 dargestellte Schaltung bezüglich der Klemmen A und B durch eine Ersatzstromquelle gemäß dem Bild 1.17.2 und bestimmen Sie die Werte für $I_E$ und $R_E$.

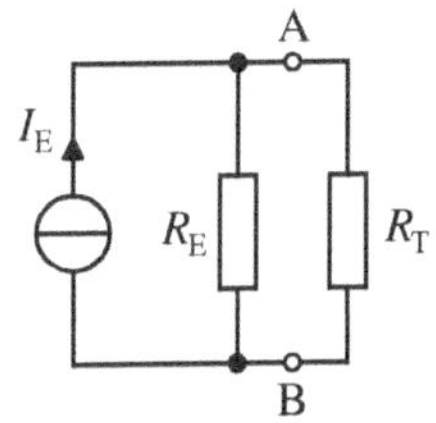


**Bild 1.17.2** Ersatzschaltbild

*Hinweis:* Falls Sie b) nicht lösen konnten, rechnen Sie für die Aufgabenteile c), d) und e) weiter mit $I_E = 0{,}75\,\text{A}$ und $R_E = 11\,\Omega$.

c) Zeichnen Sie das Schaltbild der zu b) gehörigen äquivalenten Ersatzspannungsquelle und geben Sie die Werte für die Leerlaufspannung und den Ersatzinnenwiderstand an.

d) An die Klemmen A und B wird der temperaturabhängige Lastwiderstand $R_T$ angeschlossen. Bestimmen Sie die Klemmenspannung nach einer Erwärmung des Widerstandes auf 100 °C.

e) Berechnen Sie die in $R_T$ umgesetzte Leistung (bei 100 °C).

## Lösung zu Aufgabe 1.17

a) Eine reale Spannungsquelle wird als Reihenschaltung aus einer idealen Spannungsquelle und ihrem Innenwiderstand betrachtet.

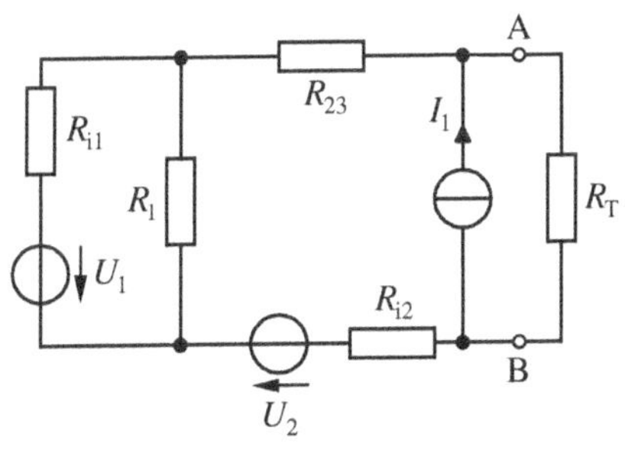


**Bild 1.17.3** Ersatzschaltbild

b) Die Ersatzstromquelle wird mittels Superpositionsprinzip bestimmt:

1. Bestimmung des Innenwiderstands des Netzwerks bezogen auf die Klemmen A und B. Die Quellen im Netzwerk sind dabei deaktiviert. (Spannungsquellen als Kurzschluss, Stromquellen als Leerlauf)

$$R_E = R_{23} + \left(R_{i1} \parallel R_1\right) + R_{i2} = 5\,\Omega + \frac{1\,\Omega \cdot 10\,\Omega}{1\,\Omega + 10\,\Omega} + 5\,\Omega = \underline{\underline{\frac{120}{11}\,\Omega}}$$

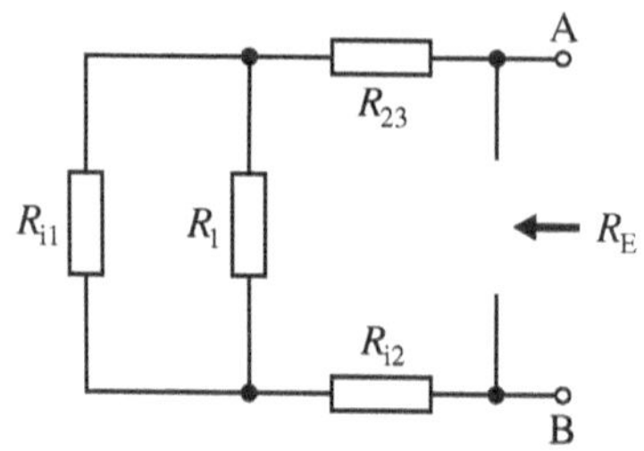


**Bild 1.17.4** Äquivalenter Innenwiderstand

2. Bestimmung des Kurzschlussstroms $I'_E$ zwischen Klemme A und B bei aktiver Quelle $U_1$

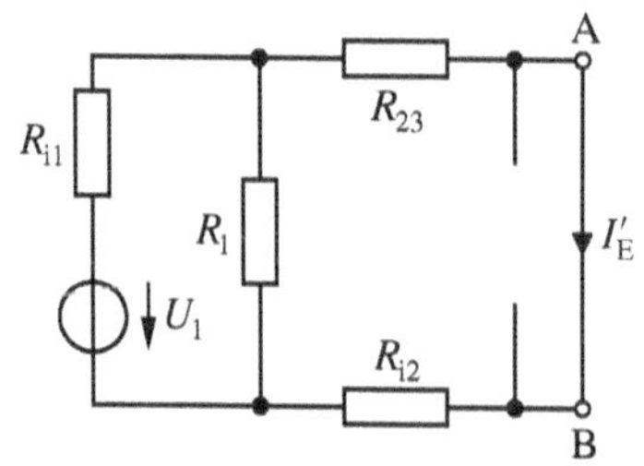


**Bild 1.17.5** Kurzschluss zwischen Klemmen A und B

Vereinfachung der Schaltung führt zu:

$$I_{ges} = \frac{U_1}{R_{i1} + R_1 \parallel (R_{23+i2})} = \frac{5\,\text{V}}{1\,\Omega + 10\,\Omega \parallel 10\,\Omega} = \frac{5}{6}\,\text{A}$$

$$I'_E = \frac{G_{23+i2}}{G_1 + G_{23+i2}} \cdot I_{ges} = \frac{5}{12}\,\text{A}$$

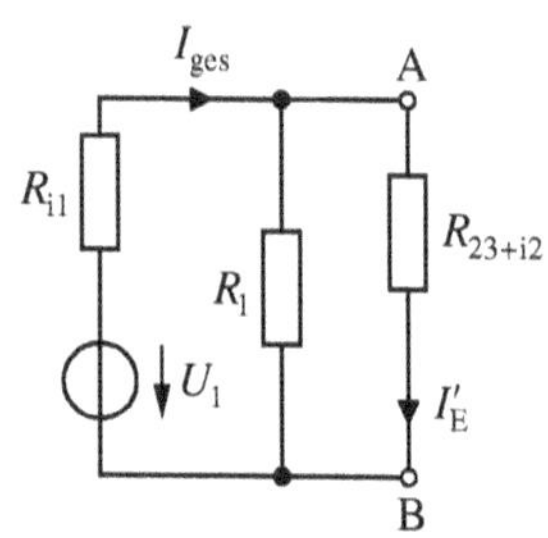


**Bild 1.17.6** Vereinfachung der Schaltung

3. Bestimmung des Kurzschlussstroms $I''_E$ zwischen Klemme A und B bei aktiver Quelle $U_2$

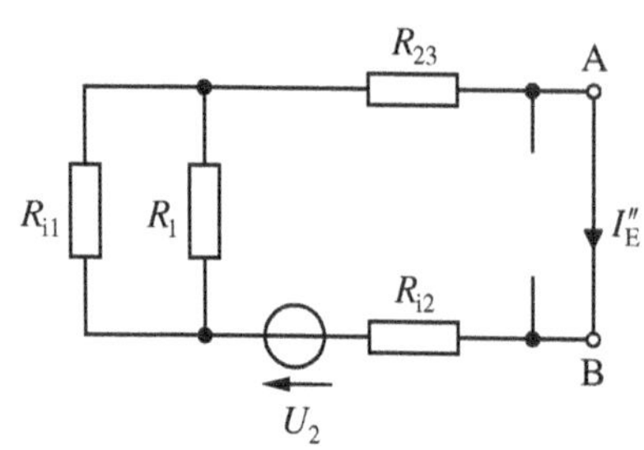


**Bild 1.17.7** Vereinfachung der Schaltung

Vereinfachung der Schaltung führt zu:

$$I_E'' = -\frac{U_2}{R_E} = -\frac{10\,\text{V}}{\frac{120}{11}\,\Omega} = -\frac{11}{12}\,\text{A}$$

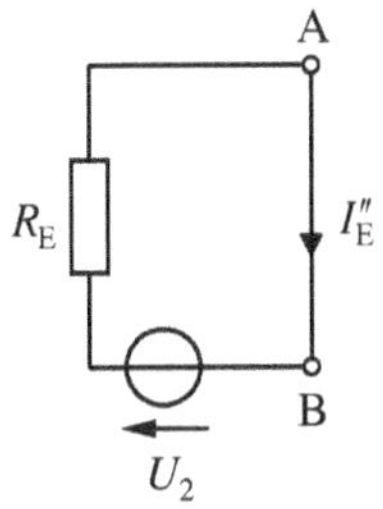


**Bild 1.17.8** Weitere Vereinfachung der Schaltung

4. Bestimmung des Kurzschlussstroms $I_E'''$ zwischen den Klemmen A und B bei aktiver Quelle $I_1$

$$I_E''' = I_1 = 1\,\text{A}$$

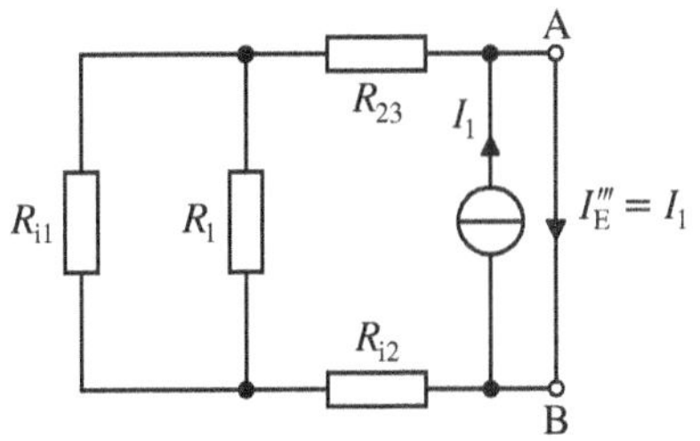


**Bild 1.17.9** Vereinfachung der Schaltung

5. Vorzeichenrichtige Addition der Ströme

$$I_E = I_E' + I_E'' + I_E''' = \left(\frac{5}{12} - \frac{11}{12} + 1\right)\,\text{A} = \underline{\underline{0{,}5\,\text{A}}}$$

c) Ersatzspannungsquelle mit der Quellenspannung $U_E$ und dem Innenwiderstand $R_E$ und der Last $R_T$

$$U_E = \frac{60}{11}\,\text{V}, \qquad R_E = \frac{120}{11}\,\Omega$$

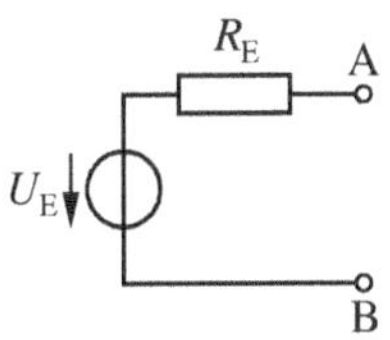


**Bild 1.17.10** Ersatzspannungsquelle

d) Zuerst ist der Widerstandswert des Lastwiderstandes bei 100 °C zu berechnen:

$$R_T = R_{T,20\,°C}\left(1 + \alpha_{20\,°C}\left(T - 20\,°C\right)\right) = 100\,\Omega \cdot \left(1 + 0{,}004\frac{1}{\text{K}} \cdot 80\,\text{K}\right) = 132\,\Omega$$

Berechnung der Klemmenspannung $U_{AB}$:

$$U_{AB} = \frac{R_T}{R_E + R_T} \cdot U_E = \frac{132\,\Omega}{\frac{120}{11}\,\Omega + 132\,\Omega} \cdot \frac{60}{11}\,\text{V} = \underline{\underline{5{,}04\,\text{V}}}$$

$$\left( U_{AB} = \frac{132\,\Omega}{143\,\Omega} \cdot 8{,}25\,\text{V} = \underline{\underline{7{,}62\,\text{V}}} \right)$$

e) Berechnung der Leistung an $R_T$:

$$P = \frac{U_{AB}^2}{R_T} = \frac{5{,}04^2}{132}\,\text{W} = \underline{\underline{0{,}19\,\text{W}}} \qquad \left( P = \frac{7{,}62^2}{132}\,\text{W} = \underline{\underline{0{,}44\,\text{W}}} \right)$$

Die unter d) und e) in Klammern gesetzten Formeln und Zahlenwerte beziehen sich auf $U_E = R_E \cdot I_E = 8{,}25\,\text{V}$ mit den unter b) angegebenen Werten $I_E = 0{,}75\,\text{A}$ und $R_E = 11\,\Omega$.

## Ersatzspannungsquelle

### Aufgabe 1.18

Gegeben ist die folgende Schaltung:

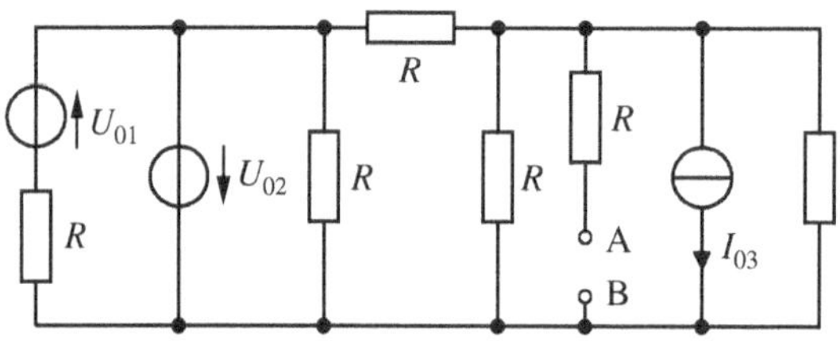


**Bild 1.18.1** Lineares Netzwerk

Das Bild 1.18.2 stellt die bezüglich der Klemmen A und B äquivalente Ersatzspannungsquelle der im Bild 1.18.1 dargestellten Schaltung dar.

a) Berechnen Sie den Innenwiderstand $R_E$ der Ersatzspannungsquelle.

b) Berechnen Sie die Leerlaufspannung $U_{LL}$ der Ersatzspannungsquelle.

c) An die Klemmen A und B der Ersatzspannungsquelle wird ein veränderlicher Widerstand $R_X$ angeschlossen.

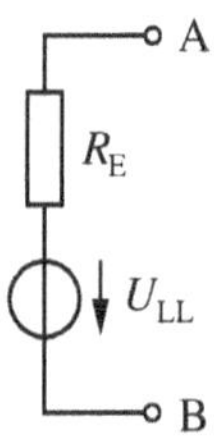


**Bild 1.18.2** Ersatzspannungsquelle bez. der Klemmen A und B

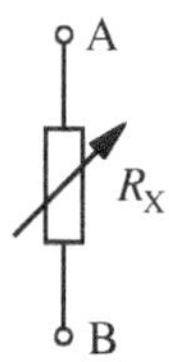


**Bild 1.18.3** Zwischen die Klemmen A und B eingefügter Widerstand $R_X$

Welcher Wert muss für $R_X$ eingestellt werden, damit die im Widerstand $R_X$ umgesetzte Leistung $P(R_X)$ maximal wird?

## Lösung zu Aufgabe 1.18

a)

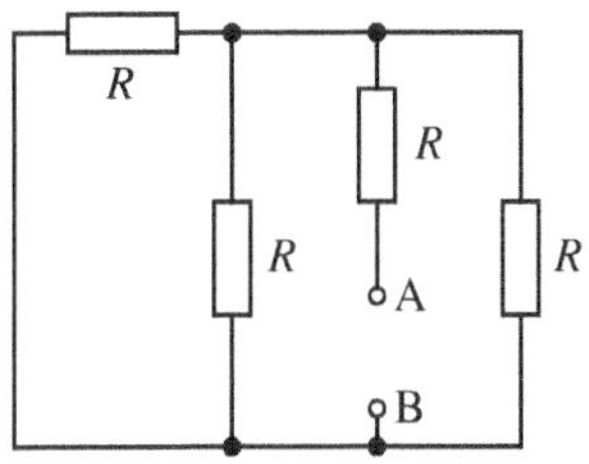


**Bild 1.18.4** Äquivalenter Innenwiderstand

$$R_E = R + (R \parallel R \parallel R)$$

$$R_E = R + \frac{1}{3}R$$

$$R_E = \underline{\underline{\frac{4}{3}R}}$$

b) Die Leerlaufspannung wird unter Benutzung des Superpositionsprinzips berechnet.

$$U_{LL} = U_{AB}'^{U_{01}} + U_{AB}'^{U_{02}} + U_{AB}'^{U_{03}}$$

*Erläuterung:* Der obere Index kennzeichnet die aktive Quelle.

$$U_{AB}'^{U_{01}} = 0$$

$$U_{AB}'^{U_{02}} = \frac{R \parallel R}{(R \parallel R) + R} U_{02} = \frac{\frac{1}{2}R}{\frac{3}{2}R} U_{03} = \frac{1}{3} U_{02}$$

$$U_{AB}'^{I_{03}} = -(R \parallel R \parallel R) \cdot I_{03} = -\frac{1}{3}R \cdot I_{03}$$

$$U_{LL} = \underline{\underline{\frac{1}{3}U_{02} - \frac{1}{3}R \cdot I_{03}}}$$

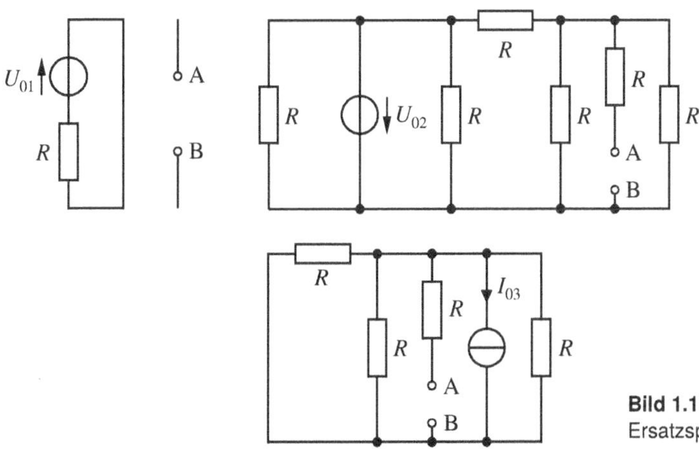


**Bild 1.18.5** Entwicklung der Ersatzspannungsquelle

c) Durch Berechnung der ersten Ableitung der Funktion $P(R_X)$ wird das Maximum bestimmt:

$$P = U_{R_X} \cdot I$$

$$P(R_X) = U_{LL}^2 \frac{R_X}{(R_E + R_X)^2}$$

$$P_{max} \Rightarrow \frac{d}{dR_X}(P(R_X)) = 0$$

$$\frac{d}{dR_X}(P(R_X)) = \frac{d}{dR_X}\left(U_{LL}^2 \frac{R_X}{(R_E + R_X)^2}\right)$$

$$\frac{d}{dR_X}(P(R_X)) = U_{LL}^2 \frac{(R_E + R_X)^2 - 2R_X(R_E + R_X)}{(R_E + R_X)^4}$$

$$\frac{d}{dR_X}(P(R_X)) = U_{LL}^2 \frac{R_E - R_X}{(R_E + R_X)^3}$$

$$0 = U_{LL}^2 \frac{R_E - R_X}{(R_E + R_X)^3}$$

$$\Rightarrow \underline{\underline{R_E = R_X}}$$

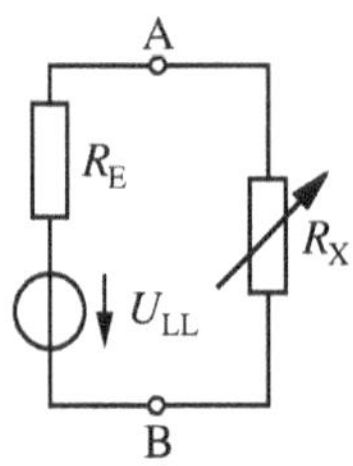


**Bild 1.18.6** Ersatzspannungsquelle mit der Last $R_X$

## Aufgabe 1.19

Gegeben ist die folgende Schaltung:

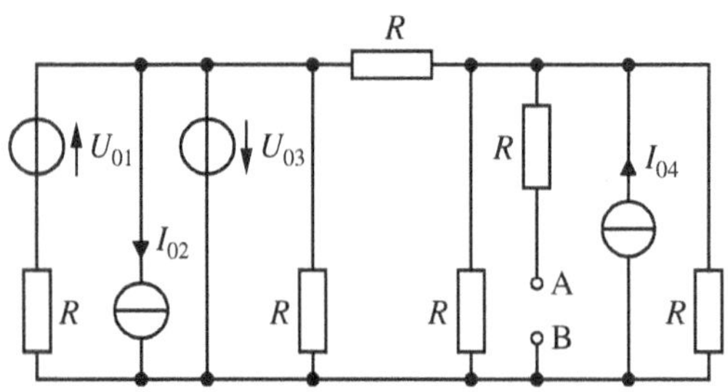


**Bild 1.19.1** Lineares Netzwerk

a) Berechnen Sie den Innenwiderstand $R_E$ der Ersatzspannungsquelle. Zeichnen Sie dazu das Schaltbild aus Bild 1.19.1 um.

b) Berechnen Sie die Leerlaufspannung $U_{LL}$ der Ersatzspannungsquelle.

In Bild 1.19.3 wird an die Klemmen A und B der Ersatzspannungsquelle aus Bild 1.19.2 ein Widerstand $R_X$ angeschlossen.

c) Berechnen Sie den Wert, den $R_X$ haben muss, damit die Klemmenspannung $U_{AB}$ um höchstens $k = 2{,}5\,\%$ von der Leerlaufspannung $U_{LL}$ abweicht.

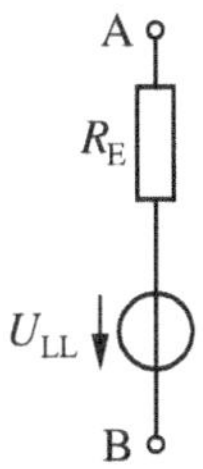


**Bild 1.19.2** Ersatzspannungsquelle bez. der Klemmen A und B

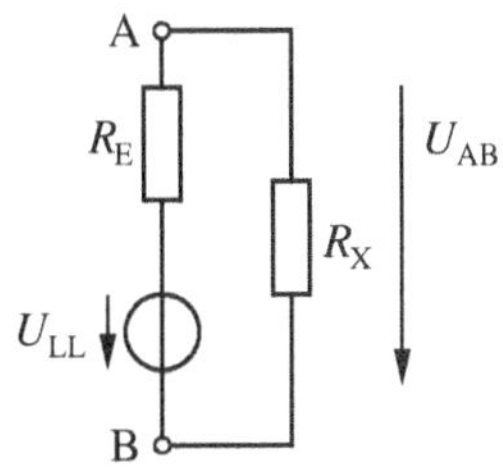


**Bild 1.19.3** Zwischen die Klemmen A und B eingefügter Widerstand $R_X$

## Lösung zu Aufgabe 1.19

a) Bei der Berechnung des Innenwiderstandes werden alle Quellen der Schaltung unwirksam gemacht (Spannungsquellen als Kurzschluss, Stromquellen als Leerlauf).

Es ergibt sich folgendes Schaltbild:

$$R_E = R + (R \| R \| R)$$

$$R_E = R + \frac{1}{3} R$$

$$\underline{\underline{R_E = \frac{4}{3} R}}$$

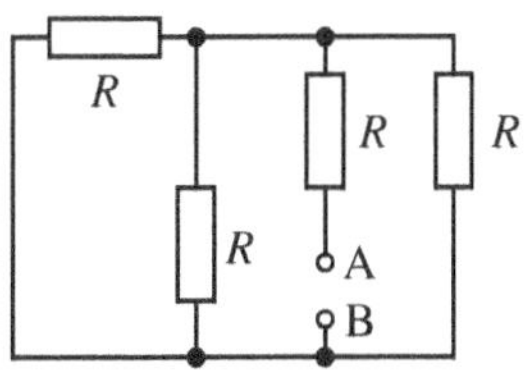


**Bild 1.19.4** Ersatzschaltung zur Berechnung des Innenwiderstandes

b) Die Leerlaufspannung wird mithilfe des Superpositionsprinzips bestimmt:

$$U_{LL} = U'^{U_{01}}_{AB} + U'^{I_{02}}_{AB} + U'^{U_{03}}_{AB} U'^{I_{04}}_{AB}$$

$$U'^{U_{01}}_{AB} = 0$$

$$U'^{I_{02}}_{AB} = 0$$

$$U'^{U_{03}}_{AB} = \frac{R \| R}{(R \| R) + R} U_{03} = \frac{\frac{1}{2} R}{\frac{3}{2} R} U_{03} = \frac{1}{3} U_{03}$$

$$U'^{I_{04}}_{AB} = (R \| R \| R) \cdot I_{04} = \frac{1}{3} R \cdot I_{04}$$

$$U_{LL} = \frac{1}{3} U_{03} + \frac{1}{3} R \cdot I_{04}$$

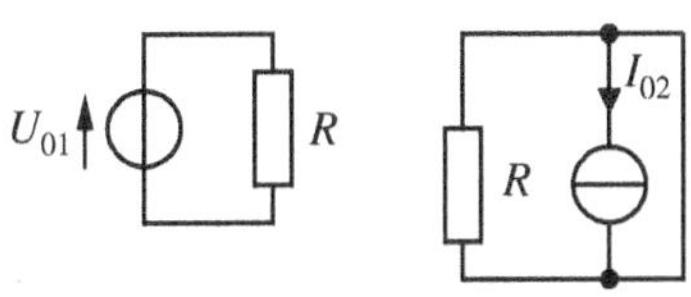


**Bild 1.19.5** Ersatzschaltungen zur Berechnung der Leerlaufspannung

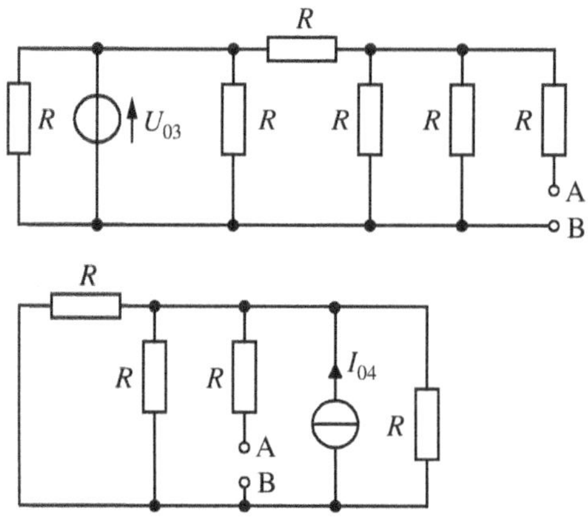


**Bild 1.19.6** Ersatzschaltungen zur Berechnung der Leerlaufspannung

c)
$$\frac{U_{\mathrm{AB}}}{U_{\mathrm{LL}}} = \frac{R_{\mathrm{X}}}{R_{\mathrm{E}} + R_{\mathrm{X}}} = \frac{975}{1000}$$

$$1\,000 R_{\mathrm{X}} = 975 R_{\mathrm{E}} + 975 R_{\mathrm{X}}$$

$$\underline{\underline{R_{\mathrm{X}} = \frac{975}{25} R_{\mathrm{E}}}}$$

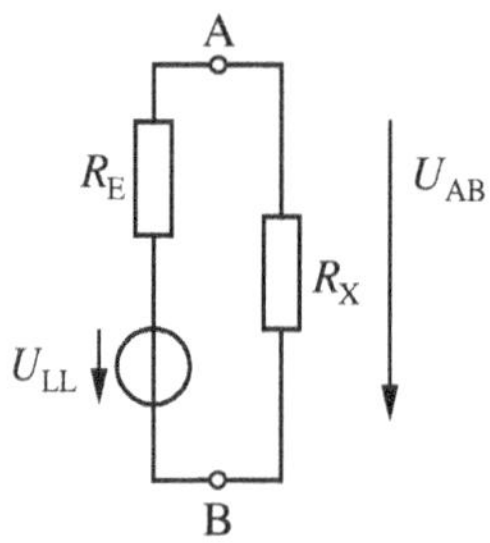


**Bild 1.19.7** Ersatzschaltung zur Berechnung von $R_{\mathrm{X}}$

## Ersatzspannungsquelle/Überlagerungssatz

### Aufgabe 1.20

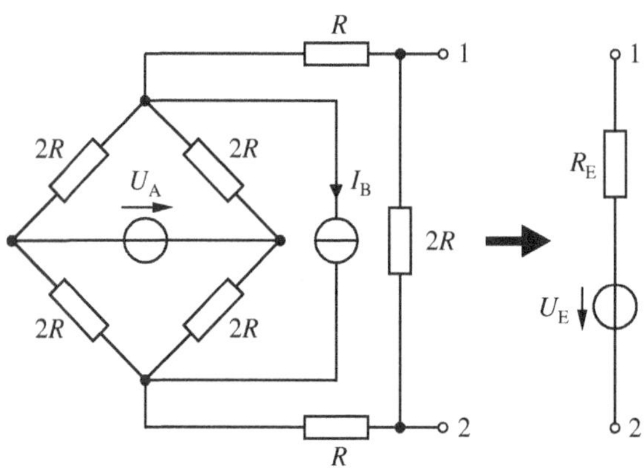


**Bild 1.20.1** Lineares Netzwerk

Gegeben sei die skizzierte Schaltung. Bei $U_A$ und $I_B$ handelt es sich um eine ideale Spannungs- bzw. Stromquelle.

a) Berechnen Sie allgemein mithilfe des Überlagerungssatzes die Ersatzspannungsquelle ($U_E$ und $R_E$) für die Klemmen 1 und 2. Berechnen Sie anschließend die Werte für $R = 7{,}5\,\Omega$, $U_A = 10\,\text{V}$ und $I_B = 1\,\text{A}$.

Sollten Sie a) nicht lösen können, so verwenden Sie $U_E = -10\,\text{V}$ und $R_E = 20\,\Omega$

b) Nun wird an die Klemmen 1 und 2 ein Lastwiderstand $R_L$ angeschlossen (siehe Bild 1.20.3). Wie groß darf $R_L$ minimal sein, damit die Spannung zwischen den Klemmen um maximal 5 % zum Leerlauf absinkt?

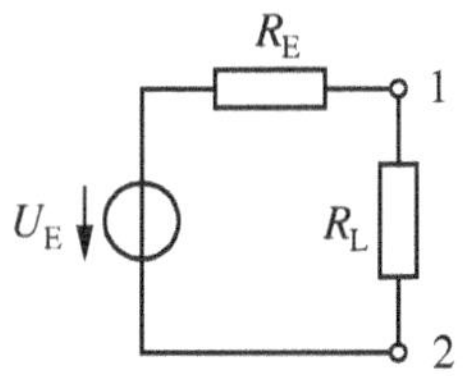


**Bild 1.20.2** Ersatzspannungsquelle

c) Wie groß muss $R_L$ gewählt werden, damit die maximale Leistung $P_{max}$ in $R_L$ umgesetzt werden kann? Wie groß ist dann $P_{max}$?

## Lösung zu Aufgabe 1.20

a) Unter Benutzung des Überlagerungssatzes wird die angegebene Schaltung zu einer Ersatzspannungsquelle umgewandelt:

*Bestimmung des Innenwiderstandes $R_E$:*

Kurzschluss aller Spannungsquellen und Leerlauf aller Stromquellen, dann Widerstand bezüglich der Klemmen 1 und 2 bestimmen. Das Schaltbild vereinfacht sich zu:

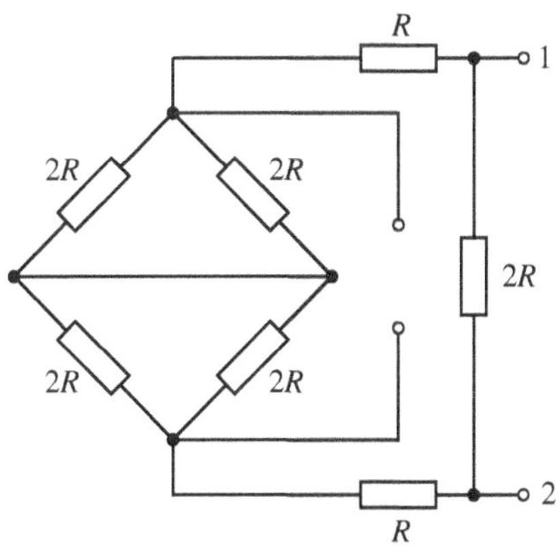


**Bild 1.20.3** Umwandlung der Schaltung in eine Ersatzspannungsquelle, Bestimmung des Innenwiderstandes

Damit ergibt sich $R_E$ zu:

$$R_E = 2R \parallel \left(R + R + (2R \parallel 2R) + (2R \parallel 2R)\right) = 2R \parallel 4R = \frac{4}{3}R$$

*Bestimmung der Leerlaufspannung $U_{\mathrm{E}}$:*

Dazu wird der Überlagerungssatz angewendet:

$$U_{\mathrm{E}} = U_{12}^{(1)} + U_{12}^{(2)}$$

Zuerst Leerlauf der Stromquelle und Aktivierung der Spannungsquelle $U_{\mathrm{A}}$ betrachten:

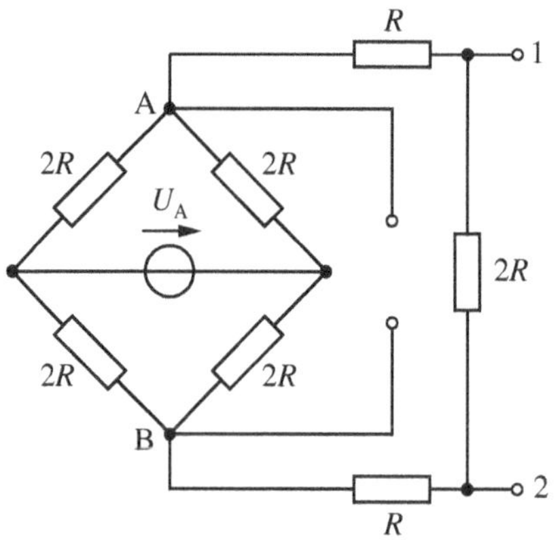


**Bild 1.20.4** Umwandlung der Schaltung in eine Ersatzspannungsquelle, Berechnung der Leerlaufspannung bei Aktivierung der Spannungsquelle $U_{\mathrm{A}}$

Da die Punkte A und B auf gleichem Potenzial liegen, fließt durch den Widerstand zwischen Klemme 1 und 2 kein Strom. Daher fällt keine Spannung zwischen 1 und 2 ab und es ergibt sich:

$$U_{12}^{(1)} = 0$$

Nun wird die Spannungsquelle kurzgeschlossen und die Stromquelle $I_{\mathrm{B}}$ aktiviert:

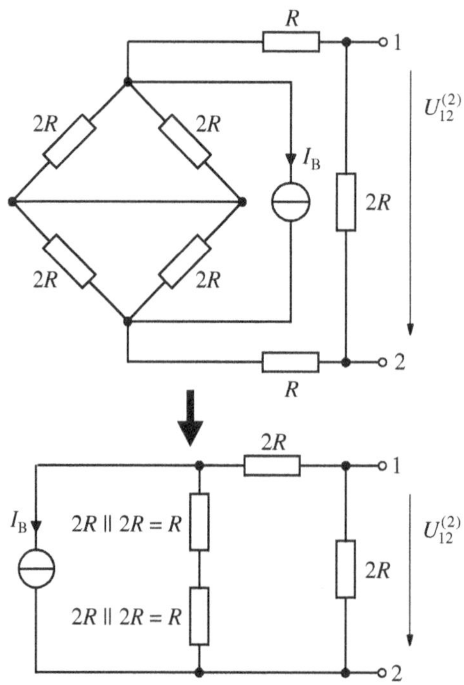


**Bild 1.20.5** Umwandlung der Schaltung in eine Ersatzspannungsquelle, Berechnung der Leerlaufspannung bei Aktivierung der Stromquelle $I_{\mathrm{B}}$

Unter Ausnutzung einer äquivalenten Spannungsquelle zur Stromquelle $I_B$ und dem parallelen Widerstand $2R$ kann das Schaltbild weiter vereinfacht werden:

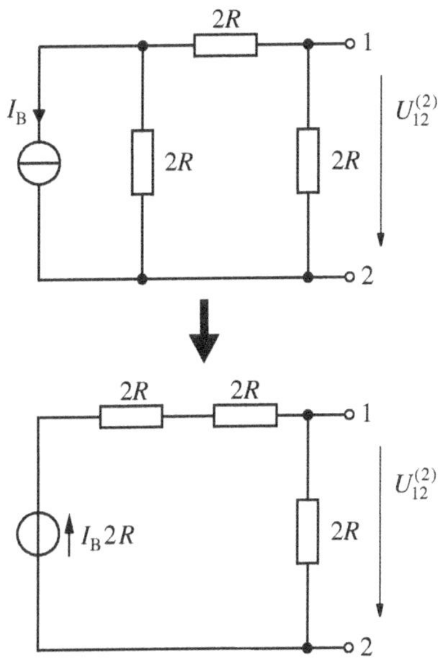


**Bild 1.20.6** Weitere Vereinfachung der Schaltung

Es ergibt sich mithilfe der Formel für Spannungsteiler (beachte Zählpfeil):

$$U_{12}^{(2)} = -\frac{2R}{2R + 2R + 2R} \cdot I_B \cdot 2R = -\frac{2}{3} I_B R$$

Hiernach ergibt sich die Leerlaufspannung zu:

$$U_E = U_{12}^{(1)} + U_{12}^{(2)} = -\frac{2}{3} I_B R$$

Berechnung der Zahlenwerte:

$$\underline{\underline{U_E = -5\,\text{V}}} \quad \text{und} \quad \underline{\underline{R_E = 10\,\Omega}}$$

b) Berechnung des minimalen Widerstandes, damit $U_{12}$ nicht um mehr als 5 % absinkt:

$$0{,}95 \cdot U_E \geqq \frac{R_L}{R_L + R_E} \cdot U_E \Leftrightarrow 0{,}95 \cdot (R_L + R_E) \geqq R_L \leqq \frac{0{,}95}{0{,}05} \cdot R_E = \underline{\underline{190\,\Omega}}$$

c) Die maximale Leistung $P_{max}$ wird bei $R_L = R_E$ in dem Widerstand $R_L$ umgesetzt (sog. Lastanpassung). Diese berechnet sich dann zu:

$$\underline{\underline{P_{max} = \frac{U_E^2}{R_E} = 2{,}5\,\text{W}}}$$

## Ersatzspannungsquelle/Ersatzstromquelle

### Aufgabe 1.21

Die in Bild 1.21.1 dargestellte Spannungsquelle sei eine reale Spannungsquelle mit einer Quellenspannung von 10 V und einem Innenwiderstand von 1 Ω.

Die Stromquelle sei eine reale Stromquelle mit einem Quellenstrom von 5 A und einem Innenwiderstand von 1 kΩ.

Die Widerstände haben folgende Werte: $R_1 = 1\,\Omega$, $R_2 = 5\,\Omega$ und $R_3 = 16\,\Omega$

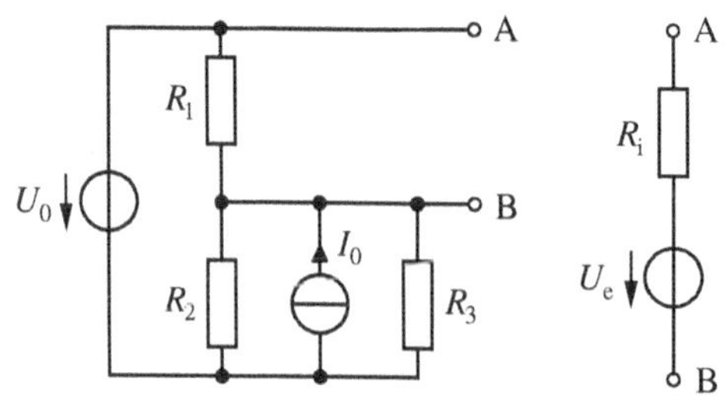


**Bild 1.21.1** Lineares Netzwerk

a) Zeichnen Sie das entsprechende Schaltbild mit Innenwiderständen der Strom- und Spannungsquelle.

b) Ersetzen Sie die im Bild 1.21.1 dargestellte Schaltung bezüglich der Klemmen A und B durch eine Ersatzspannungsquelle gemäß Bild 1.21.2.

c) Bestimmen Sie die zu b) gehörige äquivalente Ersatzstromquelle.

d) Zwischen die Klemmen A und B wird ein Lastwiderstand $R_L$ angeschlossen. Wie groß muss dieser sein, damit in $R_L$ die maximale Leistung umgesetzt wird?

### Lösung zu Aufgabe 1.21

a)

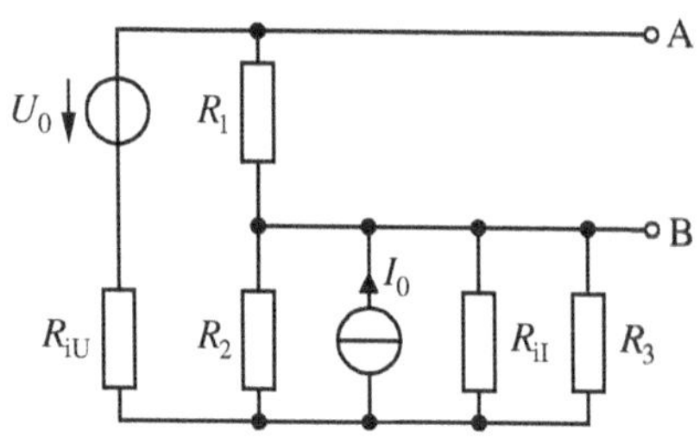


**Bild 1.21.2** Schaltbild mit den Innenwiderständen der Strom- und Spannungsquelle

b) Die Schaltung lässt sich durch Zusammenfassen von Widerständen vereinfachen:

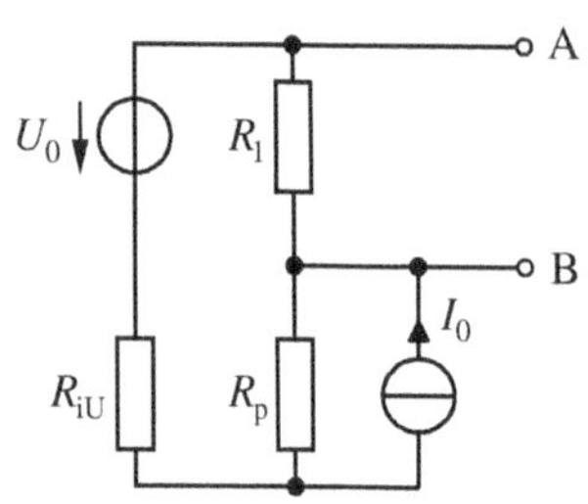


**Bild 1.21.3** Ersatzspannungsquelle bezüglich der Klemmen A und B

mit $R_p = \dfrac{1}{\dfrac{1}{R_2} + \dfrac{1}{R_3} + \dfrac{1}{R_{I1}}} = 3{,}80\,\Omega$

Berechnung der Leerlaufspannung:

Spannungsquelle alleine, Stromquelle entfernt:

$$U_L = U_0 \cdot \frac{R_1}{R_1 + R_p + R_{iU}} = 1{,}73\,\text{V}$$

Betrachtung der Stromquelle alleine, Spannungsquelle ist kurzgeschlossen:

$$I_{R_1} = I_0 \cdot \frac{R_p}{R_1 + R_p + R_{iU}} \Rightarrow U_L = R_1 \cdot I_{R_1} = I_0 \cdot \frac{R_1 \cdot R_p}{R_1 + R_p + R_{iU}} = 3{,}28\,\text{V}$$

Somit beträgt $U_{L\text{ges}} = 1{,}73\,\text{V} - 3{,}28\,\text{V} = -1{,}55\,\text{V}$.

Kurzschlussstrom:

Spannungsquelle alleine, Stromquelle entfernt:

$$I''_K = \frac{U_0}{R_{iU} + R_p} = 2{,}08\,\text{A}$$

Stromquelle alleine, Spannungsquelle kurzgeschlossen:

$$I''_K = I_0 \cdot \frac{R_p}{R_{iU} + R_p} = 3{,}96\,\text{A}$$

Somit beträgt $I_{K\,\text{ges}} = 2{,}08\,\text{A} - 3{,}96\,\text{A} = -1{,}88\,\text{A}$.

Die Ersatzspannungsquelle hat somit eine Quellenspannung $U_e = \underline{\underline{-1{,}55\,\text{V}}}$ und einen Innenwiderstand $R_i = \underline{\underline{0{,}824\,\Omega}}$.

c) Die Ersatzstromquelle hat entsprechend b) einen Strom von $I_e = -1{,}88\,\text{A}$ und einen Innenwiderstand von $R_i = 0{,}824\,\Omega$.

d) Aus dem Schaltbild der Ersatzspannungsquelle gemäß Bild 1.21.2 folgt für einen angeschlossenen Lastwiderstand $R_L$:

$$P = U_L \cdot I = U_e \cdot \frac{R_L}{R_L + R_i} \cdot \frac{U_e}{R_L + R_i} = \frac{U_e^2 \cdot R_L}{(R_L + R_i)^2}$$

$$\frac{\mathrm{d}P}{\mathrm{d}R_L} = \frac{U_e^2}{(R_L + R_i)^2} - \frac{U_e^2 \cdot 2R_L}{(R_L + R_i)^3} = 0$$

Die Ableitung von $P$ nach $R_L$ hat ihre Nullstelle bei $R_L = R_i$ (Finden des Maximums). Somit muss der Lastwiderstand gleich dem Innenwiderstand der Quelle sein, damit die in $R_L$ umgesetzte Leistung maximal wird.

## Überlagerungssatz

### Aufgabe 1.22

Gegeben ist folgende Schaltung:

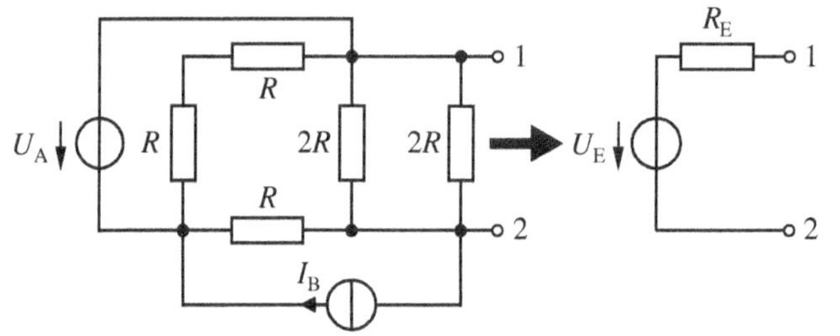


**Bild 1.22.1** Lineares Netzwerk

a) Berechnen Sie allgemein mithilfe des Überlagerungssatzes die Ersatzspannungsquelle ($U_E$, $R_E$) für die Klemmen 1 und 2. Berechnen Sie anschließend die Werte für $U_A = 30\,\text{V}$, $I_B = 1\,\text{A}$ und $R = 10\,\Omega$.

b) Nun wird an die Klemmen 1 und 2 ein Lastwiderstand $R_L$ angeschlossen. Wie groß muss dieser gewählt werden, damit in der gesamten Schaltung eine Leistung von $P_V \leqq 10\,\text{mW}$ auftritt?

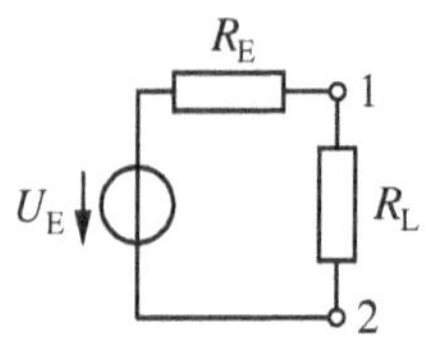


**Bild 1.22.2** Ersatzspannungsquelle mit Lastwiderstand $R_L$

c) In den Lastzweig wird nun eine Spannungsquelle $U_X$ gelegt. Wie groß muss deren Ausgangsspannung $U_X$ gewählt werden, damit der Strom $I_L = 0\,\text{A}$ wird?

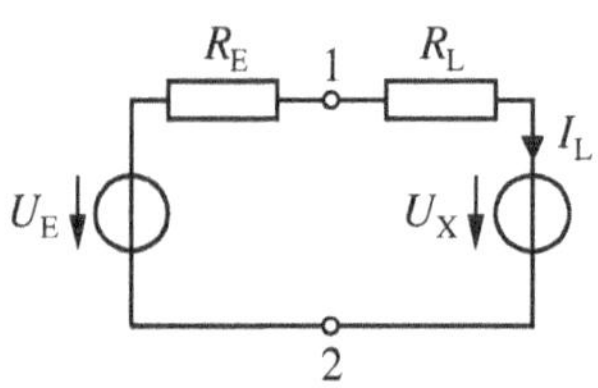


**Bild 1.22.3** Schaltung mit der Spannungsquelle $U_X$

*Hinweis:* Falls Sie den Aufgabenteil a) nicht lösen können, rechnen Sie für die Aufgabenteile b) und c) mit den Werten $U_E = 40\,\text{V}$ und $R_E = 10\,\Omega$ weiter.

### Lösung zu Aufgabe 1.22

a) Es müssen der Innenwiderstand $R_E$ und die Leerlaufspannung $U_E$ der Schaltung gemäß Bild 1.22.1 bezüglich der Klemmen 1 und 2 bestimmt werden.

*Berechnung des Innenwiderstandes $R_E$:*

Zuerst Schaltbild umzeichnen unter Beachtung der Quelleneigenschaften (Spannungsquelle als Kurzschluss, Stromquelle als Leerlauf):

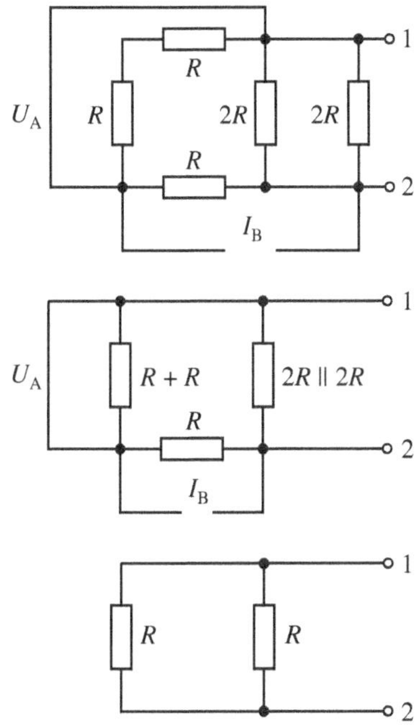


**Bild 1.22.4** Entwicklung des Schaltbildes zur Berechnung des Innenwiderstandes $R_E$ der Ersatzspannungsquelle

Nach Umzeichnen der Schaltbilder folgt:

$$R_E = R \parallel (2R \parallel 2R) = R \parallel R = \frac{1}{2}R$$

*Leerlaufspannung $U_{LL,A}$ bei aktiver Spannungsquelle berechnen:*

Schaltbild umzeichnen und $U_{LL,A}$ unter Berücksichtigung, dass $I_B$ durch Leerlauf ersetzt wird, berechnen:

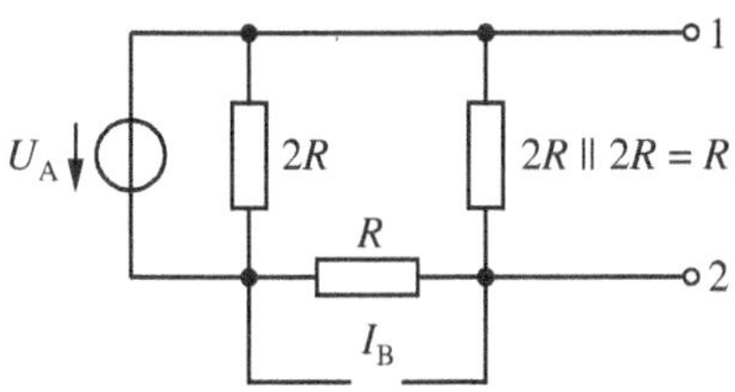


**Bild 1.22.5** Berechnung der Leerlaufspannung bei Aktivierung der Spannungsquelle $U_A$

Aus diesem Schaltbild ist zu erkennen, dass die Leerlaufspannung $U_{LL,A}$ an den Klemmen 1 und 2 über den Spannungsteiler $R$–$R$ bestimmt werden kann:

$$\Rightarrow U_{LL,A} = \frac{U_A \cdot R}{R + R} = \frac{1}{2}U_A$$

*$U_{LL,B}$ berechnen:*

Schaltbild umzeichnen und $U_{LL,B}$ unter Berücksichtigung, dass $U_L$ durch einen Kurzschluss ersetzt wird, berechnen:

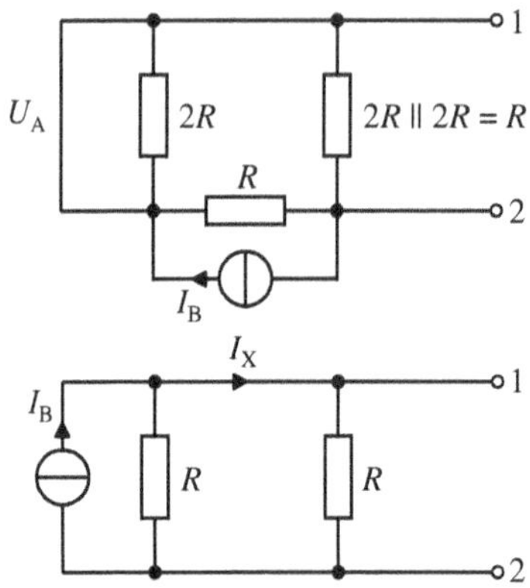


**Bild 1.22.6** Berechnung der Leerlaufspannung bei Aktivierung der Stromquelle $I_B$

Hieraus ist zu erkennen, dass die Spannung $U_{LLA}$ von dem Strom $I_X$ abhängt, welcher durch den rechten Widerstand $R$ fließt.

Stromteilerregel: $I_X = \frac{1}{2} I_B$

$$\Rightarrow U_{LL,B} = R \cdot I_X = \frac{1}{2} R \cdot I_B$$

*$U_E$ berechnen:*

$$U_E = U_{LL,A} + U_{LL,B}$$

$$U_E = \frac{1}{2} U_A + \frac{1}{2} R \cdot I_B$$

Werte einsetzen: $U_A = 30\,\mathrm{V}$, $I_B = 1\,\mathrm{A}$, $R = 10\,\Omega$

$$U_E = \frac{1}{2} U_A + \frac{1}{2} R \cdot I_B$$

$$U_E = \frac{1}{2} \cdot 30\,\mathrm{V} + \frac{1}{2} \cdot 10\,\Omega \cdot 1\,\mathrm{A}$$

$$U_E = 15\,\mathrm{V} + 5\,\mathrm{V} = \underline{\underline{20\,\mathrm{V}}}$$

$$R_E = \frac{1}{2} \cdot R = \frac{1}{2} \cdot 10\,\Omega = \underline{\underline{5\,\Omega}}$$

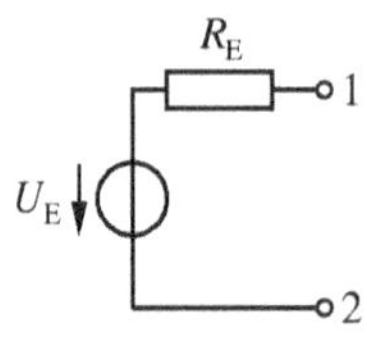


**Bild 1.22.7** Ersatzspannungsquelle

b) Nun wird an die Klemmen 1 und 2 ein Lastwiderstand $R_L$ angeschlossen. Wie groß muss dieser gewählt werden, damit in der gesamten Schaltung eine Leistung von maximal $P_V \leqq 10\,\mathrm{mW}$ auftritt?

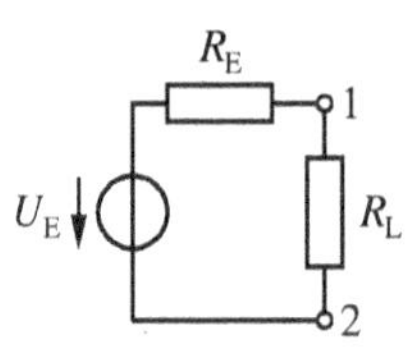


**Bild 1.22.8** Ersatzspannungsquelle mit Lastwiderstand $R_L$

$$P = U \cdot I, \qquad I = \frac{U}{R}$$

$$P = \frac{U^2}{R}$$

$$R = R_E + R_L \quad \text{und} \quad U = U_E$$

$$P \leqq P_V$$

$$\frac{U_E^2}{R_E + R_L} \leqq P_V$$

Umstellung dieser Gleichung nach $R_L$ ergibt:

$$R_L \geqq \frac{U_E^2}{P_V} - R_E$$

Einsetzen der Werte aus der Aufgabenstellung ergibt:

$$R_L \geqq \frac{400\,\text{V}^2}{0{,}01\,\text{W}} - 5\,\Omega = \underline{\underline{39{,}995\,\text{k}\Omega}}$$

Einsetzen der Werte aus dem Hinweis ergibt:

$$R_L \geqq \frac{1600\,\text{V}^2}{0{,}01\,\text{W}} - 5\,\Omega = \underline{\underline{159{,}99\,\text{k}\Omega}}$$

c) In den Lastzweig wird nun eine Spannungsquelle $U_X$ gelegt. Wie groß muss $U_X$ gewählt werden, damit der Strom $I_L = 0\,\text{A}$ wird?

Diese Aufgabe kann am einfachsten über $\sum U_i = 0$ bestimmt werden:

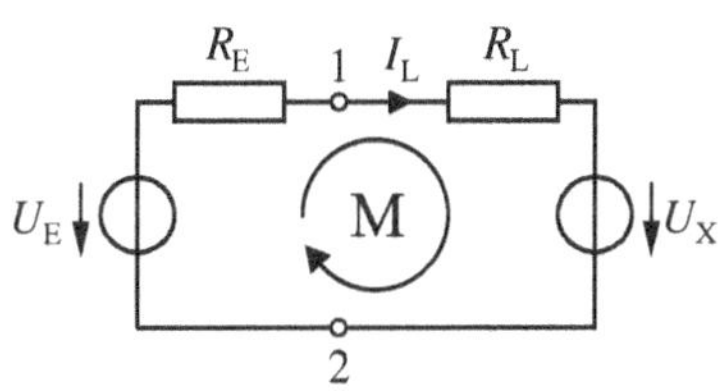


**Bild 1.22.9** Schaltbild zur Bestimmung der Spannung $U_X$

Masche M:

$$-U_E + R_E \cdot I_L + R_L \cdot I_L + U_X = 0$$
$$-U_E + (R_E + R_L) \cdot I_L + U_X = 0$$

mit $I_L = 0$ folgt:

$$-U_E + (R_E + R_L) \cdot 0 + U_X = 0$$
$$-U_E + U_X = 0$$
$$U_X = U_E$$

Mit den Werten aus der Aufgabenstellung ergibt sich: $U_X = \underline{\underline{20\,\text{V}}}$

Mit den Hinweiswerten ergibt sich: $U_X = \underline{\underline{40\,\text{V}}}$

# 2 Stationäres elektrisches Strömungsfeld

Bei den elektrischen Gleichstromnetzwerken werden die elektrischen Leiter, die die Quellen mit den Bauelementen verbinden, als lang gegenüber ihren konstanten Querschnittsabmessungen angenommen. Damit kann in jedem Punkt einer Leitung von einer konstanten Stromdichte ausgegangen werden. In diesem Kapitel werden Stromverteilungen in komplexen Leiteranordnungen betrachtet, die zu einer ortsabhängigen Stromdichte $\vec{S}$ führen. In einer elektrisch leitfähigen Struktur ergeben sich zwischen zwei Punkten mit einer Potenzialdifferenz die elektrischen Strömungslinien, deren Gesamtheit das elektrische Strömungsfeld bildet. Senkrecht zu den elektrischen Strömungslinien ergeben sich die Äquipotenziallinien $\varphi = \text{konst.}$ Streng genommen handelt es sich hier – eine dreidimensionale Leiterstruktur vorausgesetzt – um Äquipotenzialflächen. Es ergibt sich somit eine eindeutige Verteilung des Potenzials, dem ein wirbelfreies Vektorfeld gemäß:

$$\vec{E} = -\,\text{grad}(\varphi)$$

zugeordnet werden kann. Das stationäre elektrische Strömungsfeld ist durch die Vektoren der Stromdichte $\vec{S}$ und der elektrischen Feldstärke $\vec{E}$ gekennzeichnet. In einem elektrischen Leiter haben $\vec{S}$ und $\vec{E}$ die gleiche Richtung und zeigen vom höheren zum niedrigeren Potenzial.

Die Gleichung

$$\mathrm{d}\varphi = \text{grad}\,\varphi\ \mathrm{d}\vec{s} = -\vec{E}\ \mathrm{d}\vec{s}$$

zeigt, dass die Potenzialdifferenz zwischen zwei Punkten 1 und 2 als Funktion der Feldstärke angegeben werden kann. Es gilt

$$\varphi_1 - \varphi_2 = \int\limits_1^2 \vec{E}\ \mathrm{d}\vec{s}$$

Damit ist die elektrische Spannung $U_{12}$ zwischen den Punkten 1 und 2 gleich dem Linienintegral der elektrischen Feldstärke zwischen den Punkten 1 und 2

$$U_{12} = -U_{21} = \int\limits_1^2 \vec{E}\ \mathrm{d}\vec{s}$$

Die Summe der Spannungen $U_{12}$ und $U_{21} = -U_{12}$ ist unabhängig vom Integrationsweg gleich null, d. h. das Umlaufintegral der elektrischen Feldstärke ist gleich null, anders formuliert, das elektrische Feld ist wirbelfrei

$$\oint_C \vec{E}\ \mathrm{d}\vec{s} = 0$$

Die Aufgaben 2.1 bis 2.8 behandeln das elektrische Strömungsfeld, während die Aufgabe 2.9 das elektrische Strömungsfeld in Verbindung mit der Ersatzspannungsquelle zum Inhalt hat.

## Elektrisches Strömungsfeld

### Aufgabe 2.1

Gegeben sei ein metallischer Mast (Höhe $h = 13\,\text{m}$), der durch einen Halbkugelerder (Radius $r_0 = 40\,\text{cm}$) geerdet wird. Vereinfacht kann der Mast als Leitung mit einer kreisrunden Querschnittsfläche betrachtet werden (Durchmesser $d = 3\,\text{cm}$, spezifischer Widerstand: $\varrho_L = 8 \cdot 10^{-7}\,\Omega \cdot \text{m}$). Die Leitfähigkeit des Erders kann als ideal angenommen werden ($\kappa_E \to \infty$). Für die Leitfähigkeit des Bodens wird aufgrund von unterschiedlichen Bodenbeschaffenheiten folgender Zusammenhang angenommen: $\kappa(r) = \kappa_0 \cdot \frac{r}{r_0}$. Durch einen Blitzeinschlag entsteht ein kurzzeitiger Blitzstrom $I$ mit einem Spitzenwert $I_{max} = 150\,\text{kA}$.

Stromverdrängungseffekte sollen bei der Rechnung vernachlässigt werden. Eine gleichmäßige Stromverteilung im Erder ist anzunehmen.

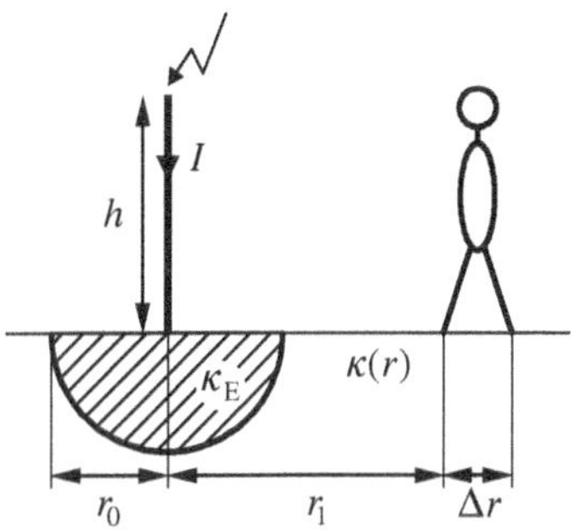


**Bild 2.1.1** Skizze der Versuchsanordnung

a) Skizzieren Sie die Feldlinien der Stromdichte $\vec{S}$ und der elektrischen Feldstärke $\vec{E}$ (in einer neuen Zeichnung). Begründen Sie die Austrittsrichtung der elektrischen Feldlinien aus der Halbkugelerderoberfläche.

b) Geben Sie die Formel für die elektrische Stromdichte in Abhängigkeit vom Abstand $r$ an. Wo tritt in der Umgebung des Erders ($r \geqq r_0$) die maximale Stromdichte auf? Berechnen Sie den Maximalwert $S_{max}$ (Zahlenwert).

c) Geben Sie die Formel für die elektrische Feldstärke in Abhängigkeit vom Abstand ($r \geqq r_0$) vom Erder an.

d) Berechnen Sie $\kappa_0$ (Konstante für die ortsabhängige Leitfähigkeit $\kappa(r)$ des Bodens), wenn die Schrittspannung $U_S$ ($\Delta r = 0{,}8\,\text{m}$) den Wert $40\,\text{V}$ nicht überschreiten soll und ein Mindestabstand von $r_1 = 20\,\text{m}$ vom Mittelpunkt des Erders eingehalten werden muss.

e) Berechnen Sie die in der gesamten Anordnung (Erder und Mast) (kurzzeitig) umgesetzte Leistung $P_{max}$ (Zahlenwert).

### Lösung zu Aufgabe 2.1

a) Da $\kappa_E \to \infty$, treten die Feldlinien senkrecht aus der Oberfläche des Erders aus (ideale Elektrode).

b) $$\text{I}_{max} = \int_A \vec{S} \cdot \text{d}\vec{A} = S(r) \cdot A \quad \text{mit} \quad A = 2 \cdot \pi \cdot r^2 \Rightarrow \underline{\underline{S(r) = \frac{I_{max}}{2 \cdot \pi \cdot r^2}}}$$

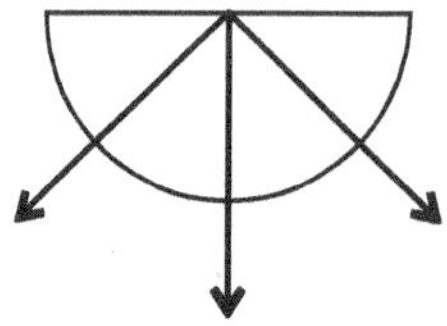

**Bild 2.1.2** Verlauf des Stromdichtevektors

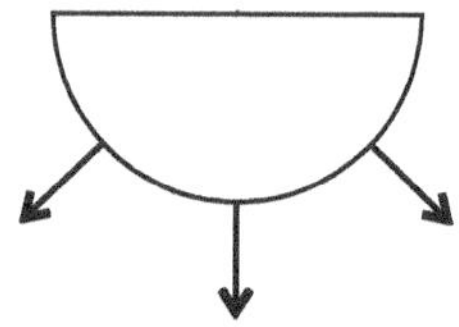

**Bild 2.1.3** Verlauf des elektrischen Feldstärkevektors

Die größte Stromdichte tritt an der Oberfläche des Erders auf ($r = r_0$), da diese für $r > r_0$ abnimmt.

$$S_{max} = S(r_0) = \frac{I_{max}}{2 \cdot \pi \cdot r_0^2} \approx \underline{\underline{149{,}21\,\frac{\text{kA}}{\text{m}^2}}}$$

c) $$E(r) = \frac{1}{\kappa(r)} \cdot S(r) = \frac{I_{max}}{2 \cdot \pi \cdot r^2 \cdot \kappa_0 \cdot \dfrac{r}{r_0}} = \underline{\underline{\frac{I_{max} \cdot r_0}{2 \cdot \pi \cdot r^3 \cdot \kappa_0}}}$$

d) $$U_S = \varphi(r_1) - \varphi(r_1 + \Delta r) = \int_{r_1}^{r_1+\Delta r} E(r) \cdot \mathrm{d}r = \int_{r_1}^{r_1+\Delta r} \frac{I_{max} \cdot r_0}{2 \cdot \pi \cdot r^3 \cdot \kappa_0} \cdot \mathrm{d}r$$

$$= \frac{I_{max} \cdot r_0}{2 \cdot \pi \cdot \kappa_0} \cdot \int_{r_1}^{r_1+\Delta r} \frac{1}{r^3} \cdot \mathrm{d}r = \frac{I_{max} \cdot r_0}{4 \cdot \pi \cdot \kappa_0} \cdot \left[\frac{-1}{r^2}\right]_{r_1}^{r_1+\Delta r}$$

$$= \frac{I_{max} \cdot r_0}{4 \cdot \pi \cdot \kappa_0} \cdot \left(\frac{1}{r_1^2} - \frac{1}{(r_1 + \Delta r)^2}\right) = 40\,\text{V}$$

$$\Rightarrow \kappa_0 \approx \underline{\underline{22{,}51 \cdot 10^{-3}\,\frac{\text{S}}{\text{m}}}}$$

e) $$P_{max} = I_{max}^2 \cdot R_{ges} = I_{max}^2 \cdot (R_{Halbkugel} + R_{Mast}) = I_{max}^2 \cdot \left(0 + \frac{\varrho_L \cdot h}{\pi \cdot \left(\dfrac{d}{2}\right)^2}\right)$$

$$P_{max} = 220\,694\,\text{W} = \underline{\underline{220{,}694\,\text{kW}}}$$

Da der Erder ideal leitfähig ist ($R = 0$), wird in ihm keine Leistung umgesetzt.

## Aufgabe 2.2

Ein $RC$-Glied besteht aus einem kreisförmigen Leiterbogen mit der spezifischen Leitfähigkeit $\kappa = 1{,}234 \cdot 10^{-7} \frac{1}{\Omega \cdot \text{m}}$, der an einer Stelle geöffnet ist, $\varepsilon_0 = 8{,}854 \cdot 10^{-12} \frac{\text{A} \cdot \text{s}}{\text{V} \cdot \text{m}}$. Dort ist er mit seiner quadratischen Anfangs- und Endfläche $A$ mit einer Batterie verbunden. Der mittlere Radius beträgt $(r_a + r_i)/2$ mit $r_a = 1{,}1 \cdot r_i$. Der Öffnungswinkel beträgt $360° - \alpha$.

Die Elektroden sind ideal leitend.

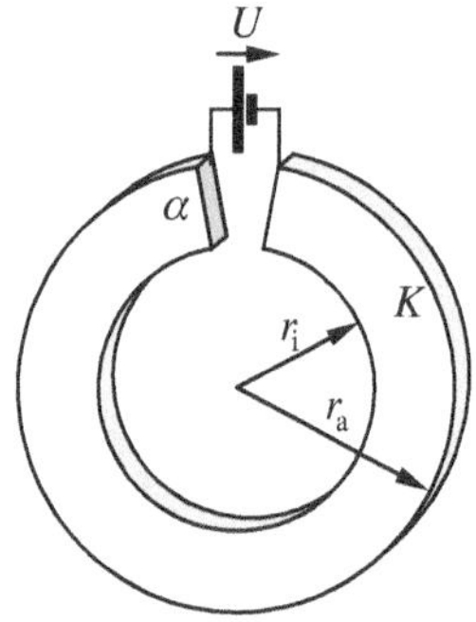


**Bild 2.2.1** Skizze der Anordnung

a) Zeichnen Sie die Feldlinien des Strömungsfeldes und des elektrischen Feldes (im luftgefüllten Bereich) in das Bild ein.

b) Wie groß ist die Kapazität zwischen den Anschlussklemmen im luftgefüllten Raum? Benutzen Sie dafür die Formel eines Plattenkondensators. Gehen Sie für diesen Aufgabenteil davon aus, dass die Anschlussplatten für kleine Öffnungswinkel parallel zueinander liegen und benutzen Sie den Abstand bei $r = \frac{(r_a + r_i)}{2}$.

c) Wie groß ist der Widerstand des Leiters? Benutzen Sie dafür unbedingt die Formeln zur Beschreibung eines Strömungsfeldes.

d) Wie groß muss der Winkel $\alpha$ sein, damit die RC-Schaltung sich nach vollständiger Aufladung durch eine Batterie nach 0,01 s auf 37 % entladen hat?

e) Jetzt wird der Plattenabstand auf die Hälfte reduziert. Wie groß ist jetzt die Entladezeit im Vergleich zu jener aus Aufgabenteil d)? Verwenden Sie dafür eine Relation aus den Mengen $\{1x, 2x, 4x\}$ und $\{>\,,\,=\,,\,<\}$. Begründen Sie Ihr Ergebnis.

*Hinweis:* Entladefunktion eines $RC$-Gliedes: $u_C(t) = U \cdot e^{-\frac{t}{R \cdot C}}$

## Lösung zu Aufgabe 2.2

a) Die Feldlinien des elektrischen Strömungsfeldes sind Kreisbahnen innerhalb des Leiters.

Die Feldlinien des elektrischen Feldes befinden sich im Innenraum des Kreisrings, die Richtung läuft vom höheren zum niedrigeren Potenzial.

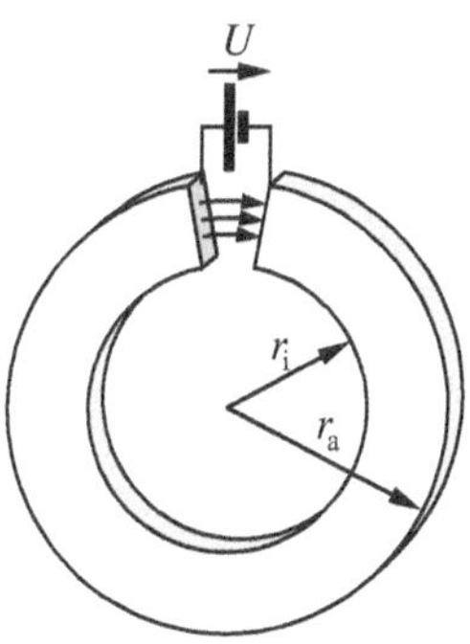


**Bild 2.2.2** Verlauf der elektrischen Feldlinien im Luftspalt

b) Berechnung des Plattenabstands $d$ und des Radius der kreisförmigen Plattenfläche:

$$d = 2\pi r \frac{360 - \alpha}{360} \quad \text{mit} \quad r = \frac{(r_a + r_i)}{2}$$

$$C = \frac{A\varepsilon_0}{d} = \frac{A\varepsilon_0}{2\pi \frac{(r_a + r_i)}{2} \frac{(360 - \alpha)}{360}}$$

*Hinweis:* $\varepsilon_r$ von Luft kann mit 1 angenommen werden.

Einsetzen in die Formel für die Kapazität eines Plattenkondensators ergibt:

$$C = \frac{A \cdot \varepsilon_0}{d} = \frac{A \cdot \varepsilon_0}{2\pi \frac{(r_a + r_i)}{2} \cdot \frac{(360 - \alpha)}{360}}$$

c) $$U = \int E \, \mathrm{d}x$$

$$\frac{2\pi r}{360} = \frac{\mathrm{d}x}{\mathrm{d}\alpha}$$

Diese Proportion nach $\mathrm{d}x$ aufgelöst und eingesetzt ergibt:

$$U = \frac{2\pi r}{360} \int_0^{\alpha} E(r) \, \mathrm{d}\alpha = \frac{2\pi r}{360} \alpha \cdot E(r)$$

$$b = \frac{A}{r_\mathrm{a} - r_\mathrm{i}} \quad \text{(Breite)}$$

$$I = b \int_{r_\mathrm{i}}^{r_\mathrm{a}} S(r) \, \mathrm{d}r$$

mit $E(r) = U \dfrac{360}{2\pi \cdot r \cdot \alpha}$ und $S(r) = \kappa \cdot E(r)$ wird $S(r) = \kappa \cdot U \cdot \dfrac{360}{2\pi r \alpha}$

$$I = b \int_{r_\mathrm{i}}^{r_\mathrm{a}} \kappa \cdot U \frac{360}{2\pi \cdot r \cdot \alpha} \, \mathrm{d}r$$

$$\frac{I}{U} = \frac{1}{R} = b\kappa \frac{360}{2\pi \cdot \alpha} \ln\left(\frac{r_\mathrm{a}}{r_\mathrm{i}}\right)$$

Aufgelöst nach $R$ ergibt:

$$R = \frac{2\pi \cdot \alpha}{360 \cdot b \cdot \kappa \cdot \ln\left(\frac{r_\mathrm{a}}{r_\mathrm{i}}\right)} = \frac{2\pi \cdot \alpha}{360 \cdot b \cdot \kappa \cdot \ln(1{,}1)}$$

d) $$\mathrm{e}^{-\frac{0{,}01\,\mathrm{s}}{\tau}} = 0{,}37$$

$$\tau = \frac{-0{,}01\,\mathrm{s}}{\ln(0{,}37)} = 0{,}01\,\mathrm{s} = R \cdot C = \frac{2\pi \cdot \alpha}{360 \cdot b \cdot \kappa \cdot \ln(1{,}1)} \cdot \frac{A\varepsilon_0}{2\pi \frac{r_\mathrm{a} + r_\mathrm{i}}{2} \cdot \frac{360 - \alpha}{360}}$$

mit $b = \dfrac{A}{r_\mathrm{a} - r_\mathrm{i}}$

$$0{,}01\,\mathrm{s} = \frac{2\pi \cdot \alpha}{360 \cdot b \cdot \kappa \cdot \ln(1{,}1)} \cdot \frac{A\varepsilon_0}{2\pi \frac{r_\mathrm{a} + r_\mathrm{i}}{2} \cdot \frac{360 - \alpha}{360}} = \frac{2 \cdot \alpha \cdot \varepsilon_0 \left(r_\mathrm{a} - r_\mathrm{i}\right)}{\kappa \cdot \ln(1{,}1) \cdot \left(r_\mathrm{a} + r_\mathrm{i}\right) \cdot (360 - \alpha)}$$

$$0{,}01\,\mathrm{s}\,(360 - \alpha) \frac{r_\mathrm{a} + r_\mathrm{i}}{2} - \frac{\varepsilon_0 (r_\mathrm{a} - r_\mathrm{i})}{\kappa \cdot \ln(1{,}1)} \alpha = 0$$

Aus der Aufgabenstellung gilt: $r_\mathrm{a} = 1{,}1 \cdot r_i$

$$3{,}6\,\mathrm{s} = \alpha \left(0{,}01\,\mathrm{s} + \frac{2\varepsilon_0 \left(r_\mathrm{a} - r_\mathrm{i}\right)}{\kappa \cdot \ln(1{,}1) \cdot \left(r_\mathrm{a} + r_\mathrm{i}\right)}\right) = \alpha \left(0{,}01\,\mathrm{s} + \frac{2\varepsilon_0 \cdot 0{,}1}{\kappa \cdot \ln(1{,}1) \cdot 2{,}1}\right)$$

$$\alpha = \frac{3{,}6\,\mathrm{s}}{0{,}01\,\mathrm{s} + \frac{2\varepsilon_0 \cdot 0{,}1}{\kappa \cdot \ln(1{,}1) \cdot 2{,}1}} = \underline{\underline{357{,}437^\circ}}$$

$$360^\circ - \alpha = \underline{\underline{2{,}56^\circ}}$$

e) Die Kapazität des Kondensators verdoppelt sich bei Halbierung des Plattenabstands. Der Widerstand des Ringes steigt geringfügig durch die Vergrößerung der Länge. Insgesamt wird die Entladezeit größer als 2-mal die vorherige Entladezeit betragen.

## Aufgabe 2.3

Ein Behälter besteht aus zwei nicht leitenden Hohlkegeln, die koaxial ineinander gesteckt sind und deren Spitzen sich am unteren Ende des Behälters berühren. Das Volumen zwischen diesen beiden Hohlkegeln ist mit einem leitfähigen Material mit dem spezifischen Widerstand $\varrho$ gefüllt. Es gibt zwei Kontaktierungen, eine oben an dem ideal leitenden Ring auf der Höhe $h_1$ und eine weitere an dem ideal leitenden Ring auf der Höhe $h_2$. Die Ausdehnung der Kegel ist dabei so groß, dass die Feldlinien senkrecht in die ideal leitenden Kontaktstellen laufen. Die Zuleitungen werden an eine Spannungsquelle angeschlossen. Folgende Werte sind gegeben:

$$h_1 = 1\,\text{m}, \quad h_2 = 0{,}4\,\text{m}, \quad b_i = 5\,\text{mm}, \quad b_a = 10\,\text{mm}, \quad \varrho = 0{,}027\,\mu\Omega \cdot \text{m}$$

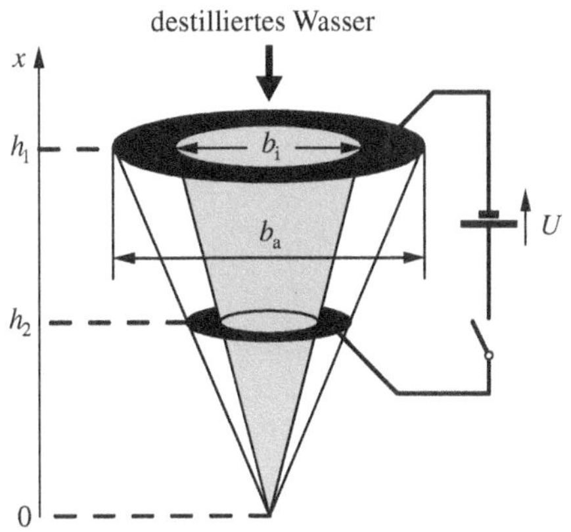


**Bild 2.3.1** Anordnung des leitenden Körpers

a) Wie groß sind die beiden Querschnittsflächen $A_1$ und $A_2$ der Kegel in Abhängigkeit von $x$?

b) Wie groß ist die Schnittfläche $A_3$ durch das leitende Material in Abhängigkeit von $x$?

c) Zeichnen Sie drei elektrische Feldlinien an verschiedenen Stellen ein.

d) Berechnen Sie den elektrischen Widerstand, den die Konstruktion dem Stromkreis entgegensetzt.

Nun wird die Konstruktion mit 23 °C warmem destilliertem Wasser (nicht leitend) gefüllt und der Stromkreis geschlossen. Gehen Sie davon aus, dass 100 % der erzeugten Wärme an das Wasser abgegeben werden.

e) Wie viel Wärmeenergie wird mit der Widerstandskonstruktion nach 1 Minute Betriebszeit erzeugt?

## Lösung zu Aufgabe 2.3

a) Die Formel für die Fläche eines Kreises lautet:

$$A = \pi \cdot r^2 = \pi \cdot \left(\frac{b}{2}\right)^2 = \pi \cdot \frac{b^2}{4}$$

Abhängigkeit des Durchmessers von $x$: $b = x\dfrac{b_a}{h_1}$

$$A_1 = \pi\frac{(x \cdot b_a/h_1)^2}{4}, \qquad A_2 = \pi\frac{(x \cdot b_i/h_1)^2}{4}$$

b) $A_3 = A_1 - A_2$

c)

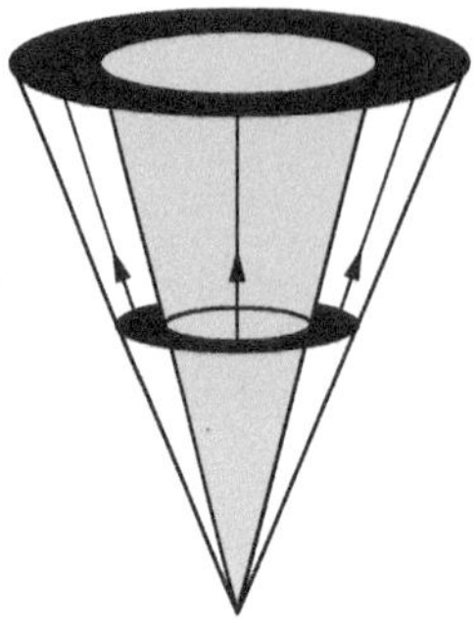

Bild 2.3.2

d)
$$E(x) = \varrho \cdot S(x)$$
$$E(x) = \varrho \cdot \frac{I}{A_3(x)}$$
$$U = \int_{h_2}^{h_1} E(x)\,\mathrm{d}x$$
$$U = \int_{h_2}^{h_1} \varrho \cdot \frac{I}{A_3(x)}\,\mathrm{d}x$$
$$R = \frac{U}{I}$$
$$R = \int_{h_2}^{h_1} \varrho \cdot \frac{1}{A_3(x)}\,\mathrm{d}x$$
$$R = 4\varrho \cdot \int_{h_2}^{h_1} \frac{1}{\left(x\frac{b_\mathrm{a}}{h_1}\right)^2 - \left(x\frac{b_i}{h_1}\right)^2}\,\mathrm{d}x$$
$$R = \frac{4\varrho \cdot h_1^2}{(b_\mathrm{a})^2 + (b_\mathrm{i})^2} \cdot \int_{h_2}^{h_1} \frac{1}{x^2}\,\mathrm{d}x$$
$$R = \frac{4\varrho \cdot h_1^2}{(b_\mathrm{a})^2 + (b_\mathrm{i})^2} \cdot \left(-\frac{1}{x}\right)_{h_2}^{h_1}$$
$$R = \frac{4\varrho \cdot h_1^2}{(b_\mathrm{a})^2 + (b_\mathrm{i})^2} \cdot \left(-\frac{1}{h_1} + \frac{1}{h_2}\right)$$
$$\underline{\underline{R = 3{,}9 \cdot 10^{-9}\,\Omega}}$$

e) Die erzeugte Wärmeenergie ist unabhängig von der Wassertemperatur.

$$Q = P \cdot 60\,\mathrm{s}$$
$$Q = \frac{U^2}{R} \cdot 60\,\mathrm{s}$$

## Aufgabe 2.4

Ein Körper mit dem spezifischen Leitwert $\kappa$ wird über zwei ideal leitende Kontakte an eine Spannungsquelle angeschlossen. Der Körper ist rotationssymmetrisch bezüglich der $x$-Achse. Sein Längsschnitt entlang der $x$-Achse ist im Bild 2.4.1 dargestellt. Die äußere Kontur des Körpers entspricht einer Sinusschwingung von 0 bis $\frac{7}{4}\pi$ mit einer Amplitude von 2 cm. Die linke Elektrode hat eine Breite von 5 cm; die Längsausdehnung des Körpers beträgt 10 m. Es kann davon ausgegangen werden, dass aufgrund der Abmessungen des Körpers die Stromdichte konstant über die Querschnittsfläche ist.

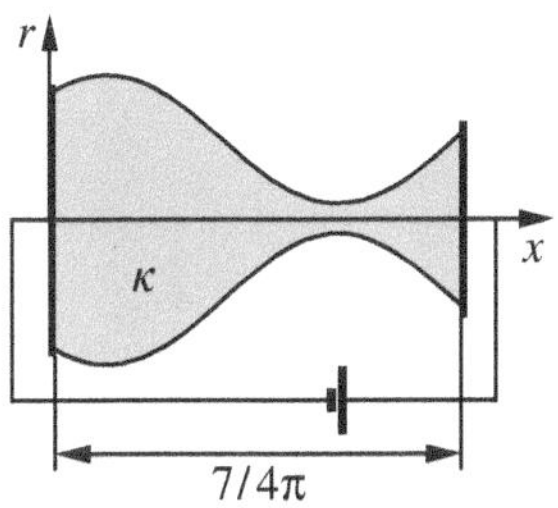


**Bild 2.4.1**

a) Geben Sie die Querschnittsfläche $A$ des Körpers in Abhängigkeit von $x$ in der Einheit $m^2$ an.

b) Zeichnen Sie fünf Feldlinien des elektrischen Strömungsfeldes (mit korrekter Richtung) qualitativ in die Abbildung ein.

c) Geben Sie die Formeln für die Stromdichte und das elektrische Feld in Abhängigkeit der $x$-Koordinate an.

d) Geben Sie die Integralgleichung an, mit deren Hilfe der Widerstand des gesamten Körpers berechnet werden kann.

e) Durch einen Fabrikationsfehler besitzt ein weiterer Körper eine Leitfähigkeit $\kappa' = \frac{\kappa}{2}$ sowie die doppelte Ausdehnung in alle drei Raumrichtungen. Zusätzlich werden die unterschiedlich großen Anschlussklemmen vertauscht. Wie groß ist der Widerstand $R'$ im Verhältnis zum Widerstand $R$ des ursprünglichen Körpers?

## Lösung zu Aufgabe 2.4

a) Die Querschnittsfläche des Körpers ist an jeder $x$-Position eine Kreisscheibe.

$A = \pi \cdot r^2$, wobei $r$ der Radius der Kreisscheibe ist.

Der Körper ist achsensymmetrisch. Der von der $x$-Position abhängige Radius lässt sich durch eine Sinusfunktion mit einer Amplitude von 2 cm, die um 2,5 cm nach oben verschoben ist, darstellen.

$$A(x) = \pi\left(\left(2{,}5 + 2 \cdot \sin\left(\frac{x}{10\,\mathrm{m}}\frac{7}{4}\pi\right)\right) \cdot 10^{-2}\right)^2 \mathrm{m}^2$$

b) Die Feldlinien des elektrischen Strömungsfeldes befinden sich innerhalb des Körpers. Ihre Form nähert sich der Form des Körpers an. Sie verlaufen von der positiven zur negativen Seite des Körpers.

c) $S(x) = \frac{I}{A(x)} = \frac{I}{\pi\left(\left(2{,}5 + 2\cdot\sin\left(\frac{x}{10\,\mathrm{m}}\frac{7}{4}\pi\right)\right)\cdot 10^{-2}\right)^2}\,\frac{\mathrm{A}}{\mathrm{m}^2}$

d) $R = \int\limits_{x=0\,\mathrm{m}}^{x=10\,\mathrm{m}} \frac{1}{A(x)\cdot\kappa}\,\mathrm{d}x$

e) $R = \frac{1}{\kappa}\cdot\frac{l}{A} \rightarrow R' = \frac{1}{\frac{\kappa}{2}}\cdot\frac{2l}{4A} = R$

## Aufgabe 2.5

Es sind zwei rotationssymmetrische Körper gegeben: Ein zylindrischer Körper Z (Durchmesser $= d$) und ein Körper P, dessen seitliches Profil der Funktion einer Parabel gehorcht ($f(x) = ax^2$). Die Körper bestehen aus den leitfähigen Materialien mit den spezifischen Widerständen ($\varrho_P \varrho_Z$). Ihre Kontaktflächen werden als unendlich gut leitend angenommen. Weiterhin ist die Ausdehnung der Körper in Durchflussrichtung wesentlich größer als in Querrichtung, sodass die Strömungsfeldlinien senkrecht zum Körperquerschnitt verlaufen.

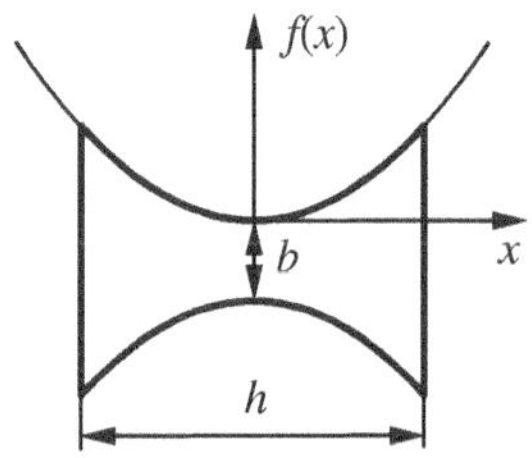


**Bild 2.5.1** Skizze des rotationssymmetrischen Körpers P

a) Geben Sie die Querschnittsfläche des Körpers P in Abhängigkeit von $x$ an, d. h. $A(x) = ?$

b) Berechnen Sie den Gesamtwiderstand des Körpers P in Abhängigkeit der Parameter $a$, $b$, $h$ und $\varrho_P$.

c) Berechnen Sie den Gesamtwiderstand des Körpers Z in Abhängigkeit der Parameter $d$, $h$ und $\varrho_Z$.

Die beiden Schleifkontakte A und B können wie bei einem Potentiometer eine Spannung $\varphi(x)$ in Abhängigkeit ihrer Position abgreifen.

d) Wie groß ist die Spannung $U_1 = \varphi_P\,(x = 0) - \varphi_Z(x = 0)$ (mit Begründung)?

e) Ist die Spannung $U_2 = \varphi_P\left(x = -\frac{h}{4}\right) - \varphi_Z\left(x = -\frac{h}{4}\right)$ größer, kleiner oder gleich 0 V (mit Begründung; z. B. mithilfe eines Ersatzschaltbildes)?

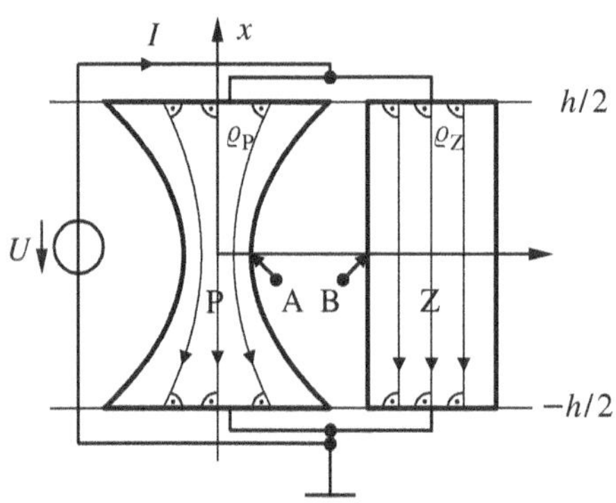


**Bild 2.5.2** Skizze der Körper P und Z

*Hinweis:* $\int \frac{\mathrm{d}x}{(rx^2+sx+t)^2} = \frac{2}{\sqrt{4rt-s^2}} \cdot \arctan(\frac{2rx+s}{\sqrt{4rt-s^2}}) + c$

## Lösung zu Aufgabe 2.5

a) Die Querschnittsfläche $A$ des rotationssymmetrischen Körpers ist ein Kreis.

Daher gilt:

$$A = \pi \cdot r(x)^2$$

Der Radius $r(x)$ setzt sich aus $\frac{b}{2}$ und der Funktion $f(x)$ zusammen, $f(x)$ ist gegeben:

$$r(x) = f(x) + \frac{b}{2}$$

Es ergibt sich:

$$A = \pi \cdot \left(ax^2 + \frac{b}{2}\right)^2$$

b) $$\mathrm{d}R = \varrho \frac{\mathrm{d}x}{A(x)} R_\mathrm{P} = \int\limits_{-\frac{h}{2}}^{\frac{h}{2}} \varrho \frac{1}{A(x)}\,\mathrm{d}x = \int\limits_{-\frac{h}{2}}^{\frac{h}{2}} \frac{\varrho}{\pi} \cdot \frac{1}{\left(ax^2+\frac{b}{2}\right)^2}\,\mathrm{d}x$$

*Hinweis:* $r = a$; $s = 0$; $t = \frac{b}{2}$

$$\int\limits_{-\frac{h}{2}}^{\frac{h}{2}} \frac{\varrho}{\pi} \cdot \frac{1}{\left(ax^2+\frac{b}{2}\right)^2}\,\mathrm{d}x = \frac{\varrho}{\pi} \cdot \left[\frac{2}{\sqrt{2ab}} \cdot \arctan\left(\frac{2ax}{\sqrt{2ab}}\right)\right]_{-\frac{h}{2}}^{\frac{h}{2}}$$

$$= 2\frac{\varrho}{\pi} \cdot \left[\frac{2}{\sqrt{2ab}} \cdot \arctan\left(\frac{2ax}{\sqrt{2ab}}\right)\right]_{0}^{\frac{h}{2}}$$

mit $\arctan(0) = 0$ ergibt sich:

$$2\frac{\varrho}{\pi} \cdot \left(\frac{2}{\sqrt{2ab}} \cdot \arctan\left(\frac{ah}{\sqrt{2ab}}\right)\right)$$

c) $$R_\mathrm{Z} = \varrho_\mathrm{Z} \cdot \frac{h}{\pi \frac{d^2}{4}}$$

d) Die Spannung beträgt 0 V, da sich die beiden Klemmen auf gleichem Potenzial befinden.

e) Die Spannung ist negativ.

$$U_2 = U \cdot \left(\frac{5\,\Omega}{40\,\Omega} - \frac{10\,\Omega}{40\,\Omega}\right) < 0$$

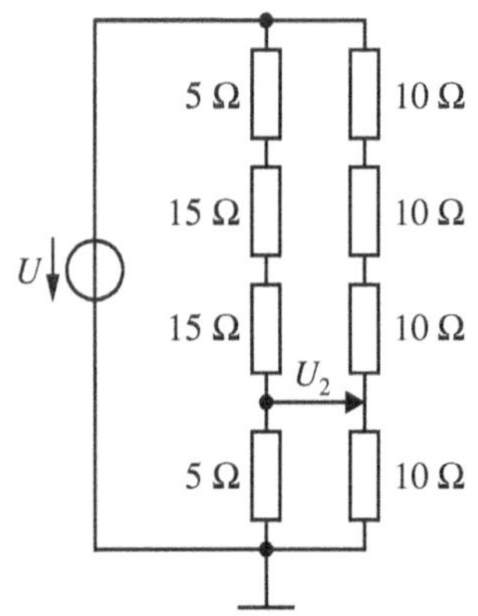


**Bild 2.5.3** Ersatzschaltbild

## Aufgabe 2.6

Eine Gleichspannungsquelle $U$ treibt einen Strom $I$ durch einen aus unterschiedlichen Widerstandsmaterialien bestehenden Kegelstumpf. Diese Materialien $\sigma_1$, $\sigma_2$, $\sigma_3$ nehmen verschiedene Flächen des Querschnittes ein. Ihre prozentuale Aufteilung ist über die Höhe $h$ des Kegelstumpfes konstant.

Da $h \gg r_1$, $r_2$ gilt, kann davon ausgegangen werden, dass die E-Feldlinien senkrecht zum Querschnitt verlaufen. Weiterhin sind die beiden Enden ($y = 0$ und $y = h$) mit ideal leitendem Material beschichtet, damit eine perfekte Stromzufuhr auf dem gesamten Querschnitt gewährleistet ist.

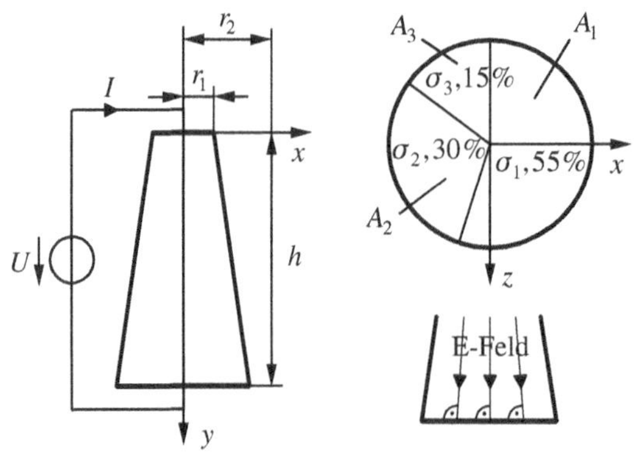


**Bild 2.6.1** Skizze des Kegelstumpfes

a) Geben Sie die drei Flächen $A_1$, $A_2$, $A_3$ in Abhängigkeit von $y$ an.

b) Zeichnen Sie ein Ersatzschaltbild, das die drei Materialien $\sigma_1$,$\sigma_2$,$\sigma_3$ durch verschiedene Widerstände berücksichtigt.

c) Berechnen Sie das Potenzial $\varphi(y)$ des Kegelstumpfes.

d) Berechnen Sie den Gesamtwiderstand $R_{\text{ges}}$ des Kegelstumpfes.

*Hinweis:* $\displaystyle\int \frac{1}{(ax+b)^2}\,\mathrm{d}x = -\frac{1}{a\,(ax+b)}\mathrm{c}$

## Lösung zu Aufgabe 2.6

a) Berechnung der Gesamtfläche abhängig von $y$ (Kreisfläche):

$$A_{ges}(y) = \pi \cdot r(y)^2$$

Berechnung des Radius $r(y)$ abhängig von der Höhe $y$:

$$r(y) = y \cdot \frac{r_2 - r_1}{h} + r_1$$

Berechnung des anteiligen Querschnitts der einzelnen Widerstandsmaterialien an der Gesamtfläche:

$$\begin{aligned} A_i &= A_{ges} \cdot \eta_i \\ A_1(y) &= A_{ges} \cdot 0{,}55 \\ A_2(y) &= A_{ges} \cdot 0{,}30 \\ A_3(y) &= A_{ges} \cdot 0{,}15 \end{aligned}$$

b) Die drei Widerstandsmaterialien sind parallel geschaltet:

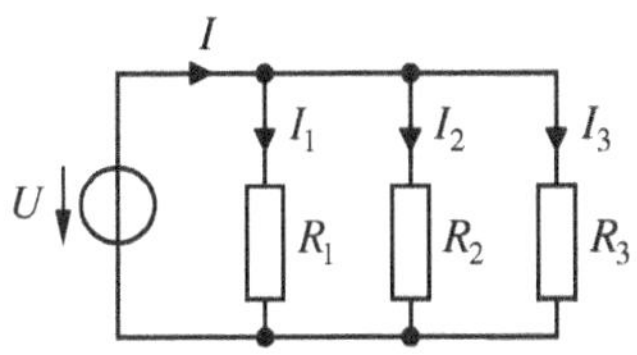


**Bild 2.6.2** Parallelschaltung der Widerstandsmaterialien

c) $$\varphi = -\int \vec{E}(y)\mathrm{d}\vec{y}$$

Da $\vec{E}(y) \parallel \mathrm{d}\vec{y}$, folgt $\varphi(y) = -\int E(y)\,\mathrm{d}y$. Mit $S = \kappa \cdot E$ und $S = \frac{I}{A'}$ folgt

$$\varphi(y) = -\int \frac{J(y)}{\kappa}\,\mathrm{d}y \quad \rightarrow \quad \varphi(y) = -\int \frac{I}{\kappa \cdot A(y)}\,\mathrm{d}y$$

Setzt man jetzt einen Teilstrom und die korrespondierende Teilfläche ein, ergibt sich:

$$\varphi(y) = -\int \frac{I_i}{\kappa_i \cdot A_i(y)}\,\mathrm{d}y = -\int \frac{I_i}{\kappa \cdot \pi \cdot \left(y \cdot \frac{r_2 - r_1}{h} + r_1\right)^2 \cdot \eta_i}\,\mathrm{d}y$$

$$\varphi(y) = \frac{I_i}{\kappa_i \cdot \pi \cdot \eta_i} \cdot \frac{h}{(r_2 - r_1) \cdot \left(y \cdot \frac{r_2 - r_1}{h} + r_1\right)} + c$$

d) $$\begin{aligned} U &= \varphi(0) - \varphi(h) \\ R_i &= \frac{U}{I_i} \\ R_{ges} &= \frac{R_1 \cdot R_2 \cdot R_3}{R_1 \cdot R_2 + R_2 \cdot R_3 + R_1 \cdot R_3} \end{aligned}$$

oder bei Berechnung einer durchschnittlichen spezifischen Leitfähigkeit:

$$\kappa_{ges} = \eta_1 \cdot \kappa_1 + \eta_2 \cdot \kappa_2 + \eta_3 \cdot \kappa_3$$

## Aufgabe 2.7

Ein $l = 3\,\mathrm{m}$ langes Koaxialkabel besteht aus zwei konzentrischen metallischen Leitern und einem Dielektrikum mit der Leitfähigkeit $\kappa$ im Zwischenraum. Der Innenleiter hat einen Radius $R_\mathrm{i} = 0{,}3\,\mathrm{mm}$ und der Außenleiter einen Radius von $R_\mathrm{a} = 1{,}9\,\mathrm{mm}$. Wenn man eine zeitlich konstante Spannung $U_0 = 5\,\mathrm{V}$ zwischen beiden Leitern anschließt, fließt ein Strom von $I = 1{,}25\,\mu\mathrm{A}$. Beide metallischen Leiter haben eine unendliche Leitfähigkeit $\kappa_\mathrm{L} \to \infty$.

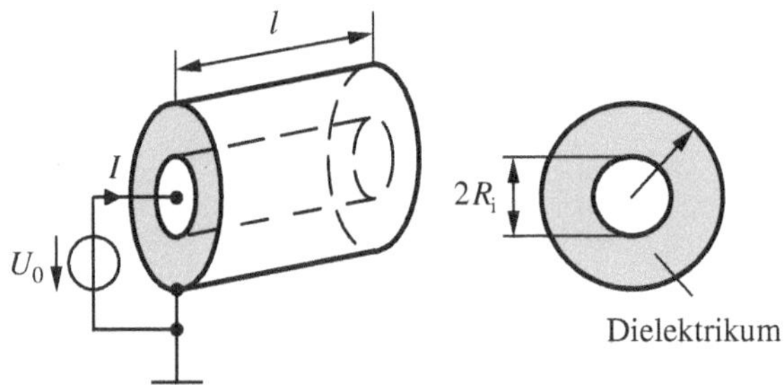


**Bild 2.7.1** Skizze des Koaxialkabels

a) Zeichnen Sie einige ausgewählte Linien der Stromdichte $\vec{S}$ und des elektrischen Feldes $\vec{E}$ sowie dessen Äquipotenziallinien im Dielektrikum. Verwenden Sie dazu die Skizze im Bild 2.7.1.

b) Auf a) basierend, geben Sie eine allgemeine Formel an, die die Berechnung der Stromdichte im Dielektrikum $\vec{S} = f(r)$ und der elektrischen Feldstärke $\vec{E} = f(r)$ ermöglichen soll. Begründen Sie kurz Ihre Annahme.

c) Leiten Sie eine gültige Formel ab, mit der sich der Potenzialverlauf im Dielektrikum $\varphi = f(r)$ berechnen lässt, wenn das Potenzial des Außenleiters, laut Zeichnung, gleich null gesetzt wird. Zeichnen Sie den prinzipiellen Verlauf.

d) Leiten Sie zunächst eine allgemeine Formel ab, um die elektrische Leitfähigkeit des Dielektrikums $\kappa$ zu bestimmen. Setzen Sie danach die gegebenen Werte ein und berechnen Sie $\kappa$.

## Lösung zu Aufgabe 2.7

a) Ein Koaxialkabel ist ein symmetrisches Gebilde, bei dem die Strömungslinien von $\vec{S}$ und die Feldlinien von $\vec{E}$ zusammenfallen ($\vec{S} = \kappa \cdot \vec{E}$). Außerdem sind sie radial gerichtet, d. h. vom Innenleiter zum Außenleiter hin. Damit sind die Äquipotenziallinien immer orthogonal zu $\vec{S}$ und zu $\vec{E}$ und zu beiden Leiteroberflächen.

Folgende Formeln sind gültig für $R_\mathrm{i} < r < R_\mathrm{a}$, d. h. für den Bereich des Dielektrikums:

$$I = \int \vec{S} \cdot \mathrm{d}\vec{A}$$

Da die Stromdichte $\vec{S}$ entlang einer Äquipotenziallinie konstant ist:

$$I = \int \vec{S} \cdot \mathrm{d}\vec{A} = \vec{S} \cdot \int \mathrm{d}\vec{A} = S \cdot A; \qquad S = \frac{I}{A} \quad \text{und} \quad A = 2 \cdot \pi \cdot r \cdot l$$

$$S = \frac{I}{A} = \frac{I}{2 \cdot \pi \cdot r \cdot l}; \qquad S(r) = \frac{I}{2 \cdot \pi \cdot r \cdot l}$$

b) $\vec{S} = \kappa \cdot \vec{E}, \quad \vec{E} = \frac{\vec{S}}{\kappa}, \quad$ da $\vec{S}$ parallel $\vec{E}$,

$$E(r) = \frac{I}{2 \cdot \pi \cdot \kappa \cdot r \cdot l}$$

Begründung siehe oben

c) $U_0 = \varphi_1 - \varphi_2 = \int_2^1 \mathrm{d}\varphi = -\int_2^1 \vec{E}(r) \cdot \mathrm{d}\vec{s} = \int_1^2 \vec{E}(r) \cdot \mathrm{d}\vec{s}$

mit $\varphi_2 = 0$ ist $\varphi(r) = \varphi_1$

$$\varphi(r) = \int_r^{R_a} E(r)\,\mathrm{d}r = \int_r^{R_a} \frac{I}{2 \cdot \pi \cdot \kappa \cdot l} \cdot \frac{1}{r}\,\mathrm{d}r = \frac{I}{2 \cdot \pi \cdot \kappa \cdot l} \cdot \int_r^{R_a} \frac{1}{r}\,\mathrm{d}r$$

$$= \frac{I}{2 \cdot \pi \cdot \kappa \cdot l} \cdot \ln\left(\frac{R_a}{r}\right)$$

$$\varphi(r) = \frac{I}{2 \cdot \pi \cdot \kappa \cdot l} \cdot \ln\left(\frac{R_a}{r}\right)$$

d) für $r = R_i$ erhält man:

$$U_0 = \frac{I}{2 \cdot \pi \cdot \kappa \cdot l} \cdot \ln\left(\frac{R_a}{R_i}\right) \quad \text{und daraus:}$$

$$\kappa = \frac{I}{U_0 \cdot 2 \cdot \pi \cdot l} \cdot \ln\left(\frac{R_a}{R_i}\right)$$

mit Zahlen:

$$\kappa = \frac{1{,}25\,\mu\text{A}}{5\,\text{V} \cdot 2 \cdot \pi \cdot 3\,\text{m}} \cdot \ln\left(\frac{1{,}9}{0{,}3}\right) = 2{,}45 \cdot 10^{-8}\,\frac{\text{S}}{\text{m}}$$

$$\underline{\underline{\kappa = 2{,}45 \cdot 10^{-8}\,\frac{\text{S}}{\text{m}}}}$$

## Aufgabe 2.8

Betrachten Sie zunächst den in Bild 2.8.1a) dargestellten Körper, der aus einem leitenden Material mit der homogenen spezifischen Leitfähigkeit $\kappa$ besteht. Die grau unterlegten Bereiche stellen Kontaktelektroden dar.

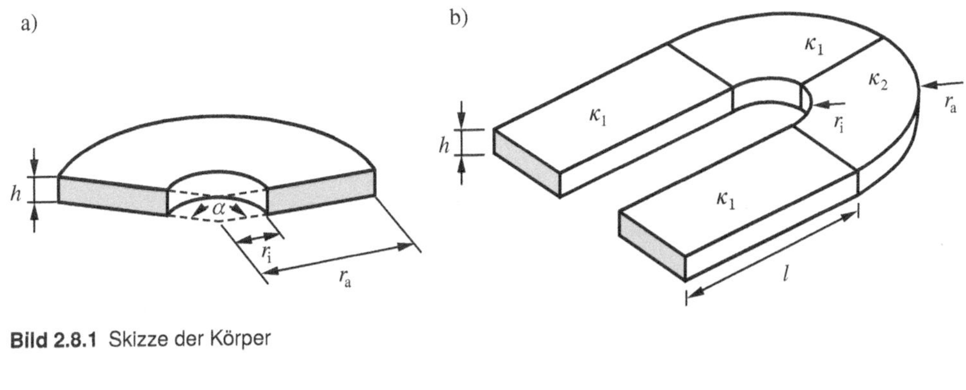


**Bild 2.8.1** Skizze der Körper

a) Zeichnen Sie charakteristische Feldlinien der elektrischen Feldstärke und die zugehörigen Linien der elektrischen Stromdichte im Dielektrikum.

b) Leiten Sie die Formel für den Widerstand zwischen den Elektroden in Abhängigkeit von $r_\mathrm{i}$, $r_\mathrm{a}$, $h$, $\kappa$ und dem Winkel $\alpha$ her.

Der Aufbau in Bild 2.8.1b) wird nun betrachtet. Dieser besteht aus zwei identischen Zuleitungskörpern mit der spezifischen Leitfähigkeit $\kappa_1$ und zwei viertelkreisförmigen Bögen (wie bei Bild 2.8.1a) mit $\alpha = \pi/2$) mit den spezifischen Leitfähigkeiten $\kappa_1$ und $\kappa_2$, mit $\kappa_1 = 2\kappa_2$.

c) Zeichnen Sie für den bogenförmigen Teil der Gesamtanordnung die charakteristischen Feldlinien der elektrischen Feldstärke und die zugehörigen Linien der elektrischen Stromdichte. Beachten Sie dabei die unterschiedlichen Leitfähigkeiten.

d) Leiten Sie die Formel für den Widerstand zwischen den Elektroden der gesamten Anordnung in Abhängigkeit von $r_\mathrm{i}$, $r_\mathrm{a}$, $h$ und $\kappa_1$ her.

## Lösung zu Aufgabe 2.8

Das Symbol $J$ bezeichnet genauso wie $S$ die Stromdichte.

a) Die Feld- und Flusslinie sind azimutal gerichtet und (nahezu) kreisförmig. Am inneren Radius ist die Feldstärke am größten und nimmt nach außen hin ab.

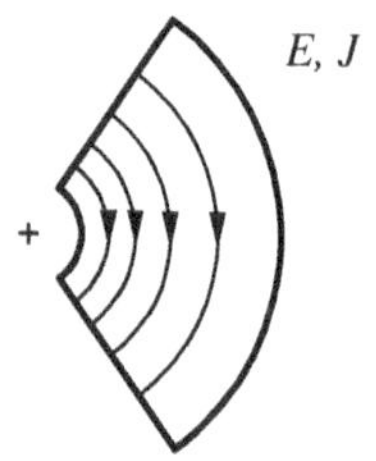


**Bild 2.8.2** Skizze der Feldlinien

b) Die Feldstärke ist umgekehrt proportional zum Radius, da der Weg entlang des Umfangs mit dem Radius zunimmt $s(r) = \alpha \cdot r$ und die Spannung unabhängig vom Radius ist:

$$U = \int_0^\alpha \vec{E}\,\mathrm{d}\vec{s} = \int_0^\alpha \vec{E} r\,\mathrm{d}\varphi \vec{e}_\varphi = E(r)\cdot\alpha\cdot r$$

$$E(r) = \frac{U}{\alpha\cdot r}$$

Zur Berechnung des Widerstandes $R = \dfrac{U}{I}$ ist noch der Strom zu berechnen. Dieser ergibt sich aus dem Flächenintegral der Stromdichte über den Querschnitt:

$$I = \iint_A \vec{S}\,\mathrm{d}\vec{A} = \int_0^h \int_{r_\mathrm{i}}^{r_\mathrm{a}} S\,\mathrm{d}r\,\mathrm{d}h = h\int_{r_\mathrm{i}}^{r_\mathrm{a}} \kappa E\,\mathrm{d}r = h\int_{r_\mathrm{i}}^{r_\mathrm{a}} \kappa\frac{U}{\alpha\cdot r}\,\mathrm{d}r$$

$$I = h\kappa\frac{U}{\alpha}\int_{r_\mathrm{i}}^{r_\mathrm{a}} \frac{1}{r}\,\mathrm{d}r = h\kappa\frac{U}{\alpha}\left[\ln r\right]_{r_\mathrm{i}}^{r_\mathrm{a}} = h\kappa\frac{U}{\alpha}\ln\frac{r_\mathrm{a}}{r_\mathrm{i}}$$

$$\underline{\underline{R = \frac{U}{h\kappa\frac{U}{\alpha}\ln\frac{r_\mathrm{a}}{r_\mathrm{i}}} = \frac{\alpha}{h\kappa\ln\frac{r_\mathrm{a}}{r_\mathrm{i}}}}}$$

c) Die Feld- und Flusslinie sind wiederum azimutal gerichtet und kreisförmig. An der Trennfläche zwischen den beiden Materialien $\kappa_1 = 2\kappa_2$ ist die Stromdichte stetig (da normal zu Trennfläche) und die elektrische Feldstärke springt. Wegen $S_{n1} = S_{n2} = \kappa_1 E_{n1} = \kappa_2 E_{n2} = \frac{1}{2}\kappa_1 E_{n2}$ ist die elektrische Feldstärke im Medium 1 nur halb so groß wie im Medium 2. Entsprechend ist die Feldliniendichte im Medium 2 doppelt so groß.

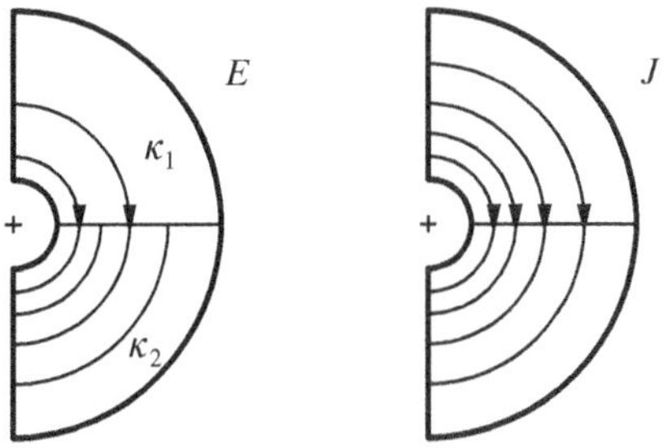


**Bild 2.8.3** Darstellung der elektrischen Feldlinien und der Strömungslinien

d) Die Gesamtanordnung besteht aus zwei identischen Zuleitungskörpern und zwei Viertelkreisbögen mit unterschiedlicher Leitfähigkeit. Der Gesamtwiderstand ergibt sich – da es sich um eine Reihenschaltung handelt – aus der Summe der Einzelwiderstände.

$$R_{ges} = 2R_{Zu} + R_{Bo1} + R_{Bo2}$$

Die Zuleitungskörper haben konstanten Querschnitt und daher den Widerstand:

$$R_{Zu} = \frac{1}{\kappa_1}\frac{l}{A} = \frac{1}{\kappa_1}\frac{l}{h(r_a - r_i)}$$

Für die Viertelkreisbögen wird auf das Resultat aus Aufgabenteil b) zurückgegriffen.

$$R_{Bo1} + R_{Bo2} = \frac{1}{\kappa_1}\frac{\pi/2}{h\ln r_a/r_i} + \frac{1}{\kappa_2}\frac{\pi/2}{h\ln r_a/r_i} = \left(\frac{1}{\kappa_1} + \frac{1}{\kappa_2}\right)\frac{\pi/2}{h\ln r_a/r_i} = \frac{3}{2}\frac{1}{\kappa_1}\frac{\pi}{h\ln r_a/r_i}$$

Dann ergibt sich der Gesamtwiderstand zu:

$$\underline{\underline{R_{ges} = \frac{1}{h\kappa_1}\left(\frac{2l}{r_a - r_i} + \frac{3}{2}\frac{\pi}{\ln r_a/r_i}\right)}}$$

## Aufgabe 2.9

In dem Netzwerk in Bild 2.9.1 mit der idealen Spannungsquelle $U_1 = 10\,\text{V}$, der idealen Stromquelle $I_1 = 10\,\text{mA}$ und den Widerständen $R_1 = 250\,\Omega$ und $R_2 = 1\,\text{k}\Omega$ befindet sich ein Koaxialkabel mit der Länge $L = 10\,\text{cm}$. Der nicht ideale Isolator des Kabels weist eine spezifische Leitfähigkeit $\kappa = 10^{-3}\,\frac{\text{S}}{\text{m}}$ auf, wodurch ein Strom zwischen Innen- und Außenleiter fließen kann.

a) Zeichnen Sie in die Querschnittsfläche des Koaxialkabels drei ausgesuchte elektrische Feldlinien $\vec{E}$ und Strömungsfeldlinien $\vec{S}$ ein. Wie würde sich der Betrag von $\vec{E}$ ändern, wenn $\kappa$ erhöht wird (nur kurze Antwort, nicht neu zeichnen)?

b) Berechnen Sie den Zahlenwert des Widerstandes $R_S$ zwischen Innen- und Außenleiter des Koaxialkabels. (*Hinweis:* Sie können für die Berechnung die Formeln für das Strömungsfeld oder alternative Methoden nutzen).

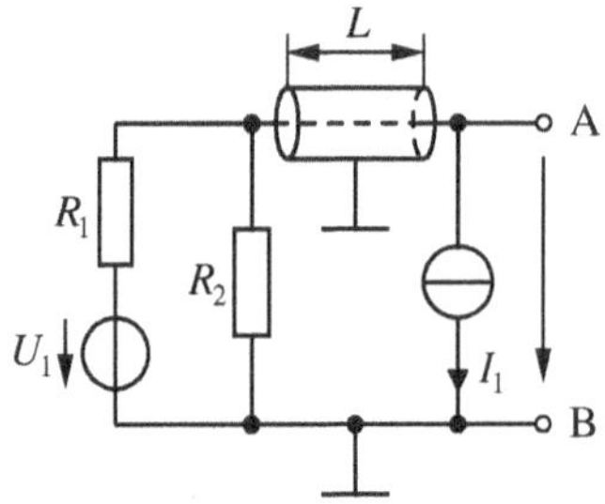


Bild 2.9.1 Elektrisches Netzwerk

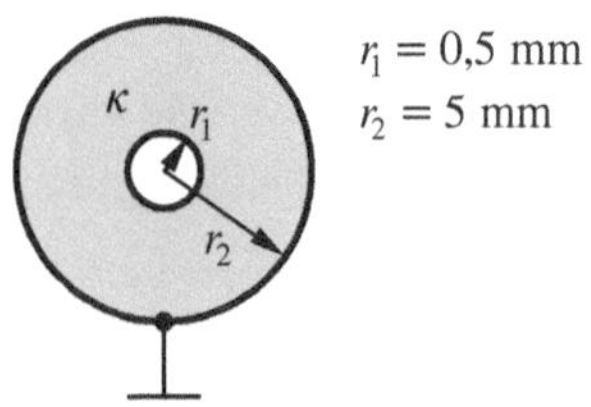


Bild 2.9.2 Querschnittsfläche des Koaxialkabels

Das Koaxialkabel im Netzwerk soll nun durch seinen Ohmschen Widerstand $R_S$ ersetzt werden. Beachten Sie dabei, dass der Außenleiter an das Massepotenzial (wie auch Klemme B) angeschlossen ist.

c) Zeichnen Sie das neue Ersatzschaltbild des Netzwerks und vereinfachen Sie es, wenn möglich. (Hinweis: Falls Sie Aufgabenteil b) nicht lösen können, rechnen Sie ab hier weiter mit $R_S = \sqrt{10}\,\text{k}\Omega$.)

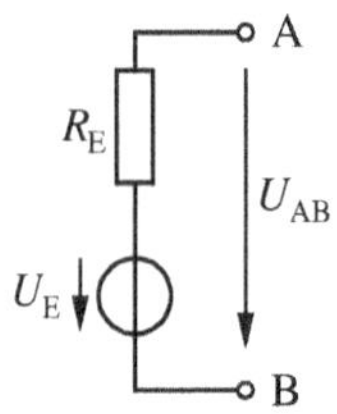


Bild 2.9.3 Ersatzspannungsquelle

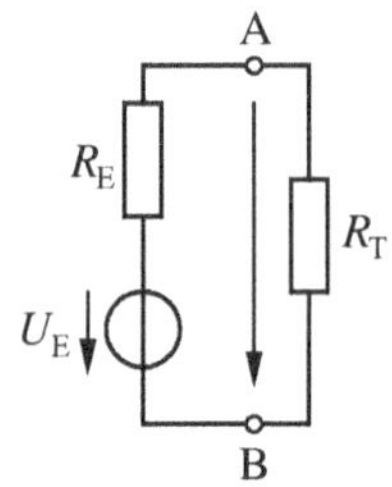


Bild 2.9.4 Ersatzspannungsquelle mit dem temperaturabhängigen Widerstand $R_T$

d) Ersetzen Sie die Schaltung bezüglich der Klemmen A und B durch eine Ersatzspannungsquelle und bestimmen Sie die Zahlenwerte für $U_E$ und $R_E$.

e) An die Schaltung wird ein temperaturabhängiger Widerstand $R_T$ angeschlossen ($\alpha_{20\,°C} = 0{,}002\,\text{K}^{-1}$). Bestimmen Sie den Zahlenwert für $R_{T,\,20\,°C}$ so, dass bei $T = 200\,°C$ die größtmögliche Leistung in $R_T$ umgesetzt wird. (*Hinweis:* Falls Sie Aufgabenteil d) nicht lösen können, rechnen Sie hier mit $R_E = 200\,\Omega$).

## Lösung zu Aufgabe 2.9

a)

Bild 2.9.5 Querschnittsfläche mit elektrischen Feldlinien

Eine Erhöhung von $\kappa$ bewirkt eine Verringerung von $E$, denn $\vec{E} = \dfrac{\vec{S}}{\kappa}$

b) $$R = \frac{U}{I} = \frac{1}{2\pi\kappa L} \cdot \ln\left(\frac{r_a}{r_i}\right) = \underline{\underline{3{,}665\,\text{k}\Omega}}$$

c) Der Widerstand $R_S$ des Koaxialkabels ist parallel geschaltet mit dem Widerstand $R_2$.

Es ergibt sich folgendes Ersatzschaltbild:

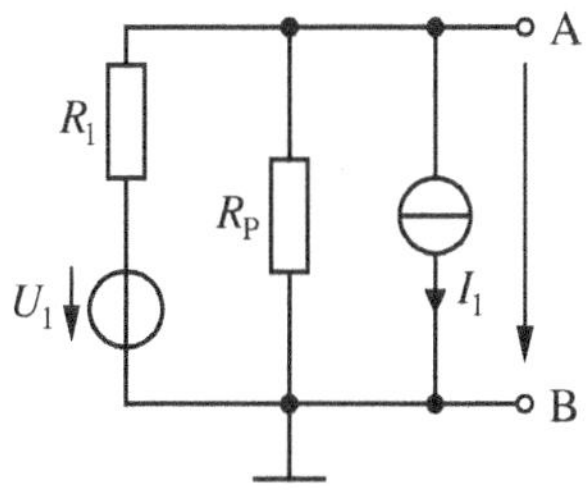


**Bild 2.9.6** Ersatzschaltbild

$$R_P = \frac{R_2 \cdot R_S}{R_2 + R_S} \approx \underline{\underline{785{,}6\,\Omega\ (759{,}75\,\Omega)}}$$

d) Bestimmung der Ersatzspannungsquelle bezüglich der Klemmen A und B:

I) Bestimmung des Innenwiderstandes der Schaltung:

$$R_E = \frac{R_1 \cdot R_P}{R_1 + R_P} \approx \underline{\underline{189{,}6\,\Omega}}$$

II) Bestimmung der Klemmenspannung bei deaktivierter Quelle $I_1$:

$$U_E' = \frac{R_P}{R_1 + R_P} \cdot U_1 \approx 7{,}59\,\mathrm{V}$$

III) Bestimmung der Klemmenspannung bei deaktivierter Quelle $U_1$:

$$I_{Rp} = \frac{R_1}{R_1 + R_P} \cdot I_1 \approx 2{,}41\,\mathrm{mA} \Rightarrow U_E'' = -I_{RP} \cdot R_P \approx -1{,}9\,\mathrm{V}$$

IV) Addition beider Teilklemmenspannungen:

$$U_E = U_E' + U_E'' \approx \underline{\underline{5{,}69\,\mathrm{V}}}$$

e) $R_{T,200\,°C} = R_{T,20\,°C} \cdot \left(1 + \alpha\left(T - 20\,°C\right)\right) = R_E \approx 189{,}6\,\Omega$ (Anpassungsfall)

$$R_{T,20\,°C} = \frac{R_{T,200\,°C}}{1 + \alpha \cdot 180\,°C} \approx \underline{\underline{139{,}41\,\Omega\ (147{,}06\,\Omega)}}$$

Die in Klammern gesetzten Ergebnisse gelten für die in Aufgabenteil c) gemachte Annahme.

# 3 Elektrisches Feld

Zwischen ruhenden elektrischen Ladungen existiert ein Kraftfeld, in dem elektrisch geladene Körper mit der Ladung $Q$ eine Kraft

$$\vec{F} = Q \cdot \vec{E}$$

erfahren, wobei $\vec{E}$ den elektrischen Feldstärkevektor darstellt. Das Kraftfeld zwischen den elektrischen Ladungen ist das elektrische Feld.

Wie im stationären elektrischen Strömungsfeld ist auch im elektrostatischen Feld das Umlaufintegral der elektrischen Feldstärke null, d. h. das elektrische Feld ist wirbelfrei:

$$\oint \vec{E} \cdot \mathrm{d}\vec{s} = 0$$

Dem elektrischen Feld kann durch die Gleichung

$$\vec{E} = -\mathrm{grad}\varphi$$

ein skalares Potenzial $\varphi$ zugeordnet werden.

Es können Begriffe wie z. B. Äquipotenzialflächen aus dem stationären elektrischen Strömungsfeld übernommen werden. Während sich im stationären elektrischen Strömungsfeld vorhandene freie Ladungsträger aufgrund der elektrischen Feldstärke bewegen können, ist dies im elektrostatischen Feld nicht der Fall. Das elektrische Feld zwischen elektrischen Ladungen ist charakterisiert durch die elektrischen Feldlinien, die von der positiven zur negativen elektrischen Ladung verlaufen. Die Ladungen sind also die Quellen der elektrischen Feldlinien. Bei Leitern im elektrostatischen Feld stehen die elektrischen Feldlinien senkrecht auf der Oberfläche idealer Leiter, d. h. es existiert keine Tangentialkomponente der elektrischen Feldstärke. Damit sind die Leiteroberflächen im elektrostatischen Feld Äquipotenzialflächen:

$$\mathrm{d}\varphi = \mathrm{grad}\,\varphi \cdot \mathrm{d}\vec{s} = 0$$

mit $\mathrm{d}\varphi$ als Potenzialdifferenz auf der Leiteroberfläche und $\mathrm{d}\vec{s}$ als Linienvektor auf der Leiteroberfläche.

Während das elektrische Strömungsfeld durch die Vektoren der Stromdichte $\vec{S}$ und der elektrischen Feldstärke $\vec{E}$ charakterisiert ist, ist diese Charakterisierung beim elektrostatischen Feld durch die Vektoren der elektrischen Flussdichte $\vec{D}$ und der elektrischen Feldstärke $\vec{E}$ gegeben. Zwischen $\vec{D}$ und $\vec{E}$ besteht der Zusammenhang:

$$\vec{D} = \varepsilon_0 \cdot \varepsilon_\mathrm{r} \cdot \vec{E}$$

mit der elektrischen Feldkonstanten $\varepsilon_0 = 8{,}855 \cdot 10^{-12}\,\dfrac{\mathrm{A \cdot s}}{\mathrm{V \cdot m}}$ und der materialabhängigen Permittivitätszahl $\varepsilon_\mathrm{r}$.

Die Bilder 3.1 bis 3.5 zeigen beispielhaft für einige Anordnungen die Feldlinienbilder zusammen mit den dazugehörigen Äquipotenziallinien.

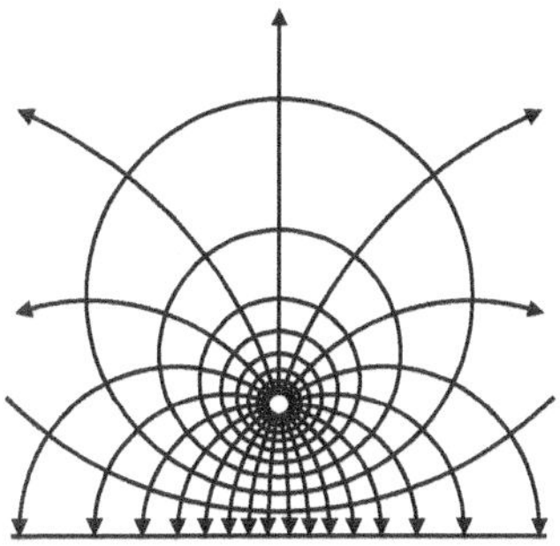

**Bild 3.1** Feld- und Äquipotenziallinien einer positiv aufgeladenen Kugel gegenüber einer elektrisch leitenden Ebene

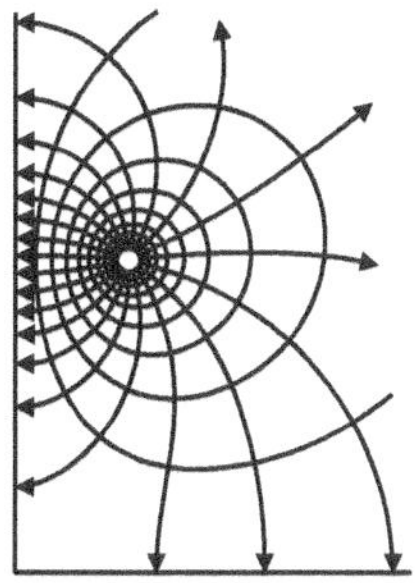

**Bild 3.2** Feld- und Äquipotenziallinien einer positiv aufgeladenen Kugel gegenüber einer leitenden Ecke

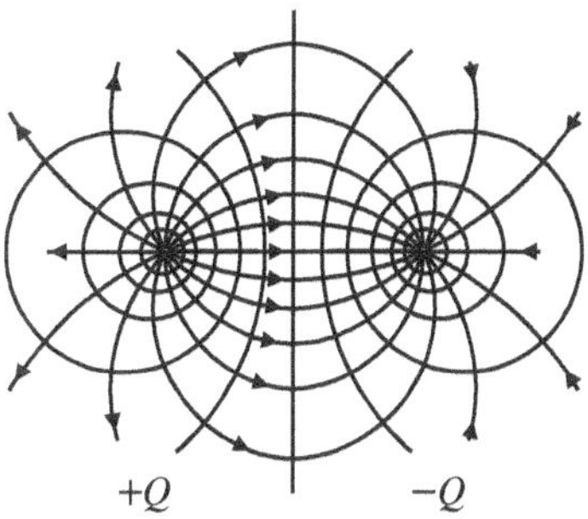


**Bild 3.3** Feld- und Äquipotenziallinien einer positiven gegenüber einer negativen Punktladung $Q$

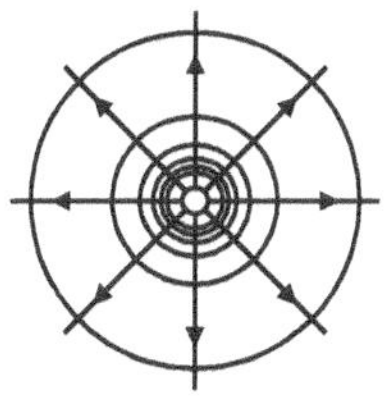

**Bild 3.4** Feld- und Äquipotenziallinien einer geladenen Kugel

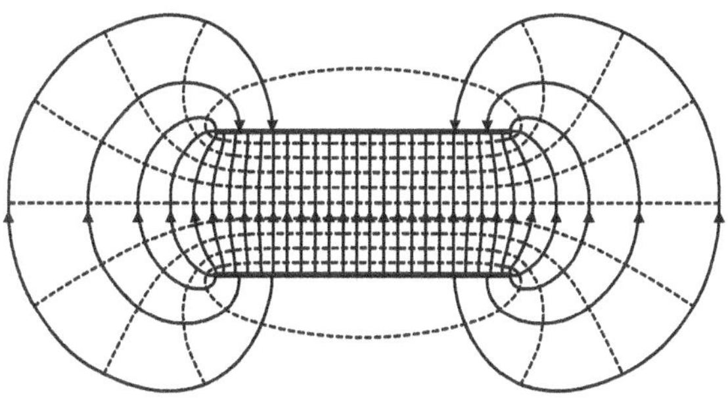

**Bild 3.5** Feld- und Äquipotenziallinien einer Zwei-Plattenanordnung

Die Aufgaben 3.1 bis 3.6 behandeln das elektrische Feld. Die Aufgabe 3.7 hat das elektrische Feld in Verbindung mit einem Netzwerk, das mithilfe der Ersatzspannungsquelle und des Superpositionsprinzips zu lösen ist, zum Inhalt, während die Aufgabe 3.8 das elektrische Feld mit dem stationären Strömungsfeld verbindet.

# Elektrisches Feld

## Aufgabe 3.1

Gegeben ist der unten dargestellte Plattenkondensator. Der Raum zwischen den Kondensatorplatten sei luftgefüllt ($\varepsilon_0 = 8{,}854 \cdot 10^{-12} \frac{\text{A} \cdot \text{s}}{\text{V} \cdot \text{m}}$). Die obere Platte sei mit der Ladung $-Q$ und die untere mit der Ladung $+Q$ geladen. Randeffekte können vernachlässigt werden. Die Abmessungen sind der Tabelle zu entnehmen. Bei der Position $x_0$ ist ein Leuchtschirm positioniert.

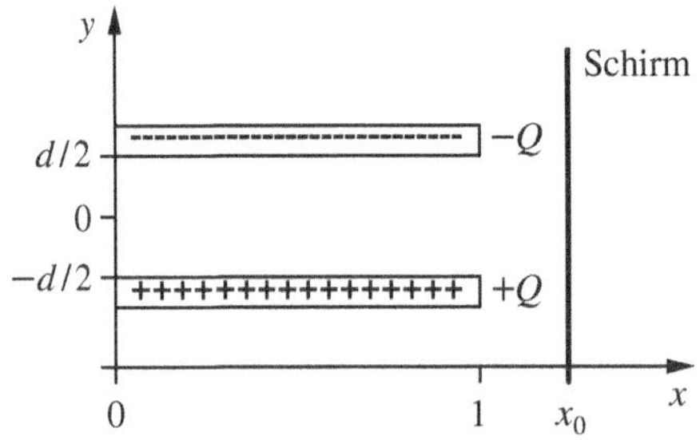


**Bild 3.1.1** Plattenkondensator im $x$-$y$-Koordinatensystem

| | | | |
|---|---|---|---|
| Fläche der Kondensatorplatte: | $A = 0{,}02\,\text{m}^2$ | Länge: | $l = 20\,\text{cm}$ |
| Plattenabstand: | $d = 5\,\text{cm}$ | Schirmposition: | $x_0 = 30\,\text{cm}$ |
| Ladung: | $Q = 2 \cdot 10^{-11}\,\text{C}$ | | |

a) Berechnen Sie die Kapazität $C$ der Anordnung. Geben Sie die Spannung $U$ zwischen den Kondensatorplatten sowie das elektrische Feld $E$ zwischen den Kondensatorplatten an.

Auf der Höhe $y = 0$ tritt ein Elektronenstrahl mit der Geschwindigkeit $v_0 = 5 \cdot 10^6 \frac{\text{m}}{\text{s}}$ in positiver $x$-Richtung in die Anordnung ein.

b) Skizzieren Sie den Bahnverlauf des Elektronenstrahls qualitativ.

c) Geben Sie die Position eines einzelnen Elektrons (Ladung $q_\text{e} = -1{,}6 \cdot 10^{-19}\,\text{C}$, Masse $m_\text{e} = 9{,}11 \cdot 10^{-31}\,\text{kg}$), das sich zum Zeitpunkt $t = 0$ bei $x = 0$ und $y = 0$ befindet, als Funktion der Zeit $x(t)$ und $y(t)$ an (Formel mit gegebenen Größen). Nehmen Sie falls nötig eine Fallunterscheidung vor. An welcher Höhe $y$ verlässt der Elektronenstrahl den Kondensator (Zahlenwert)? Wie groß ist die Geschwindigkeit in $y$-Richtung nach Austritt aus dem Kondensator (Zahlenwert)?

d) Berechnen Sie die Ablenkung $\Delta y$ sowie den Winkel $\varphi$, unter dem der Elektronenstrahl zur Schirmnormalen auftritt.

e) Nennen Sie drei Möglichkeiten, die Ablenkung des Elektronenstrahls zu erhöhen.

## Lösung zu Aufgabe 3.1

a) Die Anordnung ist ein Plattenkondensator.

$$C = \varepsilon \frac{A}{d} = \underline{\underline{3{,}54\,\text{pF}}}$$

$$U = \frac{Q}{C} = \underline{\underline{5{,}65\,\text{V}}}$$

$$E = \frac{U}{d} = \underline{\underline{113 \frac{\text{V}}{\text{m}}}}$$

b) Das Elektron ist negativ geladen und wird daher von der negativen Platte abgestoßen und von der positiven Platte angezogen. Außerhalb des Einflussbereiches der geladenen Platten erfolgt keine Änderung der Flugbahn des Elektrons.

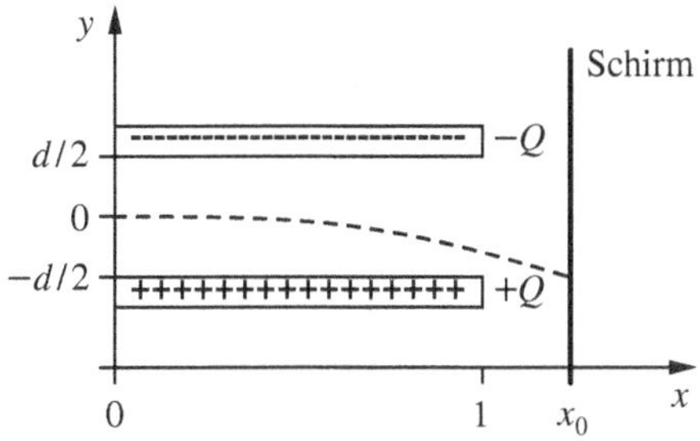


**Bild 3.1.2** Flugbahn eines Elektrons im Plattenkondensator

c) Beschleunigung in negativer $y$-Richtung:

$$a_y = \frac{q_e}{m_e}E = 2 \cdot 10^{13}\,\frac{\mathrm{m}}{\mathrm{s}^2}$$

Flugzeit durch die Kondensatorplatten:

$$t_0 = \frac{l}{v_0} = 40\,\mathrm{ns}$$

Die Flugzeit ändert sich nicht, da die Geschwindigkeit in $x$-Richtung unverändert bleibt.

Bewegungsgleichungen:

$$x(t) = v_0 t$$

$$y(t) = \begin{cases} -\frac{1}{2}a_y t^2, & 0 < t < t_0 \\ v_y t + y_0, & t > t_0 \end{cases}$$

mit

$$y_0 = y(t_0) = \underline{\underline{-1{,}6\,\mathrm{cm}}}$$

$$v_y = a_y t_0 = \underline{\underline{7{,}94 \cdot 10^5\,\frac{\mathrm{m}}{\mathrm{s}}}}$$

d)
$$\Delta y = |y_0| + \left| v_y \cdot \frac{(x_0 - l)}{v_0} \right| = \underline{\underline{3{,}2\,\mathrm{cm}}}$$

Die Schirmnormale befindet sich bei $(x/y) = (x_0/0)$. Der Winkel wird über das rechtwinklige Dreieck mit den Eckpunkten $(0/0)$, $(x_0/0)$ und $(x_0/\Delta y)$ gebildet.

$$\varphi = \arctan\left(\frac{v_y}{v_0}\right) = \underline{\underline{9{,}023^\circ}}$$

e)
- Ladung erhöhen führt zur Erhöhung der Spannung, dadurch erhöht sich die elektrische Feldstärke
- Abstand $d$ zwischen den Platten verringern führt zu einer Erhöhung der elektrischen Feldstärke
- Geschwindigkeit der Elektronen verringern ($v_0$), dadurch längere Verweildauer im elektrischen Feld
- Platten bei gleicher Fläche verlängern, dadurch längere Verweildauer im elektrischen Feld

## Aufgabe 3.2

Gegeben sei ein Kugelkondensator mit den Elektrodenradien $r_\mathrm{i} = 2\,\mathrm{cm}$ und $r_\mathrm{a} = 4\,\mathrm{cm}$. Die Elektroden seien ideal leitend. Der Kondensator sei so aufgeladen, dass sich auf der inneren Kugelschale die Ladung $+Q$ und auf der äußeren Kugelschale die Ladung $-Q$ befinde. Zwei verschiedene Dielektrika $\varepsilon_1 = 4\varepsilon_0$ und $\varepsilon_2 = 2\varepsilon_0$ seien zwischen den Elektroden, wie in dem Bild 3.2.1, dargestellt, konzentrisch verteilt. Die Grenzschicht zwischen den Dielektrika befindet sich bei $r = r_\mathrm{m}$.

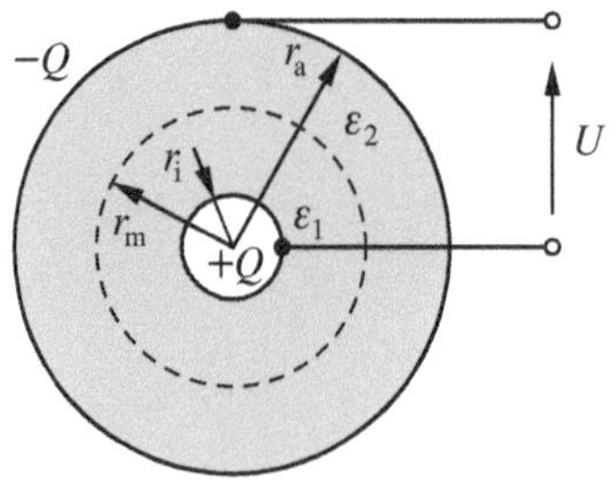


**Bild 3.2.1** Skizze des Kugelkondensators

a) Skizzieren Sie qualitativ ausgesuchte Feldlinien der elektrischen Flussdichte in Bild 3.2.2 und der elektrischen Feldstärke in Bild 3.2.3 für diese Anordnung ein. Erläutern Sie hierbei die Stetigkeitsbedingungen für alle relevanten Komponenten von $D_1$ und $D_2$ sowie $E_1$ und $E_2$ an der Grenzfläche zwischen den Dielektrika.

b) Leiten Sie mithilfe des Gaußschen Satzes ($\oint\!\!\oint \vec{D} \cdot \mathrm{d}\vec{A} = Q$) die Formeln für die elektrische Flussdichte $D_1$ und $D_2$ und die elektrische Feldstärke $E_1$ und $E_2$ zwischen den Elektroden in den einzelnen Schichten her. Wie groß ist das elektrische Feld $E_\mathrm{a}$ außerhalb des Kugelkondensators ($r > r_\mathrm{a}$) (keine Berechnung, nur kurze Begründung)?

c) Bestimmen Sie die Formeln für die Teilspannungen $U_1$ und $U_2$, die an den einzelnen Schichten abfallen. Bestimmen Sie hieraus die Formel für die Gesamtspannung $U$, die an den Elektroden anliegt.

d) Geben Sie die Formel für die Gesamtkapazität der Anordnung an. Wie groß wäre die Gesamtkapazität, wenn der Kondensator vollständig mit Luft gefüllt wäre, also für $\varepsilon_1 = \varepsilon_2 = \varepsilon_0 = 8{,}85 \cdot 10^{-12}\,\dfrac{\mathrm{As}}{\mathrm{Vm}}$, Formel und Zahlenwert?

e) Bestimmen Sie den Zahlenwert des Radius $r_\mathrm{m}$ der Grenzschicht zwischen den Dielektrika, für den die Kapazität des Kugelkondensators mit zwei geschichteten Dielektrika mit den oben angegebenen Werten 3-mal so groß ist wie die des luftgefüllten Kugelkondensators.

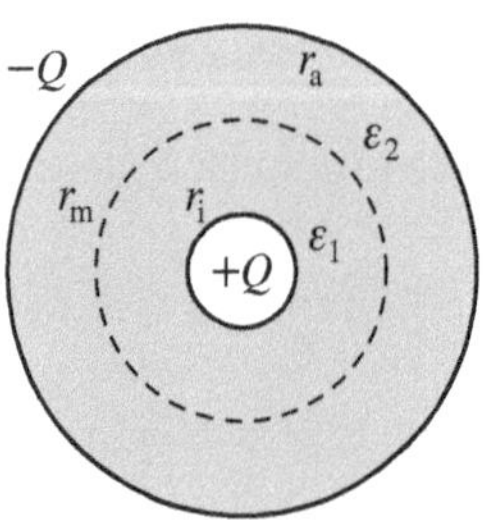


**Bild 3.2.2** Vorlage zum Einzeichnen der D-Feld-Linien

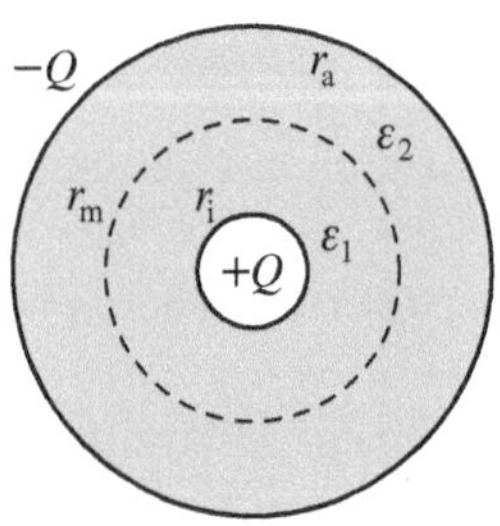


**Bild 3.2.3** Vorlage zum Einzeichnen der E-Feld-Linien

## Lösung zu Aufgabe 3.2

a)

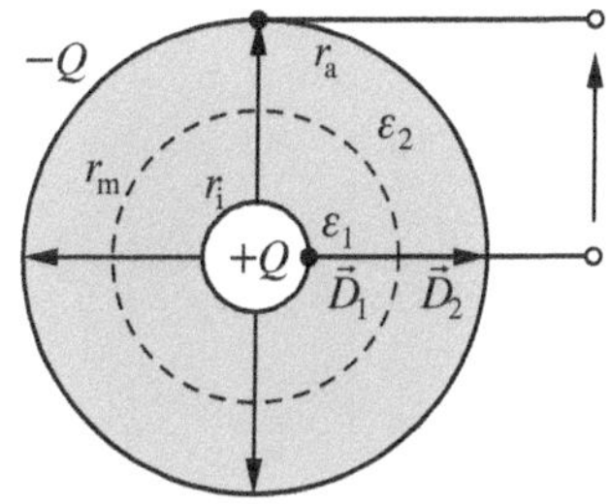


Lösung zu Aufgabenteil a)
für die D-Feld-Linien

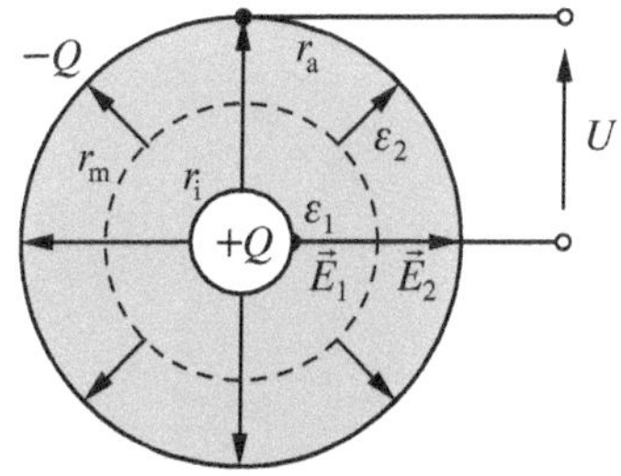


Lösung zu Aufgabenteil a)
für die E-Feld-Linien

**Bild 3.2.4** Feldlinien der elektrischen Flussdichte und der elektrischen Feldstärke

b) An der Grenzfläche muss gelten:

$D_{n1} = D_{n2}$ (Normalkomponente von $D$ bleibt stetig)

$$\Rightarrow \varepsilon_1 \cdot E_{n1} = \varepsilon_2 \cdot E_{n2} \Rightarrow E_{n1} = \frac{\varepsilon_2}{\varepsilon_1} \cdot E_{n2} \Rightarrow E_2 = 2 \cdot E_1 \text{ (hier: nur Normalkomponente)}$$

$E_{t1} = E_{t2}$ (Tangentialkomponente von $E$ bleibt stetig)

$$\Rightarrow \frac{D_{t1}}{\varepsilon_1} = \frac{D_{t2}}{\varepsilon_2} \Rightarrow D_{t1} = \frac{\varepsilon_1}{\varepsilon_2} \cdot D_{t2} \text{ (hier: keine Tangentialkomponente)}$$

Außerhalb des Kugelkondensators ist die elektrische Feldstärke 0, da dort kein Potenzialunterschied herrscht.

c) Gaußscher Satz:

$$\oiint \vec{D} \cdot \mathrm{d}\vec{A} = Q$$

$\vec{D}$ und $\vec{A}$ sind gleichgerichtet, $D$ ist unabhängig von $A$
$A = 4 \cdot \pi \cdot r^2$ (Formel für Kugeloberfläche)

$$\Rightarrow D_1(r) = D_2(r) = \frac{Q}{4 \cdot \pi \cdot r^2}$$

$$\vec{D} = \varepsilon \cdot \vec{E} \quad \Rightarrow \quad E_1(r) = \frac{Q}{4 \cdot \pi \cdot \varepsilon_1 \cdot r^2}; \qquad E_2(r) = \frac{Q}{4 \cdot \pi \cdot \varepsilon_2 \cdot r^2}$$

$$E_a = 0, \quad \text{da} \oiint \vec{D} \cdot \mathrm{d}\vec{A} = Q - Q = 0$$

gilt.

d) $U = \int \vec{E} \cdot \mathrm{d}\vec{s}$, $\vec{E}$ und $\mathrm{d}\vec{s}$ sind gleichgerichtet, $\mathrm{d}\vec{s} \triangleq \mathrm{d}\vec{r}$

$$\Rightarrow U(r) = \int E(r)\,\mathrm{d}r \quad \Rightarrow \quad U_1(r) = \int E_1(r)\mathrm{d}r; \qquad U_2(r) = \int E_2(r)\,\mathrm{d}r$$

Aus b) einsetzen ergibt:

$$U_1(r) = \int_{r_i}^{r_m} \frac{Q}{4 \cdot \pi \cdot \varepsilon_1 \cdot r^2}\,\mathrm{d}r = \frac{Q}{4 \cdot \pi \cdot \varepsilon_1} \cdot \left(\frac{1}{r_i} - \frac{1}{r_m}\right)$$

Analog:

$$U_2(r) = \int_{r_m}^{r_a} \frac{Q}{4 \cdot \pi \cdot \varepsilon_2 \cdot r^2} \, dr = \frac{Q}{4 \cdot \pi \cdot \varepsilon_2} \cdot \left( \frac{1}{r_m} - \frac{1}{r_a} \right)$$

$$U_{ges}(r) = U_1(r) + U_2(r) = \frac{Q}{4 \cdot \pi} \cdot \left[ \frac{1}{\varepsilon_1} \cdot \left( \frac{1}{r_i} - \frac{1}{r_m} \right) + \frac{1}{\varepsilon_2} \cdot \left( \frac{1}{r_m} - \frac{1}{r_a} \right) \right]$$

e) $$C_{ges} = \frac{Q}{U_{ges}} = 4 \cdot \pi \cdot \left[ \frac{1}{\varepsilon_1} \cdot \left( \frac{1}{r_i} - \frac{1}{r_m} \right) + \frac{1}{\varepsilon_2} \cdot \left( \frac{1}{r_m} - \frac{1}{r_a} \right) \right]^{-1}$$

Im Falle eines vollständig luftgefüllten Kondensators gilt:

Für $\varepsilon_1 = \varepsilon_2 = \varepsilon_0$ (luftgefüllt): $C_{ges,\,Luft} = 4 \cdot \pi \cdot \varepsilon_0 \cdot \left( \frac{1}{r_i} - \frac{1}{r_a} \right)^{-1} \approx \underline{\underline{4{,}45 \cdot 10^{-12}\,\text{F}}}$

Alternativ: $C_1(r)$ und $C_2(r)$ aus $U_1(r)$ und $U_2(r)$ berechnen, $C_{ges}$ aus Reihenschaltung: $C_{ges} = \frac{C_1(r) \cdot C_2(r)}{C_1(r) + C_2(r)}$

$$C_{ges} = 3 \cdot C_{ges,Luft} \Rightarrow \frac{1}{\varepsilon_1} \cdot \left( \frac{1}{r_i} - \frac{1}{r_m} \right) + \frac{1}{\varepsilon_2} \cdot \left( \frac{1}{r_m} - \frac{1}{r_a} \right) = \frac{1}{r \cdot \varepsilon_0} \cdot \left( \frac{1}{r_i} - \frac{1}{r_a} \right)$$

$$\Rightarrow \frac{1}{4} \cdot \left( 50 \frac{1}{\text{m}} - \frac{1}{r_m} \right) + \frac{1}{2} \cdot \left( \frac{1}{r_m} - 25 \frac{1}{\text{m}} \right) = \frac{25}{3} \frac{1}{\text{m}}$$

$$\Rightarrow \frac{25}{2} \frac{1}{\text{m}} \cdot r_m - \frac{1}{4} + \frac{1}{2} - \frac{25}{2} \frac{1}{\text{m}} \cdot r_m \frac{25}{3} \frac{1}{\text{m}} \cdot r_m$$

$$r_m = \frac{3}{100}\,\text{m} = \underline{\underline{3\,\text{cm}}}$$

## Aufgabe 3.3

Ein Oszilloskop besitzt den abgebildeten schematischen Aufbau. Die Elektronen werden mithilfe der Beschleunigungsspannung $U_B = 1\,\text{kV}$ aus einem geheizten Draht herausgelöst und beschleunigt. Der Elektronenstrahl durchläuft anschließend das als homogen angenommene elektrische Feld eines Plattenkondensators der Länge $l = 4\,\text{cm}$ und der Höhe $h = 2{,}5\,\text{cm}$. Die Plattenkondensatorspannung $U_0$ bewirkt dabei eine Ablenkung des Elektronenstrahls, bevor dieser auf den Leuchtschirm trifft. Der Leuchtschirm befindet sich in einem Abstand von $R = 20\,\text{cm}$ nach dem Kondensator. Für die nachfolgenden Rechnungen kann der Einfluss der Gravitation vernachlässigt werden.

a) Berechnen Sie die Geschwindigkeit $v_0$ der Elektronen unmittelbar nach der Beschleunigung.

b) Geben Sie einen Ausdruck für die elektrische Feldstärke $\vec{E}$ des elektrischen Feldes zwischen den zwei Platten des Kondensators in Abhängigkeit von der Plattenspannung $U_0$ nach Betrag und Richtung an. Zeichnen Sie anschließend das elektrische Feld in Bild 3.3.1 ein.

c) Berechnen Sie die auf ein Elektron wirkende Kraft $\vec{F}$ durch das elektrische Feld $\vec{E}$ innerhalb des Kondensators bei einer Kondensatorspannung von $U_0 = 50\,\text{V}$ nach Betrag und Richtung.

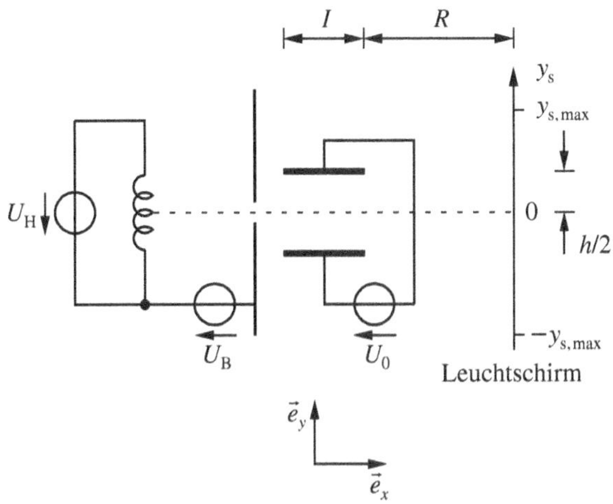


**Bild 3.3.1** Skizze der Oszilloskopanordnung

d) Geben Sie einen allgemeinen Ausdruck des Elektronenstrahlauftrittspunktes $y_s$ auf dem Schirm in Abhängigkeit von der am Plattenkondensator anliegenden Spannung $U_0$ an. Welcher Zusammenhang besteht zwischen Auftrittspunkt und angelegter Spannung $U_0$ (z. B. linear, exponentiell)? Begründen Sie Ihre Antwort. Berechnen Sie anschließend den Elektronenstrahlauftrittspunkt $y_s$ für eine Kondensatorspannung von $U_0 = 50\,\mathrm{V}$.

e) Berechnen Sie die maximale Plattenkondensatorspannung $U_{0,\,\mathrm{max}}$, die am Plattenkondensator anliegen darf, damit die äußere Markierung $y_{\mathrm{s,\,max}} = 10\,\mathrm{cm}$ des Leuchtschirms durch den Elektronenstrahl nicht überschritten wird.

Konstanten:

Masse eines Elektrons: $m_e = 9{,}108 \cdot 10^{-31}\,\mathrm{kg}$
Ladung eines Elektrons: $q = -1{,}602 \cdot 10^{-19}\,\mathrm{C}$

## Lösung zu Aufgabe 3.3

a) Die gesamte elektrische Energie wird bei der Beschleunigung in kinetische Energie überführt ($W_{el} = W_{kin}$):

$$|q| \cdot U_B = \frac{1}{2} \cdot m_e \cdot v_0^2$$

Daraus folgt für die Geschwindigkeit $v_0$:

$$v_0 = \frac{\sqrt{2\,|q|\,U_B}}{m_e}$$

Nach Einsetzen der Werte ergibt sich:

$$\underline{\underline{v_0 = 1{,}876 \cdot 10^7\,\frac{\mathrm{m}}{\mathrm{s}}}}$$

b) Die elektrische Feldstärke $E$ in einem Plattenkondensator ist nach Betrag und Richtung gegeben durch:

$$\vec{E} = -\frac{U_0}{h} \cdot \vec{e_y}$$

Das elektrische Feld besitzt nachfolgende Ausrichtung innerhalb des Kondensators:

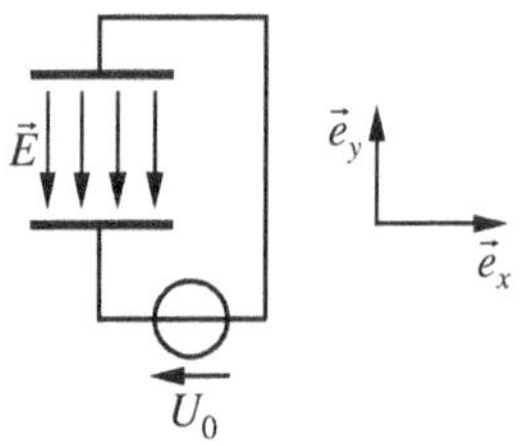


**Bild 3.3.2** Ablenkplatten (Kondensator) des Oszilloskops

c) Die Kraft auf ein Elektron mit der Ladung $q$ im elektrischen Feld ist definiert durch:

$$\vec{F}_{\mathrm{el}} = q \cdot \vec{E}$$

$$\vec{F}_{\mathrm{el}} = -q \cdot \frac{U_0}{h} \vec{e}_y$$

Nach Einsetzen der Werte ergibt sich:

$$\vec{F}_{\mathrm{el}} = \underline{\underline{3{,}204 \cdot 10^{-16}\,\mathrm{N} \cdot \vec{e}_y}}$$

d) Abweichung $y_{\mathrm{s}}$ auf Schirm in $y$-Richtung ist gegeben durch

- gleichmäßige Beschleunigung im Kondensator durch Kraft $F_{\mathrm{el}}(y_{\mathrm{s1}})$
- gleichförmige Bewegung nach Verlassen des Kondensators $(y_{\mathrm{s2}})$

1. Berechnung der Bahnabweichung im Kondensator $y_{\mathrm{s1}}$:

   Die Abweichung $y_{\mathrm{s1}}$ ist gegeben durch die Beschleunigung $a_y$ in $y$-Richtung und Aufenthaltsdauer $t_{\mathrm{Pl}}$ des Elektrons im Kondensator:

   $$y_{\mathrm{s1}} = \frac{1}{2} a_y t_{\mathrm{Pl}}^2$$

   Lineares Kraftgesetz $F = m \cdot a$, $F_{\mathrm{el}}$ zeigt in Richtung $y$, dadurch Beschleunigung $a_y$ gegeben durch:

   $$a_y = \frac{|\vec{F}_{\mathrm{el}}|}{m_{\mathrm{e}}}$$

   Die Aufenthaltsdauer $t_{\mathrm{Pl}}$ des Elektrons im Kondensator ist durch die Bewegung in $x$-Richtung gegeben und berechnet sich aus der Länge $l$ des Kondensators sowie der Geschwindigkeit der Elektronen $v_0$:

   $$t_{\mathrm{Pl}} = \frac{l}{v_0}$$

   Damit wird die Abweichung $y_{\mathrm{s1}}$ berechnet zu:

   $$y_{\mathrm{s1}} = \frac{1}{2} \frac{|\vec{F}_{\mathrm{el}}|}{m_{\mathrm{e}}} \left(\frac{l}{v_0}\right)^2$$

2. Berechnung der Bahnabweichung nach dem Kondensator $y_{\mathrm{s2}}$:

   Die Abweichung $y_{\mathrm{s2}}$ ist gegeben durch die gleichförmige Bewegung in $y$-Richtung mit der Endgeschwindigkeit $v_y$ nach Verlassen des Kondensators sowie der Zeitdauer $t_{\mathrm{KS}}$ vom Verlassen des Kondensators bis zu Schirmkontakt:

   $$y_{\mathrm{s2}} = v_y \cdot t_{\mathrm{KS}}$$

Die Geschwindigkeit in $y$-Richtung berechnet sich mithilfe der Beschleunigung $a_y$ und der Zeit der Beschleunigung im Plattenkondensator $t_{Pl}$ zu:

$$v_y = a_y \cdot t_{PL} = \frac{|\vec{F}_{el}|}{m_e}\left(\frac{l}{v_0}\right)$$

Die Zeitdauer $t_{KS}$ berechnet sich durch die gleichmäßige Bewegung in $x$-Richtung:

$$t_{KS} = \frac{R}{v_0}$$

Dadurch wird $y_{s2}$ zu:

$$y_{s2} = \frac{|\vec{F}_{el}|}{m_e} \cdot \frac{l}{v_0} \cdot \frac{R}{v_0}$$

3. Berechnung von $y_s$:

$$y_s = y_{S1} + y_{s2} = \frac{1}{2}\frac{|\vec{F}_{el}|}{m_e}\left(\frac{l}{v_0}\right)^2 + \frac{|\vec{F}_{el}|}{m_e} \cdot \frac{l}{v_0} \cdot \frac{R}{v_0} = \frac{|\vec{F}_{el}|}{m_e} \cdot \frac{l}{v_0^2} \cdot \left(\frac{l}{2} + R\right)$$

Es ergibt sich:

$$y_s = \frac{|q|\, l}{h m_e v_0^2}\left(\frac{l}{2} + R\right) \cdot U_0$$

Aus der Gleichung für $y_s$ erkennt man den linearen Zusammenhang zwischen Abweichung $y_s$ und angelegter Kondensatorspannung $U_0$.

Für $U_0 = 50\,\mathrm{V}$ ergibt sich nach Einsetzen der Werte:

$$y_s = \underline{\underline{8{,}834 \cdot 10^{-3}\,\mathrm{m}}}$$

e) Durch Umstellen der Gleichung für $y_s$ nach $U_0$ erhält man mit $y_{s,\,max}$:

$$U_{0,\,max} = \frac{h m_e v_0^2}{|q|\, l\left(\frac{l}{2} + R\right)} \cdot y_{s,\,max}$$

Nach Einsetzen der Werte ergibt sich:

$$\underline{\underline{U_{0,\,max} = 566\,\mathrm{V}}}$$

## Aufgabe 3.4

Zwei Metallplatten aus Aluminium haben die Fläche $A$ und werden parallel mit dem Plattenabstand $l$ fixiert. An sie wird eine Spannungsquelle mit $U = U_0$ angeschlossen. Für die erste Anordnung wird Luft als Dielektrikum ($\varepsilon_1 = \varepsilon_0$) benutzt.

Plattenabstand und Plattenfläche sind bei der zweiten Anordnung identisch zu der ersten mit dem Unterschied des Dielektrikums $\varepsilon_2 = \varepsilon_0 \cdot \varepsilon_{r2}$. Die dritte Anordnung besitzt wiederum die Plattenfläche $A$ und den Plattenabstand $l$. Der Zwischenraum besteht hier allerdings aus zwei Dielektrika ($\varepsilon_1$, $\varepsilon_2$), die jeweils eine Dicke von $l/2$ aufweisen.

$$\varepsilon_0 = 8{,}8542 \cdot 10^{-12}\,\frac{\mathrm{A \cdot s}}{\mathrm{V \cdot m}}$$

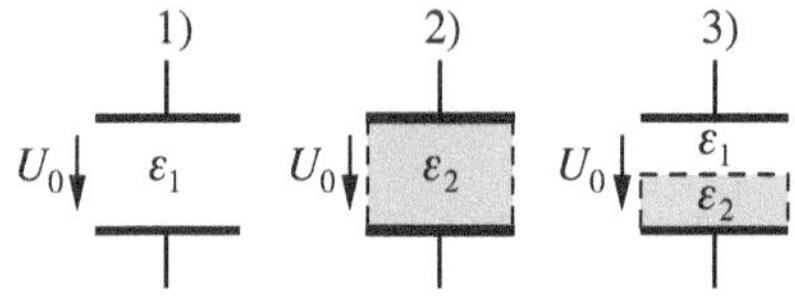


**Bild 3.4.1** Aufbau der Plattenkondensatoren

a) Geben Sie einen Ausdruck an, der die Berechnung der Kapazität der drei verschiedenen Anordnungen ermöglicht.

b) Berechnen Sie die Energieinhalte $W_1$, $W_2$ und $W_3$ der drei Kondensatoranordnungen zahlenmäßig für $U_0 = 10\,\mathrm{V}$, $A = 10\,\mathrm{cm}^2$, $l = 1\,\mathrm{cm}$ und $\varepsilon_{\mathrm{r}2} = 2$.

c) Nun wird bei der dritten Kondensatoranordnung die Spannungsquelle und danach das Dielektrikum mit $\varepsilon_{\mathrm{r}2} = 2$ entfernt. Berechnen Sie das Verhältnis $\dfrac{U_\mathrm{E}}{U_0}$, wobei $U_\mathrm{E}$ die sich neu am Kondensator einstellende Spannung ist.

Wie groß ist dabei die im Kondensator gespeicherte Energie $W'$ (Zahlenwerte)?

## Lösung zu Aufgabe 3.4

a) $$C_1 = \frac{\varepsilon_1 A}{l}; \quad C_2 = \frac{\varepsilon_2 A}{l} = \frac{\varepsilon_0 \cdot \varepsilon_{\mathrm{r}2} \cdot A}{l}$$

$C_3$ wird als Reihenschaltung zweier Kondensatoren $C_\mathrm{a}$ und $C_\mathrm{b}$ betrachtet:

$$C_3 = \frac{C_\mathrm{a} \cdot C_\mathrm{b}}{C_\mathrm{a} + C_\mathrm{b}} \quad \Rightarrow$$

$$C_\mathrm{a} = \frac{\varepsilon_0 \cdot A}{\frac{l}{2}} = \frac{2 \cdot \varepsilon_0 \cdot A}{l}; \quad C_\mathrm{b} = \frac{\varepsilon_0 \cdot \varepsilon_{\mathrm{r}3} \cdot A}{\frac{l}{2}} = \frac{2 \cdot \varepsilon_0 \cdot \varepsilon_{\mathrm{r}2} \cdot A}{l} = C_\mathrm{a} \cdot \varepsilon_{\mathrm{r}2}$$

$$C_3 = \frac{C_\mathrm{a} \cdot \varepsilon_{\mathrm{r}2}}{1 + \varepsilon_{\mathrm{r}2}} = \frac{2 \cdot \varepsilon_0 \cdot \varepsilon_{\mathrm{r}2} \cdot A}{(1 + \varepsilon_{\mathrm{r}2})\, l}$$

oder:

$$C_\mathrm{a} = \frac{2 \cdot \varepsilon_1 \cdot A}{l}; \quad C_\mathrm{b} = \frac{2 \cdot \varepsilon_2 \cdot A}{l} \quad \Rightarrow$$

$$C_3 = \frac{\frac{2 \cdot \varepsilon_1 \cdot A}{l} \cdot \frac{2 \cdot \varepsilon_2 \cdot A}{l}}{\frac{2 \cdot \varepsilon_1 \cdot A}{l} + \frac{2 \cdot \varepsilon_2 \cdot A}{l}} = \frac{2 \cdot \varepsilon_1 \cdot \varepsilon_2 \cdot A}{(\varepsilon_1 + \varepsilon_2)\, l} = \frac{2 \cdot \varepsilon_0 \cdot \varepsilon_{\mathrm{r}2} \cdot A}{(1 + \varepsilon_{\mathrm{r}2})\, l}$$

b) $$W_1 = \frac{1}{2} C_1 \cdot U_0^2 = \frac{\varepsilon_1 A}{l} \cdot U_0^2 = \frac{1}{2} \cdot \frac{8{,}854\,2 \cdot 10^{-12}\,\frac{\mathrm{A \cdot s}}{\mathrm{V \cdot m}} \cdot 10\,\mathrm{cm}^2}{1\,\mathrm{cm}} \cdot 100\,\mathrm{V}^2$$

$$W_1 = \underline{\underline{4{,}427\,1 \cdot 10^{-11}\,\mathrm{W \cdot s}}}$$

$$W_2 = \frac{1}{2} C_2 \cdot U_0^2 = 2 \cdot W_1 = \underline{\underline{8{,}854 \cdot 10^{-11}\,\mathrm{W \cdot s}}}, \quad \text{da } \varepsilon_2 = 2 \cdot \varepsilon_1$$

$$W_3 = \frac{1}{2} C_3 \cdot U_0^2 = \frac{1}{2} \cdot \frac{2 \cdot \varepsilon_0 \cdot \varepsilon_{\mathrm{r}2} \cdot A}{(1 + \varepsilon_{\mathrm{r}2})\, l} \cdot U_0^2 = \frac{8{,}854\,2 \cdot 10^{-12}\,\frac{\mathrm{A \cdot s}}{\mathrm{V \cdot m}} \cdot 10\,\mathrm{cm}^2}{(1 + 2) \cdot 1\,\mathrm{cm}} \cdot 100\,\mathrm{V}^2$$

$$W_3 = \underline{\underline{2{,}95 \cdot 10^{-11}\,\mathrm{W \cdot s}}}$$

c) Die Ladung $Q$ bleibt konstant, es ändert sich die Kapazität und die sich einstellende Spannung.

$$Q = C_3 \cdot U_0 = C_1 \cdot U_E$$

$$\frac{U_E}{U_0} = \frac{C_3}{C_1} = \frac{\dfrac{2 \cdot \varepsilon_0 \cdot \varepsilon_{r2} \cdot A}{(1+\varepsilon_{r2})\, l}}{\dfrac{\varepsilon_0 \cdot A}{l}} = \frac{2 \cdot \varepsilon_{r2}}{1+\varepsilon_{r2}} = \frac{4}{3}$$

$$\frac{U_E}{U_0} = \underline{\underline{1{,}333}}$$

$$W' = \frac{1}{2} C_1 \cdot U_E^2 = \frac{1}{2} \frac{C_1 \cdot U_0^2 \cdot U_E^2}{U_0^2} = W_1 \left(\frac{U_E}{U_0}\right)^2 = \underline{\underline{7{,}87 \cdot 10^{-11}\,\mathrm{W \cdot s}}}$$

## Aufgabe 3.5

Der feste Teil eines Drehkondensators ist aus einem metallischen, rechteckigen, geschlossenen Gehäuse gebildet, dessen innerer Raum durch Metallplatten in $N$ gleiche Fächer mit Abstand $2d$ aufgeteilt ist. Der Drehteil dieses Kondensators besteht aus $N$ halbkreisförmigen Blechen, welche ebenfalls elektrisch verbunden sind und genau mittig zwischen den Platten des rechteckigen Gehäuses liegen (siehe Bild 3.5.1). Beide Plattengruppen sind voneinander elektrisch isoliert und sind an eine Spannung $U_0$ angeschlossen. Die ganze Vorrichtung sei symmetrisch; die Dicke der Bleche und der Radius $r_0$ seien zu vernachlässigen.

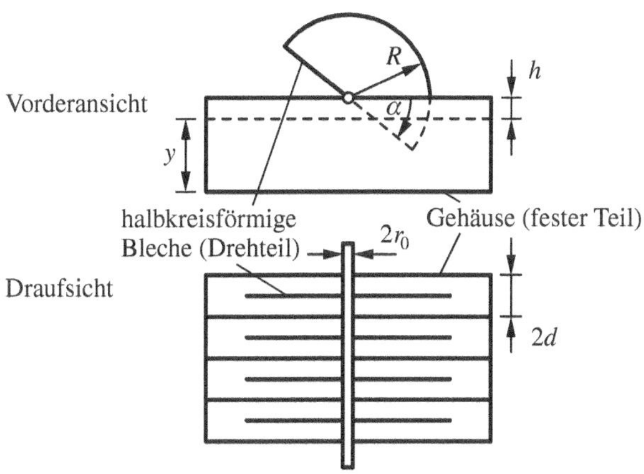


**Bild 3.5.1** Drehkondensatoranordnung

Für die folgenden Betrachtungen sei das elektrische Feld in allen Bereichen homogen!

a) Geben Sie einen Ausdruck an, der die Berechnung der Kapazität des Drehkondensators als Funktion des Winkels $\alpha$ ermöglicht. Wie groß werden $C_{max}$ und die dazu gehörige Energiedichte $w$?

b) Das Gehäuse wird mit Transformatorenöl ($\varepsilon_r$) gefüllt bis die Höhe $y$ erreicht wird. Dabei bilden sich keine Luftblasen in den Zwischenräumen. Geben Sie einen Ausdruck für $C_{max}$ dieser Anordnung an.

c) Wie groß sind die elektrische Flussdichte $D$ und die elektrische Feldstärke $E$ im Innern des Kondensators für $U_0 = 100\,\mathrm{V}$, $\varepsilon_{r2} = 2{,}3$ und $d = 2\,\mathrm{mm}$?

## Lösung zu Aufgabe 3.5

a) Der Kondensator nutzt die Luft als Dielektrikum, es gilt $\varepsilon_r = 1$.

$$C = A \cdot \frac{\varepsilon_0 \cdot \varepsilon_r \cdot 2N}{d} \qquad N\text{ – Blechzahl des Drehteils}$$

$$A(\alpha) = \int_0^R \int_0^\alpha r \, \mathrm{d}\varphi \, \mathrm{d}r = \alpha \cdot \frac{R^2}{2}$$

Damit wird $C$:

$$C = \frac{\varepsilon_0 \cdot \varepsilon_r \cdot N \cdot R^2}{d} \cdot \alpha$$

für $C_{max}$ lautet der Ausdruck:

$$C_{max} = \frac{\varepsilon_0 \cdot \varepsilon_r \cdot N \cdot R^2}{d} \cdot \pi$$

Die Formel der Energiedichte $w$ lautet:

$$w = \frac{W}{V} = \frac{\frac{1}{2} \cdot C \cdot U_0^2}{2 \cdot N \cdot A \cdot d} = \frac{\varepsilon_0 \cdot \varepsilon_r \cdot 2 \cdot N \cdot A \cdot U_0^2}{4 \cdot N \cdot A \cdot d^2} = \frac{\varepsilon_0 \cdot \varepsilon_r \cdot U_0^2}{2 \cdot d^2}$$

b) Es gibt zwei Bereiche mit unterschiedlichen Dielektrika (Luft und Öl).

$C_{ges} = C_L + C_Ö$ (zwei parallel geschaltete Kondensatoren, Dielektrikum ist Luft bzw. Öl)

$C_L$, $A_L$, $\varepsilon_L$ für den Luftkondensator; $C_Ö$, $A_Ö$, $\varepsilon_Ö$ für den Ölkondensator

$$\varepsilon_L = \varepsilon_0; \qquad \varepsilon_Ö = \varepsilon_0 \varepsilon_r$$

Um die Berechnung zu vereinfachen, wird die Kondensatorfläche wie im Bild 3.5.2 geteilt. Ein Teil der Fläche der halbkreisförmigen Kondensatorplatte ist im Öl eingetaucht. Diese Fläche wird als anteilige Kreisfläche abzüglich einer Dreiecksfläche betrachtet. Die Dreieckskanten sind im Bild 3.5.2 als a, b und c beschriftet. Um die Teilkapazitäten der Kondensatoren zu berechnen, sollen die entsprechenden Flächen vorher bestimmt werden:

$$A_L = 2\,[A\,(\alpha_1) + A_D]\,2N$$

wobei $A(\alpha_1)$ die Fläche unter dem Winkel $\alpha_1$ und $A_D$ die Fläche des im Bild gezeichneten Dreiecks bedeuten.

$$2A\,(\alpha_1) = 2R^2 \frac{\alpha_1}{2} = R^2 \alpha_1 \quad \text{und} \quad 2A_D = \frac{2Rh \sin(\alpha_1)}{2} = Rh \sin(\alpha_1)$$

$$A_L = 2N \left[ R^2 \alpha_1 + Rh \sin(\alpha_1) \right] \quad \text{mit} \quad h = \sin(\alpha_1)$$

$$A_L = 2NR^2 [\alpha_1 + \sin^2(\alpha_1)]$$

$$C_L = \frac{\varepsilon_0 2NR^2 [\varepsilon_1 + \sin^2(\alpha_1)]}{d}$$

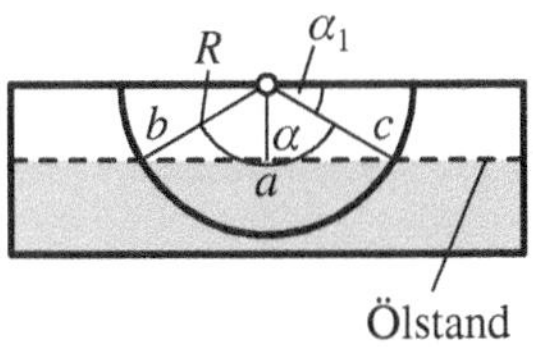


**Bild 3.5.2** Kondensatoranordnung

Fläche des Ölkondensators:

$$A_{\text{Ö}} = A(\alpha_{\text{max}}) - A_{\text{L}} = 2NR^2\frac{\pi}{2} - 2NR^2[\alpha_1 + \sin^2(\alpha_1)]$$

$$A_{\text{Ö}} = 2NR^2\left[\frac{\pi}{2} - \alpha_1 - \sin^2(\alpha_1)\right]$$

$$C_{\text{Ö}} = \frac{\varepsilon_0\varepsilon_{\text{r2}}2NR^2\left[\frac{\pi}{2} - \alpha_1 - \sin^2(\alpha_1)\right]}{d}$$

$$C_{\text{max}} = \frac{\varepsilon_0 2NR^2\left[\alpha_1 + \sin^2(\alpha_1)\right]}{d} + \frac{\varepsilon_0\varepsilon_{\text{r2}}2NR^2\left[\frac{\pi}{2} - \alpha_1 - \sin^2(\alpha_1)\right]}{d}$$

$$C_{\text{max}} = \frac{\varepsilon_0 2NR^2\left[\left[\alpha_1 + \sin^2(\alpha_1)\right] + \varepsilon_{\text{r2}}\left[\frac{\pi}{2} - \alpha_1 - \sin^2(\alpha_1)\right]\right]}{d}$$

$$C_{\text{max}} = \frac{\varepsilon_0 2NR^2\left[\left[\alpha_1(1-\varepsilon_{\text{r2}}) + \sin^2(\alpha_1)(1-\varepsilon_{\text{r2}})\right] + \varepsilon_{\text{r2}}\frac{\pi}{2}\right]}{d}$$

$$C_{\text{max}} = \frac{\varepsilon_0 2NR^2\left[\left[(1-\varepsilon_{\text{r2}})(\alpha_1 + \sin^2(\alpha_1))\right] + \varepsilon_{\text{r2}}\frac{\pi}{2}\right]}{d}$$

Die elektrische Feldstärke ist für beide Bereiche konstant, es gilt:

$$E = \frac{U_0}{d}$$

Die elektrische Flussdichte $D$ ist abhängig vom Dielektrikum.

$$D_{\text{L}} = \varepsilon_0 E = \frac{\varepsilon_0 U_0}{d} \quad \text{und} \quad D_{\text{Ö}} = \frac{\varepsilon_0\varepsilon_{\text{r}} U_0}{d}$$

$$E = \frac{100\,\text{V}}{2\,\text{mm}} = \underline{\underline{50\,\frac{\text{kV}}{\text{m}}}}$$

$$D_{\text{L}} = 8{,}854 \cdot 10^{-12}\,\frac{\text{A}\cdot\text{s}}{\text{V}\cdot\text{m}} \cdot 50\,\frac{\text{k}\cdot\text{V}}{\text{m}} = 4{,}42 \cdot 10^{-7}\,\frac{\text{A}\cdot\text{s}}{\text{m}^2}$$

$$D_{\text{Ö}} = \varepsilon_{\text{r}} D_{\text{L}} = \underline{\underline{1{,}1018 \cdot 10^{-6}\,\frac{\text{A}\cdot\text{s}}{\text{m}^2}}}$$

## Aufgabe 3.6

Gegeben ist der in Bild 3.6.1a) dargestellte Zylinderkondensator. Dieser soll für eine kapazitive Füllstandmessung verwendet werden. Der Kondensator besteht aus der inneren Stabelektrode sowie einer konzentrischen Mantelelektrode. Er wird mit einer Spannungsquelle verbunden und auf die Ladung $Q$ aufgeladen. Für die Darstellung des elektrischen Feldes wird angenommen, dass ein Ausschnitt eines unendlich ausgedehnten Zylinderkondensators untersucht wird. Der Kondensator wird zunächst im Leerzustand nach Bild 3.6.1a) mit Luft als Dielektrikum untersucht.

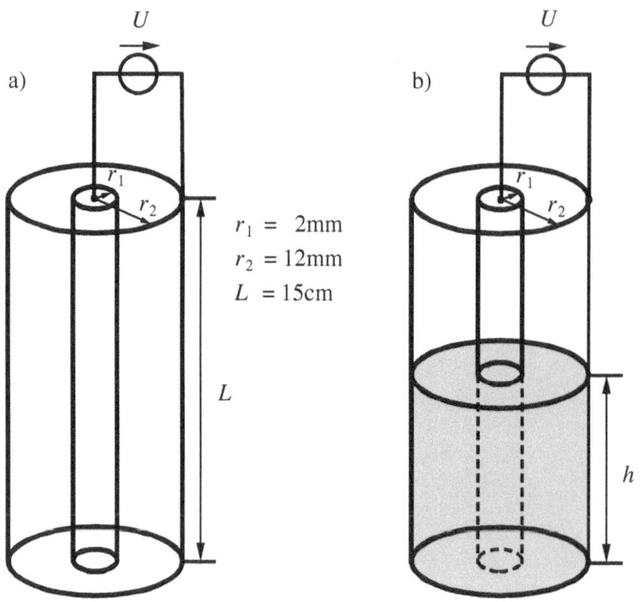


**Bild 3.6.1** Kapazitiver Füllstandmesser
a) Leerzustand, b) teilweise gefüllt

a) Kennzeichnen Sie mithilfe der Zeichen „+" und „−" die Ladungsträgerdichte auf der äußeren sowie inneren Elektrode. Zeichnen Sie charakteristische Feldlinien für das elektrische Feld ein.

b) Leiten Sie die Formel für die Spannung zwischen den Elektroden in Abhängigkeit von der Ladung $Q$, den Radien $r_1$ und $r_2$ sowie der Länge des Zylinders $L$ her.

Nun wird der Kondensator teilweise mit einer Flüssigkeit gefüllt, die eine relative Permittivität $\varepsilon_r = 4$ besitzt. Der obere Teil bleibt wie in Bild 3.6.1b) dargestellt mit Luft gefüllt.

c) Zeichnen Sie das schematische Feldbild für die elektrische Flussdichte $D$ für diese Anordnung.

d) Geben Sie die Formel für die Gesamtkapazität $C_g(h)$ der Anordnung in Abhängigkeit von der Füllstandhöhe $h$ an.

e) Berechnen Sie die Energiebeträge in den beiden Kondensatorteilen bei einer Spannung $U = 12\,\text{V}$ und einer Füllstandhöhe $h = 7\,\text{cm}$.

## Lösung zu Aufgabe 3.6

a) Aufgrund der gegebenen Spannungsrichtung folgt, dass die innere Stabelektrode eine positive Ladung trägt.

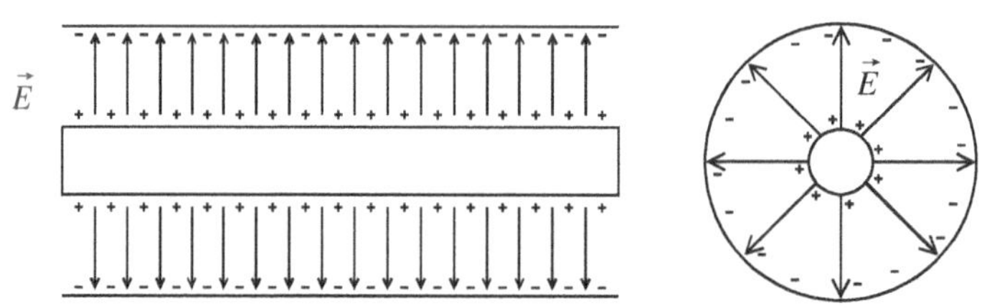


**Bild 3.6.2** Ladungsträgerdichte auf der äußeren und inneren Elektrode

b) Der elektrische Fluss ist unabhängig vom Radius. Daher nehmen die Flussdichte und die elektrische Feldstärke mit zunehmendem Radius ab:

$$\Psi_D = \iint\limits_{A(r)} \vec{D}\,\mathrm{d}\vec{A} = D(r)\cdot A(r) = Q$$

$$\vec{E}(r) = \frac{Q}{A\varepsilon_0\varepsilon_\mathrm{r}}\vec{e}_\mathrm{r} = \frac{Q}{2\pi L\varepsilon_0\varepsilon_\mathrm{r}}\frac{1}{r}\vec{e}_\mathrm{r}$$

Die Spannung zwischen den beiden Kondensatorplatten berechnet sich mit dem Linienintegral in radialer Richtung:

$$U = \int\limits_{r_1}^{r_2} \vec{E}\,\mathrm{d}\vec{s} = \frac{Q}{2\pi L\varepsilon_0\varepsilon_\mathrm{r}}\int\limits_{r_1}^{r_2}\frac{1}{r}\,\mathrm{d}r = \frac{Q}{2\pi L\varepsilon_0\varepsilon_\mathrm{r}}\left[\ln(r)\right]_{r_1}^{r_2}$$

$$\underline{\underline{U = \frac{Q}{2\pi L\varepsilon_0\varepsilon_\mathrm{r}}\ln\frac{r_2}{r_1}}}$$

c) In beiden Raumbereichen ist die Spannung und damit auch die elektrische Feldstärke gleich. Die elektrische Flussdichte (und auch die Ladungsdichte) ist dann aber proportional zur Permittivität.

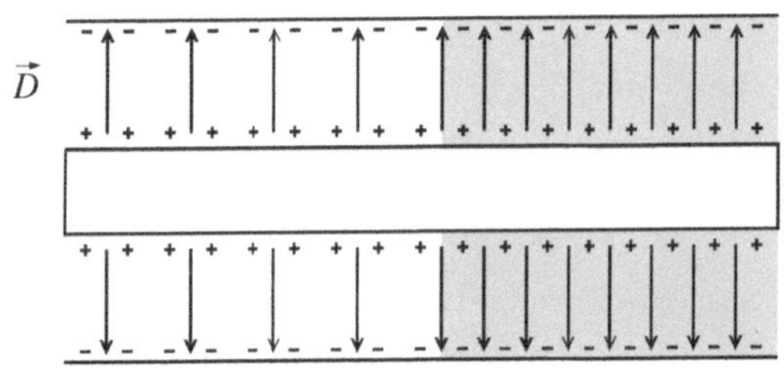


**Bild 3.6.3** Schematisches Feldbild für die elektrische Flussdichte *D*

d) Die Kapazität folgt aus $C = \frac{Q}{U}$ mit der Spannung aus Teilaufgabe b). Für die Kapazität eines Zylinderabschnitts der Länge $L$ erhält man:

$$C = \frac{Q}{U} = 2\pi L\varepsilon_0\varepsilon_\mathrm{r}\frac{1}{\ln\frac{r_2}{r_1}}$$

Die Gesamtkapazität ergibt sich durch Parallelschaltung der beiden Abschnitte mit den Permittivitäten $\varepsilon_\mathrm{r} = 4$ der Flüssigkeit mit der Länge $h$ und der Luft mit $\varepsilon_\mathrm{r} = 1$ und der Länge $L - h$:

$$C_\mathrm{g}(h) = C_\mathrm{FL} + C_\mathrm{Luft} = 2\pi h\varepsilon_0\cdot 4\cdot\frac{1}{\ln\frac{r_2}{r_1}} + 2\pi\left(L-h\right)\varepsilon_0\frac{1}{\ln\frac{r_2}{r_1}}$$

$$\underline{\underline{C_\mathrm{g}(h)}} = \frac{2\pi\varepsilon_0}{\ln\frac{r_2}{r_1}}\cdot\left(4h + L - h\right) = \underline{\underline{\frac{2\pi\varepsilon_0}{\ln\frac{r_2}{r_1}}\cdot(3h+L)}}$$

e) Mit den gegebenen Zahlenwerten ergibt sich:

$$\underline{\underline{C_\mathrm{FL}}} = 2\pi\cdot 7\,\mathrm{cm}\cdot 8{,}854\cdot 10^{-12}\,\frac{\mathrm{A\cdot s}}{\mathrm{V\cdot m}}\cdot 4\cdot\frac{1}{\ln\frac{12\,\mathrm{mm}}{2\,\mathrm{mm}}} = \underline{\underline{8{,}694\,\mathrm{pF}}}$$

$$\underline{\underline{C_{\text{Luft}}}} = 2\pi \cdot 8\,\text{cm} \cdot 8{,}854 \cdot 10^{-12}\,\frac{\text{A}\cdot\text{s}}{\text{V}\cdot\text{m}} \cdot \frac{1}{\ln\dfrac{12\,\text{mm}}{2\,\text{mm}}} = \underline{\underline{2{,}484\,\text{pF}}}$$

Für die im elektrischen Feld gespeicherte Energie folgt damit:

$$\underline{\underline{W_{\text{Fl}}}} = \frac{1}{2} C_{\text{fl}} U^2 = \frac{8{,}694\,\text{pF}}{2} \cdot (12\,\text{V})^2 = \underline{\underline{0{,}6259\,\text{nW}\cdot\text{s}}}$$

$$\underline{\underline{W_{\text{Luft}}}} = \frac{1}{2} C_{\text{Luft}} U^2 = \frac{2{,}484\,\text{pF}}{2} \cdot (12\,\text{V})^2 = \underline{\underline{0{,}1788\,\text{nW}\cdot\text{s}}}$$

## Aufgabe 3.7

In dem Netzwerk (Bild 3.7.1) mit der idealen Spannungsquelle $U_1 = 1\,\text{kV}$, der idealen Stromquelle $I_1 = 1\,\text{A}$ und den Widerständen $R_1 = R_3 = 100\,\Omega$ und $R_2 = 1\,\text{k}\Omega$ befindet sich ein Kondensator C zwischen den Klemmen A und B (siehe Bild 3.7.1). Der Kondensator habe ideal leitende, kreisrunde Platten mit dem Radius $r = 15\,\text{cm}$, die sich im Abstand $d = 10\,\text{cm}$ befinden. Der Kondensator ist mit Öl gefüllt ($\varepsilon_{\text{r, Öl}} = 2{,}5$; Randeffekte sind zu vernachlässigen).

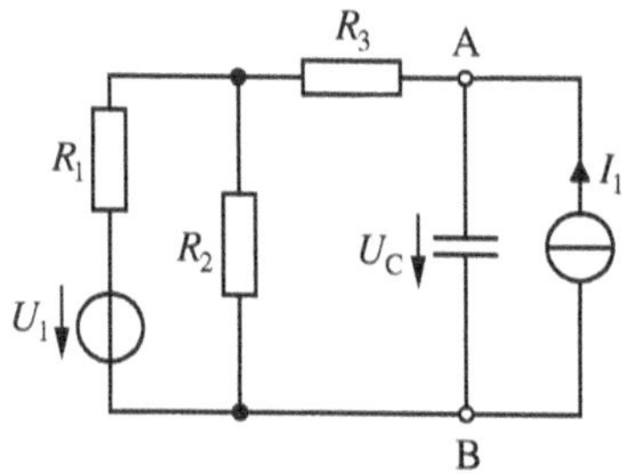


**Bild 3.7.1** Netzwerk

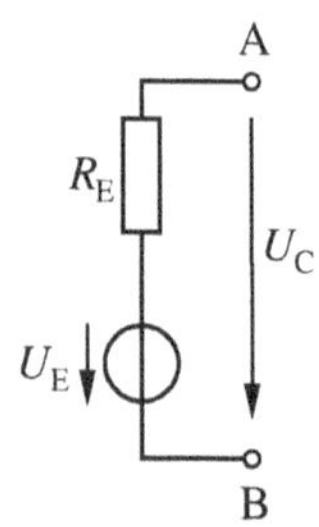


**Bild 3.7.2** Ersatzspannungsquelle

a) Berechnen Sie den Zahlenwert der Kapazität $C$ des Kondensators.

b) Ersetzen Sie das Netzwerk bezüglich der Klemmen A und B durch eine Ersatzspannungsquelle (Bild 3.7.2) und bestimmen Sie die Zahlenwerte für $R_E$ und $U_E$ unter Ausnutzung des Superpositionsprinzips.

*Hinweis zu b):* Es seien alle Ausgleichsvorgänge abgeschlossen (stationärer Zustand).

c) Berechnen Sie die Spannung am Kondensator $U_C$.

d) Zeichnen Sie in das schematische Bild des Plattenkondensators $C$ ausgesuchte Feldlinien der elektrischen Feldstärke ein und bestimmen Sie den Zahlenwert von $E$.

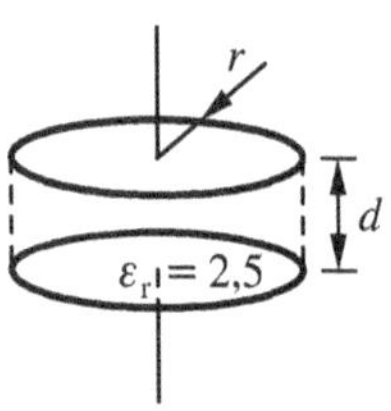


**Bild 3.7.3** Plattenkondensator

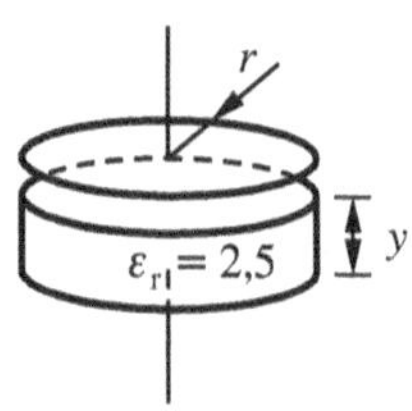


**Bild 3.7.4** Plattenkondensator mit Leckage

a) Der Kondensator weist eine Leckage auf und verliert dadurch Öl. Mit einem Auffangbehälter wird die abgeflossene Ölmenge $V_{\text{Leck}} = 500\,\text{ml}$ bestimmt. Bestimmen Sie daraus den Ölfüllstand $y$ und daraus den neuen Wert $C_{\text{Leck}}$ für die Gesamtkapazität der Anordnung.

b) Ändert sich durch den Ölverlust die Spannung $U_{\text{C}}$?

## Lösung zu Aufgabe 3.7

a) $$C = \varepsilon_0 \cdot \varepsilon_{\text{r}} \cdot \frac{\pi \cdot r^2}{d} = \underline{\underline{15{,}64\,\text{pF}}}$$

b) Bestimmung des Innenwiderstandes der Schaltung bezogen auf Klemme A und B:

$$R_{\text{E}} = R_3 + \frac{R_1 \cdot R_2}{R_1 + R_2} = \frac{2100}{11}\,\Omega \approx \underline{\underline{190{,}90\,\Omega}}$$

Berechnung der Ausgangsspannung bei inaktiver Quelle $I_1$:

$$U_{\text{E}}' = \frac{R_2}{R_1 + R_2} \cdot U_1 = \frac{10000}{11}\,\text{V}; \quad U_{\text{E}}'' = I_1 \cdot R_{\text{E}} = 1\,\text{A} \cdot \frac{2100}{11}\,\Omega = \frac{2100}{11}\,\text{V}$$

Berechnung der Ausgangsspannung bei inaktiver Quelle $U_1$:

$$U_{\text{E}}'' = I_1 \cdot R_{\text{E}} = \frac{2100}{11}\,\text{V}$$

Superposition der beiden Teilausgangsspannungen:

$$U_{\text{E}} = U_{\text{E}}' + U_{\text{E}}'' = \underline{\underline{1100\,\text{V}}}$$

c) Die Spannung am Kondensator ist gleich der Klemmenspannung zwischen A und B, daher gilt:

$$U_{\text{C}} = U_{\text{E}} = \underline{\underline{1100\,\text{V}}}$$

d) $$E = \frac{U_{\text{C}}}{d} = \underline{\underline{11\frac{\text{kV}}{\text{m}}}}$$

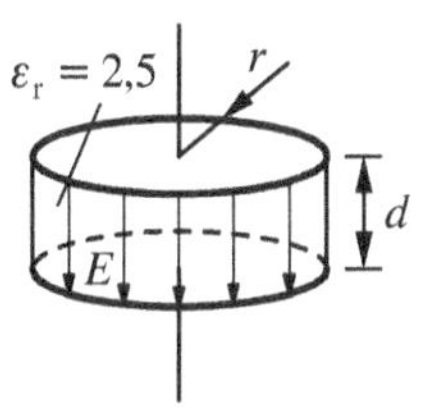


**Bild 3.7.5** Feldlinien im Plattenkondensator

e) Das herausgeflossene Volumen ist gegeben, daraus wird die neue Höhe des Füllstandes berechnet:

$$V = \pi \cdot r^2 \cdot (d - y) \quad \Rightarrow \quad d - y \approx 0{,}71\,\text{cm} \quad \Rightarrow \quad y \approx \underline{\underline{9{,}29\,\text{cm}}}$$

Die dadurch entstandene Anordnung entspricht der Reihenschaltung zweier Kondensatoren.

Die Formel für die Kapazität des luftgefüllten Kondensators lautet:

$$C_1 = \varepsilon_0 \cdot \frac{A}{d - y}$$

Die Formel für die Kapazität des ölgefüllten Kondensators lautet:

$$C_2 = \varepsilon \cdot \frac{A}{y}$$

Die Gesamtkapazität der Anordnung errechnet sich als:

$$C_{\text{neu}} = \frac{C_1 \cdot C_2}{C_1 + C_2} \approx \underline{\underline{14{,}13\,\text{pF}}}$$

f) Die Spannung $U_C$ ändert sich durch den Ölverlust nicht, da die Spannungsquelle während des Ölverlustes angeschlossen bleibt und die Spannung am Kondensator konstant hält.

## Elektrisches Feld/elektrisches Strömungsfeld

### Aufgabe 3.8

Gegeben sei ein Zylinderkondensator, der mit einem verlustbehafteten Dielektrikum gefüllt ist. Aufgrund spezifischer Materialeigenschaften des Dielektrikums ist die Permittivität $\varepsilon(r)$ und die spezifische Leitfähigkeit $\kappa(r)$ vom Radius abhängig. Die Leitfähigkeit des äußeren und inneren Leiters kann als ideal angenommen werden ($\kappa_E \to \infty$). Der äußere Leiter sei geerdet. Es gelten die folgenden Zusammenhänge:

$$r_i = 05\,\text{mm}, \quad r_a = 15\,\text{cm}, \quad L = 4\,\text{cm}, \quad \kappa_0 = 10^{-2}\,\frac{\text{S}}{\text{m}}, \quad \kappa(r) = \kappa_0 \cdot \frac{r}{r_a},$$

$$\varepsilon_0 = 885 \cdot 10^{-12}\,\frac{\text{A} \cdot \text{s}}{\text{V} \cdot \text{m}}, \quad \varepsilon(r) = \varepsilon_0 \cdot \frac{r^2}{r_i^2} \quad \text{für} \quad r_i < r < r_a$$

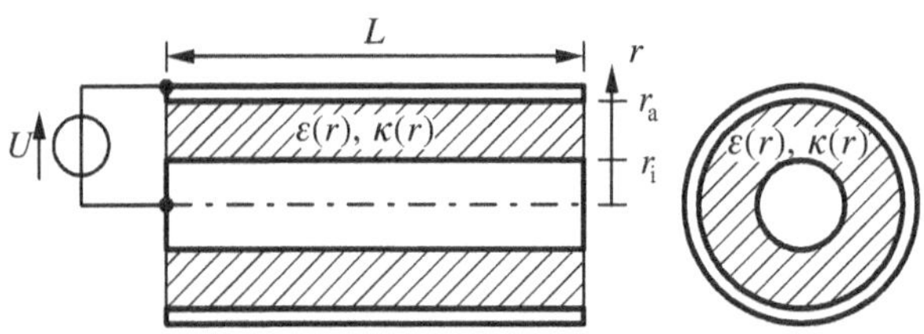


**Bild 3.8.1** Zylinderkondensator

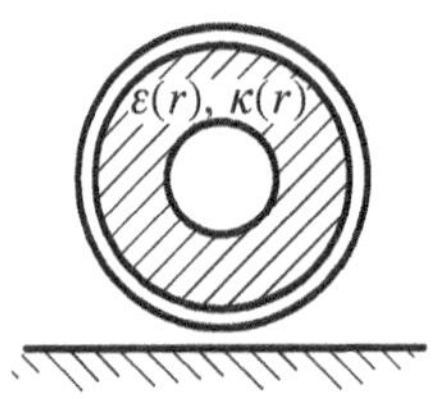


**Bild 3.8.2** Querschnitt des Zylinderkondensators

a) Berechnen Sie den gesamten elektrischen Widerstand der Anordnung formel- und zahlenmäßig. Hinweis: Ein möglicher Weg ist die Berechnung des Widerstandes über die Formeln für das Strömungsfeld von $S(r)$, $E(r)$, $U(r)$.

b) Geben Sie die Formel für die Potenzialdifferenz $U$ zwischen Innen- und Außenleiter in Abhängigkeit von der Linienladungsdichte $\lambda$ auf dem inneren Zylinder an.

*Hinweis:* Verwenden Sie den Ansatz über den Gaußschen Satz

$$\oiint \vec{D} \cdot \mathrm{d}\vec{A} = Q = \lambda \cdot l$$

c) Berechnen Sie daraus die Kapazität der gesamten Anordnung formel- und zahlenmäßig.

Der Kondensator wird nun über einer ideal leitenden, geerdeten Ebene angeordnet, siehe Bild 3.8.2.

d) Skizzieren Sie in einer neuen Zeichnung ausgesuchte Feldlinien der elektrischen Feldstärke.

## Lösung zu Aufgabe 3.8

a) $$\vec{S}(r) = \frac{I}{2\pi \cdot r \cdot L}\vec{e}_{\mathrm{r}}; \quad \vec{E}(r) = \frac{1}{\kappa(r)}\vec{S}(r)$$

$$\varphi(r) = \int_{r_{\mathrm{i}}}^{r_{\mathrm{a}}} \vec{E}(r) \cdot \mathrm{d}\vec{r} = \frac{I}{2\pi \cdot \kappa_0 \cdot L}\left(\frac{r_{\mathrm{a}} - r_{\mathrm{i}}}{r_{\mathrm{i}}}\right)$$

$$R = \frac{\varphi\left(r_{\mathrm{i}}\right) - \varphi\left(r_{\mathrm{a}}\right)}{I} = \frac{1}{2\pi \cdot \kappa_0 \cdot L}\left(\frac{r_{\mathrm{a}} - r_{\mathrm{i}}}{r_{\mathrm{i}}}\right) \approx \underline{\underline{11{,}5\,\mathrm{k\Omega}}}$$

b) $$\oiint \vec{D}(r) \cdot \mathrm{d}\vec{A} = Q = \lambda \cdot L \quad \Leftrightarrow \quad \varepsilon(r) \cdot E(r) \cdot 2\pi r L = \lambda \cdot L \quad \Leftrightarrow \quad E(r) = \frac{\lambda}{2\pi \cdot \varepsilon(r) \cdot r}$$

$$U = \int_{r_{\mathrm{i}}}^{r_{\mathrm{a}}} E(r)\,\mathrm{d}r = \frac{\lambda \cdot r_{\mathrm{i}}^2}{4\pi \cdot \varepsilon_0}\left(\frac{1}{r_{\mathrm{i}}^2} - \frac{1}{r_{\mathrm{a}}^2}\right)$$

c) $$C = \frac{Q}{U} = \frac{\lambda \cdot L}{U} = L \cdot \left[\frac{r_{\mathrm{i}}^2}{4\pi \cdot \varepsilon_0}\left(\frac{1}{r_{\mathrm{i}}^2} - \frac{1}{r_{\mathrm{a}}^2}\right)\right]^{-1} \approx \underline{\underline{4{,}45\,\mathrm{nF}}}$$

d)

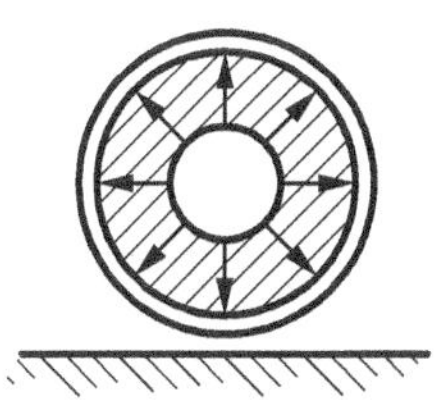

**Bild 3.8.3** Feldlinien im Zylinderkondensator

# 4 Magnetisches Feld

Stromdurchflossene Leiter üben aufeinander eine Kraft aus, wobei sich die Leiter anziehen, wenn die Ströme in beiden Leitern die gleiche Richtung aufweisen, und sich abstoßen, wenn die Ströme entgegengesetzt fließen. Die Kraftwirkung ist auf Ströme, d. h. bewegte Ladungen zurückzuführen. Das hier herrschende Kraftfeld ist das magnetische Feld. Es handelt sich hier wie beim elektrischen Feld um ein Vektorfeld. Während das elektrische Strömungsfeld durch die Vektoren Stromdichte $\vec{S}$ und elektrische Feldstärke $\vec{E}$ und das elektrostatische Feld durch die Vektoren elektrische Flussdichte $\vec{D}$ und elektrische Feldstärke $\vec{E}$ beschrieben werden, charakterisieren die Vektoren magnetische Flussdichte $\vec{B}$ und magnetische Feldstärke $\vec{H}$ das magnetische Feld. Die magnetische Flussdichte $\vec{B}$ und die magnetische Feldstärke $\vec{H}$ sind über die Permeabilitätskonstante $\mu$ miteinander verknüpft:

$$\vec{B} = \mu \cdot \vec{H}$$

wobei

$$\mu = \mu_0 \cdot \mu_\mathrm{r}$$

mit $\mu_0 = 4\pi \cdot 10^{-7} \dfrac{\mathrm{V \cdot s}}{\mathrm{A \cdot m}}$ und $\mu_\mathrm{r}$ als materialabhängige relative Permeabilität.

Das Linienintegral der magnetischen Feldstärke $\vec{H}$ entlang einer in sich geschlossenen Kurve $D$ ist gleich dem Strom, der durch die von der Kurve $D$ eingeschlossenen Fläche $A$ fließt (Durchflutungssatz):

$$\oint_\mathrm{D} \vec{H}\, \mathrm{d}\vec{s} = \iint_\mathrm{A} \vec{S}\, \mathrm{d}\vec{A} = \Theta$$

Es handelt sich hier um eine der grundlegenden Maxwellschen Gleichungen in Integralform, die in der hier gezeigten Form für stationäre Felder gilt.

Das magnetische Feld ist ein Wirbelfeld, da das Umlaufintegral der magnetischen Feldstärke im Allgemeinen von null verschieden ist. Während beim elektrischen Feld die elektrischen Ladungen die Quellen der elektrischen Feldlinien darstellen, d. h. die Feldlinien verlaufen von der positiven zur negativen Ladung, sind die magnetischen Feldlinien in sich geschlossene Kurven. Im Falle eines geraden unendlich langen stromdurchflossenen kreisförmigen Leiters bilden die magnetischen Feldlinien konzentrische Kreise um den Leiter.

Die Aufgaben 4.1 bis 4.3 behandeln stromdurchflossene Leiter im magnetischen Feld (Durchflutungssatz).

Die Aufgaben 4.4 bis 4.10 behandeln magnetische Kreise in Verbindung mit magnetischen Widerständen, Ersatzschaltungen und dem Überlagerungssatz.

Die Berechnung von Selbst- sowie von Gegeninduktivitäten in Verbindung mit magnetischen Kreisen wird gezeigt.

## Felder stromdurchflossener Leiter

### Aufgabe 4.1

a) Zeichnen Sie die magnetischen Feldlinien des abgebildeten stromdurchflossenen Leiters ein.

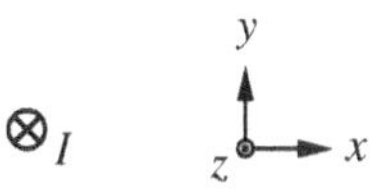


**Bild 4.1.1** Stromdurchflossener Leiter

b) Der Leiter aus a) befindet sich nun im Koordinatenursprung und führt einen Strom von $I = 1\,\text{A}$. Ein Elektron befindet sich am Punkt $P_{x|y} = (100\,\text{mm} \mid 100\,\text{mm})$ und bewegt sich in positive $z$-Richtung mit einer Geschwindigkeit von $v = 1\,\text{km/s}$. Berechnen Sie die auf das Elektron wirkende Kraft nach Betrag und Richtung.

(Ladung eines Elektrons: $q = -1{,}602 \cdot 10^{-19}\,\text{A} \cdot \text{s}$)

c) Unter welchem Winkel $\alpha$ treten die magnetischen Feldlinien in Material 2 aus, wenn $\mu_{\text{r},2} = 10 \cdot \mu_{\text{r},1}$ ist? Wie groß ist die magnetische Feldstärke in Material 2, wenn die magnetische Feldstärke $1\,\dfrac{\text{A}}{\text{m}}$ in Material 1 beträgt?

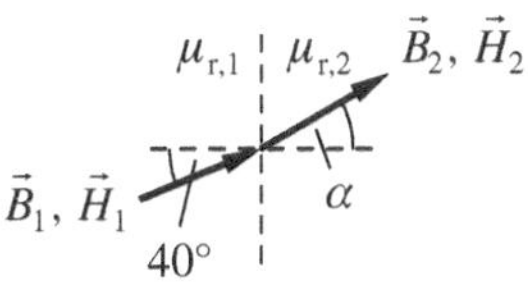


**Bild 4.1.2** Magnetische Flussdichte und magnetische Feldstärke an der Grenzfläche

d) Bestimmen Sie das magnetische Ersatzschaltbild zu dem abgebildeten magnetischen Kreis, wenn Spule 2 stromlos ist. Bestimmen Sie dabei alle auftretenden magnetischen Widerstände und Durchflutungen. Die magnetische Flussdichte ist als homogen über dem Querschnitt anzunehmen. Es gelten:

$$r = 10\,\text{cm}, \quad N_1 = 50, \quad N_2 = 250, \quad A = 1\,\text{cm}^2, \quad \mu_\text{r} = 300, \quad I_1 = 5\,\text{A}$$

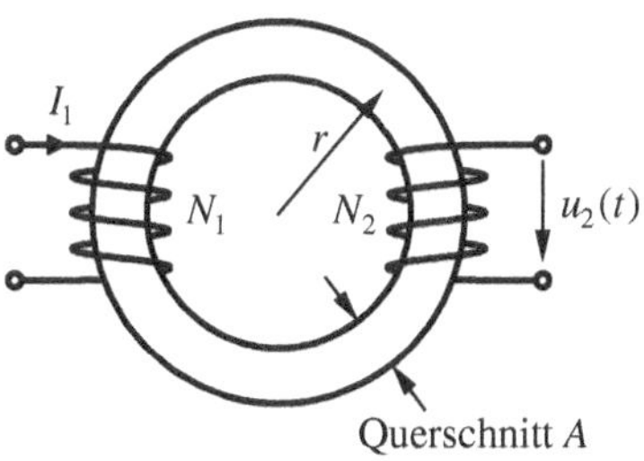


**Bild 4.1.3** Spulenanordnung

e) Bestimmen Sie die Eigeninduktivität $L_{11}$ und die Gegeninduktivität $M_{21}$ der abgebildeten Spulenanordnung aus d).

## Lösung zu Aufgabe 4.1

a)

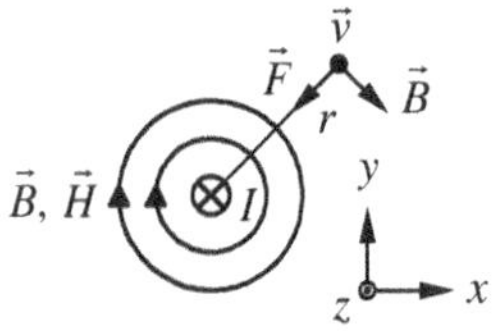


**Bild 4.1.4** Magnetische Feldlinien des stromdurchflossenen Leiters

b) Skizze siehe Aufgabenteil a)

Die Kraft auf ein geladenes Teilchen im Magnetfeld beträgt:

$$\vec{F} = q \cdot \left(\vec{v} \times \vec{B}\right)$$

Die Richtung der Kraft zum Leiter lässt sich z. B. mittels der Rechten-Hand-Regel bestimmen:

$$H = \frac{I}{2\pi r}; \quad r = \sqrt{2} \cdot 0{,}1\,\mathrm{m}; \quad B = \mu_0 \cdot H$$

$$F = q \cdot v \cdot \mu_0 \cdot \frac{I}{2\pi r} = \underline{\underline{2{,}27 \cdot 10^{\ 22}\,\mathrm{N}}}$$

c) Bestimmung des Winkels, unter dem die Feldlinien aus dem Material austreten:

$$\tan(\alpha) = \frac{\mu_2}{\mu_1} \cdot \tan\left(40^\circ\right) \quad \Rightarrow \quad \alpha = \underline{\underline{83{,}2^\circ}}$$

Bestimmung der einzelnen Komponenten des H-Feldes:

$$H_{\mathrm{t},1} = H_{\mathrm{t},2} = 1\,\frac{\mathrm{A}}{\mathrm{m}} \cdot \sin\left(40^\circ\right) = 0{,}6428\,\frac{\mathrm{A}}{\mathrm{m}}$$

$$\mu_1 \cdot H_{\mathrm{n},1} = \mu_2 \cdot H_{\mathrm{n},2} \quad \Rightarrow \quad H_{\mathrm{n},2} = \frac{\mu_1}{\mu_2} \cdot H_{\mathrm{n},1} = \frac{1}{10}\,\frac{\mathrm{A}}{\mathrm{m}} \cdot \cos\left(40^\circ\right) = 0{,}0766\,\frac{\mathrm{A}}{\mathrm{m}}$$

$$H_2 = \sqrt{H_{\mathrm{n},2}^2 + H_{\mathrm{t},2}^2} = \underline{\underline{0{,}6473\,\frac{\mathrm{A}}{\mathrm{m}}}}$$

d)

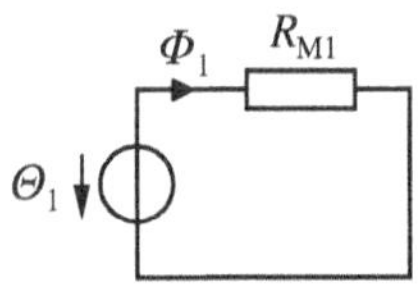


**Bild 4.1.5** Magnetisches Ersatzschaltbild

$$\Theta_1 = N_1 \cdot I_1 = \underline{\underline{250\,\mathrm{A}}}; \quad R_\mathrm{m} = \frac{2\pi r}{\mu_0 \mu_\mathrm{r} A} = \underline{\underline{16{,}67 \cdot 10^6\,\frac{\mathrm{A}}{\mathrm{V \cdot s}}}}$$

e) $$L_{11} = \frac{N_1^2}{R_\mathrm{m}} = \underline{\underline{1{,}5 \cdot 10^{-4}\,\mathrm{H}}}; \quad M_{21} = \frac{N_1 \cdot N_2}{R_\mathrm{m}} = \underline{\underline{7{,}5 \cdot 10^{-4}\,\mathrm{H}}}$$

## Aufgabe 4.2

a) Wie lautet die Einheit der magnetischen Feldstärke?

b) Beschreiben Sie mithilfe des Durchflutungssatzes die magnetische Feldstärke außerhalb eines stromdurchflossenen unendlich langen und runden Leiters in Abhängigkeit der Entfernung $r$ und des Stromes $I$ (inklusive Skizze und Herleitung).

c) Wie verhalten sich die Normalkomponenten und die Tangentialkomponenten der magnetischen Feldstärke und der magnetischen Flussdichte an einem Grenzübergang zwischen Medien mit unterschiedlicher Permeabilität?

d) Bestimmen Sie mithilfe von c) den Austrittswinkel im Medium 2.

*Beachte:* $\mu_{r,1} = 5\mu_{r,2}$

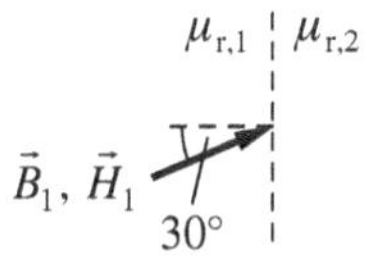


**Bild 4.2.1** Magnetisches Feld an der Grenzfläche

Magnetischer Kreis:

Gegebene Werte: $I = 1\,\text{A}$, $r = 5\,\text{cm}$, $a = 1\,\text{cm}$, $w = 10$, $\mu_r = 500$

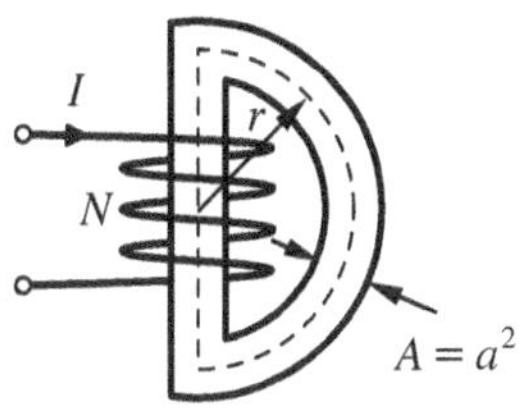


**Bild 4.2.2** Magnetischer Kreis

e) Zeichnen Sie das magnetische Ersatzschaltbild des angegebenen magnetischen Kreises und bestimmen Sie auftretende magnetische Widerstände. Die magnetische Flussdichte ist als homogen über dem Querschnitt anzunehmen.

f) Berechnen Sie die Selbstinduktivität $L$ der gegebenen Spulenanordnung.

## Lösung zu Aufgabe 4.2

a) Die Einheit der magnetische Feldstärke lautet:

$$[H] = 1\,\frac{\text{A}}{\text{m}}$$

b)

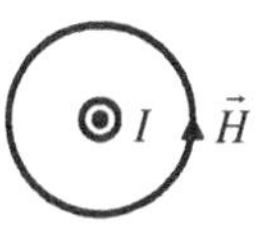


**Bild 4.2.3** Magnetisches Feld eines stromdurchflossenen Leiters

Durchflutungssatz:

$$I = \oint \vec{H} \cdot \mathrm{d}\vec{s} \quad \text{mit} \quad \mathrm{d}\vec{s} = r \cdot \mathrm{d}\vec{\varphi}$$

Die Integrationsgrenzen werden von 0 bis $2\pi$ (vollständiger Kreis) angesetzt:

$$I = \int_0^{2\pi} \vec{H} \cdot r \cdot \mathrm{d}\vec{\varphi} = \vec{H} \cdot r \cdot \int_0^{2\pi} \mathrm{d}\vec{\varphi} = H \cdot 2\pi r$$

Durch Umstellen der Formel ergibt sich das magnetische Feld um einen gradlinigen, unendlich langen, runden Leiter:

$$H = \frac{I}{2\pi r}$$

c) Beim Grenzübergang zwischen zwei Medien bleibt die Normalkomponente der magnetischen Flussdichte gleich:

$$B_{\mathrm{n},1} = B_{\mathrm{n},2}$$

Zudem bleibt die Tangentialkomponente der magnetischen Feldstärke gleich:

$$H_{\mathrm{t},1} = H_{\mathrm{t},2}$$

Mit $B = \mu \cdot H$ folgt:

$$\mu_1 \cdot \vec{H}_{\mathrm{n},1} = \mu_2 \cdot \vec{H}_{\mathrm{n},2} \quad \Rightarrow \quad \vec{H}_{\mathrm{n},2} = \frac{\mu_1}{\mu_2} \cdot \vec{H}_{\mathrm{n},1} \tag{1}$$

Und

$$\frac{1}{\mu_1} \cdot \vec{B}_{\mathrm{t},1} = \frac{1}{\mu_2} \cdot \vec{B}_{\mathrm{t},2} \quad \Rightarrow \quad \vec{B}_{\mathrm{t},2} = \frac{\mu_2}{\mu_1} \cdot \vec{B}_{\mathrm{t},1} \tag{2}$$

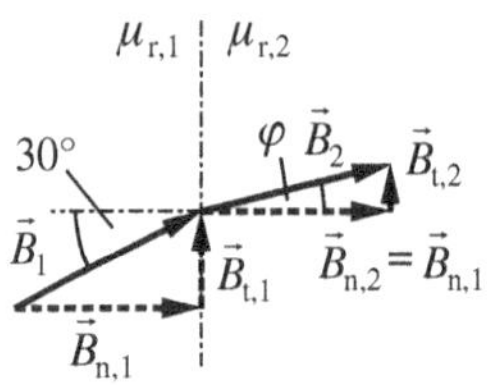


**Bild 4.2.4** Magnetisches Feld an der Grenzfläche

d) Mit (2) und $\tan(30^\circ) = \dfrac{B_{\mathrm{t},1}}{B_{\mathrm{n},1}}$ folgt:

$$\tan(\varphi) = \frac{B_{\mathrm{t},2}}{B_{\mathrm{n},2}} = \frac{\mu_2}{\mu_1}\frac{B_{\mathrm{t},1}}{B_{\mathrm{n},1}} = \frac{\mu_2}{\mu_1}\tan(30^\circ) \quad \Rightarrow \quad \varphi = \arctan\left(\frac{\mu_2}{\mu_1}\tan(30^\circ)\right)$$
$$= \arctan\left(\frac{1}{5}\tan(30^\circ)\right) = \underline{\underline{6{,}6^\circ}}$$

e) Das magnetische Ersatzschaltbild besteht aus einer Quelle und einem magnetischen Widerstand $R_{\mathrm{M1}}$:

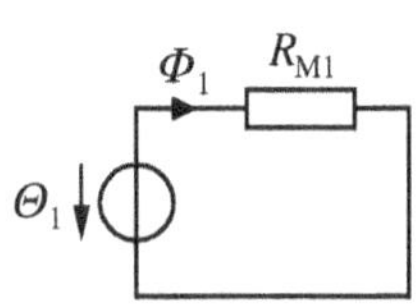


**Bild 4.2.5** Magnetisches Ersatzschaltbild

Der magnetische Widerstand wird durch folgende Gleichung berechnet:

$$R_{\mathrm{M1}} = \frac{l}{\mu_0\mu_{\mathrm{r}} \cdot A} = \frac{\pi \cdot r + 2r}{\mu \cdot a^2} = \underline{\underline{4{,}091549\,\frac{\mathrm{A}}{\mathrm{V \cdot s}}}}$$

f) Es gilt:

$$N \cdot \Phi_1 = L \cdot I$$

Daraus folgt:

$$\underline{\underline{L}} = \frac{N \cdot \Phi_1}{I} = \frac{N \cdot \frac{\Theta_1}{R_{M1}}}{I} = \frac{N \cdot \frac{N \cdot I}{R_{M1}}}{I} = \frac{N^2}{R_{M1}} = \underline{\underline{24{,}44\,\mu H}}$$

## Aufgabe 4.3

Gegeben ist die folgende Anordnung aus 3 Leitern ($l = 1$ m), deren Durchmesser vernachlässigbar gegenüber der Länge sind. Die Leiter bilden die Eckpunkte eines gleichschenkligen und rechtwinkligen Dreiecks mit $a = 20$ cm. In den Leitern fließen die Ströme $I_1 = I_1 = 100$ A und $I_3 = 50$ A. Die Richtungen der Ströme sind dem Bild 4.3.1 zu entnehmen.

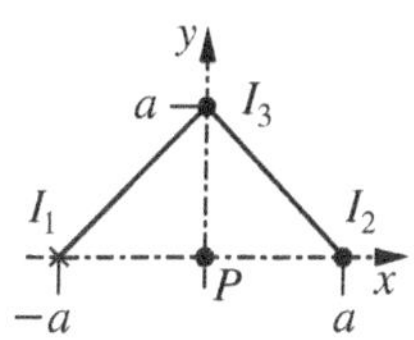


**Bild 4.3.1** Leiteranordnung

a) Leiten Sie mithilfe des Durchflutungssatzes die Formeln für die einzelnen magnetischen Feldstärken $H_1$, $H_2$ und $H_3$ her, die die jeweiligen Leiter am Punkt $P$ (0 | 0) hervorrufen. Skizzieren Sie diese nach Betrag und Richtung.

b) Tragen Sie die daraus resultierende Gesamtfeldstärke $H_P$ am Punkt $P$ ein und berechnen Sie den Betrag sowie den Winkel $\alpha_1$ zwischen der $y$-Achse und der Richtung von $H_P$.

c) Bestimmen Sie die Kraft nach Betrag und Richtung die auf Leiter 3 wirkt.

Die Stromquelle an Leiter 1 wird nun umgepolt ($I_1 = -100$ A). Leiter 3 wird aus der Ausgangslage in negativer $y$-Richtung verschoben.

d) An welcher Position erfährt Leiter 3 die geringste Kraftwirkung und begründen Sie die Antwort?

Leiter 3 wird nun abgeklemmt ($I_1 = -100$ A, $I_2 = 100$ A, $I_3 = 0$). Ein Elektron bewegt sich von Punkt $P$ aus in positiver $y$-Richtung.

e) Wie heißt die Kraft, die auf das Elektron wirkt? In welche Richtung wirkt diese Kraft während der Bewegung? Wie groß ist die Kraft im Punkt $P$?

## Lösung zu Aufgabe 4.3

a) Für einen stromdurchflossenen Leiter gilt:

$$\oint \vec{H} \cdot d\vec{s} = \iint_A \vec{S} \cdot d\vec{A} = \Theta = I$$

$$\oint \vec{H} \cdot d\vec{s} = H \cdot \oint d\vec{s} = H \cdot 2\pi r \quad \Rightarrow \quad H = \frac{I}{2\pi r}$$

Die Richtung wird z. B. mittels der Rechten-Hand-Regel bestimmt:

$$\vec{H}_1 = -\frac{I_1}{2\pi a} \cdot \vec{e}_y; \quad \vec{H}_2 = -\frac{I_2}{2\pi a} \cdot \vec{e}_y; \quad \vec{H}_3 = \frac{I_3}{2\pi a} \cdot \vec{e}_x$$

$$|H_1| = |H_2| = \underline{\underline{79{,}58\,\frac{\mathrm{A}}{\mathrm{m}}}}$$

$$|H_3| = \underline{\underline{39{,}79\,\frac{\mathrm{A}}{\mathrm{m}}}}$$

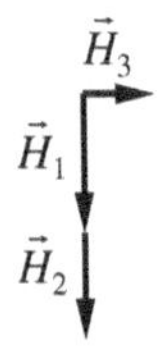


**Bild 4.3.2** Magnetische Feldstärkevektoren

b) Die resultierende Gesamtfeldstärke lässt sich aus dem Feldstärkendreieck aus a) berechnen:

$$|H_\mathrm{P}| = \sqrt{(H_1 + H_2)^2 + H_3^2} = \underline{\underline{164{,}05\,\frac{\mathrm{A}}{\mathrm{m}}}}$$

$$\alpha_1 = \arctan\frac{|H_3|}{|H_1 + H_2|} = \arctan\frac{1}{4} = \underline{\underline{14{,}04^\circ}}$$

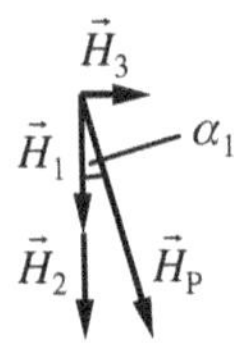


**Bild 4.3.3** Vektor der Gesamtfeldstärke $\vec{H}_\mathrm{P}$

c) $\vec{F} = I \cdot l \cdot \vec{e}_z \times \vec{B}; \quad \vec{B} = \mu_0 \cdot \vec{H}_\mathrm{ges}$

$$|\vec{H}_\mathrm{ges}| = 2 \cdot |H_1| \cdot \cos 45^\circ = \frac{2I_1}{2\pi\sqrt{2}a} \cdot \cos 45^\circ$$

$$\vec{H}_\mathrm{ges} = -79{,}58\,\frac{\mathrm{A}}{\mathrm{m}} \cdot \vec{e}_y \quad \Rightarrow \quad \vec{B} = -10^{-4}\frac{\mathrm{V \cdot s}}{\mathrm{m}^2} \cdot \vec{e}_y$$

$$\Rightarrow \vec{F} = \underline{\underline{+5\,\mathrm{mN} \cdot \vec{e}_x}}$$

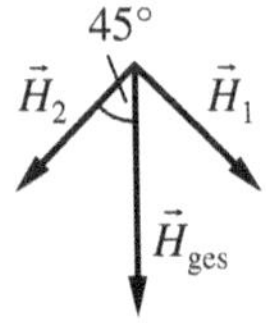


**Bild 4.3.4** Richtung der Feldstärkevektoren

d) Bei Punkt $P$ minimale Kraftwirkung ($\vec{F} = 0$), da sich die Felder gegenseitig aufheben.

e) Die Kraft heißt Lorentzkraft, sie wirkt in positiver $z$-Richtung (vgl. 3-Finger-Regel) $\vec{F}_\mathrm{L} = e \cdot (\vec{v} \times \vec{B})$, bei $P$ ist $\vec{B} = 0$, also ist auch die Lorentzkraft $\vec{F}_\mathrm{L} = 0$.

## Magnetischer Kreis

### Aufgabe 4.4

Gegeben ist der magnetische Kreis mit zwei Spulen und dem mittleren Radius $r$. Im mittleren Zweig ist ein Luftspalt der Dicke $d$ vorhanden. Alle Schenkel besitzen den gleichen Querschnitt $A$. Die magnetische Flussdichte ist als homogen über dem Querschnitt anzunehmen. Randeffekte am Luftspalt sind zu vernachlässigen.

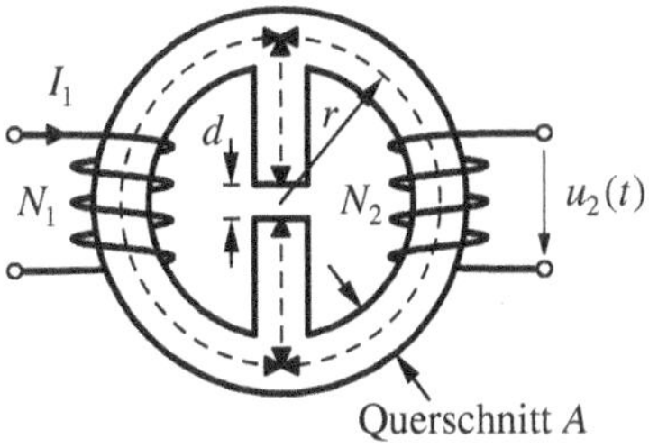


**Bild 4.4.1** Magnetischer Kreis

a) Bestimmen Sie das magnetische Ersatzschaltbild zu dem magnetischen Kreis. Gehen Sie dabei davon aus, dass nur Spule 1 einen Strom führt (Spule 2 ist als stromlos anzunehmen). Bestimmen Sie dabei auch formelmäßig alle magnetischen Widerstände aus der Geometrie des Kreises und berechnen Sie diese dann mit den folgenden gegebenen Werten:

$A = 2\,\text{cm}^2$ $\quad d = 5\,\text{mm}$ $\quad N_1 = 500$

$r = 20\,\text{cm}$ $\quad \mu_r = 100$ $\quad N_2 = 250$

b) Eine Hall-Sonde ist zur Messung der magnetischen Flussdichte im Luftspalt des mittleren Schenkels eingebracht und misst nach Einschalten eines Gleichstromes $I_1$ eine magnetische Flussdichte von $B = 1\,\text{T}$. Bestimmen Sie die magnetischen Flüsse in den drei Schenkeln.

c) Wie groß ist der angelegte Strom $I_1$ in Spule 1?

d) Bestimmen Sie die Selbstinduktivität $L_{11}$ der Spule 1 sowie die Gegeninduktivität $M_{21}$ der gesamten Spulenanordnung.

e) Bestimmen Sie bei einem zeitabhängigen Strom $i_1(t) = 10\,\text{A} \cdot \sin(2\pi f \cdot t)$ mit $f = 50\,\text{Hz}$ die Maximalamplitude $u_2$ der Ausgangsspannung $u_2(t)$.

### Lösung zu Aufgabe 4.4

a) Magnetisches Ersatzschaltbild; Berechnung der magnetischen Widerstände:

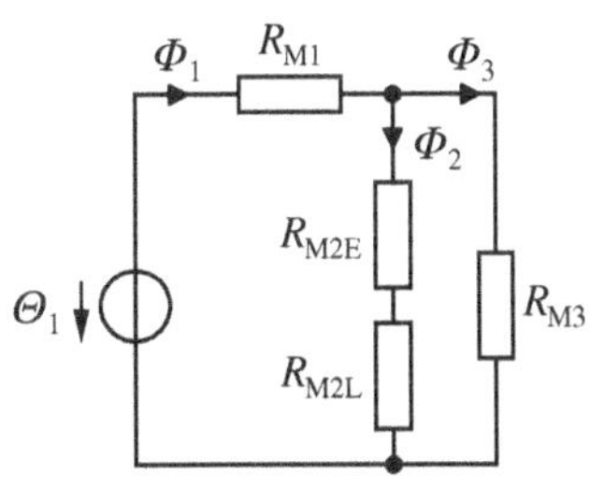


**Bild 4.4.2** Magnetisches Ersatzschaltbild

Berechnung der magnetischen Widerstände

$$R_{M1} = \frac{\pi \cdot r}{\mu_0 \cdot \mu_r \cdot A} = \underline{\underline{0{,}25 \cdot 10^8 \frac{A}{V \cdot s}}}$$

$$R_{M2} = R_{M2E} + R_{M2L} = \frac{2r - d}{\mu_0 \cdot \mu_r \cdot A} + \frac{d}{\mu_0 \cdot A} = (0{,}16 + 0{,}2) \cdot 10^8 \frac{A}{V \cdot s} = \underline{\underline{0{,}36 \cdot 10^8 \frac{A}{V \cdot s}}}$$

$$R_{M3} = R_{M1} = \frac{\pi \cdot r}{\mu_0 \cdot \mu_r \cdot A} = \underline{\underline{0{,}25 \cdot 10^8 \frac{A}{V \cdot s}}}$$

b) Der Fluss $\Phi_2$ ergibt sich zu: $\Phi_2 = B \cdot A = \underline{\underline{2 \cdot 10^{-4}\,V \cdot s}}$

Stromteilerregel für $\Phi_1$ und $\Phi_3$:

$$\frac{\Phi_2}{\Phi_1} = \frac{R_{M3}}{R_{M2} + R_{M3}} \quad \Rightarrow \quad \Phi_1 = \frac{R_{M2} + R_{M3}}{R_{M3}} \cdot \Phi_2 = \underline{\underline{4{,}88 \cdot 10^{-4}\,V \cdot s}}$$

$$\frac{\Phi_3}{\Phi_1} = \frac{R_{M2}}{R_{M2} + R_{M3}} \quad \Rightarrow \quad \Phi_3 = \frac{R_{M2}}{R_{M2} + R_{M3}} \cdot \Phi_2 = \underline{\underline{2{,}88 \cdot 10^{-4}\,V \cdot s}}$$

c) Es gilt $\Theta_1 = N_1 \cdot I_1 = \Phi_1 \cdot R_{Mges}$ und daraus folgt:

$$I_1 = \frac{\Phi_1}{N_1} \cdot \left(R_{M1} + \frac{R_{M2} \cdot R_{M3}}{R_{M2} + R_{M3}}\right) = \underline{\underline{38{,}8\,A}}$$

d) Es gilt $L_1 \cdot I_1 = \Phi_1 \cdot N_1$ und daraus folgt: $L_1 = \frac{N_1 \cdot \Phi_1}{I_1} = \underline{\underline{6{,}29\,mH}}$

Es gilt $M_{21} \cdot I_1 = \Phi_3 \cdot N_2$ und daraus folgt: $M_{21} = \frac{N_2 \cdot \Phi_3}{I_1} = \underline{\underline{1{,}86\,mH}}$

e) Es gilt $u_2(t) = M_{21} \cdot \frac{d\,i_1(t)}{d\,t}$ und daraus folgt für die maximale Amplitude:

$$\hat{u}_2 = M_{21} \cdot 2\pi f \cdot \hat{i}_1 = \underline{\underline{5{,}83\,V}}$$

*Hinweis:* $\hat{i}_1$ ist die Maximalamplitude des Stromes $i_1(t)$ und beträgt 10 A. Der Strom $i_1(t) = 10\,A \cdot \sin(2\pi f \cdot t)$ kann Werte zwischen 0 und 10 A annehmen, 10 A ist daher das Maximum.

## Aufgabe 4.5

Gegeben sei der folgende magnetische Kreis:

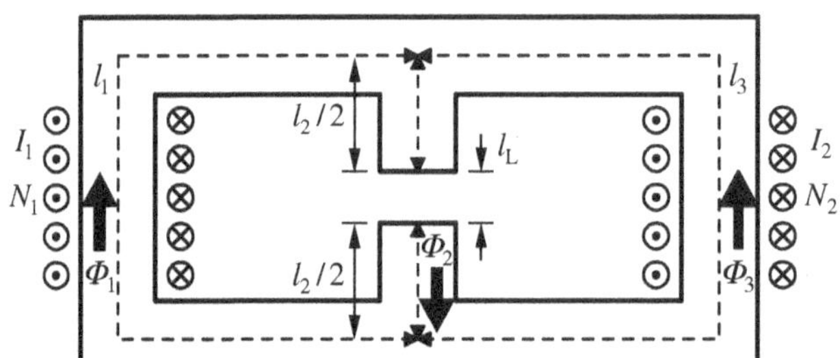


**Bild 4.5.1** Magnetischer Kreis

Der magnetische Kreis ist aus drei Schenkeln mit den Längen $l_1$, $l_2$ und $l_3$ gleicher Querschnittsfläche $A$ aufgebaut. Schenkel 2 ist durch einen Luftspalt der Länge $l_L$ unterbrochen.

Die Schenkel 1 und 3 sind mit jeweils einer Spule versehen. Die Spulen haben die Windungszahl $N_1$ bzw. $N_2$ und werden von den Strömen $I_1$ bzw. $I_2$ durchflossen. Die Orientierung der Wicklungen ist der Zeichnung zu entnehmen. Die Magnetfelder außerhalb von Eisenwegen sowie des Luftspaltes sollen vernachlässigt werden.

Zahlenwerte:

$$N_1 = 500 \quad I_1 = 0{,}2\,\text{A} \quad l_1 = l_3 = 5 \cdot \pi\,\text{cm} \quad \mu_0 = 4\pi \cdot 10^{-7}\,\frac{\text{V}\cdot\text{s}}{\text{A}\cdot\text{m}}$$

$$N_2 = 400 \quad I_2 = 0{,}25\,\text{A} \quad l_2 = 2 \cdot \pi\,\text{cm} \quad \mu_r = 500$$

$$l_L = \frac{\pi}{5}\,\text{cm} \quad A = 5\,\text{cm}^2$$

a) Zeichnen Sie das magnetische Ersatzschaltbild und berechnen Sie die auftretenden magnetischen Widerstände $R_{Mi}$ sowie die magnetischen Durchflutungen $\theta_i$.

b) Berechnen Sie mithilfe des Überlagerungssatzes den magnetischen Fluss $\Phi_2$ im mittleren Schenkel der Anordnung.

c) Berechnen Sie die im mittleren Schenkel 2 auftretende Flussdichte $B_2$ sowie die magnetische Feldstärke $H_L$ im Luftspalt.

Im Folgenden ist Spule 2 als stromlos anzusehen, die Anschlüsse seien offen.

d) Berechnen Sie die Selbstinduktivität $L_{11}$ der linken Spule.

Berechnen Sie die Gegeninduktivität $M_{21}$ der Anordnung.

## Lösung zu Aufgabe 4.5

a)

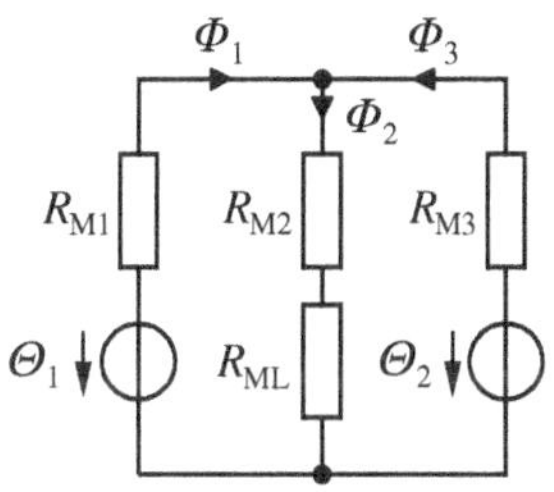


**Bild 4.5.2** Magnetisches Ersatzschaltbild

$$R_{M1} = \frac{l_1}{A\mu_0\mu_r} = \underline{\underline{500\,\frac{\text{kA}}{\text{V}\cdot\text{s}}}}; \quad R_{M2} = \frac{l_2}{A\mu_0\mu_r} = \underline{\underline{200\,\frac{\text{kA}}{\text{V}\cdot\text{s}}}}; \quad R_{M3} = \frac{l_3}{A\mu_0\mu_r} = \underline{\underline{500\,\frac{\text{kA}}{\text{V}\cdot\text{s}}}}$$

$$R_{ML} = \frac{l_L}{A\mu_0} = \underline{\underline{10\,000\,\frac{\text{kA}}{\text{V}\cdot\text{s}}}}$$

$$\Theta_1 = N_1 \cdot I_1 = \Theta_2 = N_2 \cdot I_2 = \underline{\underline{100\,\text{A}}}$$

b) Der Überlagerungssatz für den magnetischen Fluss wird analog dem Überlagerungssatz für lineare elektrische Netzwerke angewendet.

$$\Phi_{21} = \frac{R_{M3}}{R_{M2} + R_{ML} + R_{M3}} \cdot \Phi_{\text{ges1}}$$

$$\Phi_{22} = \frac{R_{M1}}{R_{M2} + R_{ML} + R_{M1}} \cdot \Phi_{\text{ges2}}$$

$$\Phi_{\text{ges1}} = \frac{\Theta_1}{R_{\text{Mges}}} = \frac{\Theta_1}{R_{M1} + \dfrac{(R_{M2} + R_{ML})\,R_{M3}}{R_{M2} + R_{ML} + R_{M3}}}$$

$$\Phi_{\text{ges2}} = \frac{\Theta_2}{R_{\text{Mges}}} = \frac{\Theta_2}{R_{\text{M1}} + \dfrac{(R_{\text{M2}} + R_{\text{ML}})\,R_{\text{M3}}}{R_{\text{M2}} + R_{\text{ML}} + R_{\text{M3}}}}$$

$$\Phi_{\text{ges1}} = 10{,}24 \cdot 10^{-5}\,\text{V} \cdot \text{s}$$

$$\Phi_{\text{ges2}} = 10{,}24 \cdot 10^{-5}\,\text{V} \cdot \text{s}$$

$$\Phi_{21} = 0{,}48 \cdot 10^{-5}\,\text{V} \cdot \text{s}$$

$$\Phi_{22} = 0{,}48 \cdot 10^{-5}\,\text{V} \cdot \text{s}$$

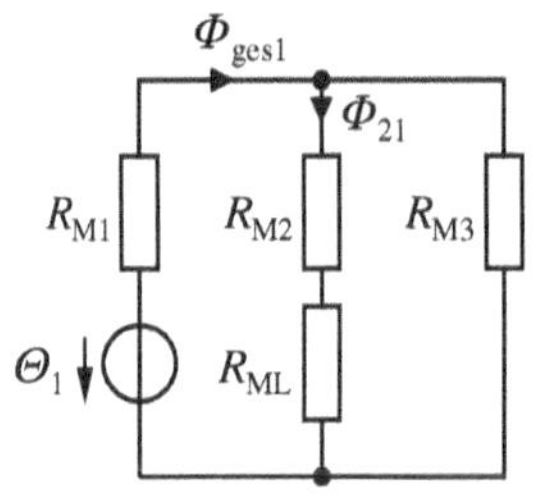


**Bild 4.5.3** Magnetischer Kreis

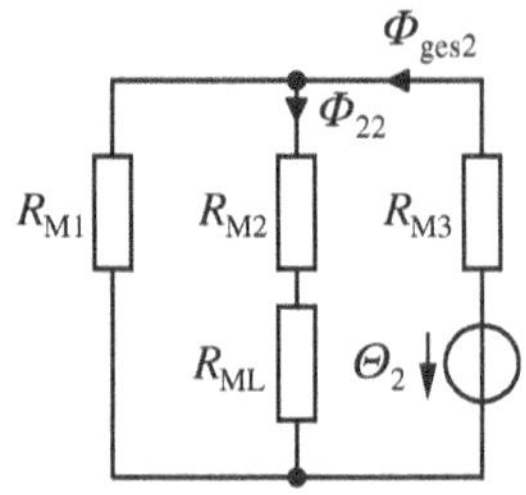


**Bild 4.5.4** Magnetisches Ersatzschaltbild

Der Gesamtfluss $\Phi_2$ ergibt sich durch Addition der beiden Teillösungswerte des Superpositionsprinzips:

$$\Phi_2 = \Phi_{21} + \Phi_{22} = \underline{\underline{0{,}96 \cdot 10^{-5}\,\text{V} \cdot \text{s}}}$$

c) $$B_2 = \frac{\Phi_2}{A} = \underline{\underline{19{,}2\,\text{mT}}}$$

$$H_{\text{L}} = \frac{B_2}{\mu_0} = \underline{\underline{15{,}3\,\frac{\text{kA}}{\text{m}}}}$$

d) $$L_{11} = \frac{N_1^2}{R_{\text{Mges}}} = \underline{\underline{256\,\text{mH}}}$$

$$\Phi_{31} = \frac{\Theta_1}{R_{\text{Mges}}} \cdot \frac{R_{\text{M2}} + R_{\text{ML}}}{R_{\text{M2}} + R_{\text{ML}} + R_{\text{M3}}}$$

$$M_{21} = \frac{N_2 \cdot \Phi_{31}}{I_1} = \underline{\underline{195\,\text{mH}}}$$

## Aufgabe 4.6

Gegeben sei der skizzierte magnetische Kreis. Die Schenkel bestehen aus Metall mit der Permeabilitätszahl $\mu_{\text{r}}$. Der geometrische Aufbau kann aus der Abbildung entnommen werden.

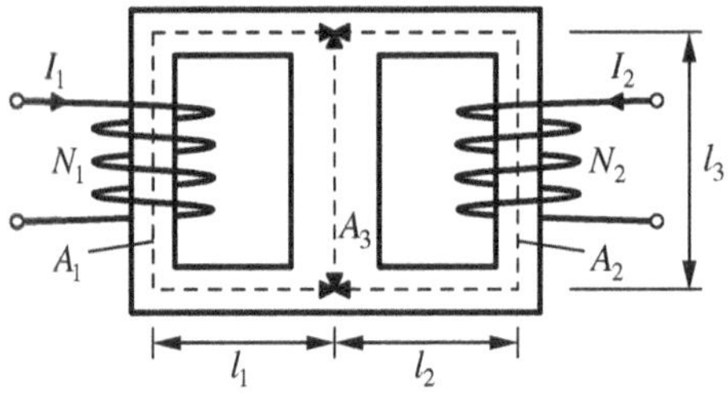


**Bild 4.6.1** Magnetischer Kreis

a) Geben Sie das magnetische Ersatzschaltbild der Anordnung des magnetischen Kreises an und berechnen Sie dabei alle auftretenden magnetischen Widerstände $R_\mathrm{M}$.

b) Geben Sie den magnetischen Fluss $\Phi_3$ im Schenkel 3 an. Wenden Sie dabei den Überlagerungssatz an.

c) Bestimmen Sie die Selbstinduktivitäten $L_1$ und $L_2$ der zwei Spulen in der Anordnung.

Nachfolgend seien $A = A_1 = A_2$ und $l = l_1 = l_2$.

d) Bestimmen Sie die Gegeninduktivitäten $M_{12}$ und $M_{21}$ der Anordnung.

e) Bestimmen Sie für den Fall $A_3 = 2 \cdot A$ und $l_3 = 0{,}5 \cdot l$ den Kopplungsfaktor $k$.

f) Sie verdoppeln die Wicklungszahl $N_1$ und halbieren die Windungszahl $N_2$. Welche Auswirkung hat dieses auf den Kopplungsfaktor? (Kurze Begründung)

## Lösung zu Aufgabe 4.6

a)

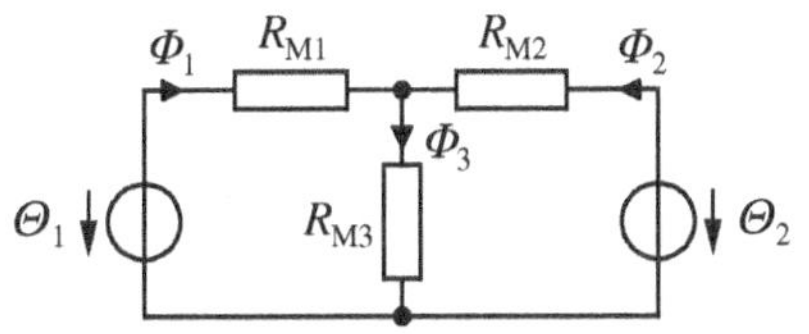


**Bild 4.6.2** Magnetisches Ersatzschaltbild

Berechnung der magnetischen Widerstände mittels folgender Gleichung:

$$R_\mathrm{M} = \frac{l}{\mu_0 \cdot \mu_\mathrm{r} \cdot A}$$

$$R_\mathrm{M1} = \frac{2 \cdot l_1 + l_3}{\mu_0 \cdot \mu_\mathrm{r} \cdot A_1}; \quad R_\mathrm{M2} = \frac{2 \cdot l_2 + l_3}{\mu_0 \cdot \mu_\mathrm{r} \cdot A_2}; \quad R_\mathrm{M3} = \frac{l_3}{\mu_0 \cdot \mu_\mathrm{r} \cdot A_3}$$

b) Der Überlagerungssatz für den magnetischen Fluss wird analog dem Überlagerungssatz für lineare elektrische Netzwerke angewendet.

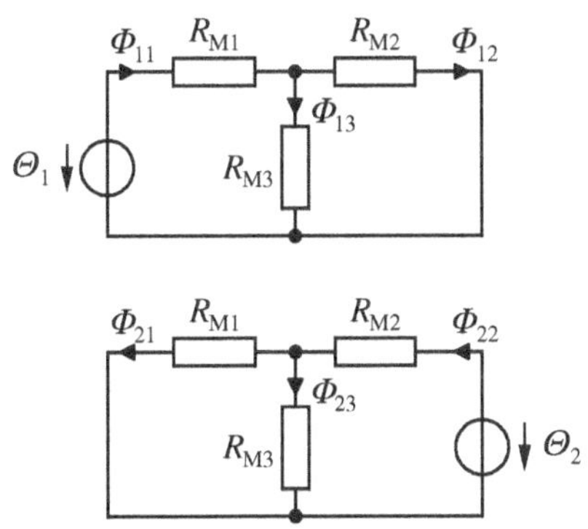


**Bild 4.6.3** Magnetische Ersatzschaltbilder

$$\Phi_3 = \Phi_{13} + \Phi_{23}$$

Quelle 1 aktiv:

$$\Phi_{11} = \frac{\Theta_1}{R_\mathrm{M1} + \dfrac{R_\mathrm{M2} \cdot R_\mathrm{M3}}{R_\mathrm{M2} + R_\mathrm{M3}}}$$

Stromteiler:

$$\Phi_{13} = \Phi_{11} \cdot \frac{R_{M2}}{R_{M2} + R_{M3}} = \frac{\Theta_1 \cdot R_{M2}}{R_{M1} \cdot (R_{M2} + R_{M3}) + R_{M2} \cdot R_{M3}}$$
$$= \frac{\Theta_1 \cdot R_{M2}}{R_{M1} \cdot R_{M2} + R_{M1} \cdot R_{M3} + R_{M2} \cdot R_{M3}}$$

Quelle 2 aktiv:

$$\Phi_{22} = \frac{\Theta_2}{R_{M2} + \dfrac{R_{M1} \cdot R_{M3}}{R_{M1} + R_{M3}}}$$

Stromteiler:

$$\Phi_{23} = \Phi_{22} \cdot \frac{R_{M1}}{R_{M1} + R_{M3}} = \frac{\Theta_2 \cdot R_{M1}}{R_{M2} \cdot (R_{M1} + R_{M3}) + R_{M1} \cdot R_{M3}}$$
$$= \frac{\Theta_2 \cdot R_{M1}}{R_{M1} \cdot R_{M2} + R_{M1} \cdot R_{M3} + R_{M2} \cdot R_{M3}}$$

Aus $\Phi_{13}$ und $\Phi_{23}$ wird $\Phi_3$ berechnet:

$$\Phi_3 = \Phi_{13} + \Phi_{23} = \frac{\Theta_1 \cdot R_{M2} + \Theta_2 \cdot R_{M1}}{R_{M1} \cdot R_{M2} + R_{M1} \cdot R_{M3} + R_{M2} \cdot R_{M3}}$$

c) Berechnung der Selbstinduktivität $L_1$: Spule 2 „kurzgeschlossen“, Berechnung des Flusses durch Spule 1:

$$\Phi_{11} = \frac{\Theta_1}{R_{M1} + \dfrac{R_{M2} \cdot R_{M3}}{R_{M2} + R_{M3}}}$$

Gesamtfluss in Spule 1:

$$\psi_{11} = N_1 \cdot \Phi_{11} = L_1 \cdot I_1 = N_1 \cdot \frac{N_1 \cdot I_1}{R_{M1} + \dfrac{R_{M2} \cdot R_{M3}}{R_{M2} + R_{M3}}}$$

Damit ergibt sich die Selbstinduktivität $L_1$ zu:

$$L_1 = N_1^2 \cdot \frac{1}{R_{M1} + \dfrac{R_{M2} \cdot R_{M3}}{R_{M2} + R_{M3}}}$$

$L_2$: Spule 1 „kurzgeschlossen“, Fluss durch Spule 2:

$$\Phi_{22} = \frac{\Theta_2}{R_{M2} + \dfrac{R_{M1} \cdot R_{M3}}{R_{M1} + R_{M3}}}$$

Gesamtfluss in Spule 2:

$$\psi_{22} = N_2 \cdot \Phi_{22} = L_2 \cdot I_2 = N_2 \cdot \frac{N_2 \cdot I_2}{R_{M2} + \dfrac{R_{M1} \cdot R_{M3}}{R_{M1} + R_{M3}}}$$

Damit ergibt sich die Selbstinduktivität $L_2$ zu:

$$L_2 = N_2^2 \cdot \frac{1}{R_{M2} + \dfrac{R_{M1} \cdot R_{M3}}{R_{M1} + R_{M3}}}$$

d) Da $A = A_1 = A_2$ und $l = l_1 = l_2$ gilt: $R_{M1} = R_{M2} = R_M = \dfrac{l}{\mu_0 \cdot \mu_r \cdot A}$

Bei dem magnetischen Kreis handelt es sich um einen symmetrischen Körper, daher ist $M = M_{12} = M_{21}$. Der Fluss $\Phi_{12}$ durch Spule 2, der von Spule 1 erzeugt wird, berechnet sich mithilfe des Stromteilers aus Aufgabenteil c):

$$\Phi_{12} = \Phi_{11} \cdot \frac{R_{M3}}{R_M + R_{M3}} = \frac{\Theta_1 \cdot R_{M3}}{R_M \cdot (R_M + R_{M3}) + R_M \cdot R_{M3}}$$

Der verkettete Fluss in Spule 2 ist damit:

$$\Psi_{12} = N_2 \cdot \Phi_{12} = M_{12} \cdot I_1$$

Die Gegeninduktivität berechnet sich daher zu:

$$M = M_{12} = M_{21} = N_1 \cdot N_2 \cdot \frac{R_{M3}}{R_M \cdot (R_M + R_{M3}) + R_M \cdot R_{M3}}$$

e) Der Kopplungsfaktor ist definiert als:

$$k = \frac{M}{\sqrt{L_1 \cdot L_2}} = \frac{R_{M3}}{R_M + R_{M3}} = \frac{\dfrac{l_3}{\mu_0 \mu_r A_3}}{\dfrac{2 \cdot l + l_3}{\mu_0 \mu_r A} + \dfrac{l_3}{\mu_0 \mu_r A_3}} = \frac{\dfrac{l_3}{A_3}}{\dfrac{2 \cdot l + l_3}{A} + \dfrac{l_3}{A_3}}$$

Mit $A_3 = 2A$ und $l_3 = 0{,}5l$ ergibt sich:

$$k = \frac{\dfrac{0{,}5l}{2A}}{\dfrac{2 \cdot l + 0{,}5 \cdot l}{A} + \dfrac{0{,}5l}{2A}} = \underline{\underline{\frac{1}{11}}}$$

f) Der Kopplungsfaktor ist, wie in den Formeln aus Aufgabenteil e) ersichtlich, unabhängig von der Windungszahl.

## Aufgabe 4.7

Gegeben sei der skizzierte magnetische Kreis mit zwei Luftspalten und metallischen Schenkeln mit gleichen quadratischen Querschnitten.

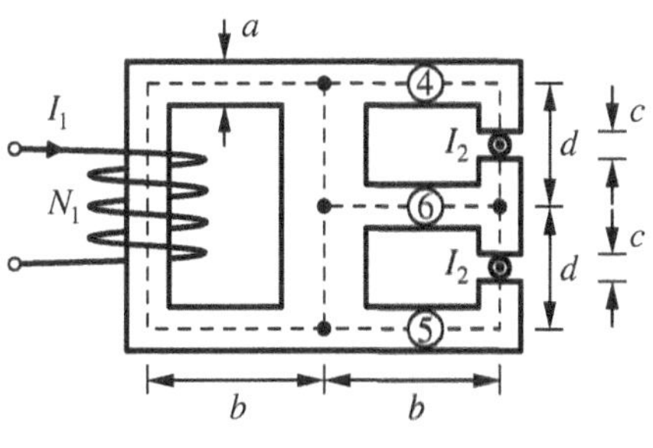


**Bild 4.7.1** Magnetischer Kreis

Die gegebenen Werte sind in nachfolgender Tabelle zusammengefasst:

| | | | | |
|---|---|---|---|---|
| $I_1 = 5\,\text{A}$ | $I_2 = 1{,}25\,\text{A}$ | $\mu_r = 2000$ | $a = 10\,\text{mm}$ | $c = 5\,\text{mm}$ |
| $N_1 = 750$ | $\mu_0 = 4\pi \cdot 10^{-7}\,\dfrac{\text{V} \cdot \text{s}}{\text{A} \cdot \text{m}}$ | | $b = 60\,\text{mm}$ | $d = 55\,\text{mm}$ |

Für die nachfolgenden Aufgaben sei die magnetische Streuung zu vernachlässigen.

a) Geben Sie das magnetische Ersatzschaltbild der Anordnung des magnetischen Kreises an und berechnen Sie dabei alle auftretenden magnetischen Widerstände $R_M$. Fassen Sie in Reihe liegende magnetische Widerstände zusammen.

b) Geben Sie den magnetischen Fluss $\Phi_6$ im Schenkel 6 an, Hinweis: Betrachten Sie mögliche Analogien zu einer Wheatstoneschen Brückenschaltung.

c) Berechnen Sie die Flussdichte $B_{04}$, $B_{05}$ und die magnetische Feldstärke $H_{04}$, $H_{05}$ in den zwei Luftspalten.

d) Welche Kraft wirkt auf die beiden Leiter in den Luftschlitzen des magnetischen Kreises? In welche Richtung wirkt die Kraft? (Begründung)

## Lösung zu Aufgabe 4.7

a)

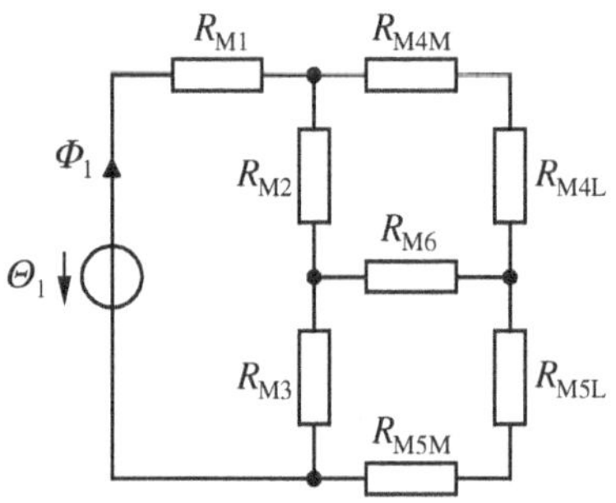


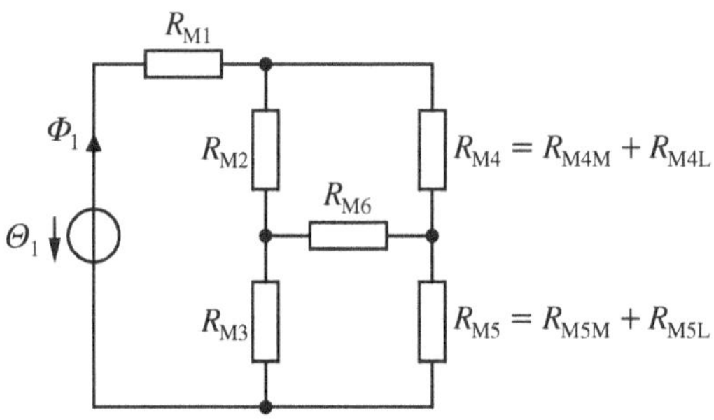


**Bild 4.7.2** Magnetische Ersatzschaltbilder

Berechnung der magnetischen Widerstände mittels folgender Gleichung:

$$R_M = \frac{l}{\mu_0 \cdot \mu_r \cdot A}$$

$$R_{M1} = \frac{2b + 2d}{\mu_0 \cdot \mu_r \cdot a^2} = \underline{\underline{915{,}14 \cdot 10^3 \, \frac{A}{V \cdot s}}}$$

$$R_{M2} = R_{M3} = \frac{d}{\mu_0 \cdot \mu_r \cdot a^2} = \underline{\underline{218{,}84 \cdot 10^3 \, \frac{A}{V \cdot s}}}$$

$$R_{M4M} = R_{M5M} = \frac{b + d - c}{\mu_0 \cdot \mu_r \cdot a^2} = \underline{\underline{437{,}68 \cdot 10^3 \, \frac{A}{V \cdot s}}}$$

$$R_{M4L} = R_{M5L} = \frac{c}{\mu_0 \cdot a^2} = \underline{\underline{39{,}79 \cdot 10^6 \, \frac{A}{V \cdot s}}}$$

$$R_{M4} = R_{M5} = R_{M4M} + R_{M4L} = \underline{\underline{40{,}23 \cdot 10^6 \, \frac{A}{V \cdot s}}}$$

$$R_{M6} = \frac{b}{\mu_0 \cdot \mu_r \cdot a^2} = \underline{\underline{238{,}73 \cdot 10^3 \, \frac{A}{V \cdot s}}}$$

b) Vergleich mit Messbrücke:

Brückenabgleichbedingung

$$R_{M2} \cdot R_{M5} = R_{M3} \cdot R_{M4}$$

Die Brücke ist abgeglichen, daher existiert kein magnetischer Fluss durch $R_{M6}$. Somit ist $\Phi_6 = 0$ und der magnetische Widerstand $R_{M6}$ kann vernachlässigt werden.

c) Das magnetische Ersatzschaltbild vereinfacht sich dadurch:

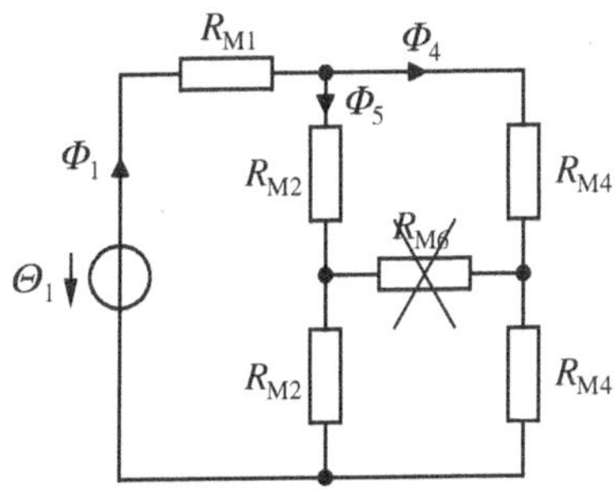


**Bild 4.7.3** Vereinfachtes magnetisches Ersatzschaltbild

Der gesamte magnetische Widerstand $R_{Mges}$ berechnet sich zu:

$$R_{Mges} = R_{M1} + (2R_{M2} \parallel 2R_{M4}) = R_{M1} + 2\frac{R_{M2} \cdot R_{M4}}{R_{M2} + R_{M4}} = 1{,}35 \cdot 10^6 \, \frac{A}{V \cdot s}$$

Dadurch berechnet sich der Fluss $\Phi_1$ mithilfe der Erregung $\Theta_1 = N_1 \cdot I_1$ zu:

$$\Phi_1 = \frac{\Theta_1}{R_{Mges}} = \frac{N_1 \cdot I_1}{R_{Mges}} = 2{,}8 \cdot 10^{-3}\, V \cdot s$$

Die Stromteilerregel ergibt:

$$\frac{\Phi_4}{\Phi_2} = \frac{2R_{M2}}{2R_{M4}} = \frac{R_{M2}}{R_{M4}}$$

Da $\Phi_1 = \Phi_2 + \Phi_4$ folgt: $\Phi_4 = \frac{R_{M2}}{R_{M4}} \cdot (\Phi_1 - \Phi_4)$

Auflösen nach $\Phi_4$ ergibt:

$$\Phi_4 = \frac{1}{1 + \left(\frac{R_{M2}}{R_{M4}}\right)} \cdot \Phi_1 = 15{,}15 \cdot 10^{-6}\, V \cdot s$$

Die Flussdichte ist Fluss pro Fläche. Zudem gilt hier Symmetrie:

$$B_0 = B_{04} = B_{05} = \frac{\Phi_4}{\alpha^2} = \underline{\underline{0{,}151\, T}}$$

Die magnetische Feldstärke berechnet sich zu: $H_0 = H_{04} = H_{05} = \frac{B_0}{\mu_0} = \underline{\underline{120{,}6 \cdot 10^3 \, \frac{A}{m}}}$

d) Die Kraft auf einen stromdurchflossenen Leiter ist gegeben durch $\vec{F} = I \cdot \left(\vec{l} \times \vec{B}\right)$.

Die Richtung ergibt sich durch die Rechte-Hand-Regel. Die Kraft zieht den Leiter nach außen. Der Betrag der Kraft errechnet sich zu:

$$F = I_2 \cdot a \cdot B_0 = \underline{\underline{1{,}88 \cdot 10^{-3}\,\mathrm{N}}}$$

## Aufgabe 4.8

Zwei gleiche in Reihe geschaltete Spulen sind laut Zeichnung um die Schenkel 1 und 2 eines Manteltransformators gewickelt. Sie werden durch eine Stromquelle mit konstantem Strom gespeist. Die Permeabilität des ferromagnetischen Materials ist konstant. Die Randeffekte im Luftspalt sind hier zu vernachlässigen. $h = 70\,\mathrm{mm}$, $d = 10\,\mathrm{mm}$, $\mu_0 = 4\pi \cdot 10^{-7}\,\frac{\mathrm{V \cdot s}}{\mathrm{A \cdot m}}$, $N_1 = N_2 = 400$, $\mu_r = 2000$, Luftspalt $l_L = 0{,}1\,\mathrm{mm}$ durch die Stanzbearbeitung bedingt.

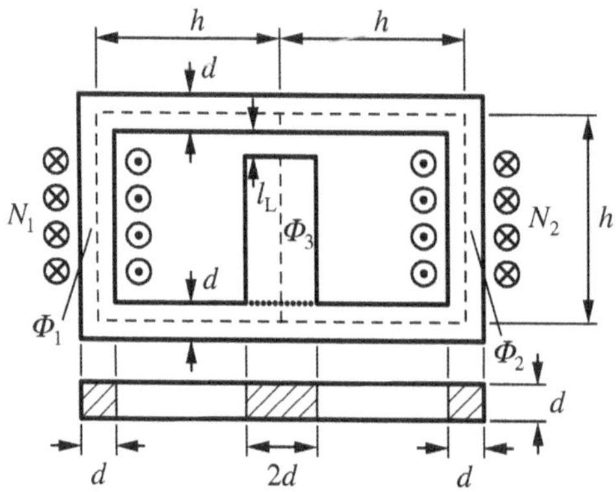


**Bild 4.8.1** Magnetischer Kreis

a) Zeichnen Sie das magnetische Ersatzschaltbild mit allen Flüssen und deren Richtungen, den Durchflutungen und den magnetischen Widerständen. Berechnen Sie dazu die Zahlenwerte der magnetischen Widerstände.

b) Wird eine Spule kurzgeschlossen (sie wird stromlos), steigt die magnetische Flussdichte $B_3'$ auf 0,35 T. Berechnen Sie mithilfe des Überlagerungssatzes alle an den magnetischen Widerständen abfallenden magnetischen Spannungen (Durchflutung $\Theta$), wenn beide Spulen wirksam sind. Zeichnen Sie falls notwendig weitere magnetische Ersatzschaltbilder.

c) Berechnen Sie für die Angaben in Aufgabenteil b) den Spulenstrom $I$.

d) Kann der Mittelschenkel an der punktierten Linie ....... ohne Auswirkung durchgeschnitten werden, wenn beide Spulen wirksam sind? Begründen Sie Ihre Antwort kurz.

## Lösung zu Aufgabe 4.8

a)

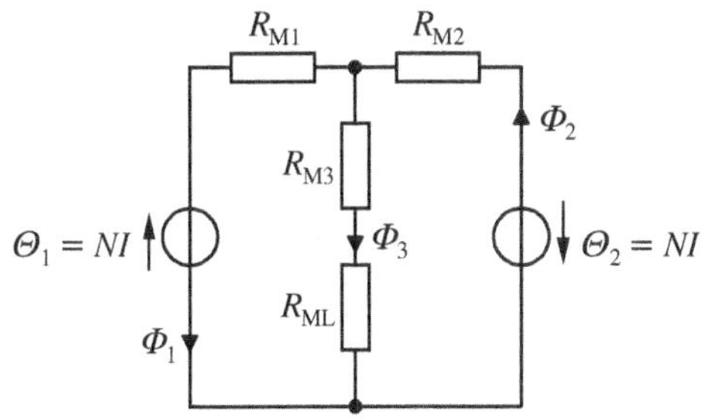


**Bild 4.8.2** Magnetisches Ersatzschaltbild

$$R_{M1} = R_{M2} = \frac{l_1}{\mu_0 \mu_r A} = \frac{0{,}21\,\mathrm{m}^2}{4\pi \cdot 10^{-7}\,\Omega \cdot \mathrm{s} \cdot 2000 \cdot 1 \cdot 10^{-4}\,\mathrm{m}^2}$$

$$= \underline{\underline{8{,}35563 \cdot 10^5 \frac{1}{\Omega \cdot \mathrm{s}}}}$$

$$R_{M3} = \frac{l_{M3}}{\mu_0 \mu_r A} = \frac{(70 - 0{,}1) \cdot 10^{-3}\,\mathrm{m}^2}{4\pi \cdot 10^{-7}\,\Omega \cdot \mathrm{s} \cdot 2000 \cdot 2 \cdot 10^{-4}\,\mathrm{m}^2} = \underline{\underline{1{,}39062 \cdot 10^5 \frac{1}{\Omega \cdot \mathrm{s}}}}$$

$$R_{ML} = \frac{l_L}{\mu_0 A} = \frac{0{,}1 \cdot 10^{-3}\,\mathrm{m}^2}{4\pi \cdot 10^{-7}\,\Omega \cdot \mathrm{s} \cdot 2 \cdot 10^{-4}\,\mathrm{m}^2} = \underline{\underline{3{,}97887 \cdot 10^5 \frac{1}{\Omega \cdot \mathrm{s}}}}$$

$$R_{M3ges} = R_{ML} + R_{M3} = 139062 \frac{1}{\Omega \cdot \mathrm{s}} + 397887 \frac{1}{\Omega \cdot \mathrm{s}} = 5{,}36949 \cdot 10^5 \frac{1}{\Omega \cdot \mathrm{s}}$$

$$R_{M3ges} \parallel R_{M1} = \frac{R_{M1} \cdot R_{M3ges}}{R_{M1} + R_{M3ges}} = 3{,}26886 \cdot 10^5 \frac{1}{\Omega \cdot \mathrm{s}}$$

$$R_{Mges} = R_{M1} + \frac{R_{M2} \cdot R_{M3ges}}{R_{M2} + R_{M3ges}} = \underline{\underline{1{,}162449 \cdot 10^6 \frac{1}{\Omega \cdot \mathrm{s}}}}$$

Aufgrund der vorhandenen Symmetrie und der Polarität der Spulen, sind der Fluss $\Phi_3$, die magnetische Flussdichte $B_3$ und die Magnetfeldstärke $H_3$ im Mittelschenkel Null.

b1)

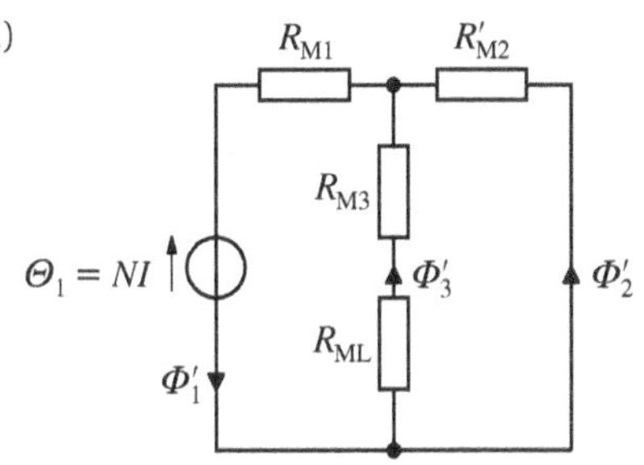


**Bild 4.8.3** Magnetisches Ersatzschaltbild unter Berücksichtigung der linken Spule

b2)

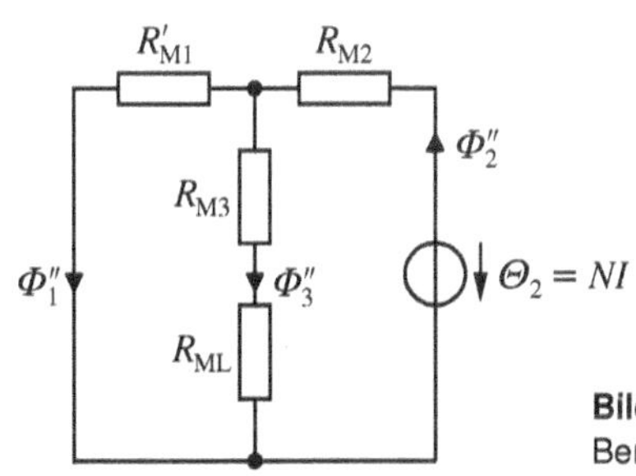


**Bild 4.8.4** Magnetisches Ersatzschaltbild unter Berücksichtigung der rechten Spule

Da beide Ersatzschaltungen gleich sind, wird die Rechnung nur einmal durchgeführt:

$$\Phi_3' = B_\mathrm{L} \cdot A_\mathrm{L} = 0{,}35\,\frac{\mathrm{V \cdot s}}{\mathrm{m^2}} \cdot 2 \cdot 10^{-4}\,\mathrm{m^2} = 0{,}7 \cdot 10^{-4}\,\mathrm{V \cdot s}$$

$$H_3' = \frac{B_\mathrm{Fe}}{\mu_0 \mu_\mathrm{r}} = \frac{0{,}35\,\frac{\mathrm{V \cdot s}}{\mathrm{m^2}}}{4\pi \cdot 10^{-7}\,\frac{\Omega \cdot \mathrm{s}}{\mathrm{m}} \cdot 2000} = 139{,}26\,\frac{\mathrm{A}}{\mathrm{m}}$$

$$H_\mathrm{L}' = \frac{B_\mathrm{L}}{\mu_0} = \frac{0{,}35\,\frac{\mathrm{V \cdot s}}{\mathrm{m^2}}}{4\pi \cdot 10^{-7}\,\frac{\Omega \cdot \mathrm{s}}{\mathrm{m}}} = 2{,}78521 \cdot 10^5\,\frac{\mathrm{A}}{\mathrm{m}}$$

Entfallende Anteile der elektrischen Durchflutung:

$$H_3 \cdot l_3' = 139{,}26\,\frac{\mathrm{A}}{\mathrm{m}} \cdot 69{,}9 \cdot 10^{-3}\,\mathrm{m} = 9{,}74\,\mathrm{A}$$

$$H_\mathrm{L} \cdot l_\mathrm{L}' = 278521\,\frac{\mathrm{A}}{\mathrm{m}} \cdot 0{,}1 \cdot 10^{-3}\,\mathrm{m} = 27{,}85\,\mathrm{A}$$

$$H_3 \cdot l_3' + H_\mathrm{L} \cdot l_\mathrm{L}' = 9{,}74\,\mathrm{A} + 27{,}85\,\mathrm{A} = 37{,}6\,\mathrm{A}$$

$$H_3 \cdot l_3'' + H_\mathrm{L} \cdot l_\mathrm{L}'' = -9{,}74\,\mathrm{A} - 27{,}85\,\mathrm{A} = -37{,}6\,\mathrm{A}$$

$$H_3 \cdot l_3 + H_\mathrm{L} \cdot l_\mathrm{L} = 0$$

Laut Ersatzschaltung a) ist $\Phi_1'$ gleich der Summe von $\Phi_3'$ und $\Phi_2'$:

$$\Phi_3' = 0{,}7 \cdot 10^{-4}\,\mathrm{V \cdot s} = 70\,\mathrm{\mu V \cdot s}$$

$$\Phi_2' = \frac{H_3 \cdot l_3 + H_\mathrm{L} \cdot l_\mathrm{L}}{R_\mathrm{M2}} = \frac{37{,}6\,\mathrm{A}}{8{,}355 \cdot 10^5\,\frac{1}{\Omega \cdot \mathrm{s}}} = 45\,\mathrm{\mu V \cdot s}$$

$$\Phi_1' = 115\,\mathrm{\mu V \cdot s}$$

Außerdem ist der Fluss $\Phi_1''$:

$$\Phi_1'' = \Phi_2' = 45 \cdot 10^{-6}\,\mathrm{V \cdot s}$$

$$\Phi_1 = \Phi_1' + \Phi_1'' = 115 \cdot 10^{-6}\,\mathrm{V \cdot s} + 45 \cdot 10^{-6}\,\mathrm{V \cdot s} = 160\,\mathrm{\mu V \cdot s}$$

$$\Theta = NI = H_1 \cdot l_1 + H_3 \cdot l_3 + H_\mathrm{L} \cdot l_\mathrm{L}$$

$$H_1 l_1' = \Phi_1' \cdot R_\mathrm{M1} = 115 \cdot 10^{-6}\,\mathrm{V \cdot s} \cdot 8{,}35563 \cdot 10^5 = 96{,}09\,\mathrm{A}$$

$$H_1 l_1'' = \Phi_1'' \cdot R_\mathrm{M1} = 45 \cdot 10^{-6}\,\mathrm{V \cdot s} \cdot 8{,}35563 \cdot 10^5 = 37{,}6\,\mathrm{A}$$

$$H_1 l_1 = 96{,}09\,\mathrm{A} + 37{,}6\,\mathrm{A} = 133{,}7\,\mathrm{A}$$

$$\Theta' = 37{,}6\,\mathrm{A} + 96{,}09\,\mathrm{A} = 133{,}7\,\mathrm{A}$$

$$\Theta'' = 0 \quad \text{(Kurzschluss)}$$

damit ist

$$\Theta = \Theta' + \Theta'' = \underline{\underline{133{,}7\,\mathrm{A}}}$$

c) $$I = \frac{\Theta}{N} = \frac{133{,}7\,\mathrm{A}}{400} = \underline{\underline{0{,}334\,\mathrm{A}}}$$

Analog kann man die Rechnung für die rechte Spule durchführen.

$$\Phi_2 = \Phi_1 = 1{,}6 \cdot 10^{-4}\,\mathrm{V \cdot s}; \quad \Phi_3'' = -\Phi_3'; \quad \Phi_3 = \Phi_3' + \Phi_3'' = 0$$

d) Der Mittelschenkel kann durchgesägt werden. Sollte der Mittelschenkel an der Stelle durchgesägt werden, so wäre der gemeinsame Fluss bei Einspeisung beider Spulen mit dem in c) berechneten Strom:

$$\Phi = \frac{2NI}{2R_{\mathrm{M1}}} = \frac{133{,}7\,\mathrm{A}\cdot\Omega\cdot\mathrm{s}}{8{,}35563\cdot 10^5} = \underline{\underline{160\,\mu\mathrm{V}\cdot\mathrm{s}}}$$

## Aufgabe 4.9

Zwei gleiche in Reihe geschaltete Spulen sind laut Zeichnung um die Schenkel 1 und 2 gewickelt. Die Permeabilität des ferromagnetischen Materials (Eisen) ist konstant und die Randeffekte im Luftspalt sind zu vernachlässigen. Es gelten:

$h = 7\,\mathrm{cm}$, $d = 1\,\mathrm{cm}$, $\mu_0 = 4\pi\cdot 10^{-7}\,\dfrac{\mathrm{V}\cdot\mathrm{s}}{\mathrm{A}\cdot\mathrm{m}}$,

$N_1 = N_2 = 400$, $\mu_\mathrm{r} = 2000$, $l_\mathrm{L} = 0{,}2\,\mathrm{mm}$

$B_\mathrm{L} = B_3 = 0{,}6\,\mathrm{T}$ für alle Teilaufgaben.

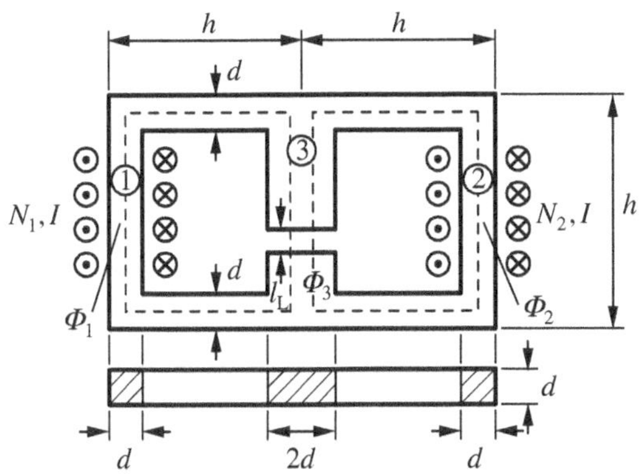


**Bild 4.9.1** Magnetischer Kreis

a) Zeichnen Sie das magnetische Ersatzschaltbild für die im Bild 4.9.1 angegebene Anordnung mit allen Flüssen mit ihren Richtungen, den Durchflutungen und den magnetischen Widerständen. Berechnen Sie für die magnetischen Widerstände die Zahlenwerte.

b) Berechnen Sie den Fluss $\Phi_3$ und die Magnetfeldstärken $H_\mathrm{L}$ und $H_\mathrm{Fe}$ im Mittelschenkel.

c) Unter Anwendung des Überlagerungssatzes für die Durchflutungen $\Theta_1$ und $\Theta_2$, berechnen Sie alle an den magnetischen Widerständen abfallenden Anteile der magnetischen Durchflutung $\Theta$.

d) Berechnen Sie den Spulenstrom $I$.

$$l_1 = h - d + 2\left(h - \frac{d}{2}\right) = h - d + 2h - d$$

$$l_1 = (7 - 1 + 14 - 1)\,\mathrm{cm} = 19\,\mathrm{cm} = l_2$$

## Lösung zu Aufgabe 4.9

a)

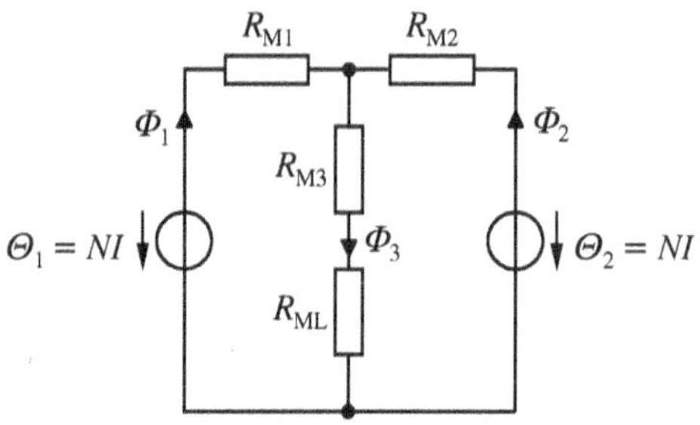


**Bild 4.9.2** Magnetisches Ersatzschaltbild

$$R_{M1} = R_{M2} = \frac{l_1}{\mu_0 \mu_r A} = \frac{0{,}19\,\text{m}^2}{4\pi \cdot 10^{-7}\,\Omega \cdot \text{s} \cdot 2000 \cdot 1 \cdot 10^{-4}\,\text{m}^2} = \underline{\underline{7{,}56 \cdot 10^5 \frac{1}{\Omega \cdot \text{s}}}}$$

$$R_{M3} = \frac{l_{M3}}{\mu_0 \mu_r A} = \frac{(60 - 0{,}2) \cdot 10^{-3}\,\text{m}^2}{4\pi \cdot 10^{-7}\,\Omega \cdot \text{s} \cdot 2000 \cdot 2 \cdot 10^{-4}\,\text{m}^2} = \underline{\underline{1{,}18968 \cdot 10^5 \frac{1}{\Omega \cdot \text{s}}}}$$

$$R_{ML} = \frac{l_L}{\mu_0 A} = \frac{0{,}2 \cdot 10^{-3}\,\text{m}^2}{4\pi \cdot 10^{-7}\,\Omega \cdot \text{s} \cdot 2 \cdot 10^{-4}\,\text{m}^2} = \underline{\underline{7{,}95775 \cdot 10^5 \frac{1}{\Omega \cdot \text{s}}}}$$

Aufgrund von Symmetriebetrachtungen kann die Anordnung in zwei gleiche Teile zerlegt werden:

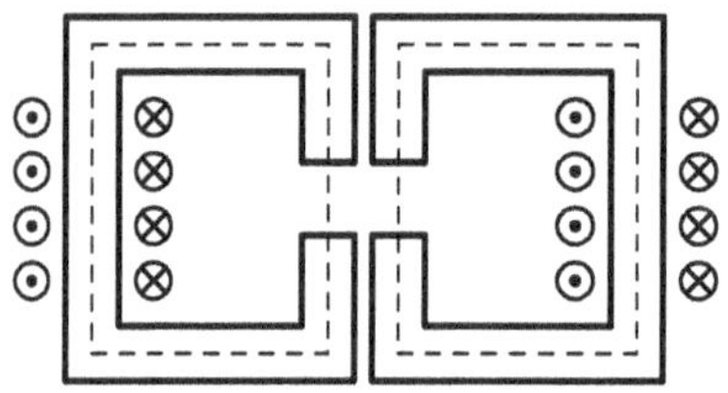

**Bild 4.9.3** Aufgeteilter magnetischer Kreis

$$l_1' = h - d + 2\left(h - d\right) = 6\,\text{cm} + 12\,\text{cm} = 18\,\text{cm}$$

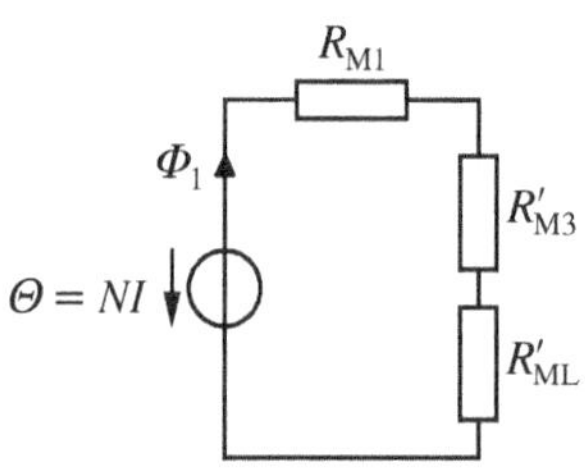


**Bild 4.9.4** Magnetisches Ersatzschaltbild für jede Hälfte des magnetischen Kreises

$$R'_{M1} = \frac{l_1'}{\mu_0 \mu_r A_{Fe}} = \frac{0{,}18\,\text{m}^2}{4\pi \cdot 10^{-7}\,\Omega \cdot \text{s} \cdot 2000 \cdot 1 \cdot 10^{-4}\,\text{m}^2} = 7{,}16 \cdot 10^5 \frac{1}{\Omega \cdot \text{s}}$$

$$R'_{M3} = \frac{l_{Fe}}{\mu_0 \mu_r A_{Fe}} = \frac{(60 - 0{,}2) \cdot 10^{-3}\,\text{m}^2}{4\pi \cdot 10^{-7}\,\Omega \cdot \text{s} \cdot 2000 \cdot 1 \cdot 10^{-4}\,\text{m}^2} = 2{,}379 \cdot 10^5 \frac{1}{\Omega \cdot \text{s}} = 2R_{M3}$$

$$R'_{ML} = \frac{l_L}{\mu_0 A} = \frac{0{,}2 \cdot 10^{-3}\,\text{m}^2}{4\pi \cdot 10^{-7}\,\Omega \cdot \text{s} \cdot 1 \cdot 10^{-4}\,\text{m}^2} = 1{,}591550 \cdot 10^6 \frac{1}{\Omega \cdot \text{s}} = 2R_{ML}$$

b) $$\Phi_3 = B_L \cdot A_L = 0{,}6\,\frac{\mathrm{V\cdot s}}{\mathrm{m^2}} \cdot 2 \cdot 10^{-4}\,\mathrm{m^2} = \underline{\underline{1{,}2 \cdot 10^{-4}\,\mathrm{V\cdot s}}} = 2 \cdot \Phi_1 = 2 \cdot \Phi_2$$

$$\Phi_2 = \Phi_1 = 0{,}6 \cdot 10^{-4}\,\mathrm{V\cdot s}$$

$$H_{Fe} = \frac{B_{Fe}}{\mu_0\mu_r} = \frac{0{,}6\,\dfrac{\mathrm{V\cdot s}}{\mathrm{m^2}}}{4\pi \cdot 10^{-7}\,\dfrac{\Omega\cdot \mathrm{s}}{\mathrm{m}} \cdot 2000} = \underline{\underline{238{,}7\,\frac{\mathrm{A}}{\mathrm{m}}}}$$

$$H_L = \frac{B_L}{\mu_0} = \frac{0{,}6\,\dfrac{\mathrm{V\cdot s}}{\mathrm{m^2}}}{4\pi \cdot 10^{-7}\,\dfrac{\Omega\cdot \mathrm{s}}{\mathrm{m}}} = \underline{\underline{477465\,\frac{\mathrm{A}}{\mathrm{m}}}}$$

c) $$\begin{aligned}\Theta &= H_{M1} \cdot l_1 + H'_{M3} \cdot l_3 + H_L \cdot l_L \\ &= 238{,}7\,\frac{\mathrm{A}}{\mathrm{m}} \cdot 0{,}18\,\mathrm{m} + 238{,}7\,\frac{\mathrm{A}}{\mathrm{m}} \cdot 5{,}98 \cdot 10^{-2}\,\mathrm{m} + 477465 \cdot 0{,}2 \cdot 10^{-3}\,\mathrm{m} \\ &= 152{,}8\,\mathrm{A}\end{aligned}$$

oder:

$$\Theta = NI = \Phi_1\left(R'_{M1} + R'_{M3} + R'_{ML}\right) = 0{,}6 \cdot 10^{-4} \cdot 2{,}546 \cdot 10^{6}\,\mathrm{A} = 152{,}8\,\mathrm{A}$$

$$\Theta = 43\,\mathrm{A} + 14{,}3\,\mathrm{A} + 95{,}5\,\mathrm{A}$$

d) Damit ist der Spulenstrom:

$$I = \frac{\Theta}{N} = \frac{152{,}8\,\mathrm{A}}{400} = \underline{\underline{0{,}382\,\mathrm{A}}}$$

## Aufgabe 4.10

Gegeben sei folgender magnetischer Kreis:

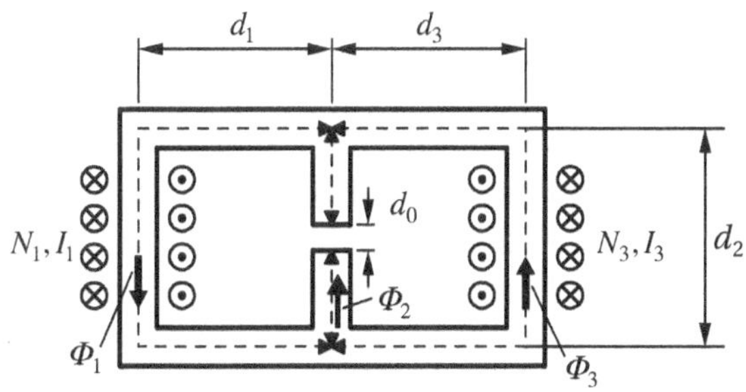


**Bild 4.10.1** Magnetischer Kreis

Dieser Kreis ist aus drei Schenkeln mit den Längen $d_1$, $d_2$ und $d_3$ aufgebaut, wobei Schenkel 2 von einem Luftspalt der Länge $d_0$ unterbrochen ist. Schenkel 1 und 3 sind mit jeweils einer Spule versehen. Die Spulen haben die Windungszahlen $N_1$ bzw. $N_3$ und sind von den Strömen $I_1$ bzw. $I_3$ durchflossen. Die Orientierung der Wicklungen ist der Zeichnung zu entnehmen. Alle Schenkel besitzen die *gleiche Querschnittsfläche A* und das Material aller Schenkel besitzt die *gleiche relative Permeabilität* $\mu_r$. Magnetfelder außerhalb der Eisenwege und des Luftspaltes sollen vernachlässigt werden.

Zahlenwerte:

$d_1 = d_3 = 4 \cdot \pi\,\text{cm}$, $d_2 = 2 \cdot \pi\,\text{cm}$, $d_0 = 0{,}04 \cdot \pi\,\text{mm}$

$A = 2\,\text{cm}^2$, $\mu_r = 2500$, $\mu_0 = 4\pi \cdot 10^{-7}\,\frac{\text{V}\cdot\text{s}}{\text{A}\cdot\text{m}}$

$I_1 = 400\,\text{mA}$, $N_1 = 350$, $N_3 = 200$

a) Zeichnen Sie die magnetische Ersatzschaltung der Anordnung und berechnen Sie die auftretenden magnetischen Widerstände.

Für die Aufgabenteile b) und c) sei die Spule in Schenkel 3 stromlos und somit für die Berechnungen zu ignorieren.

b) Berechnen Sie die in den Eisenwegen der drei Schenkel auftretenden magnetischen Flussdichten $B_1$, $B_2$ und $B_3$ sowie die Flussdichte $B_0$ und die magnetische Feldstärke $H_0$ im Luftspalt.

c) Berechnen Sie die Selbstinduktivität $L_1$ der linken Spule.

d) Jetzt fließe in der Spule in Schenkel 3 ein Strom $I_3$. Wie groß muss dieser sein, damit der magnetische Fluss $\Phi_2$ in Schenkel 2 verschwindet?

## Lösung zu Aufgabe 4.10

a)

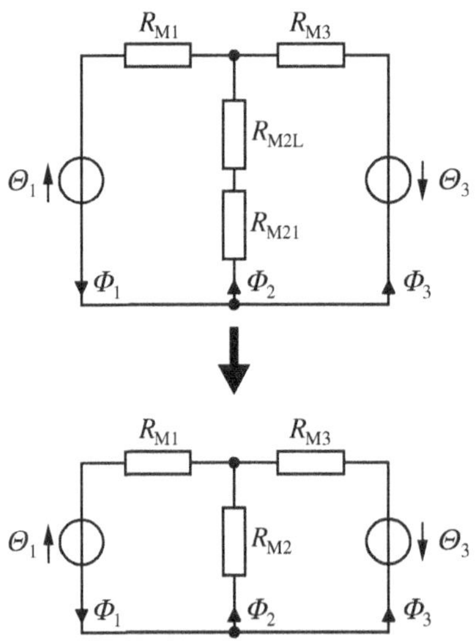


**Bild 4.10.2** Magnetische Ersatzschaltungen

$$R_{M1} = \frac{2 \cdot d_1 + d_2}{\mu_r \cdot \mu_0 \cdot A} = \frac{10\pi \cdot 10^{-2}\,\text{m}}{2500 \cdot 4\pi \cdot 10^{-7}\,\frac{\text{V}\cdot\text{s}}{\text{A}\cdot\text{m}} \cdot 2 \cdot 10^{-4}\text{m}^2} = \underline{\underline{5 \cdot 10^5\,\frac{\text{A}}{\text{V}\cdot\text{s}}}}$$

$$R_{M2} = R_{M21} + R_{M2L} = \frac{d_2 - d_0}{\mu_r \cdot \mu_0 \cdot A} + \frac{d_0}{\mu_0 \cdot A} = \frac{d_2 - d_0 + \mu_r \cdot d_0}{\mu_r \cdot \mu_0 \cdot A}$$

$$= \frac{1{,}96\pi \cdot 10^{-2}\,\text{m} + 2500 \cdot 0{,}04\pi \cdot 10^{-3}\,\text{m}}{2500 \cdot 4\pi \cdot 10^{-7}\,\frac{\text{V}\cdot\text{s}}{\text{A}\cdot\text{m}} \cdot 2 \cdot 10^{-4}\,\text{m}^2} = \underline{\underline{5{,}98 \cdot 10^5\,\frac{\text{A}}{\text{V}\cdot\text{s}}}}$$

$$R_{M3} = R_{M1} = \frac{2 \cdot d_1 + d_2}{\mu_r \cdot \mu_0 \cdot A} = \underline{\underline{5 \cdot 10^5\,\frac{\text{A}}{\text{V}\cdot\text{s}}}}$$

b) Berechnung der magnetischen Flussdichte $B_1$ und der magnetischen Feldstärke $H_0$:

Magnetischer Gesamtwiderstand bezüglich Spule 1:

$$R_{MG} = R_{M1} + \frac{R_{M2} \cdot R_{M3}}{R_{M2} + R_{M3}} = 7{,}723 \cdot 10^5 \, \frac{A}{V \cdot s}$$

Der magnetische Fluss in Schenkel 1 ergibt sich durch Division der Durchflutung in Schenkel 1 durch den magnetischen Gesamtwiderstand:

$$\Phi_1 = \frac{\Theta_1}{R_{MG}} = \frac{N_1 \cdot I_1}{R_{MG}} = \frac{350 \cdot 0{,}4\,A}{3{,}5 \cdot 10^5 \, \frac{A}{V \cdot s}} = 1{,}812 \cdot 10^{-4}\,V \cdot s$$

Flüsse 2 und 3 mit der Stromteilerregel berechnen:

$$\Phi_2 = \Phi_1 \cdot \frac{R_{M3}}{R_{M2} + R_{M3}} = 1{,}812 \cdot 10^{-4}\,V \cdot s \cdot \frac{5 \cdot 10^5 \, \frac{A}{V \cdot s}}{5{,}98 \cdot 10^5 \, \frac{A}{V \cdot s} + 5 \cdot 10^5 \, \frac{A}{V \cdot s}}$$

$$= 0{,}825 \cdot 10^{-4}\,V \cdot s$$

$$\Phi_3 = \Phi_1 \cdot \frac{R_{M2}}{R_{M2} + R_{M3}} = 1{,}812 \cdot 10^{-4}\,V \cdot s \cdot \frac{5{,}98 \cdot 10^5 \, \frac{A}{V \cdot s}}{5{,}98 \cdot 10^5 \, \frac{A}{V \cdot s} + 5 \cdot 10^5 \, \frac{A}{V \cdot s}}$$

$$= 0{,}987 \cdot 10^{-4}\,V \cdot s$$

$$B_1 = \frac{\Phi_1}{A} = \frac{1{,}812 \cdot 10^{-4}\,V \cdot s}{2 \cdot 10^{-4}\,m^2} = \underline{\underline{0{,}91\,T}}$$

$$B_2 = B_0 = \frac{\Phi_2}{A} = \frac{0{,}825 \cdot 10^{-4}\,V \cdot s}{2 \cdot 10^{-4}\,m^2} = \underline{\underline{0{,}41\,T}}$$

$$B_3 = \frac{\Phi_3}{A} = \frac{0{,}987 \cdot 10^{-4}\,V \cdot s}{2 \cdot 10^{-4}\,m^2} = \underline{\underline{0{,}49\,T}}$$

$$H_0 = \frac{B_0}{\mu_0} = \frac{0{,}41\,T}{4\pi \cdot \frac{10^{-7}\,V \cdot s}{A \cdot m}} = \underline{\underline{3{,}26 \cdot 10^5 \, \frac{A}{m}}}$$

c) Selbstinduktivität der Spule 1:

$$L_1 = \frac{N_1^2}{R_{MG}} = \frac{350^2}{7{,}723 \cdot 10^5 \, \frac{A}{V \cdot s}} = \underline{\underline{158\,mH}}$$

d) Berechnung des Stroms in Spule 3, damit der Fluss in Schenkel 2 verschwindet:

$$\Phi_2 = \Phi_1 - \Phi_3 = 0 \quad \Rightarrow \quad \Phi_1 = \Phi_3 = \Phi$$

Der Gesamtwiderstand bez. Spule 1 ist gleich dem Gesamtwiderstand bezüglich Spule 3.

$$R_{MG1} = R_{MG2} = R_{MG}$$

$$\Theta_1 = \Phi \cdot R_{MG}; \quad \Theta_3 = \Phi \cdot R_{MG} \quad \Rightarrow \quad \Theta_1 = \Theta_3 \quad \Rightarrow \quad N_1 \cdot I_1 = N_3 \cdot I_3 \quad \Rightarrow$$

$$I_3 = \frac{N_1}{N_3} \cdot I_1 = \frac{350}{200} \cdot 0{,}4\,A = 0{,}7\,A = \underline{\underline{700\,mA}}$$

# 5 Berechnung zeitabhängiger Vorgänge

Zeitabhängigkeiten physikalischer Größen in Netzwerken (typischerweise Spannungen und Ströme) können sehr unterschiedliche Formen annehmen. In der Elektrotechnik wird oft folgende Einteilung vorgenommen.

- Periodische Vorgänge:
  - rein sinusförmige Vorgänge
  - nicht rein sinusförmige Vorgänge
- Nichtperiodische Vorgänge:
  - transiente Vorgänge (Ein- und Ausschaltvorgänge)
  - sonstig zeitabhängige Vorgänge

Für jeden Fall gibt es angepasste Methoden zur Lösung von Aufgabenstellungen. Für Netzwerke mit linearen Elementen (also insbesondere Widerstand, Spule und Kondensator) werden rein sinusförmige Vorgänge am effizientesten mit komplexen Spannungen und Strömen berechnet (dies ist der Kern der sogenannten komplexen Wechselstromrechnung und Thema der nächsten Kapitel). Nicht rein sinusförmige Vorgänge können nach harmonischer Analyse der Zeitabhängigkeit (Fourier-Analyse) mit etwas Aufwand ebenfalls mithilfe komplexer Spannungen und Ströme berechnet werden. Nichtperiodische Vorgänge müssen hingegen oft in Form von Differenzialgleichungen im Zeitbereich beschrieben und dann auch dort gelöst werden. Für Netzwerke mit nichtlinearen Elementen (also insbesondere Diode und Transistor) stellt die Analyse im Zeitbereich oft den einzig gangbaren Weg dar, zumindest im allgemeinen Fall.

In diesem Kapitel sind Aufgabenstellungen zu drei Themengebieten gesammelt:

1. Sinusförmige Vorgänge, bei denen die „Übersetzung" einer reellen, zeitabhängigen Darstellung einer sinusförmigen Funktion in die komplexe Darstellung geübt werden soll. Aufgaben dieses Typs sind vornehmlich 5.1 und 5.2. Es gilt hierbei folgende Korrespondenz, wobei die Wahl, ob die Sinus- oder die Kosinusfunktion gelten soll, willkürlich ist bzw. sich erst aus der Aufgabenstellung ergibt:

$$\left.\begin{aligned} u(t) &= \hat{u}\cos(\omega t+\varphi) \\ u(t) &= \hat{u}\sin(\omega t+\varphi) \end{aligned}\right\} \Leftrightarrow \left\{\begin{aligned} \underline{u}(t) &= \sqrt{2}\,\mathrm{Re}\left\{\underline{U}\cdot \mathrm{e}^{\mathrm{j}\omega t}\right\} \\ \underline{u}(t) &= \sqrt{2}\,\mathrm{Im}\left\{\underline{U}\cdot \mathrm{e}^{\mathrm{j}\omega t}\right\} \end{aligned}\right. \quad \text{mit } \underline{U} = U\cdot \mathrm{e}^{\mathrm{j}\varphi} = \hat{u}/\sqrt{2}\cdot \mathrm{e}^{\mathrm{j}\varphi}$$

2. Ein- und Ausschaltvorgänge, bei denen im Zeitbereich das Verhalten eines linearen Netzwerkes nach An- oder Ausschalten einer Gleichstromquelle oder Gleichspannungsquelle bestimmt werden soll. Die Aufgaben 5.3 bis 5.7 sind von diesem Typ. Ein mögliches Lösungsverfahren sieht wie folgt aus: Zunächst werden alle Elementgleichungen

aufgestellt, also:

$$u_{\mathrm{R}}(t) = R \cdot i_{\mathrm{R}}(t); \qquad u_{\mathrm{L}}(t) = L \cdot \frac{\mathrm{d}\, i_{\mathrm{L}}(t)}{\mathrm{d}\, t}; \qquad i_{\mathrm{C}}(t) = C \cdot \frac{\mathrm{d}\, u_{\mathrm{C}}(t)}{\mathrm{d}\, t}$$

Danach werden die Kirchhoffschen Gleichungen im Zeitbereich zur Eliminierung von Spannungen und Strömen benutzt:

$$\sum_{\text{Masche}} u_{\mathrm{i}}(t) = 0; \qquad \sum_{\text{Knoten}} i_{\mathrm{i}}(t) = 0$$

Am Ende des Verfahrens muss eine Differenzialgleichung stehen, die nur eine unbekannte Spannung oder einen unbekannten Strom enthält. Am Beispiel einer Spannung (die $a_i$ seien im Folgenden konstante Koeffizienten):

$$a_0 \cdot u(t) + a_1 \cdot \frac{\mathrm{d}\, u(t)}{\mathrm{d}\, t} = f$$

Dies ist eine gewöhnliche Differenzialgleichung erster Ordnung mit konstanten Koeffizienten, die nach den bekannten Verfahren gelöst werden kann ($f$ stellt dabei die sogenannte Inhomogenität dar).

In die Lösung der Differenzialgleichung sind dann noch die Anfangsbedingungen einzuarbeiten. Welche Größen sich während des Schaltvorgangs stetig verhalten oder auch unstetig sein können (d. h. springen), kann Tabelle 5.1 entnommen werden.

**Tabelle 5.1** Verhalten von Netzwerkelementen

| | Gleichung | Zustandsvariablen | Verhalten im stationären Zustand | Verhalten beim Schalten | |
|---|---|---|---|---|---|
| Netzwerkelement | | | | Spannung | Strom |
| Widerstand $R$ | $u = R\,i$ | $u, i$ | $R$ | kann springen | kann springen |
| Kapazität $C$ | $i = C\dfrac{\mathrm{d}u}{\mathrm{d}t}$ | $u, Q$ | offen | stetig | kann springen |
| Induktivität $L$ | $u = L\dfrac{\mathrm{d}i}{\mathrm{d}t}$ | $i, \Phi$ | Kurzschluss | kann springen | stetig |

3. Zeitabhängige Vorgänge in Diodenschaltungen, bei denen die Nichtlinearität der Diode durch ein stückweise linearisiertes Modell angenähert wird (i. W. Kurzschluss und Leerlauf in Abhängigkeit der Spannungsrichtung). Dieses Verfahren ergibt in der Praxis oft gute Näherungen für das tatsächliche Verhalten von Diodenschaltungen. Die Aufgaben 5.8 bis 5.10 sind von diesem Typ.

## Sinusförmiger Verlauf im Zeitbereich

### Aufgabe 5.1

a) Berechnen Sie Phasenlage und den Effektivwert des Stromes $i(t)$ und zeichnen Sie den zeitlichen Verlauf in das Diagramm ein. Die Wechselspannungsparameter der Spannung $u(t)$ entnehmen Sie dem Diagramm in Bild 5.1.1.

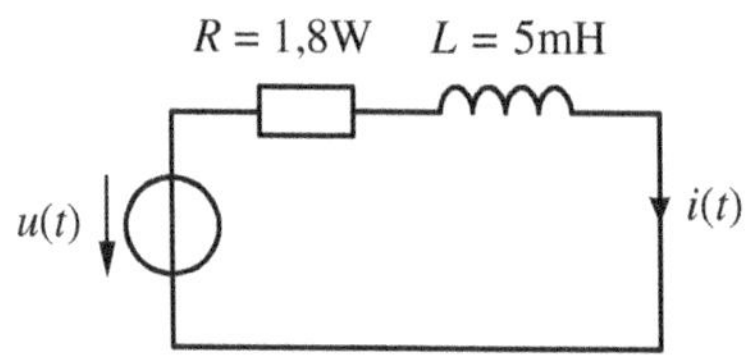


**Bild 5.1.1** Schaltung

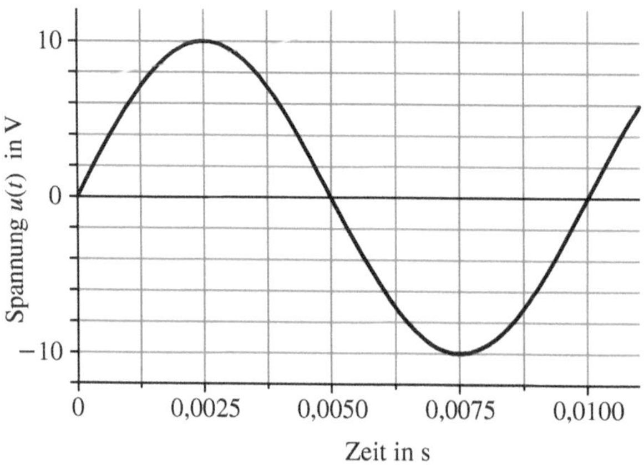


**Bild 5.1.2** Zeitlicher Verlauf der Spannung $u(t)$

b) Wie groß ist die mittlere im Widerstand $R$ umgesetzte Leistung?

### Lösung zu Aufgabe 5.1

Durch Ablesen aus der Grafik erhält man die Frequenz und Amplitude der Spannung $u(t)$:

$$T = 0{,}01\,\mathrm{s}; \quad f = 100\,\mathrm{Hz}; \quad \hat{u} = 10\,\mathrm{V}$$

a) Für den Strom gilt:

$$\underline{I} = \underline{U}\frac{1}{R + \mathrm{j}\,\omega L} \quad \text{bzw.} \quad \hat{i} = \hat{u}\frac{1}{\sqrt{R^2 + (\omega L)^2}}$$

damit erhält man: $\hat{i} = 2{,}76\,\mathrm{A}$ und

$$\underline{\underline{I_{\mathrm{eff}}}} = \hat{i}/\sqrt{2} = \underline{\underline{1{,}95\,\mathrm{A}}}$$

Für die Phasenverschiebung folgt

$$\varphi_{\mathrm{I}} = \varphi_{\mathrm{U}} - \varphi_{\mathrm{Z}}$$

Aus

$$\varphi_{\mathrm{Z}} = \underline{\underline{\varphi_{\mathrm{U}} - \varphi_{\mathrm{I}}}} = \arctan\frac{\omega L}{R} = \arctan\frac{\pi}{1{,}8} = \underline{\underline{60{,}19^\circ}}$$

ergibt sich die Phasenverschiebung des Stromes wie im Diagramm in Bild 5.1.3 eingezeichnet.

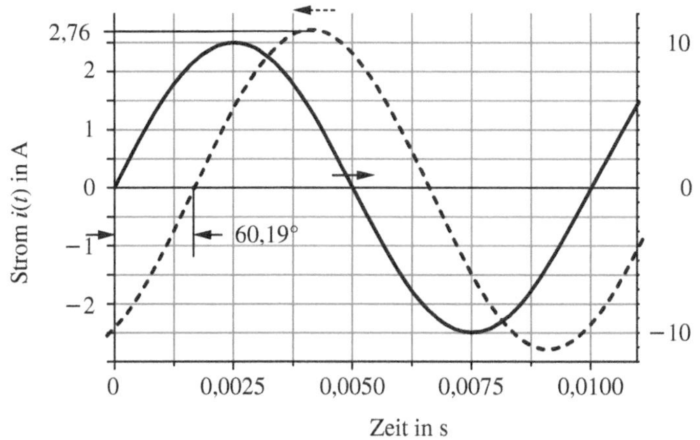


**Bild 5.1.3** Zeitlicher Verlauf des Stromes $i(t)$

b) Die mittlere Leistung am Widerstand ist die Wirkleistung; für sie gilt:

$$\underline{\underline{P}} = I_{\text{eff}}^2 \cdot R = \underline{\underline{6{,}87\,\text{W}}}$$

## Aufgabe 5.2

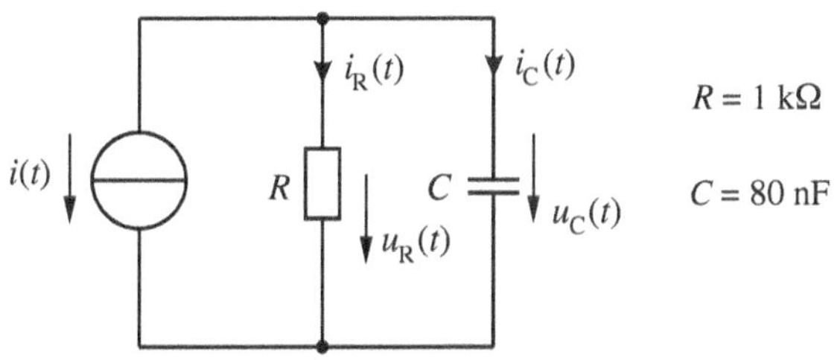


**Bild 5.2.1** Schaltung

a) Entnehmen Sie den zeitlichen Verlauf des Stromes $i(t)$ aus dem Diagramm in Bild 5.2.2 und geben Sie die komplexe Darstellung für den Strom $\underline{I}$ an.

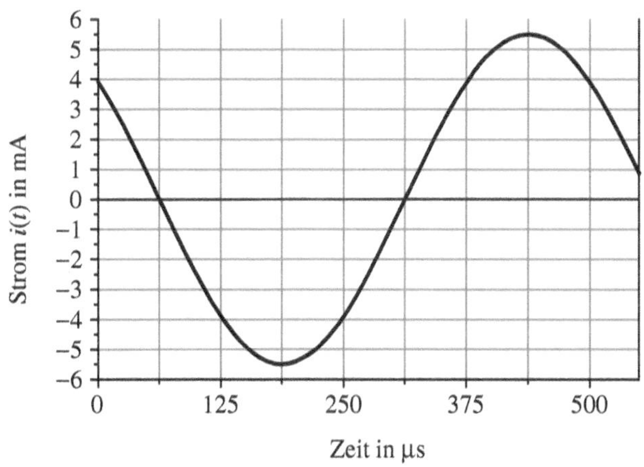


**Bild 5.2.2** Zeitlicher Verlauf des Stromes $i(t)$

b) Geben Sie die Phasendifferenzen der Ströme $\varphi_{IR} - \varphi_{IC}$ und der Spannungen $\varphi_{UR} - \varphi_{UC}$ an.

c) Berechnen Sie für die angegebene Schaltung die Phasenlage und den Effektivwert der Spannung $u_C(t)$. Zeichnen Sie den zeitlichen Verlauf in das Diagramm ein.

d) Zur Blindleistungskompensation wird eine Induktivität parallel zur Kapazität geschaltet. Berechnen Sie für diesen Fall den Effektivwert der Spannung $u_R(t)$.

## Lösung zu Aufgabe 5.2

a) Durch Ablesen aus der Grafik (Bild 5.2.3) erhält man für die Periodendauer und die Amplitude des Stromes

$$\hat{i} = 5{,}5\,\text{mA}; \quad T = 500\,\mu\text{s}; \quad f = \frac{1}{500\,\mu\text{s}} = 2\,\text{kHz}$$

und für die Phasenlage

$$\varphi = \Delta t\,\omega = \frac{\pi}{4} \mathrel{\widehat{=}} 45^\circ$$

Hieraus folgt die Darstellung als komplexer Strom

$$\underline{I} = \frac{5{,}5\,\text{mA}}{\sqrt{2}}\,\mathrm{e}^{\mathrm{j}\frac{\pi}{4}} = 3{,}89\,\text{mA}\,\mathrm{e}^{\mathrm{j}\frac{\pi}{4}} = \underline{\underline{2{,}75\,\text{mA} \cdot (1 + \mathrm{j})}}$$

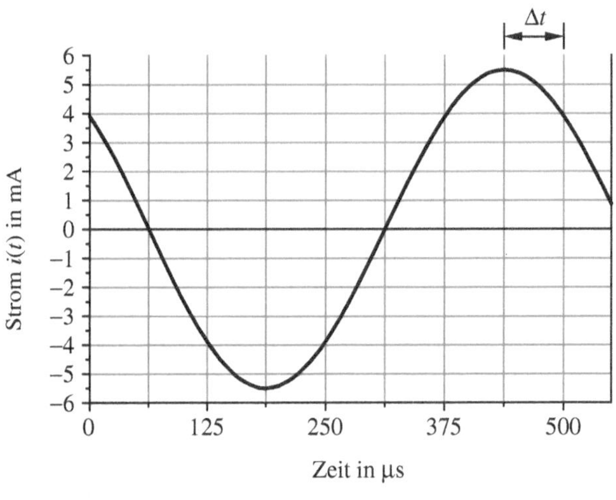


**Bild 5.2.3** Ablesen der Phasenlage

b) Die Spannungen an Widerstand und Kapazität sind identisch $\underline{U}_C = \underline{U}_R = \underline{U}$ (Parallelschaltung), daher gilt:

$$\underline{\underline{\varphi_{UR} - \varphi_{UC} = 0}}$$

$$\underline{\underline{\varphi_{IR} - \varphi_{IC}}} = \varphi_{UR} - (\varphi_{UC} + 90^\circ) = \underline{\underline{-90^\circ}}$$

c) Die Spannung berechnet sich am einfachsten mithilfe des Stromes und der Admittanz der Parallelschaltung

$$\underline{U}_C = \underline{U} = -\underline{Z}\,\underline{I} = -\underline{I}\,\frac{1}{\underline{Y}} = \underline{I}\,\frac{-1}{G + \mathrm{j}\omega C}$$

$$= \frac{-5{,}5\,\text{mA}}{\sqrt{2}}\,\mathrm{e}^{\mathrm{j}\frac{\pi}{4}}\,\frac{-1}{10^{-3}\frac{1}{\Omega} + \mathrm{j}\,2\pi \cdot 2000 \cdot 80 \cdot 10^{-9}\,\frac{\text{A} \cdot \text{s}}{\text{s} \cdot \text{V}}}$$

$$\underline{U} = \frac{-5{,}5\,\text{mA}}{\sqrt{2}}\,\mathrm{e}^{\mathrm{j}\frac{\pi}{4}}\,\frac{\Omega}{10^{-3}(1+\mathrm{j}\,1{,}005)} \approx \frac{-5{,}5\cdot 10^{-3}}{\sqrt{2}}\,\mathrm{e}^{\mathrm{j}\frac{\pi}{4}}\,\frac{10^3}{(1+\mathrm{j})}\,\mathrm{A}\frac{\mathrm{V}}{\mathrm{A}}$$

$$= \frac{-5{,}5}{\sqrt{2}}\,\frac{\mathrm{e}^{\mathrm{j}\frac{\pi}{4}}}{\sqrt{2}\,\mathrm{e}^{\mathrm{j}\frac{\pi}{4}}}\,\mathrm{V} = -2{,}75\,\mathrm{V}$$

Es ergibt sich also eine Phasenlage von $\underline{\underline{\varphi_\mathrm{U} = 180^\circ}}$ und die Amplitude $\underline{\underline{\hat{u} = 3{,}89\,\mathrm{V}}}$.

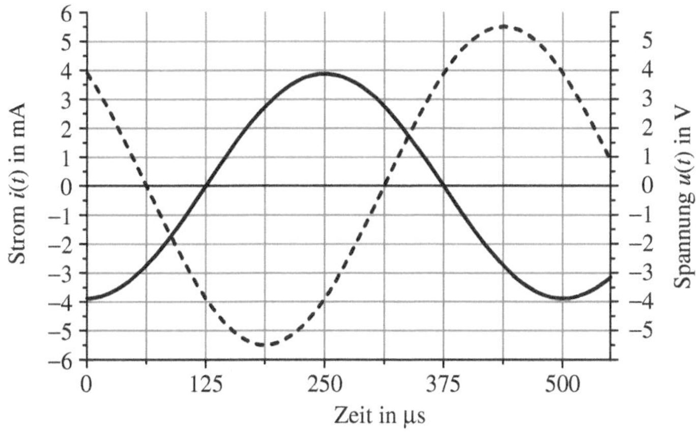


**Bild 5.2.4** Zeitlicher Verlauf der Spannung $u_\mathrm{C}(t)$

d) Durch die Kompensation wird der Imaginärteil der Impedanz zu null, es verbleibt nur der Ohmsche Anteil. Dann gilt $\underline{I} = \underline{I}_\mathrm{R}$ und damit

$$\underline{\underline{U_\mathrm{R}}} = RI = 10^3\,\Omega\left|\frac{5{,}5\,\text{mA}}{\sqrt{2}}\,\mathrm{e}^{\mathrm{j}\frac{\pi}{4}}\right| = \frac{5{,}5}{\sqrt{2}}\,\mathrm{V} = \underline{\underline{3{,}89\,\mathrm{V}}}$$

## Schaltvorgänge

### Aufgabe 5.3

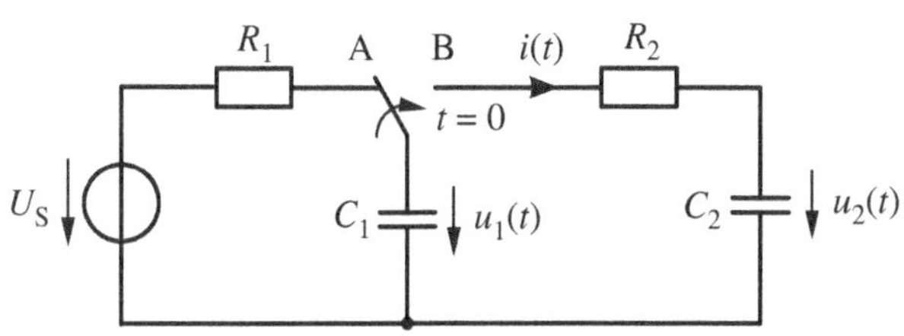


**Bild 5.3.1** Schaltung

Der Schalter ist seit längerer Zeit in Position A geschlossen. Zum Zeitpunkt $t = 0$ ändert er seine Position von A nach B. Es sind folgende Werte für die Schaltungsbauteile gegeben:

$U_\mathrm{S} = 100\,\mathrm{V}$ (Gleichspannung)

$R_1 = 5\,\mathrm{k}\Omega, \quad R_2 = 10\,\mathrm{k}\Omega, \quad C_1 = C_2 = 10\,\mu\mathrm{F}$

Die Spannungen über den Kapazitäten $C_1$ und $C_2$ in Abhängigkeit der Zeit werden als $u_1(t)$ und $u_2(t)$ bezeichnet. $u_1(t)$ wird durch eine Exponentialfunktion der Form $u_1(t) = A + B\,\mathrm{e}^{-t/\tau}$ beschrieben. Für folgende Teilaufgaben befinde sich der Schalter in Position B.

a) Berechnen Sie die Zeitkonstante $\tau$ und die Konstanten $A$ und $B$ (*Hinweis:* Ladungserhaltung).

b) Geben Sie den Ausdruck für den Strom $i(t)$ als Funktion der Zeit an.

c) Berechnen Sie die in $R_2$ umgesetzte Verlustenergie.

### Lösung zu Aufgabe 5.3

a) Nach Wechsel des Schalters in die Position B sind die Kapazitäten $C_1$ und $C_2$ in Reihenschaltung $C_{\text{Reihe}} = 5\,\mu\text{F}$, zusammen mit dem Widerstand $R_2 = 10\,\text{k}\Omega$. Deren Zeitkonstante ist:

$$\underline{\underline{\tau}} = C_{\text{Reihe}} R_2 = 10\,\text{k}\Omega \cdot 5\,\mu\text{F} = \underline{\underline{50\,\text{ms}}}$$

Vor dem Schalten ist der Kondensator $C_1$ auf die Spannung $U_\text{S} = 100\,\text{V}$ geladen, woraus

$$u_1(t=0) = A + B = U_\text{S} = 100\,\text{V}$$

folgt. Zu diesem Zeitpunkt trägt der Kondensator die Ladung:

$$Q_1(t=0) = C_1 U_\text{S} = 10^{-3}\,\text{A} \cdot \text{s}$$

Lange nach dem Schaltvorgang ($t \to \infty$) verteilt sich die Ladung zu gleichen Teilen auf beide Kondensatoren (Ladungserhaltung).

$$Q_1(t \to \infty) = Q_2(t \to \infty) = \frac{Q_1(t=0)}{2} = 5 \cdot 10^{-4}\,\text{A} \cdot \text{s}$$

Die Spannung beider Kondensatoren ist wegen $C_1 = C_2$ gleich. Es ergibt sich:

$$u_1(t \to \infty) = B = u_2(t \to \infty) = \frac{Q_1(t \to \infty)}{C_1} = \frac{Q_1(t=0)}{2C_1} = 50\,\text{V}$$

Damit sind die beiden Konstanten bestimmt $\underline{\underline{A = 50\,\text{V}}}$, $\underline{\underline{B = 50\,\text{V}}}$ und die gesuchte Exponentialfunktion ist:

$$u_1(t) = 50\,\text{V} + 50\,\text{V} \cdot \text{e}^{-t/50\,\text{ms}}$$

b) Direkt nach dem Schalten liegt am Widerstand $R_2$ die Spannung $u_\text{R}(t=0) = u_1(t=0) = 100\,\text{V}$ und der Strom ist:

$$i(t=0) = \frac{100\,\text{V}}{10\,\text{k}\Omega} = 10\,\text{mA}$$

Der Strom fällt dann exponentiell mit der Zeitkonstante $\tau$ ab.

$$\underline{\underline{i(t) = 10\,\text{mA} \cdot \text{e}^{-t/50\,\text{ms}}}}$$

c) Die in $R_2$ umgesetzte Verlustenergie beträgt

$$\underline{\underline{W_\text{R}}} = \int_0^\infty i^2(t)\,R_2\,\text{d}t = \int_0^\infty \left(10\,\text{mA} \cdot \text{e}^{-t/50\,\text{ms}}\right)^2 10\,\text{k}\Omega\,\text{d}t$$

$$= \int_0^\infty 10^{-4}\,\text{A}^2 \cdot 10^4\,\Omega \cdot \text{e}^{-t/25\,\text{ms}}\,\text{d}t = \left[1\,\text{VA} \cdot (-25\,\text{ms}) \cdot \text{e}^{-t/25\,\text{ms}}\right]_0^\infty$$

$$= \underline{\underline{25\,\text{mJ}}}$$

## Aufgabe 5.4

Gegeben ist folgende Schaltung mit Gleichspannungsquelle:

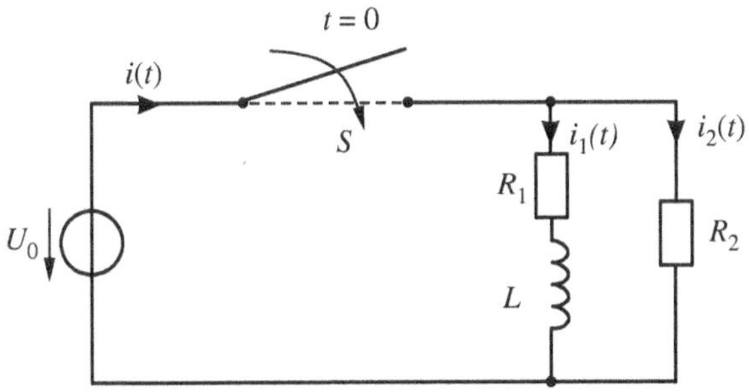


**Bild 5.4.1** Schaltung

mit $R_1 = 100\,\Omega$, $R_2 = 200\,\Omega$, $U_0 = 10\,\mathrm{V}$ (konstant), $L_1 = 1\,\mathrm{mH}$.

a) Der Schalter $S$ wird zum Zeitpunkt $t = 0$ geschlossen. Stellen Sie die Differenzialgleichung für $i_1(t)$ für $t > 0$ auf und berechnen Sie die Zeitkonstante unter Verwendung der angegebenen Zahlenwerte.

b) Berechnen Sie die vollständige Lösung der Differenzialgleichung für $i_1(t)$ unter Verwendung der angegebenen Zahlenwerte.

c) Nach Erreichen des stationären Zustands von $i_1(t)$ soll der Schalter wieder geöffnet werden ($t' = 0$). Der Schalter wird sofort stromlos. Wie lautet die Differenzialgleichung für $i_1(t')$ für den neuen Zeitabschnitt? Berechnen Sie die nun geltende Zeitkonstante unter Verwendung der angegebenen Zahlenwerte.

## Lösung zu Aufgabe 5.4

a) Maschengleichung führt auf

$$U_0 = R_1 \cdot i_1(t) + L \cdot \frac{\mathrm{d}\,i_1(t)}{\mathrm{d}\,t} \quad \text{bzw.}$$

$$\underline{\underline{\frac{L}{R_1} \cdot \frac{\mathrm{d}\,i_1(t)}{\mathrm{d}\,t} + i_1(t) = \frac{U_0}{R_1}}}$$

mit der Zeitkonstanten

$$\underline{\underline{T = \frac{L}{R1} = 10{,}00\,\mu\mathrm{s}}}$$

b) Ansatz zur Lösung: $i_1(t) = i_{1\mathrm{hom}}(t) + i_{1\mathrm{part}}(t)$ mit dem partikulären Anteil als „Gleichstromlösung" für den stationären Endzustand:

$$i_{1\mathrm{part}}(t) = \frac{U_0}{R_1}$$

Homogener Anteil aus Exponentialansatz $i_{1\mathrm{hom}}(t) = k \cdot \mathrm{e}^{\lambda t}$ für die homogene Differenzialgleichung (rechte Seite = 0). Einsetzen ergibt $T\lambda + 1 = 0$ und daraus $\lambda = -1/T$. Somit:

$$i_{1\mathrm{hom}}(t) = k \cdot \mathrm{e}^{-t/T}$$

Verbleibende Unbekannte $k$ aus Anfangsbedingung: $i_1(t=0)=0$. Daraus: $k=-U_0/R_1$. Somit:

$$i_1(t)=\frac{U_0}{R_1}\left(1-\mathrm{e}^{-t/T}\right)=100{,}0\,\mathrm{mA}\left(1-\mathrm{e}^{-t/10\,\mu\mathrm{s}}\right)$$

c) Maschengleichung führt auf $R_1\cdot i_1(t')+L\cdot\frac{\mathrm{d}\,i_1(t')}{\mathrm{d}t'}=R_2\cdot i_2(t')$. Aus Knotengleichung: $i_2(t')=-i_1(t')$. Somit:

$$\frac{L}{R_1+R_2}\cdot\frac{\mathrm{d}\,i_1(t')}{\mathrm{d}t'}+i_1(t')=0$$

mit der Zeitkonstanten

$$T'=\frac{L}{R_1+R_2}=3{,}333\,\mu\mathrm{s}$$

## Aufgabe 5.5

Gegeben ist folgende Schaltung mit Gleichspannungsquelle:

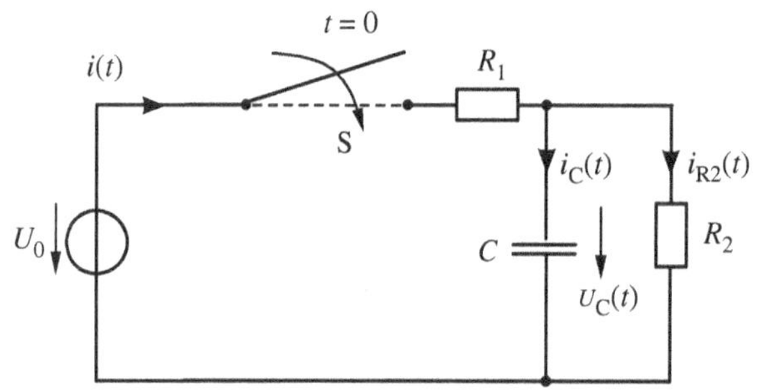


**Bild 5.5.1** Schaltung

Der Schalter S wird zum Zeitpunkt $t=0$ geschlossen. Der Kondensator ist zu diesem Zeitpunkt ungeladen.

a) Stellen Sie die Differenzialgleichung für $u_C(t)$ für $t>0$ in Abhängigkeit von $U_0$, $R_1$, $R_2$ und $C$ auf.

b) Berechnen Sie die vollständige Lösung der Differenzialgleichung für $u_C(t)$ in Abhängigkeit von $U_0$, $R_1$, $R_2$ und $C$.

c) Nehmen Sie $U_0=10\,\mathrm{V}$, $R_1=10\,\Omega$, $R_2=70\,\Omega$ und $C=10\,\mathrm{mF}$ an und geben Sie als Zahlenwert den stationären Endzustand von $u_C(t)$ an. Geben Sie ebenfalls als Zahlenwert an, in welcher Zeit dieser Endzustand auf ein 1 % seines Wertes gefallen sein wird, wenn der Schalter S wieder geöffnet wird (der Schalter wird sofort stromlos).

## Lösung zu Aufgabe 5.5

a) Maschengleichung führt auf:

$$U_0=R_1\cdot i(t)+u_C(t)$$

Knotengleichung führt auf:

$$i(t)=i_C(t)+i_{R2}(t)=C\cdot\frac{\mathrm{d}\,u_C(t)}{\mathrm{d}t}+\frac{u_C(t)}{R_2}$$

Einsetzen der zweiten in die erste Gleichung ergibt:

$$U_0 = R_1 \cdot C \cdot \frac{\mathrm{d}u_\mathrm{C}(t)}{\mathrm{d}t} + R_1 \cdot \frac{u_\mathrm{C}(t)}{R_2} + u_\mathrm{C}(t) = \underline{\underline{\frac{R_1 + R_2}{R_2} \cdot u_\mathrm{C}(t) + R_1 C \cdot \frac{\mathrm{d}u_\mathrm{C}(t)}{\mathrm{d}t}}}$$

b) Ansatz zur Lösung: $u_\mathrm{C}(t) = u_\mathrm{hom}(t) + u_\mathrm{part}(t)$ mit dem partikulären Anteil als „Gleichspannungslösung" für den stationären Endzustand (Spannungsteiler):

$$u_\mathrm{part}(t) = \frac{R_2}{R_1 + R_2} \cdot U_0$$

Homogener Anteil aus Exponentialansatz $u_\mathrm{hom}(t) = k \cdot \mathrm{e}^{\lambda t}$ für die homogene Differenzialgleichung (linke Seite = 0). Einsetzen ergibt:

$$0 = \frac{R_1 + R_2}{R_2} + R_1 \cdot C \cdot \lambda \quad \text{und daraus} \quad \lambda = -\frac{R_1 + R_2}{R_1 R_2 C}$$

Verbleibende Unbekannte $k$ aus Anfangsbedingung: $u_\mathrm{C}(t = 0) = 0$. Daraus:

$$k = -\frac{R_2}{R_1 + R_2} \cdot U_0$$

Somit:

$$\underline{\underline{u_\mathrm{C}(t) = U_0 \cdot \frac{R_2}{R_1 + R_2} \cdot \left(1 - \mathrm{e}^{-\lambda t}\right)}} \quad \text{mit} \quad \underline{\underline{\lambda = -\frac{R_1 + R_2}{R_1 R_2 C}}}$$

c) Der stationäre Endzustand von $u_\mathrm{C}(t)$ ergibt sich aus der Spannungsteilerregel:

$$U_\mathrm{stat} = \frac{R_2}{R_1 + R_2} \cdot U_0 = \frac{70}{10 + 70} \cdot 10\,\mathrm{V} = \underline{\underline{8{,}75\,\mathrm{V}}}$$

Wird der Schalter wieder geöffnet, liegt ein einfacher $RC$-Kreis vor mit der Zeitkonstanten $T = R_2 C = 70 \cdot 10\,\mathrm{ms} = 0{,}7\,\mathrm{s}$. Das Entladeverhalten folgt einem $\exp(-t/T)$-Verhalten. Es ist also zu fordern:

$$0{,}01 = \mathrm{e}^{-t/T} \quad \rightarrow \quad \underline{\underline{t = T \cdot \ln(100) = 3{,}224\,\mathrm{s}}}$$

## Aufgabe 5.6

Gegeben ist folgende Schaltung mit Gleichstromquelle:

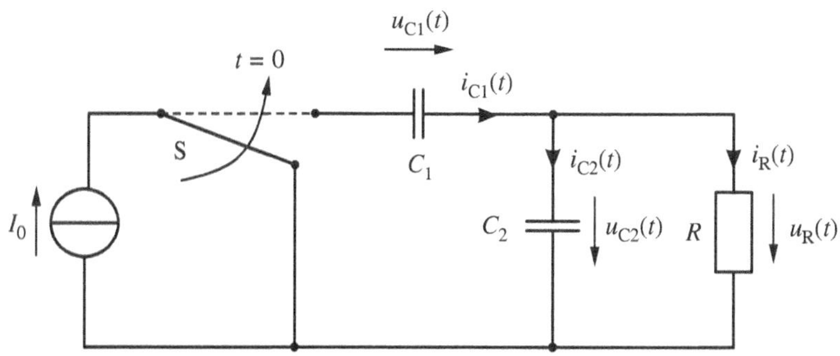


**Bild 5.6.1**
Schaltung

Der Schalter S wird zum Zeitpunkt $t = 0$ umgelegt, sodass die Stromquelle an der Schaltung aus $C_1$, $C_2$ und $R$ anliegt. Gehen Sie davon aus, dass zu diesem Zeitpunkt die Kondensatoren noch spannungslos sind (Anfangsbedingung).

a) Stellen Sie die Differenzialgleichungen für $u_{C2}(t)$ für $t > 0$ in Abhängigkeit von $I_0$, $C_1$, $C_2$ und $R$ auf und berechnen Sie die Zeitkonstante.

b) Berechnen Sie die vollständige Lösung der Differenzialgleichung für $u_{C2}(t)$ in Abhängigkeit von $I_0$, $C_1$, $C_2$ und $R$.

### Lösung zu Aufgabe 5.6

a) Die Differenzialgleichung für $u_{C2}(t)$ erhält man aus:

$$i_{C2}(t) = C_2 \cdot \frac{\mathrm{d}\, u_{C2}(t)}{\mathrm{d}t}; \quad i_R(t) = \frac{1}{R} \cdot u_R(t) = \frac{1}{R} \cdot u_{C2}(t)$$

und dem Ansatz $i_{C2}(t) + i_R(t) = I_0$ zu:

$$\underline{\underline{C_2 \cdot \frac{\mathrm{d}\, u_{C2}(t)}{\mathrm{d}t} + \frac{1}{R} \cdot u_{C2}(t) = I_0}} \quad (t > 0)$$

Daraus kann man die Zeitkonstante unmittelbar ablesen zu:

$$\underline{\underline{\tau = RC_2}}$$

b) Die allgemeine Lösung für $i_{C2}(t)$ kann über einen Exponentialansatz für die homogene Differenzialgleichung bestimmt werden. Es ergibt sich ($k_2$ und $k_3$ sind Integrationskonstanten):

$$u_{C2}(t) = k_2 \cdot \mathrm{e}^{-t/\tau} + k_3$$

Aus der Anfangsbedingung $u_{C2}(t = 0) = 0$ ergibt sich $k_2 = -k_3$ und somit:

$$u_{C2}(t) = k_3 \cdot \left[1 - \mathrm{e}^{-t/\tau}\right]$$

$k_3$ entspricht der partikularen Lösung. Sie ergibt sich aus $u_{C2}(t \to \infty) = R \cdot I_0$.

Somit:

$$\underline{\underline{u_{C2}(t) = R \cdot I_0 \cdot \left[1 - \mathrm{e}^{-t/\tau}\right]}}$$

*Anmerkung:* Die Differenzialgleichung für $u_{C1}(t)$ ist $i_{C1}(t) = C_1 \cdot \dfrac{\mathrm{d}\, u_{C1}(t)}{\mathrm{d}t} = I_0$ $(t > 0)$. Unter Beachtung der Anfangsbedingung $u_{C1}(t = 0) = 0$ lautet die zugehörige Lösung $u_{C1}(t) = \dfrac{I_0}{C_1} \cdot t$.

### Aufgabe 5.7

Gegeben ist folgende Schaltung mit idealer Gleichspannungsquelle:

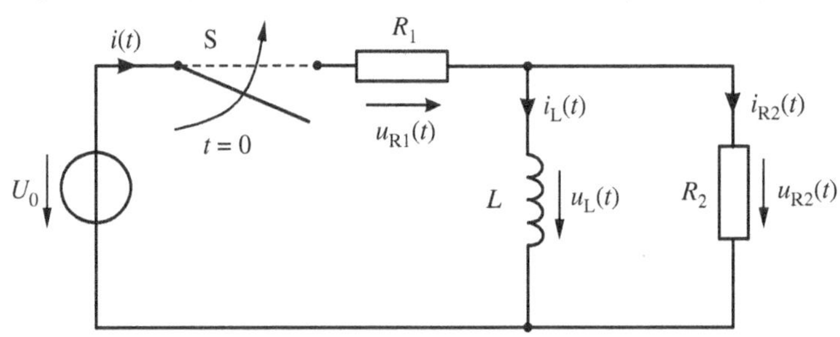


**Bild 5.7.1** Schaltung

Der Schalter S wird zum Zeitpunkt $t = 0$ geschlossen. Die Spule ist zu diesem Zeitpunkt stromlos.

a) Stellen Sie die (inhomogene) Differenzialgleichung für $i(t)$ für $t > 0$ in Abhängigkeit von $U_0$, $R_1$, $R_2$ und $L$ auf: Welche Zeitkonstante (Betrag) lesen Sie ab?

Die Schaltung wird nun wie folgt dimensioniert:

$$U_0 = 12\,\text{V}, \quad R_1 = 100\,\Omega, \quad R_2 = 150\,\Omega \quad \text{und} \quad L = 30\,\text{mH}$$

b) Welchen Zahlenwert nimmt der Strom $i_L(t)$ durch die Spule im stationären Fall, d. h. für $t \to \infty$, an (= partikuläre Lösung)? Was passiert mit dem Strom $i_L(t)$, falls in diesem Zustand der Schalter wieder geöffnet wird? Geben Sie dazu an, zu welcher Zeit nach der Schalteröffnung ein Strom von 1 mA erreicht wird.

## Lösung zu Aufgabe 5.7

a) Die Bauteilgleichungen lauten (Zeitabhängigkeiten aller Ströme und Spannungen angenommen):

$$u_L = L \cdot \frac{\mathrm{d}\,i_L}{\mathrm{d}\,t}; \quad u_{R1} = R_1 \cdot i_{R1} = R_1 \cdot i; \quad u_{R2} = R_2 \cdot i_{R2}$$

Anwendung der Knotenregel ergibt:

$$i = i_L + i_{R2} \quad \text{bzw. differenziert} \quad \frac{\mathrm{d}\,i}{\mathrm{d}\,t} = \frac{\mathrm{d}\,i_L}{\mathrm{d}\,t} + \frac{\mathrm{d}\,i_{R2}}{\mathrm{d}\,t}$$

Mithilfe der Bauteilgleichungen lässt sich dies umschreiben zu:

$$\frac{\mathrm{d}\,i}{\mathrm{d}\,t} = \frac{u_L}{L} + \frac{1}{R_2} \cdot \frac{\mathrm{d}\,u_{R2}}{\mathrm{d}\,t} \qquad (*)$$

Anwendung der Maschenregel und der Bauteilgleichung für $R_1$ ergibt:

$$u_L = u_{R2} = U_0 - u_{R1} = U_0 - R_1 \cdot i \qquad (**)$$

(**) in (*) eingesetzt führt auf ($U_0$ = konstant für $t > 0$):

$$\frac{\mathrm{d}\,i}{\mathrm{d}\,t} = \frac{U_0 - R_1 \cdot i}{L} + \frac{1}{R_2} \cdot \frac{\mathrm{d}}{\mathrm{d}\,t}\left(U_0 - R_1 \cdot i\right) = \frac{U_0}{L} - \frac{R_1}{L} \cdot i - \frac{R_1}{R_2} \cdot \frac{\mathrm{d}\,i}{\mathrm{d}\,t}$$

Die Standardform dieser inhomogenen Differenzialgleichung ist dann:

$$\underline{\underline{\left(\frac{R_2 + R_1}{R_2}\right) \cdot \frac{\mathrm{d}\,i}{\mathrm{d}\,t} + \frac{R_1}{L} \cdot i = \frac{U_0}{L}}} \quad \text{mit} \quad \underline{\underline{|\tau| = \frac{L \cdot (R_2 + R_1)}{R_2 R_1}}}$$

b) Für den stationären Fall, d. h. $t \to \infty$, entspricht die Spule einem Kurzschluss (kein Spannungsabfall). Folglich fließt der gesamte Strom $i$ durch die Spule (es fließt kein Strom mehr über $R_2$) und damit fällt die gesamte Spannung über dem Widerstand $R_1$ ab. Es ergibt sich also folgender Strom:

$$i_L(t \to \infty) = \frac{U_0}{R_1} = \frac{12}{100}\,\text{A} = \underline{\underline{0{,}12\,\text{A}}}$$

Wird der Schalter nun wieder geöffnet, fließt durch $R_1$ kein Strom mehr, und dieser wird bedeutungslos. Spule und Widerstand $R_2$ bilden dann aber eine Reihenschaltung, in der der Strom exponentiell abfällt. Der Betrag der entsprechenden Zeitkonstante ist:

$$|\tau| = \frac{L}{R_2} = \frac{30 \cdot 10^{-3}}{150}\,\text{s} = 0{,}2\,\text{ms}$$

Für das Zeitverhalten gilt $i_L(t) = 0{,}12\,\text{A} \cdot e^{-t/0{,}2\,\text{ms}}$. Daraus folgt für die Zeit, nach der 1 mA erreicht wird:

$$t = -0{,}2\,\text{ms} \cdot \ln\left(\frac{1}{120}\right) = \underline{\underline{0{,}9575\,\text{ms}}}$$

## Zeitabhängiger Verlauf in Diodenschaltungen

### Aufgabe 5.8

Die Eingangsspannung $U_i$ der Schaltung aus Bild 5.8.2 wird durch einen Gleichrichter und einen Kondensator geglättet. Ihr zeitlicher Verlauf entspricht dem einer Sägezahnspannung und ist in Bild 5.8.1 dargestellt.

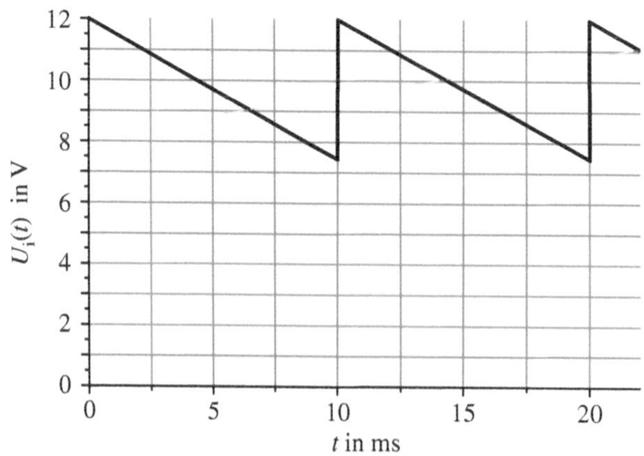


**Bild 5.8.1** Sägezahnspannung $U_i(t)$

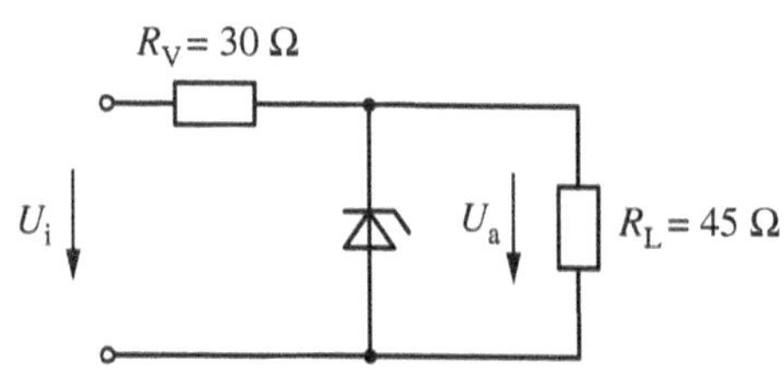


**Bild 5.8.2** Schaltung

a) Zeichnen Sie Arbeitsgeraden im Kennliniendiagramm für die minimale und die maximale Eingangsspannung ein und bestimmen Sie die Ströme, die Spannungen und die Leistungen an allen Bauteilen.

b) Zeichnen Sie den Verlauf der Spannung $U_a$ in das Diagramm der Eingangsspannung ein.

c) Bestimmen Sie den Strom durch den Vorwiderstand $R_V$, für den Fall, dass die maximale Eingangsspannung mit umgekehrter Polarität angeschlossen wird.

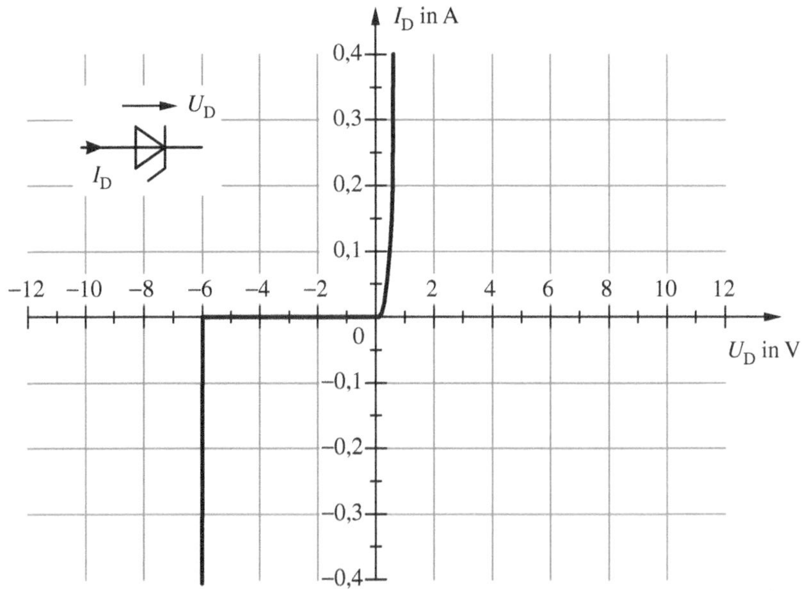


**Bild 5.8.3** Kennliniendiagramm

## Lösung zu Aufgabe 5.8

a) Die Schaltung stellt eine Spannungsstabilisierung mit einer Z-Diode dar. Aus dem Diagramm der Eingangsspannung werden die minimale und die maximale Eingangsspannung abgelesen:

$U_{min} = 7{,}5\,\text{V}; \quad U_{max} = 12\,\text{V}$

Der Kurzschlussstrom der Arbeitsgeraden ergibt sich zusammen mit dem Vorwiderstand $R_V = 30\,\Omega$

$$U_{min} = 7{,}5\,\text{V}; \quad I_{k,\,min} = \frac{7{,}5\,\text{V}}{30\,\Omega} = 0{,}25\,\text{A} \qquad U_{max} = 12\,\text{V}; \quad I_{k,\,max} = \frac{12\,\text{V}}{30\,\Omega} = 0{,}40\,\text{A}$$

Zusätzlich wird in das Kennliniendiagramm die Kennlinie des Lastwiderstands $R_L = 45\,\Omega$ eingezeichnet, um damit den Arbeitspunkt zu bestimmen (Bild 5.8.4).

Man erkennt nun, dass:

- für $U_i = U_{min}$ die Zenerdiode stromlos ist und der Arbeitspunkt bei $I_{R_L} = 0{,}1\,\text{A}$ liegt,
- für $U_i = U_{max}$ die Zenerdiode die Spannung begrenzt und diese bei $U_{R_L} = 6\,\text{V}$ liegt.

Die übrigen Werte der Ströme, Spannungen und Leistungen lassen sich nun berechnen.

Für $U_i = U_{min}$ folgt:

$$\underline{\underline{I_{R_L} = 0{,}1\,\text{A}}} \qquad \underline{\underline{I_Z = 0\,\text{A}}} \qquad \underline{\underline{I_{R_V}}} = I_{R_L} + I_Z = \underline{\underline{0{,}1\,\text{A}}}$$

$$\underline{\underline{U_a = U_Z = U_{R_L}}} = R_L U_{R_L} = 45\,\Omega \cdot 0{,}1\text{A} = \underline{\underline{4{,}5\,\text{V}}}$$

$$\underline{\underline{U_{R_V}}} = U_i - U_{R_L} = 7{,}5\,\text{V} - 4{,}5\,\text{V} = \underline{\underline{3\,\text{V}}}$$

$$\underline{\underline{P_{R_L}}} = U_{R_L} I_{R_L} = 4{,}5\,\text{V} \cdot 0{,}1\,\text{A} = \underline{\underline{0{,}45\,\text{W}}} \qquad \underline{\underline{P_Z = 0\,\text{W}}}$$

$$\underline{\underline{P_{R_V}}} = U_{R_V} I_{R_V} = 3\,\text{V} \cdot 0{,}1\,\text{A} = \underline{\underline{0{,}3\,\text{W}}}$$

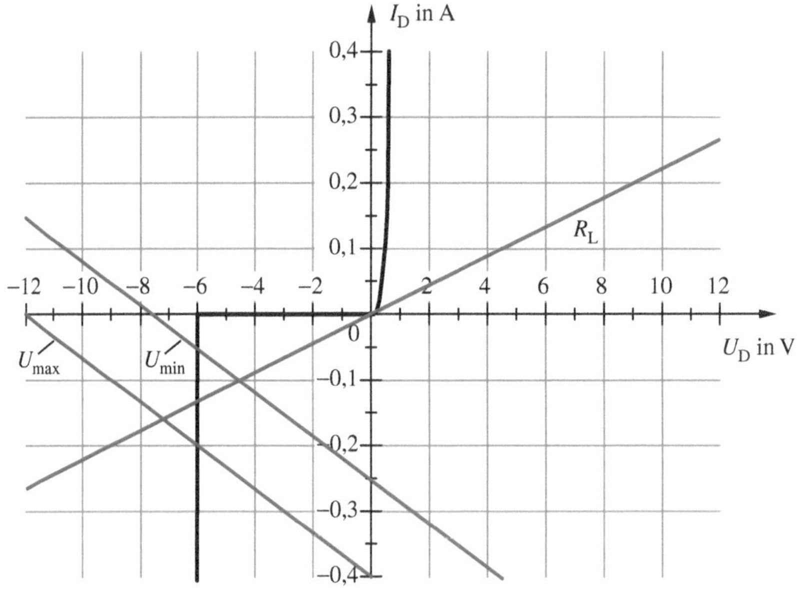


**Bild 5.8.4** Konstruktion des Arbeitspunktes im Kennliniendiagramm

Für $U_\mathrm{i} = U_\mathrm{max}$ folgt:

$$\underline{\underline{U_\mathrm{a} = U_\mathrm{Z} = U_{\mathrm{R_L}} = 6\,\mathrm{V}}}$$

$$\underline{\underline{U_{\mathrm{R_V}}}} = U_\mathrm{i} - U_{\mathrm{R_L}} = 12\,\mathrm{V} - 6\,\mathrm{V} = \underline{\underline{6\,\mathrm{V}}}$$

$$\underline{\underline{I_{\mathrm{R_L}}}} = \frac{U_{\mathrm{R_L}}}{R_\mathrm{L}} = \frac{6\,\mathrm{V}}{45\,\Omega} = \underline{\underline{0{,}133\,\mathrm{A}}}$$

$$\underline{\underline{I_{\mathrm{R_V}}}} = \frac{U_{\mathrm{R_V}}}{R_\mathrm{V}} = \frac{6\,\mathrm{V}}{30\,\Omega} = \underline{\underline{0{,}2\,\mathrm{A}}}$$

$$\underline{\underline{I_\mathrm{Z}}} = I_{\mathrm{R_V}} - I_{\mathrm{R_L}} = \underline{\underline{66{,}7\,\mathrm{mA}}}$$

$$\underline{\underline{P_{\mathrm{R_L}}}} = U_{\mathrm{R_L}} I_{\mathrm{R_L}} = 6\,\mathrm{V} \cdot 0{,}133\,\mathrm{A} = \underline{\underline{0{,}8\,\mathrm{W}}}$$

$$\underline{\underline{P_{\mathrm{R_V}}}} = U_{\mathrm{R_V}} I_{\mathrm{R_V}} = 6\,\mathrm{V} \cdot 0{,}2\,\mathrm{A} = \underline{\underline{1{,}2\,\mathrm{W}}}$$

$$\underline{\underline{P_\mathrm{Z}}} = U_\mathrm{Z} I_\mathrm{Z} = 6\,\mathrm{V} \cdot 66{,}7\,\mathrm{mA} = \underline{\underline{0{,}4\,\mathrm{W}}}$$

b) Die Ausgangsspannung bleibt konstant, solange an der Zenerdiode 6 V anliegen, dann gilt: $U_\mathrm{a} = U_\mathrm{Z} = U_{\mathrm{R_L}} = 6\,\mathrm{V}$. Dies ist der Fall, wenn die Eingangsspannung genügend groß ist. Am Übergangspunkt wird die Zenerdiode stromlos. Die zugehörige Eingangsspannung lässt sich daher über den Spannungsteiler berechnen

$$U_\mathrm{i} = U_\mathrm{a} \cdot \frac{R_\mathrm{L} + R_\mathrm{V}}{R_\mathrm{L}} = 6\,\mathrm{V}\frac{45\,\Omega + 30\,\Omega}{45\,\Omega} = 10\,\mathrm{V}$$

Ab $U_\mathrm{i} \leqq 10\,\mathrm{V}$ beginnt die Ausgangsspannung linear zu fallen, bis sie bei $U_\mathrm{i} = U_\mathrm{min}$ den Wert von $U_\mathrm{a} = U_{\mathrm{R_L}} = 4{,}5\,\mathrm{V}$ erreicht.

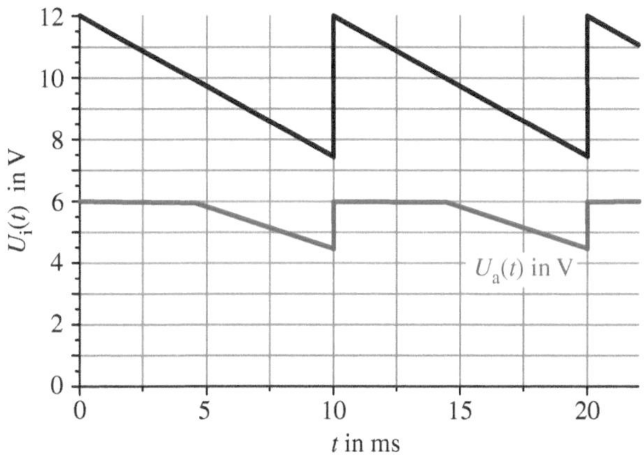


**Bild 5.8.5** Zeitlicher Verlauf der Ausgangsspannung $U_a(t)$

c) Wird die Eingangsspannung mit umgekehrter Polarität angelegt, so befindet sich die Zenerdiode im Durchlass. Dann gilt $U_{\text{Diode}} \approx 0{,}6\,\text{V}$ (abgelesen). Somit ist

$$U_{\text{Rv}} = 12\,\text{V} - 0{,}6\,\text{V} = 11{,}4\,\text{V}$$

und der Strom durch den Vorwiderstand ergibt sich als:

$$\underline{\underline{I_{\text{Rv}}}} = 11{,}4\,\text{V}/30\,\Omega = \underline{\underline{0{,}38\,\text{A}}}$$

## Aufgabe 5.9

Gegeben sei die Schaltung eines Drehstromgleichrichters in Bild 5.9.1. Alle Dioden werden als ideal angenommen (Durchlassrichtung: $R = 0\,\Omega$, Sperrrichtung: $R = \infty$).

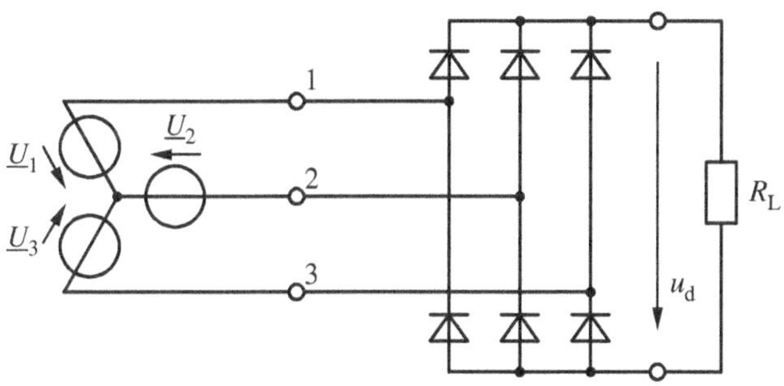


**Bild 5.9.1** Schaltung des Drehstromgleichrichters

Die Quellenseite besteht aus einer Drehstrom-Sternschaltung. Die Spannungsverläufe der Quellen sind dem Diagramm (Bild 5.9.2) zu entnehmen.

a) Berechnen Sie die Amplituden $\hat{u}_{12}$, $\hat{u}_{23}$, $\hat{u}_{31}$ der Zwischenleiterspannungen.

b) Zeichnen Sie den Spannungsverlauf für $u_d$ in das gegebene Diagramm ein. Geben Sie dessen Periodendauer $T_d$ in Abhängigkeit der Quellspannungsperiodendauer $T$ an.

c) Berechnen Sie Gleichrichtmittelwert $|\overline{u}_d|$ und Effektivwert $U_d$ (*Hinweis:* $\int \cos^2 ax\,\mathrm{d}x = \frac{1}{2}x + \frac{1}{4a}\sin 2ax$).

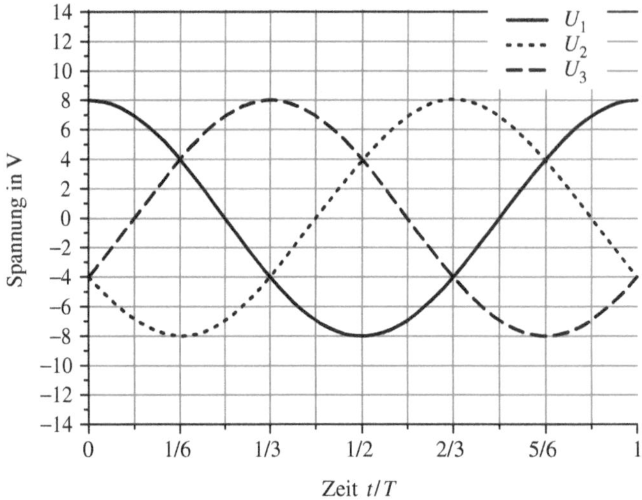


**Bild 5.9.2** Zeitlicher Verlauf der Sternspannungen

## Lösung zu Aufgabe 5.9

a) Die Amplituden der Zwischenleiterspannungen (Dreiecksspannungen) ergeben sich zu

$$\underline{\underline{\hat{u}_{12} = \hat{u}_{23} = \hat{u}_{31}}} = \sqrt{3} \cdot \hat{u}_1 = \sqrt{3} \cdot 8\,\mathrm{V} = \underline{\underline{13{,}856\,\mathrm{V}}}$$

b) Es befinden sich jeweils nur zwei Dioden im Durchlass, die zu jedem Zeitpunkt die maximale (positive) Differenzspannung (zwischen den Phasen) aufweisen.

Es müssen zuerst die Phasen der Zwischenleiterspannungen bestimmt werden (z. B. über das Zeigerdiagramm):

$$\varphi_{12} = -30^\circ = -\pi/6, \quad \varphi_{23} = 90^\circ = \pi/2 \quad \text{und} \quad \varphi_{31} = 210^\circ = -2\pi/3$$

Dann werden die Verläufe der Zwischenleiterspannungen positiv eingetragen und es ergibt sich für $u_\mathrm{d}(t)$ folgender Spannungsverlauf mit der Periodendauer $\underline{\underline{T_\mathrm{d} = T/6}}$.

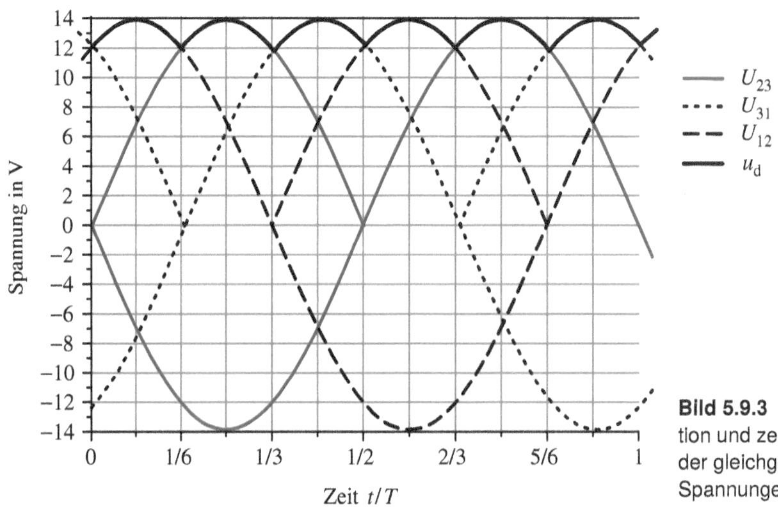


**Bild 5.9.3** Konstruktion und zeitlicher Verlauf der gleichgerichteten Spannungen $u_\mathrm{d}(t)$

c) Um den Gleichrichtwert der Spannung zu berechnen, ist die Integration über eine Periode notwendig:

$$\underline{\underline{|\overline{u}_\mathrm{d}|}} = \frac{1}{T_\mathrm{d}} \cdot \int_0^{T_\mathrm{d}} |u_{12}(t)|\,\mathrm{d}t = \frac{1}{T_\mathrm{d}} \cdot \int_0^{T_\mathrm{d}} \left|\sqrt{3}\cdot 8\,\mathrm{V}\cdot\cos\left(\omega t - \pi/6\right)\right|\,\mathrm{d}t$$

$$= \frac{24\sqrt{3}\,\mathrm{V}}{\pi}\left[\left|\sin\left(\omega t - \pi/6\right)\right|\right]_0^{\omega t = \pi/3}$$

$$= \frac{24\sqrt{3}\,\mathrm{V}}{\pi}\cdot 2\sin\left(\pi/6\right) = \frac{24\sqrt{3}\,\mathrm{V}}{\pi} = \underline{\underline{13{,}232\,\mathrm{V}}}$$

Der Effektivwert ergibt sich zu:

$$\underline{\underline{U^2}} = \frac{1}{T_\mathrm{d}} \cdot \int_0^{T_\mathrm{d}} u_{12}^2(t)\,\mathrm{d}t = \frac{1}{T_\mathrm{d}} \cdot \int_0^{T_\mathrm{d}} \left[\sqrt{3}\cdot 8\,\mathrm{V}\right]^2 \cdot \cos^2\left(\omega t - \pi/6\right)\,\mathrm{d}t$$

$$= \frac{576\,\mathrm{V}^2}{\pi}\left[\frac{1}{2}\left(\omega t - \frac{\pi}{6}\right) + \frac{1}{4}\sin\left(2\omega t - \frac{\pi}{3}\right)\right]_0^{\omega t = \pi/3}$$

$$\underline{\underline{U}} = \sqrt{\frac{576\,\mathrm{V}^2}{\pi}\left[\frac{\pi}{6} + \frac{1}{2}\sin\left(\frac{\pi}{3}\right)\right]} = \underline{\underline{13{,}244\,\mathrm{V}}}$$

## Aufgabe 5.10

Gegeben ist die folgende Schaltung mit idealer Diode:

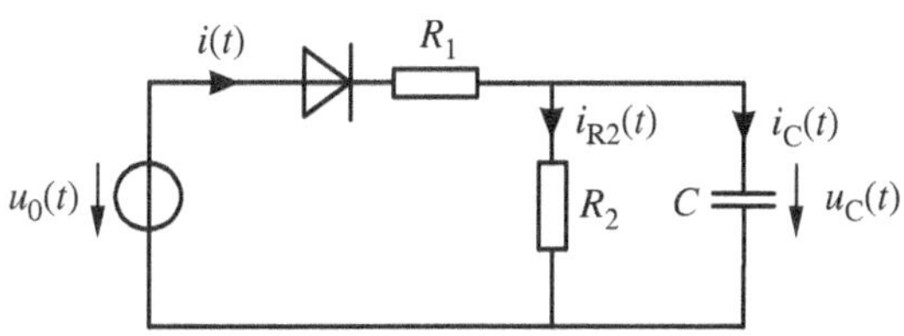


**Bild 5.10.1** Schaltung

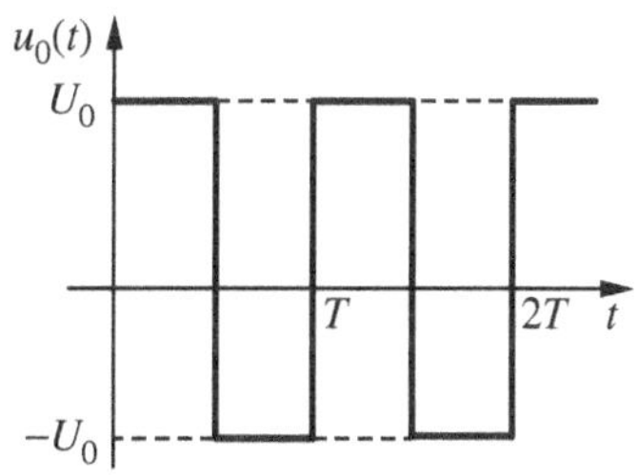


**Bild 5.10.2** Zeitlicher Verlauf der Spannung $u(t)$

Die Diode soll in Durchlassrichtung als Kurzschluss, in Sperrrichtung als unendlich großer Widerstand behandelt werden. Zur Zeit $t = 0$ sei die Kapazität ungeladen.

a) Stellen Sie für die Zeitspanne $0 \leqq t < T/2$ die Differenzialgleichung für $u_\mathrm{C}(t)$ in Abhängigkeit von $R_1$, $R_2$ und $C$ auf. Bestimmen Sie daraus die Zeitkonstante für diese Zeitspanne.

b) Stellen Sie für den Zeitraum $T/2 \leqq t < T$ die Differenzialgleichung für $u_\mathrm{C}(t)$ in Abhängigkeit von $R_1$, $R_2$ und $C$ auf. Bestimmen Sie die Zeitkonstante für diese Zeitspanne.

Nehmen Sie für die Teilaufgabe c) Folgendes an: $U_0 = 5\,\mathrm{V}$, $R_2 = 100\,\Omega$ und $T = 20\,\mathrm{ms}$.

c) Welcher *Zahlenwert* muss für $C$ gewählt werden, damit $u_\mathrm{C}(t)$ innerhalb der Zeitspanne $T/2 \leqq t < T$ genau um 1 % sinkt? Welcher *Zahlenwert* muss zusammen mit diesem $C$ für $R_1$ gewählt werden, damit $u_\mathrm{C}(t)$ innerhalb der Zeitspanne $0 \leqq t < T/2$ auf genau 99,9 % des stationären Endzustandes, der sich für $T \to \infty$ einstellen würde, ansteigt?

## Lösung zu Aufgabe 5.10

Für die Bauteile gelten immer folgende Gleichungen (Zeitabhängigkeit angenommen):

$$i = \frac{u_{R1}}{R_1}; \quad i_C = C \cdot \frac{\mathrm{d}u_C}{\mathrm{d}t}; \quad i_{R2} = \frac{u_{R2}}{R_2} = \frac{u_C}{R_2}$$

a) Für die Zeitspanne $0 \leqq t < T/2$ gelten zusätzlich folgende Knoten- bzw. Maschengleichung:

$$i = i_C + i_{R2} \qquad \text{(I)}$$

$$U_0 = u_{R1} + u_C \qquad \text{(II)}$$

Aus den Bauteilgleichungen und (I) folgt $\frac{u_{R1}}{R_1} = C \cdot \frac{\mathrm{d}u_C}{\mathrm{d}t} + \frac{u_C}{R_2}$. Hier kann man $u_{R1}$ über (II) ersetzen und erhält:

$$\frac{U_0}{R_1} = C \cdot \frac{\mathrm{d}u_C}{\mathrm{d}t} + \frac{u_C}{R_2} + \frac{u_C}{R_1} \quad \Rightarrow \quad \underline{\underline{\frac{\mathrm{d}u_C}{\mathrm{d}t} + u_C \cdot \left(\frac{1}{R_2 C} + \frac{1}{R_1 C}\right) = \frac{U_0}{C R_1}}}$$

Daraus lässt sich die Zeitkonstante für diese Zeitspanne ablesen:

$$\underline{\underline{\tau_a = \left(\frac{1}{R_2 C} + \frac{1}{R_1 C}\right)^{-1} = \frac{R_1 R_2}{R_1 + R_2} \cdot C}} \qquad \text{(III)}$$

b) Für die Zeitspanne $T/2 \leqq t < T$ gilt zusätzlich folgende Knotengleichung:

$$i_C = -i_{R2} \qquad \text{(IV)}$$

Aus den Bauteilgleichungen und (IV) folgt $C \cdot \frac{\mathrm{d}u_C}{\mathrm{d}t} = -\frac{u_C}{R_2}$ bzw.:

$$\underline{\underline{\frac{\mathrm{d}u_C}{\mathrm{d}t} + \frac{1}{R_2 C} \cdot u_C = 0}}$$

Daraus lässt sich die Zeitkonstante für diese Zeitspanne ablesen:

$$\underline{\underline{\tau_b = \left(\frac{1}{R_2 C}\right)^{-1} = R_2 \cdot C}}$$

c) Innerhalb der Zeitspanne $T/2 \leqq t < T$ fällt die Spannung über der Kapazität exponentiell mit $\tau_b$ ab. Deshalb setzt man an:

$$\frac{u_C(t = T)}{u_C(t = T/2)} = 0{,}99 = \mathrm{e}^{-T/2\tau_b} = \mathrm{e}^{-T/2R_2C}$$

Daraus ($R_2 = 100\,\Omega$ und $T = 20\,\mathrm{ms}$ nach Vorgabe) folgt:

$$C = \frac{-T}{2R_2 \cdot \ln(0{,}99)} = \underline{\underline{9{,}950\,\mathrm{mF}}}$$

Innerhalb der Zeitspanne $0 \leqq t < T/2$ steigt die Spannung über der Kapazität exponentiell mit $\tau_a$ an. Deshalb setzt man an:

$$\frac{u_C(t = T/2)}{u_C^{\text{part}}(T \to \infty)} = 0{,}999 = 1 - \mathrm{e}^{-T/2\tau_a}$$

Daraus ($T = 20\,\mathrm{ms}$ nach Vorgabe):

$$\tau_a = \frac{-T}{2 \cdot \ln(0{,}001)} = 1{,}448\,\mathrm{ms}$$

Zusammen mit (III) findet man dann ($R_2 = 100\,\Omega$ nach Vorgabe):

$$\tau_a = \frac{R_1 R_2}{R_1 + R_2} \cdot C \quad \Rightarrow \quad \frac{C}{\tau_a} = \frac{R_1 + R_2}{R_1 R_2} = \frac{1}{R_2} + \frac{1}{R_1} \quad \Rightarrow \quad R_1 = \left(\frac{C}{\tau_a} - \frac{1}{R_2}\right)^{-1} = \underline{\underline{145{,}7\,\mathrm{m\Omega}}}$$

# 6 Komplexe Wechselstromrechnung

Das Verständnis und der Entwurf von Netzwerken mit linearen Elementen (also insbesondere Widerstand, Spule und Kondensator), die mit rein sinusförmiger Zeitabhängigkeit betrieben werden, sind elementar für die Elektrotechnik. Als Beispiel sei hier lediglich die elektrische Energieversorgung über Drehstromnetze genannt. Das Verfahren der Wahl ist hierbei die sogenannte komplexe Wechselstromrechnung, die den Vorzug hat, dass praktisch alle Methoden und Rechenregeln der Gleichstromrechnung nach entsprechender Erweiterung übernommen werden können. Beispiele:

- Aus dem Gleichstrom $I$ wird der (effektive) komplexe Strom $\underline{I} = I \cdot \mathrm{e}^{\mathrm{j}\varphi_\mathrm{I}}$ wobei $\varphi_\mathrm{I}$ den Nullphasenwinkel des Stromes darstellt.
- Aus der Gleichspannung $U$ wird die (effektive) komplexe Spannung $\underline{U} = U \cdot \mathrm{e}^{\mathrm{j}\varphi_\mathrm{U}}$ wobei $\varphi_\mathrm{U}$ den Nullphasenwinkel der Spannung darstellt.
- Aus der Knotenregel für Gleichströme $\sum I_i = 0$ wird die Knotenregel für komplexe Ströme $\sum \underline{I}_i = 0$.
- Aus dem Gleichstromwiderstand $R = U/I$ wird der komplexe Wechselstromwiderstand (die Impedanz) $\underline{Z} = \underline{U}/\underline{I} = (U/I) \cdot \mathrm{e}^{\mathrm{j}(\varphi_\mathrm{U}-\varphi_\mathrm{I})}$.
- Aus der Rechenregel für die Reihen- und Parallelschaltung von Gleichstromwiderständen $R_\mathrm{Ersatz} = R_1 + R_2 + \ldots$ bzw. $G_\mathrm{Ersatz} = G_1 + G_2 + \ldots$ wird die Rechenregel für die Reihenschaltung von Impedanzen $\underline{Z}_\mathrm{Ersatz} = \underline{Z}_1 + \underline{Z}_2 + \ldots$ bzw. die Parallelschaltung von Admittanzen $\underline{Y}_\mathrm{Ersatz} = \underline{Y}_1 + \underline{Y}_2 + \ldots$.
- Aus der Rechenregel für die Gleichstromleistung an einem Bauteil $P = U \cdot I$ wird die Rechenregel für die komplexe Leistung $\underline{S} = \underline{U} \cdot \underline{I}^* = U \cdot I \cdot \mathrm{e}^{\mathrm{j}(\varphi_\mathrm{U}-\varphi_\mathrm{I})}$.

Weitere Beispiele sind die Rechenregeln für Spannungs- und Stromteiler sowie die formale Netzwerkanalyse (Maschenstrom- und Knotenpotenzialverfahren).

In diesem Kapitel sind Aufgabenstellungen zu folgenden Themengebieten gesammelt:

1. Berechnung von komplexen Strömen, Spannungen und Impedanzen, also den elementaren Größen in jedem Wechselstromkreis. Hierbei werden insbesondere die Elementgleichungen für Widerstand, Spule und Kondensator benötigt:

   $$\underline{Z}_\mathrm{R} = R; \qquad \underline{Z}_\mathrm{L} = \mathrm{j}\,\omega L; \qquad \underline{Z}_\mathrm{C} = \frac{1}{\mathrm{j}\,\omega C} = -\mathrm{j}\,\frac{1}{\omega C}$$

   und die Rechenregeln für Reihen- und Parallelschaltungen. An den Elementgleichungen kann man sofort die Phasenverschiebung zwischen Spannung und Strom an Widerstand, Spule und Kondensator erkennen. Entscheidend für den Erfolg, diese Aufgabenstellungen zu lösen ist der sichere Umgang mit komplexen Zahlen. Die Aufgaben 6.1 bis 6.6 sind von diesem Typ.

2. Berechnung der Leistung im Wechselstromkreis (Aufgaben 6.7 bis 6.11), also:

$$\underline{S} = \underline{U} \cdot \underline{I}^* = S \cdot \mathrm{e}^{\mathrm{j}\varphi_S} = P + \mathrm{j}\,Q$$

mit $\underline{S}$ als komplexer Leistung, $S$ als Scheinleistung, $\varphi_S$ als Nullphasenwinkel der komplexen Leistung, $P$ als Wirkleistung (tatsächlich im Verbraucher umgesetzter Leistung) und $Q$ als Blindleistung (zwischen Erzeuger und Verbraucher nur ausgetauschter Leistung). Nützliche Formeln zur Berechnung aus reellen Effektivwerten von Strom und Spannung sind hierbei:

$$\underline{S} = \underline{Z} \cdot I^2 = (R + \mathrm{j}\,X) \cdot I^2 = RI^2 + \mathrm{j}\,XI^2$$
$$\underline{S} = \underline{Y}^* \cdot U^2 = (G - \mathrm{j}\,B) \cdot U^2 = GU^2 - \mathrm{j}\,BU^2$$

3. Gemischte Aufgaben, die neben den bisher bekannten Größen auch (komplexe) Frequenzgänge (gelegentlich Übertragungsfunktionen genannt):

$$\underline{H} = \underline{H}(\omega) = A(\omega) \cdot \mathrm{e}^{\mathrm{j}\,\varphi_H(\omega)}$$

zum Ziel haben. Hierbei ist $A(\omega)$ der sogenannte Amplitudengang und $\varphi_H(\omega)$der sogenannte Phasengang. Frequenzgänge stellen typischerweise den Quotient zweier komplexer Größen des Netzwerkes (also z. B. zweier Spannungen) dar. Die Analyse ihres Verhaltens in Abhängigkeit der Frequenz ist wichtig für das Verständnis vieler Schaltungsfunktionen und wird im Kapitel über Filter wieder aufgegriffen. Die Aufgaben 6.12 bis 6.18 sind von diesem Typ.

## Impedanzberechnung, Ströme und Spannungen

### Aufgabe 6.1

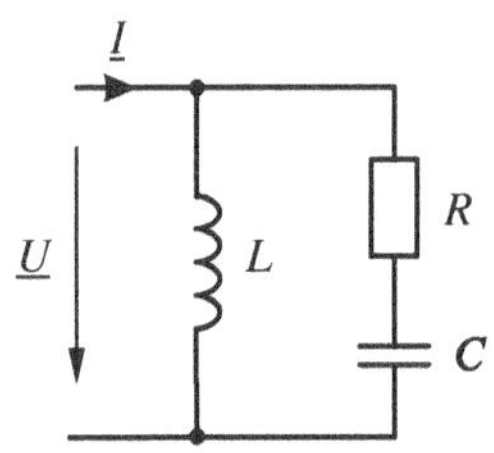


**Bild 6.1.1** Schaltung

a) Berechnen Sie in allgemeiner Form die Impedanz der Schaltung.

b) Berechnen Sie in allgemeiner Form die Phasenverschiebung zwischen Strom und Spannung.

c) Für den Spezialfall $f = 1\,\text{kHz}$ soll gelten $R = \dfrac{1}{\omega C} = \omega L = 1\,\text{k}\Omega$. Wie groß ist die Impedanz der Schaltung?

d) Wie groß ist die Phasenverschiebung im Spezialfall unter Aufgabenteil c)?

### Lösung zu Aufgabe 6.1

a) Die Impedanz der Reihenschaltung aus Widerstand und Kondensator ist:

$$\underline{Z}_{\text{RC}} = R + \frac{1}{\mathrm{j}\,\omega C}$$

Dann ergibt sich die Gesamtimpedanz zu:

$$\underline{Z} = \frac{\underline{Z}_L \underline{Z}_{RC}}{\underline{Z}_L + \underline{Z}_{RC}} = \frac{j\omega L\left(R + \dfrac{1}{j\omega C}\right)}{j\omega L + R + \dfrac{1}{j\omega C}}$$

Nach Auflösen des Doppelbruchs und Ausmultiplizieren folgt:

$$\underline{Z} = \frac{j\omega L(j\omega CR + 1)}{j\omega C\, j\omega L + j\omega CR + 1} = \frac{-\omega^2 LCR + j\omega L}{1 - \omega^2 LC + j\omega RC}$$

b) Um die Phasenverschiebung zu berechnen, wird mit dem konjugiert Komplexen erweitert und dann die Phase mit $\varphi = \arctan \dfrac{\text{Im}}{\text{Re}}$ berechnet.

$$\underline{Z} = \frac{\omega^4 L^2 C^2 R + j\omega L(1 - \omega^2 LC + \omega^2 C^2 R^2)}{(1 - \omega^2 LC)^2 + \omega^2 R^2 C^2}$$

Dann folgt:

$$\varphi(\underline{U}) - \varphi(\underline{I}) = \varphi(\underline{Z}) = \arctan \frac{1 - \omega^2 LC + \omega^2 C^2 R^2}{\omega^3 LC^2 R}$$

Als alternativen Lösungsweg kann die Differenz zwischen der Phase von Zähler und Nenner berechnet werden:

$$\varphi(\underline{Z}) = \varphi(\text{Zähler}) - \varphi(\text{Nenner})$$

$$\varphi(\underline{Z}) = -\arctan \frac{1}{\omega RC} - \arctan \frac{\omega RC}{1 - \omega^2 LC}$$

c) Durch Einsetzen der Zahlenwerte $R = \dfrac{1}{\omega C} = \omega L = 1\,\text{k}\Omega$ ergibt sich:

$$\underline{Z} = \frac{j\,1\,\text{k}\Omega \cdot (1\,\text{k}\Omega - j\,1\,\text{k}\Omega)}{j\,1\,\text{k}\Omega + 1\,\text{k}\Omega - j\,1\,\text{k}\Omega} = (1 + j) \cdot 1\,\text{k}\Omega$$

$$|\underline{Z}| = \sqrt{2}\,\text{k}\Omega$$

d) Da Real- und Imaginärteil gleich groß sind, ergibt sich die Phasenverschiebung nun zu:

$$\varphi = \arctan(1) = 45^\circ$$

## Aufgabe 6.2

In der angegebenen Schaltung (Bild 6.2.1) ist die Impedanz $\underline{Z}$ so zu bestimmen, dass die Spannung $\underline{U}$ zu null wird (Abgleichbedingung).

a) Berechnen Sie $\underline{Z}$ in Abhängigkeit der Bauteilparameter $R$, $R_1$, $L$ und der Kreisfrequenz $\omega$.

b) Geben Sie die Schaltung für $\underline{Z}$ und die Dimensionierung der Bauteile so an, dass die Abgleichbedingung unabhängig von der Frequenz erfüllt ist.

c) Berechnen Sie die Bauteilparameter der Impedanz $\underline{Z}$ für die in Aufgabenteil b) erhaltene Schaltung für: $R = 1\,\text{k}\Omega$, $R_1 = 10\,\Omega$, $L = 1\,\text{mH}$, $\omega = 10^3\,\text{s}^{-1}$.

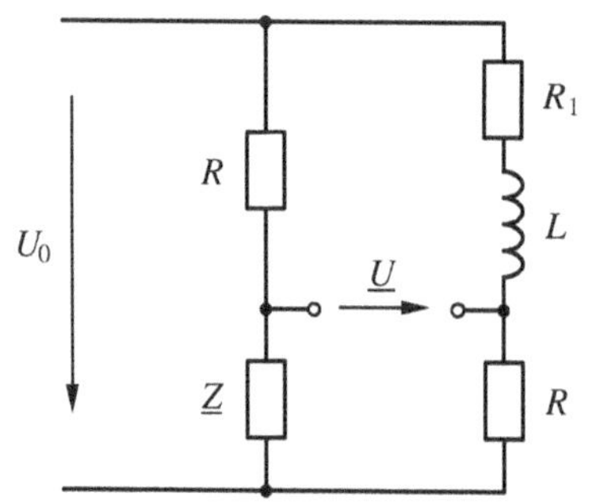


**Bild 6.2.1** Schaltung

## Lösung zu Aufgabe 6.2

a) Abgleichbedingung der Brückenschaltung ergibt:

$$R \cdot R = \underline{Z} \cdot (R_1 + \mathrm{j}\,\omega L)$$

und durch Auflösen nach der Impedanz:

$$\underline{\underline{\underline{Z} = \frac{R^2}{R_1 + \mathrm{j}\,\omega L}}}$$

b) Bildet man die Admittanz

$$\underline{Y} = \frac{1}{\underline{Z}} = \frac{R_1}{R^2} + \mathrm{j}\,\frac{\omega L}{R^2}$$

so wird ersichtlich, dass die Abgleichbedingung für alle Frequenzen durch die *Parallelschaltung einer Kapazität und eines Widerstandes* erfüllt wird.

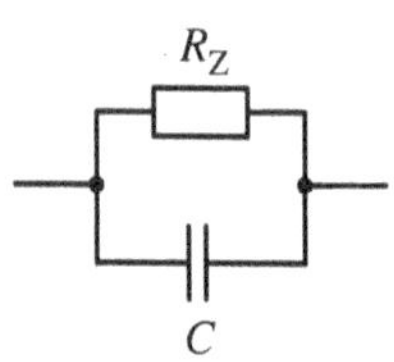


**Bild 6.2.2** *RC*-Parallelschaltung

$$\underline{Y} = \frac{1}{R_Z} + \mathrm{j}\,\omega C \quad \text{mit} \quad R_Z = \frac{R^2}{R_1}; \quad C = \frac{L}{R^2}$$

c) Einsetzen der Zahlenwerte liefert:

$$\underline{\underline{R_Z}} = \frac{R^2}{R_1} = \frac{(1\,\mathrm{k\Omega})^2}{10\,\Omega} = 10^5\,\Omega = \underline{\underline{100\,\mathrm{k\Omega}}}$$

$$\underline{\underline{C}} = \frac{L}{R^2} = \frac{1\,\mathrm{mH}}{(1\,\mathrm{k\Omega})^2} = 10^{-9}\frac{\mathrm{V \cdot s \cdot A^2}}{\mathrm{A \cdot V^2}} = \underline{\underline{1\,\mathrm{nF}}}$$

*Anmerkung:* Das Ergebnis muss selbstverständlich von der Frequenz unabhängig sein, d. h. die Werte von $R_Z$ und $C$ dürfen nicht von der Frequenz abhängen.

## Aufgabe 6.3

Mit der Schaltung in Bild 6.3.1 wird das Empfangsteil einer Funkidentifikationskarte modelliert. Durch eine Leiterschleife mit der längenabhängigen Induktivität $L(\ell)$ und dem Leitungswiderstand $R(\ell)$ wird durch induktive Einkopplung eine Spannung $\underline{U}$ erzeugt. Der Datenspeicher der Karte soll durch diese Spannung versorgt werden und besitzt den Eingangswiderstand $R_\mathrm{E}$.

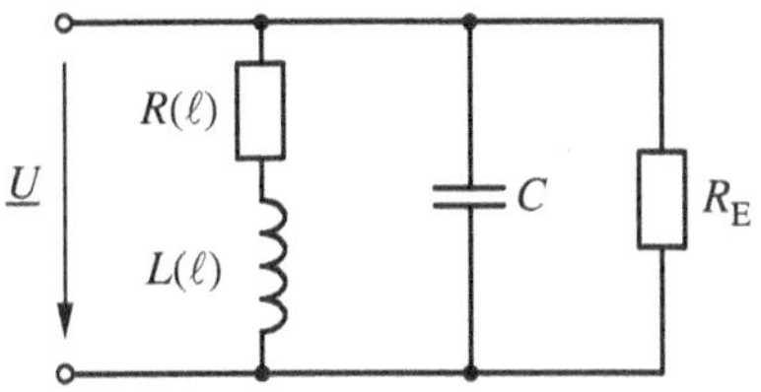


**Bild 6.3.1** Schaltung

a) Geben Sie die Gesamtadmittanz $\underline{Y}_\mathrm{ges}$ und die Phasenresonanzfrequenz $\omega_{\mathrm{r}\varphi}$ der Schaltung in allgemeiner Form in Abhängigkeit der Bauteilgrößen an.

Für die Leiterschleife gelte nun:

Induktivitätsbelag $L' = 0{,}628 \cdot 10^{-6}\,\dfrac{\mathrm{V\cdot s}}{\mathrm{A\cdot m}}$, Widerstandsbelag $R' = 10\dfrac{\Omega}{\mathrm{m}}$ mit $\ell = 1\,\mathrm{cm}$

Der Eingangswiderstand beträgt $R_\mathrm{E} = 100\,\mathrm{k\Omega}$.

b) Die im Normalbetrieb induzierte Spannung beträgt $\underline{U} = 1{,}618\,\mathrm{V} \cdot \mathrm{e}^{\mathrm{j}\,10^\circ}$. Berechnen Sie die in $R_\mathrm{E}$ umgesetzte Leistung.

c) Berechnen Sie den Wert für den Kondensator $C$, sodass die Phasenresonanzfrequenz der Schaltung mit der Frequenz des Auslesegerätes ($f = 13{,}56\,\mathrm{MHz}$) übereinstimmt.

## Lösung zu Aufgabe 6.3

a) Die Admittanz der Parallelschaltung ist:

$$\underline{Y}_\mathrm{ges} = G_\mathrm{E} + \mathrm{j}\,\omega C + \frac{1}{R(\ell) + \mathrm{j}\,\omega L(\ell)}$$
$$= G_\mathrm{E} + \frac{R(\ell)}{R^2(\ell) + \omega^2 L^2(\ell)} + \mathrm{j}\left(\omega C - \frac{\omega L(\ell)}{R^2(\ell) + \omega^2 L^2(\ell)}\right)$$

Für Phasenresonanz ist die Resonanzbedingung $\mathrm{Im}(\underline{Y}_\mathrm{ges}) = 0$. Daraus ergibt sich:

$$\omega_{\mathrm{r}\varphi} C \left(R^2(\ell) + \omega_{\mathrm{r}\varphi}^2 L^2(\ell)\right) - \omega_{\mathrm{r}\varphi} L(\ell) = 0$$

und nach Auflösen:

$$\omega_{\mathrm{r}\varphi} = \sqrt{\frac{L(\ell) - C R(\ell)^2}{L^2(\ell)\, C}}$$

b) Für die Wirkleistung gilt:

$$P_\mathrm{E} = U^2/R_\mathrm{E} = 26{,}18\,\mathrm{\mu W}$$

c) Einsetzen in das Ergebnis aus Aufgabenteil a) mit $L(\ell) = L' \cdot \ell$ und $R(\ell) = R' \cdot \ell$:

$$C = \frac{L'/\ell}{(\omega_{\mathrm{r}\varphi} L')^2 + R'^2} = \frac{L'/\ell}{(2\pi f\, L')^2 + R'^2}$$

$$\underline{\underline{C}} = \frac{0{,}628 \cdot 10^{-6}\,\dfrac{\mathrm{V\cdot s}}{\mathrm{A\cdot m}}/10^{-2}\,\mathrm{m}}{\left(2\pi \cdot 13{,}56\,\mathrm{MHz} \cdot 0{,}628 \cdot 10^{-6}\,\dfrac{\mathrm{V\cdot s}}{\mathrm{A\cdot m}}\right)^2 \cdot 10^{-2}\,\mathrm{m} + \left(10\,\frac{\Omega}{\mathrm{m}}\right)^2} = \underline{\underline{21{,}2\,\mathrm{nF}}}$$

## Aufgabe 6.4

Die beiden in Bild 6.4.1a) und b) angegebenen Schaltungen sollen bezüglich des Klemmenpaars AB gleiches Verhalten aufweisen.

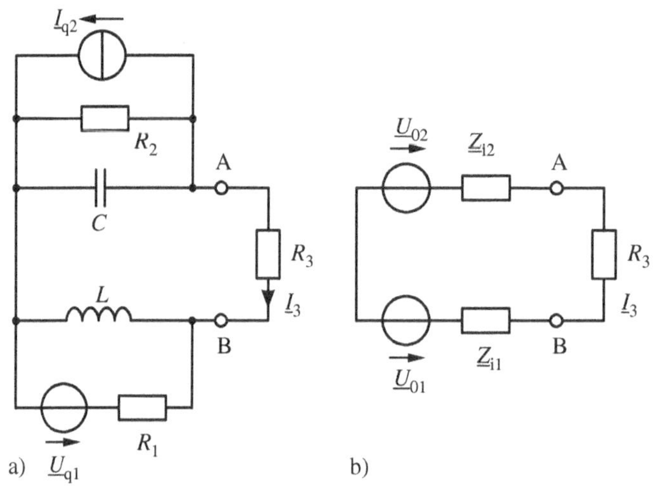


**Bild 6.4.1** Schaltungen a) und b) mit gleichem Klemmenverhalten

a) Berechnen Sie die Größen $\underline{U}_{01}$, $\underline{U}_{02}$, $\underline{Z}_{i1}$ und $\underline{Z}_{i2}$ in Abhängigkeit von $\underline{U}_{q1}$, $\underline{I}_{q2}$, $R_1$, $R_2$, $L$ und $C$.

b) Berechnen Sie den Strom $\underline{I}_3$ durch den Widerstand $R_3$ in Abhängigkeit von $\underline{U}_{01}$, $\underline{U}_{02}$, $\underline{Z}_{i1}$, $\underline{Z}_{i2}$ und $R_3$.

c) Wie muss $\underline{I}_{q2}$ gewählt werden, damit $\underline{I}_3(R_3) = 0$ gilt (allgemeine Form)? Berechnen Sie speziell den Wert von $\underline{I}_{q2}$ für: $\underline{U}_{q1} = 1\,\mathrm{V}$; $R_1 = R_2 = 1\,\Omega$; $X_\mathrm{L} = \omega L = 1\,\Omega$ und $X_\mathrm{C} = 1/(\omega C) = 1\,\Omega$.

## Lösung zu Aufgabe 6.4

a) Der obere und der untere Zweig der linken Schaltung sind jeweils durch eine Ersatzspannungsquelle zu ersetzen. Hierzu sind die Innenimpedanzen $Z_{i1}$, $Z_{i2}$ und die Leerlaufspannungen $\underline{U}_{01}$, $\underline{U}_{02}$ zu ermitteln.

Für den oberen Zweig:

$$\underline{\underline{\underline{Z}_{i2} = R_2 \parallel \frac{1}{\mathrm{j}\omega C} = \frac{R_2}{1 + \mathrm{j}\omega R_2 C}}}$$

$$\underline{U}_{02} = \underline{I}_{q2} \cdot \underline{Z}_{i2} = \underline{I}_{q2} \frac{R_2}{1 + j\omega R_2 C}$$

Für den unteren Zweig:

$$\underline{U}_{01} = \underline{U}_{q1} \frac{j\omega L}{R_1 + j\omega L}$$

$$\underline{I}_K = \frac{\underline{U}_{q1}}{R_1}$$

$$\underline{Z}_{i1} = \frac{\underline{U}_{01}}{\underline{I}_K} = \frac{j\omega R_1 L}{R_1 + j\omega L}$$

b) $$\underline{I}_3 = \frac{\underline{U}_3}{R_3} = \frac{\underline{U}_{01} - \underline{U}_{02}}{\underline{Z}_{i1} + \underline{Z}_{i2} + R_3}$$

c) Um die Bedingung $\underline{I}_3 = 0$ zu erfüllen, muss der Zähler des Ausdrucks für den Strom zu null werden $\underline{U}_{01} - \underline{U}_{02} = 0$.

$$\underline{U}_{q1} \frac{j\omega L}{R_1 + j\omega L} - \underline{I}_{q2} \frac{R_2}{1 + j\omega R_2 C} = 0$$

$$\underline{I}_{q2} = \underline{U}_{q1} \cdot \frac{j\omega L (1 + j\omega R_2 C)}{R_2 (R_1 + j\omega L)}$$

Mit den Zahlenwerten ergibt sich $\underline{I}_{q2} = j\,1\,\mathrm{A}$.

*Anmerkung:* Im Prinzip wird die Bedingung auch erfüllt, wenn der Nenner gegen unendlich strebt, d. h. für $\underline{Z}_{i1} + \underline{Z}_{i2} + R_3 \to \infty$. Dies ist jedoch nur für die Frequenz $\omega \to \infty$ und unabhängig vom Strom $\underline{I}_{q2}$ erfüllbar.

## Netzwerkanalyse

### Aufgabe 6.5

Gegeben ist folgendes Netzwerk:

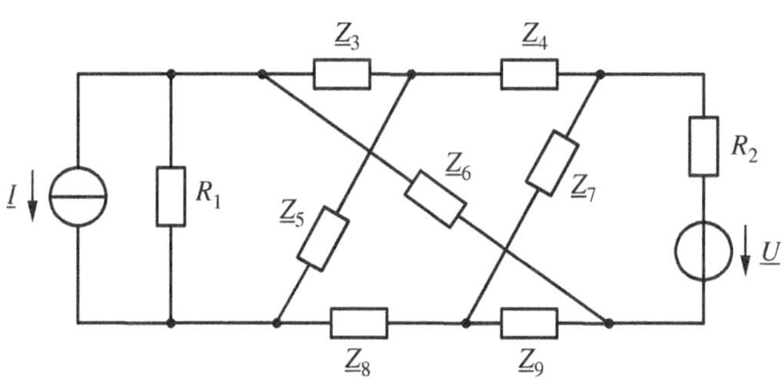


**Bild 6.5.1** Netzwerk

a) Bestimmen Sie die Anzahl der voneinander unabhängigen Knoten und Zweige.

b) Auf wie viele Gleichungen führt die Maschenstrom- und die Knotenpotenzialanalyse?

Wenden Sie in den Aufgabenteilen c) bis e) das Verfahren mit der kleineren Anzahl von Gleichungen an.

c) Wandeln Sie gegebenenfalls Strom- und Spannungsquellen um.

d) Zeichnen Sie alle gesuchten Größen in den Schaltplan ein.

e) Stellen Sie das Gleichungssystem für die unbekannten Ströme oder Spannungen in Matrizenschreibweise auf.

## Lösung zu Aufgabe 6.5

a) Das Netzwerk besitzt $\underline{\underline{N = 6}}$ Knoten, $\underline{\underline{B = 9}}$ Zweige und 4 Maschen.

b) Zahl der Gleichungen:

*Maschenstromverfahren:* $B - (N - 1) = 4$ Gleichungen

*Knotenpotenzialverfahren:* $N - 1 = 5$ Gleichungen

c) Es ist das Maschenstromverfahren anzuwenden. Dazu muss die Stromquelle mit dem parallelen Widerstand $R_1$ in eine äquivalente Spannungsquelle umgewandelt werden. Für deren Leerlaufspannung ergibt sich $\underline{U}_1 = \underline{I} \cdot R_1$.

d) Für den hier gewählten Baum (siehe Zeichnung) sind $\underline{I}_1$, $\underline{I}_6$, $\underline{I}_8$ und $\underline{I}_9$ die Maschenströme. Natürlich kann der Baum auch anders gewählt werden.

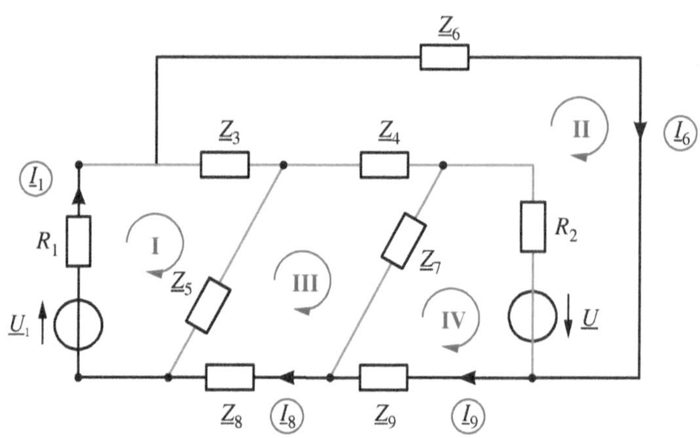


**Bild 6.5.2** Netzwerk nach Quellenumwandlung mit Baum und Maschen

e) Die Anwendung des Maschenstromverfahrens führt auf das folgende *Gleichungssystem.*

$$\begin{bmatrix} R_1 + \underline{Z}_3 + \underline{Z}_5 & -\underline{Z}_3 & -\underline{Z}_5 & 0 \\ -\underline{Z}_3 & \underline{Z}_3 + \underline{Z}_4 + \underline{Z}_6 + R_2 & -\underline{Z}_4 & -R_2 \\ -\underline{Z}_5 & -\underline{Z}_4 & \underline{Z}_4 + \underline{Z}_7 + \underline{Z}_8 + \underline{Z}_5 & -\underline{Z}_7 \\ 0 & -R_2 & -\underline{Z}_7 & R_2 + \underline{Z}_9 + \underline{Z}_7 \end{bmatrix} \cdot \begin{bmatrix} \underline{I}_1 \\ \underline{I}_6 \\ \underline{I}_8 \\ \underline{I}_9 \end{bmatrix} = \begin{bmatrix} -\underline{I} \cdot R_1 \\ \underline{U} \\ 0 \\ -\underline{U} \end{bmatrix}$$

## Aufgabe 6.6

Gegeben sei die Schaltung aus Bild 6.6.1.

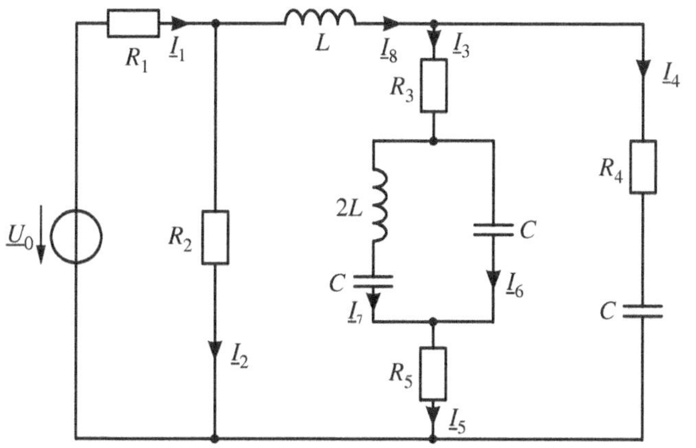


**Bild 6.6.1** Schaltung

a) Zeichnen Sie den vollständigen Baum, in dem $\underline{I}_1$, $\underline{I}_4$, $\underline{I}_5$ und $\underline{I}_7$ unabhängige Ströme sind. Zeichnen Sie die Maschenströme ein. Geben Sie die Gleichungen für die abhängigen Ströme als Funktion der unabhängigen Ströme an.

b) Stellen Sie das Gleichungssystem zur Berechnung des Netzwerkes mit dem Maschenstromverfahren auf.

c) Wie vereinfacht sich die Schaltung für die Resonanzfrequenz $\omega = \omega_0 = \sqrt{1/(LC)}$? Geben Sie das einfachste Schaltbild für diesen Fall an. Berechnen Sie den Strom $\underline{I}_1$ und die aufgenommene Leistung für $U_0 = 230\,\text{V}$, $f = 1500\,\text{Hz}$, $R_1 = 10\,\Omega$, $R_2 = R_4 = 180\,\Omega$, $R_3 = R_5 = 75\,\Omega$, $L = 1\,\text{mH}$, $C = 11{,}25\,\mu\text{F}$.

## Lösung zu Aufgabe 6.6

a) Das Netzwerk besitzt 4 Maschen. Die Maschenströme werden in der folgenden Schaltung mit $I_\text{I}$ bis $I_\text{IV}$ bezeichnet, für sie gilt: $I_1 = I_\text{I}$, $I_4 = I_\text{II}$, $I_5 = I_\text{III}$ und $I_7 = I_\text{IV}$.

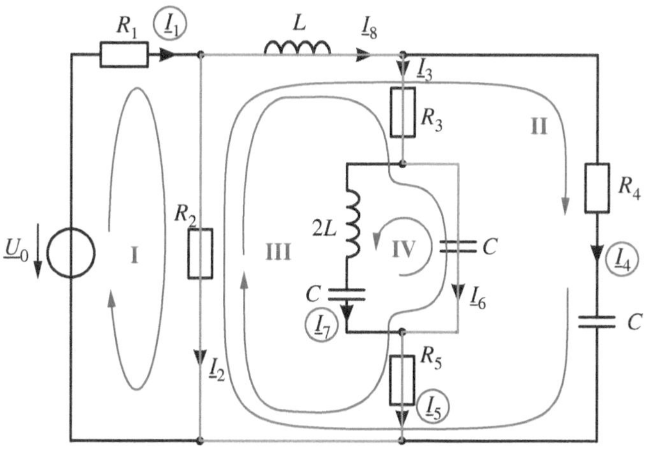


**Bild 6.6.2** Netzwerk mit Baum und Maschen

Die abhängigen Ströme ergeben sich aus den Knotengleichungen zu:

$$\underline{I}_2 = \underline{I}_1 - \underline{I}_4 - \underline{I}_5; \qquad \underline{I}_3 = \underline{I}_5; \qquad \underline{I}_8 = \underline{I}_4 + \underline{I}_5 \text{ und } \underline{I}_6 = \underline{I}_5 - \underline{I}_7$$

b) Die Anwendung des Maschenstromverfahrens führt auf folgendes *Gleichungssystem*:

$$\begin{bmatrix} R_1+R_2 & -R_2 & -R_2 & 0 \\ -R_2 & \mathrm{j}\,\omega L+R_4+\dfrac{1}{\mathrm{j}\,\omega C}+R_2 & R_2+\mathrm{j}\,\omega L & 0 \\ -R_2 & R_2+\mathrm{j}\,\omega L & R_5+\mathrm{j}\,\omega L+R_3+\dfrac{1}{\mathrm{j}\,\omega C}+R_2 & -\dfrac{1}{\mathrm{j}\,\omega C} \\ 0 & 0 & -\dfrac{1}{\mathrm{j}\,\omega C} & \dfrac{2}{\mathrm{j}\,\omega C}+2\,\mathrm{j}\,\omega L \end{bmatrix} \begin{bmatrix} \underline{I}_1 \\ \underline{I}_4 \\ \underline{I}_5 \\ \underline{I}_7 \end{bmatrix} = \begin{bmatrix} \underline{U}_0 \\ 0 \\ 0 \\ 0 \end{bmatrix}$$

c) Im Resonanzfall tritt Serien- und Parallelresonanz auf. Die Reihenschaltung aus $L$ und $C$ im Zweig 7 kann zunächst durch einen Kurzschluss ersetzt werden. Dann verbleibt im Zweig 7 die Induktivität $L$, die zusammen mit der Kapazität im Zweig 6 einen Parallelresonanzkreis bildet und durch einen offenen Stromkreis zu ersetzen ist. Damit ist der gesamte mittlere Zweig mit den Widerständen $R_3$ und $R_5$ stromlos und entfällt. Nun bilden die Induktivität im Zweig 8 und die Kapazität im Zweig 4 einen Serienresonanzkreis. Die vereinfachte Schaltung ist im folgenden Schaltbild dargestellt.

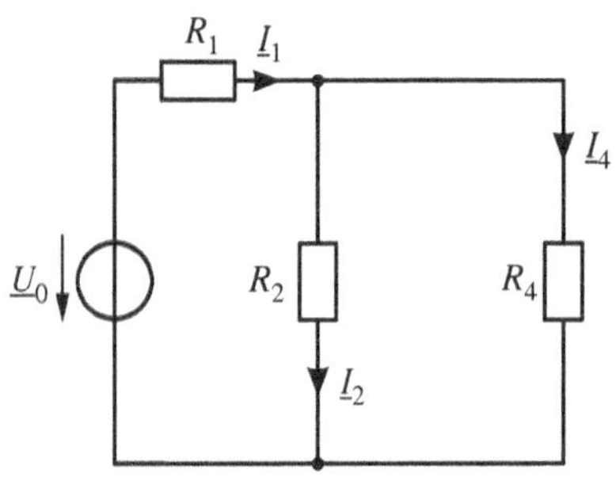


**Bild 6.6.3** Vereinfachte Schaltung

Die Gesamtimpedanz ergibt sich zu:

$$\underline{Z}_{\text{ges}} = R_1 + \frac{R_2 R_4}{R_2 + R_4} = 100\,\Omega$$

Der Strom wird damit:

$$I_1 = \frac{U_0}{Z_{\text{ges}}} = \frac{230\,\text{V}}{100\,\Omega} = 2{,}3\,\text{A}$$

und für die Leistung ergibt sich:

$$P = U_0\, I_1 = 230\,\text{V} \cdot 2{,}3\,\text{A} = 529\,\text{W}$$

## Frequenzabhängigkeit und komplexe Leistung

### Aufgabe 6.7

An eine ideale Wechselspannungsquelle mit der Spannung $U$ (Effektivwert) und der Kreisfrequenz $\omega$ wird ein passives Netzwerk mit den Widerständen $R_1$ und $R_2$ sowie einer Induktivität $L$ nach folgendem Schaltplan angeschlossen.

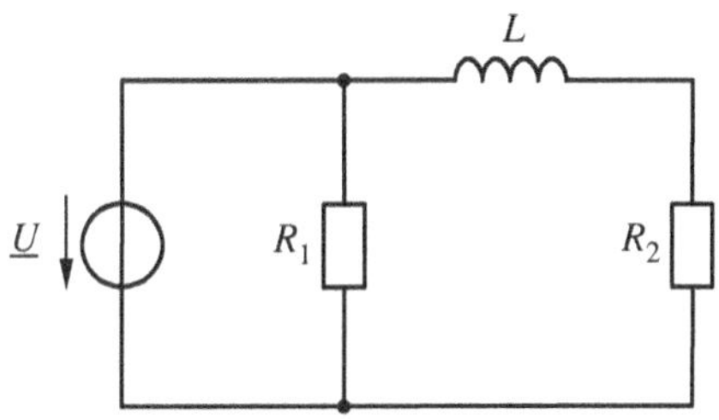


**Bild 6.7.1** Schaltung

a) Berechnen Sie die Wirkleistung an den Widerständen $R_1$ und $R_2$.

b) Nun werde parallel zu $R_2$ eine Kapazität $C$ angeschlossen. Wie groß ist nun die Wirkleistung der Widerstände $R_1$ und $R_2$?

c) Wie lautet die Bedingung für die Kapazität $C$, damit die Wirkleistung an $R_2$ maximal wird? Wie groß ist dann die Wirkleistung an $R_2$?

## Lösung zu Aufgabe 6.7

a) Zuerst werden Teilströme berechnet:

$$\underline{I}_1 = \frac{\underline{U}}{R_1}; \qquad \underline{I}_2 = \frac{\underline{U}}{R_2 + \mathrm{j}\,\omega L}$$

Die Wirkleistung folgt mit $P = I^2 \cdot Re\{\underline{Z}\}$:

$$\underline{\underline{P_1 = \frac{U^2}{R_1}}}; \qquad \underline{\underline{P_2 = I_2^2 R_2 = U^2 \frac{R_2}{R_2^2 + (\omega L)^2}}}$$

b) $P_1$: Da sich die Spannung durch das Hinzufügen des Kondensators nicht ändert, bleibt der Strom und die Leistung an $R_1$ unverändert.

Der Strom durch den Widerstand $R_2$ ändert sich. Zur Berechnung wird zunächst der Strom durch die Spule berechnet

$$\underline{I}_\mathrm{L} = \frac{\underline{U}}{\mathrm{j}\,\omega L + \dfrac{R_2}{1 + \mathrm{j}\,\omega C R_2}}$$

und mithilfe des Stromteilers der Strom $\underline{I}_2$ ermittelt:

$$\frac{\underline{I}_2}{\underline{I}_\mathrm{L}} = \frac{R_2 \parallel \dfrac{1}{\mathrm{j}\,\omega C}}{R_2} = \frac{1}{1 + \mathrm{j}\,\omega C R_2}$$

$$\underline{I}_2 = \frac{1}{1 + \mathrm{j}\,\omega C R_2} \frac{\underline{U}}{\mathrm{j}\,\omega L + \dfrac{R_2}{1 + \mathrm{j}\,\omega C R_2}} = \frac{\underline{U}}{\mathrm{j}\,\omega L(1 + \mathrm{j}\,\omega R_2 C) + R_2}$$

Mit dem Betrag von $I_2$

$$I_2 = \frac{U}{|\mathrm{j}\,\omega L(1 + \mathrm{j}\,\omega R_2 C) + R_2|} = \frac{U}{|R_2 - \omega^2 L R_2 C + \mathrm{j}\,\omega L|}$$

resultiert das Ergebnis:

$$P_2 = \left(\frac{U}{|R_2(1 - \omega^2 LC) + \mathrm{j}\,\omega L|}\right)^2 R_2 = \underline{\underline{\frac{U^2 R_2}{R_2^2 \left(1 - \omega^2 LC\right)^2 + (\omega L)^2}}}$$

c) Da der Zähler nicht von $C$ abhängt, wird die Leistung maximal, wenn der Nenner minimal wird.

$$\underline{\underline{C_{\mathrm{Opt}} = \frac{1}{\omega^2 L}}}; \qquad \underline{\underline{P_2\left(C_{\mathrm{Opt}}\right) = \frac{U^2 R_2}{(\omega L)^2}}}$$

## Aufgabe 6.8

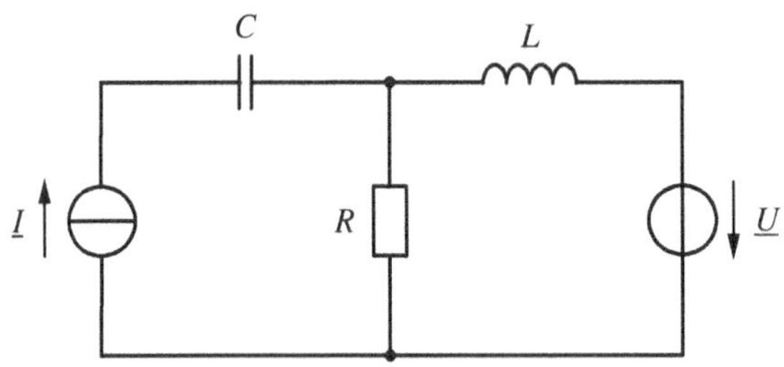


**Bild 6.8.1** Schaltung

$$\omega = 10^5\,\frac{1}{\mathrm{s}}; \quad \underline{I} = 10\,\mathrm{mA}; \quad \underline{U} = 2\,\mathrm{V}; \quad C = 0{,}1\,\mu\mathrm{F}; \quad L = 1\,\mathrm{mH}; \quad R = 100\,\Omega$$

a) Berechnen Sie für die angegebene Schaltung alle Ströme.

b) Berechnen Sie für jeden der Zweipole ($R$, $L$, $C$ und Quellen) die Wirkleistung und geben Sie jeweils an, ob der Zweipol aktiv oder passiv wirkt.

## Lösung zu Aufgabe 6.8

Mit den Zahlenwerten ergeben sich die Blindwiderstände zu $X_{\mathrm{L}} = \omega L = 100\,\Omega$ und $X_{\mathrm{C}} = \dfrac{1}{\omega C} = 100\,\Omega$.

a) Die Lösung erfolgt hier durch Superposition der beiden Quellen:

A) Betrachtung der Stromquelle (Spannungsquelle durch Kurzschluss ersetzen):

$$\underline{I}_{\mathrm{C}} = \underline{I} = 10\,\mathrm{mA}$$

$$\frac{\underline{I}_{\mathrm{R}}}{\underline{I}} = \frac{\mathrm{j}\,\omega L}{R + \mathrm{j}\,\omega L} = \frac{\mathrm{j}}{1+\mathrm{j}} = \mathrm{j}\,\frac{1\text{-}\mathrm{j}}{2}$$

$$\underline{I}_{\mathrm{R}} = \frac{1}{2}\underline{I}\,(1+\mathrm{j}) = (5 + \mathrm{j}\,5)\ \mathrm{mA}$$

$$\underline{I}_{\mathrm{L}} = \underline{I}_{\mathrm{R}} - \underline{I}_{\mathrm{C}} = (-5 + \mathrm{j}\,5)\ \mathrm{mA}$$

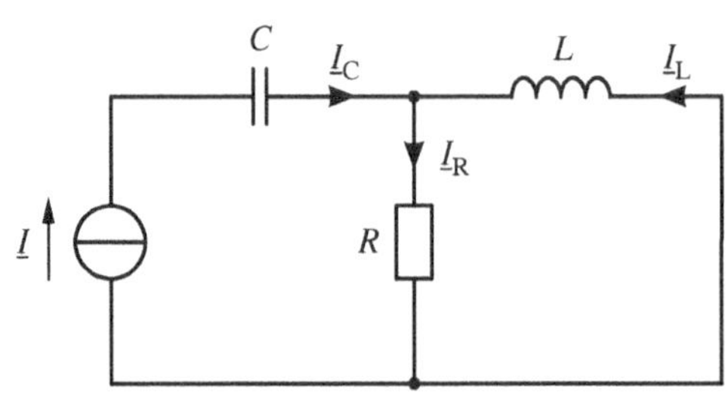


**Bild 6.8.2** Nur die Stromquelle ist aktiv

B) Betrachtung der Spannungsquelle (Stromquelle durch Leerlauf ersetzen):

$$\underline{I}_C = 0$$

$$\underline{I}_L = \underline{I}_R = \frac{\underline{U}}{R + j\omega L} = \frac{2\,V}{100\,\Omega \cdot (1+j)}$$

$$= \frac{2\,V}{100\,\Omega}\frac{(1-j)}{2} = (10 - j\,10)\ mA$$

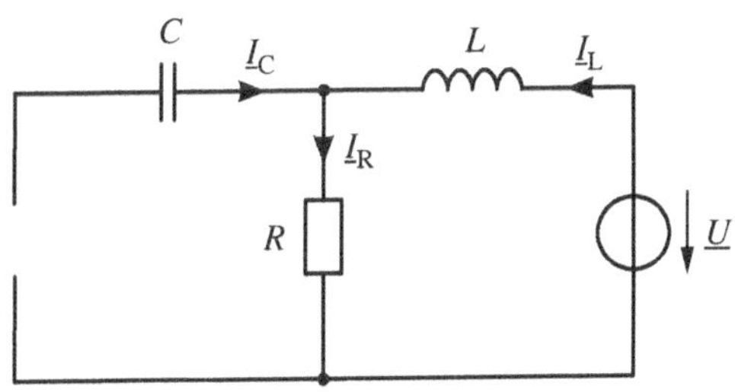

**Bild 6.8.3** Nur die Spannungsquelle ist aktiv

Superposition der Anteile aus A) und B):

$$\underline{\underline{\underline{I}_C = 10\,mA}}; \qquad \underline{\underline{\underline{I}_R = (15 - j\,5)\ mA}}; \qquad \underline{\underline{\underline{I}_L = (5 - j\,5)\ mA}}$$

b) $L$ und $C$ sind passive Blindleistungsverbraucher $P_L = 0$, $P_C = 0$.

$\underline{\underline{P_R}} = I_R^2 \cdot R = \left(15^2 + 5^2\right)(mA)^2 \cdot 100\,\Omega = \underline{\underline{25\,mW}}$ (passiv)

Spannungsquelle: $\underline{\underline{P_U}} = \text{Re}\{\underline{U} \cdot (-\underline{I}_L)^*\} = \underline{\underline{-10\,mW}}$ (aktiv)

Stromquelle: $P_I + P_U = P_R$; $\underline{\underline{P_I = -15\,mW}}$ (aktiv)

Zur Kontrolle:

$$P_I = \text{Re}\{-(\underline{U}_R + \underline{U}_C) \cdot \underline{I}^*\} = -15\,mW$$

## Aufgabe 6.9

Gegeben ist folgende Wheatstone-Brückenschaltung, die mit einer sinusförmigen Wechselspannung $\underline{U}_0 = 1\,V \cdot e^{j\,45^\circ}$ betrieben wird:

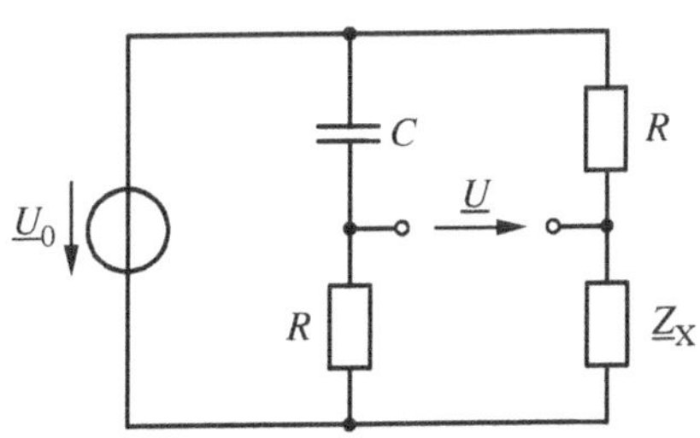

**Bild 6.9.1** Wheatstone-Brückenschaltung

Weiterhin sind folgende Werte bekannt:

$$C = 0{,}5\,\mu F; \qquad R = 100\,\Omega; \qquad \omega = 10\,ks^{-1}$$

a) Zunächst gelte $Z_X \to \infty$ (Leerlauf). Berechnen Sie die Spannung $\underline{U}$. Geben Sie die Lösung sowohl als komplexe Spannung als auch im Zeitbereich ($u(t) = \hat{U} \cdot \cos(\omega t + \varphi)$) an.

b) Berechnen Sie $\underline{Z}_X$ so, dass die Brückenspannung $\underline{U}$ zu null wird. Um welches Schaltungselement handelt es sich bei $\underline{Z}_X$?

c) Berechnen Sie für den abgeglichenen Fall aus Aufgabenteil b) die in der Schaltung umgesetzte Wirk- und Blindleistung.

## Lösung zu Aufgabe 6.9

a) Im Leerlauffall ($Z_X \to \infty$) fällt über $Z_X$ die gesamte Spannung ab, dies folgt aus der Betrachtung des rechten Spannungsteilers im Grenzfall. Im rechten Zweig fließt kein Strom. Dann fällt auch über dem Widerstand keine Spannung ab und aus der Betrachtung der oberen Masche folgt, dass die Brückenspannung gleich der negativen Spannung am Kondensator ist. Diese kann aus dem Spannungsteiler der $RC$-Reihenschaltung des linken Zweigs ermittelt werden.

$$-\underline{U} = \underline{U}_C = \underline{U}_0 \frac{1}{1 + \mathrm{j}\,\omega CR} = \underline{U}_0 \frac{1}{1 + \mathrm{j}\,0{,}5} = \underline{U}_0 0{,}8944 \cdot \mathrm{e}^{\mathrm{j}\,(-26{,}57^\circ)}$$

$$\underline{\underline{U}} = 1\,\mathrm{V} \cdot \mathrm{e}^{\mathrm{j}\,45^\circ} \cdot 0{,}8944 \cdot \mathrm{e}^{\mathrm{j}\,(180^\circ - 26{,}57^\circ)} = 0{,}8944\,\mathrm{V} \cdot \mathrm{e}^{\mathrm{j}\,(198{,}43^\circ)}$$

$$= \underline{\underline{0{,}8944\,\mathrm{V} \cdot \mathrm{e}^{\mathrm{j}\,(-161{,}57^\circ)}}}$$

$$\underline{\underline{u(t)}} = \sqrt{2} \cdot 0{,}894\,\mathrm{V} \cdot \cos(\omega t - 161{,}57^\circ) = \underline{\underline{1{,}265\,\mathrm{V} \cdot \cos(\omega t - 161{,}57^\circ)}}$$

b) Die Abgleichbedingung der Brückenschaltung liefert:

$$\frac{1/\mathrm{j}\,\omega C}{R} = \frac{R}{\underline{Z}_X}$$

$$\underline{Z}_X = \mathrm{j}\,\omega C R^2$$

Einsetzen der bekannten Werte $1/\mathrm{j}\,\omega C = -\mathrm{j}\,200\,\Omega$ und $R = 100\,\Omega$ liefert:

$$\underline{\underline{\underline{Z}_X = \mathrm{j}\,50\,\Omega}}$$

Es handelt sich um eine *Induktivität* mit $L = 5\,\mathrm{mH}$

c) Für die komplexe Leistung gilt: $\underline{S} = U^2 \cdot \underline{Y}^*$ zusammen mit der Admittanz

$$\underline{Y} = \frac{1}{R + (1/\mathrm{j}\,\omega C)} + \frac{1}{R + \mathrm{j}\,\omega L}$$

liefert das Einsetzen von $1/\mathrm{j}\,\omega C = -\mathrm{j}\,200\,\Omega$, $\mathrm{j}\,\omega L = \mathrm{j}\,50\,\Omega$ und $R = 100\,\Omega$:

$$\underline{Y} = \frac{1}{100\,\Omega - \mathrm{j}\,200\,\Omega} + \frac{1}{100\,\Omega + \mathrm{j}\,50\,\Omega}$$

$$= (2\,\mathrm{mS} + \mathrm{j}\,4\,\mathrm{mS}) + (8\,\mathrm{mS} - \mathrm{j}\,4\,\mathrm{mS}) = 10\,\mathrm{mS} \qquad \text{(reell)}$$

$$\underline{\underline{Q = 0\,\mathrm{V \cdot A}}}; \qquad \underline{\underline{P}} = 1\,\mathrm{V}^2 \cdot 10\,\mathrm{mS} = \underline{\underline{10\,\mathrm{mW}}}; \qquad \underline{\underline{S = 10\,\mathrm{mW}}}$$

## Aufgabe 6.10

Gegeben ist folgende Schaltung mit Wechselstromquelle:

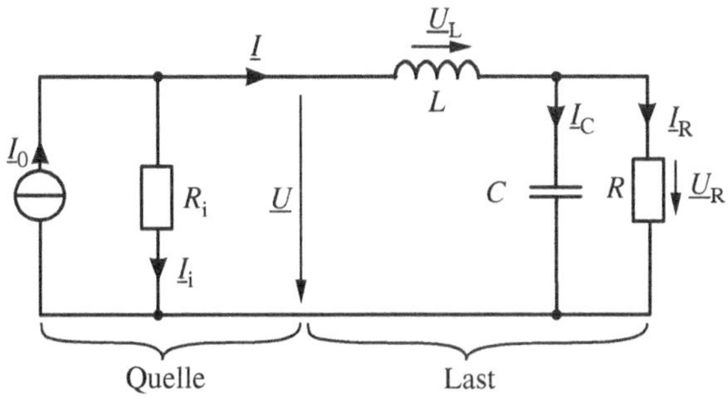


**Bild 6.10.1** Schaltung

$\underline{I}_0$ und $R_i$ sollen zusammen als reale Wechselstromquelle aufgefasst werden, während $R$, $L$ und $C$ als Elemente einer Last aufgefasst werden sollen.

a) Berechnen Sie den komplexen Widerstand $\underline{Z}(\omega) = \underline{U}/\underline{I}$ der Last als Formel und stellen Sie ihn als Summe aus Real- und Imaginärteil dar. Welches Bauteil ($R$, $L$ oder $C$) beschreibt den Imaginärteil für $\omega \to \infty$ näherungsweise?

b) Für die Last soll bei gegebenem $\omega > 0$ eine Blindleistungskompensation durch Einstellen der Kapazität erzielt werden. Bestimmen Sie $C$ formelmäßig in Abhängigkeit der gegebenen Größen. Welche Bedingung muss $L$ erfüllen?

c) Berechnen Sie die komplexen Leistungen im Innenwiderstand $R_i$ und der Last als Zahlenwerte nach Betrag und Phase. Gehen Sie dabei von Folgendem aus:

$$\underline{I}_0 = 0{,}2\,\text{A} \cdot \text{e}^{\text{j}\,0^0}; \qquad R_i = 5\,\Omega; \qquad \underline{Z} = (20 + \text{j}\,25)\ \Omega$$

d) Stellen Sie die Formel für den komplexen Frequenzgang $\underline{H}(\omega) = \underline{U}_R/\underline{U}$ auf und bringen Sie sie in die Form ($A_1$, $A_2$, $A_3$ = Parameter):

$$\underline{H}(\omega) = \frac{A_1}{1 + \text{j}\,\omega \cdot A_2 + (\text{j}\,\omega)^2 \cdot A_3}$$

Welche Grenzwerte ergeben sich für $|\underline{H}(\omega)|$ für $\omega \to 0$ und für $\omega \to \infty$?

## Lösung zu Aufgabe 6.10

Im Folgenden wird die Impedanz der Parallelschaltung von $R$ und $C$ öfter verwendet:

$$\underline{Z}_{RC} = \frac{1}{\frac{1}{R} + \text{j}\,\omega C} = \frac{R}{1 + \text{j}\,\omega RC}$$

a) Anwenden der Regeln für Reihen- und Parallelschaltungen liefert:

$$\underline{Z}(\omega) = \text{j}\,\omega L + \underline{Z}_{RC} = \text{j}\,\omega L + \frac{R - \text{j}\,\omega R^2 C}{1 + \omega^2 R^2 C^2} = \underline{\underline{\frac{R}{1 + \omega^2 R^2 C^2} + \text{j}\left(\omega L - \frac{\omega R^2 C}{1 + \omega^2 R^2 C^2}\right)}}$$

Für $\omega \to \infty$ verhält sich der Imaginärteil genähert wie $\omega L$ und kann damit durch

*eine (bzw. die) Induktivität*

beschrieben werden. Dies entspricht auch der Anschauung, denn die Kapazität hat für steigende Frequenzen einen immer kleineren Blindwiderstand.

b) Bedingung für die Blindleistungskompensation ist $\mathrm{Im}\{\underline{Z}\} = 0$. Mit $\underline{Z}$ aus Teilaufgabe a) lässt sich $C$ aus $R$, $L$ und $\omega$ bestimmen:

$$\mathrm{Im}\{\underline{Z}\} = \omega L - \frac{\omega R^2 C}{1+\omega^2 R^2 C^2} = 0 \quad \rightarrow L - \frac{R^2 C}{1+\omega^2 R^2 C^2} = 0$$
$$\rightarrow L \cdot (1+\omega^2 R^2 C^2) - R^2 C = 0$$
$$\rightarrow C^2 \cdot (L\omega^2 R^2) - C \cdot R^2 + L = 0$$

Lösungen der quadratischen Gleichung:

$$\underline{\underline{C_{1/2} = \frac{R^2 \pm \sqrt{R^4 - 4\omega^2 L^2 R^2}}{2\omega^2 L R^2} = \frac{1}{2\omega^2 L} \pm \sqrt{\frac{1}{4\omega^4 L^2} - \frac{1}{\omega^2 R^2}}}}$$

Es existieren genau dann reelle Lösungen für $C$, wenn der Radikand größer oder gleich null ist. Für $L$ folgt daraus:

$$R^2 - 4\omega^2 L^2 \geqq 0 \quad \text{bzw.} \quad \underline{\underline{L \leqq \frac{R}{2\omega}}}$$

c) Berechnung über $\underline{S} = \underline{Z} \cdot |\underline{I}|^2$ und $\underline{S}_\mathrm{i} = \underline{Z} \cdot |\underline{I}_\mathrm{i}|^2$, wobei $\underline{I}_\mathrm{i} = \underline{I}_0 - \underline{I}$ der Strom ist, der im Schaltbild von oben nach unten durch den Innenwiderstand $R_\mathrm{i}$ fließt.

Berechnung der Ströme über die Stromteilerregel:

$$\underline{I} = \frac{1/\underline{Z}}{1/R_\mathrm{i} + 1/\underline{Z}} \cdot \underline{I}_0 = \frac{R_\mathrm{i} \cdot \underline{I}_0}{R_\mathrm{i} + \underline{Z}} = \frac{5}{25 + \mathrm{j}\,25} \cdot 0{,}2\,\mathrm{A} = \frac{1}{\sqrt{1250} \cdot \mathrm{e}^{\mathrm{j}\,45^\circ}}\,\mathrm{A}$$
$$= 28{,}28\,\mathrm{mA} \cdot \mathrm{e}^{-\mathrm{j}\,45^\circ}$$

$$\underline{I}_\mathrm{i} = \frac{1/R_\mathrm{i}}{1/R_\mathrm{i} + 1/\underline{Z}} \cdot \underline{I}_0 = \frac{\underline{Z} \cdot \underline{I}_0}{R_\mathrm{i} + \underline{Z}} = \frac{20 + \mathrm{j}\,25}{25 + \mathrm{j}\,25} \cdot 0{,}2\,\mathrm{A} = \frac{\sqrt{1025} \cdot \mathrm{e}^{\mathrm{j}\,51{,}34^\circ}}{\sqrt{1250} \cdot \mathrm{e}^{\mathrm{j}\,45^\circ}} \cdot 0{,}2\,\mathrm{A}$$
$$= 181{,}1\,\mathrm{mA} \cdot \mathrm{e}^{\mathrm{j}\,6{,}34^\circ}$$

Dies ergibt sich auch über eine Rechnung mittels äquivalenter Spannungsquelle (Spannungsquelle $\underline{U}_0 = \underline{I}_0 \cdot R_\mathrm{i}$) und Anwenden der Spannungsteilerregel.

Damit:

$$\underline{S} = \underline{Z} \cdot |\underline{I}|^2 = \sqrt{1025} \cdot \mathrm{e}^{\mathrm{j}\,51{,}34}\,\Omega \cdot (28{,}28\,\mathrm{mA})^2 = \underline{\underline{25{,}60 \cdot \mathrm{e}^{\mathrm{j}\,51{,}34^0}\,\mathrm{mV \cdot A}}}$$
$$\underline{S}_\mathrm{i} = R_\mathrm{i} \cdot |\underline{I}_\mathrm{i}|^2 = 5\,\Omega \cdot (181{,}1\,\mathrm{mA})^2 = \underline{\underline{164{,}0 \cdot \mathrm{e}^{\mathrm{j}\,0^0}\,\mathrm{mV \cdot A}}}$$

Es wird also relativ viel Leistung im Innenwiderstand verbraucht.

d) Anwendung der Spannungsteilerregel liefert:

$$\underline{H}(\omega) = \frac{\underline{U}_\mathrm{R}}{\underline{U}} = \frac{\underline{Z}_{RC}}{\mathrm{j}\,\omega L + \underline{Z}_{RC}} = \frac{1}{1 + \mathrm{j}\,\omega L/\underline{Z}_{RC}}$$
$$= \frac{1}{1 + \mathrm{j}\,\omega L \cdot (1 + \mathrm{j}\,\omega RC)/R} = \underline{\underline{\frac{1}{1 + \mathrm{j}\,\omega \cdot (L/R) + (\mathrm{j}\,\omega)^2 \cdot LC}}}$$

Der Betrag ist dann:

$$|\underline{H}(\omega)| = \frac{1}{|1 + \mathrm{j}\,\omega \cdot (L/R) + (\mathrm{j}\,\omega)^2 \cdot LC|} = \frac{1}{\sqrt{(1 - \omega^2 LC)^2 + (\omega L/R)^2}}$$

Die Grenzwerte sind somit:

$$\omega \rightarrow 0\colon \quad \underline{\underline{|\underline{H}| \rightarrow 1}}; \qquad \omega \rightarrow \infty\colon \quad \underline{\underline{|\underline{H}| \rightarrow 0}}$$

## Aufgabe 6.11

Gegeben ist folgende Schaltung mit Wechselstromquelle:

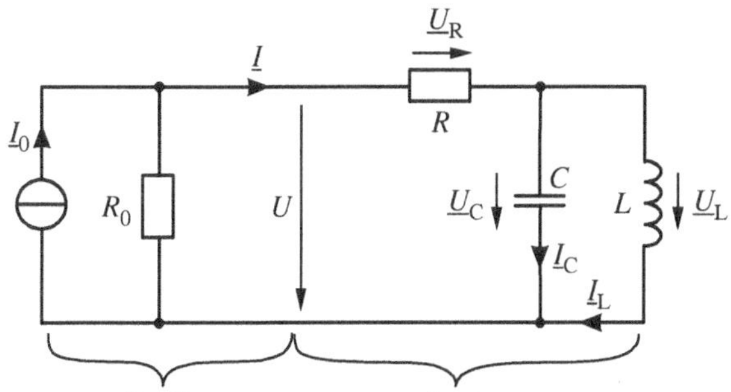


**Bild 6.11.1** Schaltung

a) Berechnen Sie den Betrag der Lastimpedanz $\underline{Z}_L$ als Formel und bestimmen Sie, welche Werte der Betrag für $\omega \to 0$ und $\omega \to \infty$ annimmt.

b) Berechnen Sie den komplexen Frequenzgang $\underline{H}(\omega) = \underline{I}/\underline{I}_0$ für $R_0 = R$. Für welches $\omega = \omega_0$ strebt der Betrag von $\underline{H}(\omega)$ gegen null.

c) Für $R = 50\,\Omega$, $C = 7\,\mu\text{F}$, $L = 187{,}5\,\text{mH}$ und $\omega = 4 \cdot 10^3 \cdot 1/\text{s}$ wird an den Klemmen der Last eine Wirkleistung von $P = 200\,\text{W}$ und eine Blindleistung von $Q = -150\,\text{V} \cdot \text{A}$ gemessen. Berechnen Sie daraus die Zahlenwerte der (reellen) Effektivwerte $I$, $I_C$, $I_L$, $U$, $U_R$ und $U_C = U_L$.

d) Für die Quelle wird nun $R_0 = 10\,\Omega$ und $I_0 = 10\,\text{A}$ angenommen, für die Lastimpedanz $\underline{Z}_L = (20 + \text{j}\,10)\,\Omega$. Berechnen Sie die *gesamte* komplexe Leistung im *Quellenwiderstand und in der Last* nach Real- und Imaginärteil. Formen Sie die Quelle danach in eine äquivalente Wechselspannungsquelle um und berechnen Sie erneut die *gesamte* komplexe Leistung im Quellenwiderstand und der Last nach Real- und Imaginärteil.

## Lösung zu Aufgabe 6.11

a) Berechnung der Lastimpedanz unter Verwendung der Rechenregeln für Reihen- und Parallelschaltungen:

$$\underline{Z}_L = R + \frac{1}{\text{j}\,\omega C + \dfrac{1}{\text{j}\,\omega L}} = R + \frac{\text{j}\,\omega L}{1 - \omega^2 LC}$$

Der Betrag ist dann:

$$\underline{\underline{|\underline{Z}_L| = \sqrt{R^2 + \left(\frac{\omega L}{1 - \omega^2 LC}\right)^2}}}$$

Dieser nimmt folgende Werte für die gegebenen Kreisfrequenzen an:

$\omega \to 0$: $\underline{\underline{|\underline{Z}_L| = R}}$ (Kondensator wirkt wie Leerlauf, Spule wie Kurzschluss)

$\omega \to \infty$: $\underline{\underline{|\underline{Z}_L| = R}}$ (Spule wirkt wie Leerlauf, Kondensator wie Kurzschluss)

b) Berechnung von $\underline{H}(\omega) = \underline{I}/\underline{I}_0$ aus der Stromteilerregel ($R_0 = R$):

$$\underline{H}(\omega) = \frac{\underline{I}}{\underline{I}_0} = \frac{1/\underline{Z}_L}{1/\underline{Z}_L + 1/R} = \frac{1}{1+\underline{Z}_L/R} = \frac{1}{1+\dfrac{R+\dfrac{\mathrm{j}\,\omega L}{1-\omega^2 LC}}{R}} = \frac{1}{2+\dfrac{\mathrm{j}\,\omega L}{R(1-\omega^2 LC)}}$$

Der Betrag ist dann:

$$|\underline{H}(\omega)| = \frac{1}{\sqrt{4+\left(\dfrac{\omega L}{R(1-\omega^2 LC)}\right)^2}}$$

Dieser kann nur gegen null streben, wenn der Nenner gegen unendlich strebt. Da $R \neq 0$, kann dies nur erfolgen bei $1-\omega^2 LC = 0$ bzw.:

$$\underline{\underline{\omega_0 = 1/\sqrt{LC}}}$$

(die Parallelschaltung von Spule und Kondensator wirkt wie ein Leerlauf).

c) Der gesamte Laststrom $I$ fließt durch den Widerstand, wo auch die gesamte Wirkleistung umgesetzt wird, d. h. $P = R \cdot I^2$. Daraus:

$$I = \sqrt{P/R} = \sqrt{200/50}\,\mathrm{A} = \underline{\underline{2\,\mathrm{A}}} \quad \text{und damit} \quad U_R = R \cdot I = \underline{\underline{100\,\mathrm{V}}}$$

Über die Scheinleistung ergibt sich die gesamte Spannung an der Last:

$$U = \frac{S}{I} = \frac{\sqrt{P^2+Q^2}}{I} = \frac{\sqrt{200^2+(-150)^2}}{2}\,\mathrm{V} = \underline{\underline{125\,\mathrm{V}}}$$

Die Spannung an Spule bzw. Kondensator ergibt sich aus der gesamten Spannung und der Spannung am Widerstand zu:

$$U_L = U_C = \sqrt{U^2 - U_R^2} = \sqrt{125^2 - 100^2}\,\mathrm{V} = \underline{\underline{75\,\mathrm{V}}}$$

*Anmerkung:* Die Parallelschaltung aus Spule und Kondensator wirkt stets als rein reaktives Element, d. h. die Phasenverschiebung zwischen Strom und Spannung ist immer $\pm 90°$. Da die $LC$-Parallelschaltung und der Widerstand von demselben Strom durchflossen werden, folgt, dass zwischen den Spannungen ebenfalls $\pm 90°$ liegen. Damit und mit der Maschenregel folgt der Ansatz oben.

Die Bauteilgleichungen liefern die entsprechenden Ströme:

$$I_L = \frac{U_L}{\omega \cdot L} = \frac{75}{4 \cdot 10^3 \cdot 187{,}5 \cdot 10^{-3}}\,\mathrm{A} = \underline{\underline{0{,}1\,\mathrm{A}}}$$

$$I_C = U_C \cdot \omega \cdot C = 75 \cdot 4 \cdot 10^3 \cdot 7 \cdot 10^{-6}\mathrm{A} = \underline{\underline{2{,}1\,\mathrm{A}}}$$

*Anmerkung:* Die Differenz der Ströme ergibt korrekterweise 2 A, was gleich dem gesamten Laststrom ist. Wie zu sehen, fließt der meiste Strom über den Kondensator, d. h. dieser bestimmt die Schaltung (entsprechend $\omega > \omega_0$).

d) Berechnung der gesamten Leistung der Stromquelle:

$$\underline{S}_0 = \underline{Z} \cdot I_0^2 = \left(\frac{R_0 \cdot \underline{Z}_L}{R_0 + \underline{Z}_L}\right) \cdot I_0^2 = \left(\frac{200 + \mathrm{j}\,100}{30 + \mathrm{j}\,10}\right) \cdot 10^2\,\mathrm{V \cdot A}$$

$$= \left(\frac{7000 + \mathrm{j}\,1000}{30^2 + 10^2}\right) \cdot 10^2\,\mathrm{V \cdot A} = (7 + \mathrm{j}\,1) \cdot 10^2\,\mathrm{V \cdot A} = \underline{\underline{(700 + \mathrm{j}\,100)\,\mathrm{V \cdot A}}}$$

Berechnung der gesamten Leistung der äquivalenten Spannungsquelle:

$$\underline{S}_0 = \underline{Y}^* \cdot U_0^2 = \left(\frac{1}{R_0 + \underline{Z}_\mathrm{L}}\right)^* \cdot (R_0 \cdot I_0)^2 = \left(\frac{1}{30 + \mathrm{j}\,10}\right)^* \cdot (10 \cdot 10)^2\,\mathrm{V} \cdot \mathrm{A}$$

$$= \left(\frac{30 - \mathrm{j}\,10}{30^2 + 10^2}\right)^* \cdot 100^2\,\mathrm{V} \cdot \mathrm{A} = (30 + \mathrm{j}\,10) \cdot 10\,\mathrm{V} \cdot \mathrm{A} = \underline{\underline{(300 + \mathrm{j}\,100)\,\mathrm{V} \cdot \mathrm{A}}}$$

*Anmerkung:* Wie zu sehen, sind die Leistungen *nicht* identisch!

## Verschiedene Anwendungen

### Aufgabe 6.12

Gegeben ist folgende Schaltung mit Wechselspannungsquelle:

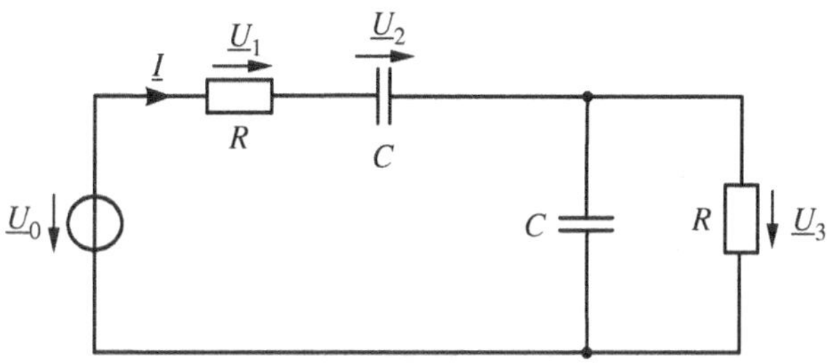


**Bild 6.12.1** Schaltung

a) Berechnen Sie die Übertragungsfunktion $\underline{H}(\omega) = \underline{U}_3/\underline{U}_0$ in Abhängigkeit von $R$, $C$ und $\omega$ und stellen Sie sie wie folgt dar ($A_1$, $A_2$ und $A_3$ = reelle Parameter):

$$\underline{H}(\omega) = \frac{\mathrm{j}\,\omega \cdot A_1}{1 + \mathrm{j}\,\omega \cdot A_2 - \omega^2 \cdot A_3}$$

b) Bestimmen Sie die Grenzwerte der Übertragungsfunktion aus Teilaufgabe a) für $\omega \to 0$ bzw. $\omega \to \infty$ in Abhängigkeit von $A_1$, $A_2$ und $A_3$ nach Betrag. Bei welchem Wert von $\omega$ ist die Phase der Übertragungsfunktion null und was ist dann ihr Betrag?

c) Berechnen Sie die Wirkleistung, die am rechten Widerstand (zugehörig zum Spannungsabfall $\underline{U}_3$) abfällt in Abhängigkeit von $A_1$, $A_2$ und $A_3$.

d) Berechnen Sie die Impedanz $\underline{Z}(\omega) = \underline{U}_0/\underline{I}$ in Abhängigkeit von $R$, $C$ und $\omega$ und stellen Sie sie als Summe aus Realteil und Imaginärteil dar.

e) Nehmen Sie $R = 100\,\Omega$, $C = 10\,\mu\mathrm{F}$, $\omega = 2000 \cdot 1/\mathrm{s}$, $\underline{I} = 1\,\mathrm{A} \cdot \mathrm{e}^{\mathrm{j}\,0^0}$ an und berechnen Sie die Spannungen $\underline{U}_0$, $\underline{U}_1$, $\underline{U}_2$ und $\underline{U}_3$ in Zahlenwerten nach Betrag und Phase.

## Lösung zu Aufgabe 6.12

In den folgenden Teilaufgaben ist folgende Zusammenfassung nützlich:

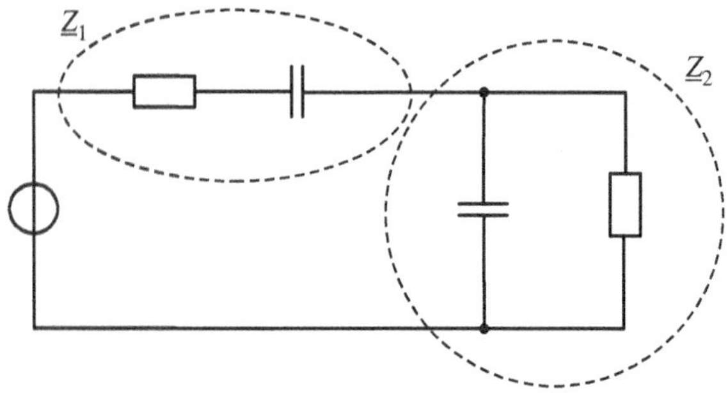


**Bild 6.12.2** Kombination einzelner Elemente

$$\underline{Z}_1 = R + \frac{1}{\mathrm{j}\,\omega C} = R - \mathrm{j}\,\frac{1}{\omega C} = R \cdot \left[1 - \mathrm{j}\,\frac{1}{\omega RC}\right]$$

$$\underline{Z}_2 = \frac{1}{\frac{1}{R} + \mathrm{j}\,\omega C} = \frac{R}{1 + \mathrm{j}\,\omega RC} = R \cdot \frac{1 - \mathrm{j}\,\omega RC}{1 + (\omega RC)^2}$$

a) Verwenden der Spannungsteilerregel liefert:

$$\underline{H} = \frac{\underline{Z}_2}{\underline{Z}_1 + \underline{Z}_2} = \frac{\frac{R}{1 + \mathrm{j}\,\omega RC}}{R + \frac{1}{\mathrm{j}\,\omega C} + \frac{R}{1 + \mathrm{j}\,\omega RC}} = \frac{R}{(1 + \mathrm{j}\,\omega RC) \cdot \left(R + \frac{1}{\mathrm{j}\,\omega C} + \frac{R}{1 + \mathrm{j}\,\omega RC}\right)}$$

$$= \frac{R}{R + \frac{1}{\mathrm{j}\,\omega C} + \mathrm{j}\,\omega R^2 C + R + R} = \underline{\underline{\frac{\mathrm{j}\,\omega \cdot RC}{1 + \mathrm{j}\,\omega \cdot 3RC - \omega^2 \cdot R^2C^2}}}$$

Also $A_1 = RC, A_2 = 3RC, A_3 = R^2C^2$.

b) Gegeben:

$$\underline{H}(\omega) = \frac{\mathrm{j}\,\omega \cdot A_1}{1 + \mathrm{j}\,\omega \cdot A_2 - \omega^2 \cdot A_3}$$

Verhalten für sehr niedrige Frequenzen:

$$\underline{H}(\omega) \approx \frac{\mathrm{j}\,\omega \cdot A_1}{1 + 0 + 0} = \mathrm{j}\,\omega \cdot A_1$$

$\rightarrow$ <u>Betrag geht gegen null (Phase gegen $+90^0$)</u>

Verhalten für sehr hohe Frequenzen:

$$\underline{H}(\omega) \approx \frac{\mathrm{j}\,\omega \cdot A_1}{0 + 0 - \omega^2 \cdot A_3} = -\frac{\mathrm{j}\,A_1}{\omega \cdot A_3}$$

$\rightarrow$ <u>Betrag geht gegen null (Phase gegen $-90^0$)</u>

Phase der Übertragungsfunktion null bei:

$$1 - \omega^2 \cdot A_3 = 0 \quad \rightarrow \quad \underline{\underline{\omega = 1/\sqrt{A_3}}} \quad \text{mit} \quad \underline{\underline{\underline{H}(\omega = 1/\sqrt{A_3}) = A_1/A_2}}$$

c) Wirkleistung am rechten Widerstand:

$$P = \frac{1}{R} \cdot \underline{U}_3 \cdot \underline{U}_3^* = \frac{1}{R} \cdot (\underline{H}\underline{U}_0) \cdot (\underline{H}\underline{U}_0)^* = \frac{1}{R} \cdot |\underline{H}|^2 \cdot U_0^2$$

Hierbei ist $\underline{H}$ die in Teilaufgabe a) gegebene Übertragungsfunktion. Weiter:

$$|\underline{H}|^2 = \frac{|\mathrm{j}\,\omega \cdot A_1|^2}{\left|1 + \mathrm{j}\,\omega \cdot A_2 - \omega^2 \cdot A_3\right|^2} = \frac{(\omega A_1)^2}{(1-\omega^2 A_3)^2 + (\omega A_2)^2}$$
$$= \frac{\omega^2 A_1^2}{1 - 2\omega^2 A_3 + (\omega^2 A_3)^2 + \omega^2 A_2^2} = \frac{\omega^2 A_1^2}{1 + \omega^2 (A_2^2 - 2A_3) + \omega^4 A_3^2}$$

Somit:

$$P = \frac{1}{R} \cdot \frac{\omega^2 A_1^2}{1 + \omega^2 (A_2^2 - 2A_3) + \omega^4 A_3^2} \cdot U_0^2$$

d) Berechnung über $\underline{Z}_1$ und $\underline{Z}_2$ (Reihenschaltung):

$$\underline{Z} = \underline{Z}_1 + \underline{Z}_2 = R \cdot \left[1 - \mathrm{j}\frac{1}{\omega RC}\right] + R \cdot \frac{1 - \mathrm{j}\,\omega RC}{1 + (\omega RC)^2}$$
$$= R \cdot \left[1 + \frac{1}{1 + (\omega RC)^2}\right] - \mathrm{j}\,R \cdot \left[\frac{1}{\omega RC} + \frac{\omega RC}{1 + (\omega RC)^2}\right]$$

e) Mit $R = 100\,\Omega$, $C = 10\,\mu\mathrm{F}$, $\omega = 2000 \cdot 1/\mathrm{s}$ folgt $\omega RC = 2$. Unter Verwendung der bisher abgeleiteten Formeln folgt dann:

$$\underline{Z}_2 = 100 \cdot \frac{1 - 2\,\mathrm{j}}{1 + 2^2}\,\Omega = 20 \cdot (1 - 2\,\mathrm{j}\,)\,\Omega = 44{,}72 \cdot \mathrm{e}^{-\mathrm{j}\,63{,}43^\circ}\,\Omega$$
$$\underline{Z} = 100 \cdot \left[1 + \frac{1}{1 + (2)^2}\right] - 100\,\mathrm{j}\left[\frac{1}{2} + \frac{2}{1 + (2)^2}\right]\,\Omega$$
$$= 100 \cdot (1{,}2 - 0{,}9\,\mathrm{j}\,)\,\Omega = 150 \cdot \mathrm{e}^{-\mathrm{j}\,36{,}87^\circ}\,\Omega$$

Mit $\underline{I} = 1\,\mathrm{A}$ dann einfach weiter:

$$\underline{U}_0 = \underline{Z} \cdot \underline{I} = 150\,\mathrm{V} \cdot \mathrm{e}^{-\mathrm{j}\,36{,}87^\circ} \qquad \underline{U}_1 = R \cdot \underline{I} = 100\,\mathrm{V} \cdot \mathrm{e}^{\mathrm{j}\,0^0} = 100\,\mathrm{V}$$
$$\underline{U}_2 = \underline{I}/\mathrm{j}\,\omega C = 50\,\mathrm{V} \cdot \mathrm{e}^{-\mathrm{j}\,90^\circ} \qquad \underline{U}_3 = \underline{Z}_2 \cdot \underline{I} = 44{,}72\,\mathrm{V} \cdot \mathrm{e}^{-\mathrm{j}\,63{,}43^\circ}$$

## Aufgabe 6.13

Gegeben ist folgende Schaltung mit idealer Wechselspannungsquelle:

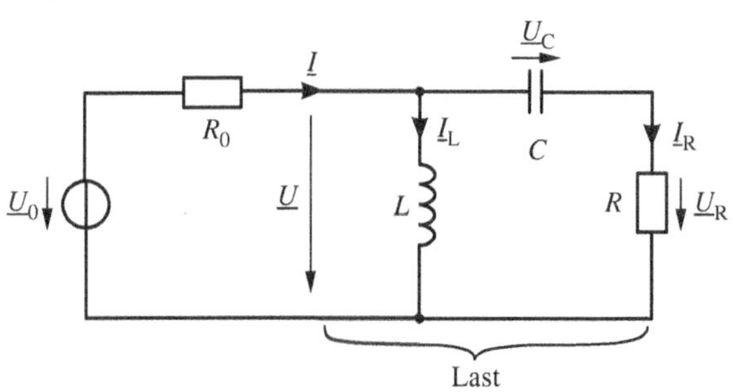


**Bild 6.13.1** Schaltung

$\underline{U}_0$ und $R_0$ sollen zusammen als reale Wechselspannungsquelle aufgefasst werden, während $R$, $L$ und $C$ als Elemente einer Last aufgefasst werden sollen.

a) Geben Sie für folgende drei Paare von Größen an, ob sie in Phase sind oder nicht. Wenn sie nicht in Phase sind, geben Sie zusätzlich an, welche Größe vorauseilt. Begründung nicht vergessen!

$\underline{U}_\mathrm{R}$ und $\underline{U}_\mathrm{C}$; $\underline{U}_\mathrm{C}$ und $\underline{U}$; $\underline{I}_\mathrm{R}$ und $\underline{I}_\mathrm{L}$

b) Berechnen Sie den komplexen Widerstand der Last $\underline{Z}(\omega) = \underline{U}/\underline{I}$ als Formel und stellen Sie ihn als Summe aus Realteil und Imaginärteil dar.

c) Berechnen Sie den Frequenzgang (Übertragungsfunktion) $\underline{H}(\omega) = \underline{U}_\mathrm{R}/\underline{U}$ als Formel und bestimmen Sie die Grenzwerte von $|\underline{H}(\omega)|$ für $\omega \to 0$ bzw. $\omega \to \infty$. Für welches $\omega$ erhält man $|\underline{H}(\omega)| = -10\,\mathrm{dB}$?

d) Messungen an der Last ergeben eine gesamte Wirkleistung von $P = 1000\,\mathrm{W}$, eine gesamte Blindleistung von $Q = -100\,\mathrm{V \cdot A}$ und einen (reellen) Effektivwert der Spannung von $U = 120\,\mathrm{V}$ bei $\omega = 100 \cdot 1/\mathrm{s}$. Weiterhin ist bekannt, dass $R = 10\,\Omega$. Bestimmen Sie daraus in Zahlenwerten die Kapazität $C$ und die Induktivität $L$.

## Lösung zu Aufgabe 6.13

a) Die Phasenlagen lassen sich am besten mithilfe eines Zeigerdiagramms ableiten (Skizze ist nicht maßstabsgerecht):

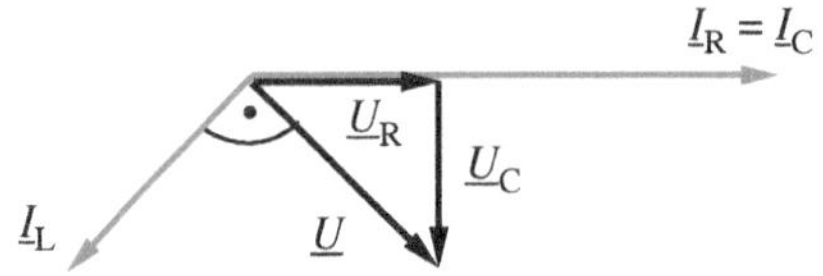


**Bild 6.13.2** Zeigerdiagramm

Daraus folgt:

$\underline{U}_\mathrm{R}$ läuft $\underline{U}_\mathrm{C}$ voraus
$\underline{U}$ läuft $\underline{U}_\mathrm{C}$ voraus
$\underline{I}_\mathrm{R}$ läuft $\underline{I}_\mathrm{L}$ voraus

b) Berechnung des komplexen Lastwiderstandes:

$$\underline{Z}(\omega) = \frac{1}{\dfrac{1}{\mathrm{j}\omega L} + \dfrac{1}{\dfrac{1}{\mathrm{j}\omega C} + R}} = \frac{1}{\dfrac{1}{\mathrm{j}\omega L} + \dfrac{\mathrm{j}\omega C}{1 + \mathrm{j}\omega RC}} = \frac{1}{\dfrac{1 + \mathrm{j}\omega RC + (\mathrm{j}\omega)^2 LC}{\mathrm{j}\omega L + (\mathrm{j}\omega)^2 RLC}}$$

$$= \frac{\mathrm{j}\omega L - \omega^2 RLC}{(1 - \omega^2 LC) + \mathrm{j}\omega RC} = \frac{\left[\mathrm{j}\omega L - \omega^2 RLC\right] \cdot \left[(1 - \omega^2 LC) - \mathrm{j}\omega RC\right]}{(1 - \omega^2 LC)^2 + (\omega RC)^2}$$

Ausmultipliziert und aufgetrennt nach Real- und Imaginärteil:

$$\underline{Z}(\omega) = \frac{\omega^4 RL^2C^2}{(1 - \omega^2 LC)^2 + (\omega RC)^2} + \mathrm{j}\,\frac{\omega L - \omega^3 L^2 C + \omega^3 R^2 LC^2}{(1 - \omega^2 LC)^2 + (\omega RC)^2}$$

c) Der Frequenzgang ergibt sich aus der Spannungsteilerregel:

$$\underline{H}(\omega) = \frac{\underline{U}_\mathrm{R}}{\underline{U}} = \frac{R}{R + 1/\mathrm{j}\,\omega C} = \underline{\underline{\frac{\mathrm{j}\,\omega RC}{1 + \mathrm{j}\,\omega RC}}}$$

Dies entspricht dem Verhalten eines einfachen Hochpasses 1. Ordnung. Es folgt für den Betrag:

$$|\underline{H}(\omega)| = \left|\frac{\mathrm{j}\,\omega RC}{1 + \mathrm{j}\,\omega RC}\right| = \frac{\omega RC}{\sqrt{1 + (\omega RC)^2}}$$

Daraus lassen sich sehr einfach die Grenzwerte ablesen zu:

$$\omega \to 0: \quad \underline{\underline{|\underline{H}(\omega)| \to 0}}; \qquad \omega \to \infty: \quad \underline{\underline{|\underline{H}(\omega)| \to 1}}$$

Zur Berechnung des gesuchten Frequenzpunktes folgt mit $x = \omega RC$ die Gleichung ($-10\,\mathrm{dB} = 10^{-0,5} = 1/\sqrt{10} = 0{,}3162$):

$$x = \frac{1}{\sqrt{10}} \cdot \sqrt{1 + x^2} \quad \text{bzw.} \quad x^2 = \frac{1}{10} \cdot (1 + x^2)$$

Daraus:

$$x^2 = \frac{0{,}1}{0{,}9} = \frac{1}{9} \quad \text{bzw.} \quad x = \frac{1}{3} \quad \text{und damit} \quad \underline{\underline{\omega = \frac{1}{3RC}}} \quad \text{(exakt)}$$

d) Die Wirkleistung $P$ wird allein durch den Widerstand $R$ verursacht. Über $P = \frac{U_\mathrm{R}^2}{R} = R \cdot I_2^2$ und Kenntnis von $P = 1000\,\mathrm{W}$ und $R = 10\,\Omega$ folgt damit:

$$U_\mathrm{R} = 100\,\mathrm{V} \quad \text{bzw.} \quad I_\mathrm{R} = 10\,\mathrm{A}$$

Aufgrund der Knotenregel gilt:

$$I_\mathrm{R} = I_\mathrm{C} = 10\,\mathrm{A}$$

Aufgrund der Maschenregel gilt $U^2 = U_\mathrm{L}^2 = U_\mathrm{C}^2 + U_\mathrm{R}^2$ (siehe auch Teilaufgabe a).
Mit $U = 120\,\mathrm{V}$ und Kenntnis von $U_\mathrm{R}$ folgt daraus:

$$U_\mathrm{C} = 66{,}33\,\mathrm{V}$$

Über $I_\mathrm{C} = \omega C \cdot U_\mathrm{C}$ und $\omega = 100 \cdot 1/\mathrm{s}$ folgt dann:

$$\underline{\underline{C = 1{,}508\,\mathrm{mF}}}$$

Mit $Q_\mathrm{C} = -\omega C U_\mathrm{C}^2$ folgt $Q_\mathrm{C} = -663{,}3\,\mathrm{V \cdot A}$ und über $Q = Q_\mathrm{L} + Q_\mathrm{C}$ und $Q_\mathrm{C} = -100\,\mathrm{V \cdot A}$ auch:

$$Q_\mathrm{L} = +563{,}3\,\mathrm{V \cdot A}$$

Über $Q_\mathrm{L} = U_\mathrm{L}^2/\omega L$ und $U_\mathrm{L} = U = 120\,\mathrm{V}$ folgt damit schließlich:

$$\underline{\underline{L = 255{,}6\,\mathrm{mH}}}$$

## Aufgabe 6.14

Gegeben ist folgende Schaltung mit idealer Wechselspannungsquelle:

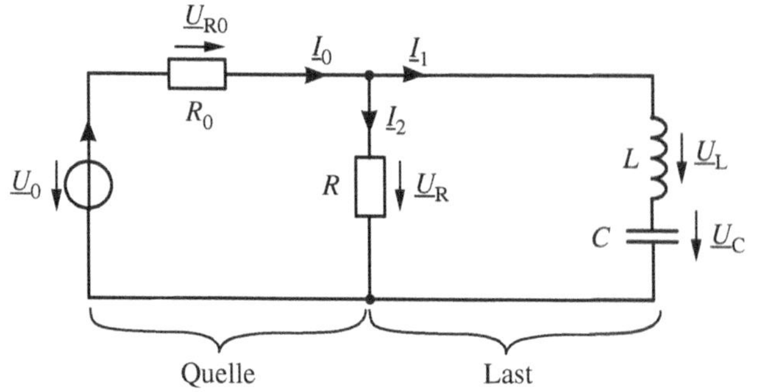


**Bild 6.14.1** Schaltung

$\underline{U}_0$ und $R_0$ sollen zusammen als reale Wechselspannungsquelle aufgefasst werden, während $R$, $L$ und $C$ als Elemente einer Last aufgefasst werden sollen.

a) Berechnen Sie den Betrag der Impedanz $\underline{Z}_\mathrm{L}$ der Last als Formel. Welchen minimalen, welchen maximalen Wert kann dieser für $0 \leqq \omega < \infty$ annehmen?

b) Bestimmen Sie die Werte/die Wertebereiche der Kreisfrequenz $\omega$, für die sich die Last rein ohmsch, ohmsch-induktiv und ohmsch-kapazitiv verhält.

Gehen Sie für die Aufgabenteile c) und d) von den folgenden Zahlenwerten aus: $\underline{U}_0 = 10\,\mathrm{V}$, $R_0 = 50\,\Omega$, $R = 50\,\Omega$, $L = 2\,\mathrm{mH}$, $C = 50\,\mathrm{nF}$.

c) Die Schaltung wird zunächst bei der Frequenz $f_1 = 18{,}065\,\mathrm{kHz}$ betrieben. Bei dieser Frequenz ergibt sich für die Lastimpedanz $\underline{Z}_\mathrm{L} = (25{,}4 + \mathrm{j}\,25)\,\Omega$. Berechnen Sie für diesen Fall die Zahlenwerte der Ströme $\underline{I}_0$, $\underline{I}_1$ und $\underline{I}_2$ nach Betrag und Phase.

d) Die Schaltung wird nun bei einer geänderten Frequenz $f_2$ betrieben. An der Last treten dabei die Wirkleistung $P_\mathrm{L} = 450{,}9\,\mathrm{mW}$ sowie die Blindleistung $Q_\mathrm{L} = -180{,}4\,\mathrm{mV \cdot A}$ auf. Berechnen Sie die neue Frequenz $f_2$ als Zahlenwert.

## Lösung zu Aufgabe 6.14

Für die gegebene Schaltung ist es günstig, zunächst Betrag und Phase der Admittanz zu ermitteln:

$$\underline{Y}_\mathrm{L} = \frac{1}{R} + \frac{1}{\dfrac{1}{\mathrm{j}\,\omega C} + \mathrm{j}\,\omega L} = \frac{1}{R} + \mathrm{j}\left(\frac{\omega C}{1 - \omega^2 LC}\right) = G + \mathrm{j}\,B$$

Mit $G$ und $B$ wie oben ergibt sich dann:

$$|\underline{Z}_\mathrm{L}| = \frac{1}{|\underline{Y}_\mathrm{L}|} = \frac{1}{\sqrt{G^2 + B^2}} \quad \text{bzw.} \quad \arg\left(\underline{Z}_\mathrm{L}\right) = -\arg\left(\underline{Y}_\mathrm{L}\right) = -\arctan\left(\frac{B}{G}\right)$$

a) Der Betrag der Lastimpedanz ist:

$$|\underline{Z}_\mathrm{L}| = \frac{1}{\sqrt{\left(\dfrac{1}{R}\right)^2 + \left(\dfrac{\omega C}{1 - \omega^2 LC}\right)^2}}$$

Aus der Formel ist unmittelbar ersichtlich, dass für $0 \leqq \omega < \infty$:

$$\underline{\underline{\min\{|\underline{Z}_\mathrm{L}|\} = 0 \quad (\omega = 1/\sqrt{LC})}}$$

$$\underline{\underline{\max\{|\underline{Z}_\mathrm{L}|\} = R \quad (\omega = 0)}}$$

b) Entweder explizit aus der Phase:

$$\arg(\underline{Z}_\mathrm{L}) = -\arctan\left(\frac{B}{G}\right) = -\arctan\left(\frac{\omega RC}{1-\omega^2 LC}\right) = \arctan\left(\frac{\omega RC}{\omega^2 LC - 1}\right)$$

oder direkt aus der Anschauung kann man folgende Frequenzbereichbereiche des Verhaltens identifizieren:

- *rein ohmsch* (Phase $= 0$) für $\omega = 0$ ($LC$-Zweig offen),
- *ohmsch-kapazitiv* (Phase $< 0$) für $0 < \omega < 1/\sqrt{LC}$ (Scheinimpedanz des Kondensators größer als die der Spule $\rightarrow$ dominanter Einfluss),
- *ohmsch-induktiv* (Phase $> 0$) für $1/\sqrt{LC} < \omega < \infty$ (Scheinimpedanz der Spule größer als die des Kondensators $\rightarrow$ dominanter Einfluss).

*Anmerkung:* Für $\omega = 1/\sqrt{LC}$ ($LC$-Zweig in Resonanz und damit ein Kurzschluss) ist die Phase nicht definiert bzw. springt von $-90°$ nach $+90°$. Die Last stellt einen perfekten Kurzschluss dar.

c) Zuerst Berechnung der Spannungen:

$$\underline{U}_\mathrm{R0} = \underline{U}_0 \cdot \frac{R_0}{R_0 + \underline{Z}_\mathrm{L}} = 10\,\mathrm{V} \cdot \frac{50}{75{,}4 + \mathrm{j}\,25} = 6{,}294\,\mathrm{V} \cdot \mathrm{e}^{-\mathrm{j}\,18{,}34°}$$

$$\underline{U}_\mathrm{R} = \underline{U}_0 \cdot \frac{\underline{Z}_\mathrm{L}}{R_0 + \underline{Z}_\mathrm{L}} = 10\,\mathrm{V} \cdot \frac{25{,}4 + \mathrm{j}\,25}{75{,}4 + \mathrm{j}\,25} = 4{,}487\,\mathrm{V} \cdot \mathrm{e}^{\mathrm{j}\,26{,}20°}$$

Daraus dann die Ströme:

$$\underline{\underline{\underline{I}_0 = \frac{\underline{U}_\mathrm{R0}}{R_0} = \frac{6{,}294\,\mathrm{V} \cdot \mathrm{e}^{-\mathrm{j}\,18{,}34°}}{50\,\Omega} = 125{,}9\,\mathrm{mA} \cdot \mathrm{e}^{-\mathrm{j}\,18{,}34°}}}$$

$$\underline{\underline{\underline{I}_2 = \frac{\underline{U}_\mathrm{R}}{R} = \frac{4{,}487\,\mathrm{V} \cdot \mathrm{e}^{\mathrm{j}\,26{,}20°}}{50\,\Omega} = 89{,}74\,\mathrm{mA} \cdot \mathrm{e}^{\mathrm{j}\,26{,}20°}}}$$

$$\underline{\underline{\underline{I}_1 = \underline{I}_0 - \underline{I}_2 = 88{,}31\,\mathrm{mA} \cdot \mathrm{e}^{-\mathrm{j}\,63{,}80°}}}$$

d) Für die komplexe Leistung gilt $\underline{S} = P + \mathrm{j}\,Q = G \cdot U^2 - \mathrm{j}\,B \cdot U^2$. Damit kann zunächst $U^2$ aus $P$ bzw. $R$ bestimmt werden:

$$U^2 = \frac{P}{G} = P \cdot R = 0{,}4509\,\mathrm{W} \cdot 50\,\Omega = 22{,}55\,\mathrm{V}^2$$

Daraus folgt für $B$:

$$B = \frac{-Q}{U^2} = \frac{0{,}1804\,\mathrm{VA}}{22{,}55\,\mathrm{V}^2} = 8{,}0\,\mathrm{mS}$$

Da $L$ und $C$ bekannt sind, lässt sich aus $B$ der Wert für $\omega$ bestimmen:

$$B = \frac{\omega C}{1 - \omega^2 LC} \quad \Rightarrow \quad \omega^2 BLC + \omega C - B = 0 \quad \Rightarrow \quad \omega = \frac{-C \pm \sqrt{C^2 + 4B^2 LC}}{2BLC}$$

Mit $L = 2\,\mathrm{mH}$ und $C = 50\,\mathrm{nF}$ folgt aus dem positiven Wert für $\omega$:

$$\omega = 7{,}352 \cdot 10^4 \cdot 1/\mathrm{s} \quad \text{und somit} \quad \underline{\underline{f = \frac{\omega}{2\pi} = 11{,}70\,\mathrm{kHz}}}$$

### Aufgabe 6.15

Die in Bild 6.15.1a) dargestellte Schaltung stellt ein Dreiphasensystem mit ohmsch-kapazitiver Last am Sternpunkt dar.

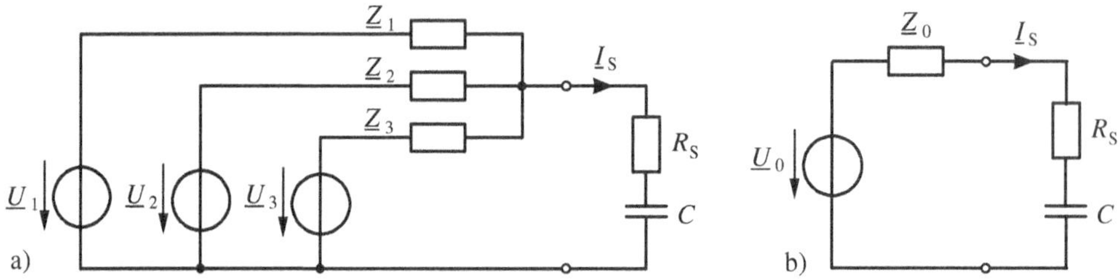


**Bild 6.15.1** a) Schaltung eines Dreiphasensystems mit ohmsch-kapazitiver Last und b) Ersatzschaltung mit gleichem Klemmenverhalten

a) Geben Sie die Parameter $\underline{U}_0, \underline{Z}_0$ der Ersatzschaltung mit identischem Klemmenverhalten gemäß Bild 6.15.1b) in allgemeiner Form an.

Verwenden Sie nun die folgenden Werte:

$$\underline{U}_1 = 230\,\text{V}\cdot \text{e}^{\text{j}\,0^\circ},\quad \underline{U}_2 = 230\,\text{V}\cdot \text{e}^{\text{j}120^\circ},\quad \underline{U}_3 = 230\,\text{V}\cdot \text{e}^{\text{j}240^\circ},\quad \text{Frequenz: } f = 50\,\text{Hz}$$

$$\underline{Z}_1 = \underline{Z}_2 = R,\quad \underline{Z}_3 = R + \text{j}\,\omega L,\quad R = 100\,\Omega,\quad \omega L = 50\,\Omega,$$

$$R_\text{S} = 1\,\text{k}\Omega$$

b) Berechnen Sie $\underline{U}_0$ und $\underline{Z}_0$ für die angegebenen Werte.

c) Wie groß müsste die Kapazität $C$ in Bild 6.15.1b) gewählt werden, damit der Strom $I_\text{S}$ (betragsmäßig) maximal wird?

### Lösung zu Aufgabe 6.15

a) Innenimpedanz: $$\underline{Z}_0 = \frac{1}{\dfrac{1}{\underline{Z}_1} + \dfrac{1}{\underline{Z}_2} + \dfrac{1}{\underline{Z}_3}} = \underline{\underline{\frac{\underline{Z}_1\underline{Z}_2\underline{Z}_3}{\underline{Z}_1\underline{Z}_2 + \underline{Z}_1\underline{Z}_3 + \underline{Z}_2\underline{Z}_3}}}$$

Kurzschlussstrom: $$\underline{I}_\text{K} = \frac{\underline{U}_1}{\underline{Z}_1} + \frac{\underline{U}_2}{\underline{Z}_2} + \frac{\underline{U}_3}{\underline{Z}_3}$$

Leerlaufspannung: $$\underline{U}_0 = \underline{Z}_0\underline{I}_\text{K} = \frac{\underline{Z}_1\underline{Z}_2\underline{Z}_3}{\underline{Z}_1\underline{Z}_2 + \underline{Z}_1\underline{Z}_3 + \underline{Z}_2\underline{Z}_3}\left(\frac{\underline{U}_1}{\underline{Z}_1} + \frac{\underline{U}_2}{\underline{Z}_2} + \frac{\underline{U}_3}{\underline{Z}_3}\right)$$

$$\underline{\underline{\underline{U}_0 = \frac{\underline{U}_1\underline{Z}_2\underline{Z}_3 + \underline{U}_2\underline{Z}_1\underline{Z}_3 + \underline{U}_3\underline{Z}_1\underline{Z}_2}{\underline{Z}_1\underline{Z}_2 + \underline{Z}_1\underline{Z}_3 + \underline{Z}_2\underline{Z}_3}}}}$$

b) Einsetzen der Werte in die Formeln aus Aufgabenteil a) ergibt für die Innenimpedanz:

$$\underline{Z}_0 = \frac{R^2(R + \text{j}\,\omega L)}{R^2 + 2R(R + \text{j}\,\omega L)} = \frac{R(R + \text{j}\,\omega L)}{3R + 2\,\text{j}\,\omega L} = \frac{R(R + \text{j}\,\omega L)(3R - 2\,\text{j}\,\omega L)}{9R^2 + 4\omega^2 L^2}$$

$$= \frac{R(3R^2 + 2\omega^2 L^2 + \text{j}\,R\omega L)}{9R^2 + 4\omega^2 L^2}$$

$\omega L = 50\,\Omega;\qquad R = 100\,\Omega$

$$\underline{Z}_0 = \frac{100 \cdot (100 + \mathrm{j}\,50)}{300 + \mathrm{j}\,100}\,\Omega = \frac{100 \cdot (100 + \mathrm{j}\,50) \cdot (300 - \mathrm{j}\,100)}{9 \cdot 10^4 + 1 \cdot 10^4}\,\Omega$$
$$= \frac{100 \cdot (3 \cdot 10^4 + 0{,}5 \cdot 10^4 + \mathrm{j}\,0{,}5 \cdot 10^4)}{10^5}\,\Omega$$
$$= \underline{\underline{(35 + \mathrm{j}\,5)\,\Omega = 35{,}36\,\Omega \cdot \mathrm{e}^{\mathrm{j}\,8{,}13^\circ}}}$$
$$\underline{I}_\mathrm{K} = 230\,\mathrm{V} \cdot \left( \frac{1}{100\,\Omega} + \frac{\mathrm{e}^{\mathrm{j}\,120^\circ}}{100\,\Omega} + \frac{\mathrm{e}^{\mathrm{j}\,240^\circ}}{(100 + \mathrm{j}\,50)\,\Omega} \right)$$
$$= (-0{,}566 + \mathrm{j}\,0{,}858)\,\mathrm{A} = 1{,}03\,\mathrm{A} \cdot \mathrm{e}^{\mathrm{j}\,123^\circ}$$
$$\underline{U}_0 = \underline{Z}_0 \underline{I}_\mathrm{K} = \underline{\underline{(-24{,}1 + \mathrm{j}\,27{,}2)\,\mathrm{V} = 36{,}4\,\mathrm{V} \cdot \mathrm{e}^{\mathrm{j}\,131^\circ}}}$$

c) Der maximale Strom wird für maximale Wirkleistung erreicht $\underline{S} = I^2 \underline{Z}$. Daher wird die Bedingung für Leistungsanpassung verwendet:

$$X_\mathrm{C} = \frac{1}{\omega C} = \mathrm{Im}\{\underline{Z}_0\} = 5\,\Omega$$
$$C = \frac{1}{\omega X_\mathrm{C}} = \frac{1}{2\pi \cdot 50\,\mathrm{Hz} \cdot 5\,\Omega} = \underline{\underline{636\,\mu\mathrm{F}}}$$

## Aufgabe 6.16

Gegeben ist folgende Schaltung mit idealer Wechselspannungsquelle:

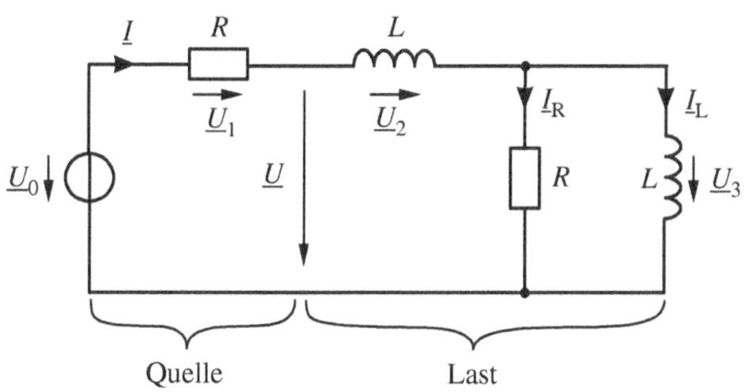


**Bild 6.16.1** Schaltung

a) Berechnen Sie die Übertragungsfunktion $\underline{H}(\omega) = \underline{U}_3/\underline{U}_0$ in Abhängigkeit von $R$, $L$ und $\omega$ und geben Sie diese in der folgenden Form an ($A_1$ bis $A_4$ sind reelle Parameter größer null):

$$\underline{H}(\omega) = \frac{\mathrm{j}\,\omega \cdot A_1}{A_2 + \mathrm{j}\,\omega \cdot A_3 + (\mathrm{j}\,\omega)^2 \cdot A_4}$$

b) Bestimmen Sie für die Übertragungsfunktion wie in Teilaufgabe a) angegeben die Grenzwerte der Beträge für $\omega \to 0$ und $\omega \to \infty$. Bestimmen Sie zusätzlich, für welchen Wert der Kreisfrequenz $\omega > 0$ die Übertragungsfunktion rein reell wird.

c) Für $R = 50\,\Omega$ und $L = 3\,\mathrm{mH}$ ergibt eine Messung an den Klemmen der Last eine gesamte Wirkleistung von 4,05 W und eine gesamte Blindleistung von $25{,}65\,\mathrm{V \cdot A}$ bei einer (reellen) Effektivspannung von $U = 90\,\mathrm{V}$ und $\omega = 10^5 \cdot 1/\mathrm{s}$. Berechnen Sie aus diesen Angaben als *Zahlenwerte* die (reellen) Effektivwerte der Ströme $I$, $I_\mathrm{R}$, $I_\mathrm{L}$ und der Spannungen $U_1$, $U_2$ und $U_3$.

## Lösung zu Aufgabe 6.16

a) Die gesuchte Übertragungsfunktion ergibt sich aus der Anwendung der Formel für Spannungsteiler unter Verwendung der Rechenregeln für Reihen- und Parallelschaltungen:

$$\underline{H}(\omega) = \frac{\underline{U}_3}{\underline{U}_0} = \frac{\underline{Z}_{\mathrm{LR}}}{R + \mathrm{j}\,\omega L + \underline{Z}_{\mathrm{LR}}} \quad \text{mit} \quad \underline{Z}_{\mathrm{LR}} = \frac{1}{\frac{1}{\mathrm{j}\,\omega L} + \frac{1}{R}} = \frac{\mathrm{j}\,\omega RL}{\mathrm{j}\,\omega L + R}$$

Einsetzen ergibt:

$$H(\omega) = \frac{\underline{U}_3}{\underline{U}_0} = \frac{\frac{\mathrm{j}\,\omega RL}{\mathrm{j}\,\omega L + R}}{R + \mathrm{j}\,\omega L + \frac{\mathrm{j}\,\omega RL}{\mathrm{j}\,\omega L + R}} = \frac{\mathrm{j}\,\omega RL}{(\mathrm{j}\,\omega L + R)\cdot(R + \mathrm{j}\,\omega L) + \mathrm{j}\,\omega RL}$$

$$= \frac{\mathrm{j}\,\omega RL}{R^2 + 2\,\mathrm{j}\,\omega RL + (\mathrm{j}\,\omega)^2 L^2 + \mathrm{j}\,\omega RL} = \underline{\underline{\frac{\mathrm{j}\,\omega \cdot RL}{R^2 + \mathrm{j}\,\omega \cdot 3RL + (\mathrm{j}\,\omega)^2 \cdot L^2}}}$$

Damit ergeben sich die Koeffizienten zu:

$$A_1 = RL; \quad A_2 = R^2; \quad A_3 = 3RL \quad \text{und} \quad A_4 = L^2$$

b) Bestimmung der Grenzwerte:

$$\underline{H}(\omega \to 0) \approx \frac{\mathrm{j}\,\omega A_1}{A_2} = \frac{\mathrm{j}\,\omega L}{R} \qquad \Rightarrow \qquad \underline{\underline{\text{Betrag} \to 0}}$$

$$\underline{H}(\omega \to \infty) \approx \frac{\mathrm{j}\,\omega A_1}{-\omega^2 A_4} = \frac{-\mathrm{j}\,A_1}{\omega A_4} = \frac{-\mathrm{j}\,A_1}{\omega A_4} = \frac{R}{\mathrm{j}\,\omega L} \qquad \Rightarrow \qquad \underline{\underline{\text{Betrag} \to 0}}$$

Bestimmung der Kreisfrequenz $\omega > 0$, für die Übertragungsfunktion rein reell wird:

$$\underline{H}(\omega) = \frac{\mathrm{j}\,\omega A_1}{A_2 + \mathrm{j}\,\omega A_3 + (\mathrm{j}\,\omega)^2 A_4} \text{ rein reel} \quad \Rightarrow \quad A_2 = +A_4\omega^2 \quad \Rightarrow \quad \omega = \pm\sqrt{\frac{A_2}{A_4}}$$

Hier nur positive Frequenzen gesucht, also:

$$\underline{\underline{\omega = +\sqrt{\frac{A_2}{A_4}}}}$$

c) Gegeben: $R = 50\,\Omega$, $L = 3\,\mathrm{mH}$, $\omega = 10^5 \cdot 1/\mathrm{s}$, $P = 4{,}05\,\mathrm{W}$, $Q = 25{,}65\,\mathrm{V\cdot A}$, $U = 90\,\mathrm{V}$.

Gesamtstrom:

$$I = \frac{S}{U} = \frac{\sqrt{P^2 + Q^2}}{U} = \underline{\underline{0{,}2885\,\mathrm{A}}}$$

Strom durch den Widerstand:

$$P = R \cdot I_{\mathrm{R}}^2 \quad \Rightarrow \quad I_{\mathrm{R}} = \sqrt{\frac{P}{R}} = \underline{\underline{0{,}2846\,\mathrm{A}}}$$

Strom durch die Spule (90° phasenverschoben zum Strom im Widerstand):

$$I_{\mathrm{L}} = \sqrt{I^2 - I_{\mathrm{R}}^2} = \underline{\underline{0{,}04743\,\mathrm{A}}}$$

Daraus folgen die Spannungen zu:

$$U_1 = R \cdot I = \underline{\underline{14{,}42\,\mathrm{V}}}; \qquad U_2 = \omega L \cdot I = \underline{\underline{86{,}56\,\mathrm{V}}}; \qquad U_3 = R \cdot I_{\mathrm{R}} = \underline{\underline{14{,}23\,\mathrm{V}}}$$

## Aufgabe 6.17

Gegeben ist das folgende Netzwerk mit idealer Wechselspannungsquelle:

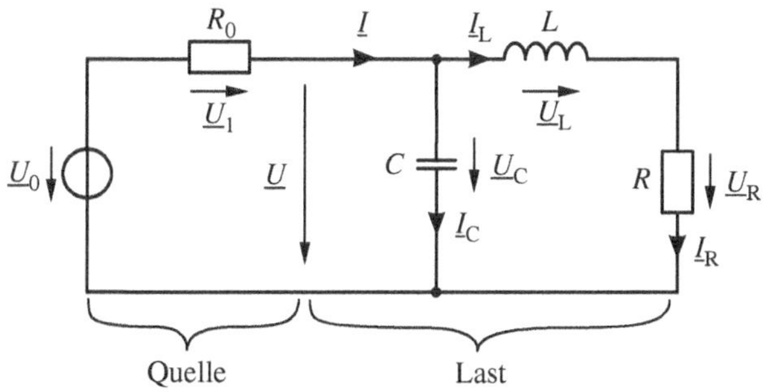


**Bild 6.17.1** Schaltung

$\underline{U}_0$ und $R_0$ sollen zusammen als Quelle aufgefasst werden, während $R$, $L$ und $C$ als Elemente einer Last aufgefasst werden sollen.

a) Bestimmen Sie die Lastimpedanz $\underline{Z}_\mathrm{L}$ in Abhängigkeit von $R$, $L$ und $C$ nach Real- und Imaginärteil.

b) Bestimmen Sie die Übertragungsfunktion $\underline{H}(\omega) = \underline{U}_\mathrm{R}/\underline{U}$ (den komplexen Frequenzgang). Für welches $\omega$ erhält man $|\underline{H}(\omega)| = -10\,\mathrm{dB}$? Welche Phase hat die Übertragungsfunktion dann?

Im Folgenden soll nun $R = 50\,\Omega$, $L = 100\,\mathrm{mH}$ und $\omega = 100 \cdot 1/\mathrm{s}$ gelten.

c) Messungen an der Last ergeben eine gesamte Wirkleistung von $P = 1000\,\mathrm{W}$. Ferner kann $C = 1\,\mathrm{mF}$ angenommen werden. Bestimmen Sie daraus die Zahlenwerte der (reellen) Effektivwerte von $I_\mathrm{R}$, $I_\mathrm{L}$, $I_\mathrm{C}$, $U_\mathrm{R}$, $U_\mathrm{L}$ und $U_\mathrm{C}$.

d) Durch Einstellen der Kapazität soll für die Schaltung eine Blindleistungskompensation durchgeführt werden. Welchen Zahlenwert nimmt $C$ dann an?

## Lösung zu Aufgabe 6.17

a) Die Lastimpedanz ergibt sich aus der Anwendung der Rechenregeln für Reihen- und Parallelschaltungen:

$$\underline{Z}_\mathrm{L} = \frac{(R + \mathrm{j}\omega L) \cdot \dfrac{1}{\mathrm{j}\omega C}}{R + \mathrm{j}\omega L + \dfrac{1}{\mathrm{j}\omega C}} = \frac{R + \mathrm{j}\omega L}{1 + \mathrm{j}\omega RC + (\mathrm{j}\omega)^2 LC}$$

$$= \frac{R + \mathrm{j}\omega L}{(1 - \omega^2 LC) + \mathrm{j}\omega RC} \cdot \frac{(1 - \omega^2 LC) - \mathrm{j}\omega RC}{(1 - \omega^2 LC) - \mathrm{j}\omega RC}$$

$$= \underline{\underline{\frac{R \cdot (1 - \omega^2 LC) + \omega^2 LRC}{(1 - \omega^2 LC)^2 + (\omega RC)^2} + \mathrm{j}\,\frac{\omega L \cdot (1 - \omega^2 LC) - \omega R^2 C}{(1 - \omega^2 LC)^2 + (\omega RC)^2}}}$$

b) Der komplexe Frequenzgang ergibt sich aus der Spannungsteilerregel:

$$\underline{H}(\omega) = \frac{\underline{U}_\mathrm{R}}{\underline{U}} = \underline{\underline{\frac{R}{R + \mathrm{j}\omega L}}}$$

Es folgt für den Betrag:

$$|H(\omega)| = \frac{R}{\sqrt{R^2 + \omega^2 L^2}}$$

Sein Wert von $-10$ dB entspricht $10^{-(10/20)} = 10^{-0{,}5} = 1/\sqrt{10}$. Damit ist zu fordern:

$$\frac{1}{\sqrt{10}} = \frac{R}{\sqrt{R^2 + \omega^2 L^2}} \quad \Rightarrow \quad \frac{1}{10} = \frac{R^2}{R^2 + \omega^2 L^2} \quad \Rightarrow \quad R^2 + \omega^2 L^2 = 10R^2$$

Es folgt:

$$\underline{\underline{\omega = 3 \cdot \frac{R}{L}}}$$

Setzt man diese Frequenz in die Übertragungsfunktion ein, so ergibt sich:

$$H(\omega = 3R/L) = \frac{R}{R + \mathrm{j}\,3R} = \frac{1}{1 + \mathrm{j}\,3} = 0{,}316 \cdot \mathrm{e}^{-\mathrm{j}\,71{,}57^\circ}$$

Damit ergibt sich eine Phase von $\underline{\underline{-71{,}57^\circ}}$.

c) Die Wirkleistung $P$ wird allein am Widerstand $R$ verbraucht. Über $P = \frac{U_\mathrm{R}^2}{R}$ folgt:

$$U_\mathrm{R} = \sqrt{P \cdot R} = \sqrt{1\,000 \cdot 50}\,\mathrm{V} = \underline{\underline{223{,}6\,\mathrm{V}}}$$

Damit dann auch:

$$I_\mathrm{R} = I_\mathrm{L} = \frac{U_\mathrm{R}}{R} = \frac{223{,}6}{50}\,\mathrm{A} = \underline{\underline{4{,}472\,\mathrm{A}}} \quad \text{bzw.} \quad U_\mathrm{L} = \omega L \cdot I_\mathrm{L} = 10 \cdot 4{,}472\,\mathrm{V} = \underline{\underline{44{,}72\,\mathrm{V}}}$$

Die Maschenregel liefert $U^2 = U_\mathrm{C}^2 = U_\mathrm{L}^2 + U_\mathrm{R}^2$, woraus folgt:

$$U_\mathrm{C} = \sqrt{U_\mathrm{L}^2 + U_\mathrm{R}^2} = \underline{\underline{228{,}0\,\mathrm{V}}}$$

Der Strom durch den Kondensator ist damit:

$$I_\mathrm{C} = \omega C \cdot U_\mathrm{C} = 0{,}1 \cdot 228{,}0 = \underline{\underline{22{,}80\,\mathrm{A}}}$$

d) Admittanz der RL-Reihenschaltung:

$$\underline{Z}_\mathrm{RL} = R + \mathrm{j}\,\omega L = (50 + \mathrm{j}\,10)\ \Omega \quad \Rightarrow \quad \underline{Y}_\mathrm{RL} = (19{,}23 - \mathrm{j}\,3{,}846)\ \mathrm{mS}$$

Die Admittanz der Kapazität muss zur Blindleistungskompensation den Imaginärteil ausgleichen, d. h. entgegengesetzt gleich groß sein:

$$\underline{Y}_\mathrm{C} = \mathrm{j}\,\omega C = \mathrm{j}\,3{,}846\,\mathrm{mS}$$

Daraus:

$$\underline{\underline{C = 38{,}46\,\mu\mathrm{F}}}$$

## Aufgabe 6.18

Gegeben ist folgende Schaltung mit zwei idealen Wechselspannungsquellen:

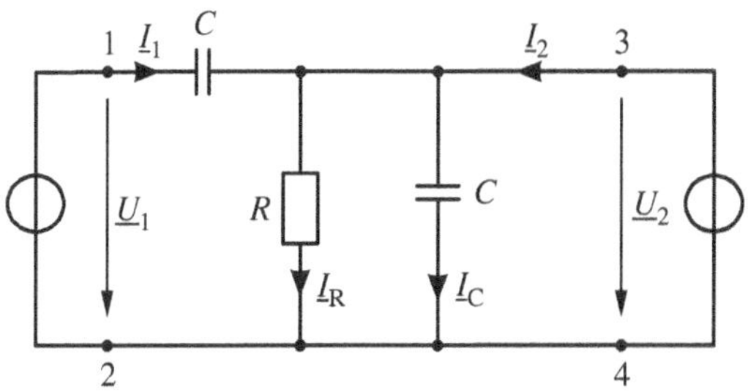


**Bild 6.18.1** Schaltung

a) Bestimmen Sie formelmäßig die Ströme $\underline{I}_1$, $\underline{I}_2$, $\underline{I}_C$ und $\underline{I}_R$ in Abhängigkeit von $\underline{U}_1$, $\underline{U}_2$, $R$ und $C$.

Für die folgende Teilaufgabe wird die Spannungsquelle 1 an den Klemmen 1 und 2 durch einen weiteren Widerstand der Größe $R$ ersetzt.

b) Bestimmen Sie formelmäßig die komplexe Impedanz $\underline{Z}_{34}(\omega) = \underline{U}_2/\underline{I}_2$ zwischen den Klemmen 3 und 4 und bringen Sie diese auf die Form: $\underline{Z}_{34}(\omega) = 1/(G + \mathrm{j}\,B)$.

Für die beiden letzten Teilaufgaben wird die Spannungsquelle 2 an den Klemmen 3 und 4 durch einen Leerlauf ersetzt. Ansonsten gilt wieder obige Schaltung.

c) Bestimmen Sie den komplexen Frequenzgang $\underline{H}(\omega) = \underline{U}_2/\underline{U}_1$ und bringen Sie diesen auf die Form:

$$\underline{H}(\omega) = \frac{\mathrm{j}\,\omega \cdot A_1}{A_2 + \mathrm{j}\,\omega \cdot A_3} \qquad (A_1, A_2 \text{ und } A_3 \text{ ind reelle Parameter})$$

Welchen Zahlenwert nimmt der Betrag des Frequenzganges in dB jeweils für $\omega \to 0$ und $\omega \to \infty$ an?

d) Berechnen Sie formelmäßig die Wirkleistung, die am Widerstand $R$ umgesetzt wird in Abhängigkeit von $A_1$, $A_2$, $A_3$, $\omega$ und $\underline{U}_1$. Verwenden Sie dazu die allgemeine Formel, die in der Teilaufgabe c) angegeben ist.

## Lösung zu Aufgabe 6.18

a) Diese Teilaufgabe lässt sich mithilfe des Überlagerungssatzes lösen. Im Folgenden werden Ströme, die durch die Spannungsquelle 1 entstehen (bei Kurzschließen der Quelle 2), einfach gestrichen, Ströme, die durch die Spannungsquelle 2 entstehen (bei Kurzschließen der Quelle 2), doppelt gestrichen geschrieben. Damit:

$$\underline{I}_1 = \underline{I}_1' + \underline{I}_1''$$
$$\underline{I}_2 = \underline{I}_2' + \underline{I}_2''$$
$$\underline{I}_C = \underline{I}_C' + \underline{I}_C''$$
$$\underline{I}_R = \underline{I}_R' + \underline{I}_R''$$

Ersatzschaltbild für den einfach gestrichenen Fall:

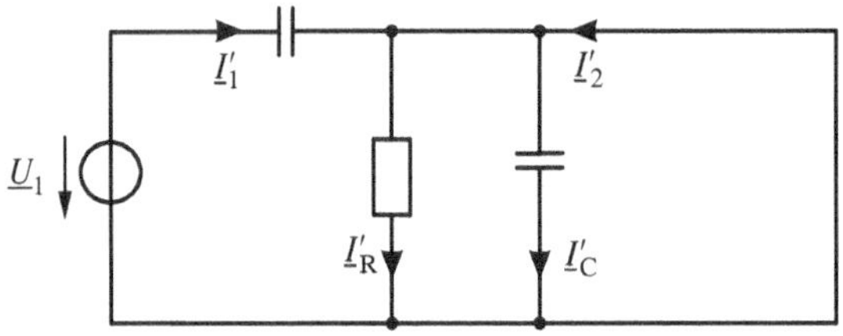

**Bild 6.18.2** Ersatzschaltbild

Daraus folgt:

$$\underline{I}_1' = \underline{U}_1 \cdot \mathrm{j}\,\omega C; \qquad \underline{I}_2' = -\underline{U}_1 \cdot \mathrm{j}\,\omega C; \qquad \underline{I}_\mathrm{R}' = 0; \qquad \underline{I}_\mathrm{C}' = 0$$

Ersatzschaltbild für den doppelt gestrichenen Fall:

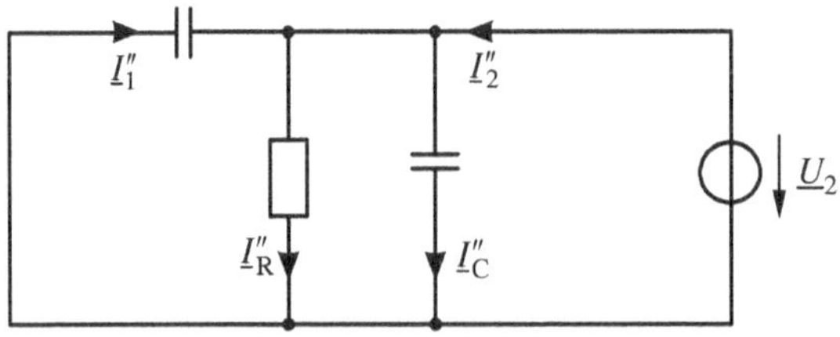

**Bild 6.18.3** Ersatzschaltbild

Daraus folgt:

$$\underline{I}_1'' = -\underline{U}_2 \cdot \mathrm{j}\,\omega C; \qquad \underline{I}_2'' = \underline{I}_\mathrm{R}'' + \underline{I}_\mathrm{C}'' - \underline{I}_1''; \qquad \underline{I}_\mathrm{R}'' = \underline{U}_2/R; \qquad \underline{I}_\mathrm{C}'' = \underline{U}_2 \cdot \mathrm{j}\,\omega C$$

Somit insgesamt:

$$\underline{I}_1 = (\underline{U}_1 - \underline{U}_2) \cdot \mathrm{j}\,\omega C; \qquad \underline{I}_2 = (2\underline{U}_2 - \underline{U}_1) \cdot \mathrm{j}\,\omega C + \frac{\underline{U}_2}{R}$$

$$\underline{I}_\mathrm{R} = \frac{\underline{U}_2}{R}; \qquad \underline{I}_\mathrm{C} = \underline{U}_2 \cdot \mathrm{j}\,\omega C$$

b) Die Impedanz $\underline{Z}_{34} = \underline{U}_2/\underline{I}_2$ bei Beschaltung der Klemmen 1 und 2 mit einem weiteren Widerstand der Größe $R$ lautet:

$$\underline{Z}_{34} = \frac{1}{\dfrac{1}{R + \dfrac{1}{\mathrm{j}\,\omega C}} + \dfrac{1}{R} + \mathrm{j}\,\omega C} = \frac{1}{\dfrac{\mathrm{j}\,\omega C}{1 + \mathrm{j}\,\omega RC} + \dfrac{1}{R} + \mathrm{j}\,\omega C}$$

$$= \frac{1}{\dfrac{\mathrm{j}\,\omega C + \omega^2 RC^2}{1 + \omega^2 R^2 C^2} + \dfrac{1}{R} + \mathrm{j}\,\omega C}$$

$$= \frac{1}{\left(\dfrac{\omega^2 RC^2}{1 + \omega^2 R^2 C^2} + \dfrac{1}{R}\right) + \mathrm{j}\left(\omega C + \dfrac{\omega C}{1 + \omega^2 R^2 C^2}\right)} = \frac{1}{G + \mathrm{j}\,B}$$

c) Mit der Impedanz $\underline{Z}_{RC} = R/(1+\mathrm{j}\,\omega RC)$ der $RC$-Parallelschaltung folgt aus der Anwendung der Spannungsteilerregel:

$$\underline{H}(\omega) = \frac{\underline{U}_2}{\underline{U}_1} = \frac{\underline{Z}_{RC}}{\underline{Z}_{RC}+\frac{1}{\mathrm{j}\,\omega C}} = \frac{R}{R+\frac{1+\mathrm{j}\,\omega RC}{\mathrm{j}\,\omega C}} = \frac{\mathrm{j}\,\omega RC}{\mathrm{j}\,\omega RC+1+\mathrm{j}\,\omega RC} = \underline{\underline{\frac{\mathrm{j}\,\omega\cdot RC}{1+\mathrm{j}\,\omega\cdot 2RC}}}$$

Also gilt: $A_1 = RC$, $A_2 = 1$ und $A_3 = 2RC$

$A_1 = RC$, $A_2 = 1$ und $A_3 = 2RC$. Die beiden Grenzwerte ergeben dann:

$$\underline{H}\,(\omega\to 0) \to \frac{\mathrm{j}\,0}{1+\mathrm{j}\,0} \quad\Rightarrow\quad |\underline{H}\,(\omega\to 0)| \to 0 \mathrel{\widehat{=}} \underline{\underline{\text{„}-\infty\ \text{dB“}}}$$

und

$$\underline{H}\,(\omega\to\infty) \to \frac{RC}{2RC} \quad\Rightarrow\quad |\underline{H}\,(\omega\to\infty)| \to 0{,}5 \mathrel{\widehat{=}} \underline{\underline{-6{,}021\ \text{dB}}}$$

d) Die Wirkleistung am Widerstand ist unter Verwendung der Formel aus Teilaufgabe c):

$$P = \frac{1}{R}\cdot\underline{U}_\mathrm{R}\cdot\underline{U}_\mathrm{R}^* = \frac{1}{R}\cdot\underline{U}_2\cdot\underline{U}_2^* = \frac{1}{R}\left(\underline{H}\cdot\underline{U}_1\right)\cdot\left(\underline{H}\cdot\underline{U}_1\right)^* = \frac{1}{R}\cdot|\underline{H}|^2\cdot U_1^2$$

Mit:

$$|\underline{H}|^2 = \frac{|\mathrm{j}\,\omega A_1|^2}{|A_2+\mathrm{j}\,\omega A_3|^2} = \frac{(\omega A_1)^2}{A_2^2+(\omega A_3)^2}$$

folgt:

$$\underline{\underline{P = \frac{1}{R}\cdot\frac{\omega^2 A_1^2}{A_2^2+\omega^2 A_3^2}\cdot U_1^2}}$$

# 7 Zeigerdiagramme und Ortskurven

Zeigerdiagramme und Ortskurven stellen zwei wichtige Methoden zum Verständnis und zur Analyse von Netzwerken mit linearen Elementen (also insbesondere Widerstand, Spule und Kondensator) dar, die mit rein sinusförmiger Zeitabhängigkeit betrieben werden. Unter einem Zeigerdiagramm versteht man hierbei die grafische Repräsentation von komplexen Spannungen und Strömen eines Netzwerkes durch zweidimensionale Vektoren (Zeiger). Unter einer Ortskurve versteht man die Menge aller Punkte in der Gaußschen Zahlenebene, die eine komplexe Größe (z. B. die Impedanz) eines Netzwerkes bei Durchlaufen eines kontinuierlichen Parameters (oft der Kreisfrequenz) annehmen kann. Das folgende Beispiel soll dies kurz verdeutlichen:

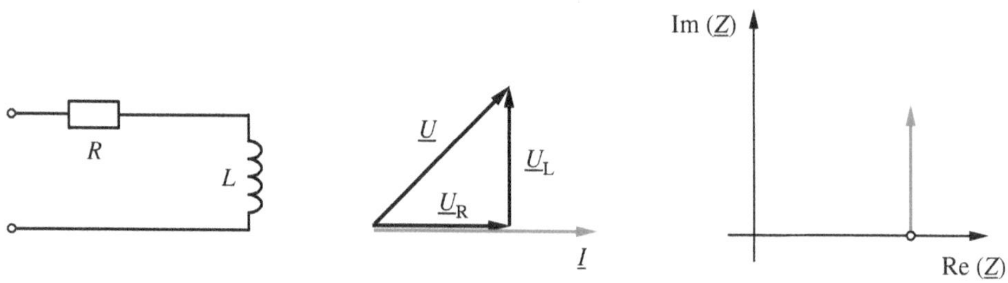


Netzwerk | Zeigerdiagramm ($\omega > 0$) | Ortskurve von $\underline{Z}(\omega) = \underline{U}/\underline{I}$

**Bild 7.1** Grafische Darstellungen

In diesem Kapitel sind Aufgabenstellungen zu folgenden Themengebieten gesammelt:

1. Bei Problemen zur komplexen Wechselstromrechnung werden Zeigerdiagramme als Element der Lösung gesucht. Hierbei werden insbesondere die elementaren Zeigerdiagramme von Widerstand, Spule und Kondensator benötigt:

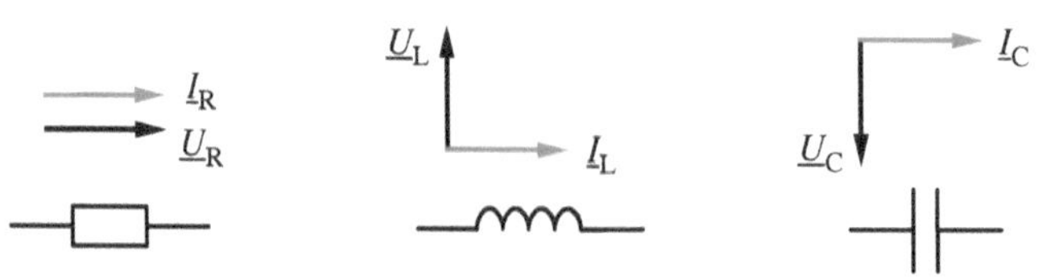


**Bild 7.2** Zeigerdiagramme der elementaren Netzwerkelemente

Die Auftragung der Stromzeiger nach rechts in der obigen Abbildung ist üblich, aber nicht wesentlich. Wichtig sind einerseits die relative Lage der Zeiger zueinander (insbesondere die Phasenverschiebung von 90 Grad bei Spule und Kondensator) und andererseits die relative Länge der Zeiger zueinander (insbesondere bei Zeigern, die dieselbe Größe bezeichnen). Aus diesen elementaren Zeigerdiagrammen und der Anwendung der Kirchhoff'schen Gesetze auf Zeiger (die Summe zweier komplexer Größen eines Netzwerkes entspricht einem Zeiger, der die Vektorsumme der einzelnen Zeiger darstellt) lassen sich dann sukzessive, durch geeignete Kombination und Substitution, recht schnell qualitative Zeigerdiagramme von Netzwerken generieren (siehe auch obiges Beispiel). Sollte darüber hinaus explizit nach den Zeigergrößen gefragt sein, bieten sich Rechnungen mit Effektivwerten an. Bei den Aufgaben 7.1 bis 7.8 sind Zeigerdiagramme anzugeben.

2. Die Konstruktion von Ortskurven stellt erfahrungsgemäß für viele Studierende das größere Problem dar (im Folgenden sei der kontinuierliche Parameter ausschließlich die Frequenz oder Kreisfrequenz). Auch hier ist die Kenntnis einiger elementarer Kurven hilfreich:

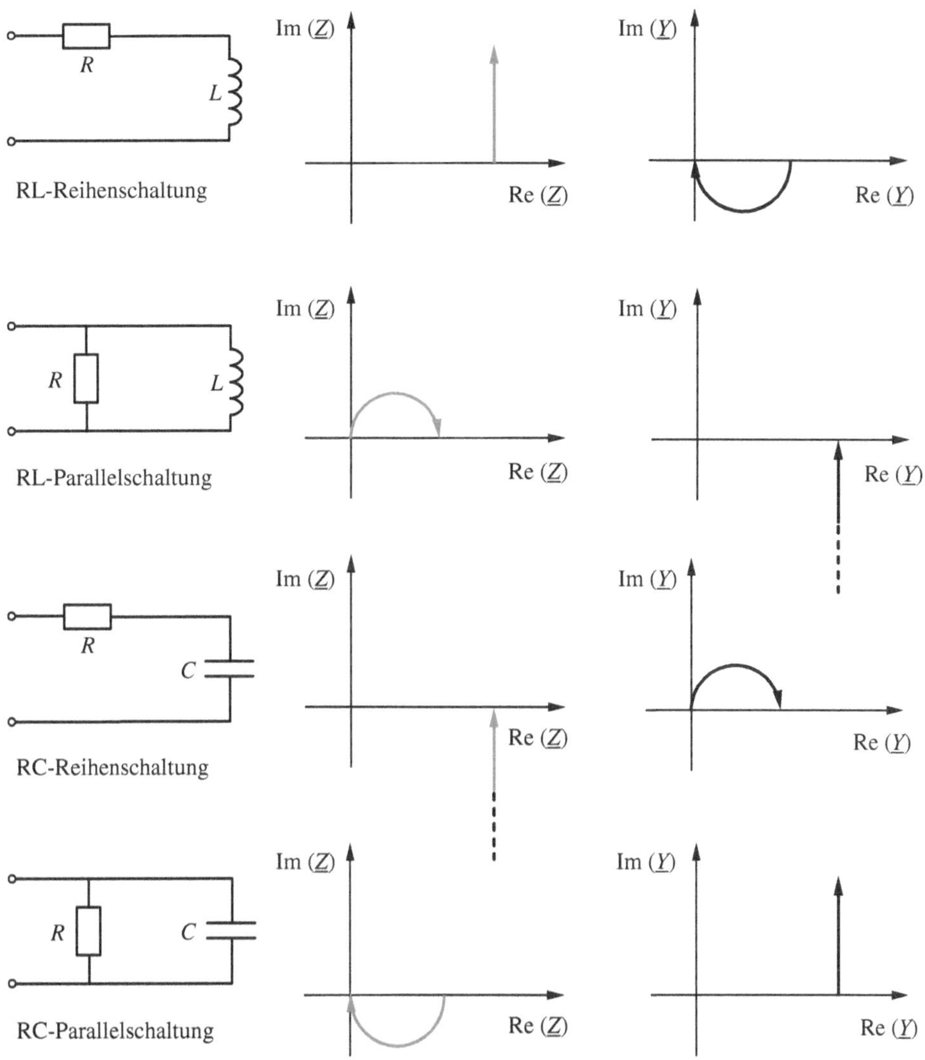


**Bild 7.3** Ortskurven einfacher Parallel- und Reihenschaltungen

Darüber hinaus sind folgende Regeln, die die grafische Äquivalenz der Inversion von komplexen Größen für Ortskurven darstellen, hilfreich:

(1) Eine Gerade durch den Ursprung geht bei grafischer Inversion über in eine Gerade durch den Ursprung (analog für Halbgerade).

(2) Eine Gerade außerhalb des Ursprungs geht bei grafischer Inversion über in einen Kreis durch den Ursprung (analog für Halbgerade/Halbkreis) – und umgekehrt.

(3) Ein Kreis, der nicht durch den Ursprung geht, wird durch Inversion in einen Kreis abgebildet, der nicht durch den Ursprung geht (analog für Halbkreise).

Die Aufgabe 7.6 bis 7.10 und einige Aufgaben in Kapitel 8 behandeln die Ortskurven.

## Zeigerdiagramme

### Aufgabe 7.1

Für die abgebildete Schaltung ist die Kapazität so zu bestimmen, dass für die Effektivwerte der Spannung $U_C = 2 \cdot U$ gilt.

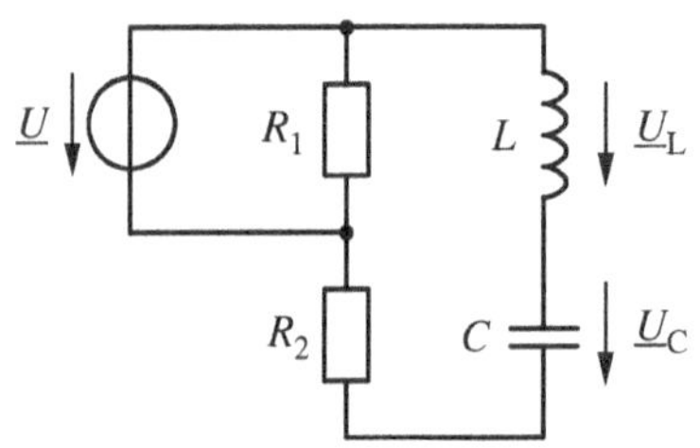


**Bild 7.1.1** Schaltung

$R_1 = 100\,\Omega$; $R_2 = 0{,}5\,\Omega$; $L = 1\,\text{mH}$; $\omega = 10^3\,\text{s}^{-1}$

a) Bestimmen Sie die Kapazität. Falls mehrere Lösungen möglich sind, wählen Sie den kleinsten Wert der Kapazität.

b) Geben Sie an, ob die Spannung $U_L$ an der Induktivität größer oder kleiner ist als die Spannung der Kapazität $U_C$. Begründen Sie Ihre Antwort.

c) Zeichnen Sie das maßstabsgerechte Zeigerdiagramm der Spannungen $\underline{U}$, $\underline{U}_C$, $\underline{U}_L$, $\underline{U}_{R1}$, $\underline{U}_{R2}$. (*Hinweis:* Sie können eine der Spannungen nach Betrag und Phase frei wählen.)

### Lösung zu Aufgabe 7.1

a) Das Verhältnis der Spannungen ergibt sich mit dem Spannungsteiler.

$$\frac{\underline{U}_C}{\underline{U}} = \frac{-\mathrm{j}\,X_C}{R_2 + \mathrm{j}\,(X_L - X_C)}; \qquad \frac{U_C}{U} = \left|\frac{-\mathrm{j}\,X_C}{R_2 + \mathrm{j}\,(X_L - X_C)}\right| = 2$$

Damit folgt die Bedingung,

$$X_C^2 = 2^2\left[R_2^2 + (X_L - X_C)^2\right]$$

die auf eine quadratische Gleichung für den Blindwiderstand $X_C$ führt:

$$3X_C^2 - 8X_L X_C + 4\left[R_2^2 + X_L^2\right] = 0$$

$$X_C = \frac{8}{6}X_L \pm \sqrt{\frac{8^2}{6^2}X_L^2 - \frac{4}{3}\left[R_2^2 + X_L^2\right]}$$

Einsetzen der Zahlenwerte $R_2 = \dfrac{1}{2}\,\Omega$ und $X_L = 1\,\Omega$ ergibt:

$$X_C = \frac{4}{3}1\,\Omega \pm \sqrt{\frac{16}{9}1\,\Omega^2 - \frac{4}{3}\left[\frac{1}{4}\,\Omega^2 + 1\,\Omega^2\right]} = \frac{4}{3}\,\Omega \pm \frac{1}{3}\,\Omega$$

Gesucht ist der kleinere Wert der Kapazität, also der größere Wert der Reaktanz $X_C$.

$$X_C = \frac{5}{3}\,\Omega$$

$$\underline{\underline{C = \frac{1}{\omega X_C} = 0{,}6\,\text{mF}}}$$

b) Da $X_C > X_L$ gilt und der Strom durch beide Bauteile gleich ist, folgt $\underline{\underline{U_C > U_L}}$.

c) Die Spannungsabfälle der *RLC*-Reihenschaltung verhalten sich wie die Impedanzen, daher gilt für die Beträge:

$$U_C \sim X_C = \frac{5}{3}\,\Omega; \qquad U_{R2} \sim R_2 = 0{,}5\,\Omega; \qquad U_L \sim X_L = 1\,\Omega.$$

Außerdem ist $U_C = 2U$ und somit $U_{R2} = U_C\,R_2/X_C = 0{,}6U$ und $U_L = U_C\,X_L/X_C = 1{,}2U$

Für das Zeigerdiagramm wird $\underline{U}_{R2}$ in die reelle Achse gelegt und alle Spannungen werden relativ zum Betrag von $\underline{U}$ eingezeichnet.

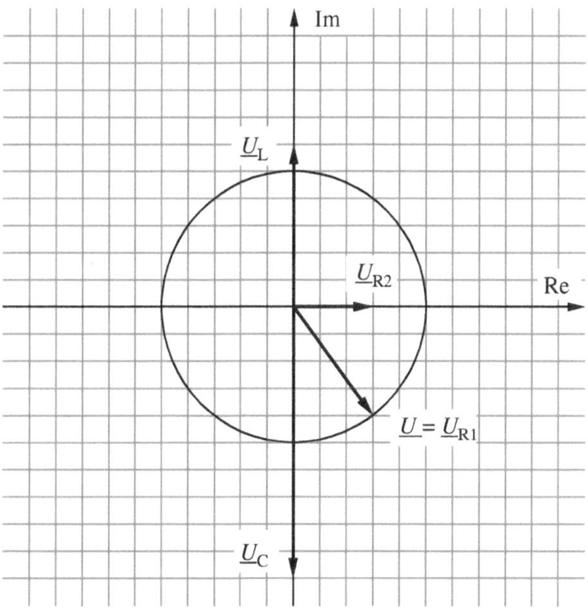


**Bild 7.1.2** Zeigerdiagramm der Spannungen

### Aufgabe 7.2

Zwischen den Klemmen a und b liegt eine sinusförmige Wechselspannung $\underline{U}_0 = |\underline{U}_0|\ \mathrm{e}^{\mathrm{j}\,0^\circ}$ mit der Kreisfrequenz $\omega$ an.

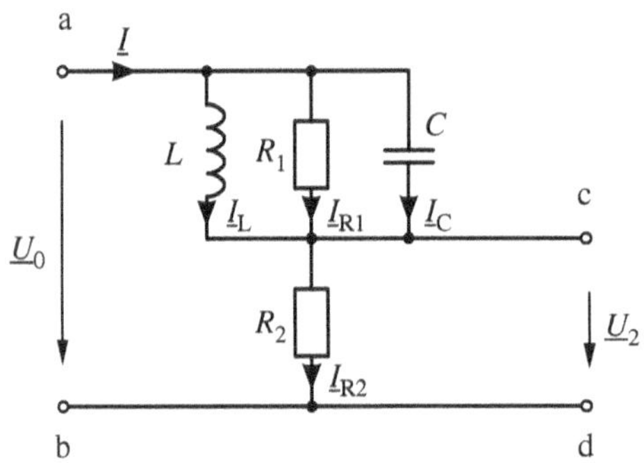


**Bild 7.2.1** Schaltung

a) Geben Sie die Gesamtimpedanz $\underline{Z}$ des Netzwerks zwischen den Klemmen a und b an.

b) Welche Bedingung müssen die Schaltelemente erfüllen, damit die Schaltung in Resonanz $\omega = \omega_0$ betrieben wird? Wie lautet $\underline{Z}$ in diesem Fall?

c) Geben Sie den Spannungsquotienten $\underline{U}_2/\underline{U}_0$ quantitativ für die drei Fälle $\omega/\omega_0 = 0$; $\omega/\omega_0 = 1$; $\omega/\omega_0 \to \infty$ an. Dabei sind gegeben: $\omega_0$ = Resonanzfrequenz und $R_1/R_2 = 10$.

Mit einem Oszilloskop wird bei konstanter Frequenz festgestellt, dass die Spannung $\underline{U}_0$ der Spannung $\underline{U}_2$ um $\varphi = 45^\circ$ nacheilt ($\underline{U}_2 = |\underline{U}_2|\ \mathrm{e}^{+\mathrm{j}\,45^\circ}$). Die Effektivwerte der Spannungen betragen $U_0 = 6\,\mathrm{V}$ und $U_2 = 2\,\mathrm{V}$.

d) Erstellen Sie ein maßstabsgerechtes Zeigerdiagramm und lesen Sie den Betrag der Spannung zwischen den Klemmen a und c ab.

e) Zeichnen Sie den Strom $\underline{I}$ sowie die Teilströme $\underline{I}_\mathrm{L}$, $\underline{I}_\mathrm{C}$ und $\underline{I}_\mathrm{R1}$ in das Zeigerdiagramm ein. $|\underline{I}|$ und $|\underline{I}_\mathrm{L}|$ seien dabei frei wählbar (aber ungleich null). Begründen Sie anhand dieses Diagramms, ob die Schaltung im Bereich $\omega > \omega_0$, $\omega < \omega_0$ oder $\omega = \omega_0$ betrieben wird.

### Lösung zu Aufgabe 7.2

a) Die Impedanz zwischen den Klemmen a und b ist:

$$\underline{Z} = R_2 + \frac{1}{\dfrac{1}{R_1} + \dfrac{1}{\mathrm{j}\,\omega L} + \mathrm{j}\,\omega C} = \underline{\underline{R_2 + \frac{\omega L R_1}{\omega L + \mathrm{j}\,R_1(\omega^2 CL - 1)}}}$$

b) Resonanz ergibt sich für $\omega^2 LC = 1$ dann gilt:

$$\underline{\underline{\underline{Z} = R_2 + R_1}}$$

c) Für niedrige Frequenzen $\omega/\omega_0 = 0$ wird die Induktivität und bei hohen Frequenzen $\omega/\omega_0 \to \infty$ die Kapazität zum Kurzschluss. In beiden Fälle folgt:

$$\underline{\underline{\frac{\underline{U}_2}{\underline{U}_0} = 1}}$$

In Resonanz $\omega/\omega_0 = 1$ heben sich die Reaktanzen von Induktivität und Kapazität auf („offen"), dann ist

$$\frac{\underline{U}_2}{\underline{U}_0} = \frac{R_2}{R_1 + R_2} = \frac{1}{10+1} = 0{,}09091$$

d) Der Maschenumlauf über die Klemmen a, c liefert: $\underline{U}_{ac} + \underline{U}_2 = \underline{U}_0$.

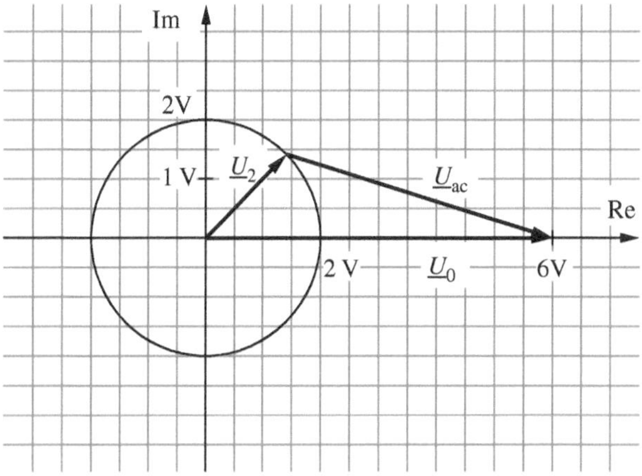


**Bild 7.2.2** Zeigerdiagramm der Spannungen

Aus dem Zeigerdiagramm liest man die Spannung $\underline{U}_{ac} = 4{,}8\,\mathrm{V}$ ab.

e) Die Spannung über der Parallelschaltung aus $L$, $C$ und $R_1$ ist gleich der Spannung $\underline{U}_{ac}$. Das heißt die Phasenlage des Stromes $\underline{I}_{R1}$ entspricht der der Spannung $\underline{U}_{ac}$. Die Phasenlage der Ströme $\underline{I}_L$ und $\underline{I}_C$ ergibt sich aus dem Bauteilverhalten:

$$\underline{I}_{R1} = \frac{1}{R_1}\,\underline{U}_{ac}, \quad \underline{I}_L = \frac{1}{j\,\omega L}\underline{U}_{ac} \quad \text{und} \quad \underline{I}_C = j\,\omega C\,\underline{U}_{ac}$$

$$\varphi_{IR1} = \varphi_{Uac}, \quad \varphi_{IL} = \varphi_{R1} - 90^\circ \quad \text{und} \quad \varphi_{IC} = \varphi_{R1} + 90^\circ$$

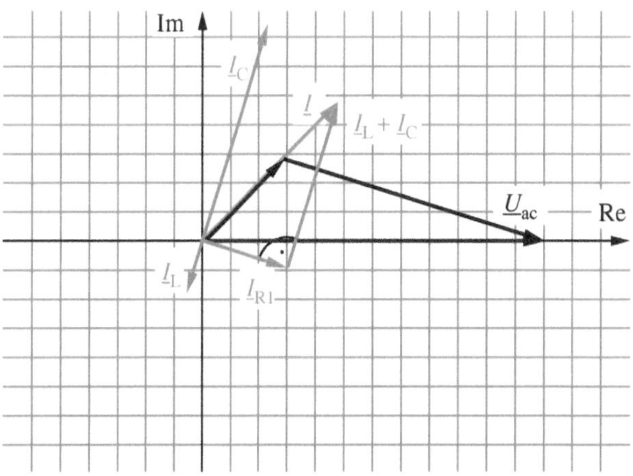


**Bild 7.2.3** Zeigerdiagramm der Ströme

Die Summe dieser Ströme ist gleich dem Strom durch den Widerstand $R_2$

$$\underline{I}_\mathrm{L} + \underline{I}_\mathrm{C} + \underline{I}_\mathrm{R1} = \underline{I}_\mathrm{R2} = \underline{I}$$

dessen Phasenlage durch die Phase von $\underline{U}_2$ festgelegt ist.

$$\varphi_\mathrm{I} = \varphi_\mathrm{IR2} = \varphi_\mathrm{UR2}$$

Nach Wahl der Beträge (Zeigerlänge) von $\underline{I}_\mathrm{L}$ und $\underline{I} = \underline{I}_\mathrm{R2}$ kann das Zeigerdiagramm der Ströme konstruiert werden (Bild 7.2.3).

Offenbar muss der Betrag des Stromes $\underline{I}_\mathrm{C}$ größer als der Betrag von $\underline{I}_\mathrm{L}$ sein.

$$|\underline{I}_\mathrm{C}| = |\mathrm{j}\,\omega C\,\underline{U}_\mathrm{ac}| > |\underline{I}_\mathrm{L}| = \left|\frac{1}{\mathrm{j}\,\omega L}\underline{U}_\mathrm{ac}\right|$$

woraus $\omega C > \dfrac{1}{\omega L}$ und damit

$$\underline{\underline{\omega > \frac{1}{\sqrt{LC}} = \omega_0}}$$

folgen.

### Aufgabe 7.3

In der dargestellten Schaltung ist die Impedanz $\underline{Z}_\mathrm{S}$ so zu dimensionieren, dass der Strom $\underline{I}_\mathrm{R}$ unabhängig von der Größe des Widerstandes $R$ ist.

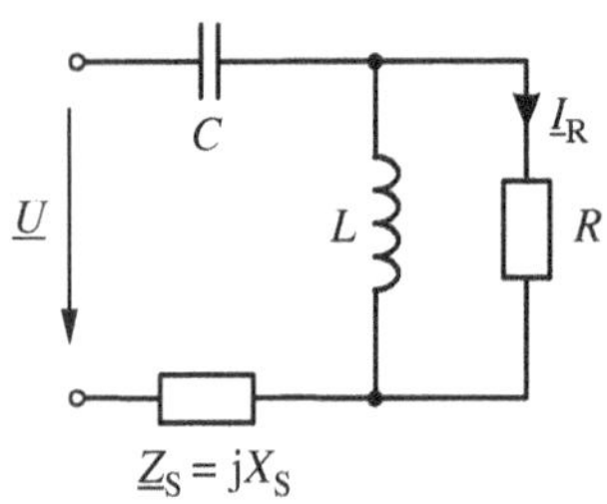


**Bild 7.3.1** Schaltung

a) Leiten Sie die Bedingung für die Impedanz $\underline{Z}_\mathrm{S} = \mathrm{j}\,X_\mathrm{S}$ her, sodass der Strom $\underline{I}_\mathrm{R}$ unabhängig von der Größe des Widerstandes $R$ ist.

b) Zeichnen Sie das qualitative Zeigerdiagramm der Schaltung.

### Lösung zu Aufgabe 7.3

a) Der Strom berechnet sich nach dem Ohmschen Gesetz:

$$\underline{I}_\mathrm{R} = \frac{\underline{U}_\mathrm{R}}{R}$$

Die Spannung $\underline{U}_\mathrm{R}$ kann durch Anwendung des Spannungsteilers oder Stromteilers berechnet werden. Die Lösung erfolgt hier über einen Spannungsteiler.

$$\frac{\underline{U}_\mathrm{R}}{\underline{U}} = \frac{\dfrac{R\underline{Z}_\mathrm{L}}{R+\underline{Z}_\mathrm{L}}}{\underline{Z}_\mathrm{C} + \underline{Z}_\mathrm{S} + \dfrac{R\underline{Z}_\mathrm{L}}{R+\underline{Z}_\mathrm{L}}} = \frac{R}{\dfrac{R+\underline{Z}_\mathrm{L}}{\underline{Z}_\mathrm{L}}(\underline{Z}_\mathrm{C}+\underline{Z}_\mathrm{S}) + R}$$

$$\frac{\underline{U}_\mathrm{R}}{\underline{U}} = \frac{R}{R\left[1 + \frac{1}{\underline{Z}_\mathrm{L}}(\underline{Z}_\mathrm{C} + \underline{Z}_\mathrm{S})\right] + (\underline{Z}_\mathrm{C} + \underline{Z}_\mathrm{S})}$$

Nun kann der Strom berechnet werden:

$$\underline{I}_\mathrm{R} = \frac{\underline{U}}{R\left[1 + \frac{1}{\underline{Z}_\mathrm{L}}(\underline{Z}_\mathrm{C} + \underline{Z}_\mathrm{S})\right] + (\underline{Z}_\mathrm{C} + \underline{Z}_\mathrm{S})}$$

Der Faktor mit $R$ (eckige Klammer) muss zu null werden, damit der Strom vom Widerstand unabhängig wird:

$$1 + \frac{1}{\underline{Z}_\mathrm{L}}(\underline{Z}_\mathrm{C} + \underline{Z}_\mathrm{S}) \stackrel{!}{=} 0$$

woraus

$$\underline{Z}_\mathrm{S} = -\underline{Z}_\mathrm{C} - \underline{Z}_\mathrm{L} = \mathrm{j}\left(\frac{1}{\omega C} - \omega L\right)$$

folgt.

Je nach Bemessung der Bauteile ist $\underline{Z}_\mathrm{S}$ eine Induktivität oder eine Kapazität.

b) Das Zeigerdiagramm kann für $\underline{Z}_\mathrm{S}$ als Induktivität oder Kapazität gezeichnet werden. Da keine Werte gegeben wurden, sind beide Annahmen zulässig. Im hier dargestellten Zeigerdiagramm wird $\underline{Z}_\mathrm{S}$ *als Induktivität* angenommen.

Offenbar gilt bei Einhalten der Bedingung $\underline{Z}_\mathrm{S} = -\underline{Z}_\mathrm{L} - \underline{Z}_\mathrm{C}$:

$$\underline{U}_\mathrm{R} = \underline{U}\frac{R}{\underline{Z}_\mathrm{C} + \underline{Z}_\mathrm{S}} = \underline{U}\frac{R}{-\underline{Z}_\mathrm{L}}$$

Damit ergeben sich für die Phasenlage der Zeiger die Bedingungen $\varphi_\mathrm{UR} = \varphi_\mathrm{U} + 90^\circ$ und natürlich $\varphi_\mathrm{US} = \varphi_\mathrm{I} + 90^\circ$ (Induktivität) sowie $\varphi_\mathrm{UC} = \varphi_\mathrm{I} - 90^\circ$ (Kapazität).

Beim Zeichnen des Zeigerdiagramms wurde mit der Spannung $\underline{U}_\mathrm{R}$ begonnen, die in die reelle Achse gelegt wurde. Daraus ergeben sich die Ströme $\underline{I}_\mathrm{R} = \underline{U}_\mathrm{R}/R$, $\underline{I}_\mathrm{L} = \underline{U}_\mathrm{R}/(\mathrm{j}\,\omega L)$ und $\underline{I} = \underline{I}_\mathrm{R} + \underline{I}_\mathrm{L}$. Danach können die Spannungen entsprechend der Phasenlage eingezeichnet werden, sodass $\underline{U}_\mathrm{R} + \underline{U}_\mathrm{ZS} + \underline{U}_\mathrm{C} = \underline{U}$ erfüllt ist.

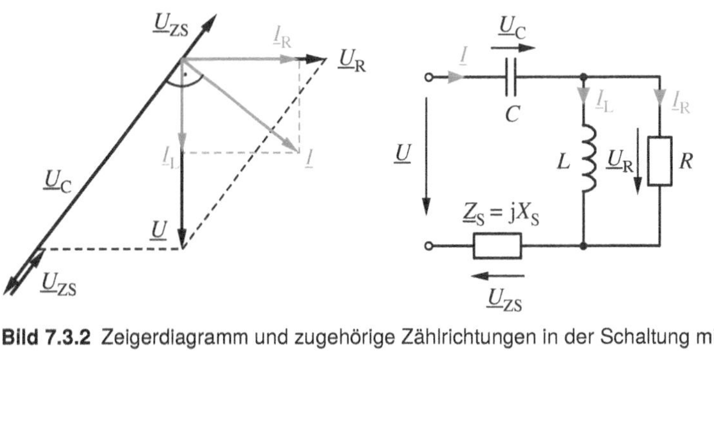


**Bild 7.3.2** Zeigerdiagramm und zugehörige Zählrichtungen in der Schaltung mit $\underline{Z}_\mathrm{S}$ als Induktivität

## Aufgabe 7.4

Gegeben sei folgende Schaltung mit den Zusammenhängen $R_1 = 2R_2$, $L_1 = 2L_2$ und $R_1 = \frac{4}{3}\omega L_1$:

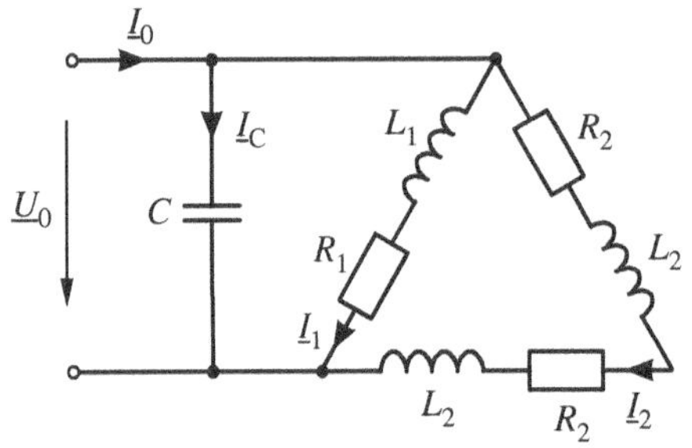


**Bild 7.4.1** Schaltung

a) Bestimmen Sie die gesamte von der Schaltung aufgenommene Blindleistung $Q_{ges}$ allgemein in Abhängigkeit der Eingangsspannung $\underline{U}_0$, der Kreisfrequenz $\omega$ und der Bauteile $R_2$, $L_2$ und $C$.

b) Konstruieren Sie das qualitative Zeigerdiagramm der Ströme.

Es solle nun eine Blindleistungskompensation vorgenommen werden:

c) Berechnen Sie die Wirkleistung der Schaltung $P_{ges}$ und die Kapazität $C = C_{opt}$ für den Fall der Blindleistungskompensation mit folgenden Zahlenwerten: $\underline{U}_0 = 200\,\text{V}$ bei $f = 50\,\text{Hz}$, $R_1 = 10\,\Omega$.

## Lösung zu Aufgabe 7.4

a) Die Blindleistung bestimmt sich aus dem Imaginärteil der komplexen Scheinleistung

$$Q_{ges} = \operatorname{Im}\left\{\underline{S}_{ges}\right\} = \operatorname{Im}\left\{U_0^2 \cdot \underline{Y}_{ges}^*\right\}$$

Zur Berechnung der Admittanz vereinfacht man zunächst die gemischte Reihen- und Parallelschaltung der im Dreieck angeordneten Induktivitäten mit der Bedingung $R_1 = 2R_2$, $L_1 = 2L_2$. Die Admittanz ergibt sich dann aus der Parallelschaltung mit der Kapazität.

$$\underline{Y}_{ges} = \mathrm{j}\,\omega C + \frac{1}{R_2 + \mathrm{j}\,\omega L_2}$$

Damit folgt durch Erweitern mit dem konjugiert komplexen Nenner:

$$\begin{aligned} Q_{ges} &= \operatorname{Im}\left\{U_0^2 \cdot \frac{1}{R_2^2 + (\omega L_2)^2}\left[R_2 - \mathrm{j}\,\omega\left(C\left(R_2^2 + (\omega L_2)^2\right) - L_2\right)\right]\right\} \\ &= U_0^2 \cdot \left(-\omega C + \frac{\omega L_2}{R_2^2 + (\omega L_2)^2}\right) \end{aligned}$$

mit $\omega L_2 = \frac{3}{4} R_2$ folgt schließlich

$$\underline{\underline{Q_{ges} = U_0^2 \cdot \left[-\omega C + \frac{12}{25 R_2}\right]}}$$

b) Bei der Konstruktion des Zeigerdiagramms wurde der Strom $\underline{I}_1$ in die reelle Achse gelegt. Es ergibt sich sofort $\underline{I}_2 = \underline{I}_1$ und die Spannung $\underline{U}_0 = (R_1 + \mathrm{j}\,\omega L_1)\underline{I}_1 = \underline{U}_\mathrm{R} + \underline{U}_\mathrm{L}$. Aus der Spannung folgt der Kondensatorstrom mit $\underline{I}_\mathrm{C} = \mathrm{j}\,\omega C \underline{U}_0$ und schließlich der Gesamtstrom $\underline{I}_0 = \underline{I}_\mathrm{C} + \underline{I}_\mathrm{R1} + \underline{I}_\mathrm{R2}$.

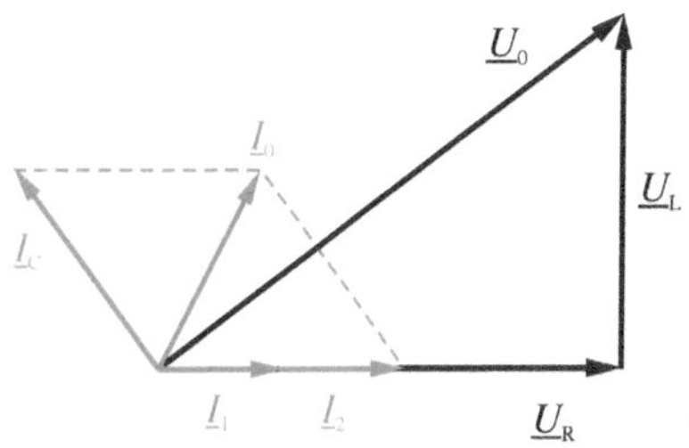


**Bild 7.4.2** Zeigerdiagramm

c) Die Wirkleistung bestimmt sich aus dem Realteil der komplexen Scheinleistung (siehe Aufgabenteil a). Zusammen mit $R_2 = R_1/2 = 5\,\Omega$ und $\omega L_2 = \frac{3}{4} R_2 = 3{,}75\,\Omega$ gilt:

$$\underline{\underline{P_\mathrm{ges}}} = \mathrm{Re}\left\{\underline{S}_\mathrm{ges}\right\} = U_0^2 \cdot \frac{R_2}{R_2^2 + (\omega L_2)^2} = (200\,\mathrm{V})^2 \cdot \frac{5\,\Omega}{(5\,\Omega)^2 + (3{,}75\,\Omega)^2} = \underline{\underline{5120\,\mathrm{W}}}$$

Für die Blindleistungskompensation ist die Kapazität $C = C_\mathrm{opt}$ so zu bestimmen, dass der Imaginärteil der komplexen Scheinleistung verschwindet.

$$\underline{\underline{C_\mathrm{opt}}} = \frac{1}{\omega} \cdot \frac{12}{25 R_2} = \frac{1}{2 \cdot \pi \cdot 50\,\mathrm{Hz}} \cdot \frac{12}{25 \cdot 5\,\Omega} = \underline{\underline{306\,\mu\mathrm{F}}}$$

## Aufgabe 7.5

Gegeben ist folgende Schaltung mit idealer Wechselspannungsquelle:

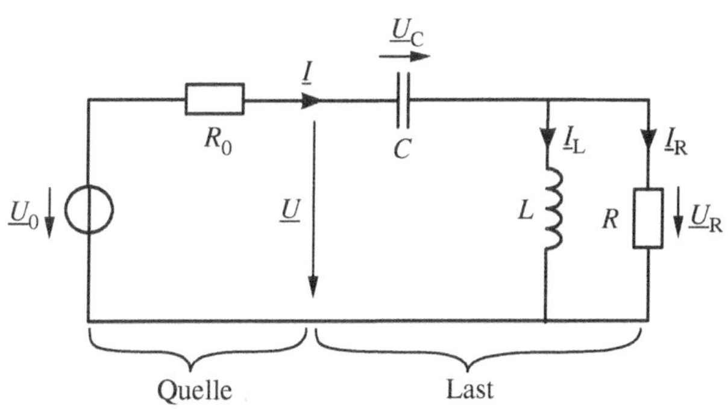


**Bild 7.5.1** Schaltung

$\underline{U}_0$ und $R_0$ sollen zusammen als reale Wechselspannungsquelle aufgefasst werden, während $R$, $L$ und $C$ als Elemente einer Last aufgefasst werden sollen.

a) Berechnen Sie den komplexen Widerstand der Last $\underline{Z}(\omega) = \underline{U}/\underline{I}$ als Formel und stellen Sie ihn als Summe aus Realteil und Imaginärteil dar. Berechnen Sie davon ausgehend die Kreisfrequenz $\omega_0 > 0$, bei der die Schaltung Resonanz (Phasenresonanz) zeigt. Welche Beziehung muss zwischen $R$, $L$ und $C$ gelten, damit $\omega_0 > 0$ tatsächlich existiert?

b) Zeichnen und beschriften Sie ein Zeigerdiagramm für alle oben eingetragenen Ströme und Spannungen ($\underline{U}_0$ ausgenommen, nicht maßstabsgerecht) für den Fall, dass die Last ohmsch-induktives Verhalten zeigt.

c) Messungen an der Last ergeben eine gesamte Wirkleistung von $P = 1\,000\,\mathrm{W}$, eine gesamte Blindleistung von $Q = 200\,\mathrm{V \cdot A}$ und einen (reellen) Effektivwert der Spannung von $U = 120\,\mathrm{V}$ bei $\omega = 100 \cdot 1/\mathrm{s}$. Weiterhin ist bekannt, dass $R = 40\,\Omega$ ist. Bestimmen Sie daraus die Zahlenwerte von $L$ und $C$.

## Lösung zu Aufgabe 7.5

a) Anwenden der Regeln für Reihen- und Parallelschaltungen liefert:

$$\begin{aligned}
\underline{Z} &= \frac{1}{\mathrm{j}\omega C} + \frac{1}{\frac{1}{R} + \frac{1}{\mathrm{j}\omega L}} = \frac{1}{\mathrm{j}\omega C} + \frac{\mathrm{j}\omega LR}{R + \mathrm{j}\omega L} = \frac{1}{\mathrm{j}\omega C} + \frac{\mathrm{j}\omega LR(R - \mathrm{j}\omega L)}{R^2 + (\omega L)^2} \\
&= -\frac{\mathrm{j}}{\omega C} + \frac{(\omega L)^2 R + \mathrm{j}\omega LR^2}{R^2 + (\omega L)^2} \\
&= \underline{\underline{\frac{(\omega L)^2 R}{R^2 + (\omega L)^2} + \mathrm{j}\left(\frac{\omega LR^2}{R^2 + (\omega L)^2} - \frac{1}{\omega C}\right)}}
\end{aligned}$$

Bei Phasenresonanz muss gelten $\mathrm{Im}\,(\underline{Z}) = 0$. Unter Verwendung des obigen Ergebnisses muss man also fordern:

$$\begin{aligned}
\frac{\omega_0 L R^2}{R^2 + (\omega_0 L)^2} - \frac{1}{\omega_0 C} = 0 \quad &\Rightarrow \quad \omega_0^2 LCR^2 = R^2 + (\omega_0 L)^2 \\
&\Rightarrow \quad \omega_0^2 \left(LCR^2 - L^2\right) = R^2 \\
&\Rightarrow \quad \underline{\underline{\omega_0 = \frac{R}{\sqrt{LCR^2 - L^2}} = \frac{1}{\sqrt{LC - (L/R)^2}}}}
\end{aligned}$$

Damit ein $\omega_0 > 0$ überhaupt existiert, muss gelten:

$$\underline{\underline{LCR^2 > L^2}} \quad \Leftrightarrow \quad \underline{\underline{CR^2 > L}} \quad \Leftrightarrow \quad \underline{\underline{LC > (L/R)^2}}$$

b) Folgende Sachverhalte legen das Zeigerdiagramm fest:

- Am Widerstand sind Strom und Spannung in Phase.
- An Spule und Widerstand liegt dieselbe Spannung an.
- An der Spule eilt die Spannung dem Strom um 90° voraus.
- Spule und Widerstand teilen sich den gesamten Strom.
- Durch den Kondensator fließt der gesamte Strom.
- Am Kondensator eilt der Strom der Spannung um 90° voraus.
- Die gesamte Spannung ist zusammengesetzt aus der Spannung am Kondensator und der Spannung am Widerstand bzw. Spule.

Für ein ohmsch-induktives Gesamtverhalten folgt damit:

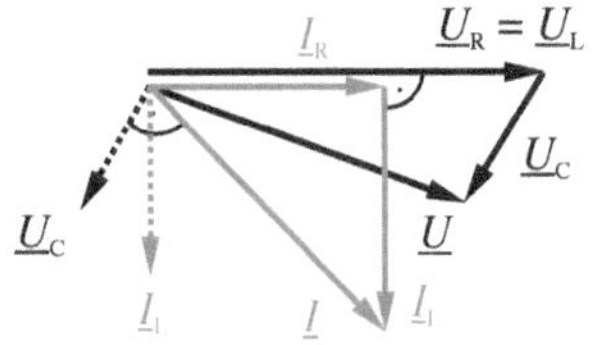


**Bild 7.5.2** Zeigerdiagramm

c) Der Effektivwert des gesamten Stromes ergibt sich aus der Scheinleistung:

$$I = \frac{S}{U} = \frac{\sqrt{P^2 + Q^2}}{U} = \frac{\sqrt{1\,000^2 + 200^2}}{120}\,\text{A} = \frac{1019{,}8}{120} = 8{,}498\,\text{A}$$

Der Effektivwert des Stromes durch den Widerstand folgt aus der Wirkleistung:

$$I_\text{R} = \sqrt{\frac{P}{R}} = \sqrt{\frac{1\,000}{40}}\,\text{A} = 5\,\text{A}$$

Der Effektivwert des Stromes durch die Spule folgt aus dem Gesamtstrom und dem Strom durch den Widerstand (siehe auch Zeigerdiagramm):

$$I_\text{L} = \sqrt{I^2 - I_\text{R}^2} = \sqrt{8{,}498^2 - 5^5}\,\text{A} = 6{,}871\,\text{A}$$

Der Effektivwert der Spannung über der Spule ist gleich demjenigen über dem Widerstand und somit $U_\text{L} = U_\text{R} = R \cdot I_\text{R} = 40\,\Omega \cdot 5\,\text{A} = 200\,\text{V}$. Damit lässt sich die Induktivität über $U_\text{L} = \omega L I_\text{L}$ berechnen:

$$L = \frac{U_\text{L}}{\omega \cdot I_\text{L}} = \frac{200}{100 \cdot 6{,}871}\,\text{H} = \underline{\underline{291{,}1\,\text{mH}}}$$

Die Blindleistung der Spule ist dann $Q_\text{L} = I^2 \cdot \omega L = 1\,374{,}3\,\text{V} \cdot \text{A}$ und die des Kondensators damit $Q_\text{C} = 200\,\text{V} \cdot \text{A} - Q_\text{L} = -1\,174{,}3\,\text{V} \cdot \text{A}$. Daraus folgt über $Q_\text{C} = -I_\text{C}^2/\omega C$ und $I = I_\text{C}$ schließlich:

$$C = \frac{-I^2}{\omega \cdot Q_\text{C}} = \frac{8{,}498^2}{100 \cdot 1174{,}3}\,\text{F} = \underline{\underline{614{,}9\,\mu\text{F}}}$$

## Ortskurven

### Aufgabe 7.6

Gegeben sei die Schaltung aus Bild 7.6.1.

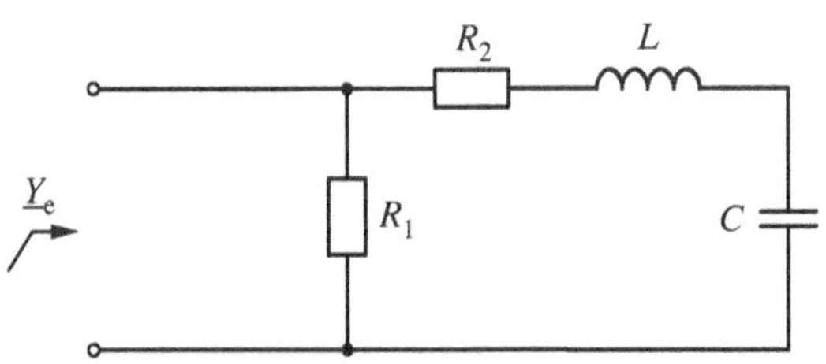


**Bild 7.6.1** Schaltung

a) Konstruieren Sie die Ortskurve der Eingangsadmittanz $\underline{Y}_\text{e}$ mit der Kreisfrequenz $\omega$ als Parameter. Geben Sie die Lage der Punkte auf der reellen Achse an.

b) Konstruieren Sie die Ortskurve der Eingangsimpedanz $\underline{Z}_\mathrm{e}$ mit der Kreisfrequenz $\omega$ als Parameter. Geben Sie die Lage der Punkte auf der reellen Achse an.

c) Berechnen Sie die Resonanzfrequenz $\omega_0$ (Phasenresonanz) in Abhängigkeit der Bauteilparameter. Begründen Sie Ihre Antwort.

d) Zeichnen Sie das Zeigerdiagramm aller Ströme und Spannungen für eine Frequenz $\omega > \omega_0$. Tragen Sie die von Ihnen gewählten Bezeichnungen und Zählpfeile in den Schaltplan ein.

## Lösung zu Aufgabe 7.6

a) Die Reihenschaltung der Bauelemente $R_2$, $L$ und $C$ besitzt die Impedanz $\underline{Z}_2 = R_2 + \mathrm{j}\left(\omega L - \dfrac{1}{\omega C}\right)$, deren Ortskurve eine Gerade im Abstand $R_2$ parallel zur imaginären Achse ist (Bild 7.6.2a). Nach Invertieren (Kreis vom Durchmesser $1/R_2$, Bild 7.6.2b) wird zur Ortskurve der Admittanz der Widerstand $R_1$ parallel geschaltet $\underline{Y}_\mathrm{e} = \dfrac{1}{R_1} + \dfrac{1}{\underline{Z}_2}$, was die Ortskurve um $G_1 = 1/R_1$ auf der reellen Achse verschiebt (Bild 7.6.2c).

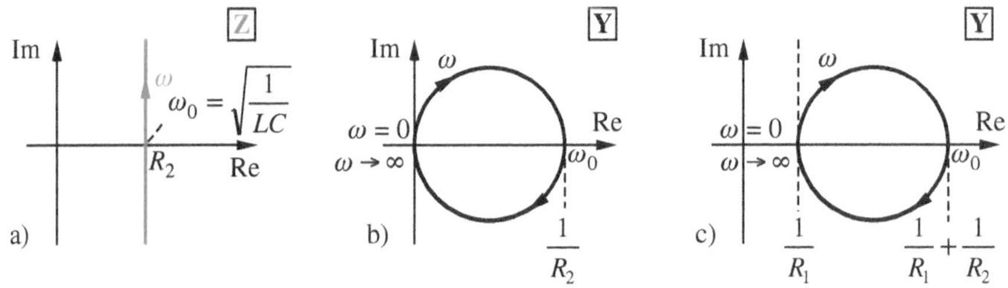


**Bild 7.6.2** Konstruktion der Ortskurve der Admittanz

b) Die Ortskurve der Impedanz ergibt sich durch Invertieren des Kreises aus Aufgabenteil a) $\underline{Z}_\mathrm{e} = 1/\underline{Y}_\mathrm{e}$.

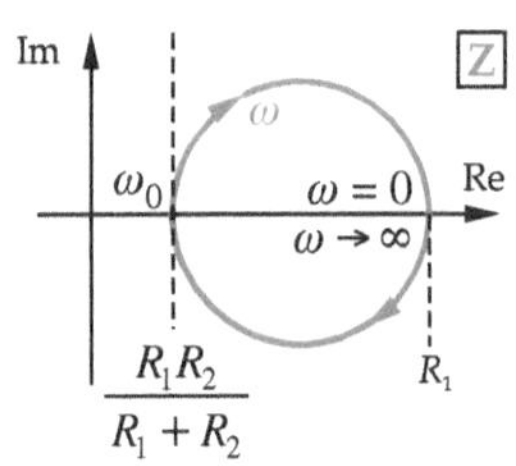


**Bild 7.6.3** Ortskurve der Impedanz

c) Bei Phasenresonanz ist die Phasenverschiebung zwischen Strom und Spannung null $\varphi(U, I) = 0$, d. h. die Impedanz wird reellwertig $\mathrm{Im}\{\underline{Z}\} \stackrel{!}{=} 0$. Dies ist für $\underline{\underline{\omega_0 = \dfrac{1}{\sqrt{LC}}}}$ erfüllt.

d) Im Fall $\omega > \omega_0$ bekommt die Reihenschaltung $\underline{Z}_2 = R_2 + \mathrm{j}\left(\omega L - \dfrac{1}{\omega C}\right)$ ein induktives Verhalten und es gilt $|\underline{U}_\mathrm{L}| > |\underline{U}_\mathrm{C}|$ sowie $\varphi_{\mathrm{U}1} > \varphi_\mathrm{I}$. Beim Zeichnen des Zeigerdiagramms wurde mit dem Strom $\underline{I}_2$ begonnen, der in die reelle Achse gelegt wurde. Danach werden die Spannungen $\underline{U}_2 = R_2 \underline{I}_2$, $\underline{U}_\mathrm{L} = \mathrm{j}\,\omega L \underline{I}_2$ und $\underline{U}_\mathrm{C} = 1/(\mathrm{j}\,\omega C)\underline{I}_2$ eingezeichnet. Damit ergeben sich $\underline{U}_1 = \underline{U}_2 + \underline{U}_\mathrm{L} + \underline{U}_\mathrm{C}$ und $\underline{I}_1 = \underline{U}_1/R_1$ sowie $\underline{I} = \underline{I}_1 + \underline{I}_2$.

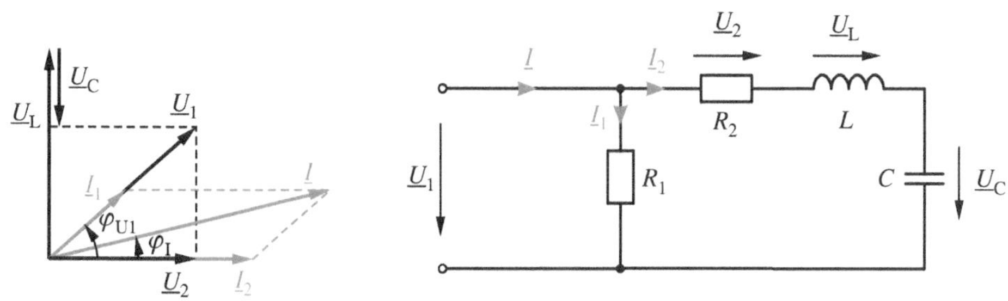


**Bild 7.6.4** Zeigerdiagramm und Schaltung mit Zählpfeilen

## Aufgabe 7.7

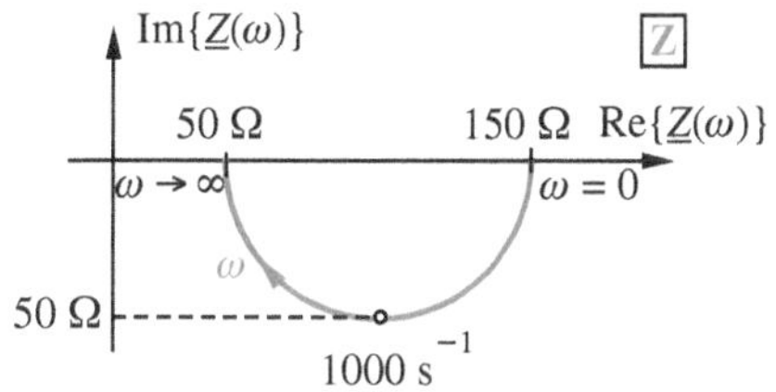


**Bild 7.7.1** Impedanzortskurve

a) Die abgebildete Ortskurve $\underline{Z}(\omega)$ ist ein Halbkreis. Geben Sie eine möglichst einfache Schaltung aus Grundzweipolen an, die diesen Ortskurvenverlauf aufweist. Skizzieren Sie diese Schaltung und bestimmen Sie die Werte der Bauteile. Begründen Sie Ihre Aussagen.

b) Skizzieren Sie das Zeigerdiagramm aller Ströme und Spannungen für die von Ihnen ermittelte Schaltung.

c) Skizzieren Sie den Verlauf der Ortskurve, wenn zusätzlich eine Induktivität in Reihe geschaltet wird. Geben Sie die Punkte $\omega = 0$ und die Asymptote für $\omega \to \infty$ an.

## Lösung zu Aufgabe 7.7

a) Das Zurückverschieben in den Ursprung entspricht der Reihenschaltung eines Widerstandes von $\underline{\underline{R_1 = 50\,\Omega}}$.

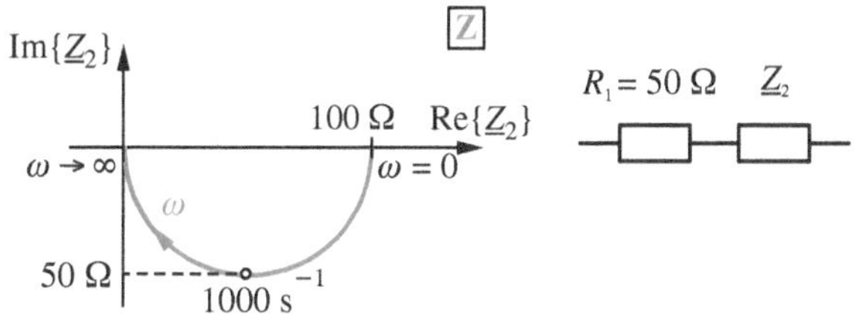


**Bild 7.7.2** Verschobene Ortskurve und Schaltung

Durch Invertieren erhält man nun eine Gerade für die Amittanzortskurve mit positivem Imaginärteil. Dies entspricht der Parallelschaltung eines Widerstandes und eines Kondensators. Der Widerstandswert ergibt sich aus dem Abschnitt auf der reellen Achse zu $\underline{\underline{R_2 = 100\,\Omega}}$. Die Kapazität bestimmt sich aus dem ausgegebenen Punkt auf der Ortskurve, an dem die Phasenverschiebung 45° ist. Daher gilt $X_C = R_2$ und es folgt $\omega C = \frac{1}{R_2}$ und somit $\underline{\underline{C = 10^{-5}\,\text{F}}}$.

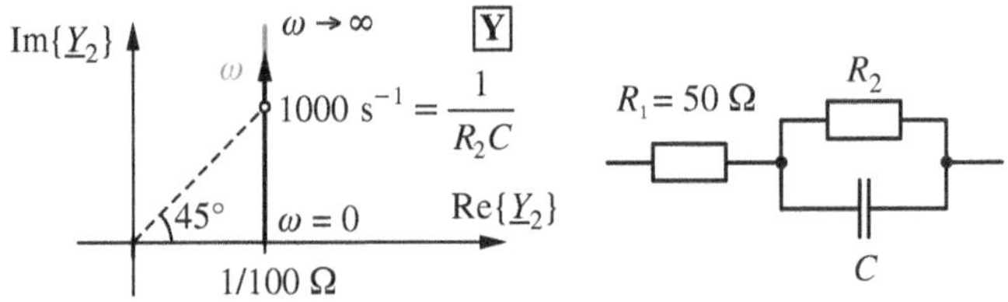


**Bild 7.7.3** Ortskurve der Admittanz und Schaltung

b) Das Zeigerdiagramm wird mit der Spannung $\underline{U}_2$ begonnen, die in die reelle Achse gelegt wird. Dann können die Ströme $\underline{I}_2 = \underline{U}_2/R_2$, $\underline{I}_C = \mathrm{j}\,\omega C \underline{U}_2$ und $\underline{I} = \underline{I}_2 + \underline{I}_C$ eingezeichnet werden. Abschließend werden die Spannungen $\underline{U}_1 = R_1 \underline{I}$ und $\underline{U} = \underline{U}_1 + \underline{U}_2$ eingezeichnet.

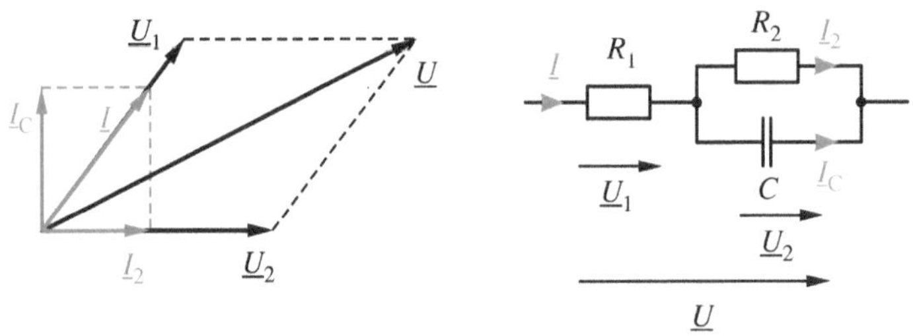


**Bild 7.7.4** Zeigerdiagramm und Schaltung mit Zählpfeilen

c) Durch die Reihenschaltung einer Induktivität wird die Impedanz (und die Ortskurve) mit zunehmender Frequenz hin zu induktivem Verhalten verändert. Bei niedrigen Frequenzen kann die Induktivität gegenüber dem Widerstand vernachlässigt werden, damit bleibt die Ortskurve gegenüber dem Fall ohne Induktivität praktisch unverändert $\underline{Z}(\omega \to 0) = R_1 + R_2/(1 + \mathrm{j}\,\omega R_2 C)$. Bei hohen Frequenzen wirkt die Kapazität als Kurzschluss, damit geht die Ortskurve asymptotisch in die der RL-Reihenschaltung über $\underline{Z}(\omega \to \infty) = R_1 + \mathrm{j}\,\omega L$. Im Übergangsbereich ergibt sich Phasenresonanz $\mathrm{Im}\{\underline{Z}\} = 0$.

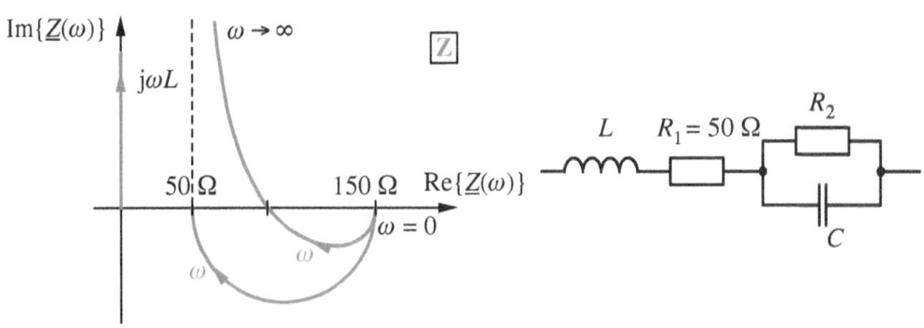


**Bild 7.7.5** Ortskurve und Schaltung

## Aufgabe 7.8

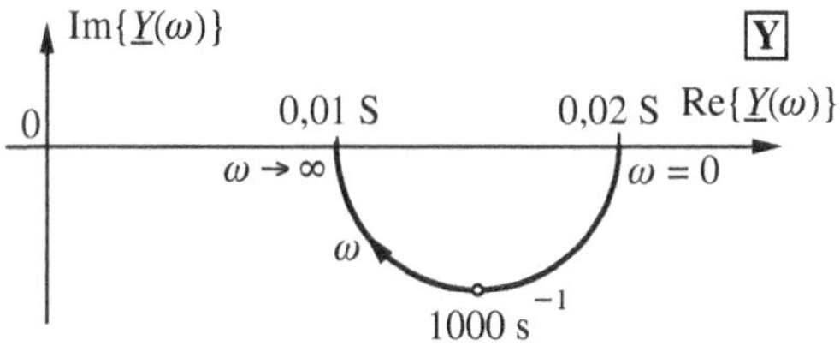


**Bild 7.8.1** Admittanzortskurve

a) Die im Admittanzen-Koordinatensystem abgebildete Kurve $\underline{Y}(\omega)$ ist ein Halbkreis. Geben Sie eine möglichst einfache Schaltung aus Grundzweipolen an, die diesen Ortskurvenverlauf aufweist. Skizzieren Sie diese Schaltung und bestimmen Sie die Werte der Bauteile. Begründen Sie Ihre Aussagen.

b) Skizzieren Sie qualitativ das Zeigerdiagramm aller Ströme und Spannungen für die von Ihnen ermittelte Schaltung.

c) Eine Kapazität wird zusätzlich in Reihe geschaltet. Geben Sie den Wert bzw. die Asymptote der Admittanz für $\omega = 0$ bzw. für $\omega \to \infty$ an.

## Lösung zu Aufgabe 7.8

a) Durch Verschieben der Ortskurve in den Ursprung entlang der reellen Achse, erhält man einen Halbkreis durch den Ursprung. Die Verschiebung entspricht der Parallelschaltung eines Widerstandes mit

$$\underline{\underline{R = 1/0{,}01\text{S} = 100\,\Omega}}$$

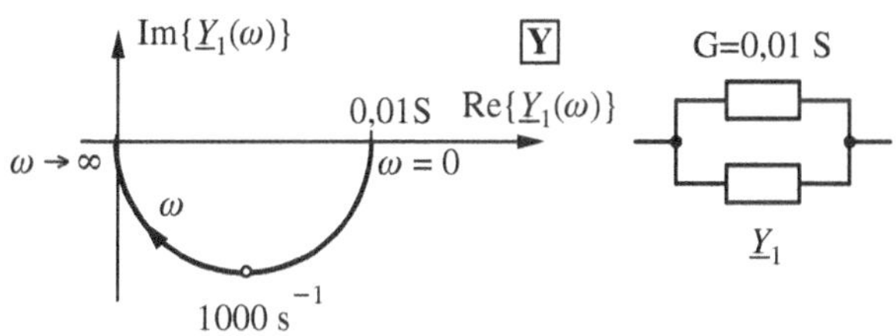


**Bild 7.8.2** Verschobene Ortskurve und Schaltung

Durch Invertieren erhält man für die Ortskurve der Impedanz eine Halbgerade mit positivem Imaginärteil. Diese stellt die Reihenschaltung eines Widerstandes und einer Induktivität dar

$$\underline{Z}_1 = R_1 + \mathrm{j}\,\omega L$$

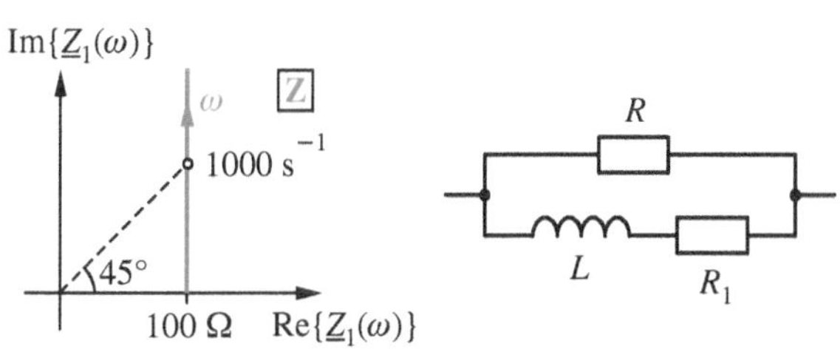


**Bild 7.8.3** Impedanzortskurve und Schaltung

Der Widerstandswert kann als Realteil unmittelbar abgelesen werden $\underline{\underline{R_1 = 100\,\Omega}}$. Die Induktivität ergibt sich aus der Kreisfrequenz $\omega_0$ beim Phasenwinkel von 45° zu

$$\omega_0 L = R_1$$

$$\underline{\underline{L}} = \frac{R_1}{\omega_0} = \frac{100\,\Omega}{1\,000\,\mathrm{s}^{-1}} = \underline{\underline{0{,}1\,\mathrm{H}}}$$

b) Für das Zeigerdiagramm wurde der Strom $\underline{I}_1$ in die reelle Achse gelegt. Danach werden die Spannungen $\underline{U}_\mathrm{R} = R_1 \underline{I}_1$ und $\underline{U}_\mathrm{L} = \mathrm{j}\,\omega L \underline{I}_1$ sowie $\underline{U} = \underline{U}_\mathrm{R} + \underline{U}_\mathrm{L}$ eingezeichnet. Der Strom $\underline{I}_2 = \underline{U}/R$ hat die gleiche Phasenlage. Der Gesamtstrom ergibt sich aus der Summe $\underline{I} = \underline{I}_1 + \underline{I}_2$.

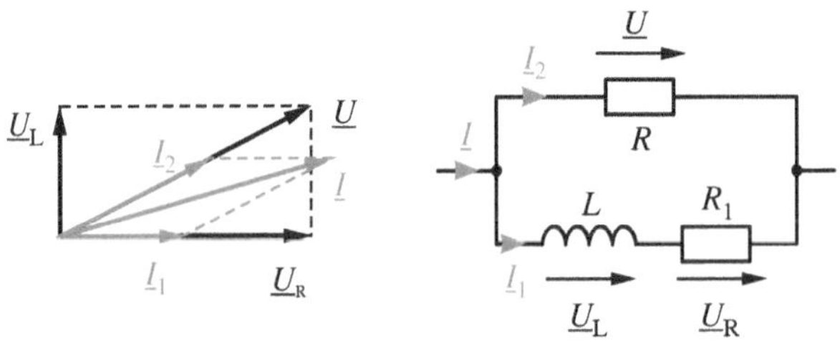


**Bild 7.8.4** Zeigerdiagramm und Schaltung mit Zählpfeilen

c) Wird eine Kapazität in Reihe geschaltet, so ergibt sich die Admittanz zu

$$\underline{Y}_{+\mathrm{C}} = \frac{\underline{Y} \cdot \mathrm{j}\,\omega C}{\underline{Y} + \mathrm{j}\,\omega C}$$

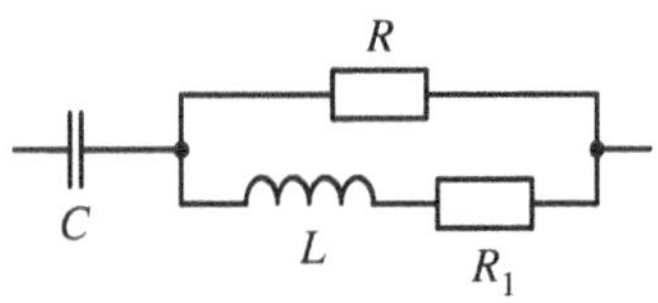


**Bild 7.8.5** Schaltung mit Kapazität

Für niedrige Frequenzen verschwindet die Admittanz der Kapazität und damit die Admittanz der Gesamtschaltung.

$$\underline{\underline{\omega \to 0 \quad \Rightarrow \quad \underline{Y}_{+\mathrm{C}} \to \mathrm{j}\,\omega C \to 0}}$$

Für hohe Frequenzen bildet die Kapazität asymptotisch einen Kurzschluss.

$$\underline{\underline{\omega \to \infty \quad \Rightarrow \quad \underline{Y}_{+\mathrm{C}} \to \underline{Y}(\omega \to \infty) = 0{,}01\,\mathrm{S}}}$$

## Aufgabe 7.9

Eine Schaltung, bestehend aus einem Widerstand, einer Kapazität und einer Induktivität hat folgende Ortskurve.

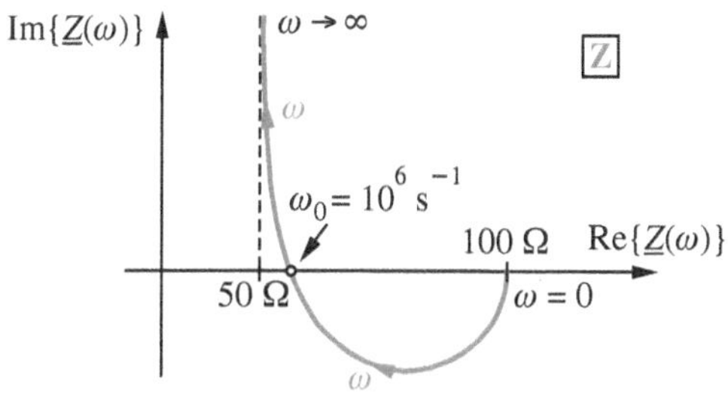


**Bild 7.9.1** Impedanzortskurve

Zeichnen Sie das Ersatzschaltbild, stellen Sie die Gesamtimpedanz getrennt nach Real- und Imaginärteil auf und berechnen Sie die Größen der drei Bauelemente aus den gegebenen Werten.

## Lösung zu Aufgabe 7.9

Aus dem Verlauf der Ortskurve im Impedanzbereich ist ersichtlich ($\underline{Z}_{\text{ges}}(\omega \to \infty) \to \mathrm{j}\infty$), dass die Induktivität in Reihe mit einer Parallelschaltung aus Widerstand und Kapazität liegen muss.

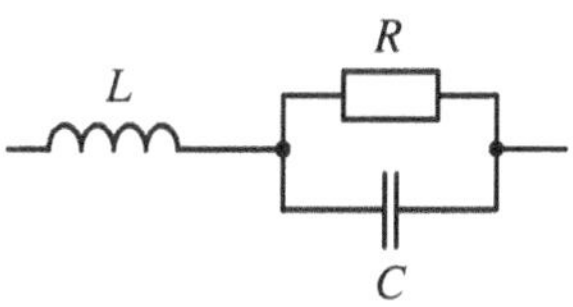


**Bild 7.9.2** Schaltung

Die Gesamtimpedanz dieser Schaltung ergibt sich zu:

$$\underline{Z}_{\text{ges}} = \mathrm{j}\,\omega L + \frac{R}{1+\mathrm{j}\,\omega CR} = \mathrm{j}\,\omega L + \frac{R-\mathrm{j}\,\omega CR^2}{1+(\omega CR)^2} = \frac{R}{1+(\omega CR)^2} + \mathrm{j}\,\omega\left(L - \frac{CR^2}{1+(\omega CR)^2}\right)$$

Für $\omega = 0$ ergibt sich die Gesamtimpedanz zu

$$\underline{Z}_{\text{ges}} = \underline{\underline{R = 100\,\Omega}}$$

Für $\omega_0 = 1 \cdot 10^6\,\mathrm{s}^{-1}$ liegt Phasenresonanz vor, dann gilt für den Realteil:

$$\mathrm{Re}\{\underline{Z}_{\text{ges}}\} = \underline{Z}(\omega_0) = \frac{R}{1+(\omega_0 CR)^2}$$

Daraus lässt sich der Kapazitätswert berechnen:

$$C = \frac{\sqrt{\dfrac{R}{\underline{Z}(\omega_0)} - 1}}{\omega_0 R} = \frac{\sqrt{\dfrac{100\,\Omega}{50\,\Omega} - 1}}{10^6\,\mathrm{s}^{-1} \cdot 100\,\Omega} = \underline{\underline{10\,\mathrm{nF}}}$$

Weiterhin muss der Imaginärteil für $\omega_0 = 1 \cdot 10^6\,\mathrm{s}^{-1}$ verschwinden.

$$\mathrm{Im}\{\underline{Z}_{\text{ges}}\} = \omega_0\left(L - \frac{CR^2}{1+(\omega_0 CR)^2}\right) = 0$$

Daraus folgt für die Induktivität:

$$\underline{\underline{L}} = \frac{CR^2}{1+(\omega_0 CR)^2} = \frac{10^{-8}\,\mathrm{F}\cdot 10^4\,\Omega^2}{1+(10^6\,\mathrm{s}^{-1}\cdot 10^{-8}\,\mathrm{F}\cdot 100\,\Omega)^2} = \underline{\underline{50\,\mu\mathrm{H}}}$$

## Aufgabe 7.10

Zur in Bild 7.10.1a) gegebenen Ortskurve der Admittanz $\underline{Y}$ ist eine Schaltung nach Bild 7.10.1b) anzugeben.

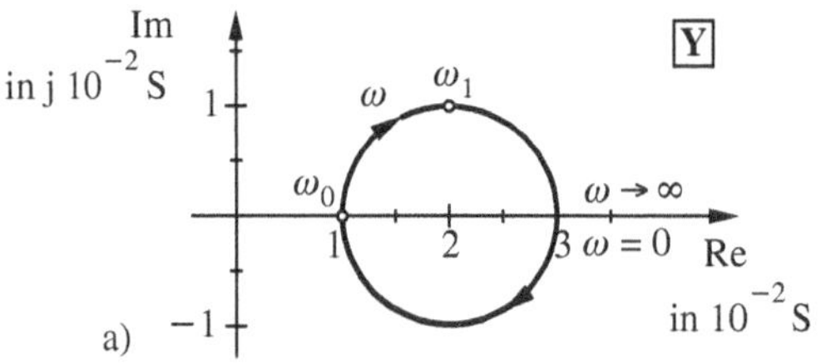


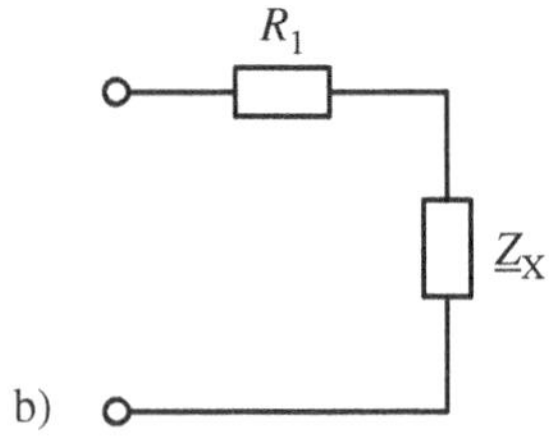


**Bild 7.10.1** a) Ortskurve mit $\omega_0 = 500\mathrm{s}^{-1}\omega_1 = 1\,000\mathrm{s}^{-1}$ und b) Schaltung

a) Geben Sie qualitativ eine Ersatzschaltung für die Impedanz $\underline{Z}_\mathrm{X}$ aus möglichst wenigen passiven Bauelementen an.

b) Welchen Wert hat der Widerstand $R_1$?

c) Dimensionieren Sie die Bauteile von $\underline{Z}_\mathrm{X}$. Beachten Sie die angegebene Lage der Punkte $\omega_0$ und $\omega_1$ in Bild 7.10.1a).

## Lösung zu Aufgabe 7.10

a) Da die Ortskurve einen Vollkreis bildet, muss die Ersatzschaltung aus einer Induktivität, einer Kapazität und einem Widerstand bestehen. Weiterhin ist die Admittanz in Resonanz ($\omega_0$) kleiner als bei kleinen oder großen Frequenzen, daher handelt es sich um einen *RLC*-Parallelschwingkreis (Bandsperre):

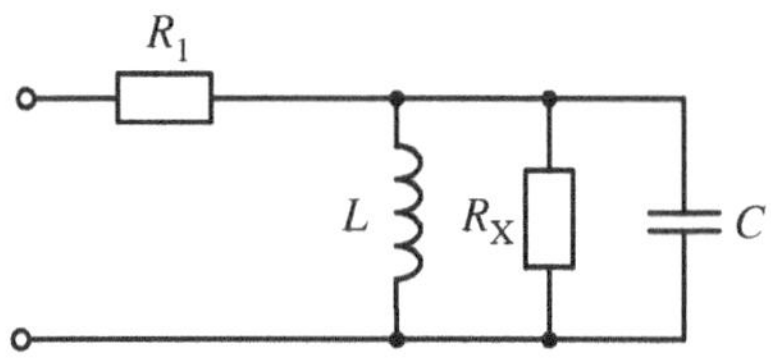


**Bild 7.10.2** Schaltung

Die Admittanzkurve des *RLC*-Parallelschwingkreises ist eine Gerade, die durch Invertieren auf einen Vollkreis für die Impedanz führt.

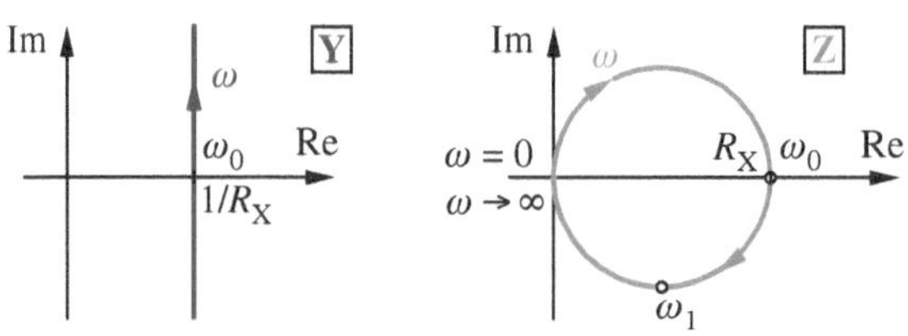


**Bild 7.10.3** Ortskurven des *RLC*-Parallelschwingkreises

Die Reihenschaltung des Widerstands $R_1$ verschiebt die Ortskurve entlang der reellen Achse. Anschließendes Invertieren liefert in der Admittanzebene die Ortskurve der Aufgabenstellung:

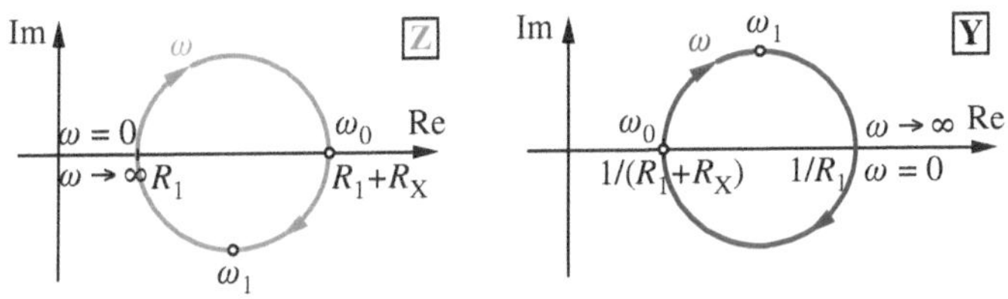


**Bild 7.10.4** Ortskurven mit Reihenschaltung des Widerstands $R_1$

*Anmerkung:* Eine RLC-Reihenschaltung parallel zu einem zweiten Widerstand ergibt eine ähnliche Ortskurve, aber die Punkte auf der reellen Achse sind vertauscht (Bandpass), d. h. $\underline{Y}(\omega_0)$ befindet sich dann auf der rechten Seite.

b) Wenn die Induktivität ($\omega \to 0$) oder der Kondensator ($\omega \to \infty$) einem Kurzschluss äquivalent sind, besteht die Admittanz allein aus dem Leitwert $G_1 = 1/R_1$. Durch Ablesen ermittelt man $G_1 = 3 \cdot 10^{-2}\,\mathrm{S}$ also

$$\underline{\underline{R_1 = 33{,}\overline{3}\,\Omega}}$$

Nach Transformation der Ortskurve in die Z-Ebene kann $R_1$ direkt am linken Schnittpunkt mit der reellen Achse abgelesen werden.

c) Für $\omega_0$ besteht Phasenresonanz, die imaginären Anteile heben sich auf. Dieser zweite Schnittpunkt mit der reellen Achse entspricht der Reihenschaltung aus $R_1$ und $R_X$. Aus der Differenz (Durchmesser des Kreises) ergibt sich der Wert von

$$\underline{\underline{R_X = 100\,\Omega - R_1 = 66{,}\overline{6}\,\Omega}}$$

Aus der Resonanzbedingung erhält man $\omega_0 = \dfrac{1}{\sqrt{LC}} = 500\,\mathrm{s}^{-1}$ und $L = \dfrac{1}{\omega_0^2 C}$.

Der Punkt der Ortskurve bei $\omega_1 = 1000\,\mathrm{s}^{-1}$ lässt sich zu $\underline{Y}(\omega_1) = (0{,}02 + \mathrm{j}\,0{,}01)\,\mathrm{S}$ ablesen. Die zugehörige Impedanz der gesamten Schaltung bei $\omega_1$ ist

$$\underline{Z}(\omega_1) = 1/\underline{Y}(\omega_1) = (40 - \mathrm{j}\,20)\,\Omega$$

und damit folgt aufgrund der Reihenschaltung

$$\underline{Z}_X(\omega_1) = \underline{Z}(\omega_1) - R_1 = (6{,}66 - \mathrm{j}\,20)\,\Omega$$

Für die Admittanz der RLC-Parallelschaltung gilt dann

$$\underline{Y}_X(\omega_1) = \frac{1}{\underline{Z}_X(\omega_1)} = (0{,}015 + \mathrm{j}\,0{,}045)\,\mathrm{S} = \frac{1}{R_X} + \mathrm{j}\left(\omega_1 C - \frac{1}{\omega_1 L}\right)$$

Aus dem Imaginärteil lassen sich nun die Werte von $L$ und $C$ ermitteln.

$\omega_1 C - \dfrac{1}{\omega_1 L} = 0{,}045\,\dfrac{1}{\Omega}$ zusammen mit $L = \dfrac{1}{\omega_0^2 C}$ ergibt dies:

$$\underline{\underline{C}} = \frac{0{,}045 \cdot 1/\Omega}{\omega_1 - \dfrac{\omega_o^2}{\omega_1}} = \underline{\underline{60\,\mu\mathrm{F}}} \quad \text{und} \quad \underline{\underline{L = \frac{1}{\omega_0^2 C} = 66{,}6\,\mathrm{mH}}}$$

# 8 Schwingkreise und Filterschaltungen

Schwingkreise und Filterschaltungen finden vielfach Verwendung in der Elektrotechnik. Unter anderem erlauben beide die Selektion von Frequenzen, d. h. aus breitbandigen Signalen können einzelne Frequenzen oder Frequenzbereiche ausgesondert und weitergeleitet werden. Eine bedeutende Anwendung speziell für Schwingkreise ist darüber hinaus die Blindleistungskompensation. Eine strenge Definition von Schwingkreisen und Filterschaltungen ist indes nicht ganz einfach. Für uns soll vereinfachend gelten: Jedes Netzwerk, das über mindestens einen Kondensator und eine Spule verfügt, ist prinzipiell ein Schwingkreis. Jedes Netzwerk, mit dem sich ein Spannungs- oder Stromteiler realisieren lässt, der eine Frequenzabhängigkeit zeigt, ist prinzipiell eine Filterschaltung. Das bedeutet, dass Schwingkreise immer auch als Filterschaltungen eingesetzt werden können – aber nicht unbedingt umgekehrt. Zur Berechnung beider Schaltungen dient die Methode der komplexen Wechselstromrechnung mit ihren beiden grafischen Hilfsmitteln, den Zeigerdiagrammen und Ortskurven.

In diesem Kapitel sind Aufgabenstellungen zu folgenden Themengebieten gesammelt:

a) Zunächst werden in den Aufgaben 8.1 bis 8.5 Schwingkreise und Resonanz untersucht. Unter Resonanz versteht man typischerweise die Kreisfrequenz, bei der der Schwingkreis am Eingang rein reell erscheint (also keinen Imaginärteil besitzt). Genauer wird diese Kreisfrequenz auch Phasenresonanz genannt (im Unterschied zur sogenannten Amplitudenresonanz, bei der gewisse Größen des Netzwerkes maximale Amplituden zeigen). Das Auffinden der Phasenresonanz erfolgt im einfachsten Fall durch Nullsetzen des Imaginärteils des komplexen Widerstandes oder des komplexen Leitwertes.

b) Passive Filter und Bode-Diagramme sind Themen des zweiten Teils mit den Aufgaben 8.6 bis 8.8. Die Spezifikation „passiv" dient hierbei der Absetzung gegen aktive Filter, die Spannungs- oder Stromquellen enthalten (z. B. in Form von Operationsverstärkern). Zur Ableitung der Filter-Frequenzgänge kommen in der Regel Spannungsteilerregeln zum Einsatz. Zur Darstellung von Frequenzgängen (Übertragungsfunktionen) werden darüber hinaus Bode-Diagramme verwendet, die hier im Wesentlichen die doppeltlogarithmische Darstellung von Amplitudengängen über einer normierten Kreisfrequenzachse darstellen. Die Amplitudengänge werden dabei in der Einheit „Dezibel" mit dem Kürzel „dB" angegeben. Einige häufig auftretende Werte sind in Tabelle 8.1 zusammengestellt.

**Tabelle 8.1** Häufig gebrauchte Werte der Umrechnung zwischen Betrag und Dämpfungsmaß

| Betrag $A$ | 0,1 | 1 | $\sqrt{2}$ | 2 | 10 | 100 | 1 000 |
|---|---|---|---|---|---|---|---|
| Dämpfungsmaß $A_{dB}$ | −20 dB | 0 dB | 3,01 dB | 6,02 dB | 20 dB | 40 dB | 60 dB |

Für den Amplitudengang der Übertragungsfunktion ergibt sich dann:

$$A_{\mathrm{dB}}(\omega) = 20 \cdot \log_{10}(A(\omega)) = 20 \cdot \log_{10}(|\underline{H}(\omega)|)$$

Die Nützlichkeit dieser Darstellung ist unter anderem bedingt durch die Tatsache, dass Frequenzgänge typischerweise durch rationale Funktionen der Form:

$$\underline{H}(\omega) = \frac{a_0 + a_1 \cdot \mathrm{j}\,\omega + a_2 \cdot (\mathrm{j}\,\omega)^2 + \ldots}{b_0 + b_1 \cdot \mathrm{j}\,\omega + b_2 \cdot (\mathrm{j}\,\omega)^2 + \ldots}$$

darstellbar sind (die Koeffizienten $a_i$ und $b_i$ sind hierbei reelle Parameter). Nehmen wir als Beispiel

$$\underline{H}(\omega) = \frac{a_0}{b_0 + b_1 \cdot \mathrm{j}\,\omega} = \frac{a_0}{b_0} \cdot \frac{1}{1 + \mathrm{j}\,\omega/\omega_0} \qquad (\omega_0 = b_0/b_1)$$

dann folgt:

$$\begin{aligned} A_{\mathrm{dB}}(\omega) &= 20 \cdot \log_{10}(a_0/b_0) - 20 \cdot \log_{10}(\sqrt{1 + (\omega/\omega_0)^2}) \\ &= 20 \cdot \log_{10}(a_0/b_0) - 10 \cdot \log_{10}(1 + (\omega/\omega_0)^2) \\ &\approx \begin{cases} 20 \cdot \log_{10}(a_0/b_0) & \omega \ll \omega_0 \\ 20 \cdot \log_{10}(a_0/b_0) - 20 \cdot \log_{10}(\omega/\omega_0) & \omega \gg \omega_0 \end{cases} \end{aligned}$$

Dies bedeutet, dass über einer mit $\omega_0$ normierten Kreisfrequenzachse das Bode-Diagramm für kleine Frequenzen genähert wie eine Gerade mit Steigung null und für große Frequenzen wie eine Gerade mit Steigung $-1$ aussieht. Dies ist einfacher zu identifizieren als in einer Darstellung ohne logarithmische Achsen.

## Schwingkreise und Resonanz

### Aufgabe 8.1

In der angegebenen Schaltung mit der Kapazität $C = 100\,\mu\mathrm{F}$ soll die Induktivität $L$ so dimensioniert werden, dass der Strom $\underline{I}_1$ unabhängig von der Größe des Widerstandes $R$ ist.

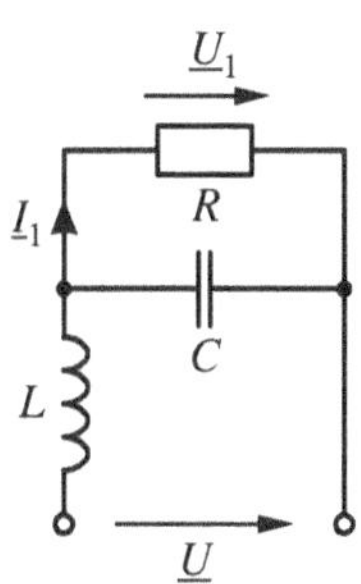


**Bild 8.1.1** Schaltung

a) Leiten Sie die Bedingung für die Induktivität her, sodass der Strom $\underline{I}_1$ unabhängig von der Größe des Widerstandes $R$ ist.

b) Berechnen Sie den Wert der Induktivität für die Frequenz $f = 50\,\mathrm{Hz}$.

c) Berechnen Sie den Strom $\underline{I}_1$ für eine Spannung $\underline{U} = 100\,\mathrm{V}$, $f = 50\,\mathrm{Hz}$.

d) Zeichnen Sie qualitativ das Zeigerdiagramm aller Ströme und Spannungen.

## Lösung zu Aufgabe 8.1

a) Für den Strom gilt $\underline{I}_1 = \frac{\underline{U}_1}{R}$. Die Spannung $\underline{U}_1$ ergibt sich mit dem Spannungsteiler:

$$\frac{\underline{U}_1}{\underline{U}} = \frac{R}{(1+\mathrm{j}\,\omega RC)\left(\mathrm{j}\,\omega L + \frac{R}{1+\mathrm{j}\,\omega RC}\right)}$$

Damit folgt:

$$\underline{I}_1 = \frac{\underline{U}}{\mathrm{j}\,\omega L + R\,(1-\omega^2 LC)}$$

Um den Strom vom Widerstand $R$ unabhängig zu machen, muss der zweite Summand im Nenner zu null werden. Dies ist für $1-\omega^2 LC = 0$ erfüllt, woraus

$$\underline{\underline{L = \frac{1}{\omega^2 C}}}$$

folgt.

b) Mit der Frequenz $f = 50\,\mathrm{Hz}$ ($\omega = \pi \cdot 100\,\frac{1}{\mathrm{s}}$) erhält man:

$$\underline{\underline{L}} = \frac{1}{\pi^2 10^4\,\frac{1}{\mathrm{s}^2} \cdot 10^{-4}\,\frac{\mathrm{A}\cdot\mathrm{s}}{\mathrm{V}}} = \underline{\underline{0{,}1013\,\mathrm{H}}}$$

c) Mit $\underline{U} = 100\,\mathrm{V}$ und $\omega L = 100/\pi\,\Omega$ ergibt sich für den Strom:

$$\underline{\underline{\underline{I}_1 = \frac{\underline{U}}{\mathrm{j}\,\omega L} = -\mathrm{j}\,\pi\,\mathrm{A} \approx -\mathrm{j}\,3{,}142\,\mathrm{A}}}$$

d) Das Zeigerdiagramm wird für eine Kreisfrequenz $\omega \neq \omega_0 = 1/\sqrt{LC}$ gezeichnet. Zur Konstruktion des Zeigerdiagramms legen wir den Strom $\underline{I}_1$ in die reelle Achse. Hieraus ergeben sich der Spannungsabfall $\underline{U}_1 = R\,\underline{I}_1$ am Widerstand und der Strom $\underline{I}_C = \mathrm{j}\,\omega C\underline{U}_1$ durch die Kapazität. Mit dem Gesamtstrom $\underline{I} = \underline{I}_1 + \underline{I}_C$ können nun die Spannung an der Induktivität $\underline{U}_L = \mathrm{j}\,\omega L\underline{I}$ und die Gesamtspannung eingezeichnet werden $\underline{U} = \underline{U}_1 + \underline{U}_L$.

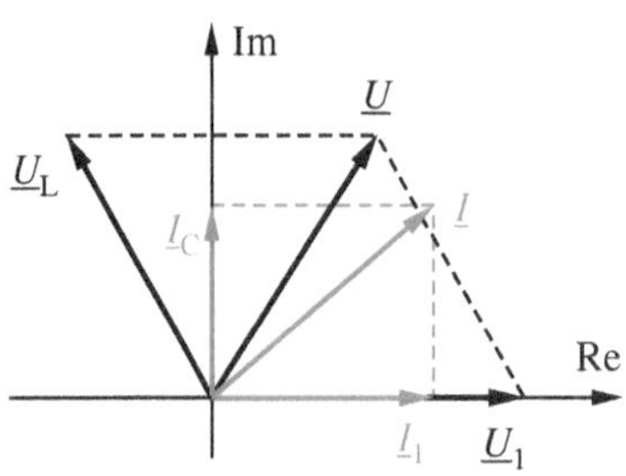


**Bild 8.1.2** Zeigerdiagramm

## Aufgabe 8.2

Gegeben sei der Schwingkreis aus Bild 8.2.1.

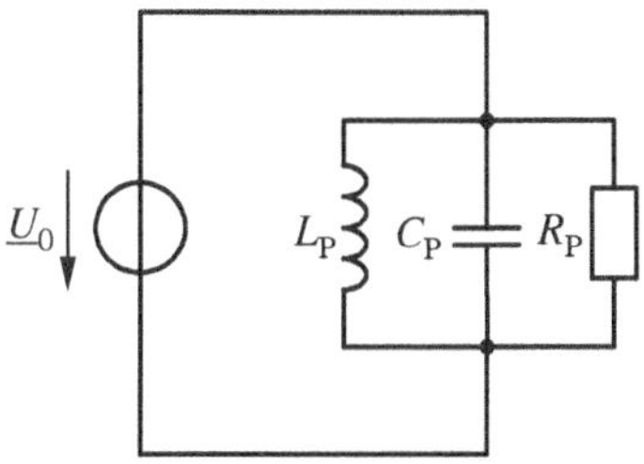


**Bild 8.2.1** Schwingkreis

a) Zeichnen Sie ein allgemeines (kein Resonanzfall), qualitatives Zeigerdiagramm für alle Ströme und Spannungen.

b) Erläutern Sie wie sich das Zeigerdiagramm ändert, wenn sich die Schaltung in Resonanz befindet.

c) Gegeben sei $R_P = 231\,\text{k}\Omega$. Dimensionieren Sie die Kapazität $C_P$ und die Induktivität $L_P$ so, dass die Resonanzfrequenz bei $f_0 = 13{,}56\,\text{MHz}$ liegt und die Bandbreite 500 kHz beträgt. (*Hinweis:* $Q_P = \dfrac{Y_0}{G_P}$; $Q_P = \dfrac{\omega_0}{2\pi b_P}$)

d) Zeichnen Sie das Schaltbild eines Reihenschwingkreises. Die Kapazität und Induktivität sollen gleich bleiben ($C_S = C_P$, $L_S = L_P$). Wie groß ist jetzt die Resonanzfrequenz?

e) Wie müsste der Widerstand $R_S$ in diesem Reihenschwingkreis dimensioniert werden, damit er die gleiche Güte wie der Schwingkreis aus c) besitzt?

## Lösung zu Aufgabe 8.2

a) Für das Zeigerdiagramm wird die an allen Bauteilen gemeinsam vorhandene Spannung $\underline{U}_0$ in die reelle Achse gelegt. Im dargestellten Fall ist $\underline{I}_L > \underline{I}_C$, also $\omega < \omega_0$.

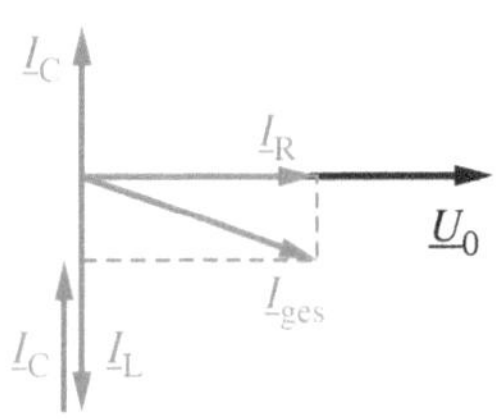


**Bild 8.2.2** Zeigerdiagramm

b) Im Resonanzfall sind die Ströme durch die Kapazität $\underline{I}_C$ und die Induktivität $\underline{I}_L$ gleich groß, jedoch entgegengesetzt zueinander. Dann ergibt sich $\underline{\underline{\underline{I}_R = \underline{I}_{ges}}}$.

c) Für die Bandbreite gilt $b_P = \dfrac{f_0}{Q_P}$, wobei $\omega_0 = 2\pi f_0 = \dfrac{1}{\sqrt{L_P C_P}}$ die Resonanzfrequenz darstellt und die Güte durch $Q_P = \dfrac{R_P}{\omega_0 L_P} = \dfrac{f_0}{b_P} = 27{,}12$ gegeben ist.

Einsetzen und Auflösen nach der Induktivität ergibt:

$$\underline{\underline{L_P}} = \frac{R_P}{\omega_0 Q_P} = \frac{R_P b_P}{2\pi f_0^2} = \frac{231\,\text{k}\Omega \cdot 500\,\text{kHz}}{2\pi \cdot (13{,}56\,\text{MHz})^2} = \underline{\underline{100\,\mu\text{H}}}$$

Mit $f_0 = \dfrac{1}{2\pi\sqrt{L_P C_P}}$ ergibt sich die Kapazität zu:

$$\underline{\underline{C_P}} = \frac{1}{4\pi^2 f_0^2 L_P} = \underline{\underline{1{,}378\,\text{pF}}}$$

d) Da im Fall des Reihenschwingkreises Kapazität $C_S = C_P$ und Induktivität $L_S = L_P$ gleich bleiben sollen, *ändert sich die Resonanzfrequenz nicht*: $f_0 = 13{,}56\,\text{MHz}$

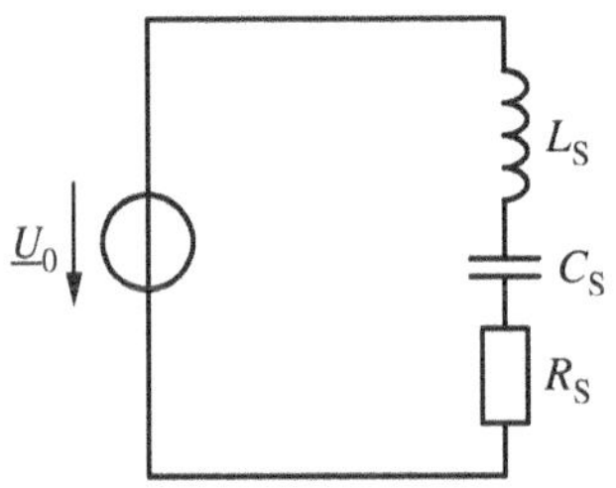


**Bild 8.2.3** Reihenschwingkreis

e) Mit $b_S = b_P$ ergibt sich $b_S = 500\,\text{kHz} = \dfrac{f_0}{Q_S}$. Beim Reihenschwingkreis gilt $Q_S = \dfrac{\sqrt{L_S/C_S}}{R_S}$.

Damit folgt für den Widerstand:

$$R_S = \frac{L_S\omega_0}{Q_S} = 2\pi L_S b_S = \underline{\underline{314{,}2\,\Omega}}$$

## Aufgabe 8.3

Von einem Parallelschwingkreis ($G$, $L$, $C$) seien folgende Werte bekannt:

Resonanzfrequenz: $f_0 = 100\,\text{kHz}$
Bandbreite: $b_f = 20\,\text{kHz}$
Induktivität: $L = 200\,\mu\text{H}$

a) Berechnen Sie die Kapazität $C$.

b) Berechnen Sie den Leitwert $G$.

Der Schwingkreis werde in Reihe mit einer Spannungsquelle mit $U_0 = 10\,\text{V}$ und Innenwiderstand $R_i = 75\,\Omega$ sowie einem Verbraucher $R_V = 75\,\Omega$ geschaltet (Bild 8.3.1).

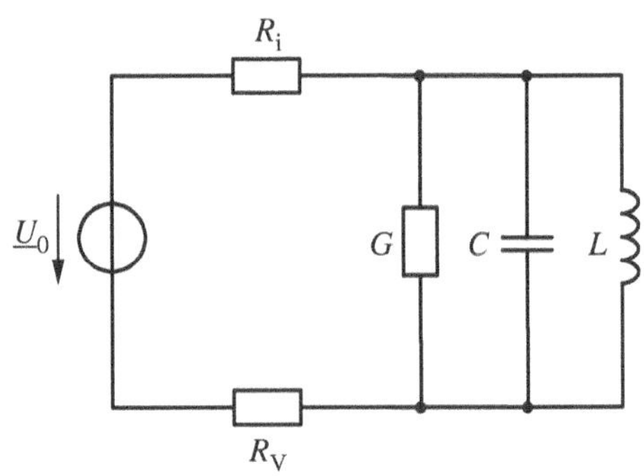


**Bild 8.3.1** Schaltung

c) Konstruieren Sie die Ortskurve der Impedanz $\underline{Z}(\omega)$ der Reihenschaltung von $R_i$ und $R_V$ mit dem Schwingkreis in Teilschritten beginnend mit der Admittanz des Schwingkreises. Zeichnen Sie in jede Ortskurve $\omega_0$, $\omega = 0$, $\omega \to \infty$ die Durchlaufrichtung und die Bandbreite ein.

d) Berechnen Sie die Leistung $P_V$ am Verbraucher für die Frequenzen $f = 0$, $f = f_0$, $f \to \infty$.

## Lösung zu Aufgabe 8.3

a) Aus der Resonanzfrequenz $f_0 = \dfrac{1}{2\pi\sqrt{LC}}$ ergibt sich mit der Induktivität:

$$C = \frac{1}{(2\pi f_0)^2 L} = \frac{1}{(2\pi \cdot 100\,\text{kHz})^2\, 200\,\mu\text{H}} = \underline{\underline{12{,}665\,\text{nF}}}$$

b) Die Bandbreite ist definiert durch $b_\text{f} = \dfrac{f_0}{Q}$ und für die Güte gilt $Q = \dfrac{1}{G}\sqrt{\dfrac{C}{L}}$, so dass

$$G = \frac{1}{Q}\sqrt{\frac{C}{L}} = \frac{b_\text{f}}{f_0}\sqrt{\frac{C}{L}} = \frac{20\,\text{kHz}}{100\,\text{kHz}}\sqrt{\frac{12{,}665\,\text{nF}}{200\,\mu\text{H}}} = \underline{\underline{1{,}592\,\text{mS}}}$$

$$R = 628{,}3\,\Omega$$

c) Für die Admittanz des Parallelschwingkreises gilt $\underline{Y}_\text{P} = G + \text{j}\left(\omega C - \dfrac{1}{\omega L}\right)$. Deren Ortskurve ist eine Gerade parallel zur imaginären Achse. Der Bereich der Bandbreite $b_\omega = \omega_+ - \omega_-$ zwischen den beide Eckfrequenzen $\omega_-$ und $\omega_+$ ist in der Ortskurve durch eine fette Linie dargestellt. Durch Invertieren erhält man die Ortskurve der Impedanz $\underline{Z}_\text{P} = 1/\underline{Y}_\text{P}$ als Kreis durch den Ursprung.

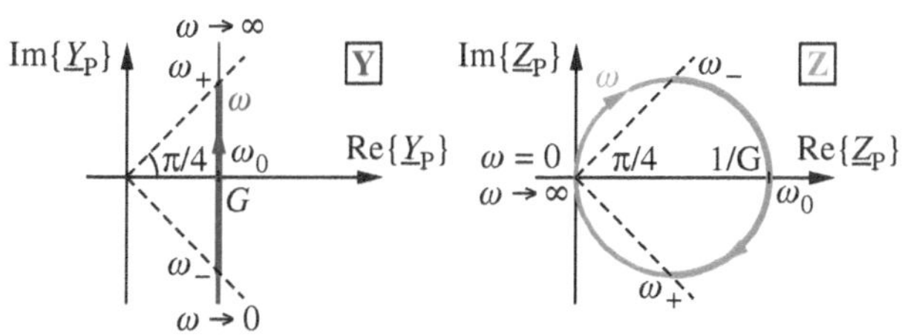


**Bild 8.3.2** Konstruktion der Ortskurve

Die Reihenschaltung der Widerstände $R_\text{i}$ und $R_\text{V}$ ergibt die Impedanz $\underline{Z} = \underline{Z}_\text{P} + R_\text{i} + R_\text{V}$, was für die Ortskurve eine Verschiebung entlang der reellen Achse bewirkt.

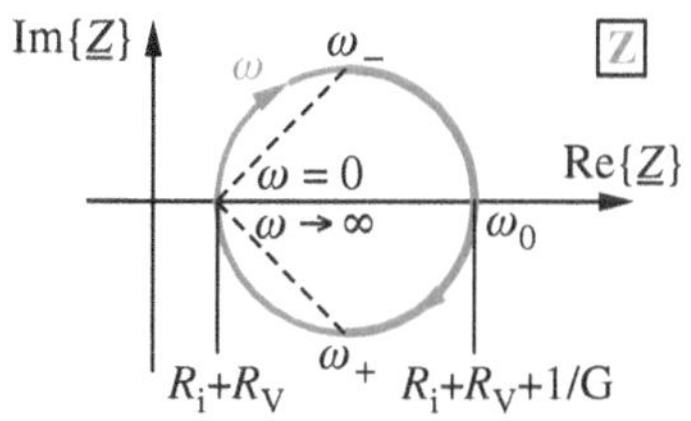


**Bild 8.3.3** Ortskurve der Schaltung

d) Da der Verbraucher rein ohmsch ist, gilt für die Wirkleistung:

$$P_\text{V} = |\underline{U}_\text{V}| \cdot |\underline{I}_\text{V}| = R_\text{V}\left|\underline{I}_\text{ges}\right|^2$$

In Resonanz wird der Gesamtwiderstand zu $R_\text{ges} = R_\text{V} + R_\text{i} + 1/G$, damit gilt:

$$P_\text{V}(f = f_0) = R_\text{V}\left(\frac{U_0}{R_\text{V} + R_\text{i} + 1/G}\right)^2 = 75\,\Omega\left(\frac{10\,\text{V}}{75\,\Omega + 75\,\Omega + 628{,}3\,\Omega}\right)^2 = \underline{\underline{12{,}38\,\text{mW}}}$$

und bei hohen oder niedrigen Frequenzen wird der Gesamtwiderstand $R_{ges} = R_V + R_i$ und damit:

$$P_V(f \to 0) = P_V(f \to \infty) = R_V \left(\frac{U_0}{R_V + R_i}\right)^2 = 75\,\Omega \left(\frac{10\,V}{75\,\Omega + 75\,\Omega}\right)^2 = \underline{\underline{333{,}3\,mW}}$$

## Aufgabe 8.4

Gegeben ist folgende Schaltung:

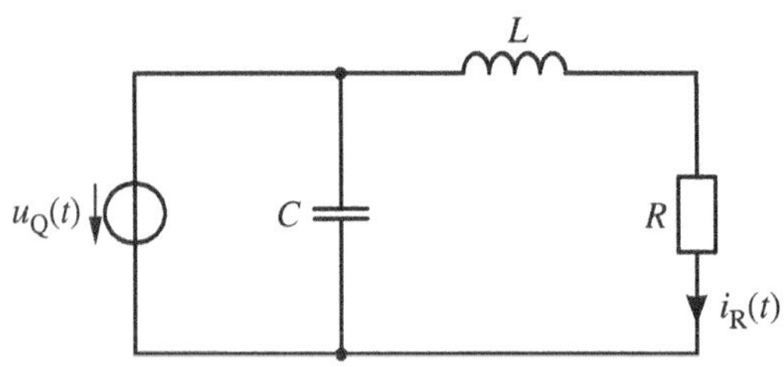


**Bild 8.4.1** Schaltung

$$L = 1\,mH; \quad C = 10\,\mu F; \quad R = 5\,\Omega$$

mit

$$u_Q(t) = u_0 + \hat{u}_1 \cdot \sin(\omega_1 t) + \hat{u}_2 \cdot \cos(\omega_2 t)$$

wobei

$$\omega_1 = 5 \cdot 10^3 \cdot 1/s; \quad \omega_2 = 2{,}5 \cdot \omega_1 \quad \text{und} \quad u_0 = \hat{u}_1 = \hat{u}_2 = 1\,V$$

a) Berechnen Sie unter Verwendung der angegebenen Zahlenwerte den zeitlichen Verlauf des Stromes $i_R(t)$ durch den Widerstand.

b) Nehmen Sie an, dass der Strom durch den Widerstand gegeben ist durch

$$i_R(t) = \left[100 + 50 \cdot \sin\left(\omega_1 t - 10^0\right) + 25 \cdot \cos\left(\omega_2 t - 20^0\right)\right]\ mA$$

und berechnen Sie die während einer Periodendauer im Widerstand verbrauchte Energie in $W \cdot s$.

c) Betrachten Sie nun die Schaltung für eine rein sinusförmige Quellspannung (reiner Wechselstromfall) und berechnen Sie die Kreisfrequenz $\omega_0 > 0$, an der die Schaltung Resonanz (Phasenresonanz) zeigt.

## Lösung zu Aufgabe 8.4

a) Berechnung mit Überlagerungssatz: $i_R(t) = i_0 + i_1(t) + i_2(t)$. Hierbei ist $i_0$ erzeugt durch $u_0$, $i_1(t)$ durch $\hat{u}_1 \cdot \sin(\omega_1 t)$ und $i_2(t)$ durch $\hat{u}_2 \cdot \cos(\omega_2 t)$.

Berechnung der Phasen und Amplituden der Stromkomponenten mithilfe der komplexen Impedanz $\underline{Z} = R + j\,\omega L$ getrennt für jede Frequenz:

$$\hat{\underline{i}}_R(\omega) = \frac{\underline{\hat{u}}_Q}{\underline{Z}} = \frac{1}{R + j\,\omega L} \cdot \frac{(R - j\,\omega L)}{(R - j\,\omega L)} \cdot \underline{\hat{u}}_Q = \frac{R - j\,\omega L}{R^2 + \omega^2 L^2} \cdot \underline{\hat{u}}_Q \quad \Rightarrow$$

Betrag von $\hat{\underline{i}}_{\mathrm{R}}(\omega) = \dfrac{1}{\sqrt{R^2+\omega^2 L^2}} \cdot |\hat{\underline{u}}_{\mathrm{Q}}|$

Phase von $\hat{\underline{i}}_{\mathrm{R}}(\omega) = \arctan\left(-\dfrac{\omega L}{R}\right)$

Auswertung für die einzelnen Komponenten:

- Amplitude von $i_0 = \dfrac{u_0}{R} = 200{,}0\,\mathrm{mA}$
- Phasenwinkel von $i_0 = 0^0$
- Amplitude von $\hat{i}_1 = \dfrac{\hat{u}_1}{\sqrt{R^2+\omega_1^2 L^2}} = \dfrac{1}{\sqrt{5^2+5^2}}\,\mathrm{A} = \dfrac{1}{5\cdot\sqrt{2}}\,\mathrm{A} = 141{,}4\,\mathrm{mA}$
- Phasenwinkel von $i_1 = \arctan\left(-\dfrac{\omega_1 L}{R}\right) = \arctan\left(-\dfrac{5}{5}\right) = -45{,}00^\circ$
- Amplitude von $\hat{i}_2 = \dfrac{\hat{u}_2}{\sqrt{R^2+\omega_2^2 L^2}} = \dfrac{1}{\sqrt{5^2+(2{,}5)^2\cdot 5^2}}\,\mathrm{A} = \dfrac{1}{5\cdot\sqrt{7{,}25}}\,\mathrm{A} = 74{,}28\,\mathrm{mA}$
- Phasenwinkel von $i_2 = \arctan\left(-\dfrac{\omega_2 L}{R}\right) = \arctan(-2{,}5) = -68{,}20^\circ$

$$\Rightarrow \quad \underline{\underline{i_{\mathrm{R}}(t) = \left[200{,}0 + 141{,}4\cdot\sin\left(\omega_1 t - 45{,}00^\circ\right) + 74{,}28\cdot\cos\left(\omega_2 t - 68{,}20^\circ\right)\right]\ \mathrm{mA}}}$$

b) Ansatz für Berechnung der Energie (Arbeit):

$$W = \int_{t_0}^{t_0+T} p_{\mathrm{R}}(t)\,\mathrm{d}t = \int_{t_0}^{t_0+T} u_{\mathrm{R}}(t)\cdot i_{\mathrm{R}}(t)\,\mathrm{d}t = R\cdot\int_{t_0}^{t_0+T} i_{\mathrm{R}}^2(t)\,\mathrm{d}t$$

Die Periodendauer ist dabei $T = 2\cdot T_1 = \underline{\underline{2{,}513\,\mathrm{ms}}}$ mit $T_1 = \dfrac{1}{f_1} = \dfrac{2\pi}{\omega_1} = 1{,}257\,\mathrm{ms}$.

*Anmerkung:* Aus $\omega_2 = 2{,}5\cdot\omega_1$ folgt $T_1 = 2{,}5\cdot T_2$ bzw. $2\cdot T_1 = 5\cdot T_2$. Also ist $u_{\mathrm{Q}}(t)$ mit $2\cdot T_1 = 5\cdot T_2$ periodisch.

Aufgrund der Orthogonalität der Sinus/Kosinus-Funktionen folgt für das Integral:

$$W = R\cdot\int_{t_0}^{t_0+T} i_{\mathrm{R}}^2(t)\,\mathrm{d}t = R\cdot\int_{t_0}^{t_0+T} i_0^2 + i_1^2(t) + i_2^2(t)\,\mathrm{d}t$$

$$= R\cdot\left[i_0^2\cdot T + \int_{t_0}^{t_0+T} i_1^2(t)\,\mathrm{d}t + \int_{t_0}^{t_0+T} i_2^2(t)\,\mathrm{d}t\right] = R\cdot\left[i_0^2 + \frac{1}{2}\hat{i}_1^2 + \frac{1}{2}\hat{i}_2^2\right]\cdot T$$

$$= 5\cdot\left[100^2 + \frac{50^2}{2} + \frac{25^2}{2}\right]\cdot 2{,}513\cdot 10^{-9}\,\mathrm{W\cdot s} = \underline{\underline{1{,}453\cdot 10^{-4}\,\mathrm{W\cdot s}}}$$

c) Komplexe Admittanz der Schaltung:

$$\underline{Y}(\omega) = \mathrm{j}\,\omega C + \frac{1}{R+\mathrm{j}\,\omega L}$$

Bedingung für Phasenresonanz: $\mathrm{Im}\{\underline{Y}\} = 0$. Dazu Umformung notwendig:

$$\underline{Y}(\omega) = \mathrm{j}\,\omega C + \frac{1}{R+\mathrm{j}\,\omega L}\cdot\frac{(R-\mathrm{j}\,\omega L)}{(R-\mathrm{j}\,\omega L)} = \mathrm{j}\omega C + \frac{R-\mathrm{j}\,\omega L}{R^2+\omega^2 L^2}$$

$$\Rightarrow \quad \omega C - \frac{\omega L}{R^2 + \omega^2 L^2} = 0 \quad \text{zu fordern}$$

Nach Wegstreichen der Lösung $\omega = 0$ folgt $R^2 C + \omega^2 L^2 C - L = 0$, was eine quadratische Gleichung für $\omega$ ist. Lösung (nur positive Wurzel sinnvoll):

$$\omega_0 = \frac{1}{2L^2 C} \cdot \sqrt{-4(L^2 C)(R^2 C - L)} = \frac{1}{L^2 C} \cdot \sqrt{L^3 C - L^2 R^2 C^2} = \frac{1}{L} \cdot \sqrt{\frac{L}{C} - R^2}$$

Einsetzen der Werte:

$$\omega_0 = \frac{1}{1\,\text{mH}} \cdot \sqrt{\left(\frac{1\,\text{mH}}{10\,\mu\text{F}}\right) - (5\,\Omega)^2} = \underline{\underline{8{,}660 \cdot 10^3 \cdot 1/\text{s}}}$$

## Aufgabe 8.5

Gegeben ist folgende Schaltung mit idealer Wechselspannungsquelle $\underline{U}_0$:

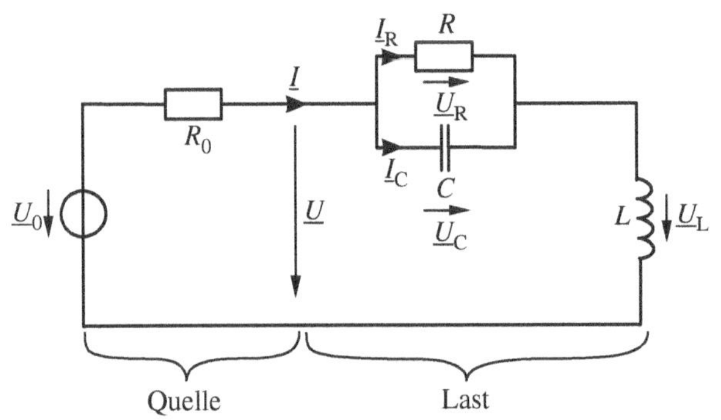


**Bild 8.5.1** Schaltung

$\underline{U}_0$ und $R_0$ sollen zusammen als reale Wechselspannungsquelle aufgefasst werden, während $R$, $L$ und $C$ als Elemente einer Last aufgefasst werden sollen.

a) Bestimmen Sie die Formel für den komplexen Frequenzgang $\underline{H}(\omega) = \underline{U}_L/\underline{U}$ in Abhängigkeit von $R$, $L$, $C$ und $\omega$ und bringen Sie diese in folgende Form (die Parameter $A_i$ sind reell und ungleich null):

$$\underline{H}(\omega) = \frac{\text{j}\,\omega \cdot A_0 + (\text{j}\,\omega)^2 \cdot A_1}{A_2 + \text{j}\,\omega \cdot A_3 + (\text{j}\,\omega)^2 \cdot A_4}$$

b) Berechnen Sie den komplexen Widerstand $\underline{Z}(\omega) = \underline{U}/\underline{I}$ der Last als Formel und stellen Sie ihn als Summe aus Real- und Imaginärteil dar. Welches Bauteil ($R$, $L$ oder $C$) beschreibt den Imaginärteil für $\omega \to 0$ bzw. $\omega \to \infty$ näherungsweise?

c) Bestimmen Sie formelmäßig die Kreisfrequenz $\omega_0 > 0$, bei der die Blindleistung kompensiert wird in Abhängigkeit von $R$, $L$ und $C$. Welchen Widerstand stellt die Last bei $\omega_0$ dar?

d) Zeichnen und beschriften Sie ein Zeigerdiagramm für alle oben eingetragenen Ströme und Spannungen ($\underline{U}_0$ ausgenommen, nicht maßstabsgerecht). Begründen Sie, ob sich die Last in Ihrem Zeigerdiagramm ohmsch-induktiv oder ohmsch-kapazitiv verhält.

## Lösung zu Aufgabe 8.5

Im Folgenden wird die Impedanz der Parallelschaltung von $R$ und $C$ öfter benötigt:

$$\underline{Z}_{\mathrm{RC}} = \frac{1}{\frac{1}{R} + \mathrm{j}\,\omega C} = \frac{R}{1 + \mathrm{j}\,\omega RC} = \frac{R - \mathrm{j}\,\omega R^2 C}{1 + \omega^2 R^2 C^2}$$

a) Aus der Spannungsteilerregel folgt:

$$\frac{\underline{U}_{\mathrm{L}}}{\underline{U}} = \frac{\underline{Z}_{\mathrm{L}}}{\underline{Z}_{\mathrm{L}} + \underline{Z}_{\mathrm{RC}}} = \frac{\mathrm{j}\,\omega L}{\mathrm{j}\,\omega L + \frac{R}{1 + \mathrm{j}\,\omega RC}} = \frac{\mathrm{j}\,\omega L}{\frac{\mathrm{j}\,\omega L \cdot (1 + \mathrm{j}\,\omega RC) + R}{1 + \mathrm{j}\,\omega RC}}$$

$$= \frac{\mathrm{j}\,\omega L \cdot (1 + \mathrm{j}\,\omega RC)}{\mathrm{j}\,\omega L + (\mathrm{j}\,\omega)^2 RLC + R}$$

Die Übertragungsfunktion wird damit zu:

$$\underline{H}(\omega) = \frac{\underline{U}_{\mathrm{L}}}{\underline{U}} = \frac{\mathrm{j}\,\omega L + (\mathrm{j}\,\omega)^2 RLC}{R + \mathrm{j}\,\omega L + (\mathrm{j}\,\omega)^2 RLC}$$

mit den Koeffizienten: $A_0 = A_3 = L$, $A_1 = A_4 = RLC$ und $A_2 = R$.

b) Anwenden der Regeln für Reihen- und Parallelschaltungen liefert:

$$\underline{Z}(\omega) = \mathrm{j}\,\omega L + \underline{Z}_{\mathrm{RC}} = \mathrm{j}\,\omega L + \frac{R - \mathrm{j}\,\omega R^2 C}{1 + \omega^2 R^2 C^2} = \frac{R}{1 + \omega^2 R^2 C^2} + \mathrm{j}\left(\omega L - \frac{\omega R^2 C}{1 + \omega^2 R^2 C^2}\right)$$

Für $\omega \to 0$ wird der Imaginärteil zu null. Damit kann die Schaltung durch

*einen (bzw. den) Widerstand*

beschrieben werden.

Für $\omega \to 0$ verhält sich der Imaginärteil genähert wie $\omega L$ und kann damit durch

*eine (bzw. die) Induktivität*

beschrieben werden.

c) Für Blindleistungskompensation muss $\mathrm{Im}\{\underline{Z}\} = 0$ gelten. Mit $\underline{Z}$ aus Teilaufgabe b) lässt sich $\omega$ aus $R$, $L$ und $C$ bestimmen:

$$\mathrm{Im}\{\underline{Z}\} = \omega L - \frac{\omega R^2 C}{1 + \omega^2 R^2 C^2} = 0 \quad \to L - \frac{R^2 C}{1 + \omega^2 R^2 C^2} = 0$$

$$\to L \cdot (1 + \omega^2 R^2 C^2) = R^2 C$$

$$\to L\omega^2 R^2 C^2 = R^2 C - L$$

Daraus:

$$\omega_0 = \sqrt{\frac{R^2 C - L}{LR^2 C^2}} \quad \text{(nur unter der Bedingung } L < R^2 C\text{)}$$

Widerstand der Last bei $\omega_0$:

$$\underline{Z}(\omega_0) = \frac{R}{1 + \omega_0^2 R^2 C^2} = \frac{R}{1 + \left(\frac{R^2 C - L}{LR^2 C^2}\right) \cdot R^2 C^2} = \frac{R}{1 + \frac{R^2 C}{L} - 1} = \frac{L}{RC}$$

d) Widerstand: $\underline{I}_R$ und $\underline{U}_R$ sind in Phase.

**Bild 8.5.2** Zeiger am Widerstand

Kondensator: $\underline{I}_C$ eilt $\underline{U}_C$ um 90° voraus.

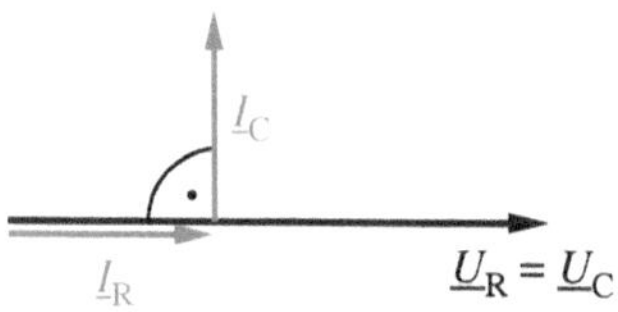


**Bild 8.5.3** Zeiger am Kondensator

Die Ströme durch Widerstand und Kondensator sind um 90° phasenverschoben und ergeben vektoriell den Gesamtstrom.

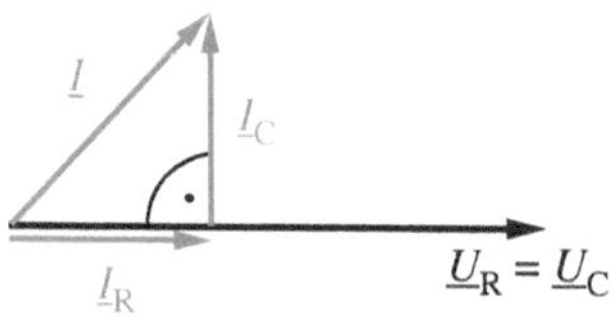


**Bild 8.5.4** Zeiger der *RC*-Schaltung

Es gilt $\underline{I} = \underline{I}_L$ und für die Spule: $\underline{U}_L$ eilt $\underline{I}_L$ um 90° voraus.

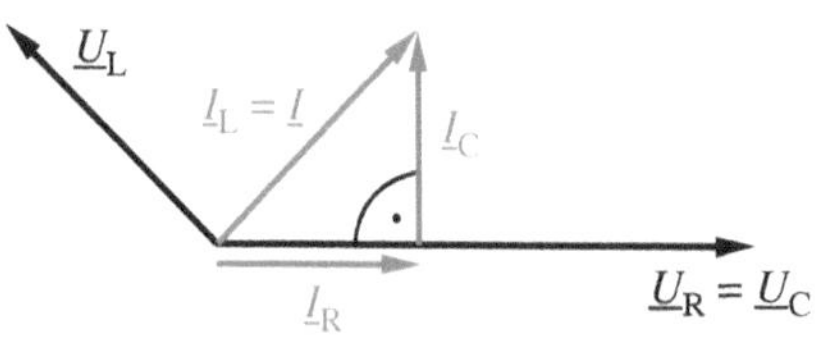


**Bild 8.5.5** Zeiger der *RCL*-Schaltung

Die Summe aus $\underline{U}_R$ und $\underline{U}_L$ ergibt die Gesamtspannung.

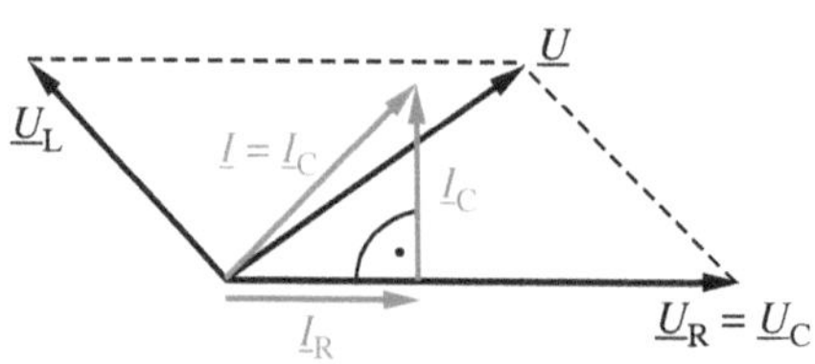


**Bild 8.5.6** Vollständiges Zeigerdiagramm

Im vorliegenden Fall eilt der Strom $\underline{I}$ der Spannung $\underline{U}$ voraus. Damit ist die Last *ohmsch-kapazitiv* (andernfalls wäre sie ohmsch-induktiv).

## Passive Filter und Bode-Diagramme

### Aufgabe 8.6

Gegeben ist folgende Schaltung mit den Werten: $R_1 = 900\,\Omega$, $R_2 = 100\,\Omega$ und $L = 0{,}1\,\text{H}$.

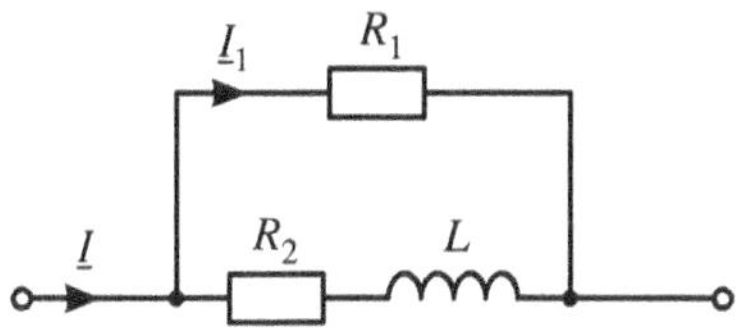


**Bild 8.6.1** Schaltung

a) Konstruieren Sie die Ortskurve der Impedanz für die angegebene Schaltung. Geben Sie den Wert der Impedanz für die Frequenzen $\omega = 0$ und $\omega \to \infty$ an und bestimmen Sie die Durchlaufrichtung der Ortskurve.

b) Bestimmen Sie das Verhältnis $\underline{I}_1/\underline{I}$ für die Frequenzen $\omega = 0$ und $\omega \to \infty$.

c) Zeichnen Sie das Bode-Diagramm (Betrag) für das Verhältnis $I_1/I$.

### Lösung zu Aufgabe 8.6

a) Zur Konstruktion der Ortskurve betrachtet man zunächst die Reihenschaltung aus Widerstand $R_2$ und Induktivität $L$, deren Ortskurve der Impedanz $\underline{Z}_2 = R_2 + \text{j}\omega L$ eine Halbgerade ist. Durch Invertieren erhält man die Ortskurve der Admittanz $\underline{Y}_2 = 1/\underline{Z}_2$ als Halbkreis in der negativ imaginären Halbebene.

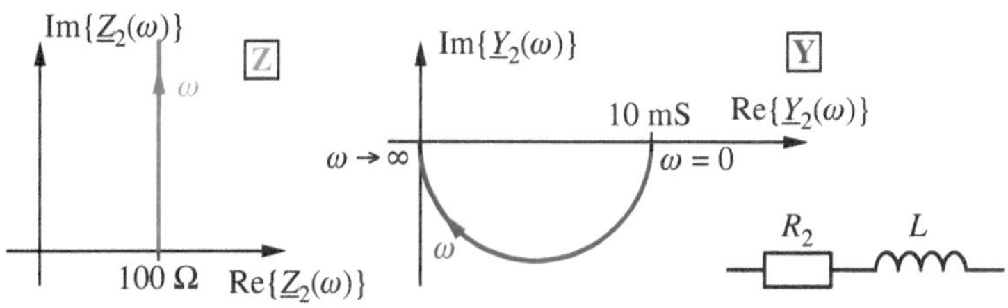


**Bild 8.6.2** Ortskurven der *RL*-Schaltung

Die Parallelschaltung des Widerstands $R_1$ führt zu einer Verschiebung entlang der reellen Achse um $G_1 = 1/R_1 = 1{,}11\,\text{mS}$. Schließlich liefert das nochmalige Invertieren die Ortskurve der Impedanz der Gesamtschaltung, die einen Halbkreis darstellt. Für $\omega = 0$ wird die Impedanz zu

$$Z(\omega = 0) = R_1 || R_2 = \frac{R_1 R_2}{R_1 + R_2} = \frac{100 \cdot 900}{1\,000}\,\Omega = \underline{\underline{90\,\Omega}}$$

und für $\omega \to \infty$ zu

$$Z(\omega \to \infty) = R_1 = \underline{\underline{900\,\Omega}}$$

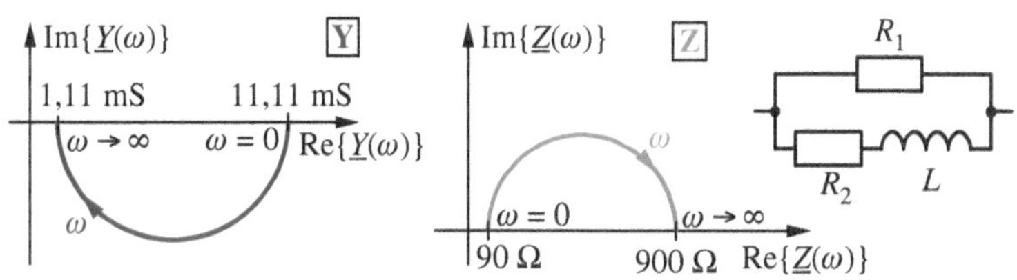


**Bild 8.6.3** Ortskurven der Schaltung mit beiden Widerständen

b) Für $\omega = 0$ wirkt die Induktivität als Kurzschluss und es gilt:

$$\underline{\frac{\underline{I}_1}{\underline{I}} = \frac{R_2}{R_1 + R_2} = \frac{1}{10}}$$

Für $\omega \to \infty$ wirkt die Induktivität als „offen“ und es ergibt sich:

$$\underline{\frac{\underline{I}_1}{\underline{I}} = 1}$$

c) Allgemein gilt für das Verhältnis der Ströme:

$$\frac{\underline{I}_1}{\underline{I}} = \frac{R_1 \parallel (R_2 + \mathrm{j}\,\omega L)}{R_1} = \frac{R_2 + \mathrm{j}\,\omega L}{R_1 + R_2 + \mathrm{j}\,\omega L}$$

Offenbar strebt dieses Verhältnis (siehe Aufgabenteil b)) für hohe und niedrige Frequenzen gegen einen festen Wert. Im Bode-Diagramm ergeben sich daher horizontale Asymptoten. Der Übergang findet an den beiden Eckfrequenzen $\omega_\mathrm{A} = \frac{R_2}{L} = 10^3\,\frac{1}{\mathrm{s}}$ (Zähler) und $\omega_\mathrm{B} = \frac{R_1 + R_2}{L} = 10^4\,\frac{1}{\mathrm{s}}$ (Nenner) statt. Mit diesen lässt sich das Verhältnis der Ströme auch als

$$\frac{\underline{I}_1}{\underline{I}} = \frac{R_2 + \mathrm{j}\,\omega L}{R_1 + R_2 + \mathrm{j}\,\omega L} = \frac{R_2}{R_1 + R_2} \cdot \frac{1 + \mathrm{j}\,\omega/\omega_\mathrm{A}}{1 + \mathrm{j}\,\omega/\omega_\mathrm{B}}$$

darstellen. Der Strom fällt zu niedrigen Frequenzen um das Verhältnis $R_2/(R_1 + R_2)$ ab, was im Bode-Diagramm dem Wert

$$20 \log \frac{R_2}{R_1 + R_2} = 20 \log \frac{100\,\Omega}{1000\,\Omega} = -20\,\mathrm{dB}$$

entspricht.

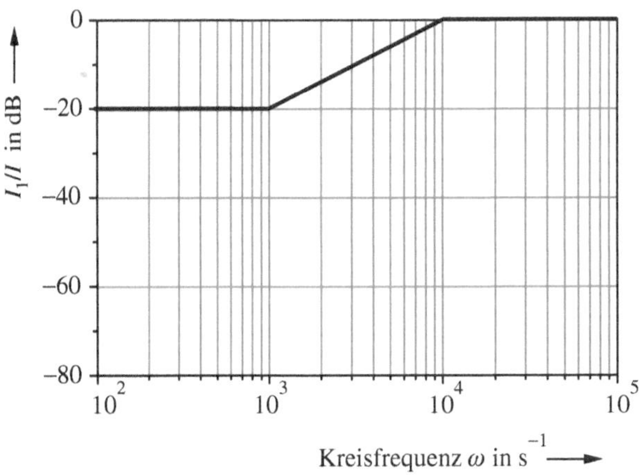


**Bild 8.6.4** Bode-Diagramm

## Aufgabe 8.7

Gegeben sei folgende Schaltung:

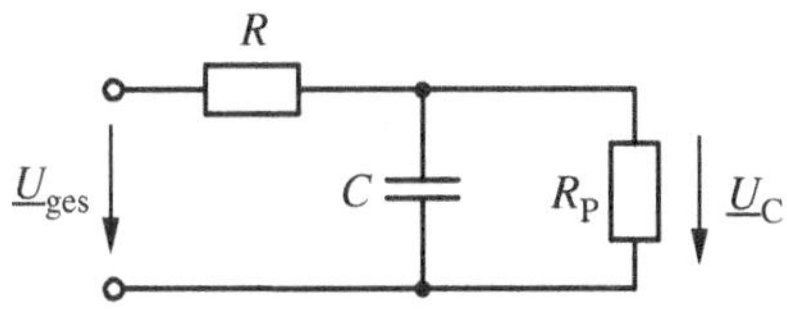


**Bild 8.7.1** Schaltung

Nehmen Sie für die Aufgabenteile a) bis c) $R = R_P$ an.

a) Bestimmen Sie die Gesamtimpedanz $\underline{Z}_{ges}(\mathrm{j}\,\omega)$ und konstruieren Sie die Ortskurve mit $\omega$ als variablem Parameter. Kennzeichnen Sie die charakteristischen Punkte $\omega = 0$ und $\omega \to \infty$ und die Durchlaufrichtung.

b) Stellen Sie die Übertragungsfunktion $\underline{H}(\mathrm{j}\,\omega) = \dfrac{\underline{U}_C}{\underline{U}_{ges}}$ auf und skizzieren Sie das Bode-Diagramm für den Betrag. Welches Übertragungsverhalten ($\underline{U}_C/\underline{U}_{ges}$) hat die Schaltung?

c) Für welches $\omega = \omega_{45°}$ besteht zwischen $\underline{U}_C$ und $\underline{U}_{ges}$ eine Phasenverschiebung von 45°? Geben Sie hierfür $\underline{Z}_{ges}(\mathrm{j}\,\omega_{45°})$ und $\underline{H}(\mathrm{j}\,\omega_{45°})$ nach Betrag und Phase an und zeichnen Sie diese Punkte in die Ortskurve unter a) und das Bode-Diagramm unter b) ein.

d) Die Parallelschaltung der Kapazität $C$ und des Widerstands $R_P$ ist das Ersatzschaltbild eines technischen Kondensators für tiefe Frequenzen. Der Widerstand ist nun gegeben durch den Verlustfaktor mit: $R_P(\omega) = 1/(\omega C \cdot \tan\delta)$.

   Inwiefern ändert sich durch diese Frequenzabhängigkeit das Übertragungsverhalten der Schaltung? Begründen Sie Ihre Aussage mithilfe einer Grenzwertbetrachtung für $\omega = 0$ und $\omega \to \infty$.

## Lösung zu Aufgabe 8.7

a) Die Gesamtimpedanz ergibt sich zu:

$$\underline{Z}_{ges}(\mathrm{j}\,\omega) = R + \frac{1}{\dfrac{1}{R_P} + \mathrm{j}\,\omega C} = \underline{\underline{R + \frac{R_P}{1 + \mathrm{j}\,\omega R_P C}}}$$

   Die Ortskurve konstruiert man, indem man von der Parallelschaltung des Widerstands $R_P$ und der Kapazität $C$ ausgeht. Die Ortskurve der Admittanz $\underline{Y}_1 = \dfrac{1}{R_P} + \mathrm{j}\,\omega C$ ist eine Halbgerade. Durch Invertieren ergibt sich die Ortskurve der Impedanz der Parallelschaltung als Halbkreis $\underline{Z}_1 = \dfrac{1}{\underline{Y}_1} = \dfrac{R_P}{1 + \mathrm{j}\,\omega R_P C}$.

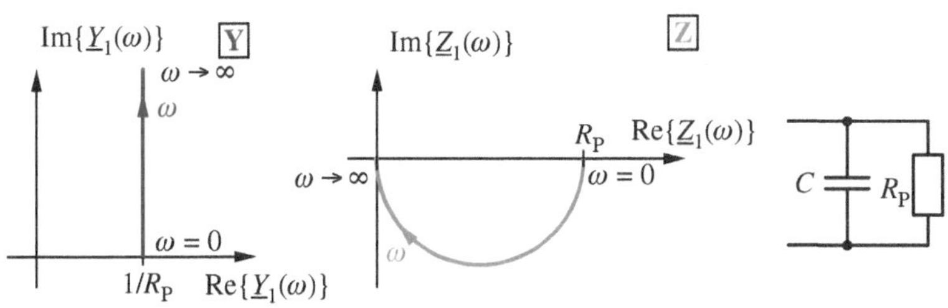


**Bild 8.7.2** Ortskurven der RC-Schaltung

Die Reihenschaltung des Widerstands $R$ bewirkt ein Verschieben der Ortskurve entlang der reellen Achse $\underline{Z}_{ges} = \underline{Z}_1 + R$. Die Punkte auf der reellen Achse sind $\underline{Z}_{ges}(\omega \to 0) = R + R_P$ und $\underline{Z}_{ges}(\omega \to \infty) = R$.

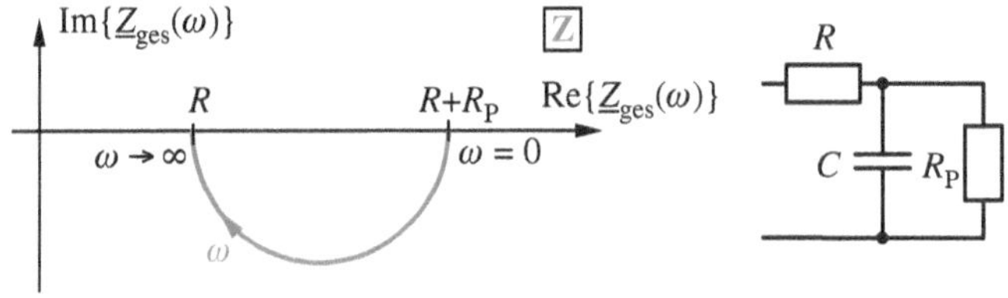


**Bild 8.7.3** Ortskurven der Schaltung mit beiden Widerständen

b) Die Übertragungsfunktion folgt aus der Anwendung des Spannungsteilers

$$\underline{H}(\mathrm{j}\,\omega) = \frac{\underline{U}_C}{\underline{U}_{ges}} = \frac{\dfrac{1}{\dfrac{1}{R_P} + \mathrm{j}\,\omega C}}{R + \dfrac{1}{\dfrac{1}{R_P} + \mathrm{j}\,\omega C}} = \frac{1}{1 + \dfrac{R}{R_P} + \mathrm{j}\,\omega RC} = \frac{\dfrac{R_P}{R + R_P}}{1 + \mathrm{j}\,\omega CR\dfrac{R_P}{R + R_P}}$$

Mit $R = R_P$ ergibt sich:

$$\underline{H}(\mathrm{j}\,\omega) = \frac{\dfrac{1}{2}}{1 + \mathrm{j}\,\omega\dfrac{CR}{2}} = \frac{\dfrac{1}{2}}{1 + \mathrm{j}\,\omega/\omega_{45^\circ}}$$

Das Verhalten ist das *eines Tiefpasses.* Die Asymptote für niedrige Frequenzen ist:

$$20 \log \frac{1}{2} = -6{,}02\,\mathrm{dB} \approx -6\,\mathrm{dB}$$

Die Eckfrequenz liegt bei $\omega = \omega_{45^\circ} = \dfrac{2}{CR}$. Für höhere Frequenzen fällt die Übertragungsfunktion mit der Steigung von $-20$ dB pro Dekade.

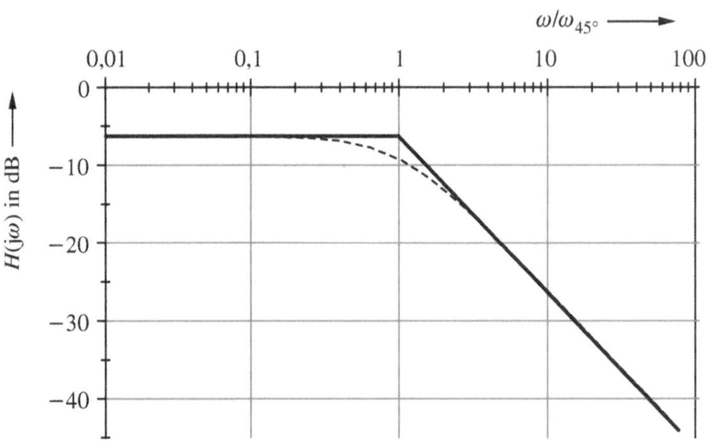


**Bild 8.7.4** Bode-Diagramm

c) Bei der Phasenverschiebung von 45° sind Real- und Imaginärteil gleich groß, daher muss $\omega RC/2 = 1$ gelten und man erhält:

$$\underline{\underline{\omega_{45^\circ} = \frac{2}{CR}}}$$

Dies ist die Eckfrequenz. Damit ergibt sich für die Übertragungsfunktion:

$$\underline{\underline{H}}(\mathrm{j}\,\omega_{45^\circ}) = \frac{\frac{1}{2}}{1+\mathrm{j}} = \frac{1}{2\sqrt{2}} \cdot \mathrm{e}^{-\mathrm{j}\,45^\circ} = \underline{\underline{0{,}3536 \cdot \mathrm{e}^{-\mathrm{j}\frac{\pi}{4}}}}$$

Das logarithmische Dämpfungsmaß für $\omega = \omega_{45^\circ}$ ist $20 \log \frac{1}{2\sqrt{2}} = -9{,}03\,\mathrm{dB} \approx -9\,\mathrm{dB}$.

Für die Impedanz gilt:

$$\underline{\underline{Z}}_{\mathrm{ges}}(\mathrm{j}\,\omega_{45^\circ}) = R + \frac{1}{\frac{1}{R} + \mathrm{j}\frac{2}{R}} = R\frac{2+2\mathrm{j}}{1+2\mathrm{j}} = R\frac{\sqrt{4+4}}{\sqrt{1+4}} \cdot \mathrm{e}^{\mathrm{j}\,(\arctan(1)-\arctan(2))}$$

$$= 2\sqrt{\frac{2}{5}} \cdot R \cdot \mathrm{e}^{\mathrm{j}\,(45^\circ - 63{,}43^\circ)} = \underline{\underline{1{,}265 \cdot R \cdot \mathrm{e}^{-\mathrm{j}\,(18{,}43^\circ)}}}$$

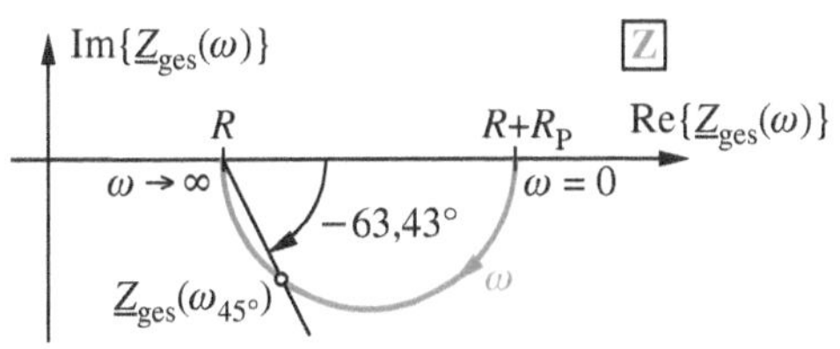


**Bild 8.7.5** Lage des Punktes mit der Kreisfrequenz $\omega = \omega_{45^\circ}$

d) Mit $R_\mathrm{P}(\omega) = 1/(\omega C \tan\delta)$ gilt für die Übertragungsfunktion:

$$\underline{H}(\mathrm{j}\,\omega) = \frac{\underline{U}_\mathrm{C}}{\underline{U}_\mathrm{ges}} = \frac{1}{1 + \frac{R}{R_\mathrm{P}} + \mathrm{j}\,\omega RC} = \frac{1}{1 + \omega RC \tan\delta + \mathrm{j}\,\omega RC}$$

Bei niedrigen Frequenzen gilt

$$\frac{1}{\mathrm{j}\,\omega C} \xrightarrow{\omega=0} -\mathrm{j}\,\infty; \qquad R_\mathrm{P} \xrightarrow{\omega=0} \infty$$

Sowohl der Widerstand als auch die Kapazität verhalten sich als Leerlauf.

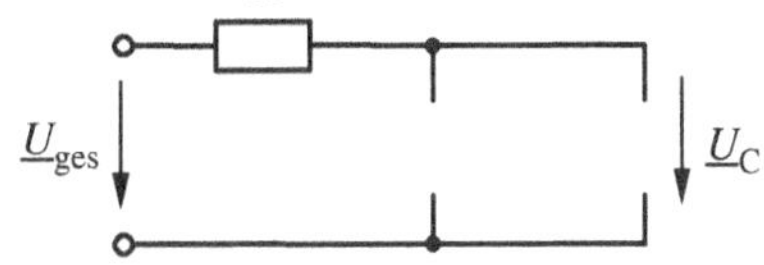


**Bild 8.7.6** Ersatzschaltung für $\omega \to 0$

Bei hohen Frequenzen gilt

$$\frac{1}{\mathrm{j}\,\omega C} \xrightarrow{\omega=\infty} -\mathrm{j}\,0; \qquad R_\mathrm{P} \xrightarrow{\omega=\infty} 0$$

beide Elemente werden zum Kurzschluss.

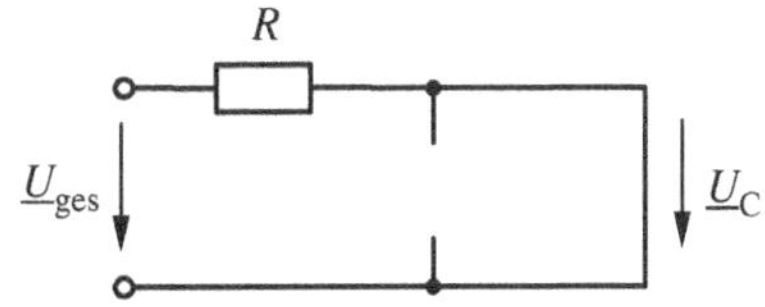


**Bild 8.7.7** Ersatzschaltung für $\omega \to \infty$

Das *Tiefpassverhalten* der Übertragungsfunktion bleibt daher (vom Betrag) grundsätzlich erhalten, aber der Phasenverlauf ändert sich.

## Aufgabe 8.8

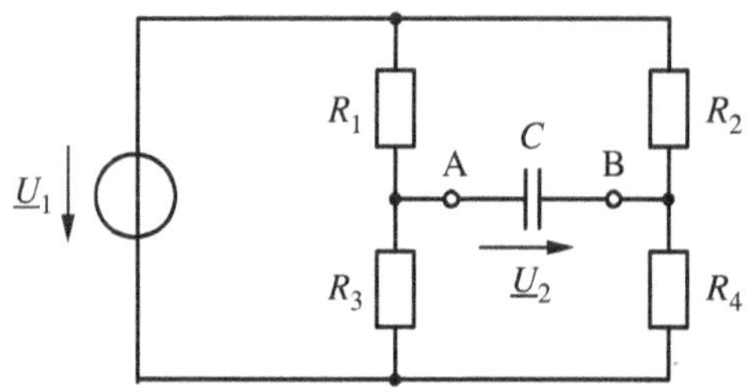


**Bild 8.8.1** Brückenschaltung

$$R_1 = 100\,\Omega; \quad R_2 = 20\,\Omega; \quad R_3 = 50\,\Omega; \quad R_4 = 50\,\Omega; \quad C = 100\,\text{nF}; \quad U_1 = 27\,\text{V}$$

a) Wandeln Sie die Brückenschaltung zunächst bezüglich des Klemmenpaars AB in eine Ersatzschaltung um und geben Sie Ersatzspannung $\underline{U}_\text{E}$ und Ersatzwiderstand $R_\text{E}$ an.

b) Zeichnen Sie für die angegebene Schaltung das Bode-Diagramm der Übertragungsfunktion $H(\omega) = |\underline{U}_2/\underline{U}_1|$. Beschriften Sie die Achsen des Diagramms und geben Sie für relevante Frequenzen die Asymptoten und Zahlenwerte an.

c) Gegen welchen Wert strebt der Strom $\underline{I}_\text{C}$ durch $C$ im Grenzfall $\omega \to \infty$?

## Lösung zu Aufgabe 8.8

a) Für die Ersatzschaltung werden Leerlaufspannung $\underline{U}_\text{E}$ und Innenwiderstand $R_\text{E}$ bestimmt.

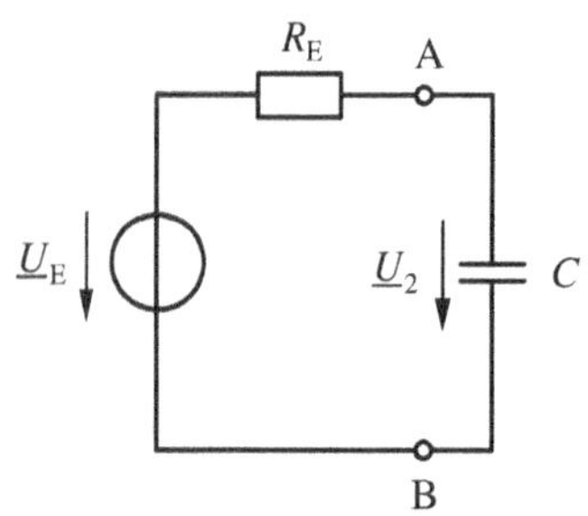


**Bild 8.8.2** Ersatzschaltung

Leerlaufspannung:

$$\underline{U}_\text{E} = \underline{U}_1 \left[\frac{R_2}{R_2 + R_4} - \frac{R_1}{R_1 + R_3}\right]$$

$$\underline{\underline{U_\text{E}}} = U_1 \left[\frac{20}{70} - \frac{100}{150}\right] = U_1 \left[\frac{2}{7} - \frac{2}{3}\right] = U_1 \frac{-8}{21} \approx \underline{\underline{-10{,}286\,\text{V}}}$$

Innenwiderstand:

$$R_\text{E} = R_1 \parallel R_3 + R_2 \parallel R_4 = \frac{R_1 R_3}{R_1 + R_3} + \frac{R_2 R_4}{R_2 + R_4}$$

$$\underline{\underline{R_\text{E}}} = \left[\frac{5\,000}{150} + \frac{1\,000}{70}\right] \Omega = \frac{1\,000}{21}\,\Omega \approx \underline{\underline{47{,}62\,\Omega}}$$

b) Die Übertragungsfunktion bestimmt man am einfachsten durch Verwendung der Ersatzschaltung:

$$\underline{H}(\omega) = \frac{\underline{U}_2}{\underline{U}_1} = \frac{\underline{U}_2}{\underline{U}_\mathrm{E}}\frac{\underline{U}_\mathrm{E}}{\underline{U}_1} \quad \text{mit} \quad \frac{\underline{U}_2}{\underline{U}_\mathrm{E}} = \frac{1/\mathrm{j}\,\omega C}{R_\mathrm{E} + 1/\mathrm{j}\,\omega C} = \frac{1}{1+\mathrm{j}\,\omega R_\mathrm{E} C} \quad \text{und} \quad \underline{U}_\mathrm{E} = \underline{U}_1 \frac{-8}{21}$$

Die Übertragungsfunktion stellt einen Tiefpass mit der Eckfrequenz $\omega_0 = \dfrac{1}{R_\mathrm{E} C}$ dar.

$$\omega_0 = \frac{21}{1\,000 \cdot 100 \cdot 10^{-9}} \frac{\mathrm{A \cdot V}}{\mathrm{V \cdot A \cdot s}} = 2{,}1 \cdot 10^5\,\frac{1}{\mathrm{s}}$$

Die Asymptote für Frequenz gegen null ist:

$$20 \log \frac{U_\mathrm{E}}{U_1} = 20 \log \frac{8}{21} = \underline{\underline{-8{,}38\,\mathrm{dB}}}$$

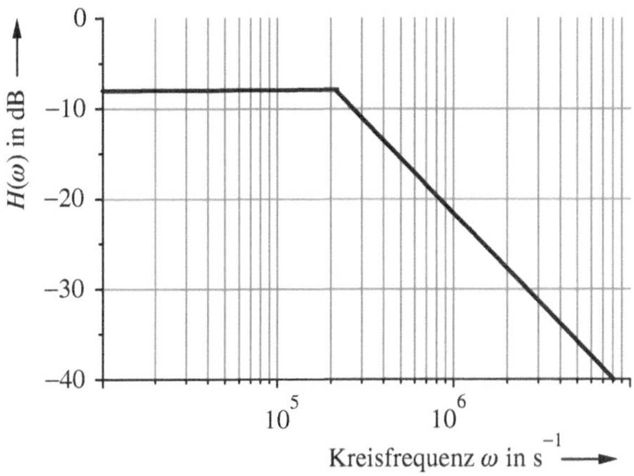


**Bild 8.8.3** Bode-Diagramm

Ab der Eckfrequenz fällt die Übertragungsfunktion mit der Steigung von 20 dB pro Dekade.

c) Für $\omega \to \infty$ wird der Kondensator zum Kurzschluss, daher gilt:

$$\underline{I}_\mathrm{C} = \underline{U}_\mathrm{E}/R_\mathrm{E} \approx \underline{\underline{-0{,}216\,\mathrm{A}}}$$

# 9 Schaltungen mit Operationsverstärkern

Operationsverstärker (kurz auch „OP“ genannt) sind Standardbauteile mit Anwendungen unter anderem in Messverstärkern, Impedanzwandlern, Funktionsgeneratoren, Oszillatoren, aktiven Filtern, Reglern, DA- und AD-Wandlern. Ihr interner Aufbau ist komplex und ihr Entwurf geht weit über die Grundlagen der Elektrotechnik hinaus. Im Wesentlichen handelt es sich um Differenzverstärker, die eine Spannung $U_D$ zwischen den beiden Eingängen (positivem = nicht invertierendem und negativem = invertierendem) in eine größere Spannung $U_A$ zwischen Ausgang und Masse übersetzen:

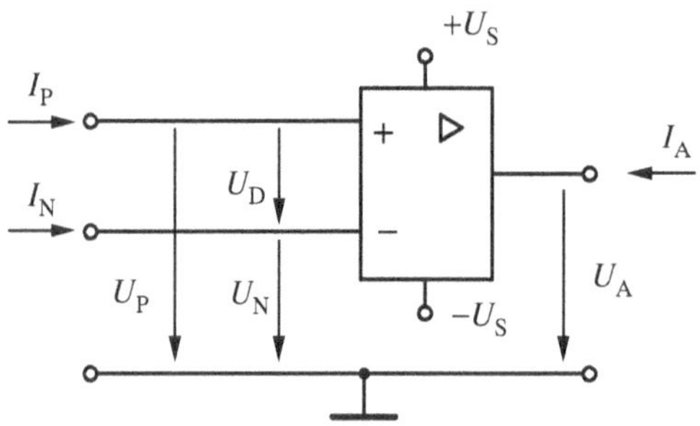


**Bild 9.1** Ströme und Spannungen am Operationsverstärker

Dazu ist die Versorgung mit einer äußeren Gleichspannungsquelle der Größe $2U_S$ erforderlich, die symmetrisch in Bezug auf Masse ist. Das Verhalten von Netzwerken mit OP wird einfach bestimmbar unter zwei Voraussetzungen: Erstens, der OP ist ideal in dem Sinne, dass die Verstärkung unendlich ist. Zweitens, der OP wird überwiegend in negativer Rückkopplung betrieben. In diesem Fall gelten die sogenannten „goldenen OP-Regeln“:

(1) Es fließen keine Ströme in die Eingänge ($I_P = I_N = 0$).

(2) Es fällt keine Spannung zwischen den Eingängen ab ($U_D = 0$).

Diese etwas willkürlich erscheinenden Regeln lassen sich aus der hohen Leerlaufverstärkung und dem hohen Eingangswiderstand des OPs begründen und führen in der Praxis dazu, dass man viele OP-Schaltungen relativ einfach untersuchen kann.

In diesem Kapitel sind Aufgabenstellungen zu folgenden Themengebieten gesammelt:

1. Im Teil zu Verstärkern und anderen OP-Schaltungen werden typische Anwendungsfälle für OP-Schaltungen berechnet. Im Vordergrund steht dabei nicht die Frequenzabhängigkeit der Schaltung, sondern die Verstärkung als solche. Die beiden grundlegenden Verstärkerschaltungen (invertierend wie nicht invertierend) werden mehrfach berechnet. Von diesem Typ sind die Aufgaben 9.1 bis 9.7.
2. Im Teil zu aktiven Filtern und Bode-Diagrammen werden OP-Schaltungen mit frequenzabhängiger Beschaltung eingehender untersucht, unter anderem auch mit dem grafi-

schen Hilfsmittel der Bode-Diagramme (siehe auch Kapitel 8). Im Gegensatz zu passiven Filtern werden OP-Filter aktiv genannt, da sie eine Spannungsquelle in die Schaltung einbringen. Von diesem Typ sind die Aufgaben 9.8 bis 9.16.

## Analyse von OP-Schaltungen

### Aufgabe 9.1

Gegeben ist folgende Filterschaltung mit einem idealen Operationsverstärker. Am Eingang liegt die Spannung $\underline{U}_e$ an. Die Klemmen am Ausgang sind offen.

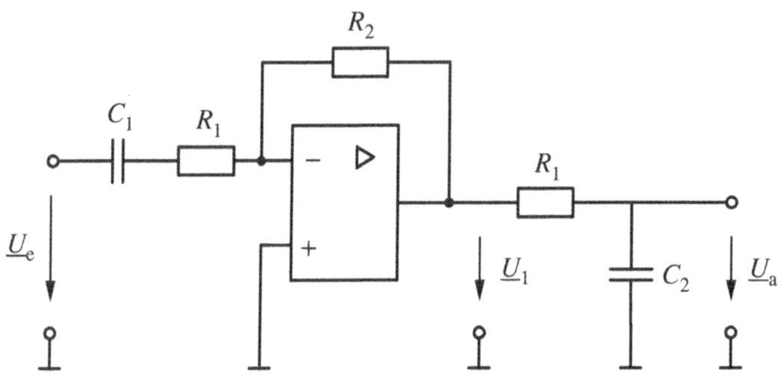


**Bild 9.1.1** Filterschaltung

a) Geben Sie die Übertragungsfunktion $\underline{H}(\omega) = \frac{\underline{U}_a}{\underline{U}_e}$ allgemein in Abhängigkeit von $C_1$, $C_2$, $R_1$ und $R_2$ an.

b) Mit der Schaltung soll ein Bandpass realisiert werden, der eine untere Knickfrequenz von $f_1 = 10^5$ Hz und eine obere Knickfrequenz von $f_2 = 10^7$ Hz besitzt. Gegeben sind $R_1 = 50\,\Omega$ und $R_2 = 100\,\Omega$. Berechnen Sie die Werte von $C_1$ und $C_2$.

c) Zeichnen Sie in das Diagramm die Spannungen $u_1(t)$ und $u_a(t)$ ein, die sich für die dort gegebene Eingangsspannung $u_e(t)$ in der Schaltung ergeben.

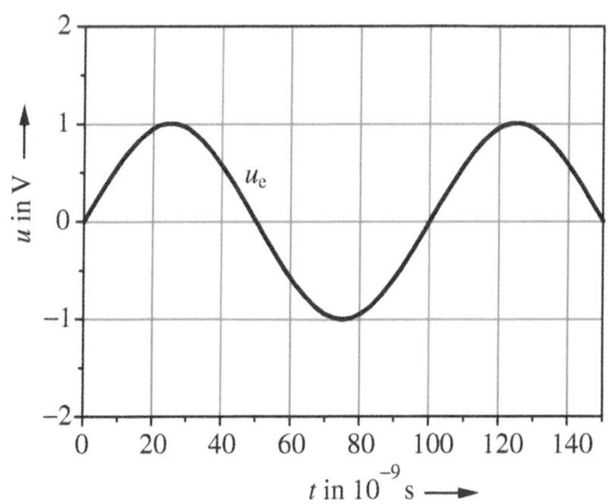


**Bild 9.1.2** Zeitlicher Verlauf der Eingangsspannung

## Lösung zu Aufgabe 9.1

a) Die Übertragungsfunktion $\underline{H}(\omega) = \frac{\underline{U}_a}{\underline{U}_e}$ ergibt sich aus dem Produkt der beiden Übertragungsfunktionen $\underline{H}_1(\omega)$ des invertierenden Verstärkers und $\underline{H}_2(\omega)$ der passiven $RC$-Schaltung $\underline{H}(\omega) = \underline{H}_1(\omega) \cdot \underline{H}_2(\omega) = \frac{\underline{U}_1}{\underline{U}_e} \cdot \frac{\underline{U}_a}{\underline{U}_1}$. Für diese gilt:

$$\underline{H}_1(\omega) = \frac{\underline{U}_1}{\underline{U}_e} = -\frac{\underline{Z}_2}{\underline{Z}_1} = -\frac{R_2}{R_1 + \frac{1}{\mathrm{j}\,\omega C_1}} = -\frac{R_2}{R_1}\left(1 + \frac{1}{\mathrm{j}\,\omega R_1 C_1}\right)^{-1}$$

$$\underline{H}_2(\omega) = \frac{\underline{U}_a}{\underline{U}_1} = \frac{\frac{1}{\mathrm{j}\,\omega C_2}}{R_1 + \frac{1}{\mathrm{j}\,\omega C_2}} = \frac{1}{1 + \mathrm{j}\,\omega C_2 R_1}$$

$$\underline{\underline{\underline{H}(\omega) = \underline{H}_1(\omega) \cdot \underline{H}_2(\omega) = -\frac{R_2}{R_1}\left(1 + \frac{1}{\mathrm{j}\,\omega R_1 C_1}\right)^{-1} \cdot \frac{1}{1 + \mathrm{j}\,\omega C_2 R_1}}}}$$

b) Der invertierende Verstärker stellt einen Hochpass dar, seine Knickfrequenz ist $\omega_\mathrm{H} = \frac{1}{R_1 C_1}$. Die passive $RC$-Schaltung stellt einen Tiefpass dar und hat die Knickfrequenz $\omega_\mathrm{T} = \frac{1}{C_2 R_1}$. Für die Realisierung des Bandpasses muss $\omega_\mathrm{H} = \omega_1 = 2\pi f_1$ und $\omega_\mathrm{T} = \omega_2 = 2\pi f_2$ gesetzt werden. Mit dem Widerstand $R_1 = 50\,\Omega$ und den Knickfrequenzen $f_1 = 10^5\,\mathrm{Hz}$ und $f_2 = 10^7\,\mathrm{Hz}$ berechnen sich die Kapazitäten $C_1$ und $C_2$ zu:

$$\underline{\underline{C_1}} = \frac{1}{2\pi f_1 \cdot R_1} \approx \underline{\underline{31{,}83\,\mathrm{nF}}}$$

$$\underline{\underline{C_2}} = \frac{1}{2\pi f_2 \cdot R_1} \approx \underline{\underline{318{,}3\,\mathrm{pF}}}$$

c) Aus dem Diagramm liest man die Periodendauer des sinusförmigen Eingangssignals $u_\mathrm{e}(t)$ zu $T = 100\,\mathrm{ns}$ ab. Die Frequenz ist daher $f = 1/T = 10^7\,\mathrm{Hz}$. Die Amplitude beträgt $\hat{u}_\mathrm{e} = 1\,\mathrm{V}$.

Mit den Übertragungsfunktionen

$$\underline{H}_1(\omega) = \frac{\underline{U}_1}{\underline{U}_e} = -\frac{R_2}{R_1}\left(1 + \frac{1}{\mathrm{j}\,f/f_1}\right)^{-1}$$

$$\underline{H}_2(\omega) = \frac{\underline{U}_a}{\underline{U}_1} = \frac{1}{1 + \mathrm{j}\,f/f_2}$$

lassen sich nun die Ausgangssignale (nach Betrag und Phase ermitteln). Für $\underline{U}_1$ ergibt sich aus $\underline{U}_e$ und $\underline{H}_1$:

$$\underline{U}_1 = -2\left(1 + \frac{1}{\mathrm{j}\,100}\right)^{-1} \underline{U}_e \approx -2\,\underline{U}_e$$

Die Spannung $u_1(t)$ besitzt also eine Amplitude von $\hat{u}_1 = 2\,\mathrm{V}$ und die Phasenlage $\varphi_1 = 180°$.

Für $\underline{U}_a$ ergibt sich aus $\underline{U}_1$ und $\underline{H}_2$:

$$\underline{U}_a = \frac{1}{1+\mathrm{j}}\underline{U}_1 = (0{,}5 - 0{,}5\,\mathrm{j})\underline{U}_1 = (-1 + \mathrm{j})\underline{U}_e$$

Die Spannung $u_a(t)$ besitzt damit eine Amplitude von $\hat{u}_a = \sqrt{2}\,V$ und die Phasenlage $\varphi_1 = 135°$. Entsprechend der Definition der Phasenlage ist beim Einzeichnen in das Zeitdiagramm die Beziehung $u_a(t) = U_1 \sin(\omega t + \varphi)$ zu verwenden.

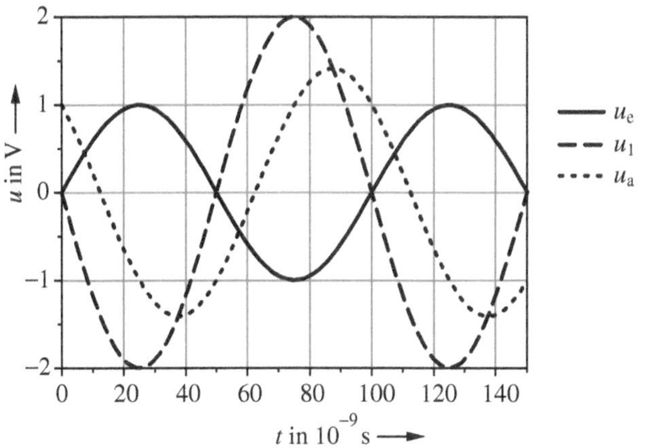


**Bild 9.1.3** Zeitlicher Verlauf mit den Spannungen $u_1(t)$ und $u_a(t)$

## Aufgabe 9.2

Gegeben sei folgende Verstärkerschaltung mit idealem Operationsverstärker:

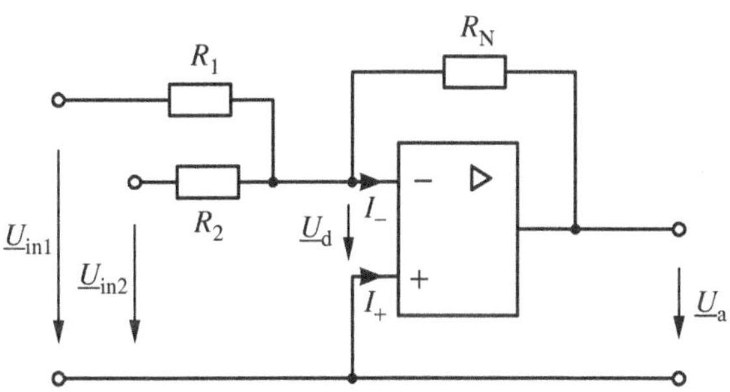


**Bild 9.2.1** Verstärkerschaltung

a) Um welche Verstärkerschaltung handelt es sich? Was ergibt sich daraus für das Vorzeichen der Gesamtverstärkung?

b) Welche Annahmen macht man beim idealen OP? Welche Vereinfachungen ergeben sich daraus für die Eingangsströme $I_+$ und $I_-$ und die Differenzspannung $U_d$?

c) Stellen Sie die Gleichung für $U_a$ in Abhängigkeit der Eingangsspannungen unter Berücksichtigung der Vereinfachungen für den idealen OP auf.

d) Was ergibt sich für $U_a$ für den Fall $R_1 = R_2 = R_N$? Wozu lässt sich die Schaltung einsetzen? Wie groß ist die Gesamtverstärkung $V_g = U_a/U_{in1}$?

e) Die Schaltung werde folgendermaßen verändert:

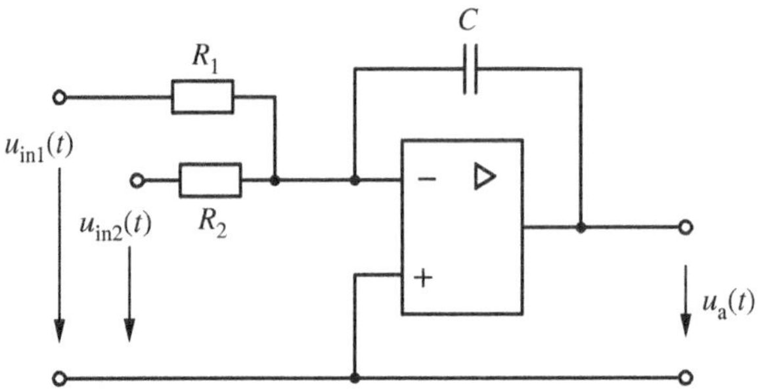


**Bild 9.2.2** Verstärkerschaltung

Stellen Sie die allgemeingültige zeitabhängige Beziehung für $u_a(t)$ in Abhängigkeit der Eingangsspannungen auf. Welche Funktion hat die Schaltung?

## Lösung zu Aufgabe 9.2

a) Es handelt sich um einen *invertierenden Verstärker*. Die Gesamtverstärkung hat ein negatives Vorzeichen.

b) Beim idealen OP geht man von einem unendlich hohen Eingangswiderstand aus. Daraus ergeben sich die *Eingangsströme $I_+$ und $I_-$ zu null.* Außerdem wird die Verstärkung $U_a/U_d$ als unendlich angenommen, daraus resultierend ein virtueller Kurzschluss am Eingang, *die Differenzspannung $U_d$ wird zu null.*

c) Man betrachtet die Knotengleichung am negativen Eingang, mit der Vereinfachung $I_- = 0, I_+ = 0$

$$I_{R1} + I_{R2} + I_{RN} = 0$$

Wegen $U_d \approx 0$ gilt $I_{RN} = U_a/R_N$ und damit:

$$U_{in1}/R_1 + U_{in2}/R_2 + U_a/R_N = 0$$

$$U_a = -\left(U_{in1}\frac{R_N}{R_1} + U_{in2}\frac{R_N}{R_2}\right)$$

d) Mit $R_1 = R_2 = R_N$ erhält man nun

$$U_a = -(U_{in1} + U_{in2})$$

Die Verstärkung beträgt also

$$V_g = U_a/U_{in1} = -1$$

Die Schaltung fungiert als *invertierender Addierer* der Eingangsspannungen.

e) In gleicher Art wie unter b) ergibt sich für den Knoten am negativen Eingang:

$$i_{R1}(t) + i_{R2}(t) + i_C(t)$$

$$\frac{1}{R_1}u_{in1}(t) + \frac{1}{R_2}u_{in2}(t) + C\frac{du_a(t)}{dt} = 0$$

$$\frac{du_a(t)}{dt} = -\frac{1}{C}\left(\frac{1}{R_1}u_{in1}(t) + \frac{1}{R_2}u_{in2}(t)\right)$$

und damit

$$u_a(t) = -\frac{1}{R_1 C}\int u_{in1}(t)\,\mathrm{d}t - \frac{1}{R_2 C}\int u_{in2}(t)\,\mathrm{d}t$$

Die Schaltung addiert also die *Integrale der Eingangsspannungen.*

## Aufgabe 9.3

Gegeben ist die Schaltung in Bild 9.3.1 mit einem idealen Operationsverstärker und den Werten: $R_1 = 2\,\mathrm{k\Omega}$, $R_n = 10\,\mathrm{k\Omega}$ und $C_1 = 33\,\mathrm{nF}$.

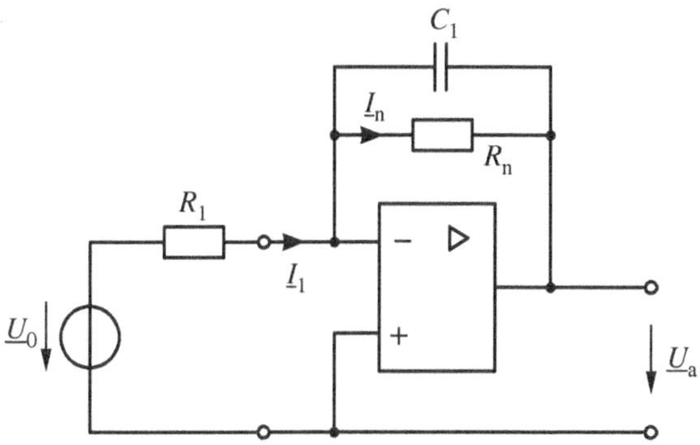


**Bild 9.3.1** OP-Schaltung

a) Wie groß ist die Knickfrequenz der Schaltung? Ist diese Schaltung ein Tiefpass, Hochpass oder Bandpass?

Für den Rest der Aufgabe ist die Schaltung im Gleichspannungsfall ($\omega = 0$) zu betrachten:

b) Berechnen Sie die Ströme $I_n$ und $I_1$ sowie die Ausgangsspannung $U_a$ der Schaltung aus Bild 9.3.1. Die Eingangsspannung beträgt $U_0 = 0{,}2\,\mathrm{V}$.

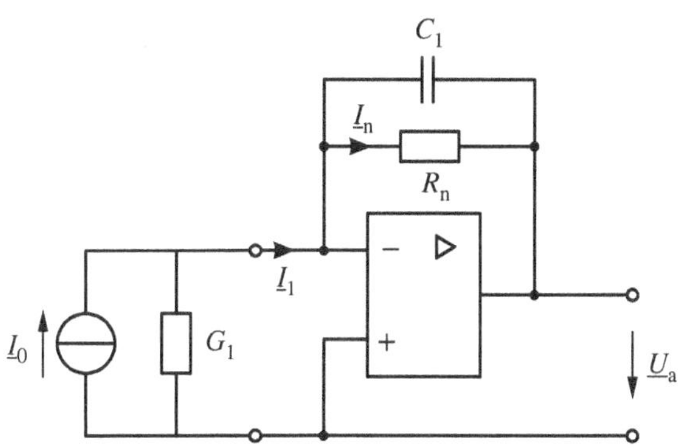


**Bild 9.3.2** OP-Schaltung

c) Wandeln Sie die Spannungsquelle und den Widerstand $R_1$ in eine äquivalente Stromquelle um (siehe Bild 9.3.2). Stellen Sie den allgemeinen Zusammenhang zwischen dem Eingangsstrom $I_0$ und der Ausgangsspannung $U_a$ auf.

d) Wie groß ist die Spannung über der Stromquelle der Schaltung aus Bild 9.3.2? Wie groß ist der Strom durch den Leitwert $G_1$?

e) Die Aussteuergrenzen des Operationsverstärkers betragen $\pm 15\,\mathrm{V}$, wie groß ist der maximale Eingangsstrom, damit sie noch nicht erreicht werden?

## Lösung zu Aufgabe 9.3

a) Es handelt sich um einen *Tiefpass*, bei großen Frequenzen wird der Kondensator zum Kurzschluss und damit die Ausgangsspannung zu null. Die Grenzfrequenz ist

$$\underline{\underline{\omega = 1/(R_\mathrm{n}C)}}$$

b) Im Gleichspannungsfall ($\omega = 0$) wirkt der Kondensator als Leerlauf. Die Schaltung ist daher zur Schaltung ohne Kondensator äquivalent.

Aus dem Maschenumlauf im Eingangskreis erhält man für den idealen Operationsverstärker (virtueller Kurzschluss)

$$U_0 - U_{\mathrm{R}_1} = 0$$

und für die Masche im Ausgangskreis:

$$U_\mathrm{a} + U_{\mathrm{R}_\mathrm{n}} = 0$$

Mit der Knotengleichung am invertierenden Eingang $I_1 - I_\mathrm{n} = 0$ und $I_1 = U_{\mathrm{R}_1}/R_1$ sowie $I_\mathrm{n} = U_{\mathrm{R}_\mathrm{n}}/R_\mathrm{n} = -U_\mathrm{a}/R_\mathrm{n}$ folgt:

$$U_0/R_1 + U_\mathrm{a}/R_\mathrm{n} = 0$$

Mit den Werten $R_1 = 2\,\mathrm{k\Omega}$, $R_\mathrm{n} = 10\,\mathrm{k\Omega}$ und $U_0 = 0{,}2\,\mathrm{V}$ ergibt sich:

$$\underline{\underline{U_\mathrm{a}}} = -U_0 \cdot R_\mathrm{n}/R_1 = -0{,}2\,\mathrm{V} \cdot \frac{10000}{2000} = \underline{\underline{-1\,\mathrm{V}}}$$

$$\underline{\underline{I_1 = I_\mathrm{n}}} = -U_\mathrm{a}/R_\mathrm{n} = \underline{\underline{100\,\mu\mathrm{A}}}$$

c) Umwandlung durch Betrachtung von Kurzschluss- und Leerlauffall:

Kurzschlussfall: $I_0 = 100\,\mu\mathrm{A} = U_0/R_1$

Leerlauffall: $U_0 = 0{,}2\,\mathrm{V}$

Also eine Stromquelle mit $I_0 = 100\,\mu\mathrm{A}$ und einem Leitwert von $G_1 = (2\,\mathrm{k\Omega})^{-1}$.

Da am Eingang ein virtueller Kurzschluss vorliegt (idealer OP), gilt $I_0 = I_1 = I_\mathrm{n}$, daraus folgt mit $I_\mathrm{n} = -U_\mathrm{a}/R_\mathrm{n}$ für die Ausgangsspannung

$$\underline{\underline{U_\mathrm{a} = -I_0 \cdot R_\mathrm{n}}}$$

d) Die *Spannung über der Stromquelle (virtueller Kurzschluss) ist null.* Daher wird auch der Strom durch $G_1$ zu null.

e) Aus $U_\mathrm{a} = -I_0 \cdot R_\mathrm{n}$ folgt für $U_\mathrm{a,max} = \pm 15\,\mathrm{V}$ der Strom zu:

$$\underline{\underline{I_{0,\,\mathrm{max}} = 15\,\mathrm{V}/10\,\mathrm{k\Omega} = 1{,}5\,\mathrm{mA}}}$$

Das gleiche Ergebnis erhält man durch Betrachtung der Spannungsverstärkung:

$$U_\mathrm{a,max} = \pm 15\mathrm{V} = -U_{0,\,\mathrm{max}} \cdot R_\mathrm{n}/R_1 = -5U_{0,\,\mathrm{max}}$$

$$I_{0,\,\mathrm{max}} = U_{0,\,\mathrm{max}}/R_1 = 3\,\mathrm{V}/2\,\mathrm{k\Omega} = 1{,}5\,\mathrm{mA}$$

## Aufgabe 9.4

Gegeben ist die folgende Schaltung mit idealem Operationsverstärker:

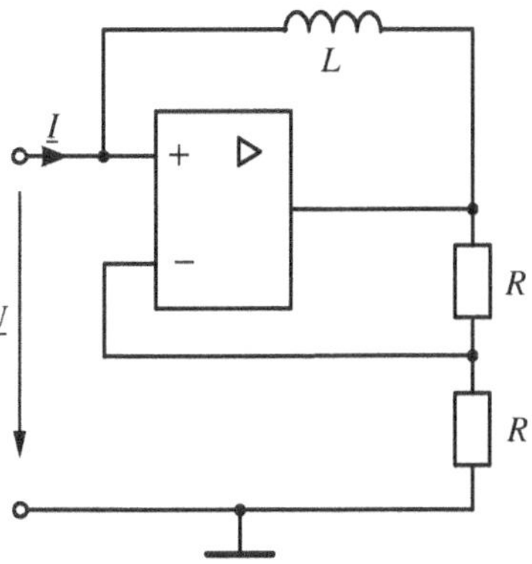


**Bild 9.4.1** Schaltung

Leiten Sie die Impedanz $\underline{Z}(\omega) = \underline{U}/\underline{I}$ unter Verwendung der Rechenregeln für einen idealen Operationsverstärker her.

## Lösung zu Aufgabe 9.4

Im Folgenden wird mit den Spannungen und Strömen aus Bild 9.4.2 gerechnet.

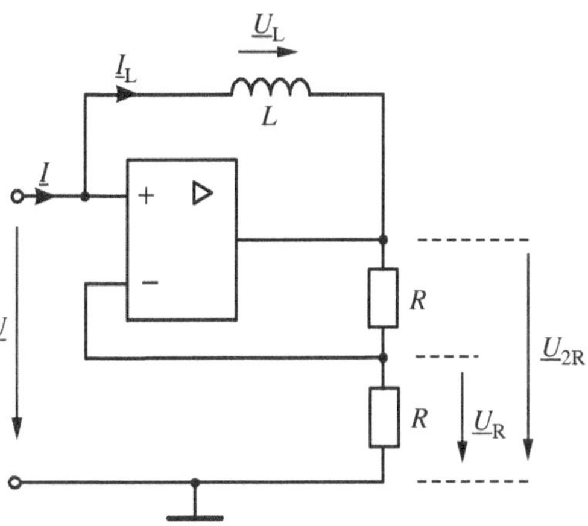


**Bild 9.4.2** Schaltung mit Strom- und Spannungsdefinitionen

(1) kein Strom in den positiven Eingang → $\underline{I} = \underline{I}_\mathrm{L}$

(2) Maschenregel und (1) → $\underline{U} = \underline{U}_\mathrm{L} + \underline{U}_\mathrm{2R} = \mathrm{j}\,\omega L \cdot \underline{I}_\mathrm{L} + \underline{U}_\mathrm{2R} = \mathrm{j}\,\omega L \cdot \underline{I} + \underline{U}_\mathrm{2R}$

(3) kein Spannungsabfall zwischen den Eingängen → $\underline{U} = \underline{U}_\mathrm{R}$

(4) kein Strom in den negativen Eingang → $\underline{U}_\mathrm{R}/\underline{U}_\mathrm{2R} = R/2R = 1/2$

(5) (3) in (4) eingesetzt → $\underline{U}_\mathrm{2R} = 2 \cdot \underline{U}$

(6) (5) in (2) eingesetzt → $\underline{U} = \mathrm{j}\,\omega L \cdot \underline{I} + 2 \cdot \underline{U}$

$$\rightarrow \underline{Z}(\omega) = \frac{\underline{U}}{\underline{I}} = -\mathrm{j}\,\omega L$$

*Anmerkung:* Diese OP-Schaltung wird auch negativer Impedanzkonverter genannt (aus offensichtlichen Gründen). Auf Englisch: „negative impedance converter“ = NIC.

## Aufgabe 9.5

Gegeben ist folgender Schaltkreis mit idealem Operationsverstärker:

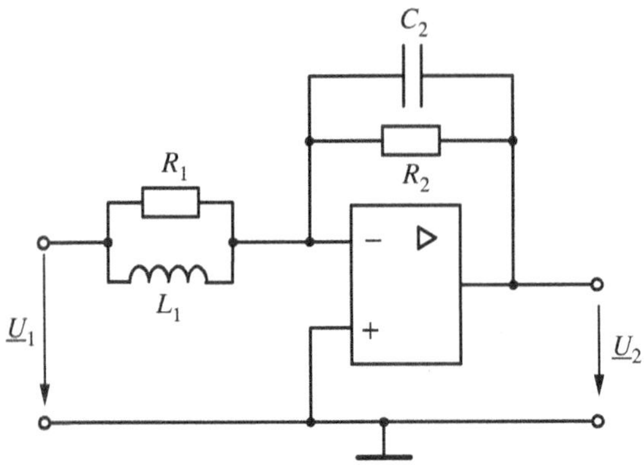


**Bild 9.5.1** Schaltung

a) Berechnen Sie den komplexen Frequenzgang $\underline{H}(\omega) = \underline{U}_2/\underline{U}_1$ als Formel und stellen Sie diesen wie folgt dar ($A$, $\omega_1$ und $\omega_2$ = reelle Parameter):

$$\underline{H}(\omega) = A \cdot \left(\frac{1}{1 + \mathrm{j}\,\omega/\omega_1}\right) \cdot \left(1 + \frac{1}{\mathrm{j}\,\omega/\omega_2}\right)$$

Nehmen Sie im Folgenden an, dass $A = -316$, $\omega_1 = 10^5 \cdot 1/\mathrm{s}$ und $\omega_2 = 10^3 \cdot 1/\mathrm{s}$.

b) Bestimmen Sie für den Frequenzgang aus Teilaufgabe a) die Beträge der Grenzwerte für:

$$\omega \to 0, \quad \omega \to \infty \qquad \text{und} \qquad \omega = \sqrt{\omega_1 \cdot \omega_2}$$

## Lösung zu Aufgabe 9.5

a) Bei der Schaltung handelt es sich um einen invertierenden Verstärker. Mit $\underline{Z}_1$ als Ersatzwiderstand der Parallelschaltung aus $R_1$ und $L_1$ und von $\underline{Z}_2$ als Ersatzwiderstand der Parallelschaltung aus $R_2$ und $C_1$ gilt:

$$\underline{H}(\omega) = -\frac{\underline{Z}_2(\omega)}{\underline{Z}_1(\omega)}$$

Hierbei:

$$\underline{Z}_1(\omega) = \frac{R_1 \cdot \mathrm{j}\,\omega L_1}{R_1 + \mathrm{j}\,\omega L_1} = \frac{\mathrm{j}\,\omega L_1}{1 + \mathrm{j}\,\omega L_1/R_1}$$

$$\underline{Z}_2(\omega) = \frac{R_2 \cdot 1/\mathrm{j}\,\omega C_2}{R_2 + 1/\mathrm{j}\,\omega C_2} = \frac{R_2}{1 + \mathrm{j}\,\omega C_2 R_2}$$

Darstellung des Ergebnisses in der gewünschten Form:

$$\underline{H}(\mathrm{j}\,\omega) = -\frac{R_2}{1 + \mathrm{j}\,\omega C_2 R_2} \cdot \frac{1 + \mathrm{j}\,\omega L_1/R_1}{\mathrm{j}\,\omega L_1} = -R_2 \cdot \left(\frac{1}{1 + \mathrm{j}\,\omega C_2 R_2}\right) \cdot \frac{1}{R_1} \cdot \left(\frac{1}{\mathrm{j}\,\omega L_1/R_1} + 1\right)$$

$$\Rightarrow \quad \underline{H}(\mathrm{j}\,\omega) = -\frac{R_2}{R_1} \cdot \left(\frac{1}{1 + \mathrm{j}\,\omega C_2 R_2}\right) \cdot \left(1 + \frac{1}{\mathrm{j}\,\omega L_1/R_1}\right)$$

b) $\omega \to 0$: $\underline{H}(\omega) \to A \cdot \left(\frac{1}{\mathrm{j}\,\omega/\omega_2}\right) \Rightarrow \underline{\underline{|\underline{H}(\omega)| \to \infty}}$

$\omega \to \infty$: $\underline{H}(\omega) \to A \cdot \left(\frac{1}{\mathrm{j}\,\omega/\omega_1}\right) \Rightarrow \underline{\underline{|\underline{H}(\omega)| \to 0}}$

$\omega = \sqrt{\omega_1 \cdot \omega_2}$: $\underline{H}(\omega) = A \cdot \left(\frac{1}{1+\mathrm{j}\sqrt{\omega_2/\omega_1}}\right) \cdot \left(1 + \frac{1}{\mathrm{j}\sqrt{\omega_1/\omega_2}}\right)$

$$\underline{H}(\omega) = A \cdot \left(\frac{1}{1+\mathrm{j}\sqrt{\omega_2/\omega_1}}\right) \cdot \left(\frac{\mathrm{j}\sqrt{\omega_1/\omega_2}+1}{\mathrm{j}\sqrt{\omega_1/\omega_2}}\right)$$

$$\underline{H}(\omega) = A \cdot \left(\frac{\mathrm{j}\sqrt{\omega_1/\omega_2}+1}{\mathrm{j}\sqrt{\omega_1/\omega_2}-1}\right) \Rightarrow \underline{\underline{|\underline{H}(\omega)| = A = 316}}$$

## Aufgabe 9.6

Gegeben ist folgender Schaltkreis mit idealem Operationsverstärker in negativer Rückkopplung:

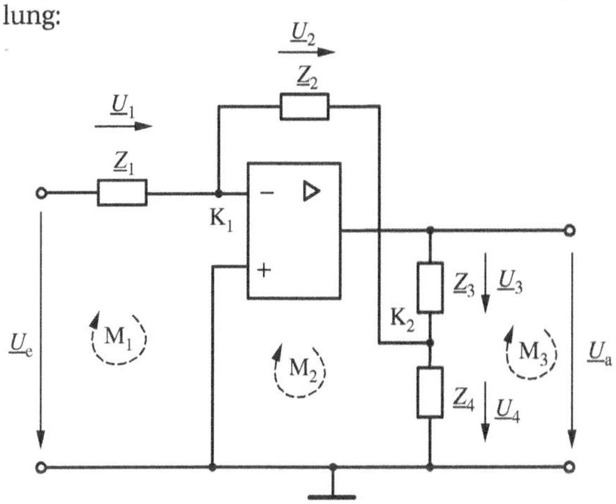


**Bild 9.6.1** Schaltung

a) Leiten Sie unter Verwendung der Maschengleichungen für die Maschen $M_1$, $M_2$ und $M_3$ und der Knotengleichungen für die Knoten $K_1$ und $K_2$ den Frequenzgang (die Übertragungsfunktion) $\underline{U}_a/\underline{U}_e$ ab und stellen Sie ihn wie folgt dar:

$$\underline{H}(\omega) = \frac{\underline{U}_a}{\underline{U}_e} = -\frac{\underline{Z}_2}{\underline{Z}_1} - \frac{\underline{Z}_2\underline{Z}_3 + \underline{Z}_3\underline{Z}_4}{\underline{Z}_1\underline{Z}_4} \qquad (*)$$

b) Gehen Sie von der Formel (*) für $U_a/U_e$ aus und nehmen Sie an, dass:

$$\underline{Z}_1 = R_1; \quad \underline{Z}_2 = \frac{1}{(1/R_2) + \mathrm{j}\,\omega C}; \quad \underline{Z}_3 = \mathrm{j}\,\omega L; \quad \underline{Z}_4 = R_4$$

Berechnen Sie damit den Betrag von $\underline{H}$ für $\omega = 0$.

## Lösung zu Aufgabe 9.6

a) Im Falle eines idealen Operationsverstärkers in negativer Rückkopplung gelten wie üblich die folgenden Regeln:

- keine Spannung zwischen den Eingängen,
- keine Ströme in die/aus den Eingänge/n.

Damit folgt für die drei Maschen:

$$(\mathrm{M}_1):\quad \underline{U}_\mathrm{e} = \underline{U}_1 \qquad (\mathrm{M}_2):\quad \underline{U}_2 = -\underline{U}_4 \qquad (\mathrm{M}_3):\quad \underline{U}_\mathrm{a} = \underline{U}_3 + \underline{U}_4$$

und für die zwei Knoten:

$$(\mathrm{K}_1):\quad \frac{\underline{U}_1}{\underline{Z}_1} = \frac{\underline{U}_2}{\underline{Z}_2} \qquad (\mathrm{K}_2):\quad \frac{\underline{U}_2}{\underline{Z}_2} + \frac{\underline{U}_3}{\underline{Z}_3} = \frac{\underline{U}_4}{\underline{Z}_4}$$

Einsetzen von ($\mathrm{K}_1$) in ($\mathrm{K}_2$) und anschließende Verwendung von ($\mathrm{M}_1$), ($\mathrm{M}_2$) und ($\mathrm{M}_3$) führt auf:

$$\frac{\underline{U}_\mathrm{e}}{\underline{Z}_1} + \frac{\underline{U}_\mathrm{a} - \underline{U}_4}{\underline{Z}_3} = \frac{\underline{U}_4}{\underline{Z}_4} \quad \text{bzw.} \quad \frac{\underline{U}_\mathrm{e}}{\underline{Z}_1} + \frac{\underline{U}_\mathrm{a}}{\underline{Z}_3} = \underline{U}_4 \cdot \left(\frac{1}{\underline{Z}_4} + \frac{1}{\underline{Z}_3}\right)$$

$\underline{U}_4$ kann über ($\mathrm{M}_2$), ($\mathrm{K}_1$) und ($\mathrm{M}_1$) auf $\underline{U}_\mathrm{e}$ zurückgeführt werden. Es folgt:

$$\frac{\underline{U}_\mathrm{e}}{\underline{Z}_1} + \frac{\underline{U}_\mathrm{a}}{\underline{Z}_3} = -\underline{U}_\mathrm{e} \cdot \frac{\underline{Z}_2}{\underline{Z}_1} \cdot \left(\frac{1}{\underline{Z}_4} + \frac{1}{\underline{Z}_3}\right) \quad \text{bzw.} \quad \frac{\underline{U}_\mathrm{a}}{\underline{Z}_3} = -\underline{U}_\mathrm{e} \cdot \left(\frac{\underline{Z}_2}{\underline{Z}_1\underline{Z}_4} + \frac{\underline{Z}_2}{\underline{Z}_1\underline{Z}_3} + \frac{1}{\underline{Z}_1}\right)$$

Daraus:

$$\underline{H}(\omega) = \frac{\underline{U}_\mathrm{a}}{\underline{U}_\mathrm{e}} = -\frac{\underline{Z}_2\underline{Z}_3}{\underline{Z}_1\underline{Z}_4} - \frac{\underline{Z}_2}{\underline{Z}_1} - \frac{\underline{Z}_3}{\underline{Z}_1} = \underline{\underline{-\frac{\underline{Z}_2}{\underline{Z}_1} - \frac{\underline{Z}_2\underline{Z}_3 + \underline{Z}_3\underline{Z}_4}{\underline{Z}_1\underline{Z}_4}}}$$

*Anmerkung:* Mit $\underline{Z}_3 = 0$ ergibt sich die Formel für den invertierenden Verstärker.

b) Es wird im Folgenden angenommen, dass:

$$\underline{Z}_1 = R_1; \quad \underline{Z}_2 = \frac{1}{(1/R_2) + \mathrm{j}\,\omega C}; \quad \underline{Z}_3 = \mathrm{j}\,\omega L; \quad \underline{Z}_4 = R_4$$

Einsetzen in die Formel für die Übertragungsfunktion ergibt:

$$\begin{aligned}\underline{H}(\omega) &= -\frac{\underline{Z}_2}{\underline{Z}_1} - \frac{\underline{Z}_2\underline{Z}_3 + \underline{Z}_3\underline{Z}_4}{\underline{Z}_1\underline{Z}_4} = \underline{Z}_2 \cdot \left(-\frac{1}{\underline{Z}_1} - \frac{\underline{Z}_3}{\underline{Z}_1\underline{Z}_4}\right) - \frac{\underline{Z}_3}{\underline{Z}_1} \\ &= \frac{R_2}{(1 + \mathrm{j}\,\omega R_2 C)} \cdot \left(-\frac{1}{R_1} - \frac{\mathrm{j}\,\omega L}{R_1 R_4}\right) - \frac{\mathrm{j}\,\omega L}{R_1}\end{aligned}$$

Daraus folgt:

$$\underline{\underline{|\underline{H}(0)| = \left|\frac{R_2}{(1+0)} \cdot \left(-\frac{1}{R_1} - 0\right) - 0\right| = \frac{R_2}{R_1}}}$$

wie aus der Formel für den invertierenden Verstärker zu erwarten war.

## Aufgabe 9.7

Gegeben ist die folgende Schaltung mit idealem Operationsverstärker mit negativer Rückkopplung:

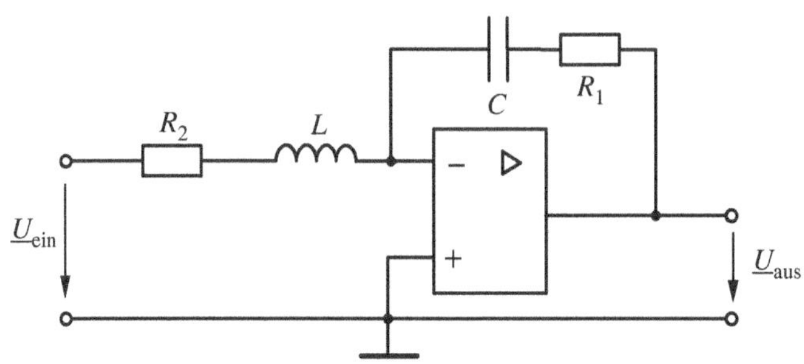


**Bild 9.7.1** Schaltung

a) Leiten Sie den komplexen Frequenzgang (die Übertragungsfunktion) $\underline{H}(\omega) = \underline{U}_{\text{aus}}/\underline{U}_{\text{ein}}$ unter Verwendung der Rechenregeln für einen idealen Operationsverstärker her und stellen Sie diesen dar in der Form:

$$\underline{H}(\mathrm{j}\,\omega) = A \cdot \frac{1 + \mathrm{j}\,\omega/\omega_1}{\mathrm{j}\,\omega/\omega_1 \cdot (1 + \mathrm{j}\,\omega/\omega_2)}$$

Bestimmen Sie den (reellen) Koeffizienten $A$ und die (reellen) Knickfrequenzen $\omega_1$ und $\omega_2$ als Funktion der Bauelemente der Schaltung.

b) Verwenden Sie den in Teilaufgabe a) angegebenen allgemeinen Frequenzgang unter der Annahme, dass $0 < \omega_1 \ll \omega_2$. Bestimmen Sie damit die Werte, die $|\underline{H}(\omega)|$ für folgende Kreisfrequenzen annimmt:

$$\omega = 0, \quad \omega = \sqrt{\omega_1 \cdot \omega_2} \qquad \text{und} \qquad \omega \to \infty$$

## Lösung zu Aufgabe 9.7

a) Es handelt sich bei der vorliegenden Schaltung um einen invertierenden Verstärker. Mit $\underline{Z}_1$ als Ersatzwiderstand der Reihenschaltung aus $R_1$ und $C$ und $\underline{Z}_2$ als Ersatzwiderstand der Reihenschaltung aus $R_2$ und $L$ gilt also:

$$\underline{H}(\omega) = -\frac{\underline{Z}_1(\omega)}{\underline{Z}_2(\omega)} \quad \text{wobei} \quad \underline{Z}_1(\omega) = R_1 + \frac{1}{\mathrm{j}\,\omega C} \quad \text{und} \quad \underline{Z}_2(\omega) = R_2 + \mathrm{j}\,\omega L$$

Einsetzen und Umformen ergibt:

$$\underline{H}(\omega) = -\frac{R_1 + 1/\mathrm{j}\,\omega C}{R_2 + \mathrm{j}\,\omega L} = -\frac{R_1}{R_2} \cdot \frac{1 + 1/\mathrm{j}\,\omega R_1 C}{1 + \mathrm{j}\,\omega L/R_2} = -\frac{R_1}{R_2} \cdot \frac{\mathrm{j}\,\omega R_1 C + 1}{\mathrm{j}\,\omega R_1 C \cdot (1 + \mathrm{j}\,\omega L/R_2)}$$

$$\Rightarrow \quad \underline{H}(\omega) = A \cdot \frac{1 + \mathrm{j}\,\omega/\omega_1}{\mathrm{j}\,\omega/\omega_1 \cdot (1 + \mathrm{j}\,\omega/\omega_2)}$$

Hierbei:

$$\omega_1 = \frac{1}{R_1 C}, \quad \omega_2 = \frac{R_2}{L} \quad \text{und} \quad A = -\frac{R_1}{R_2}$$

b) Betrag bei $\omega = 0$:

$$\underline{H}(0) \to A \cdot \frac{1 + 0}{0 \cdot (1 + 0)} \qquad \Rightarrow \qquad |\underline{H}(0)| \to \infty$$

Betrag bei $\omega = \sqrt{\omega_1 \cdot \omega_2}$:

$$\underline{H}(\sqrt{\omega_1 \omega_2}) = A \cdot \frac{1 + \mathrm{j}\,\sqrt{\omega_2/\omega_1}}{\mathrm{j}\,\sqrt{\omega_2/\omega_1} \cdot (1 + \mathrm{j}\,\sqrt{\omega_1/\omega_2})} = A \cdot \frac{1 + \mathrm{j}\,\sqrt{\omega_2/\omega_1}}{\mathrm{j}\,\sqrt{\omega_2/\omega_1} - 1}$$

$$\Rightarrow \quad |\underline{H}(\sqrt{\omega_1 \omega_2})| = A$$

Betrag für $\omega \to \infty$:

$$\underline{H}(\infty) \to A \cdot \frac{1}{\mathrm{j}\,\omega/\omega_2} \qquad \Rightarrow \qquad |\underline{H}(\infty)| \to 0$$

## Aktive Filter und Bode-Diagramme

### Aufgabe 9.8

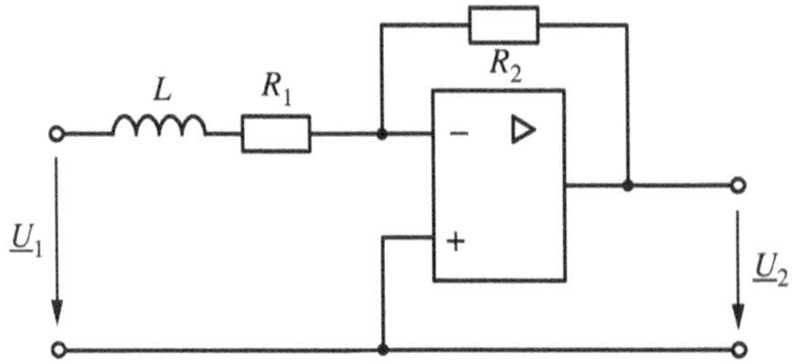


**Bild 9.8.1** Operationsverstärkerschaltung

$R_1 = 10\,\Omega;\quad R_2 = 20\,\Omega;\quad L = 100\,\mu\text{H}$

a) Zeichnen Sie für $\underline{H}(\omega) = \underline{U}_2/\underline{U}_1$ das Bode-Diagramm (Betrag) für die angegebene Operationsverstärkerschaltung und beschriften Sie die Achsen. Um welche Art von Filterschaltung handelt es sich?

b) Ändern Sie die Dimensionierung der Bauteile so, dass sich lediglich die Eckfrequenz auf den Wert $\omega_0 = 4 \cdot 10^5\,\text{s}^{-1}$ ändert. Welche Bauteile sind zu ändern, welche müssen unverändert bleiben?

c) Im Rückführungszweig wird zusätzlich ein Kondensator ergänzt. Um welche Art von Filterschaltung handelt es sich? Geben Sie das Bode-Diagramm (Betrag) an.

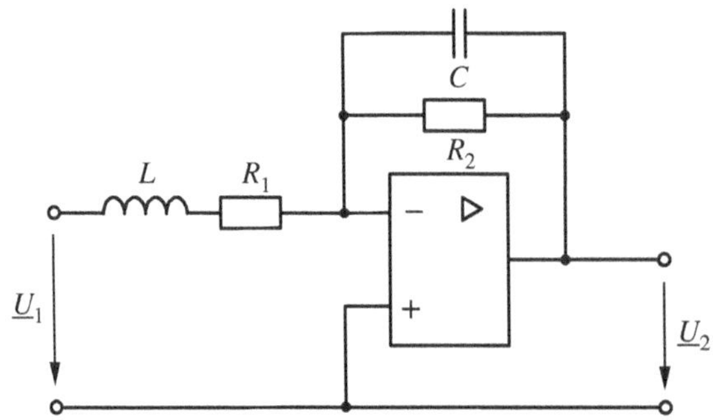


**Bild 9.8.2** OP-Schaltung mit zusätzlichem Kondensator

$R_1 = 10\,\Omega;\quad R_2 = 20\,\Omega;\quad L = 100\,\mu\text{H};\quad C = 100\,\text{nF}$

### Lösung zu Aufgabe 9.8

a) Es handelt sich um einen invertierenden Verstärker:

$$\frac{\underline{U}_2}{\underline{U}_1} = -\frac{\underline{Z}_2}{\underline{Z}_1} = -\frac{R_2}{R_1 + \text{j}\,\omega L} = -\frac{R_2}{R_1}\frac{1}{1 + \text{j}\,\dfrac{\omega}{\omega_1}}$$

mit der Eckfrequenz $\omega_1 = \dfrac{R_1}{L} = 10^5\,\dfrac{1}{\text{s}}$.

Die Schaltung ist ein *Tiefpassfilter* mit der Eckfrequenz $\omega_1 = 10^5\,\text{s}^{-1}$ und der Niederfrequenzverstärkung von $V = \dfrac{R_2}{R_1} = 2 \mathrel{\widehat{=}} 6{,}02\,\text{dB}$.

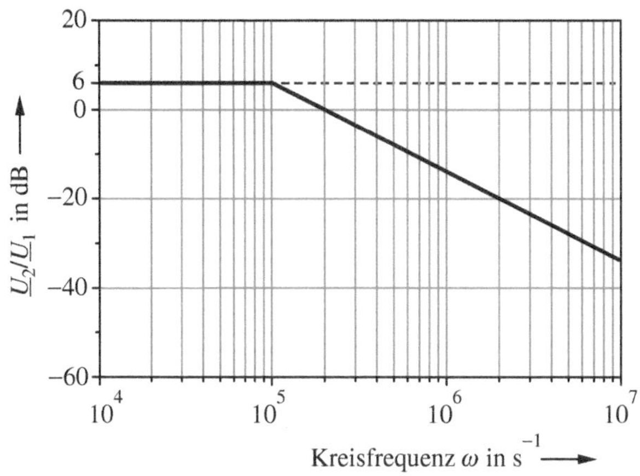


**Bild 9.8.3** Bode-Diagramm

b) Um die Eckfrequenz zu ändern, aber die Niederfrequenzverstärkung zu belassen, muss die Induktivität geändert werden, die Widerstände bleiben unverändert.

$$\underline{\underline{L_{\text{neu}}}} = L_{\text{alt}} \cdot \frac{1}{4} = \underline{\underline{25\,\mu\text{H}}}$$

c) Die Übertragungsfunktion wird nun zu:

$$\frac{\underline{U}_2}{\underline{U}_1} = -\frac{R_2 \parallel C}{R_1 + \mathrm{j}\,\omega L} = \frac{\dfrac{R_2}{1 + \mathrm{j}\,\omega R_2 C}}{R_1 + \mathrm{j}\,\omega L} = -\frac{R_2}{R_1} \frac{1}{\left(1 + \mathrm{j}\,\dfrac{\omega}{\omega_2}\right)\left(1 + \mathrm{j}\,\dfrac{\omega}{\omega_1}\right)}$$

Hierbei handelt es sich um einen *Tiefpass zweiter Ordnung* mit zwei Eckfrequenzen. Die beiden Eckfrequenzen sind: $\omega_1 = \dfrac{R_1}{L} = 10^5\,\dfrac{1}{\text{s}}$ und $\omega_2 = \dfrac{1}{R_2 C} = 5 \cdot 10^5\,\dfrac{1}{\text{s}}$.

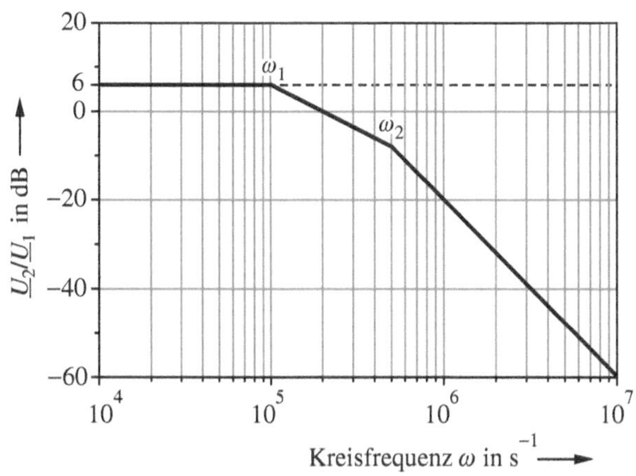


**Bild 9.8.4** Bode-Diagramm der OP-Schaltung mit Kondensator

### Aufgabe 9.9

Gegeben sei eine invertierende Verstärkerschaltung mit idealem Operationsverstärker:

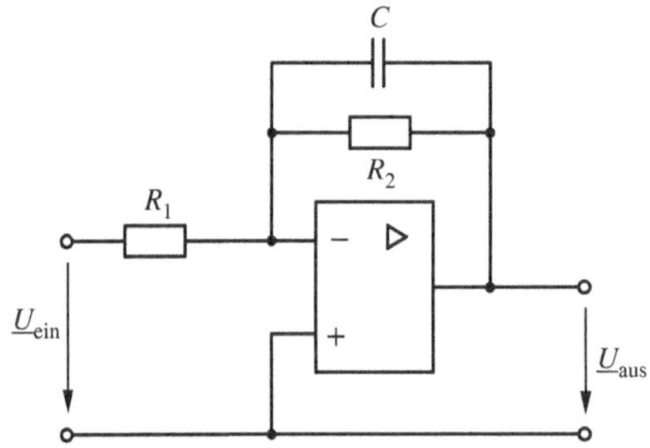


**Bild 9.9.1** Schaltung

a) Stellen Sie die Übertragungsfunktion $\underline{H}(\omega) = \underline{U}_{\text{aus}}/\underline{U}_{\text{ein}}$ auf.

b) Zeichnen Sie den Betrag der Übertragungsfunktion als Bode-Diagramm für die Werte$R_1 = R_2 = 100\,\text{k}\Omega$, $C = 100\,\text{nF}$. Um was für eine Filterschaltung handelt es sich?

c) Bei gleich bleibendem $R_1$ soll die Schaltung nun eine Grundverstärkung $|\underline{H}(\omega \to 0)|_{\text{dB}}$ von 20 dB bei gleich bleibender Knickfrequenz bekommen. Wie müssen die Bauteile verändert werden?

d) Zeichnen Sie das Bode-Diagramm der veränderten Schaltung.

e) Stellen Sie die Übertragungsfunktion $\underline{H}(\omega) = \underline{U}_{\text{aus}}/\underline{U}_{\text{ein}}$ für die Schaltung aus Bild 9.9.2 auf. Dimensionieren Sie die Bauteile so, dass die Schaltung die gleiche Charakteristik wie die Schaltung aus Aufgabenteil b) aufweist ($R_3 = 10\,\Omega$).

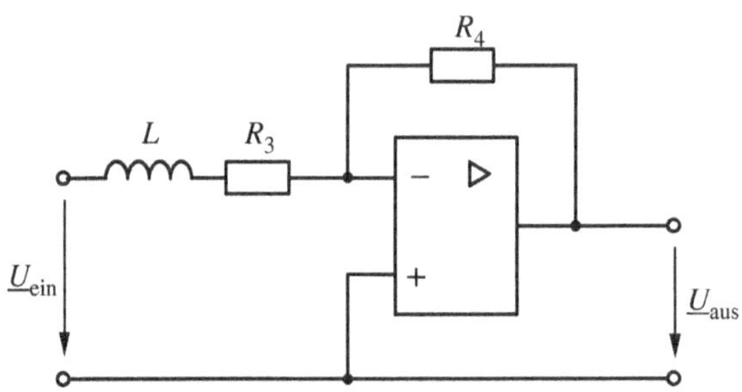


**Bild 9.9.2** Schaltung

### Lösung zu Aufgabe 9.9

a) Die Übertragungsfunktion ist:

$$\underline{H}(\omega) = \frac{\underline{U}_{\text{aus}}}{\underline{U}_{\text{ein}}} = -\frac{\underline{Z}_2}{\underline{Z}_1} = -\frac{\dfrac{1}{\dfrac{1}{R_2} + \text{j}\,\omega C}}{R_1} = -\frac{R_2}{R_1}\frac{1}{(1 + \text{j}\,\omega C R_2)}$$

$$\underline{H}(\omega) = -\frac{R_2}{R_1}\frac{1}{1 + \text{j}\,\omega/\omega_0} \quad \text{mit} \quad \omega_0 = \frac{1}{CR_2}$$

b) Für $R_1 = R_2$ handelt es sich um einen *Tiefpass* mit einer Grunddämpfung von $|\underline{H}(\omega \to 0)| = 1 \mathrel{\hat{=}} 0\,\mathrm{dB}$ und einer Knickfrequenz von $\omega_0 = 100\,\mathrm{s}^{-1}$ (siehe Bode-Diagramm unter d)).

c) Aus $20 \log \dfrac{R_2}{R_1} = 20$ ergibt sich $\dfrac{R_2}{R_1} = 10$ und damit

$$\underline{\underline{R_2 = 1\,\mathrm{M\Omega}}}$$

Aus der Forderung $\omega_0 \stackrel{!}{=} 100\,\mathrm{s}^{-1}$ folgt $\dfrac{1}{CR_2} = 100\,\mathrm{s}^{-1}$ und damit

$$\underline{\underline{C = \frac{1}{100\,\mathrm{s}^{-1} \cdot 1\,\mathrm{M\Omega}} = 10\,\mathrm{nF}}}$$

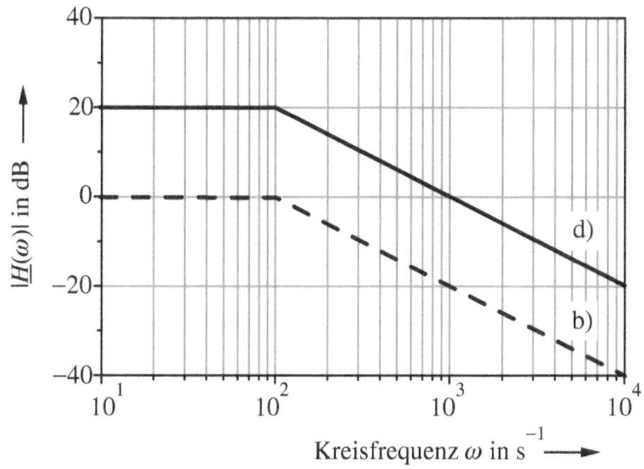


**Bild 9.9.3** Bode-Diagramm

d) Die Übertragungsfunktion ist:

$$\underline{H}(\omega) = -\frac{\underline{Z}_2}{\underline{Z}_1} = -\frac{R_4}{R_3 + \mathrm{j}\omega L} = -\frac{R_4}{R_3}\frac{1}{1 + \mathrm{j}\omega\frac{L}{R_3}} = \underline{\underline{-\frac{R_4}{R_3}\frac{1}{1 + \mathrm{j}\omega/\omega_0}}} \quad \text{mit} \quad \omega_0 = \frac{R_3}{L}$$

Für die Grunddämpfung $|\underline{H}(\omega \to 0)|_{\mathrm{dB}} = 0\,\mathrm{dB}$ gilt also $|\underline{H}(\omega \to 0)| = \dfrac{R_4}{R_3} = 1$ und damit

$$\underline{\underline{R_4 = R_3 = 10\,\Omega}}$$

Mit der Eckfrequenz $\omega_0 = \dfrac{R_3}{L} = 100\,\mathrm{s}^{-1}$ ergibt sich

$$\underline{\underline{L = \frac{R_3}{\omega_0} = \frac{10\,\Omega}{100\,\mathrm{s}^{-1}} = 100\,\mathrm{mH}}}$$

## Aufgabe 9.10

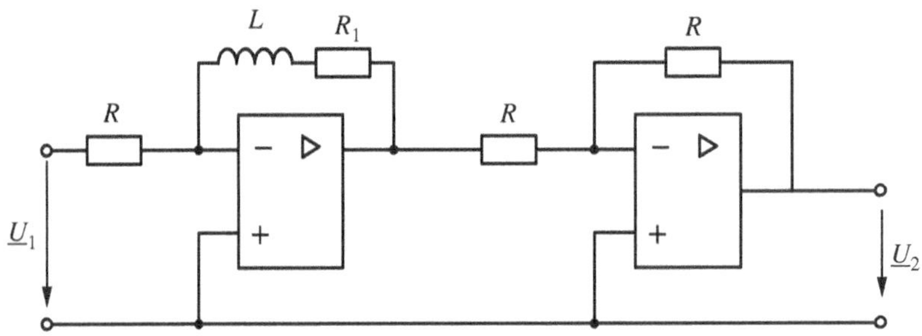


**Bild 9.10.1**
OP-Schaltung

Gegeben ist eine Schaltung mit zwei idealen Operationsverstärkern.

a) Geben Sie die Übertragungsfunktion $\underline{H}(\omega) = \dfrac{\underline{U}_2}{\underline{U}_1}$ in Abhängigkeit der Bauteile $R$, $L$, $R_1$ an.

b) Geben Sie die Frequenz $\omega_\text{g}$ an, für die die Phasenverschiebung zwischen $\underline{U}_1$ und $\underline{U}_2$ $\varphi(\underline{U}_1, \underline{U}_2) = \dfrac{\pi}{4}$ beträgt.

c) Bestimmen Sie mit $R = 1\,\text{k}\Omega$ den Widerstand $R_1$ und die Induktivität $L$ so, dass die folgenden Bedingungen erfüllt werden:

$$H(\omega \to 0) = 1$$

$$\omega_\text{g} = 10^6 \frac{1}{\text{s}}$$

d) Zeichnen Sie für die in c) bestimmten Werte den Amplitudenverlauf $|H(\omega)|$ als Bode-Diagramm.

## Lösung zu Aufgabe 9.10

a) Die Übertragungsfunktion erhält man durch Kaskadieren der beiden einzelnen OP-Schaltungen $\underline{H}(\omega) = \dfrac{\underline{U}_2}{\underline{U}_1} = \underline{H}_1(\omega)\,\underline{H}_2(\omega) = \dfrac{\underline{U}_\text{M}}{\underline{U}_1}\dfrac{\underline{U}_2}{\underline{U}_\text{M}}$ wobei $\underline{U}_\text{M}$ die Ausgangsspannung der ersten OP-Schaltung ist. Beide Stufen sind invertierende Verstärker.

$$\underline{H}_1(\omega) = \frac{\underline{U}_\text{M}}{\underline{U}_1} = -\frac{R_1 + \text{j}\,\omega L}{R}; \qquad \underline{H}_2(\omega) = \frac{\underline{U}_2}{\underline{U}_\text{M}} = -\frac{R}{R} = -1$$

$$\underline{H}(\omega) = \frac{\underline{U}_2}{\underline{U}_1} = \frac{R_1 + \text{j}\,\omega L}{R}$$

b) Die Phasenverschiebung von $\varphi(\underline{U}_1, \underline{U}_2) = \dfrac{\pi}{4} \mathrel{\widehat{=}} 45^\circ$ erhält man für $R_1 = \omega_\text{g} L$, also für die Eckfrequenz: $\omega_\text{g} = \dfrac{R_1}{L}$

c) Aus der Bedingung $H\,(\omega \to 0) = 1$ folgt $\dfrac{R_1}{R} = 1$ und mit $R = 1\,\text{k}\Omega$ der Widerstand

$$R_1 = 1\,\text{k}\Omega$$

Die Bedingung $\omega_g = 10^6 \, \frac{1}{s}$ legt die Induktivität fest, für die

$$L = \frac{R_1}{\omega_g} = \frac{1\,\text{k}\Omega}{10^6\,\text{s}^{-1}} = 1\,\text{mH}$$

gilt.

d) Aus $\underline{H}(\omega) = \dfrac{R_1 + \text{j}\,\omega L}{R} = \dfrac{R_1}{R}\left(1 + \text{j}\,\dfrac{\omega}{\omega_g}\right)$ ergibt sich ab der Eckfrequenz ein Anstieg von 20 dB pro Dekade.

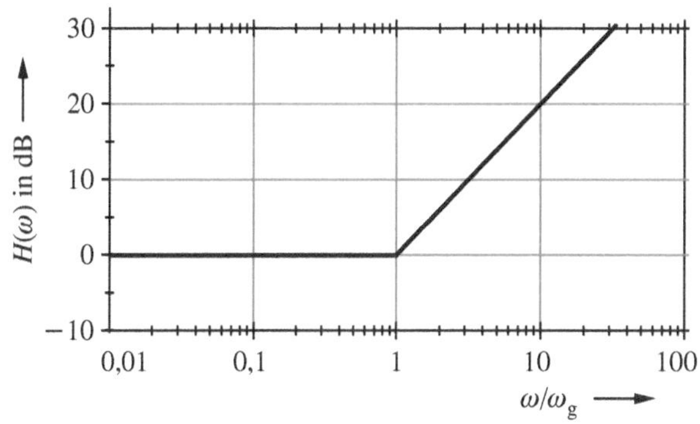


**Bild 9.10.2** Bode-Diagramm

## Aufgabe 9.11

Gegeben sei folgendes Bode-Diagramm:

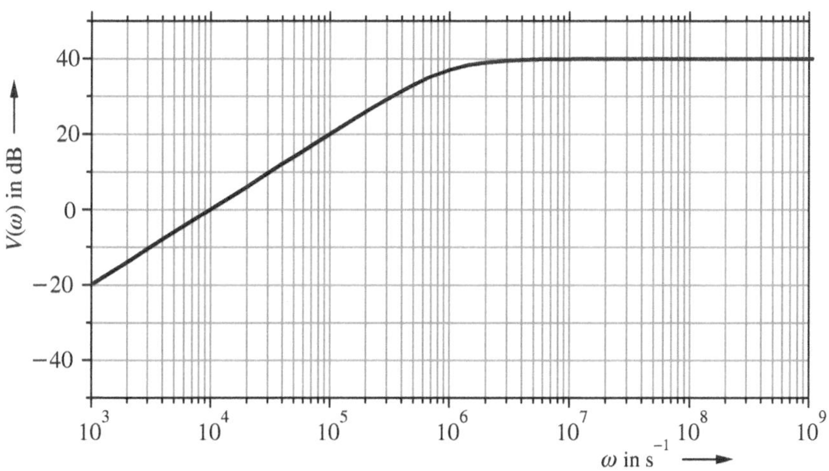


**Bild 9.11.1** Bode-Diagramm

a) Um was für ein Filter handelt es sich? Ist dieses aktiv oder passiv?

b) Bestimmen Sie die Grenzfrequenz $f_g$ und die Verstärkung $V_\infty = V(\omega \to \infty)$). Bei welcher Frequenz wird ein einkommendes Signal unverstärkt und ungedämpft übertragen?

c) Zeichnen Sie das Schaltbild des Filters mit idealem Operationsverstärker in invertierender Schaltung und berechnen Sie die Werte der Bauelemente. Dabei soll der im Zweig mit dem reaktiven Element vorkommende Widerstand 100 Ω betragen.

d) Zeichnen Sie das Bode-Diagramm für den Fall, dass die Impedanzen des Eingangs- und Rückwirkungszweigs vertauscht werden.

## Lösung zu Aufgabe 9.11

a) Es handelt sich um einen *aktiven Hochpass*. Die Verstärkung beträgt $V_\infty = 40\,\text{dB}$, daher muss die Schaltung aktiv sein.

b) Aus dem Schnittpunkt der Asymptoten liest man die Grenzfrequenz ab, die Kreisfrequenz beträgt $\omega_\text{g} = 10^6\,\text{s}^{-1}$. Daher ist

$$\underline{\underline{f_\text{g}}} = \frac{1}{2\pi} \cdot 10^6\,\frac{1}{\text{s}} = 1{,}59 \cdot 10^5\,\text{Hz} = \underline{\underline{159\,\text{kHz}}}$$

Aus $V_\infty = 40\,\text{dB}$ ergibt sich $20\log|V_\infty| = 40$ und daher

$$\underline{\underline{|V_\infty| = 100}}$$

Das Signal bleibt für $|V| = 1 \mathrel{\hat{=}} 0\,\text{dB}$ *unverstärkt*, was durch Ablesen aus dem Diagramm für $\omega = 10^4\,\text{s}^{-1}$ oder $\underline{\underline{f = 1{,}59\,\text{kHz}}}$ erfüllt ist.

c) Es soll eine Schaltung als invertierender Verstärker gewählt werden. Die Schaltung ist in Bild 9.11.2 dargestellt.

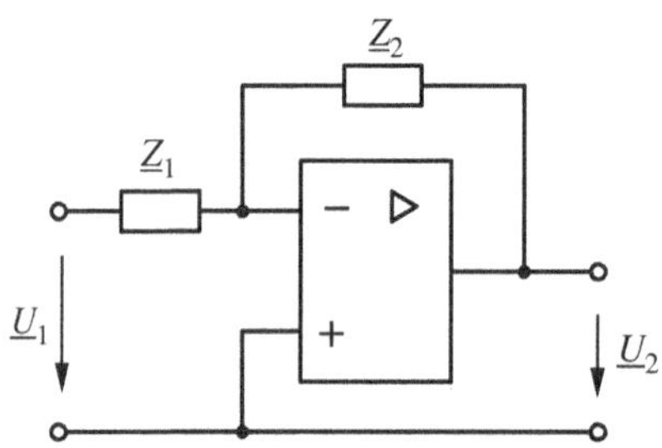


**Bild 9.11.2** OP-Schaltung

Für die Verstärkung gilt dann:

$$\underline{V} = \frac{\underline{U}_2}{\underline{U}_1} = -\frac{\underline{Z}_2}{\underline{Z}_1}$$

Um das gewünschte Hochpassverhalten zu erreichen, muss die Übertragungsfunktion die beiden Asymptoten:

$$\left|\underline{V}(\omega >> \omega_\text{g})\right| = V_\infty = 100 \quad \text{und} \quad \left|\underline{V}(\omega << \omega_\text{g})\right| = \frac{\omega}{\omega_\text{g}}$$

aufweisen. Dieser Verlauf wird durch eine Übertragungsfunktion vom Typ:

$$\underline{V} = -V_\infty \frac{\text{j}\,\omega/\omega_\text{g}}{1 + \text{j}\,\omega/\omega_\text{g}} = -V_\infty \frac{1}{1 - \text{j}\,\omega_\text{g}/\omega}$$

erfüllt, wobei im Eingangszweig $\underline{Z}_1$ oder im Rückführungszweig $\underline{Z}_2$ ein reaktives Element enthalten ist. Für die Realisierung (mit einem reaktiven Element) gibt es zwei Möglichkeiten.

*Möglichkeit A)*: Im Rückführungszweig wird eine Induktivität parallel zu einem Widerstand geschaltet. Dann gilt:

$$\underline{Z}_1 = R_1; \qquad \underline{Z}_2 = \frac{R_2\,\mathrm{j}\,\omega L}{R_2 + \mathrm{j}\,\omega L}$$

$$\underline{V} = -\frac{R_2}{R_1}\frac{\mathrm{j}\,\omega L}{R_2 + \mathrm{j}\,\omega L} = -\frac{R_2}{R_1}\frac{\mathrm{j}\,\omega L/R_2}{1 + \mathrm{j}\,\omega L/R_2} = -\frac{R_2}{R_1}\frac{1}{1 - \mathrm{j}\,\dfrac{R_2}{\omega L}}$$

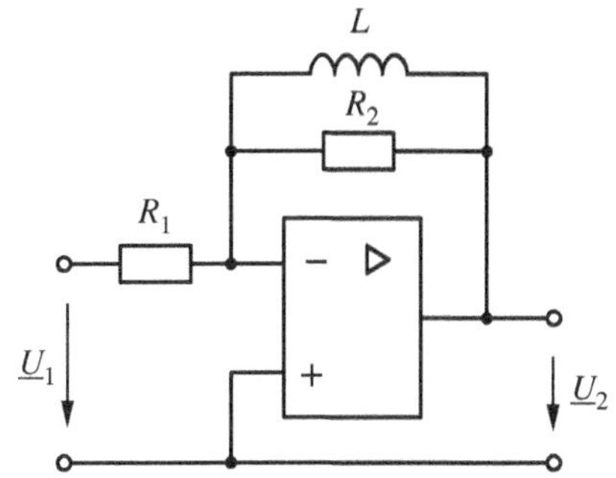


**Bild 9.11.3** Realisierung A

Für die Dimensionierung der Bauteile ergibt sich damit:

$$\underline{\underline{R_2 = 100\,\Omega}}; \qquad \underline{\underline{R_1 = R_2/V_\infty = 1\,\Omega}}; \qquad \underline{\underline{L = \frac{R_2}{\omega_\mathrm{g}} = \frac{1\,\Omega}{10^6\,\mathrm{s}^{-1}} = 1\,\mu\mathrm{H}}}$$

*Möglichkeit B)*: Im Eingangszweig wird eine Kapazität in Reihe zu einem Widerstand geschaltet. Dann gilt:

$$\underline{Z}_1 = R_1 + \frac{1}{\mathrm{j}\,\omega C}; \qquad \underline{Z}_2 = R_2$$

$$\underline{V} = -\frac{R_2}{R_1 + 1/(\mathrm{j}\omega C)} = -\frac{R_2}{R_1}\frac{1}{1 - \mathrm{j}\,1/(\omega R_1 C)}$$

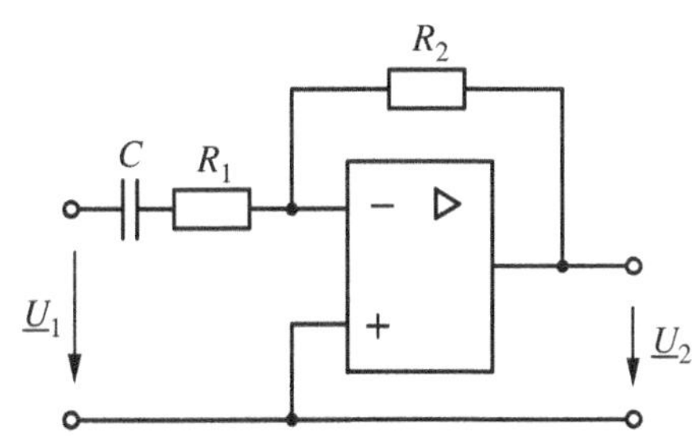


**Bild 9.11.4** Realisierung B

Für die Dimensionierung der Bauteile ergibt sich damit:

$$\underline{\underline{R_1 = 100\,\Omega}}; \qquad \underline{\underline{R_2 = V_\infty\,R_1 = 10\,\mathrm{k}\Omega}}; \qquad \underline{\underline{C = \frac{1}{\omega_\mathrm{g} R_1} = \frac{1\,\mathrm{s}}{100 \cdot 10^6\,\Omega} = 10\,\mathrm{nF}}}$$

d) Vertauschen von $\underline{Z}_1$, $\underline{Z}_2$ liefert den Kehrwert der ursprünglichen Übertragungsfunktion. Dies bewirkt im Bode-Diagramm eine Spiegelung ($\log(1/V) = \log(1) - \log(V)$) an der Achse $V = 1 \mathrel{\widehat{=}} 0\,\mathrm{dB}$.

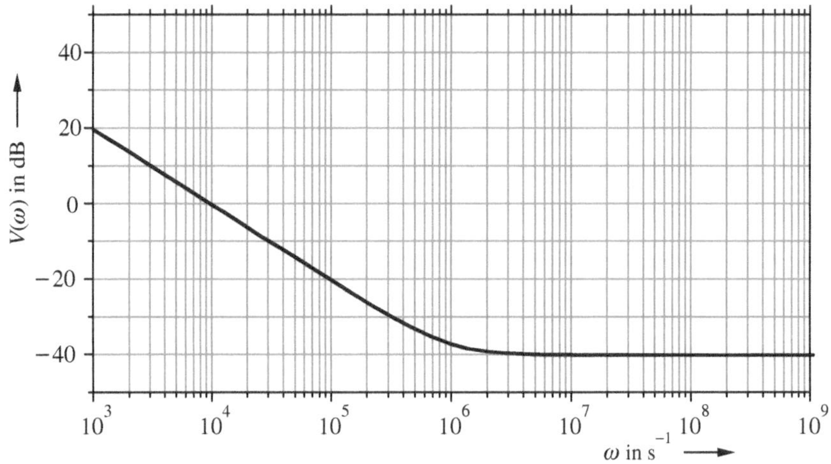


**Bild 9.11.5** Bode-Diagramm

## Aufgabe 9.12

Für die beiden Filterschaltungen A und B mit idealen Operationsverstärkern sind die folgenden Werte gegeben:

$R_1 = 100\,\Omega$; $R_2 = 1\,\text{k}\Omega$; $R_3 = 200\,\Omega$; $R_4 = 1\,\text{k}\Omega$

$L_1 = 10\,\text{mH}$ und $L_2 = 200\,\text{mH}$

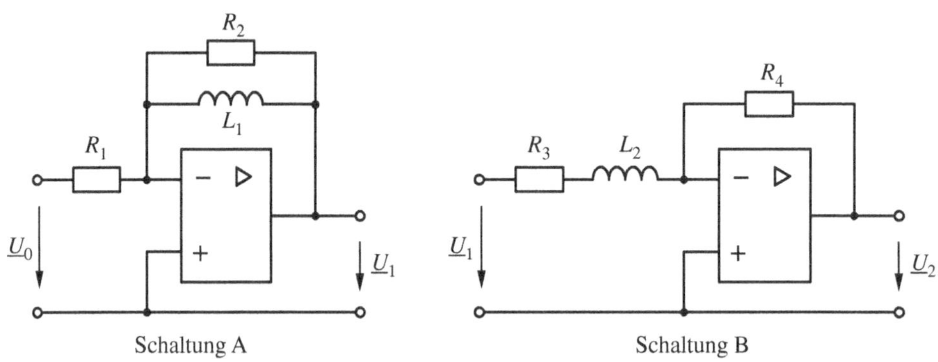


**Bild 9.12.1**

a) Stellen Sie allgemein (ohne Werte) die Übertragungsfunktionen $\underline{V}_1(\omega) = \underline{U}_1/\underline{U}_0$ (für Schaltung A) und $\underline{V}_2(\omega) = \underline{U}_2/\underline{U}_1$ (für Schaltung B) auf.

b) Berechnen Sie die Grenzwerte der Verstärkungen $V_1(\omega)$ und $V_2(\omega)$ für $\omega \to 0$ und für $\omega \to \infty$. Um welche Art von Filterschaltung handelt es sich jeweils für Schaltung A und B?

c) Berechnen Sie die Grenzfrequenzen $\omega_{0\text{A}}$ und $\omega_{0\text{B}}$.

d) Zeichnen Sie die Bode-Diagramme (Verstärkung in dB, Kreisfrequenz in 1/s) für die Übertragungsfunktionen der Schaltungen A und B.

Die beiden Schaltungen seien nun in Reihe geschaltet, sodass die Ausgangsspannung $\underline{U}_1$ der Schaltung A die Eingangsspannung $\underline{U}_1$ der Schaltung B ist.

e) Zeichnen Sie das Bode-Diagramm für die Gesamtübertragungsfunktion und geben Sie die Verstärkung im Durchlassbereich an.

f) Welche Filterfunktion erfüllt die Schaltung?

## Lösung zu Aufgabe 9.12

a) Die Übertragungsfunktionen sind:

$$\underline{V}_1(\omega) = \frac{\underline{U}_1}{\underline{U}_0} = -\frac{1}{R_1 \cdot \left(\frac{1}{R_2} + \frac{1}{\mathrm{j}\,\omega L_1}\right)} = -\frac{R_2}{R_1}\frac{1}{1-\mathrm{j}\,\frac{R_2}{\omega L_1}}$$

$$\underline{\underline{\underline{V}_1(\omega) = -\frac{R_2}{R_1}\frac{1}{1-\mathrm{j}\,\omega_{0A}/\omega}}} \quad \text{mit} \quad \omega_{0A} = \frac{R_2}{L_1}$$

$$\underline{V}_2(\omega) = \frac{\underline{U}_2}{\underline{U}_1} = -\frac{R_4}{R_3 + \mathrm{j}\,\omega L_2} = -\frac{R_4}{R_3}\frac{1}{1+\mathrm{j}\,\frac{\omega L_2}{R_3}}$$

$$\underline{\underline{\underline{V}_2(\omega) = -\frac{R_4}{R_3}\frac{1}{1+\mathrm{j}\,\omega/\omega_{0B}}}} \quad \text{mit} \quad \omega_{0B} = \frac{R_3}{L_2}$$

b) Die Asymptoten für kleine und große Frequenzen ergeben:

$V_1(\omega \to 0) = 0$; $\quad \underline{\underline{V_1(\omega \to \infty)}} = R_2/R_1 = 10 \mathrel{\widehat{=}} \underline{\underline{20\,\mathrm{dB}}}$

$\underline{\underline{V_2(\omega \to 0)}} = R_4/R_3 = 5 \mathrel{\widehat{=}} \underline{\underline{13{,}98\,\mathrm{dB}}}$; $\quad V_2(\omega \to \infty) = 0$

*Schaltung A stellt einen Hochpassfilter und Schaltung B einen Tiefpassfilter dar.*

c) Die Grenzfrequenzen ergeben sich aus den Übertragungsfunktionen in Aufgabenteil a) zu:

$$\underline{\underline{\omega_{0A}}} = \frac{R_2}{L_1} = \frac{1000\,\Omega}{10\,\mathrm{mH}} = \underline{\underline{10^5\mathrm{s}^{-1}}} \quad \text{und} \quad \underline{\underline{\omega_{0B}}} = \frac{R_3}{L_2} = \frac{200\,\Omega}{200\,\mathrm{mH}} = \underline{\underline{1000\,\mathrm{s}^{-1}}}$$

d) In Bild 9.12.2 sind die Übertragungsfunktionen als gestrichelte Linie (Schaltung A) bzw. durchgezogene Linie (Schaltung B) eingezeichnet.

e) Für die Übertragungsfunktion der kaskadierten Schaltung gilt:

$$\underline{V}(\omega) = \underline{V}_1(\omega)\,\underline{V}_2(\omega) = \frac{\underline{U}_1}{\underline{U}_0}\frac{\underline{U}_2}{\underline{U}_1} = \frac{\underline{U}_2}{\underline{U}_0}$$

Eine Multiplikation wird nach Logarithmieren zur Addition, entsprechend können die Übertragungsfunktionen im Bode-Diagramm einfach grafisch addiert werden.

Für die Verstärkung im Durchlassbereich $10^3\,\mathrm{s}^{-1} = \omega_{0B} < \omega < \omega_{0A} = 10^5\,\mathrm{s}^{-1}$ gilt:

$$\underline{V}(\omega) = \underline{V}_1(\omega)\,\underline{V}_2(\omega) = \left(-\frac{R_2}{R_1}\frac{1}{1-\mathrm{j}\,\frac{\omega_{0A}}{\omega}}\right)\left(-\frac{R_4}{R_3}\frac{1}{1+\mathrm{j}\,\frac{\omega}{\omega_{0B}}}\right)$$

$$\approx \frac{R_2}{R_1}\frac{R_4}{R_3}\left(\frac{1}{\mathrm{j}\,\frac{\omega_{0A}}{\omega}}\right)\left(\frac{1}{\mathrm{j}\,\frac{\omega}{\omega_{0B}}}\right)$$

$$\underline{\underline{V(\omega)}} = \frac{R_2}{R_1}\frac{R_4}{R_3}\frac{\omega_{0B}}{\omega_{0A}} = \frac{R_4}{R_1}\frac{L_1}{L_2} = \frac{1\,\text{k}\Omega}{100\,\Omega}\frac{10\,\text{mH}}{200\,\text{mH}} = \frac{1}{2} \mathrel{\widehat{=}} \underline{\underline{-6\,\text{dB}}}$$

In Bild 9.12.2 ist die Übertragungsfunktion als punktierte Linie eingezeichnet.

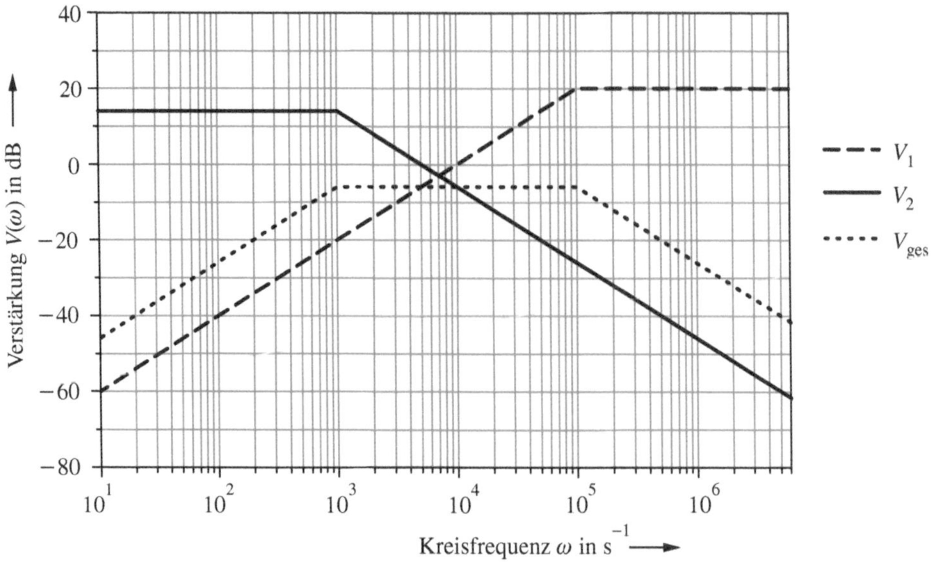


**Bild 9.12.2** Bode-Diagramm

f) Bei der Schaltung handelt es sich um einen *Bandpassfilter.*

## Aufgabe 9.13

Die folgende Schaltung verwendet zwei ideale Operationsverstärker:

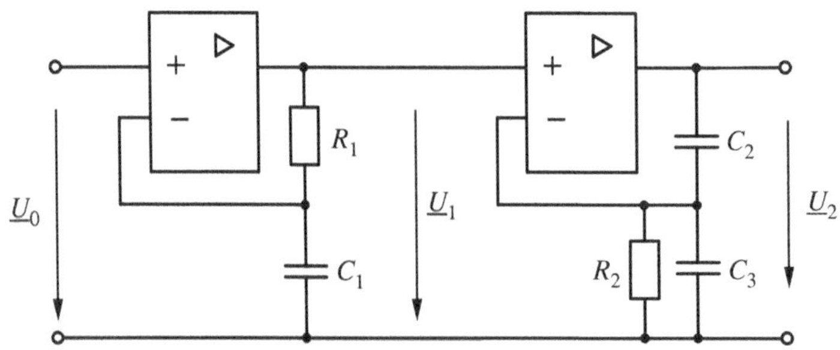


**Bild 9.13.1** OP-Schaltung

a) Geben Sie die Übertragungsfunktionen $\underline{H}_1 = \dfrac{\underline{U}_1}{\underline{U}_0}$ und $\underline{H}_2 = \dfrac{\underline{U}_2}{\underline{U}_1}$ in Abhängigkeit der Bauteilparameter $R_1$, $R_2$, $C_1$, $C_2$, $C_3$ an.

b) Bestimmen Sie die Bauteilparameter $C_1$, $C_2$, $C_3$ so, dass sich für die Gesamtübertragungsfunktion $\underline{H} = \dfrac{\underline{U}_2}{\underline{U}_0}$ mit $R_1 = 1\,\text{k}\Omega$ und $R_2 = 1\,\text{k}\Omega$ der im Bode-Diagramm angegebene Verlauf ergibt.

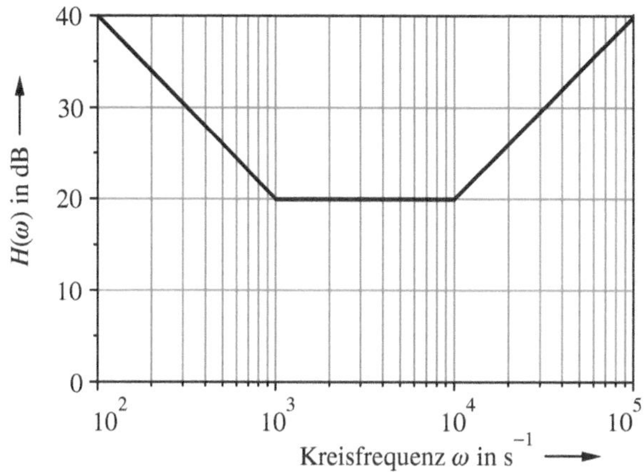


**Bild 9.13.2** Bode-Diagramm

## Lösung zu Aufgabe 9.13

a) Die Übertragungsfunktion des nicht-invertierenden Verstärkers ist:

$$\underline{H}(\omega) = \frac{\underline{Z}_A + \underline{Z}_B}{\underline{Z}_B} = 1 + \frac{\underline{Z}_A}{\underline{Z}_B} = 1 + \underline{Z}_A \underline{Y}_B$$

entsprechend folgt:

$$\underline{\underline{\underline{H}_1 = \frac{\underline{U}_1}{\underline{U}_0} = 1 + \mathrm{j}\,\omega R_1 C_1}}$$

und

$$\underline{\underline{\underline{H}_2 = \frac{\underline{U}_2}{\underline{U}_1} = 1 + \frac{1}{\mathrm{j}\,\omega C_2}\left(\frac{1}{R_2} + \mathrm{j}\,\omega C_3\right) = 1 + \frac{C_3}{C_2} + \frac{1}{\mathrm{j}\,\omega R_2 C_2}}}$$

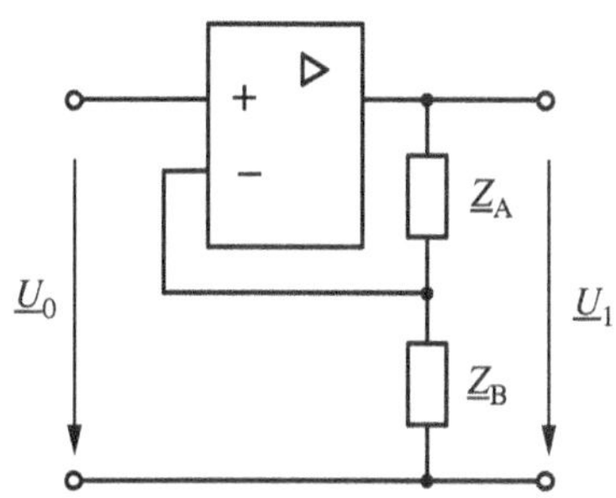


**Bild 9.13.3** Nicht-invertierender Verstärker

b) Die Übertragungsfunktion $\underline{H}_1$ bestimmt die obere Eckfrequenz $\omega_1 = \dfrac{1}{R_1 C_1}$.

Mit $R_1 = 1\,\mathrm{k\Omega}$ ergibt sich der Wert der Kapazität von:

$$\underline{\underline{C_1}} = \frac{1}{R_1 \omega_1} = \frac{1}{1\,\mathrm{k\Omega} \cdot 10^4\,\mathrm{s}^{-1}} = \underline{\underline{100\,\mathrm{nF}}}$$

Die Verstärkung von $\underline{H}_1$ bei niedrigen Frequenzen $\omega < \omega_1$ ist:

$$H_1 = 1 \mathrel{\widehat{=}} 0\,\mathrm{dB}$$

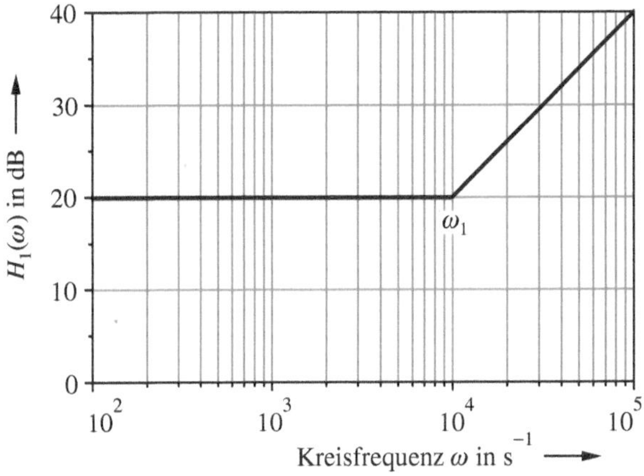


**Bild 9.13.4** Bode-Diagramm der Übertragungsfunktion $\underline{H}_1$

Die Übertragungsfunktion $\underline{H}_2$ legt die untere Eckfrequenz fest:

$$\frac{1}{\omega_2 R_2 C_2} = 1 + \frac{C_3}{C_2}$$

Die Verstärkung von $\underline{H}_2$ bei hohen Frequenzen $\omega > \omega_2$ ist:

$$H_2 = 1 + \frac{C_3}{C_2}$$

Die Gesamtverstärkung $H = H_1 \cdot H_2$ im mittleren Bereich $\omega_1 > \omega > \omega_2$ ergibt sich durch Ablesen aus dem Bode-Diagramm zu:

$$H_1 \cdot H_2 = 1 \cdot \left(1 + \frac{C_3}{C_2}\right) = 10 \mathrel{\widehat{=}} 20\,\mathrm{dB}$$

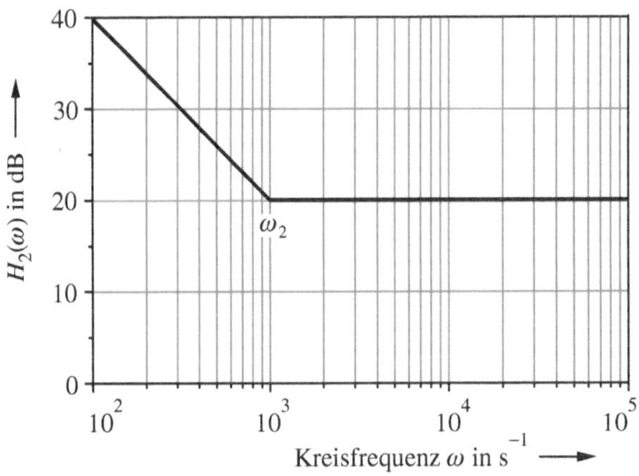


**Bild 9.13.5** Bode-Diagramm der Übertragungsfunktion $\underline{H}_2$

Hieraus folgt:

$$1 + \frac{C_3}{C_2} = 10$$

Aus $R_2 = 1\,\mathrm{k\Omega}$ und den beiden Bedingungen folgen die Kapazitäten $C_2$ und $C_3$:

$$\frac{1}{\omega_2 R_2 C_2} = 1 + \frac{C_3}{C_2} = 10 \quad \text{ergibt} \quad \underline{\underline{C_2}} = \frac{1}{10 \cdot \omega_2 R_2} = \frac{1}{10 \cdot 10^3\,\mathrm{s}^{-1} \cdot 1\,\mathrm{k\Omega}} = \underline{\underline{100\,\mathrm{nF}}}$$

und

$$\frac{C_3}{C_2} = 10 - 1 \quad \text{ergibt} \quad \underline{\underline{C_3 = 9\,C_2 = 900\,\text{nF}}}$$

## Aufgabe 9.14

Gegeben ist folgende Filterschaltung mit einem idealen Operationsverstärker. Am Eingang liegt die Spannung $\underline{U}_\mathrm{e}$ an.

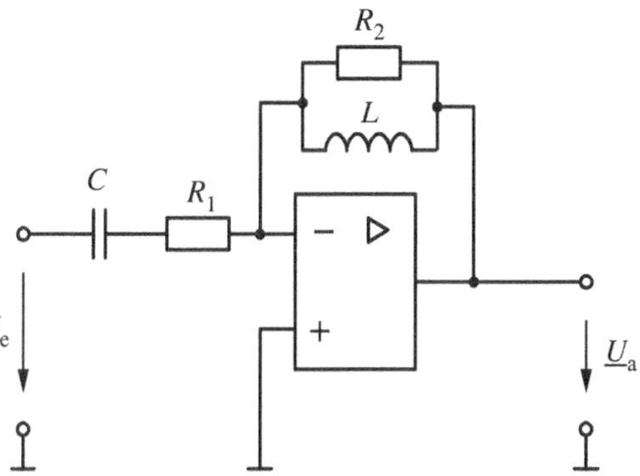


**Bild 9.14.1** Filterschaltung

a) Berechnen Sie die Übertragungsfunktion allgemein in Abhängigkeit von $C$, $L$, $R_1$ und $R_2$.

b) Berechnen Sie allgemein die Knickfrequenzen.

c) Gegeben sei $R_1 = 1\,\text{k}\Omega$. Berechnen Sie die Werte für $L$, $C$ und $R_2$ so, dass der Betrag der Übertragungsfunktion dem im Bode-Diagramm angegebenen Verlauf entspricht.

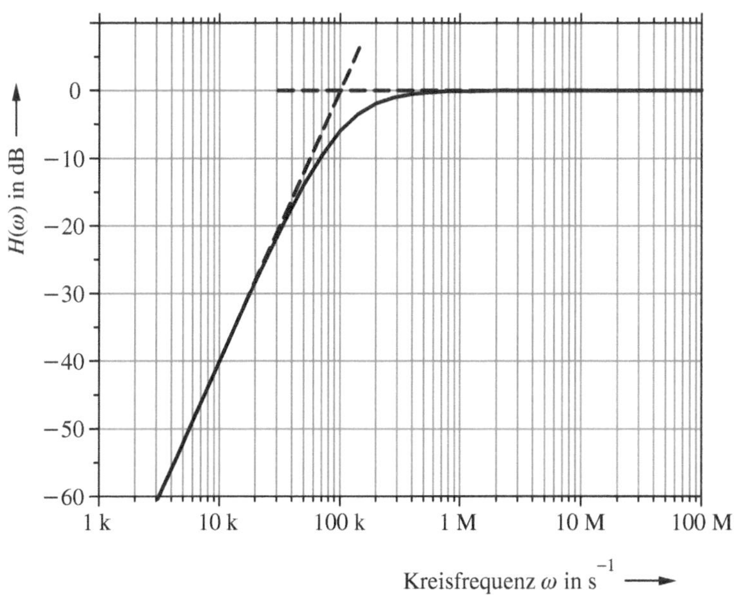


**Bild 9.14.2** Bode-Diagramm

## Lösung zu Aufgabe 9.14

a) Für die OP-Schaltung des invertierenden Verstärkers gilt:

$$\underline{H}(\omega) = -\frac{\underline{Z}_2}{\underline{Z}_1}$$

$$\underline{Z}_1 = R_1 + \frac{1}{\mathrm{j}\,\omega C}$$

$$\underline{Z}_2 = \frac{\mathrm{j}\,\omega L R_2}{\mathrm{j}\,\omega L + R_2}$$

Damit ergibt sich die Übertragungsfunktion:

$$\underline{\underline{\underline{H}(\omega) = -\frac{\mathrm{j}\,\omega L R_2}{\mathrm{j}\,\omega L + R_2}\frac{1}{R_1 + \frac{1}{\mathrm{j}\,\omega C}}}}}$$

b) Durch Vereinfachen der Übertragungsfunktion

$$\underline{H}(\omega) = -\frac{R_2}{R_1}\frac{1}{1-\mathrm{j}\frac{R_2}{\omega L}}\frac{1}{1-\mathrm{j}\frac{1}{\omega C R_1}} = -V\frac{1}{1-\mathrm{j}\frac{\omega_2}{\omega}}\frac{1}{1-\mathrm{j}\frac{\omega_1}{\omega}}$$

ergeben sich die Hochfrequenzverstärkung:

$$V = \frac{R_2}{R_1}$$

und die beiden Knickfrequenzen:

$$\underline{\underline{\omega_1 = \frac{1}{C R_1}}}; \qquad \underline{\underline{\omega_2 = \frac{R_2}{L}}}$$

Es handelt sich um einen *Hochpass zweiter Ordnung.*

c) Ablesen aus dem Bode-Diagramm ergibt $V = 1 = \frac{R_2}{R_1}$ und damit

$$\underline{\underline{R_2 = R_1 = 1\,\mathrm{k\Omega}}}$$

Aus dem Bode-Diagramm ist auch ersichtlich, dass die beiden Knickfrequenzen zusammenfallen $\omega_1 = \omega_2 = 10^5\,\mathrm{s}^{-1}$. Daher folgt für die beiden reaktiven Bauelemente:

$$\underline{\underline{L}} = \frac{R_2}{\omega_2} = \frac{1\,\mathrm{k\Omega}}{10^5\,\mathrm{s}^{-1}} = \underline{\underline{10\,\mathrm{mH}}}$$

$$\underline{\underline{C}} = \frac{1}{\omega_1 R_1} = \frac{1}{10^5\,\mathrm{s}^{-1}\cdot 1\,\mathrm{k\Omega}} = \underline{\underline{10\,\mathrm{nF}}}$$

## Aufgabe 9.15

Es soll eine aktive, invertierende Filterschaltung mit einem idealen Operationsverstärker entworfen werden, die die im Bode-Diagramm dargestellte Übertragungsfunktion besitzt.

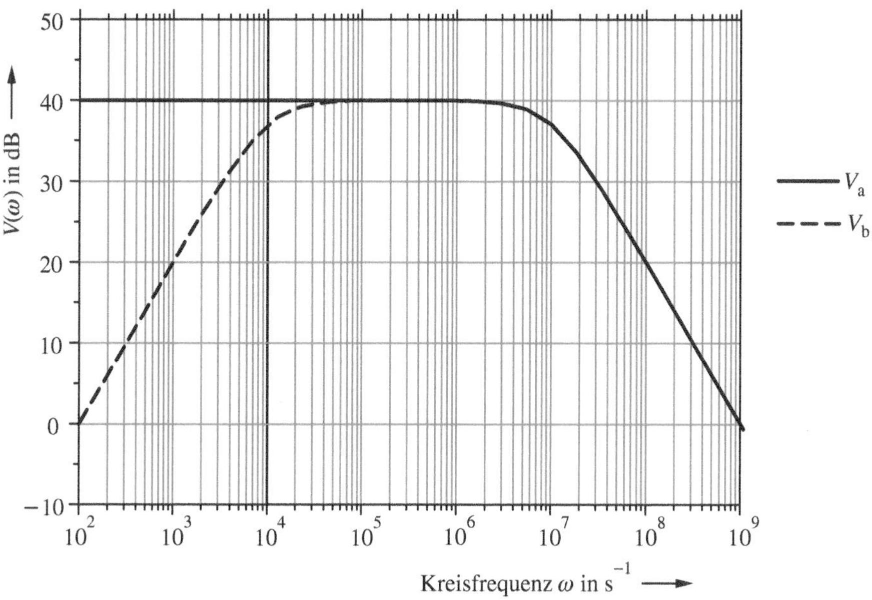


**Bild 9.15.1** Bode-Diagramm

a) Zeichnen Sie das Schaltbild des Filters mit der im Bode-Diagramm dargestellten Übertragungsfunktion $V_a$ und verwenden Sie dabei eine Kapazität $C = 1\,\text{nF}$ als einziges reaktives Element. Stellen Sie die Übertragungsfunktion in komplexer Form auf und bestimmen Sie die Werte aller Bauelemente.

b) Durch Hinzufügen eines weiteren Bauelementes in die Filterschaltung soll die im Bode-Diagramm dargestellte Übertragungsfunktion $V_b$ realisiert werden. Geben Sie die erweiterte Schaltung und den Wert des zusätzlichen Bauelementes an.

## Lösung zu Aufgabe 9.15

a) Das Bode-Diagramm für $\underline{V}_a$ stellt ein *Tiefpassverhalten* dar, das durch eine Übertragungsfunktion vom Typ:

$$\underline{V}_a = -V_0 \frac{1}{1 + j\,\omega/\omega_g} = -V_0 \frac{-j\,\omega_g/\omega}{1 - j\,\omega_g/\omega}$$

beschrieben wird. Da eine aktive, invertierende Filterschaltung zu verwenden ist, gilt:

$$\underline{V}_a = -\frac{\underline{Z}_2}{\underline{Z}_1}$$

Um als einziges reaktives Element eine Kapazität $C = C_2$ zu verwenden, muss die Schaltung im Eingangskreis einen Widerstand $\underline{Z}_1 = R_1$ und im Rückführungszweig eine

Parallelschaltung aus Widerstand und Kapazität enthalten $\underline{Z}_2 = R_2 \parallel C_2$:

$$\underline{\underline{\underline{V}_\mathrm{a}(\omega) = -\frac{\underline{Z}_2}{\underline{Z}_1} = -\frac{R_2}{R_1\left(1+\mathrm{j}\,\omega C_2 R_2\right)} = -\frac{R_2}{R_1}\frac{1}{\left(1+\mathrm{j}\,\dfrac{\omega}{\omega_\mathrm{g}}\right)}}}}$$

mit $\omega_\mathrm{g} = \dfrac{1}{C_2 R_2}$.

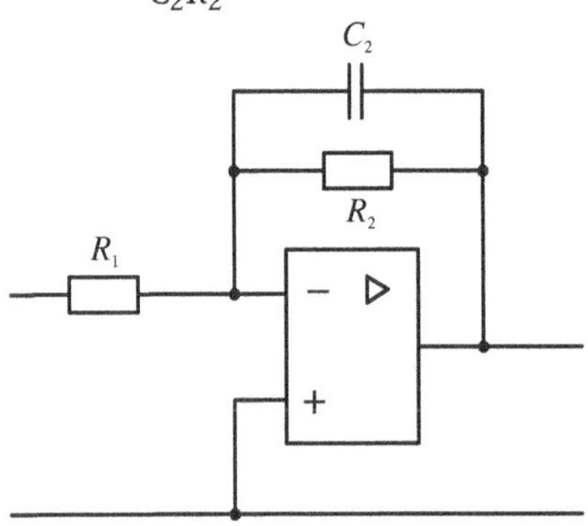


**Bild 9.15.2** Schaltung zur Übertragungsfunktion $V_\mathrm{a}$

Die Knickfrequenz wird aus dem Bode-Diagramm abgelesen: $\omega_\mathrm{g} = 10^7\,\mathrm{s}^{-1} = \dfrac{1}{C_2 R_2}$ woraus sich mit $C = 1\,\mathrm{nF}$ der Widerstand

$$\underline{\underline{R_2}} = \frac{1}{\omega_\mathrm{g} C_2} = \frac{1}{10^7\,\mathrm{s}^{-1}\cdot 1\,\mathrm{nF}} = \underline{\underline{100\,\Omega}}$$

ergibt.

Durch Ablesen der Niederfrequenzverstärkung folgt:

$$40\,\mathrm{dB} \mathrel{\widehat{=}} 100 = \frac{R_2}{R_1} = V_0; \qquad \underline{\underline{R_1}} = \frac{R_2}{100} = \underline{\underline{1\,\Omega}}$$

b) Die zweite, untere Knickfrequenz von $\underline{V}_\mathrm{b}$ liegt bei: $\omega_{\mathrm{g}2} = 10^4\,\mathrm{s}^{-1}$ (Ablesen aus dem Diagramm). Zur Realisierung des Bandpassverhaltens der Übertragungsfunktion $\underline{V}_\mathrm{b}$ gibt es *zwei Möglichkeiten.* Es kann eine zusätzliche Kapazität in Reihe zu $R_1$ oder alternativ eine zusätzliche Induktivität parallel in $\underline{Z}_2$ verwendet werden.

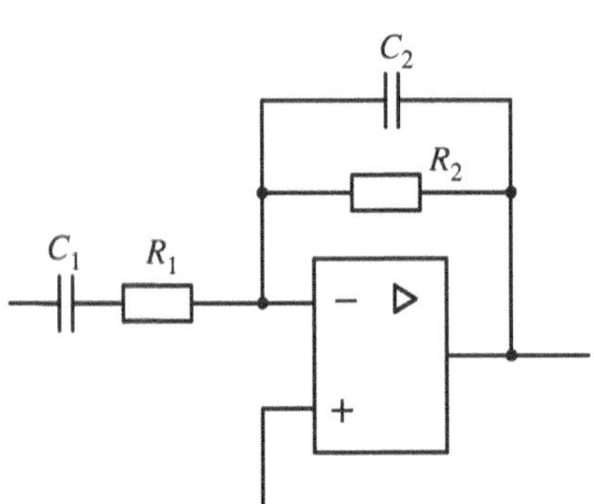


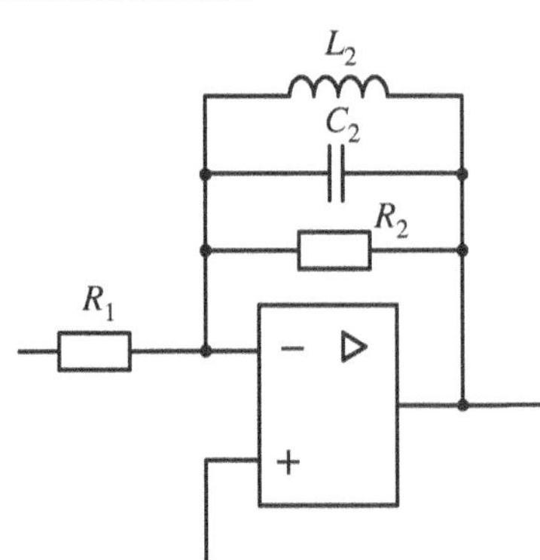


**Bild 9.15.3** Schaltungsvarianten zur Übertragungsfunktion $V_\mathrm{b}$

Im *ersten Fall* (zusätzliche Kapazität in Reihe zu $R_1$) gilt

$$\omega_{g2} = 10^4\,\mathrm{s}^{-1} = \frac{1}{C_1 R_1} \quad \text{und damit} \quad \underline{\underline{C_1 = 100\,\mu\mathrm{F}}}$$

Im zweiten Fall (Induktivität parallel in $\underline{Z}_2$) ergibt sich

$$\omega_{g2} = 10^4\,\mathrm{s}^{-1} = \frac{R_2}{L_2} \quad \text{und damit} \quad \underline{\underline{L_2 = 10\,\mathrm{mH}}}$$

## Aufgabe 9.16

Gegeben ist die folgende Schaltung mit idealem Operationsverstärker:

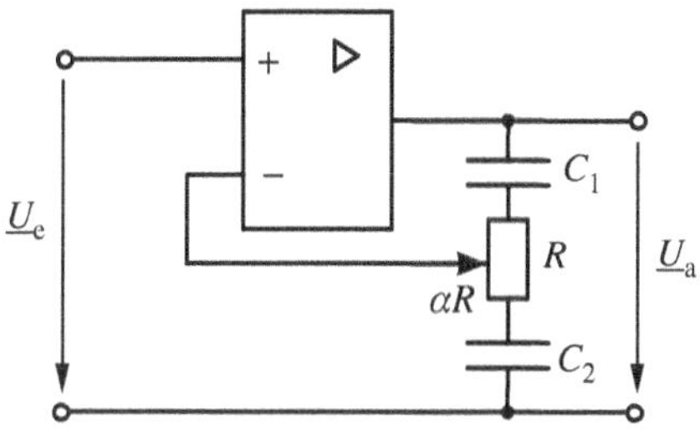


**Bild 9.16.1** Schaltung

Der einstellbare Spannungsteiler besitzt einen Gesamtwiderstand $R$ mit dem Anteil $\alpha \cdot R\,(0 \leqq \alpha \leqq 1)$ im unteren Abschnitt und dem Anteil $(1-\alpha)\cdot R$ im oberen Abschnitt.

a) Leiten Sie die Übertragungsfunktion $\underline{H}(\omega) = \underline{U}_a \underline{U}_e$ unter Verwendung der Rechenregeln für einen idealen Operationsverstärker her.

b) Stellen Sie die Übertragungsfunktion wie folgt dar: $\underline{H}(\omega) = A \cdot \dfrac{1 + \mathrm{j}\,\omega/\omega_A}{1 + \mathrm{j}\,\omega/\omega_B}$. Identifizieren Sie dann $A$, $\omega_A$ und $\omega_B$ als Funktionen von $\alpha$, $R$, $C_1$ und $C_2$.

c) Das Bode-Diagramm dieser Schaltung verhält sich für $R = 25\,\Omega$ wie folgt:

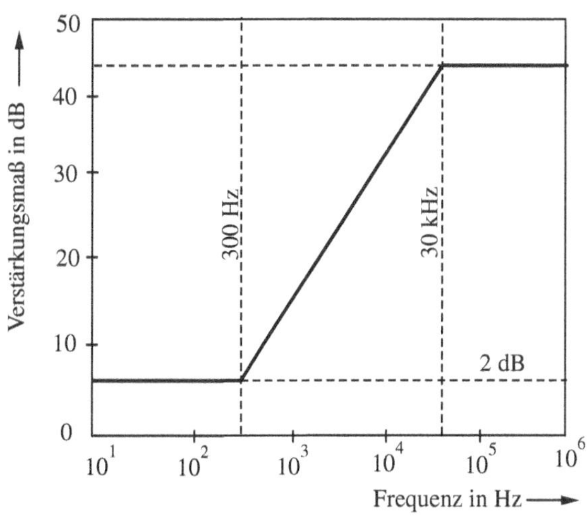


**Bild 9.16.2** Bode-Diagramm

Bestimmen Sie aus den angegebenen Daten $A$, $\omega_A$, $\omega_B$, $\alpha$, $C_1$ und $C_2$ in Zahlenwerten.

## Lösung zu Aufgabe 9.16

a) Im Folgenden sind $\underline{Z}_1 = (1-\alpha)R + \frac{1}{\mathrm{j}\omega C_1}$ und $\underline{Z}_2 = \alpha R + \frac{1}{\mathrm{j}\omega C_2}$. Ebenso sind $\underline{I}_1$ bzw. $\underline{I}_2$ die Ströme durch $\underline{Z}_1$ bzw. $\underline{Z}_2$ und $\underline{U}_1$ bzw. $\underline{U}_2$ die Spannungen an $\underline{Z}_1$ bzw. $\underline{Z}_2$. Dann gilt aufgrund der Stromlosigkeit des negativen OP-Eingangs $\underline{I}_1 = \underline{I}_2$ bzw. $\underline{U}_1/\underline{Z}_1 = \underline{U}_2/\underline{Z}_2$. Wegen der Potenzialgleichheit der Eingänge des OPs gilt $\underline{U}_2 = \underline{U}_\mathrm{e}$ und damit auch $\underline{U}_1 = \underline{U}_\mathrm{a} - \underline{U}_\mathrm{e}$. Daraus:

$$\frac{\underline{U}_\mathrm{a} - \underline{U}_\mathrm{e}}{\underline{Z}_1} = \frac{\underline{U}_\mathrm{e}}{\underline{Z}_2} \quad \Rightarrow \quad \underline{U}_\mathrm{a} \cdot \underline{Z}_2 = \underline{U}_\mathrm{e} \cdot \left[\underline{Z}_1 + \underline{Z}_2\right] \quad \Rightarrow \quad \underline{\underline{\frac{\underline{U}_\mathrm{a}}{\underline{U}_\mathrm{e}} = \frac{\underline{Z}_1 + \underline{Z}_2}{\underline{Z}_2} = \underline{H}(\omega)}}$$

b) Einsetzen der Impedanzen in den Ausdruck für die Übertragungsfunktion:

$$\underline{H}(\omega) = \frac{\underline{Z}_1 + \underline{Z}_2}{\underline{Z}_2} = \frac{(1-\alpha)R + \frac{1}{\mathrm{j}\omega C_1} + \alpha R + \frac{1}{\mathrm{j}\omega C_2}}{\alpha R + \frac{1}{\mathrm{j}\omega C_2}} = \frac{\mathrm{j}\omega R + \frac{1}{C_1} + \frac{1}{C_2}}{\mathrm{j}\omega\alpha R + \frac{1}{C_2}}$$

$$= C_2 \cdot \frac{\mathrm{j}\omega R + \frac{1}{C_1} + \frac{1}{C_2}}{\mathrm{j}\omega\alpha R C_2 + 1} = C_2 \cdot \left(\frac{1}{C_1} + \frac{1}{C_2}\right) \cdot \frac{\mathrm{j}\omega R \cdot \left(\frac{1}{C_1} + \frac{1}{C_2}\right)^{-1} + 1}{\mathrm{j}\omega\alpha R C_2 + 1}$$

$$= C_2 \cdot \left(\frac{C_1 + C_2}{C_1 C_2}\right) \cdot \frac{\mathrm{j}\omega R \cdot \left(\frac{C_1 C_2}{C_1 + C_2}\right) + 1}{\mathrm{j}\omega\alpha R C_2 + 1} = \underline{\underline{\frac{C_1 + C_2}{C_1} \cdot \frac{1 + \mathrm{j}\omega R \cdot \left(\frac{C_1 C_2}{C_1 + C_2}\right)}{1 + \mathrm{j}\omega\alpha R C_2}}}$$

Identifikation der Parameter:

$$\underline{\underline{A = \frac{C_1 + C_2}{C_1}}}; \qquad \underline{\underline{\omega_\mathrm{A} = \frac{C_1 + C_2}{R C_1 C_2}}}; \qquad \underline{\underline{\omega_\mathrm{B} = \frac{1}{\alpha R C_2}}}$$

c) Aus dem Bode-Diagramm:

$$A = \underline{H}(\omega \to 0) = 2\,\mathrm{dB} = 10^{0{,}1} = \underline{\underline{1{,}259}}$$

$$\omega_\mathrm{A} = 2\pi \cdot 300\,\mathrm{Hz} = \underline{\underline{1{,}885 \cdot 10^3 \cdot 1/\mathrm{s}}}$$

$$\omega_\mathrm{B} = 2\pi \cdot 30\,\mathrm{kHz} = \underline{\underline{1{,}885 \cdot 10^5 \cdot 1/\mathrm{s}}}$$

Aus $\omega_\mathrm{A} = \frac{C_1 + C_2}{R C_1 C_2} = \frac{A}{R C_2}$:

$$C_2 = \frac{A}{R\omega_\mathrm{A}} = \underline{\underline{26{,}72\,\mu\mathrm{F}}}$$

Aus $A = \frac{C_1 + C_2}{C_1}$:

$$C_1 = \frac{C_2}{A - 1} = \underline{\underline{103{,}2\,\mu\mathrm{F}}}$$

Aus $\omega_\mathrm{B} = \frac{1}{\alpha R C_2}$:

$$\alpha = \frac{1}{\omega_\mathrm{B} R C_2} = \underline{\underline{7{,}943 \cdot 10^{-3}}}$$

# 10 Dreiphasensysteme

Dreiphasensysteme sind Wechselstromnetzwerke, die drei unabhängige Spannungsquellen gleicher Kreisfrequenz, aber unterschiedlicher Nullphasenwinkel („Phasen") enthalten. Solche Systeme stellen die technische Grundlage für die Wechselstromversorgung weltweit dar. Sind die Amplituden der Quellen identisch und die Phasenwinkel 120 Grad, spricht man auch vom symmetrischen Dreiphasensystem. Für dieses gibt es eine Reihe von Namenskonventionen. In der Abbildung unten sind

- $L_1$, $L_2$, $L_3$ (veraltet R, S, T) die Außenleiter und N der Neutralleiter,
- $\underline{I}_1$, $\underline{I}_2$, $\underline{I}_3$ die Außenleiterströme und $\underline{I}_N$ der Neutralleiterstrom,
- $\underline{U}_1$, $\underline{U}_2$, $\underline{U}_3$ die Sternspannungen (betragsmäßig 230,9 Volt),
- $\underline{U}_{12}$, $\underline{U}_{23}$, $\underline{U}_{31}$ die Außenleiter- oder Dreieckspannungen (betragsmäßig 400 Volt).

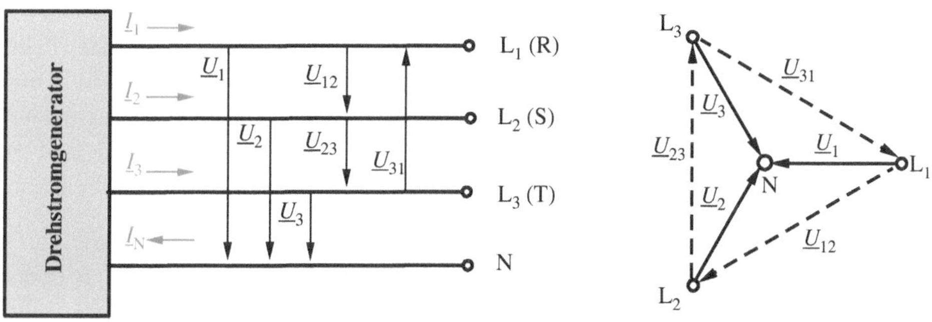


**Bild 10.1** Ströme und Spannungen des Dreiphasensystems und ihr Zeigerdiagramm

Das Zeigerdiagramm verdeutlicht die relative Phasenlage zwischen Dreieck- und Sternspannungen (betragsmäßig sind Letztere um den Faktor $\sqrt{3} \approx 1{,}732$ kleiner als Erstere). Des Weiteren bezeichnet man die Spannung an und die Ströme durch zweipolige Verbraucher üblicherweise als Strangspannungen bzw. Strangströme, den Zweig mit dem Verbraucher selbst als Strang. Enthalten die Netzwerke ansonsten nur noch lineare Elemente (also insbesondere Widerstand, Spule und Kondensator), so erfolgt die Analyse mithilfe der komplexen Wechselstromrechnung. Verbleibende Schwierigkeit ist dann lediglich die im Vergleich zu einphasigen Systemen kompliziertere Topologie der Schaltung.

In diesem Kapitel sind Aufgabenstellungen zu folgenden Themengebieten gesammelt:

1. Dreiphasensysteme mit überwiegend symmetrischen Lasten, d. h. bei denen die Verbraucher so angeschlossen sind, dass alle Außenleiterströme gleich groß sind und jeweils 120 Grad Phasenverschiebung aufweisen (als Folge ist der Neutralleiterstrom null). Als einfachste Schaltungen bieten sich hierfür entweder die symmetrische Dreieck- oder die symmetrische Sternschaltung an:

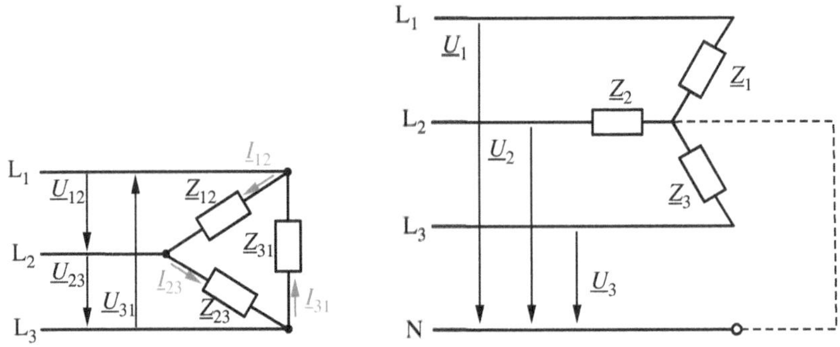


**Bild 10.2** Verbraucher in Dreiecks- und Sternschaltung

In beiden Fällen ist die Berechnung aufgrund der Symmetrie recht einfach. Aufgaben mit überwiegend symmetrischen Lasten sind 10.1 bis 10.5.

2. Dreiphasensysteme mit überwiegend unsymmetrischen Lasten, d. h. bei denen die Verbraucher so angeschlossen sind, dass obige Bedingungen für die Außenleiterströme nicht gelten. Dies tritt z. B. auf bei einem einzigen (zweipoligen) Verbraucher oder drei verschiedenen Verbrauchern in Dreieck- oder Sternschaltung. Hier muss im Zweifelsfall für jeden Strang einzeln gerechnet werden. Die Aufgaben 10.6 bis 10.17 sind von diesem Typ.
3. Gemischte Aufgaben zu Dreiphasensystemen, die übergeordnete Fragestellungen beinhalten oder den üblichen Drehstromkonventionen nicht folgen. Die Aufgaben 10.18 und 10.19 sind von diesem Typ.

## Dreiphasensysteme mit überwiegend symmetrischen Lasten

### Aufgabe 10.1

Gegeben sei folgender Verbraucher in symmetrischer Dreieckschaltung mit $R = 100\,\Omega$, der an ein starres symmetrisches 400/230 V Dreiphasensystem angeschlossen ist:

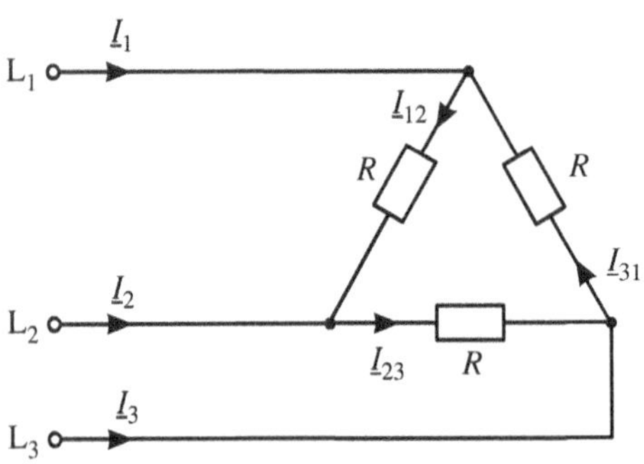


**Bild 10.1.1** Dreieckschaltung

a) Berechnen Sie die Strangströme und Außenleiterströme sowie die Wirkleistung (Gesamtleistung) und die Blindleistung des Verbrauchers.

b) Die Leitung $L_3$ wird durch einen Fehler getrennt. Berechnen Sie nun die Beträge aller einzelnen Strang- und Außenleiterströme und die Wirk- und Blindleistung (Gesamtleistung).

## Lösung zu Aufgabe 10.1

a) Für die Beträge der Strang- und Außenleiterströme gilt:

$$\underline{\underline{I_{\text{Strang}}}} = I_{12} = I_{23} = I_{31} = \frac{U_{\text{Strang}}}{R} = \underline{\underline{4\,\text{A}}}$$

$$\underline{\underline{I_{\text{Außenleiter}}}} = I_1 = I_2 = I_3 = \sqrt{3} \cdot I_{\text{Strang}} = \underline{\underline{6{,}93\,\text{A}}}$$

Da nur Ohmsche Widerstände vorkommen, wird die *Blindleistung zu null.*

Die Wirkleistung ist:

$$\underline{\underline{P}} = 3RI_{\text{Strang}}^2 = RI_{\text{Außenleiter}}^2 = \underline{\underline{4{,}8\,\text{kW}}}$$

b) Nach Trennen der Leitung $L_3$ ergibt sich die folgende Schaltung:

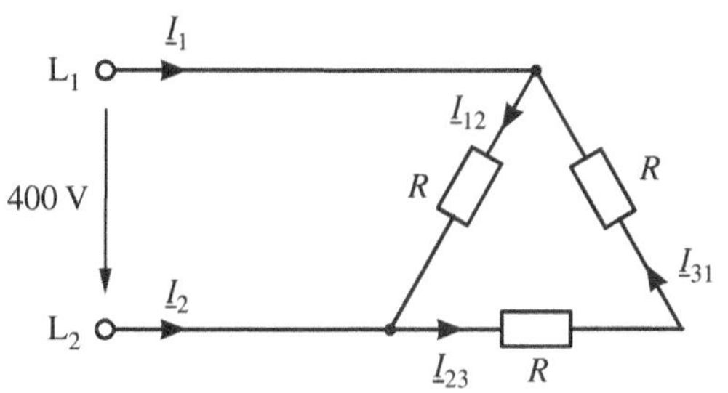


**Bild 10.1.2** Schaltung nach Trennen des Leiters $L_3$

Es gilt nun $\underline{\underline{\underline{I}_3 = 0}}$ und $\underline{I}_{23} = \underline{I}_{31}$ und damit:

$$\underline{I}_1 = \underline{I}_{12} - \underline{I}_{31} = -\underline{I}_2$$

Für die Beträge ergibt sich $\underline{\underline{I_{12} = 4\,\text{A}}}$ (die Spannung und der Strom dieses Strangs bleiben unverändert) sowie:

$$\underline{\underline{I_{31} = I_{23}}} = \frac{400\,\text{V}}{200\,\Omega} = \underline{\underline{2\,\text{A}}}$$

und damit die Beträge der Außenleiterströme: $\underline{\underline{I_1 = I_2 = 6\,\text{A}}}$.

Die Blindleistung ist weiterhin null. Die Wirkleistung verändert sich auf den Wert:

$$\underline{\underline{P}} = I_{12}^2 R + I_{31}^2 R + I_{23}^2 R = \underline{\underline{2{,}4\,\text{kW}}}$$

## Aufgabe 10.2

Gegeben sei folgende Schaltung.

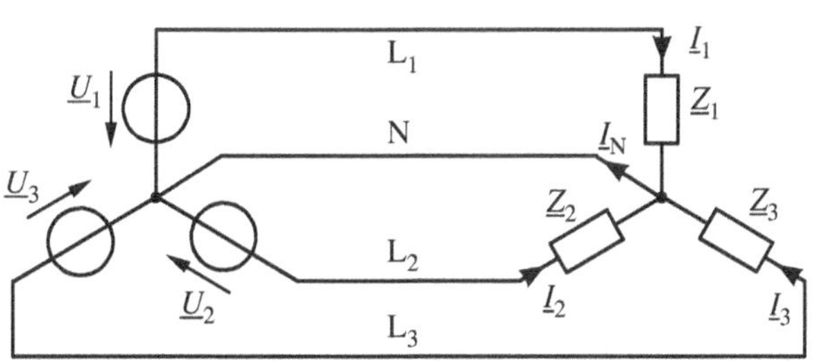


**Bild 10.2.1** Schaltung

Die Quellenspannungen sind mit $U_1 = U_2 = U_3 = 230\,\text{V}$ bei $f = 50\,\text{Hz}$ gegeben. Sie sind untereinander um $120^\circ$ phasenverschoben. Die Verbraucher sind mit $\underline{Z}_1 = \underline{Z}_2 = \underline{Z}_3 = 100\,\Omega \cdot \mathrm{e}^{\mathrm{j}\,30^\circ}$ gegeben.

a) Berechnen Sie die Strangströme $\underline{I}_1$, $\underline{I}_2$ und $\underline{I}_3$. Darf der Neutralleiter in der vorliegenden Schaltung entfernt werden, ohne den Schaltungszustand zu verändern? Begründen Sie Ihre Antwort.

b) Kompensieren Sie die Blindleistung durch Serienschaltung der Strangimpedanzen $\underline{Z}_1$, $\underline{Z}_2$, $\underline{Z}_3$ mit je einem geeigneten Bauteil. Geben Sie Art und Parameter dieser Bauteile an.

Im Folgenden wird Leiter $\text{L}_3$ der unkompensierten Schaltung getrennt und damit durch einen Leerlauf ersetzt:

c) Berechnen Sie den Neutralleiterstrom $\underline{I}_\text{N}$. Darf der Neutralleiter entfernt werden, ohne den Schaltungszustand zu verändern? Begründen Sie Ihre Antwort.

## Lösung zu Aufgabe 10.2

a) Quellen und Verbraucher sind im Stern geschaltet. Für die (Beträge der) Strangströme ergibt sich damit: $\underline{\underline{I_1 = I_2 = I_3}} = 230\,\text{V}/100\,\Omega = \underline{\underline{2{,}3\,\text{A}}}$ wobei die Phasenlage $\varphi_\text{I} = \varphi_\text{U} - \varphi_\text{Z}$ durch $\varphi_{\text{I}1} = -30^\circ$, $\varphi_{\text{I}2} = 90^\circ$, $\varphi_{\text{I}3} = 210^\circ$ gegeben ist.

Der *Neutralleiter kann entfernt* werden, ohne den Zustand zu ändern, da die Schaltung symmetrisch ist (siehe Phasen) und somit, gemäß der Knotenregel $\underline{I}_\text{N} = \underline{I}_1 + \underline{I}_2 + \underline{I}_3$, kein Strom durch den Neutralleiter fließt.

b) Bei Blindleistungskompensation muss der Imaginärteil der Strangimpedanz null sein. Die Impedanz $\underline{Z} = R + \mathrm{j}X = Z(\cos 30^\circ + \mathrm{j}\,\sin 30^\circ)$ ist durch Reihen- oder Parallelschaltung einer Kapazität zu ergänzen, da die Phasenverschiebung der Impedanz positiv (d. h. induktiv) ist.

Bei *Kompensation mit einer Kapazität in Reihenschaltung* ergibt sich:

$$\frac{1}{\mathrm{j}\omega C} = -\mathrm{j}\,\operatorname{Im}\{\underline{Z}\} = -\mathrm{j}\,\sin 30^\circ \cdot 100\,\Omega = -\mathrm{j}\,50\,\Omega \quad \text{und damit}$$

$$\underline{\underline{C}} = \frac{1}{\omega Z \cdot \sin 30^\circ} = \underline{\underline{63{,}66\,\mu\text{F}}}$$

Bei *Kompensation mit einer Kapazität in Parallelschaltung* ergibt sich:

$$\operatorname{Im}\left(\mathrm{j}\omega C + \frac{1}{\underline{Z}}\right) = \operatorname{Im}\left(\mathrm{j}\omega C + \frac{R - \mathrm{j}X}{Z^2}\right) = \omega C - \frac{\sin 30^\circ}{Z} = 0 \quad \text{und damit}$$

$$\underline{\underline{C}} = \frac{\sin 30^\circ}{\omega Z} = \underline{\underline{15{,}92\,\mu\text{F}}}$$

*Anmerkung:* In der Praxis wird in der Regel die Parallelschaltung verwendet, um die Spannung am Verbraucher unverändert zu lassen.

c) Die Strangspannungen und damit auch die Strangströme der Verbraucher 1 und 2 bleiben unverändert. Mit der Knotenregel ergibt sich nun der Neutralleiterstrom:

$$\underline{\underline{\underline{I}_\text{N}}} = -\underline{I}_{3;\text{alt}} = 2{,}3\,\text{A} \cdot \mathrm{e}^{\mathrm{j}\,210^\circ} \cdot \mathrm{e}^{\mathrm{j}\,180^\circ} = \underline{\underline{2{,}3\,\text{A} \cdot \mathrm{e}^{\mathrm{j}\,30^\circ}}}$$

Das Entfernen des Neutralleiters würde zu einer *Änderung des Schaltungszustands* führen, da der Strom, der zuvor durch Leiter 3 floss, nun durch den Neutralleiter fließt (Knotenregel).

## Aufgabe 10.3

Ein Vierleiter-Drehstromsystem (symmetrisches Dreiphasensystem) mit einer effektiven Außenleiterspannung (Dreieckspannung) von 400 V und der Frequenz $f = 50$ Hz ist wie folgt mit einem symmetrischen Verbraucher belastet:

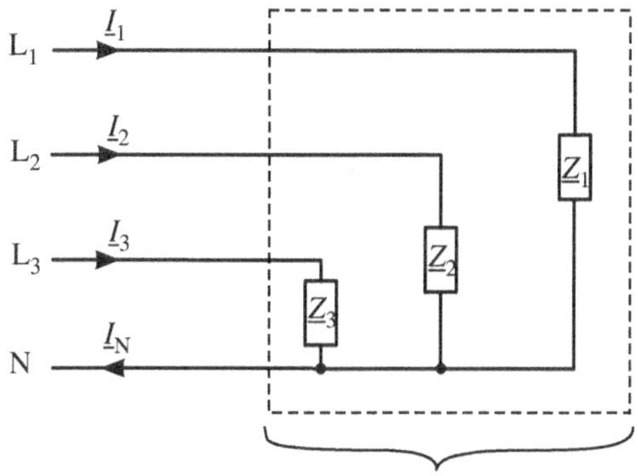


**Bild 10.3.1** Schaltung

Hierbei:

$$\underline{Z}_1 = \underline{Z}_2 = \underline{Z}_3 = R + \mathrm{j}\,X = (20 + \mathrm{j}\,15)\,\Omega$$

Nehmen Sie für alle folgenden Teilaufgaben an, dass der Phasenwinkel der Sternspannung $\underline{U}_1$ null Grad ist und dass alle anderen Stern- und Außenleiterspannungen gemäß der gängigen Drehstromkonvention daraus folgen.

a) Berechnen Sie *pro Strang* die vom Verbraucher aufgenommene Wirkleistung und Blindleistung sowie den zugehörigen Leistungsfaktor.

b) Der Leistungsfaktor soll für jeden Strang durch Zuschalten je einer Kapazität maximiert werden. Fügen Sie die Kapazitäten zur Schaltung oben hinzu, *ohne* die Zuleitungen zum Verbraucher aufzutrennen und geben Sie die Kapazitätswerte an. Kennzeichnen Sie Verbindungen durch größere Punkte.

c) Der komplexe Widerstand $\underline{Z}_3$ im Verbraucher wird ersatzlos herausgenommen (offene Leitung). Berechnen Sie den Betrag des Neutralleiterstromes $\underline{I}_N$, der in diesem Fall fließt.

## Lösung zu Aufgabe 10.3

a) Leistung in einem Strang:

$$\underline{S}_{\mathrm{str}} = \underline{U}_* \cdot \underline{I}^*_{\mathrm{str}} = \frac{|\underline{U}_*|^2}{\underline{Z}^*_{\mathrm{str}}}$$

mit $\underline{U}_*$ als Sternspannung vom Betrag 230,9 V und $\underline{Z}_{\mathrm{str}} = R + \mathrm{j}\,X = (20 + \mathrm{j}\,15)\,\Omega$.

Damit:

$$\underline{S}_{\mathrm{str}} = \frac{(230{,}9\,\mathrm{V})^2}{(20 - \mathrm{j}\,15)\,\Omega} = (230{,}9)^2 \cdot \frac{20 + \mathrm{j}\,15}{(20)^2 + (15)^2}\,\mathrm{V \cdot A} = 85{,}30 \cdot (20 + \mathrm{j}\,15)\,\mathrm{V \cdot A}$$

Es folgt für einen Strang:

$$P_{\mathrm{str}} = \underline{\underline{1{,}706\,\mathrm{kW}}}; \qquad Q_{\mathrm{str}} = \underline{\underline{1{,}280\,\mathrm{kV \cdot A}}}$$

Der Leistungsfaktor ergibt sich zu:

$$\cos\varphi = \cos\left[\arctan\left(\frac{Q_{str}}{P_{str}}\right)\right] = \underline{\underline{0{,}8}} \quad \text{(exakt)}$$

Aufgrund der Symmetrie ergeben sich für alle Stränge identische Werte.

*Anmerkung:* Eine alternative Rechnung über die Scheinleistung:

$$S_{str} = U_* \cdot I_{str} = \frac{U_*^2}{Z} = \frac{(230{,}9\,\text{V})^2}{25} = 2{,}133\,\text{kV}\cdot\text{A}$$

und den Leistungsfaktor aus $R$ und $X$:

$$\cos\varphi = \cos\left[\text{atan}\left(\frac{X}{R}\right)\right] = \underline{\underline{0{,}8}} \quad \text{(exakt)}$$

ist möglich und führt ebenfalls auf:

$$P_{str} = S_{str}\cdot\cos\varphi = \underline{\underline{1{,}706\,\text{kW}}}$$

$$Q_{str} = S_{str}\cdot\sin\varphi = \underline{\underline{1{,}280\,\text{kV}\cdot\text{A}}}$$

b) Eine mögliche Lösung ist das Parallelschalten von drei gleichen Kapazitäten in Sternschaltung. Für einen Strang folgt aus der Forderung $Q_C = -\omega C_* \cdot U_*^2 = -1{,}278\,\text{kV}\cdot\text{A}$ dann:

$$C_* = \frac{-Q_C}{\omega\cdot U_*^2} = \frac{1{,}278\,\text{kV}\cdot\text{A}}{(2\pi\cdot 50\,\text{Hz})\cdot(230{,}9\,\text{V})^2} = \underline{\underline{76{,}30\,\mu\text{F}}}$$

Alternativ kann man drei Kapazitäten in Dreieckschaltung davorschalten. Es gilt dann (siehe z. B. Moeller)

$$C_\Delta = \frac{1}{3}\cdot C_* = \underline{\underline{25{,}43\,\mu\text{F}}}$$

c) Für den Neutralleiter gilt immer $\underline{I}_1 + \underline{I}_2 + \underline{I}_3 = \underline{I}_N$. Bei Vorhandensein von $\underline{Z}_3$ gilt zusätzlich (symmetrische Last):

$$\underline{I}_1 + \underline{I}_2 + \underline{I}_3 = 0 \tag{*}$$

Nun ist $\underline{I}_3 = 0$, da $\underline{Z}_3$ herausgenommen wurde. Die Ströme $\underline{I}_1$ und $\underline{I}_2$ bleiben davon unberührt und somit in dieser Situation:

$$\underline{I}_1 + \underline{I}_2 = \underline{I}_N \tag{**}$$

Aufgrund von (*) und (**) folgt also, dass $\underline{I}_1 + \underline{I}_2 = \underline{I}_N = -\underline{I}_3$ und somit:

$$I_N = \frac{U_*}{Z_3} = \frac{230{,}9\,\text{V}}{25\,\Omega} = \underline{\underline{9{,}236\,\text{A}}}$$

## Aufgabe 10.4

Ein Vierleiter-Drehstromsystem (symmetrisches Dreiphasensystem) mit einer effektiven Außenleiterspannung (Dreieckspannung) von 400 V und der Frequenz $f = 50$ Hz ist wie folgt mit einem symmetrischen Verbraucher belastet:

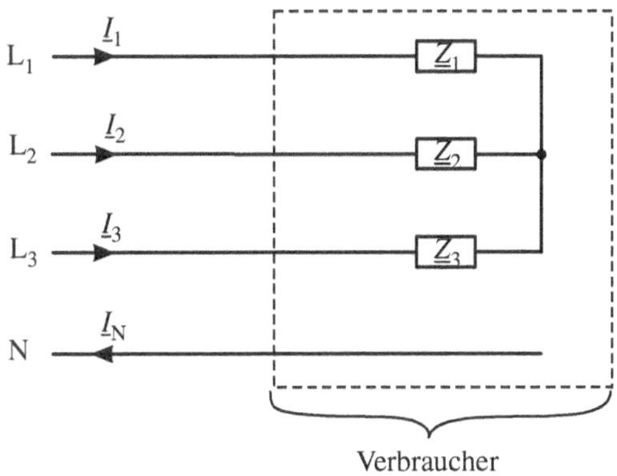


**Bild 10.4.1** Schaltung

Hierbei:

$$\underline{Z}_1 = \underline{Z}_2 = \underline{Z}_3 = R + \mathrm{j}X = (10 + \mathrm{j}\,24)\,\Omega$$

Nehmen Sie für alle folgenden Teilaufgaben an, dass der Phasenwinkel der Sternspannung $\underline{U}_1$ null Grad ist und dass alle anderen Stern- und Außenleiterspannungen gemäß der gängigen Drehstromkonvention daraus folgen.

a) Berechnen Sie die Zahlenwerte der Ströme $\underline{I}_1$, $\underline{I}_2$ und $\underline{I}_3$ nach Betrag und Phase und den Zahlenwert der gesamten Wirkleistung des Verbrauchers.

b) Der komplexe Widerstand $\underline{Z}_3$ im Verbraucher wird ersatzlos herausgenommen (offene Leitung). Berechnen Sie für diesen Fall die Zahlenwerte der Ströme $\underline{I}_1$ und $\underline{I}_2$ und der gesamten Wirkleistung.

c) Der komplexe Widerstand $\underline{Z}_3$ im Verbraucher wird durch einen Kurzschluss ersetzt ($Z_3 = 0\,\Omega$). Berechnen Sie für diesen Fall die Zahlenwerte der Ströme $\underline{I}_1$ und $\underline{I}_2$ und der gesamten Wirkleistung.

## Lösung zu Aufgabe 10.4

Im Folgenden ist es sinnvoll, die Impedanz $Z$ nach Betrag und Phase darzustellen:

$$\underline{Z} = 10 + \mathrm{j}\,24\,\Omega = 26\,\Omega \cdot \mathrm{e}^{\mathrm{j}\,67{,}38^\circ}$$

a) Es liegt ein Verbraucher in symmetrischer Dreieckschaltung vor. Die Strangspannungen entsprechen den Sternspannungen. Daraus folgt:

$$\underline{I}_1 = \frac{\underline{U}_1}{\underline{Z}} = \frac{230{,}9\,\mathrm{V} \cdot \mathrm{e}^{\mathrm{j}\,0^\circ}}{26\,\Omega \cdot \mathrm{e}^{\mathrm{j}\,67{,}38^\circ}} = \underline{\underline{8{,}881 \cdot \mathrm{e}^{-\mathrm{j}\,67{,}38^\circ}\,\mathrm{A}}}$$

$$\underline{I}_2 = \frac{\underline{U}_2}{\underline{Z}} = \frac{230{,}9\,\mathrm{V} \cdot \mathrm{e}^{\mathrm{j}\,240^\circ}}{26\,\Omega \cdot \mathrm{e}^{\mathrm{j}\,67{,}38^\circ}} = \underline{\underline{8{,}881 \cdot \mathrm{e}^{\mathrm{j}\,172{,}62^\circ}\,\mathrm{A}}}$$

$$\underline{I}_3 = \frac{\underline{U}_3}{\underline{Z}} = \frac{230{,}9\,\mathrm{V} \cdot \mathrm{e}^{\mathrm{j}\,120^\circ}}{26\,\Omega \cdot \mathrm{e}^{\mathrm{j}\,67{,}38^\circ}} = \underline{\underline{8{,}881 \cdot \mathrm{e}^{\mathrm{j}\,52{,}62^\circ}\,\mathrm{A}}}$$

Die gesamte Wirkleistung ergibt sich aus:

$$P = RI_1^2 + RI_2^2 + RI_3^2 = 3 \cdot RI_1^2 = 3 \cdot 10 \cdot 78{,}87\,\mathrm{W} = \underline{\underline{2366\,\mathrm{W}}}$$

b) Nach Herausnehmen von $\underline{Z}_3$ liegt eine Reihenschaltung von $\underline{Z}_1$ und $\underline{Z}_2$ vor, die an der Dreieckspannung $\underline{U}_{12}$ (= Strangspannung) liegt. Für $\underline{U}_{12}$ gilt gemäß gängiger Drehstromkonvention $\underline{U}_{12} = 400\,\mathrm{V} \cdot \mathrm{e}^{\mathrm{j}\,30^\circ}$. Somit:

$$\underline{I}_1 = \frac{\underline{U}_{12}}{\underline{Z}_1 + \underline{Z}_2} = \frac{400\,\mathrm{V} \cdot \mathrm{e}^{\mathrm{j}\,30^\circ}}{52\,\Omega \cdot \mathrm{e}^{\mathrm{j}\,67{,}38^\circ}} = \underline{\underline{7{,}692 \cdot \mathrm{e}^{-\mathrm{j}\,37{,}38^\circ}\,\mathrm{A}}}$$

$$\underline{I}_2 = -\underline{I}_1 = \underline{\underline{7{,}692 \cdot \mathrm{e}^{\mathrm{j}\,142{,}62^\circ}\,\mathrm{A}}}$$

Die gesamte Wirkleistung ergibt sich aus:

$$P = RI_1^2 + RI_2^2 = 2 \cdot RI_1^2 = 2 \cdot 10 \cdot 59{,}17\,\mathrm{W} = \underline{\underline{1183\,\mathrm{W}}}$$

c) Nach Ersetzen von $\underline{Z}_3$ durch einen Kurzschluss entsteht eine Schaltung, bei der an $\underline{Z}_1$ die Strangspannung $-\underline{U}_{31}$ und an $\underline{Z}_2$ die Strangspannung $\underline{U}_{23}$ liegt. Gemäß gängiger Konvention folgt also:

$$\underline{I}_1 = -\frac{\underline{U}_{31}}{\underline{Z}} = \frac{400\,\mathrm{V} \cdot \mathrm{e}^{-\mathrm{j}\,30^\circ}}{26\,\Omega \cdot \mathrm{e}^{\mathrm{j}\,67{,}38^\circ}} = \underline{\underline{15{,}38\,\mathrm{A} \cdot \mathrm{e}^{-\mathrm{j}\,97{,}38^\circ}}}$$

$$\underline{I}_2 = \frac{\underline{U}_{23}}{\underline{Z}} = \frac{400\,\mathrm{V} \cdot \mathrm{e}^{-\mathrm{j}\,90^\circ}}{26\,\Omega \cdot \mathrm{e}^{\mathrm{j}\,67{,}38^\circ}} = \underline{\underline{15{,}38\,\mathrm{A} \cdot \mathrm{e}^{-\mathrm{j}\,157{,}38^\circ}}}$$

Die gesamte Wirkleistung ergibt sich aus:

$$P = RI_1^2 + RI_2^2 = 2 \cdot RI_1^2 = 2 \cdot 10 \cdot 236{,}5\,\mathrm{W} = \underline{\underline{4731\,\mathrm{W}}}$$

## Aufgabe 10.5

Ein Vierleiter-Drehstromsystem (symmetrisches Dreiphasensystem) mit einer effektiven Außenleiterspannung von 400 V und der Frequenz $f = 50\,\mathrm{Hz}$ ist wie folgt mit einem Verbraucher belastet:

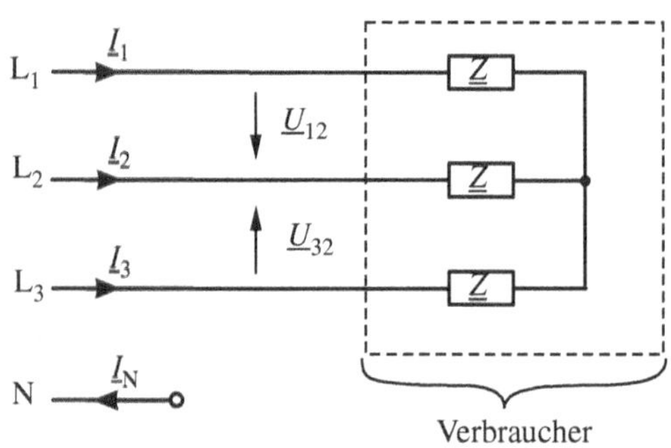


**Bild 10.5.1** Schaltung

Die Sternspannung $\underline{U}_1$ hat einen Nullphasenwinkel von $-90^\circ$. Alle anderen Strang- und Außenleiterspannungen folgen aus der gängigen Drehstromkonvention.

a) Es gelte $\underline{Z} = (4 + \mathrm{j}\,5)\,\Omega$. Berechnen Sie in Zahlenwerten für alle Stränge die komplexen Ströme und Leistungen nach *Real- und Imaginärteil.*

b) $\underline{Z}$ sei nun unbekannt. Es wird versucht, die gesamte *Wirkleistung* des Verbrauchers durch Messungen an den Strängen 1 und 2 ($P_A$) und 3 und 2 ($P_B$) wie folgt zu bestimmen:

$$P_{\text{Verbraucher}} = P_A + P_B = \text{Re}\left\{\underline{U}_{12} \cdot \underline{I}_1^*\right\} + \text{Re}\left\{\underline{U}_{32} \cdot \underline{I}_3^*\right\}$$

Zeigen Sie mathematisch, dass dies so möglich ist.

## Lösung zu Aufgabe 10.5

a) Aus der Vorgabe $\arg\left(\underline{U}_1\right) = -90^\circ$ ergibt sich folgendes Zeigerdiagramm und damit Nullphasenwinkel für die Spannungen:

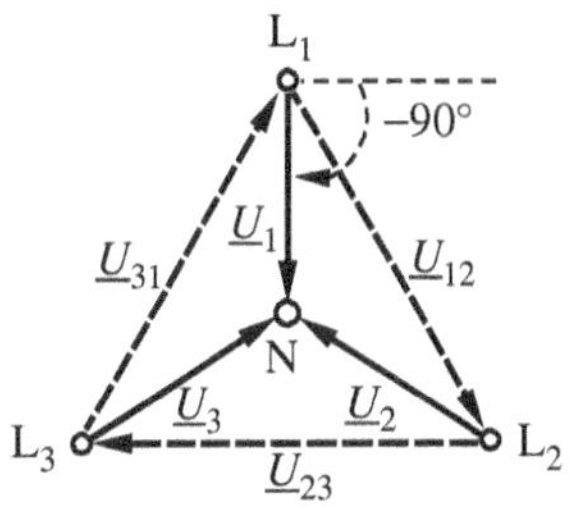


**Bild 10.5.2** Zeigerdiagramm

Die Strangströme in der symmetrischen Schaltung sind gleich den Außenleiterströmen und lassen sich wie folgt berechnen:

$$\underline{I}_1 = \frac{\underline{U}_1}{\underline{Z}} = \frac{230{,}9 \cdot e^{-j\,90^\circ}}{4 + j\,5} = \underline{\underline{(-28{,}16 - j\,22{,}53)\ \text{A}}}$$

$$\underline{I}_2 = \frac{\underline{U}_2}{\underline{Z}} = \frac{230{,}9 \cdot e^{j\,150^\circ}}{4 + j\,5} = \underline{\underline{(-5{,}430 - j\,35{,}65)\ \text{A}}}$$

$$\underline{I}_3 = \frac{\underline{U}_3}{\underline{Z}} = \frac{230{,}9 \cdot e^{j\,30^\circ}}{4 + j\,5} = \underline{\underline{(33{,}59 - j\,13{,}12)\ \text{A}}}$$

Die komplexen Leistungen sind in allen Strängen gleich und ergeben sich als:

$$\underline{S}_{\text{str}} = \frac{U_*^2}{\underline{Z}^*} = \frac{(230{,}9)^2}{4 - j\,5} = \underline{\underline{5{,}201\ \text{kW} + j\,6{,}502\ \text{kV} \cdot \text{A}}}$$

b) Umformung der Wirkleistungen $P_A$ und $P_B$ ergibt:

$$\begin{aligned} P_A + P_B &= \text{Re}\left\{\underline{U}_{12} \cdot \underline{I}_1^*\right\} + \text{Re}\left\{\underline{U}_{32} \cdot \underline{I}_3^*\right\} \\ &= \text{Re}\left\{\left(\underline{U}_1 - \underline{U}_2\right) \cdot \underline{I}_1^*\right\} + \text{Re}\left\{\left(\underline{U}_3 - \underline{U}_2\right) \cdot \underline{I}_3^*\right\} \\ &= \text{Re}\left\{\underline{U}_1 \cdot \underline{I}_1^*\right\} - \text{Re}\left\{\underline{U}_2 \cdot \underline{I}_1^*\right\} + \text{Re}\left\{\underline{U}_3 \cdot \underline{I}_3^*\right\} - \text{Re}\left\{\underline{U}_2 \cdot \underline{I}_3^*\right\} \end{aligned}$$

Mithilfe der Knotenregel $\underline{I}_1^* + \underline{I}_2^* + \underline{I}_3^* = 0$ lässt sich der zweite Term umschreiben:

$$\begin{aligned} P_A + P_B &= \text{Re}\left\{\underline{U}_1 \cdot \underline{I}_1^*\right\} - \text{Re}\left\{\underline{U}_2 \cdot \left(-\underline{I}_2^* - \underline{I}_3^*\right)\right\} + \text{Re}\left\{\underline{U}_3 \cdot \underline{I}_3^*\right\} - \text{Re}\left\{\underline{U}_2 \cdot \underline{I}_3^*\right\} \\ &= \text{Re}\left\{\underline{U}_1 \cdot \underline{I}_1^*\right\} + \text{Re}\left\{\underline{U}_2 \cdot \underline{I}_2^*\right\} + Re\left\{\underline{U}_2 \cdot \underline{I}_3^*\right\} + \text{Re}\left\{\underline{U}_3 \cdot \underline{I}_3^*\right\} - \text{Re}\left\{\underline{U}_2 \cdot \underline{I}_3^*\right\} \\ &= \underline{\underline{\text{Re}\left\{\underline{U}_1 \cdot \underline{I}_1^*\right\} + \text{Re}\left\{\underline{U}_2 \cdot \underline{I}_2^*\right\} + \text{Re}\left\{\underline{U}_3 \cdot \underline{I}_3^*\right\}}} \end{aligned}$$

Dies entspricht exakt der gesamten Wirkleistung des Verbrauchers.

## Dreiphasensysteme mit unsymmetrischen Lasten

### Aufgabe 10.6

An einem symmetrischen Dreiphasensystem der Spannung 400/230 V und der Frequenz $f = 50\,\text{Hz}$ sind zwischen je einem Außenleiter und dem Mittelleiter die Verbraucher $R$, $L$, $C$ gemäß der Abbildung angeschlossen.

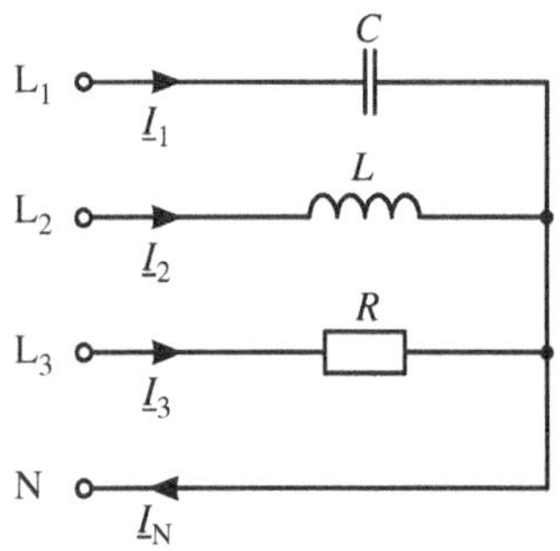


**Bild 10.6.1** Schaltung der Verbraucher

a) Geben Sie den Neutralleiterstrom $\underline{I}_N$ in Abhängigkeit von $R$, $L$, $C$, der Frequenz und der Sternspannung an.

b) Berechnen Sie Real- und Imaginärteil des Neutralleiterstromes $\underline{I}_N$.

c) Berechnen Sie den Effektivwert von $\underline{I}_N$ für $R = 20\,\Omega$, $L = 0{,}1\,\text{H}$ und $C = 10\,\mu\text{F}$.

### Lösung zu Aufgabe 10.6

a) Der Neutralleiterstrom ergibt sich (Knotenregel) aus der Summe der Strangströme: $\underline{I}_N = \underline{I}_1 + \underline{I}_2 + \underline{I}_3$. Die Strangströme (der Sternschaltung) berechnen sich aus den Strangspannungen $U_* = 230\,\text{V}$:

$$\underline{U}_{10} = U_* = 230\,\text{V}; \qquad \underline{U}_{20} = U_* \cdot \mathrm{e}^{\mathrm{j}\,120^\circ}; \qquad \underline{U}_{30} = U_* \cdot \mathrm{e}^{\mathrm{j}\,240^\circ}$$

und den Impedanzen:

$$\underline{I}_1 = \underline{U}_{10}\,\mathrm{j}\,\omega C; \qquad \underline{I}_2 = \underline{U}_{20}\frac{1}{\mathrm{j}\,\omega L}; \qquad \underline{I}_3 = \underline{U}_{30}\frac{1}{R}$$

$$\underline{I}_N = U_*\left(\omega C\,\mathrm{e}^{\mathrm{j}\,90^\circ} + \frac{1}{\omega L}\,\mathrm{e}^{\mathrm{j}\,30^\circ} + \frac{1}{R}\,\mathrm{e}^{\mathrm{j}\,240^\circ}\right)$$

b) Um nach Real- und Imaginärteil aufzuspalten, wird die Euler-Formel verwendet:

$$\mathrm{Re}\{\underline{I}_N\} = U_*\left(\omega C\cos 90^\circ + \frac{1}{\omega L}\cos 30^\circ + \frac{1}{R}\cos 240^\circ\right) = U_*\left(\frac{1}{\omega L}\frac{\sqrt{3}}{2} - \frac{1}{2}\frac{1}{R}\right)$$

$$\mathrm{Im}\{\underline{I}_N\} = U_*\left(\omega C\sin 90^\circ + \frac{1}{\omega L}\sin 30^\circ + \frac{1}{R}\sin 240^\circ\right) = U_*\left(\omega C + \frac{1}{2\omega L} - \frac{\sqrt{3}}{2}\frac{1}{R}\right)$$

c) Einsetzen der Zahlenwerte $R = 20\,\Omega$, $L = 0{,}1\,\text{H}$ und $C = 10\,\mu\text{F}$ ergibt:

$$\mathrm{Re}\{\underline{I}_N\} = 230\,\text{V}\cdot\left(27{,}57\cdot 10^{-3} - 25\cdot 10^{-3}\right)\frac{1}{\Omega} = 0{,}5903\,\text{A}$$

$$\mathrm{Im}\{\underline{I}_N\} = 230\,\text{V}\cdot\left(3{,}14\cdot 10^{-3} + 15{,}92\cdot 10^{-3} - 49{,}3\cdot 10^{-3}\right)\frac{1}{\Omega} = -5{,}576\,\text{A}$$

$$|\underline{I}_N| = \sqrt{\mathrm{Re}\{\underline{I}_N\}^2 + \mathrm{Im}\{\underline{I}_N\}^2} = 5{,}61\,\text{A}$$

## Aufgabe 10.7

Ein Ohmscher Widerstand, eine Induktivität und eine Kapazität, jeweils mit einer Impedanz von $50\,\Omega$ für $f = 50\,\text{Hz}$, sind in Dreieckschaltung an einem Dreiphasensystem angeschlossen, dessen Außenleiterspannung $U = 400\,\text{V}$ beträgt.

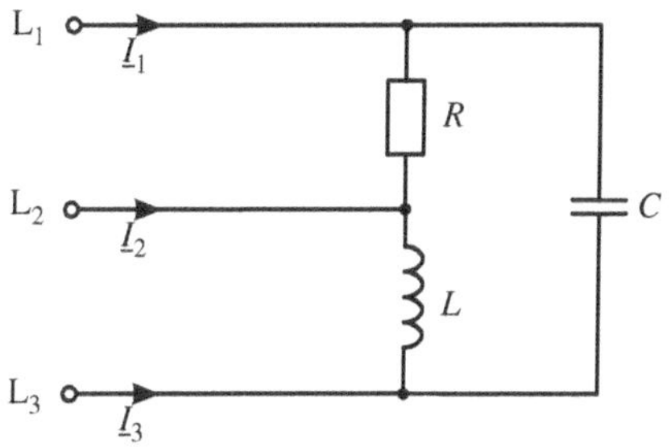


**Bild 10.7.1** Schaltung

a) Bestimmen Sie die aufgenommene Wirk- und Blindleistung.

b) Der Außenleiter $L_2$ wird durch eine Störung unterbrochen. Bestimmen Sie für diesen Fall die Wirk- und Blindleistung sowie die Außenleiterströme $I_1$, $I_2$ und $I_3$.

## Lösung zu Aufgabe 10.7

a) Die Außenleiterspannungen (Dreieckspannung) sind als $U_{12} = U_{23} = U_{31} = 400\,\text{V}$ gegeben. Für die komplexe Leistung gilt allgemein: $\underline{S} = \underline{U} \cdot \underline{I}^* = \underline{U} \cdot \underline{U}^*/\underline{Z}^* = U^2/\underline{Z}^*$. Damit berechnen sich die Leistungen der einzelnen Stränge zu:

Wirkleistung des Widerstandes

$$\underline{\underline{P_\text{R} = (400\,\text{V})^2/50\,\Omega = 3{,}2\,\text{kW}}}$$

Bindleistung der Induktivität

$$Q_\text{L} = +3{,}2\,\text{kV} \cdot \text{A}$$

Bindleistung der Kapazität

$$Q_\text{C} = -3{,}2\,\text{kV} \cdot \text{A}$$

Blindleistung von Induktivität und Kapazität kompensieren sich

$$\underline{\underline{Q = Q_\text{L} + Q_\text{C} = 0}}$$

b) Wird der Außenleiter $L_2$ unterbrochen, so ergibt sich die folgende Schaltung:

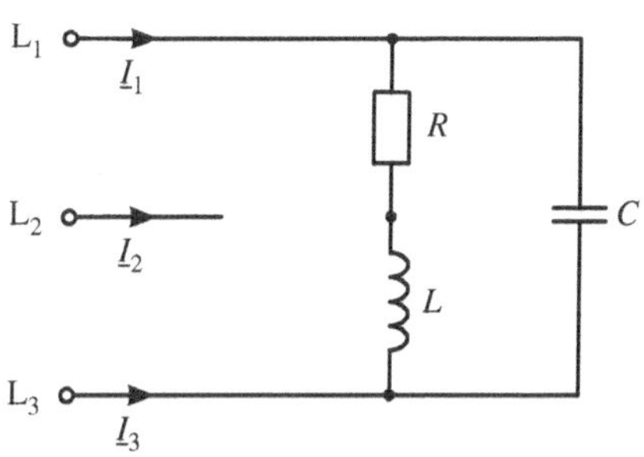


**Bild 10.7.2** Schaltung nach Trennen des Leiters $L_2$

Es gilt also $\underline{\underline{\underline{I}_2 = 0}}$ und $\underline{I}_1 = -\underline{I}_3$. Die Impedanz zwischen Leiter 1 und 3 wird zu:

$$\underline{Z} = (R + \underline{Z}_\mathrm{L})||\underline{Z}_\mathrm{C} = \frac{50\,\Omega \cdot (1+\mathrm{j}) \cdot (-\mathrm{j}) \cdot 50\,\Omega}{50\,\Omega + \mathrm{j}\,50\,\Omega - \mathrm{j}\,50\,\Omega} = 50\,\Omega \cdot (1-\mathrm{j})$$

Dann gilt für den Betrag der Außenleiterströme:

$$\underline{\underline{I_1 = I_3}} = \frac{U}{Z} = \frac{400\,\mathrm{V}}{50\,\Omega \cdot |1-\mathrm{j}|} = \frac{8\,\mathrm{A}}{\sqrt{2}} = \underline{\underline{5{,}66\,\mathrm{A}}}$$

Hiermit berechnet sich die Leistung zu:

$$\underline{S} = I^2\underline{Z} = \left(\frac{8}{\sqrt{2}}\,\mathrm{A}\right)^2 \cdot 50\,\Omega \cdot (1-\mathrm{j}) = 1{,}6\,\mathrm{kV\cdot A} \cdot (1-\mathrm{j})$$

$$\underline{\underline{P = 1{,}6\,\mathrm{kW}}}; \qquad \underline{\underline{Q = -1{,}6\,\mathrm{kV\cdot A}}}$$

## Aufgabe 10.8

Über die Schaltung in Bild 10.8.1 ist bekannt, dass alle Impedanzen gleich $\underline{Z}_\mathrm{a} = \underline{Z}_\mathrm{b} = \underline{Z}_\mathrm{c} = \underline{Z}$ sind. Die Spannungen $\underline{U}_1$, $\underline{U}_2$ und $\underline{U}_3$ besitzen den Betrag $U = 15\,\mathrm{V}$, sind aber um 120° zueinander phasenverschoben (Tipp: $\underline{U}_1 + \underline{U}_2 + \underline{U}_3 = 0$). Die Kreisfrequenz der Spannungsquellen beträgt $\omega = 2\,\pi\,f = 100\,\mathrm{s}^{-1}$.

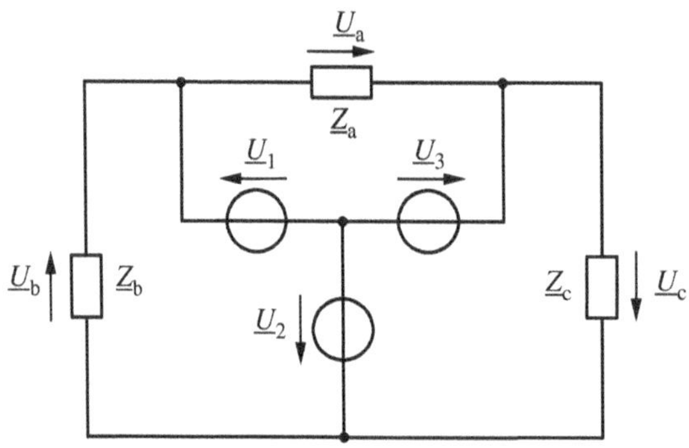


**Bild 10.8.1** Schaltung

a) Geben Sie die (komplexen) Spannungen $\underline{U}_\mathrm{a}$, $\underline{U}_\mathrm{b}$ und $\underline{U}_\mathrm{c}$ nach Betrag und Phase an. Geben Sie die Phasenwinkel der komplexen Spannungsverhältnisse $\underline{U}_\mathrm{a}/\underline{U}_\mathrm{c}$ und $\underline{U}_\mathrm{c}/\underline{U}_\mathrm{b}$ an.

b) Die Impedanzen $\underline{Z} = R + \mathrm{j}\,X$ besitzen einen Widerstand von $R = 30\,\Omega$ und einen Blindwiderstand von $X = 40\,\Omega$. Geben Sie hierfür eine Ersatzschaltung aus zwei Bauteilen mit deren Bauteilparametern an.

c) Bestimmen Sie den Betrag der Ströme sowie die Gesamtwirkleistung $P_\mathrm{ges}$ und die Blindleistungen $Q_\mathrm{a,b,c}$ der einzelnen Verbraucher.

d) Die Impedanz $\underline{Z}_\mathrm{c}$ wird durch eine Reihenschaltung aus einem Widerstand $R = 30\,\Omega$ und einer Kapazität $C = 125\,\mu\mathrm{F}$ ersetzt. Wie groß sind die Gesamtwirkleistung $P_\mathrm{ges}$ und die Blindleistungen der einzelnen Verbraucher jetzt?

## Lösung zu Aufgabe 10.8

Es handelt sich um ein Dreiphasensystem. Die Verbraucher sind in Dreieckschaltung, die Quellen in symmetrischer Sternschaltung angeordnet.

a) Für den Drehsinn der Spannungen sind zwei Annahmen möglich. Nachfolgend wird die Lösung für beide (links-, rechtsdrehend) Annahmen angegeben. Zur Bestimmung der Spannungen werden die Maschenumläufe I), II) und III) ausgewertet (siehe Bild 10.8.2)

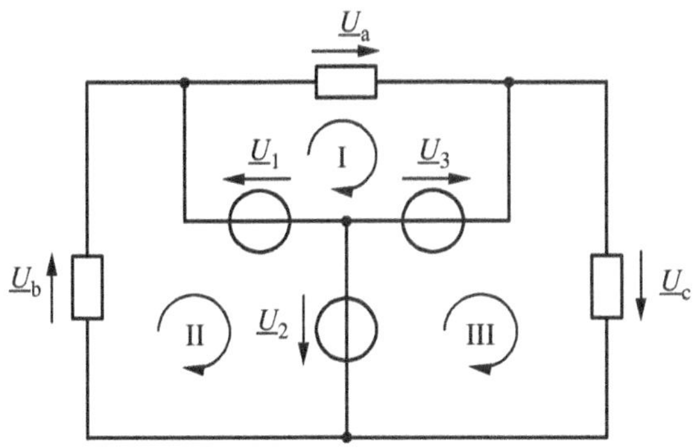


**Bild 10.8.2** Maschenumläufe

linksdrehend

$\underline{U}_1 = U \cdot e^{j0°}$; $\underline{U}_2 = U \cdot e^{j120°}$;

$\underline{U}_3 = U \cdot e^{j240°}$

rechtsdrehend

$\underline{U}_1 = U \cdot e^{j0°}$; $\underline{U}_2 = U \cdot e^{-j120°}$;

$\underline{U}_3 = U \cdot e^{-j240°}$

Mithilfe der Maschengleichungen erhält man:

linksdrehend

$$\underline{U}_a = \underline{U}_3 - \underline{U}_1 = U\left(e^{j240°} - e^{j0°}\right) = \sqrt{3}U\left(-\frac{\sqrt{3}}{2} - j\frac{1}{2}\right) = \sqrt{3}U \cdot e^{-j150°}$$

$$\underline{U}_b = \underline{U}_1 - \underline{U}_2 = U\left(e^{j0°} - e^{j120°}\right) = \sqrt{3}U\left(\frac{\sqrt{3}}{2} - j\frac{1}{2}\right) = \sqrt{3}U \cdot e^{-j30°}$$

$$\underline{U}_c = \underline{U}_2 - \underline{U}_3 = U\left(e^{j120°} - e^{j240°}\right) = U\,j\sqrt{3} = \sqrt{3}U \cdot e^{-j270°}$$

$$\frac{\underline{U}_a}{\underline{U}_c} = \frac{\underline{U}_{31}}{\underline{U}_{23}} = \underline{\underline{e^{j120°}}}$$

$$\frac{\underline{U}_c}{\underline{U}_b} = \frac{\underline{U}_{23}}{\underline{U}_{12}} = \underline{\underline{e^{j120°}}}$$

rechtsdrehend

$$\underline{U}_a = \underline{U}_3 - \underline{U}_1 = U\left(e^{-j240°} - e^{j0°}\right) = \sqrt{3}U\left(-\frac{\sqrt{3}}{2} + j\frac{1}{2}\right) = \sqrt{3}U\, e^{j150°}$$

$$\underline{U}_b = \underline{U}_1 - \underline{U}_2 = U\left(e^{j0°} - e^{-j120°}\right) = \sqrt{3}U\left(\frac{\sqrt{3}}{2} + j\frac{1}{2}\right) = \sqrt{3}U \cdot e^{j30°}$$

$$\underline{U}_c = \underline{U}_2 - \underline{U}_3 = U\left(e^{-j120°} - e^{-j240°}\right) = -U\,j\sqrt{3} = \sqrt{3}U \cdot e^{j270°}$$

$$\frac{\underline{U}_a}{\underline{U}_c} = \frac{\underline{U}_{31}}{\underline{U}_{23}} = \underline{\underline{e^{-j120°}}}$$

$$\frac{\underline{U}_c}{\underline{U}_b} = \frac{\underline{U}_{23}}{\underline{U}_{12}} = \underline{\underline{e^{-j120°}}}$$

Die Beträge der Dreieckspannungen ergeben sich aus $U_\Delta = \sqrt{3}U = \sqrt{3} \cdot 15\,\text{V}$. Die Phasenwinkel können auch aus einem Zeigerdiagramm bestimmt werden.

b) Die Impedanz $\underline{Z} = R + jX$ entspricht der Reihenschaltung aus einem Ohmschen Widerstand $\underline{\underline{R = 30\,\Omega}}$ und einer Induktivität mit $X = 40\,\Omega$. Damit folgt für die Induktivität

$\omega L = 40\,\Omega$ und

$$L = \frac{40\,\text{V}\cdot\text{s}}{100\,\text{A}} = 0{,}4\,\text{H}$$

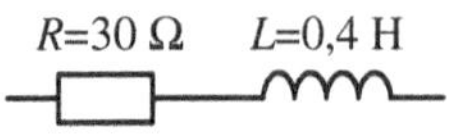


**Bild 10.8.3** Schaltung der Impedanz $\underline{Z} = R + \mathrm{j}X$

c) Zur Berechnung der Leistung wird $\underline{S} = \underline{U} \cdot \underline{I}^* = \underline{Z} \cdot \underline{I} \cdot \underline{I}^* = \underline{Z} \cdot I^2$ verwendet, wobei sich die Strangströme der Verbraucher mit $I_{\text{Str}} = I_{12} = I_{23} = I_{31} = \dfrac{U_\Delta}{Z} = I_\Delta$ berechnen. Für die Impedanz gilt:

$$Z = \sqrt{(30\;\Omega)^2 + (40\,\Omega)^2} = 50\,\Omega, \quad \text{also}$$

$$\underline{\underline{I_{\text{Str}}}} = \frac{\sqrt{3}\cdot 15\,\text{V}}{50\,\Omega} = \underline{\underline{\sqrt{3}\cdot 0{,}3\,\text{A}}}$$

Und damit:

$$\underline{\underline{P_{\text{ges}}}} = 3P_{\text{Str}} = 3I_{\text{Str}}^2\,R = 3^2\cdot(0{,}3\,\text{A})^2\cdot 30\,\Omega = 3\cdot 8{,}1\,\text{W} = \underline{\underline{24{,}3\,\text{W}}}$$

$$\underline{\underline{Q_a = Q_b = Q_c}} = Q_{\text{Str}} = I_{\text{Str}}^2\,X = 3\cdot(0{,}3\,\text{A})^2\cdot 40\,\Omega = \underline{\underline{10{,}8\,\text{V}\cdot\text{A}}}$$

d) Mit einer Kapazität $C = 125\,\mu\text{F}$ ergibt sich der Blindwiderstand

$$X_C = -\frac{1}{\omega C} = -\frac{1}{100\,\text{s}^{-1}\cdot 125\,\mu\text{F}} = -80\,\Omega$$

und die Strangimpedanz

$$\underline{Z}_C = 30\,\Omega - \mathrm{j}\,80\,\Omega$$

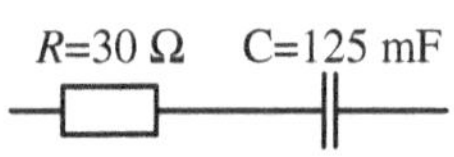


**Bild 10.8.4** Schaltung der Impedanz $\underline{Z}_c$

Die Leistung der Stränge a und b bleiben unverändert wie in Aufgabenteil c)

$$\underline{S}_a = \underline{S}_b = 8{,}1\,\text{W} + \mathrm{j}\,10{,}8\,\text{V}\cdot\text{A}$$

Auch die Strangspannung des Strangs c bleibt unverändert, damit ergibt sich:

$$\underline{S}_C = \frac{1}{\underline{Z}_C^*}U^2 = \frac{1}{(30-\mathrm{j}\,80)^*\,\Omega}(\sqrt{3}\cdot 15\text{V})^2 = \frac{30-\mathrm{j}\,80}{30^2+80^2}3\cdot 225\frac{\text{V}^2}{\Omega}$$

$$= 2{,}77\,\text{W} - \mathrm{j}\,7{,}397\,\text{V}\cdot\text{A}$$

$$\underline{\underline{P_{\text{ges}} = 2\cdot 8{,}1\,\text{W} + 2{,}77\,\text{W} = 18{,}97\,\text{W}}}$$

$$\underline{\underline{Q_a = Q_b = 10{,}8\,\text{V}\cdot\text{A}}}$$

$$\underline{\underline{Q_c = -7{,}397\,\text{V}\cdot\text{A}}}$$

## Aufgabe 10.9

Gegeben sei die abgebildete Schaltung mit Knoten 1, 2 und 3 und den Werten $R = 20\,\Omega$, $L = (10\pi)^{-1}$ H sowie $C = (2\pi)^{-1}$ mF. Die Spannungen sind gegeben mit $\underline{U}_1 = 220\,\mathrm{V} \cdot \mathrm{e}^{\mathrm{j}\,0^\circ}$, $\underline{U}_2 = 220\,\mathrm{V} \cdot \mathrm{e}^{\mathrm{j}\,120^\circ} = 220\,\mathrm{V}\left(-\frac{1}{2} + \mathrm{j}\,\frac{\sqrt{3}}{2}\right)$ und $\underline{U}_3 = 220\,\mathrm{V} \cdot \mathrm{e}^{\mathrm{j}\,240^\circ} = 220\,\mathrm{V}\left(-\frac{1}{2} - \mathrm{j}\,\frac{\sqrt{3}}{2}\right)$ bei $f = 50\,\mathrm{Hz}$.

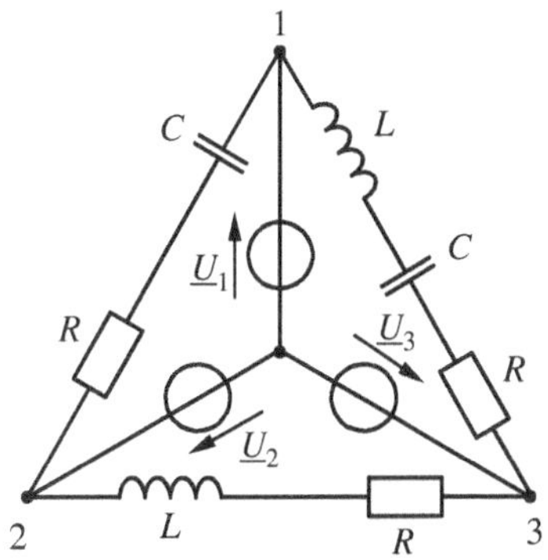


**Bild 10.9.1** Schaltung

a) In welcher Art sind die Verbraucher und die Quellen des Dreiphasensystems geschaltet (Symmetrie, Stern/Dreieck)?

b) Berechnen Sie die Spannungen $\underline{U}_{12}$, $\underline{U}_{23}$, $\underline{U}_{31}$. Geben Sie jeweils Betrag und Phase an.

c) Berechnen Sie die Wirk- und Blindleistung der einzelnen Stränge.

Für die folgende Teilaufgabe soll $\omega = \frac{1}{\sqrt{LC}}$ gelten:

d) Geben Sie die Blindleistung der gesamten Schaltung an.

## Lösung zu Aufgabe 10.9

a) Die *Quellen* befinden sich in *Sternschaltung*, die *Verbraucher in Dreieckschaltung*. Da die Impedanzen der einzelnen Stränge ungleich sind, ist das System *unsymmetrisch*.

b) Die Strangspannungen werden jeweils durch eine Maschengleichung über die Quellspannungen bestimmt. Da ein Dreiphasensystem vorliegt, sind die Beträge gleich. Die Phasen sind um jeweils 120° zueinander phasenverschoben:

$$\underline{\underline{\underline{U}_{31}}} = \underline{U}_1 - \underline{U}_3 = 220\,\mathrm{V} - 220\,\mathrm{V}\left(-\frac{1}{2} - \mathrm{j}\,\frac{\sqrt{3}}{2}\right) = \sqrt{3} \cdot 220\,\mathrm{V}\left(\frac{\sqrt{3}}{2} + \mathrm{j}\,\frac{1}{2}\right)$$

$$= \underline{\underline{\sqrt{3} \cdot 220\,\mathrm{V} \cdot \mathrm{e}^{\mathrm{j}\,30^\circ}}}$$

$$\underline{\underline{\underline{U}_{12}}} = \underline{U}_2 - \underline{U}_1 = \underline{\underline{\sqrt{3} \cdot 220\,\mathrm{V} \cdot \mathrm{e}^{\mathrm{j}\,150^\circ}}} = \sqrt{3} \cdot 220\,\mathrm{V}\left(-\frac{\sqrt{3}}{2} + \mathrm{j}\,\frac{1}{2}\right)$$

$$\underline{\underline{\underline{U}_{23}}} = \underline{U}_3 - \underline{U}_2 = \underline{\underline{\sqrt{3} \cdot 220\,\mathrm{V} \cdot \mathrm{e}^{\mathrm{j}\,270^\circ}}} = -\mathrm{j}\,\sqrt{3} \cdot 220\,\mathrm{V}$$

c) Wirk- und Blindleistungen berechnen sich mit $\underline{S} = P + \mathrm{j}\,Q = \underline{U}\,\underline{I}^* = U^2/\underline{Z}^*$, wobei mit $\omega = 2\pi \cdot 50\,\mathrm{Hz}$ die Impedanzen der Einzelbauteile und Stränge sich wie folgt ergeben:

$\underline{Z}_\mathrm{R} = R = 20\,\Omega$; $\quad \underline{Z}_{31} = R + \underline{Z}_\mathrm{L} + \underline{Z}_\mathrm{C} = 10\,\Omega \cdot (2 - \mathrm{j}) = 22{,}36\,\Omega \cdot \mathrm{e}^{-\mathrm{j}\,26{,}57^\circ}$

$$\underline{Z}_C = \frac{1}{j\omega C} = -j\,20\,\Omega; \qquad \underline{Z}_{12} = R + \underline{Z}_C = 20\,\Omega \cdot (1 - j) = 28{,}28\,\Omega \cdot e^{-j\,45^\circ}$$

$$\underline{Z}_L = j\omega L = j\,10\,\Omega; \qquad \underline{Z}_{23} = R + \underline{Z}_L = 10\,\Omega \cdot (2 + j) = 22{,}36\,\Omega \cdot e^{j\,26{,}57^\circ}$$

Damit ergibt sich:

$$\underline{S}_{31} = \frac{U_{31}^2}{\underline{Z}_{31}^*} = \frac{3 \cdot (220\,\text{V})^2}{22{,}36\,\Omega \cdot e^{j\,26{,}57^\circ}} = 6494\,\text{V} \cdot \text{A} \cdot e^{-j\,26{,}57^\circ} = \underline{\underline{5808\,\text{V} \cdot \text{A} - j\,2905\,\text{V} \cdot \text{A}}}$$

$$\underline{S}_{12} = \frac{U_{12}^2}{\underline{Z}_{12}^*} = \frac{3 \cdot (220\,\text{V})^2}{28{,}28\,\Omega \cdot e^{j\,45^\circ}} = 5134\,\text{V} \cdot \text{A} \cdot e^{-j\,45^\circ} = \underline{\underline{3631\,\text{V} \cdot \text{A} - j\,3631\,\text{V} \cdot \text{A}}}$$

$$\underline{S}_{23} = \frac{U_{23}^2}{\underline{Z}_{23}^*} = \frac{3 \cdot (220\,\text{V})^2}{22{,}36\,\Omega \cdot e^{-j\,26{,}57^\circ}} = 6494\,\text{V} \cdot \text{A} \cdot e^{j\,26{,}57^\circ} = \underline{\underline{5808\,\text{V} \cdot \text{A} + j\,2905\,\text{V} \cdot \text{A}}}$$

d) In Resonanz wird die Impedanz reell. Die Blindleistung von Strang 31 wird daher null. Die Blindleistungen der Stränge 12 und 23 sind vom Betrag gleich groß, haben aber unterschiedliche Vorzeichen. Daher ist die Summe der Blindleistungen der Stränge null:

$$\underline{\underline{Q_{ges} = 0\,\text{V} \cdot \text{A}}}$$

## Aufgabe 10.10

Gegeben ist die abgebildete Schaltung mit den Außenleiterspannungen $\underline{U}_{12} = \sqrt{3} \cdot 230\,\text{V}$, $\underline{U}_{23} = \sqrt{3} \cdot 230\,\text{V} \cdot e^{j\,120^\circ}$ und $\underline{U}_{31} = \sqrt{3} \cdot 230\,\text{V} \cdot e^{-j\,120^\circ}$ sowie den Impedanzen $\underline{Z}_R = 50\,\Omega$, $\underline{Z}_L = 50\,\Omega \cdot e^{j\,90^\circ}$ und $\underline{Z}_C = 50\,\Omega \cdot e^{-j\,90^\circ}$.

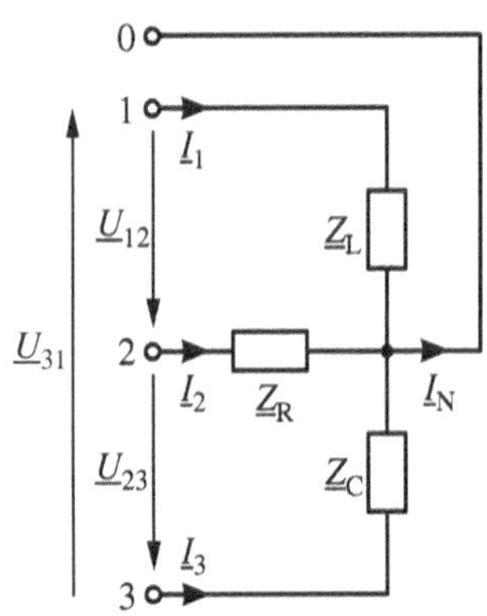


**Bild 10.10.1** Schaltung

a) Zeichnen Sie das qualitative Zeigerdiagramm für die Außenleiterspannungen $\underline{U}_{12}$, $\underline{U}_{23}$, $\underline{U}_{31}$ sowie die Strangspannungen $\underline{U}_1$, $\underline{U}_2$, $\underline{U}_3$ und -ströme $\underline{I}_1$, $\underline{I}_2$, $\underline{I}_3$.

b) Berechnen Sie den Neutralleiterstrom $\underline{I}_N$ und tragen Sie ihn in das Zeigerdiagramm aus a) ein.

c) Berechnen Sie die Wirk- und Blindleistungen der einzelnen Stränge.

d) Strang 1 wird nun unterbrochen. Welchen komplexen Wert hat nun der Neutralleiterstrom $\underline{I}_N$?

## Lösung zu Aufgabe 10.10

a) Im Zeigerdiagramm bilden die Außenleiterspannungen die Dreieckspannungen, die entsprechend ihrer Phasenlage einzuzeichnen sind. Die Strangspannungen sind die Sternspannungen, die entsprechend der Maschenumläufe gegeben sind:

$$\underline{U}_1 - \underline{U}_2 = \underline{U}_{12}; \qquad \underline{U}_2 - \underline{U}_3 = \underline{U}_{23}; \qquad \underline{U}_3 - \underline{U}_1 = \underline{U}_{31}$$

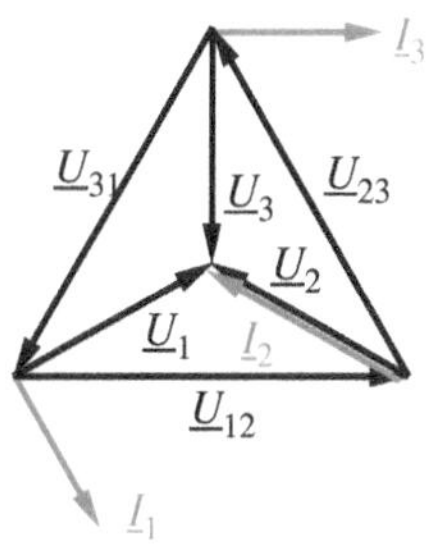


**Bild 10.10.2** Zeigerdiagramm

Die Phasenlage der Strangströme ergibt sich aus den Spannungen und den Impedanzen $\underline{I}_i = \underline{U}_i / \underline{Z}_i = U_i / Z_i \cdot \mathrm{e}^{\mathrm{j}\,(\varphi_{\mathrm{U}i} - \varphi_{\mathrm{Z}i})}$:

$$\underline{U}_1 = 230\,\mathrm{V} \cdot \mathrm{e}^{\mathrm{j}\,30^\circ}; \qquad \underline{I}_1 = \frac{\underline{U}_1}{\underline{Z}_\mathrm{L}} = \frac{230\,\mathrm{V}}{50\,\Omega}\,\mathrm{e}^{\mathrm{j}\,(30^\circ - 90^\circ)} = 4{,}6\,\mathrm{A} \cdot \mathrm{e}^{-\mathrm{j}\,60^\circ}$$

$$\underline{U}_2 = 230\,\mathrm{V} \cdot \mathrm{e}^{\mathrm{j}\,150^\circ}; \qquad \underline{I}_2 = \frac{\underline{U}_2}{\underline{Z}_\mathrm{R}} = \frac{230\,\mathrm{V}}{50\,\Omega}\,\mathrm{e}^{\mathrm{j}\,150^\circ} = 4{,}6\,\mathrm{A} \cdot \mathrm{e}^{\mathrm{j}\,150^\circ}$$

$$\underline{U}_3 = 230\,\mathrm{V} \cdot \mathrm{e}^{-\mathrm{j}\,90^\circ}; \qquad \underline{I}_3 = \frac{\underline{U}_3}{\underline{Z}_\mathrm{C}} = \frac{230\,\mathrm{V}}{50\,\Omega}\,\mathrm{e}^{\mathrm{j}\,(-90^\circ + 90^\circ)} = 4{,}6\,\mathrm{A}$$

b) Die Summe der Strangströme ist ungleich null, da eine unsymmetrische Sternschaltung vorliegt. Der Neutralleiterstrom resultiert aus der Knotengleichung zu:

$$\underline{\underline{I_\mathrm{N}}} = \underline{I}_1 + \underline{I}_2 + \underline{I}_3 = 4{,}6\,\mathrm{A} \cdot \left( \frac{1}{2} - \mathrm{j}\,\frac{\sqrt{3}}{2} - \frac{\sqrt{3}}{2} + \mathrm{j}\,\frac{1}{2} + 1 \right)$$

$$= 2{,}3\,\mathrm{A} \cdot \left[ \left(3 - \sqrt{3}\right) + \mathrm{j}\,\left(1 - \sqrt{3}\right) \right] = \underline{\underline{3{,}367\,\mathrm{A} \cdot \mathrm{e}^{-\mathrm{j}\,30^\circ}}}$$

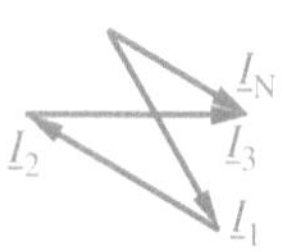


**Bild 10.10.3** Zeigerdiagramm für den Neutralleiterstrom

c) Die Leistungen können direkt über $\underline{S} = \underline{U} \cdot \underline{I}^*$ berechnet werden, da die Strangspannungen und -ströme bereits bekannt sind. Die Scheinleistung (Betrag) ist für alle Stränge gleich, da die Scheinwiderstände gleich sind.

$$\underline{S}_1 = \underline{U}_1\,\underline{I}_1^* = 230\,\mathrm{V} \cdot 4{,}6\,\mathrm{A} \cdot \mathrm{e}^{\mathrm{j}\,(30^\circ + 60^\circ)} = 1058\,\mathrm{V \cdot A} \cdot \mathrm{e}^{\mathrm{j}\,90^\circ}; \qquad Q_1 = 1058\,\mathrm{V \cdot A}$$

$$\underline{S}_2 = \underline{U}_2\,\underline{I}_2^* = 230\,\mathrm{V} \cdot 4{,}6\,\mathrm{A} \cdot \mathrm{e}^{\mathrm{j}\,(150^\circ - 150^\circ)} = 1058\,\mathrm{V \cdot A}; \qquad P_2 = 1058\,\mathrm{W}$$

$$\underline{S}_3 = \underline{U}_3\,\underline{I}_3^* = 230\,\mathrm{V} \cdot 4{,}6\,\mathrm{A} \cdot \mathrm{e}^{\mathrm{j}\,(-90^\circ + 0^\circ)} = 1058\,\mathrm{V \cdot A} \cdot \mathrm{e}^{-\mathrm{j}\,90^\circ}; \qquad Q_3 = -1058\,\mathrm{V \cdot A}$$

d) Da Strang 1 unterbrochen ist, fließt durch ihn kein Strom mehr, es gilt nun:

$$\underline{I}_N = \underline{I}_2 + \underline{I}_3 = 2{,}3\,\text{A} \cdot \left[2 - \sqrt{3} + \text{j}\right] = \underline{2{,}381\,\text{A} \cdot \text{e}^{\text{j}\,75^\circ}}$$

## Aufgabe 10.11

Ein Vierleiter-Drehstromsystem (symmetrisches Dreiphasensystem) mit den effektiven Außenleiterspannungen (Dreieckspannungen) $\underline{U}_{12} = 400\,\text{V} \cdot \text{e}^{-\text{j}\,30^\circ}$ und $\underline{U}_{23} = 400\,\text{V} \cdot \text{e}^{-\text{j}\,150^\circ}$ und der Frequenz $f = 50\,\text{Hz}$ ist wie folgt mit zwei Verbrauchern belastet:

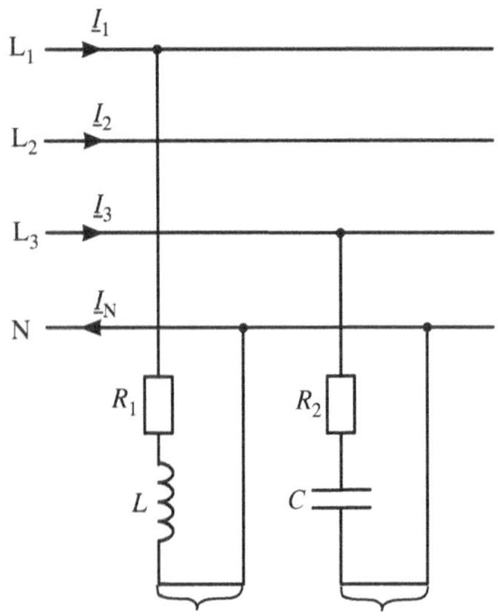


**Bild 10.11.1** Schaltung

Hierbei:

$$R_1 = 100\,\Omega; \qquad R_2 = 500\,\Omega; \qquad C = 31{,}8\,\mu\text{F}; \qquad L = 250\,\text{mH}$$

a) Berechnen Sie in Zahlenwerten die Sternspannungen $\underline{U}_1$, $\underline{U}_2$ und $\underline{U}_3$ jeweils nach Betrag und Phase passend zu den angegebenen Außenleiterspannungen.

Nehmen Sie für die beiden folgenden Teilaufgaben an, dass der Phasenwinkel von $\underline{U}_1$ null Grad ist und dass alle anderen Stern- und Außenleiterspannungen gemäß der gängigen Drehstromkonvention daraus folgen.

b) Berechnen Sie in Zahlenwerten die Außenleiterströme $\underline{I}_1$, $\underline{I}_2$ und $\underline{I}_3$ jeweils nach Betrag und Phase.

c) Die beiden Verbraucher sind nun nicht mehr mit dem Neutralleiter verbunden, sondern mit Leiter $\text{L}_2$ (also Verbraucher 1 liegt zwischen $\text{L}_1$ und $\text{L}_2$ und Verbraucher 2 liegt zwischen $\text{L}_3$ und $\text{L}_2$). Berechnen Sie wiederum in Zahlenwerten die Außenleiterströme $\underline{I}_1$, $\underline{I}_2$ und $\underline{I}_3$ jeweils nach Betrag und Phase.

## Lösung zu Aufgabe 10.11

a) Fehlende Dreieckspannung aus Rechnung (einfacher: Zeigerdiagramm):

$$\underline{U}_{31} = -\underline{U}_{12} - \underline{U}_{23} = -400\,\text{V} \cdot \left[\text{e}^{-\text{j}\,30^\circ} + \text{e}^{-\text{j}\,150^\circ}\right] = -400\,\text{V} \cdot \text{e}^{-\text{j}\,90^\circ} = 400\,\text{V} \cdot \text{e}^{+\text{j}\,90^\circ}$$

*Anmerkung:* Mithilfe der Additionstheoreme für Sinus und Kosinus kann man zeigen, dass $e^{j\varphi_1} + e^{j\varphi_2} = 2 \cdot \cos\left(\frac{\varphi_1 - \varphi_2}{2}\right) \cdot e^{j(\varphi_1+\varphi_2)/2}$ woraus für $|\varphi_1 - \varphi_2| = 120°$ folgt: $e^{j\varphi_1} + e^{j\varphi_2} = e^{j(\varphi_1+\varphi_2)/2}$. Weiter mit Zeigerdiagramm (oder Rechnung):

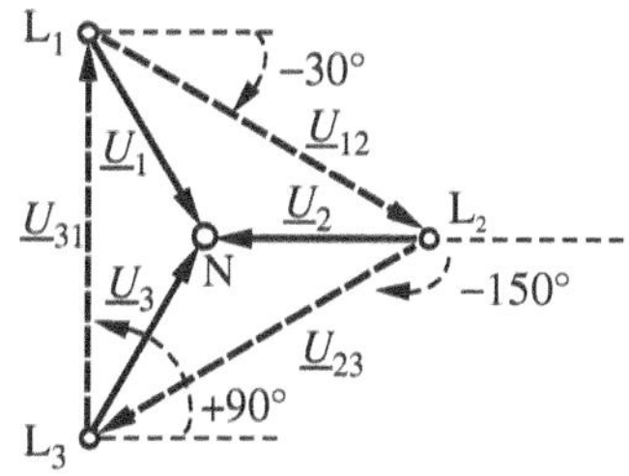


**Bild 10.11.2** Zeigerdiagramm

Daraus kann man die Phasenwinkel der Sternspannungen ablesen. Die Beträge sind ebenfalls bekannt: $|\underline{U}_1| = |\underline{U}_2| = |\underline{U}_3| = 400\,\text{V}/\sqrt{3} = 230{,}9\,\text{V}$. Somit:

$$\underline{\underline{\underline{U}_1 = 230{,}9\,\text{V} \cdot e^{-j60°}}}$$

$$\underline{\underline{\underline{U}_2 = 230{,}9\,\text{V} \cdot e^{\pm j180°}}}$$

$$\underline{\underline{\underline{U}_3 = 230{,}9\,\text{V} \cdot e^{+j60°}}}$$

b) Annahme nun: $\underline{U}_1 = 230{,}9\,\text{V} \cdot e^{j0°}$. Dann gilt nach gängiger Konvention:

$$\underline{U}_2 = 230{,}9\,\text{V} \cdot e^{-j120°} \quad \text{und} \quad \underline{U}_3 = 230{,}9\,\text{V} \cdot e^{+j120°}$$

Zwischen Stern- und Dreieckspannungen gilt folgender Zusammenhang:

$$\underline{U}_{12} = \underline{U}_1 - \underline{U}_2; \qquad \underline{U}_{23} = \underline{U}_2 - \underline{U}_3; \qquad \underline{U}_{31} = \underline{U}_3 - \underline{U}_1$$

Entweder aus Rechnung oder geändertem Zeigerdiagramm folgt dann:

$$\underline{U}_{12} = 400\,\text{V} \cdot e^{+j30°}; \qquad \underline{U}_{23} = 400\,\text{V} \cdot e^{-j90°}; \qquad \underline{U}_{31} = 400\,\text{V} \cdot e^{+j150°}$$

*Anmerkung:* Noch einfacher folgt dies aus der Einsicht, dass alle Phasenlagen um +60° zu denjenigen in Teilaufgabe a) verschoben sind.

Mit diesen Spannungen ist in Teilaufgaben b) und c) zu rechnen. Weiterhin benötigt man die Impedanzen der Verbraucher:

$$\underline{Z}_1 = [100 + j2\pi \cdot 50 \cdot 0{,}25]\ \Omega = [100 + j78{,}54]\ \Omega = 127{,}2\,\Omega \cdot e^{+j38{,}15°}$$

$$\underline{Z}_2 = \left[500 + \frac{1}{j2\pi \cdot 50 \cdot 31{,}8 \cdot 10^{-6}}\right] \Omega = [500 - j100{,}1]\ \Omega = 509{,}9\,\Omega \cdot e^{-j11{,}32°}$$

Für Teilaufgabe b) nun:

- $\underline{I}_1 = \frac{\underline{U}_1}{\underline{Z}_1} = \frac{230{,}9}{127{,}2}\,\text{A} \cdot e^{j(0°-38{,}15°)} = \underline{\underline{1{,}815\,\text{A} \cdot e^{-j38{,}15°}}}$
- $\underline{\underline{\underline{I}_2 = 0}}$ (kein Verbraucher angeschlossen)
- $\underline{I}_3 = \frac{\underline{U}_3}{\underline{Z}_2} = \frac{230{,}9}{509{,}9}\,\text{A} \cdot e^{j(120°+11{,}32°)}\,\text{A} = \underline{\underline{0{,}4528\,\text{A} \cdot e^{+j131{,}3°}}}$

c) In analoger Weise:

- $\underline{I}_1 = \dfrac{\underline{U}_{12}}{\underline{Z}_1} = \dfrac{400}{127{,}2} \cdot \mathrm{e}^{\mathrm{j}\,(30^\circ - 38{,}15^\circ)}\,\mathrm{A} = \underline{\underline{3{,}145\,\mathrm{A} \cdot \mathrm{e}^{-\mathrm{j}\,8{,}150^\circ}}}$
- $\underline{I}_3 = \dfrac{-\underline{U}_{23}}{\underline{Z}_2} = -\dfrac{400}{509{,}9} \cdot \mathrm{e}^{\mathrm{j}\,(-90^\circ + 11{,}32^\circ)} = -0{,}7845\,\mathrm{A} \cdot \mathrm{e}^{-\mathrm{j}\,78{,}68^\circ} = \underline{\underline{0{,}7845\,\mathrm{A} \cdot \mathrm{e}^{+\mathrm{j}\,101{,}3^\circ}}}$
- $\underline{I}_2 = -\underline{I}_1 - \underline{I}_3 = -3{,}145\,\mathrm{A} \cdot \mathrm{e}^{-\mathrm{j}\,8{,}150^\circ} - 0{,}7845\,\mathrm{A} \cdot \mathrm{e}^{+\mathrm{j}\,101{,}3^\circ}$

$$= -3{,}145\,\mathrm{A} \cdot \left[0{,}9899 - \mathrm{j}\,0{,}1418\right] - 0{,}7845\,\mathrm{A} \cdot \left[-0{,}1959 + \mathrm{j}\,0{,}9806\right]$$

$$= -\left[2{,}960 + \mathrm{j}\,0{,}3233\right]\,\mathrm{A} = -2{,}978\,\mathrm{A} \cdot \mathrm{e}^{+\mathrm{j}\,6{,}233^\circ} = \underline{\underline{2{,}978\,\mathrm{A} \cdot \mathrm{e}^{-\mathrm{j}\,173{,}8^\circ}}}$$

## Aufgabe 10.12

Ein Vierleiter-Drehstromsystem (symmetrisches Dreiphasensystem) mit einer effektiven Außenleiterspannung (Dreieckspannung) von 400 V und der Frequenz $f = 50\,\mathrm{Hz}$ ist wie folgt mit einem unsymmetrischen Verbraucher belastet:

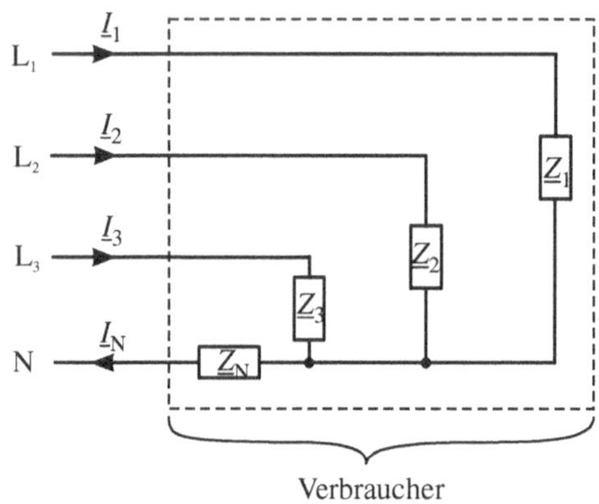


**Bild 10.12.1** Schaltung

Hierbei:

$$\underline{I}_\mathrm{N} = 5\,\mathrm{A} \cdot \mathrm{e}^{\mathrm{j}\,20^\circ}; \qquad \underline{Z}_\mathrm{N} = 3\,\Omega \cdot \mathrm{e}^{-\mathrm{j}\,20^\circ}; \qquad \underline{Z}_1 = 15\,\Omega \cdot \mathrm{e}^{\mathrm{j}\,30^\circ}; \qquad \underline{Z}_2 = 15\,\Omega$$

Nehmen Sie für alle folgenden Teilaufgaben an, dass der Phasenwinkel der Sternspannung $\underline{U}_1$ null Grad ist und dass alle anderen Stern- und Außenleiterspannungen gemäß der gängigen Drehstromkonvention daraus folgen.

a) Berechnen Sie $\underline{I}_1$ und $\underline{I}_2$ in Zahlenwerten jeweils nach Betrag und Phase.

b) Berechnen Sie $\underline{I}_3$ und $\underline{Z}_3$ in Zahlenwerten jeweils nach Betrag und Phase.

c) Gehen Sie davon aus, dass $\underline{Z}_1 = \underline{Z}_2 = 15\,\Omega \cdot \mathrm{e}^{\mathrm{j}\,30^\circ}$. Wie groß muss dann $\underline{Z}_3$ sein (Zahlenwert nach Betrag und Phase), damit $\underline{I}_\mathrm{N} = 0$ wird? Berechnen Sie für diesen Fall Schein-, Wirk- und Blindleistung an $\underline{Z}_3$ in Zahlenwerten.

## Lösung zu Aufgabe 10.12

Im Folgenden wird mit Sternspannungen gerechnet. Deren Beträge sind $|\underline{U}_1| = |\underline{U}_2| = |\underline{U}_3| = 400\,\mathrm{V}/\sqrt{3} = 230{,}9\,\mathrm{V}$. Somit gemäß Vorgabe:

$$\underline{U}_1 = 230{,}9\,\mathrm{V} \cdot \mathrm{e}^{\mathrm{j}\,0^\circ}; \qquad \underline{U}_2 = 230{,}9\,\mathrm{V} \cdot \mathrm{e}^{-\mathrm{j}\,120^\circ}; \qquad \underline{U}_3 = 230{,}9\,\mathrm{V} \cdot \mathrm{e}^{+\mathrm{j}\,120^\circ}$$

a) Es muss zunächst der Spannungsabfall an $\underline{Z}_\mathrm{N}$ berechnet werden:

$$\underline{U}_\mathrm{N} = \underline{Z}_\mathrm{N} \cdot \underline{I}_\mathrm{N} = 15\,\mathrm{V}$$

Aus der Maschenregel $\underline{U}_1 = \underline{U}_\mathrm{N} + \underline{Z}_1 \cdot \underline{I}_1$ folgt dann:

$$\underline{I}_1 = \frac{\underline{U}_1 - \underline{U}_\mathrm{N}}{\underline{Z}_1} = \frac{230{,}9 - 15}{15 \cdot \mathrm{e}^{\mathrm{j}\,30^\circ}}\,\mathrm{A} = \underline{\underline{14{,}39\,\mathrm{A} \cdot \mathrm{e}^{-\mathrm{j}\,30^\circ}}}$$

Aus der Maschenregel $\underline{U}_2 = \underline{U}_\mathrm{N} + \underline{Z}_2 \cdot \underline{I}_2$ folgt dann:

$$\underline{I}_2 = \frac{\underline{U}_2 - \underline{U}_\mathrm{N}}{\underline{Z}_2} = \frac{230{,}9 \cdot \mathrm{e}^{-\mathrm{j}\,120^\circ} - 15}{15}\,\mathrm{A} = (15{,}39 \cdot \mathrm{e}^{-\mathrm{j}\,120^\circ} - 1)\,\mathrm{A}$$

$$= (-7{,}695 - \mathrm{j}\,13{,}33 - 1)\,\mathrm{A} = (-8{,}696 - \mathrm{j}\,13{,}33)\,\mathrm{A} = \underline{\underline{15{,}91\,\mathrm{A} \cdot \mathrm{e}^{-\mathrm{j}\,123{,}1^\circ}}}$$

b) Aus der Knotenregel $\underline{I}_1 + \underline{I}_2 + \underline{I}_3 = \underline{I}_\mathrm{N}$ folgt:

$$\begin{aligned}\underline{I}_3 &= \underline{I}_\mathrm{N} - \underline{I}_1 - \underline{I}_2 = 5\,\mathrm{A} \cdot \mathrm{e}^{\mathrm{j}\,20^\circ} - 14{,}39\,\mathrm{A} \cdot \mathrm{e}^{-\mathrm{j}\,30^\circ} - 15{,}91\,\mathrm{A} \cdot \mathrm{e}^{-\mathrm{j}\,123{,}1^\circ}\\ &= (4{,}698 + \mathrm{j}\,1{,}71 - 12{,}46 + \mathrm{j}\,7{,}195 + 8{,}688 + \mathrm{j}\,13{,}33)\,\mathrm{A}\\ &= (0{,}926 + \mathrm{j}\,22{,}23)\,\mathrm{A} = \underline{\underline{22{,}25\,\mathrm{A} \cdot \mathrm{e}^{\mathrm{j}\,87{,}61^\circ}}}\end{aligned}$$

$\underline{Z}_3$ dann aus Kenntnis von $\underline{U}_3$ und $\underline{I}_3$:

$$\begin{aligned}\underline{Z}_3 &= \frac{\underline{U}_3 - \underline{U}_\mathrm{N}}{\underline{I}_3} = \frac{230{,}9 \cdot \mathrm{e}^{\mathrm{j}\,120^\circ} - 15}{22{,}25\,\mathrm{A} \cdot \mathrm{e}^{\mathrm{j}\,87{,}61^\circ}}\,\Omega = (10{,}38 \cdot \mathrm{e}^{\mathrm{j}\,32{,}39^\circ} - 0{,}6741 \cdot \mathrm{e}^{-\mathrm{j}\,87{,}61^\circ})\,\Omega\\ &= (8{,}765 + \mathrm{j}\,5{,}560 - 0{,}02811 + \mathrm{j}\,0{,}6735)\,\Omega\\ &= (8{,}737 + \mathrm{j}\,6{,}233)\,\Omega = \underline{\underline{10{,}73\,\Omega \cdot \mathrm{e}^{\mathrm{j}\,35{,}50^\circ}}}\end{aligned}$$

c) Die Bedingung $\underline{I}_\mathrm{N} = 0$ ist für einen symmetrischen Verbraucher erfüllt. Also:

$$\underline{\underline{\underline{Z}_1 = \underline{Z}_2 = \underline{Z}_3 = 15\,\Omega \cdot \mathrm{e}^{\mathrm{j}\,30^\circ}}}$$

Schein-, Wirk-, und Blindleistung an $\underline{Z}_3$ berechnen sich aus der Strangspannung gemäß ($\varphi$ = Phasenwinkel von $\underline{Z}_3$):

$$S = \frac{U_\mathrm{str3}^2}{Z_3}; \qquad P = S \cdot \cos\varphi; \qquad Q = S \cdot \sin\varphi$$

Da $\underline{I}_\mathrm{N} = 0$ folgt $\underline{U}_\mathrm{N} = 0$ und somit $U_\mathrm{str3} = U_3$. Somit:

$$S = \frac{(230{,}9)^2}{15}\,\mathrm{V} \cdot \mathrm{A} = \underline{\underline{3554\,\mathrm{V} \cdot \mathrm{A}}}$$

$$P = 3\,554 \cdot 0{,}866\,\mathrm{W} = \underline{\underline{3078\,\mathrm{W}}}$$

$$Q = 3\,554 \cdot 0{,}5\,\mathrm{V} \cdot \mathrm{A} = \underline{\underline{1777\,\mathrm{V} \cdot \mathrm{A}}}$$

## Aufgabe 10.13

Ein Vierleiter-Drehstromsystem (symmetrisches Dreiphasensystem) mit einer effektiven Außenleiterspannung (Dreieckspannung) von 400 V und der Frequenz $f = 50\,\text{Hz}$ ist wie folgt mit Verbrauchern belastet:

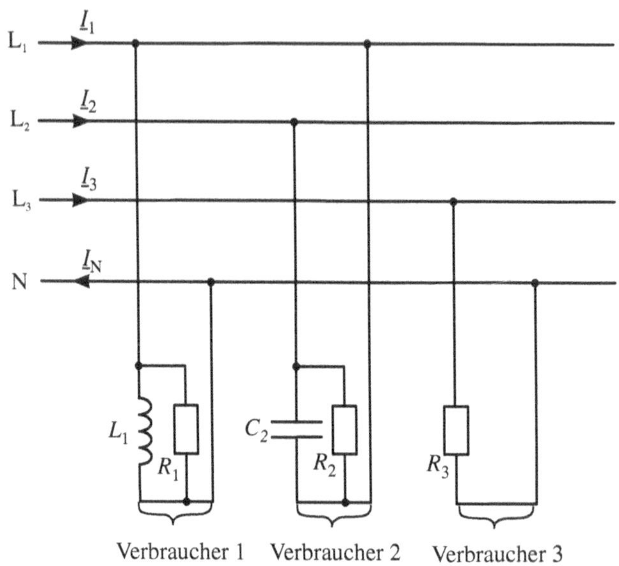


**Bild 10.13.1** Schaltung

Hierbei: $L_1 = 10\,\text{mH}$, $R_1 = 20\,\Omega$, $C_2 = 5\,\text{mF}$, $R_2 = 40\,\Omega$, $R_3 = 50\,\Omega$.

Nehmen Sie für alle folgenden Teilaufgaben an, dass der Phasenwinkel der Sternspannung $\underline{U}_1$ null Grad ist und dass alle anderen Stern- und Außenleiterspannungen gemäß der gängigen Drehstromkonvention daraus folgen.

a) Berechnen Sie einzeln die von jedem Verbraucher aufgenommene Wirkleistung und Blindleistung in Zahlenwerten.

b) Berechnen Sie die Zahlenwerte der Ströme $\underline{I}_1$, $\underline{I}_2$ und $\underline{I}_3$ nach Betrag und Phase.

## Lösung zu Aufgabe 10.13

Im Folgenden ist die Kenntnis der Verbraucher-Admittanzen hilfreich:

$$\underline{Y}_1 = \frac{1}{R_1} + \frac{1}{\mathrm{j}\,\omega L_1} = (0{,}05 - \mathrm{j}\,0{,}3183)\,\text{S} = 0{,}3222\,\text{S} \cdot \mathrm{e}^{-\mathrm{j}\,81{,}07^\circ}$$

$$\underline{Y}_2 = \frac{1}{R_2} + \mathrm{j}\,\omega C_2 = (0{,}025 + \mathrm{j}\,1{,}571)\,\text{S} = 1{,}571\,\text{S} \cdot \mathrm{e}^{\mathrm{j}\,89{,}09^\circ}$$

$$\underline{Y}_3 = \frac{1}{R_2} = 0{,}02\,\text{S}$$

a) Für die komplexe Leistung gilt $\underline{S} = P + \mathrm{j}\,Q = \underline{Y}^* \cdot U^2 = G \cdot U^2 - \mathrm{j}\,B \cdot U^2$. Hierbei müssen für $U$ jeweils 400 V (Dreieckspannung) oder 230,9 V (Sternspannung) eingesetzt werden. Mit diesem Ansatz folgt:

$$P_1 = 0{,}05\,\text{S} \cdot (230{,}9\,\text{V})^2 = \underline{\underline{2{,}666\,\text{kW}}}; \qquad Q_1 = 0{,}3183\,\text{S} \cdot (230{,}9\,\text{V})^2 = \underline{\underline{+16{,}97\,\text{kV} \cdot \text{A}}}$$

$$P_2 = 0{,}025\,\text{S} \cdot (400\,\text{V})^2 = \underline{\underline{4{,}0\,\text{kW}}}; \qquad Q_2 = -1{,}571\,\text{S} \cdot (400\,\text{V})^2 = \underline{\underline{-251{,}4\,\text{kV} \cdot \text{A}}}$$

$$P_3 = 0{,}02\,\text{S} \cdot (230{,}9\,\text{V})^2 = \underline{\underline{1{,}066\,\text{kW}}}; \qquad Q_3 = \underline{\underline{0\,\text{V} \cdot \text{A}}}$$

b) Für die Berechnung führt man am besten für jeden Verbraucher Strangströme ein. Hier wird folgende Konvention verwendet:

$\underline{I}_{\text{str1}}$ = Strom von L1 ausgehend durch Verbraucher 1

$\underline{I}_{\text{str2}}$ = Strom von L2 ausgehend durch Verbraucher 2

$\underline{I}_{\text{str3}}$ = Strom von L3 ausgehend durch Verbraucher 3

Aus Anwendung der Knotenregel folgen dann die Zusammenhänge:

$$\underline{I}_1 = \underline{I}_{\text{str1}} - \underline{I}_{\text{str2}}; \quad \underline{I}_2 = \underline{I}_{\text{str2}}; \quad \underline{I}_3 = \underline{I}_{\text{str3}}; \quad (\underline{I}_N = \underline{I}_1 + \underline{I}_2 + \underline{I}_3 = \underline{I}_{\text{str1}} + \underline{I}_{\text{str3}})$$

Berechnung der Strangströme:

$$\underline{I}_{\text{str1}} = \underline{U}_1 \cdot \underline{Y}_1 = 230{,}9\,\text{V} \cdot \text{e}^{\text{j}\,0^\circ} \cdot 0{,}3222 \cdot \text{e}^{-\text{j}\cdot 81{,}07^0}\,\text{S} = 74{,}39\,\text{A} \cdot \text{e}^{-\text{j}\,81{,}07^0}$$

$$\underline{I}_{\text{str2}} = -\underline{U}_{12} \cdot \underline{Y}_2 = \underbrace{-400\,\text{V} \cdot \text{e}^{\text{j}\,30^\circ}}_{=400\,\text{V}\cdot \text{e}^{-\text{j}\,150^\circ}} \cdot 1{,}571 \cdot \text{e}^{\text{j}\,89{,}09^0} = 628{,}4\,\text{A} \cdot \text{e}^{-\text{j}\,60{,}91^\circ}$$

$$\underline{I}_{\text{str3}} = \underline{U}_3 \cdot \underline{Y}_3 = 230{,}9\,\text{V} \cdot \text{e}^{\text{j}\,120^\circ} \cdot 0{,}02\,\text{S} = 4{,}618\,\text{A} \cdot \text{e}^{\text{j}\,120^\circ}$$

Damit dann:

$$\underline{\underline{\underline{I}_1 = 688{,}5\,\text{A} \cdot \text{e}^{-\text{j}\,115{,}3^\circ}}}$$

$$\underline{\underline{\underline{I}_2 = 628{,}4\,\text{A} \cdot \text{e}^{\text{j}\,60{,}91^\circ}}}$$

$$\underline{\underline{\underline{I}_3 = 4{,}618\,\text{A} \cdot \text{e}^{\text{j}\,120^\circ}}}$$

## Aufgabe 10.14

Ein Vierleiter-Drehstromsystem (symmetrisches Dreiphasensystem) mit einer effektiven Außenleiterspannung (Dreieckspannung) von 400 V und der Frequenz $f = 50$ Hz ist wie folgt mit einem unsymmetrischen Verbraucher belastet:

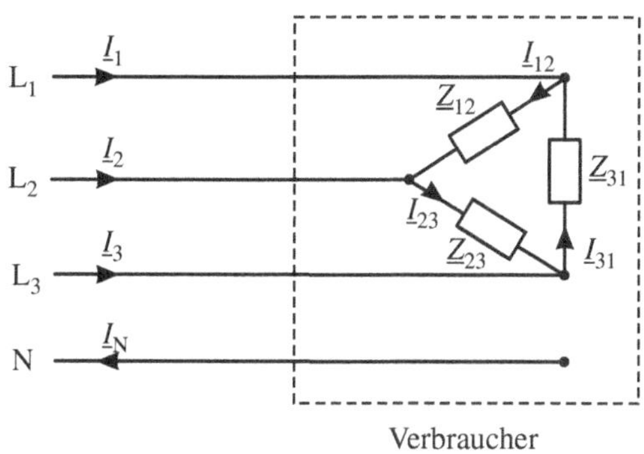


**Bild 10.14.1** Schaltung

Hierbei gilt

$$\underline{Z}_{12} = \underline{Z}_{23} = 10\,\Omega \cdot \text{e}^{\text{j}\,60^\circ} \quad \text{und} \quad \underline{Z}_{31} = 12\,\Omega \cdot \text{e}^{\text{j}\,90^\circ}$$

Die Sternspannung $\underline{U}_1$ hat einen Nullphasenwinkel von $+90^\circ$. Alle anderen Stern- und Außenleiterspannungen folgen daraus gemäß der gängigen Drehstromkonvention.

a) Berechnen Sie in Zahlenwerten die Wirk- und Blindleistung sowie den Leistungsfaktor für *jeden Strang* einzeln.

b) Berechnen Sie den Strom $\underline{I}_2$ (siehe Zeichnung) als Zahlenwert nach Betrag und Phase.

## Lösung zu Aufgabe 10.14

a) Da die Außenleiterspannungen gegeben sind, lässt sich die Leistung in den Strängen am einfachsten über $\underline{S} = \underline{Y}^* \cdot U^2$ bestimmen. Die entsprechenden Admittanzen sind:

$$\underline{Y}_{12} = \underline{Y}_{23} = 0{,}1 \cdot \mathrm{e}^{-\mathrm{j}\,60^\circ}\,\mathrm{S} \text{ und } \underline{Y}_{31} = 0{,}0833 \cdot \mathrm{e}^{-\mathrm{j}\,90^\circ}\,\mathrm{S}$$

Damit ergeben sich die komplexen Leistungen zu:

$$\underline{S}_{12} = 0{,}1 \cdot \mathrm{e}^{\mathrm{j}\,60^\circ} \cdot 400^2\,\mathrm{V \cdot A} = 16 \cdot \mathrm{e}^{\mathrm{j}\,60^\circ}\,\mathrm{kV \cdot A} = (8 + \mathrm{j}\,13{,}86)\,\mathrm{kV \cdot A}$$
$$\underline{S}_{23} = \underline{S}_{12} = (8 + \mathrm{j}\,13{,}86)\,\mathrm{kV \cdot A}$$
$$\underline{S}_{31} = 0{,}0833 \cdot \mathrm{e}^{\mathrm{j}\,90^\circ} \cdot 400^2\,\mathrm{V \cdot A} = 13{,}33 \cdot \mathrm{e}^{\mathrm{j}\,90^\circ}\,\mathrm{kV \cdot A} = \mathrm{j}\,13{,}33\,\mathrm{kV \cdot A}$$

Daraus lassen sich Wirk- und Blindleistung ablesen:

$$\underline{\underline{P_{12} = P_{23} = 8\,\mathrm{kW}}}; \qquad \underline{\underline{Q_{12} = Q_{23} = 13{,}86\,\mathrm{kV \cdot A}}}$$
$$\underline{\underline{P_{31} = 0\,\mathrm{kW}}}; \qquad \underline{\underline{Q_{31} = 13{,}33\,\mathrm{kV \cdot A}}}$$

Der Leistungsfaktor (LF) ist gleich $\cos(\varphi)$, wobei $\varphi$ der Phasenwinkel der komplexen Leistung ist:

$$\underline{\underline{LF_{12} = LF_{23} = \cos(60^\circ) = 0{,}5}} \quad \text{bzw.} \quad \underline{\underline{LF_{31} = \cos(90^\circ) = 0}}$$

b) Aus Knoten- und Maschenregeln ergibt sich für den gesuchten Strom:

$$\underline{I}_2 = \underline{I}_{23} - \underline{I}_{12} = \frac{\underline{U}_{23}}{\underline{Z}_{23}} - \frac{\underline{U}_{12}}{\underline{Z}_{12}} = \frac{1}{10 \cdot \mathrm{e}^{\mathrm{j}\,60^\circ}\,\Omega} \cdot (\underline{U}_{23} - \underline{U}_{12})$$

Mit der Vorgabe, dass $\underline{U}_1$ einen Nullphasenwinkel von $+90^\circ$ hat, gilt folgendes Zeigerdiagramm:

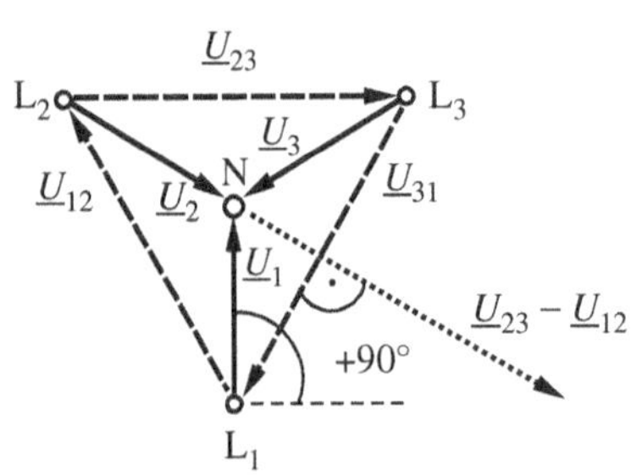


**Bild 10.14.2** Zeigerdiagramm

Daraus kann man ablesen:

$$\underline{U}_{23} - \underline{U}_{12} = 2 \cdot |\underline{U}_{23}| \cdot \cos(30^0) \cdot \mathrm{e}^{-\mathrm{j}\,30^0} = 692{,}8 \cdot \mathrm{e}^{-\mathrm{j}\,30^0}$$

Einsetzen in die Formel für den Strom ergibt:

$$\underline{I}_2 = \frac{692{,}8 \cdot \mathrm{e}^{-\mathrm{j}\,30^\circ}}{10 \cdot \mathrm{e}^{\mathrm{j}\,60^\circ}}\,\mathrm{A} = \underline{\underline{69{,}28 \cdot \mathrm{e}^{-\mathrm{j}\,90^\circ}\,\mathrm{A}}}$$

## Aufgabe 10.15

Gegeben ist ein Vierleiter-Drehstromsystem (symmetrisches Dreiphasensystem) mit einer effektiven Außenleiterspannung von 400 V und der Frequenz $f = 50\,\text{Hz}$, das wie folgt mit einem unsymmetrischen Verbraucher belastet ist:

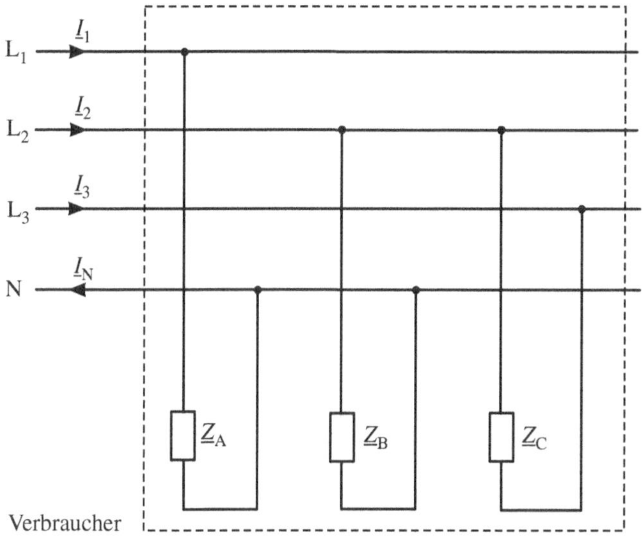


**Bild 10.15.1** Schaltung

Hierbei gilt:

$$\underline{Z}_\text{A} = (5 + \text{j}\,9)\ \Omega; \qquad \underline{Z}_\text{B} = (4 + \text{j}\,9)\ \Omega; \qquad \underline{Z}_\text{C} = (5 + \text{j}\,1)\ \Omega$$

a) Berechnen Sie die Wirk- und Blindleistung, die jeweils in den Impedanzen umgesetzt werden, sowie die zugehörigen Leistungsfaktoren jeweils als *Zahlenwert.*

Die Außenleiterspannung $\underline{U}_{12}$ habe einen Nullphasenwinkel von 0°. Alle anderen Strang- und Außenleiterspannungen folgen aus der gängigen Drehstromkonvention.

b) Bestimmen Sie zu dieser Vorgabe die *Zahlenwerte* der Außenleiterströme $\underline{I}_1$, $\underline{I}_2$, $\underline{I}_3$ jeweils nach *Real- und Imaginärteil.*

## Lösung zu Aufgabe 10.15

a) Die komplexe Leistung ergibt sich am einfachsten aus dem Ansatz $\underline{S} = \underline{Y}^* \cdot U^2$, wobei jeweils die richtige Admittanz und Strangspannung eingesetzt werden muss.

Berechnung der komplex konjugierten Admittanzen:

$$\underline{Z}_\text{A} = (5 + \text{j}\,9)\ \Omega \quad \Rightarrow \quad \underline{Y}^*_\text{A} = (47{,}17 + \text{j}\,84{,}91)\ \text{mS}$$
$$\underline{Z}_\text{B} = (4 + \text{j}\,9)\ \Omega \quad \Rightarrow \quad \underline{Y}^*_\text{B} = (41{,}24 + \text{j}\,92{,}78)\ \text{mS}$$
$$\underline{Z}_\text{C} = (5 + \text{j}\,1)\ \Omega \quad \Rightarrow \quad \underline{Y}^*_\text{C} = (192{,}3 + \text{j}\,38{,}46)\ \text{mS}$$

Die entsprechenden Spannungen sind:

$$U_\text{A} = U_\text{B} = \frac{400}{\sqrt{3}}\,\text{V} = 230{,}9\,\text{V}; \qquad U_\text{C} = 400\,\text{V}$$

Damit ergeben sich folgende Werte:

$$P_A = \underline{\underline{2{,}516\,\text{kW}}};\quad Q_A = \underline{\underline{4{,}528\,\text{kV}\cdot\text{A}}};\quad \text{LF}_A = \cos\left(\arctan(Q_A/P_A)\right) = \underline{\underline{0{,}4857}}$$

$$P_B = \underline{\underline{2{,}199\,\text{kW}}};\quad Q_B = \underline{\underline{4{,}948\,\text{kV}\cdot\text{A}}};\quad \text{LF}_B = \cos\left(\arctan(Q_B/P_B)\right) = \underline{\underline{0{,}4061}}$$

$$P_C = \underline{\underline{30{,}768\,\text{kW}}};\quad Q_C = \underline{\underline{6{,}153\,\text{kV}\cdot\text{A}}};\quad \text{LF}_C = \cos\left(\arctan(Q_C/P_C)\right) = \underline{\underline{0{,}9806}}$$

b) Zur Bestimmung der Außenleiterströme müssen zuerst die Strangströme berechnet werden. Dazu müssen neben dem Betrag auch die Nullphasenwinkel aller Strangspannungen bekannt sein. Bei der Bestimmung hilft z. B. folgendes Zeigerdiagramm (Winkel mit der $x$-Achse entspricht dem Nullphasenwinkel):

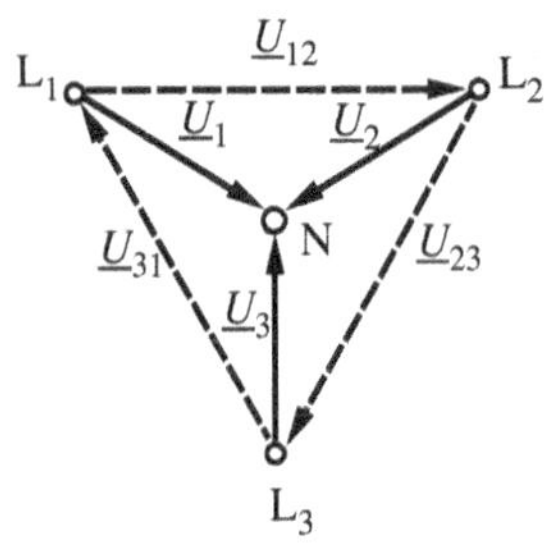


**Bild 10.15.2** Zeigerdiagramm

Mit $\underline{U}_A = \underline{U}_1$, $\underline{U}_B = \underline{U}_2$ und $\underline{U}_C = \underline{U}_{23}$ folgt daraus:

$$\underline{I}_A = \underline{Y}_A \cdot \underline{U}_1 = \frac{230{,}9 \cdot e^{-j\,30^\circ}\,\text{V}}{(5 + j\,9)\,\Omega} = (-0{,}370 - j\,22{,}43)\,\text{A}$$

$$\underline{I}_B = \frac{\underline{U}_2}{\underline{Z}_B} = \frac{230{,}9 \cdot e^{-j\,150^\circ}\,\text{V}}{(4 + j\,9)\,\Omega} = (-18{,}96 + j\,13{,}79)\,\text{A}$$

$$\underline{I}_C = \frac{\underline{U}_{23}}{\underline{Z}_C} = \frac{400 \cdot e^{-j\,120^\circ}\,\text{V}}{(5 + j\,1)\,\Omega} = (-51{,}79 - j\,58{,}92)\,\text{A}$$

Daraus folgen die gesuchten Strangströme zu:

$$\underline{I}_1 = \underline{I}_A = \underline{\underline{(-0{,}370 - j\,22{,}43)\,\text{A}}}$$

$$\underline{I}_2 = \underline{I}_B + \underline{I}_C = \underline{\underline{(-70{,}74 - j\,45{,}13)\,\text{A}}}$$

$$\underline{I}_3 = -\underline{I}_C = \underline{\underline{(51{,}79 + j\,58{,}92)\,\text{A}}}$$

## Aufgabe 10.16

Ein Vierleiter-Drehstromsystem (symmetrisches Dreiphasensystem) mit einer effektiven Außenleiterspannung von 400 V und der Frequenz $f = 50\,\text{Hz}$ ist wie folgt mit einem unsymmetrischen Verbraucher belastet:

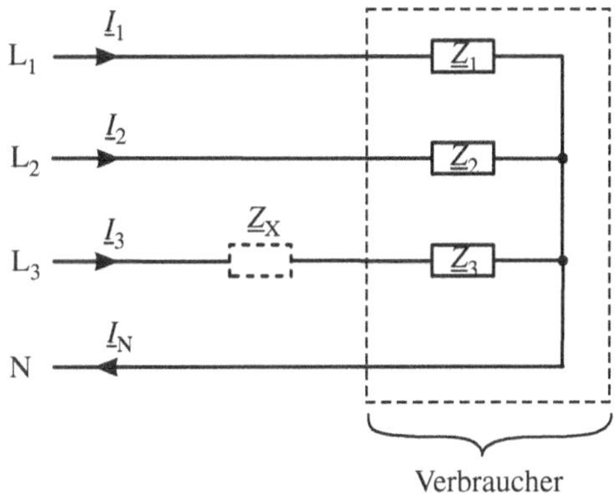


**Bild 10.16.1** Schaltung

Hier:

$$\underline{Z}_1 = 17{,}2 \cdot e^{j\,54{,}46^\circ}\,\Omega; \qquad \underline{Z}_2 = 15{,}62 \cdot e^{j\,50{,}19^\circ}\,\Omega; \qquad \underline{Z}_3 = 11{,}0 \cdot e^{j\,40{,}0^\circ}\,\Omega$$

Nehmen Sie für alle folgenden Teilaufgaben an, dass der Phasenwinkel der Außenleiterspannung $\underline{U}_{12} = 90^\circ$ ist. Alle anderen Strang- und Außenleiterspannungen folgen aus der gängigen Drehstromkonvention.

Für die Teilaufgaben a) und b) entspricht das Bauteil mit $\underline{Z}_x$ einem Kurzschluss.

a) Berechnen Sie in Zahlenwerten die Wirk- und Blindleistung in den Lasten $\underline{Z}_1$, $\underline{Z}_2$ und $\underline{Z}_3$.

b) Berechnen Sie in Zahlenwerten die Ströme durch die Lasten $\underline{Z}_1$, $\underline{Z}_2$ und $\underline{Z}_3$ jeweils nach Betrag und Phase.

c) Durch Zuschalten eines unbekannten Bauteils mit Impedanz $\underline{Z}_x$ im dritten Strang in Reihe soll der Strom im Neutralleiter annähernd null gemacht werden. Geben Sie Real- und Imaginärteil der Impedanz des Bauteils in Zahlenwerten an. Welches einfache Bauteil ($R$, $L$ oder $C$) kann diese Zahlenwerte erzeugen?

## Lösung zu Aufgabe 10.16

Für das Folgende ist es sinnvoll, die Admittanzen bereitzustellen:

$$\underline{Z}_1 = 17{,}20 \cdot e^{j\,54{,}46^\circ}\,\Omega; \qquad \underline{Y}_1 = 58{,}14 \cdot e^{-j\,54{,}46^\circ}\,\text{mS}$$

$$\underline{Z}_2 = 15{,}62 \cdot e^{j\,50{,}19^\circ}\,\Omega; \qquad \underline{Y}_2 = 64{,}02 \cdot e^{-j\,50{,}19^\circ}\,\text{mS}$$

$$\underline{Z}_3 = 11{,}0 \cdot e^{j\,40{,}0^\circ}\,\Omega; \qquad \underline{Y}_3 = 90{,}91 \cdot e^{-j\,40{,}0^\circ}\,\text{mS}$$

a) Die Strangspannungen entsprechen in der vorliegenden Schaltung den Sternspannungen:

$$U_1 = U_2 = U_3 = U_* = \frac{400\,\text{V}}{\sqrt{3}} = 230{,}9\,\text{V}$$

Die komplexe Leistung ergibt sich daraus mit dem Ansatz $\underline{S} = \underline{Y}^* \cdot U_*^2$, wobei jeweils die richtige Admittanz eingesetzt werden muss. Es ergibt sich:

$$P_1 = \underline{\underline{1{,}802\,\text{kW}}}; \qquad Q_1 = \underline{\underline{2{,}522\,\text{kV}\cdot\text{A}}}$$

$$P_2 = \underline{\underline{2{,}185\,\text{kW}}}; \qquad Q_2 = \underline{\underline{2{,}622\,\text{kV}\cdot\text{A}}}$$

$$P_3 = \underline{\underline{3{,}713\,\text{kW}}}; \qquad Q_3 = \underline{\underline{3{,}115\,\text{kV}\cdot\text{A}}}$$

b) Aus der Bedingung $\arg\{\underline{U}_{12}\} = 90^\circ$ ergibt sich folgendes Zeigerdiagramm:

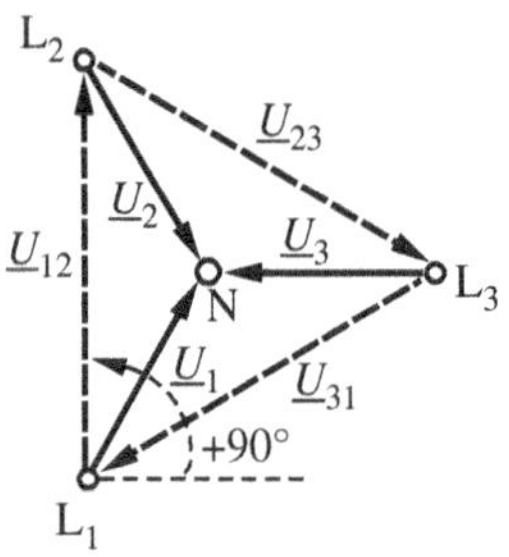


**Bild 10.16.2** Zeigerdiagramm

Der Winkel zur $x$-Achse entspricht hier dem Nullphasenwinkel.

Damit ergeben sich die Strangströme zu:

$$\underline{I}_1 = \underline{Y}_1 \cdot \underline{U}_1 = 58{,}12 \cdot 10^{-3} \cdot \text{e}^{-\text{j}\,54{,}46^\circ} \cdot 230{,}94 \cdot \text{e}^{\text{j}\,60^\circ}\,\text{A} = \underline{\underline{13{,}42 \cdot \text{e}^{\text{j}\,5{,}54^\circ}\,\text{A}}}$$

$$\underline{I}_2 = \underline{Y}_2 \cdot \underline{U}_2 = 64{,}02 \cdot 10^{-3} \cdot \text{e}^{-\text{j}\,50{,}19^\circ} \cdot 230{,}94 \cdot \text{e}^{-\text{j}\,60^\circ}\,\text{A} = \underline{\underline{14{,}78 \cdot \text{e}^{-\text{j}\,110{,}19^\circ}\,\text{A}}}$$

$$\underline{I}_3 = \underline{Y}_3 \cdot \underline{U}_3 = 90{,}91 \cdot 10^{-3} \cdot \text{e}^{-\text{j}\,40{,}0^\circ} \cdot 230{,}94 \cdot \text{e}^{\text{j}\,180^\circ}\,\text{A} = \underline{\underline{20{,}99 \cdot \text{e}^{\text{j}\,140{,}0^\circ}\,\text{A}}}$$

*Anmerkung:* Im Neutralleiter fließt dadurch der Strom $\underline{I}_\text{N} = \underline{I}_1 + \underline{I}_2 + \underline{I}_3 = 7{,}879 \cdot \text{e}^{\text{j}\,173{,}3^\circ}\,\text{A}$.

c) Soll der Strom im Neutralleiter null sein, so muss für $\underline{I}_3$ gelten:

$$\underline{I}_3 = -\underline{I}_1 - \underline{I}_2 = -\underline{U}_1 \cdot \underline{Y}_1 - \underline{U}_2 \cdot \underline{Y}_2 = \underline{U}_3 \cdot \underline{Y}_{3-\text{neu}}!$$

Hierbei ist $\underline{Y}_{3-\text{neu}} = \dfrac{1}{\underline{Z}_\text{X} + \underline{Z}_3}$ von unbekanntem Bauteil und Last 3 in Reihe.

Berechnung liefert:

$$\underline{Y}_{3-\text{neu}} = \frac{-\underline{U}_1 \cdot \underline{Y}_1 - \underline{U}_2 \cdot \underline{Y}_2}{\underline{U}_3} = \frac{-13{,}42 \cdot \text{e}^{\text{j}\,5{,}54^\circ} - 14{,}78 \cdot \text{e}^{-\text{j}\,110{,}19^\circ}}{230{,}94 \cdot \text{e}^{\text{j}\,180^\circ}}\,\text{S}$$

$$= (0{,}0358 - \text{j}\,0{,}0545)\,\text{S}$$

bzw.:

$$\underline{Z}_{3-\text{neu}} = (8{,}425 + \text{j}\,12{,}833)\,\Omega$$

Daraus:

$$\underline{Z}_\text{X} = \underline{Z}_{3-\text{neu}} - \underline{Z}_3 = \underline{\underline{(0{,}001 + \text{j}\,5{,}763)\,\Omega}}$$

Dies ist praktisch *eine Spule.*

## Allgemeine Dreiphasensysteme

### Aufgabe 10.17

Ein Vierleiter-Drehstromsystem (symmetrisches Dreiphasensystem) mit einer effektiven Außenleiterspannung (Dreieckspannung) von 400 V und der Frequenz $f = 50\,\text{Hz}$ ist mit einem Verbraucher wie folgt in Sternschaltung verbunden:

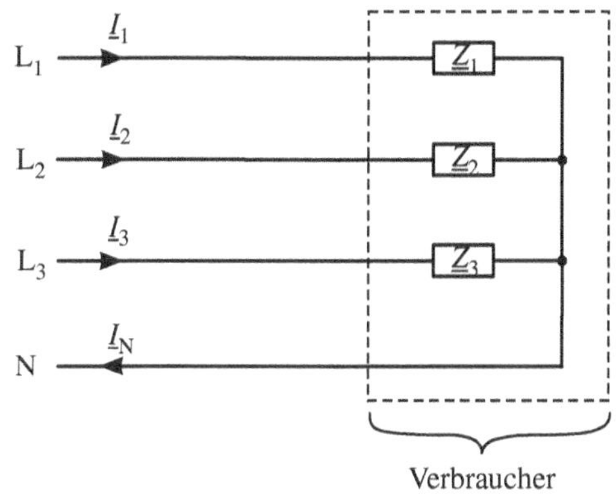


**Bild 10.17.1** Schaltung

Es werden folgende Ströme in den Leitern gemessen:

$$\underline{I}_1 = 10\,\text{A} \cdot \text{e}^{\text{j}\,60^\circ}; \qquad \underline{I}_2 = 11\,\text{A} \cdot \text{e}^{-\text{j}\,45^\circ}; \qquad \underline{I}_3 = 9\,\text{A} \cdot \text{e}^{\text{j}\,130^\circ}$$

Die Sternspannung $\underline{U}_1$ hat hierbei einen Nullphasenwinkel von 45°.

a) Bestimmen Sie in Zahlenwerten die Impedanzen $\underline{Z}_1$, $\underline{Z}_2$ und $\underline{Z}_3$ jeweils nach Real- und Imaginärteil. Durch welche äquivalenten Reihenschaltungen können diese Impedanzen jeweils dargestellt werden? Geben Sie die zugehörigen Bauteilwerte an.

b) Bestimmen Sie in Zahlenwerten jeweils Wirk- und Blindleistung, die in den einzelnen Strängen umgesetzt werden.

### Lösung zu Aufgabe 10.17

Gemäß der gängigen Drehstromkonvention folgt aus $\underline{U}_1 = 230{,}9 \cdot \text{e}^{\text{j}\,45^\circ}$:

$$\underline{U}_2 = 230{,}9 \cdot \text{e}^{-\text{j}\,75^\circ} \quad \text{und} \quad \underline{U}_3 = 230{,}9 \cdot \text{e}^{\text{j}\,165^\circ}$$

Zusammen mit den gegebenen Strömen:

$$\underline{I}_1 = 10\,\text{A} \cdot \text{e}^{\text{j}\,60^\circ}; \qquad \underline{I}_2 = 11\,\text{A} \cdot \text{e}^{-\text{j}\,45^\circ}; \qquad \underline{I}_3 = 9\,\text{A} \cdot \text{e}^{\text{j}\,130^\circ}$$

ergeben sich die folgenden Lösungen:

a) Für die Impedanzen gilt aufgrund der Sternschaltung $\underline{Z}_i = \underline{U}_i / \underline{I}_i$ mit $i = 1, 2, 3$.

Erste Impedanz:

$$\underline{\underline{\underline{Z}_1 = (22{,}30 - \text{j}\,5{,}976)\ \Omega}}$$

Da der Imaginärteil negativ ist, handelt es sich um eine Reihenschaltung von Widerstand und Kondensator:

$$R_1 = \text{Re}\,\{\underline{Z}_1\} = \underline{\underline{22{,}30\,\Omega}}; \qquad C_1 = \frac{1}{\omega \cdot \text{Im}\,\{\underline{Z}_1\}} = \underline{\underline{5{,}326 \cdot 10^{-4}\,\text{F}}}$$

Zweite Impedanz:

$$\underline{\underline{\underline{Z}_2 = (18{,}18 - \mathrm{j}\ 10{,}50)\ \Omega}}$$

Also ebenfalls ein Kondensator in Reihe zu einem Widerstand:

$$R_2 = \mathrm{Re}\{\underline{Z}_2\} = \underline{\underline{18{,}18\,\Omega}}; \qquad C_2 = \frac{1}{\omega \cdot \mathrm{Im}\{\underline{Z}_2\}} = \underline{\underline{3{,}032 \cdot 10^{-4}\,\mathrm{F}}}$$

Dritte Impedanz:

$$\underline{\underline{\underline{Z}_3 = (21{,}02 + \mathrm{j}\ 14{,}72)\ \Omega}}$$

Hier kann also eine Spule für das reaktive Element angesetzt werden:

$$R_3 = \mathrm{Re}\{\underline{Z}_3\} = \underline{\underline{21{,}02\,\Omega}}; \qquad L_3 = \frac{\mathrm{Im}\{\underline{Z}_3\}}{\omega} = \underline{\underline{4{,}686 \cdot 10^{-2}\,\mathrm{H}}}$$

b) Komplexe Leistungen in den einzelnen Strängen:

$$\underline{S}_1 = \underline{U}_1 \cdot \underline{I}_1^* = (2230{,}3 - \mathrm{j}\,597{,}6)\ \mathrm{W}, \qquad \text{also}$$
$$\underline{\underline{P_1 = 2230{,}3\,\mathrm{W}}} \quad \text{und} \quad \underline{\underline{Q_1 = -597{,}6\,\mathrm{V\cdot A}}}$$

$$\underline{S}_2 = \underline{U}_2 \cdot \underline{I}_2^* = (2199{,}6 - \mathrm{j}\,1270{,}0)\ \mathrm{W}, \qquad \text{also}$$
$$\underline{\underline{P_2 = 2199{,}6\,\mathrm{W}}} \quad \text{und} \quad \underline{\underline{Q_2 = -1270{,}0\,\mathrm{V\cdot A}}}$$

$$\underline{S}_3 = \underline{U}_3 \cdot \underline{I}_3^* = (1702{,}3 + \mathrm{j}\,1191{,}9)\ \mathrm{W}, \qquad \text{also}$$
$$\underline{\underline{P_3 = 1702{,}3\,\mathrm{W}}} \quad \text{und} \quad \underline{\underline{Q_3 = +1191{,}9\,\mathrm{V\cdot A}}}$$

## Aufgabe 10.18

Gegeben sei ein Dreiphasensystem (mit $U_{12} = U_{23} = U_{31} = 400\,\mathrm{V}$) mit Sternschaltung der Lastimpedanzen $\underline{Z}_1 = 50\,\Omega \cdot \mathrm{e}^{-\mathrm{j}\frac{\pi}{3}}$, $\underline{Z}_2 = 50\,\Omega$ und $\underline{Z}_3 = 50\,\Omega \cdot \mathrm{e}^{\mathrm{j}\frac{\pi}{3}}$.

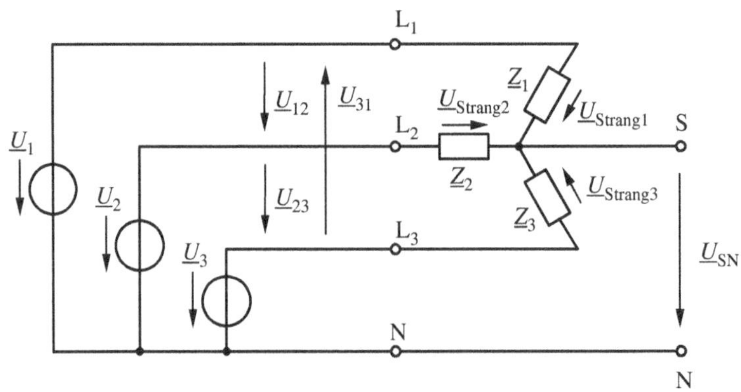


**Bild 10.18.1**
Schaltung

a) Zeichnen Sie das Zeigerdiagramm der Spannungen $\underline{U}_1$, $\underline{U}_2$ und $\underline{U}_3$ und geben Sie deren Beträge und Phasenlagen an.

Im Folgenden soll die Spannung $\underline{U}_{SN}$ aus einer Ersatzquelle gemäß Grafik bestimmt werden:

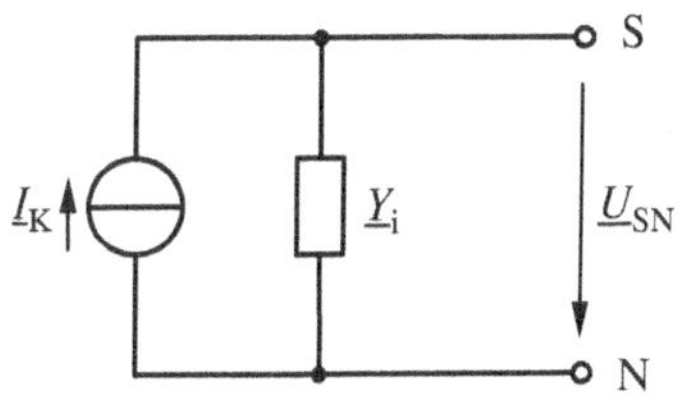


**Bild 10.18.2** Ersatzschaltung

b) Berechnen Sie die Admittanz $\underline{Y}_i$ der Ersatzschaltung.

c) Berechnen Sie den Strom $\underline{I}_K$ bei Kurzschluss zwischen S und N.

d) Berechnen Sie die Spannung $\underline{U}_{SN}$ als Leerlaufspannung der Ersatzquelle und zeichnen Sie diese Spannung in das Zeigerdiagramm aus Aufgabenteil a) ein.

e) Ändern sich die Strangströme bei Kurzschluss der Klemmen S und N? Begründen Sie Ihre Antwort.

## Lösung zu Aufgabe 10.18

a) Die Außenleiterspannungen stellen die Dreieckspannungen im Zeigerdiagramm dar. Der Zusammenhang mit den Sternspannungen ergibt sich aus den Maschenumläufen:

$$\underline{U}_1 - \underline{U}_2 = \underline{U}_{12}; \qquad \underline{U}_2 - \underline{U}_3 = \underline{U}_{23}; \qquad \underline{U}_3 - \underline{U}_1 = \underline{U}_{31}$$

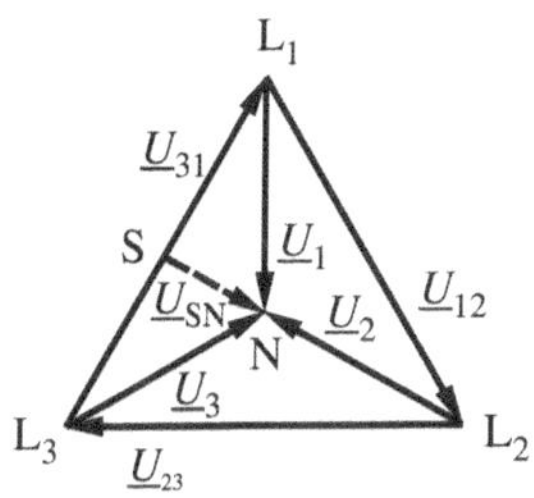


**Bild 10.18.3** Zeigerdiagramm

Für den Betrag der Sternspannungen gilt:

$$U_1 = U_2 = U_3 = \frac{400\,\text{V}}{\sqrt{3}}$$

Die Phasenlage ermittelt man durch Ablesen aus dem Zeigerdiagramm:

$$\varphi_1 = -\frac{\pi}{2} \mathrel{\widehat{=}} -90°; \qquad \varphi_2 = \frac{5}{6}\pi \mathrel{\widehat{=}} 150° \quad \text{und} \qquad \varphi_3 = \frac{\pi}{6} \mathrel{\widehat{=}} 30°$$

$$\underline{U}_1 = \frac{1}{\sqrt{3}} 400\,\text{V} \cdot e^{-j\frac{\pi}{2}}; \qquad \underline{U}_2 = \frac{1}{\sqrt{3}} 400\,\text{V} \cdot e^{-j\frac{5}{6}\pi}; \qquad \underline{U}_3 = \frac{1}{\sqrt{3}} 400\,\text{V} \cdot e^{j\frac{\pi}{6}}$$

b) Die Gesamtadmittanz ergibt sich aus Parallelschaltung der Lastimpedanzen $\underline{Z}_1 = 50\,\Omega \cdot e^{-j\frac{\pi}{3}}$, $\underline{Z}_2 = 50\,\Omega$ und $\underline{Z}_3 = 50\,\Omega \cdot e^{j\frac{\pi}{3}}$ (durch Kurzschließen der Spannungsquellen):

$$\underline{Y}_i = \underline{Y}_1 + \underline{Y}_2 + \underline{Y}_3 = \frac{1}{\underline{Z}_1} + \frac{1}{\underline{Z}_2} + \frac{1}{\underline{Z}_3}$$

$$\underline{\underline{Y_i}} = \frac{1}{50\,\Omega}\left(e^{j\frac{\pi}{3}} + 1 + e^{-j\frac{\pi}{3}}\right) = \frac{1}{50\,\Omega}\left(1 + 2\,\mathrm{Re}\left\{e^{j\frac{\pi}{3}}\right\}\right) = \frac{1 + 2\cos(\pi/3)}{50\,\Omega} = \frac{1}{25}\,\mathrm{S}$$
$$= \underline{\underline{0{,}04\,\mathrm{S}}}$$

c) Im Kurzschlussfall sind die Strangspannungen gleich den Sternspannungen und der Strom ist $\underline{I}_K = \underline{I}_{SN}$ gleich dem Neutralleiterstrom, der sich durch Anwendung der Knotenregel am Sternpunkt als Summe der Strangströme ergibt:

$$\underline{I}_K = \frac{\underline{U}_1}{\underline{Z}_1} + \frac{\underline{U}_2}{\underline{Z}_2} + \frac{\underline{U}_3}{\underline{Z}_3}$$
$$\underline{\underline{I_K}} = \frac{8}{\sqrt{3}}\,\mathrm{A}\left(e^{j\left(-\frac{\pi}{2}+\frac{\pi}{3}\right)} + e^{j\left(\frac{5\pi}{6}\right)} + e^{j\left(\frac{\pi}{6}-\frac{\pi}{3}\right)}\right) = \frac{4}{\sqrt{3}}\left(\sqrt{3} - j\right)\mathrm{A} = \frac{8}{\sqrt{3}}\mathrm{A}\cdot e^{-j\frac{\pi}{6}}$$
$$= \underline{\underline{4{,}619\,\mathrm{A}\cdot e^{-j\frac{\pi}{6}}}}$$

d) Die Leerlaufspannung ist das Produkt aus Kurzschlussstrom und Innenimpedanz:

$$\underline{\underline{U_{SN}}} = \underline{I}_K\underline{Z}_i = \frac{\underline{I}_K}{\underline{Y}_i} = \frac{100\,\mathrm{V}}{\sqrt{3}}\left(\sqrt{3} - j\right) = \underline{\underline{115{,}5\,\mathrm{V}\cdot e^{-j30^\circ}}}$$

Im Zeigerdiagramm wurde die Spannung gestrichelt eingezeichnet.

e) Das Ergebnis aus Teilaufgabe c) besagt, dass der Neutralleiterstrom bei Kurzschluss der Klemmen S und N ungleich null ist. Daher würden sich auch *die Strangströme im Kurzschlussfall ändern*. Die Impedanzen stellen eine unsymmetrische Last dar.

## Aufgabe 10.19

Ein Vierleiter-Drehstromsystem (symmetrisches Dreiphasensystem) mit einer effektiven Außenleiterspannung (Dreieckspannung) von 400 V und der Frequenz $f = 50\,\mathrm{Hz}$ soll mit drei Widerständen zu je 50 Ω belastet werden.

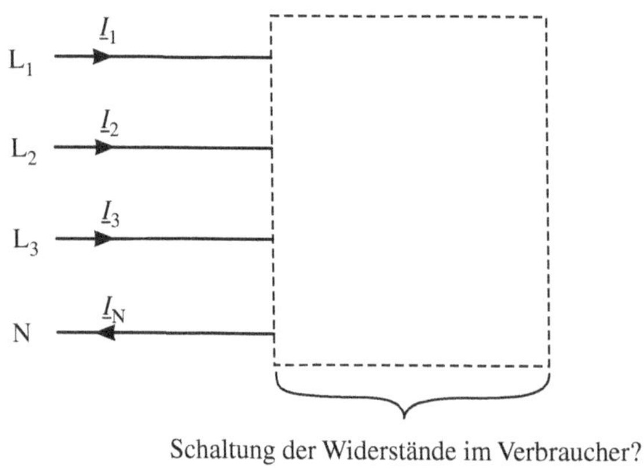


**Bild 10.19.1** Schaltung ohne Widerstände

a) Entscheiden Sie, ob mit symmetrischer Stern- oder Dreieckschaltung die größere Wirkleistung erzielt werden kann. Zeichnen Sie dann die entsprechende Schaltung in folgendes Diagramm ein und berechnen Sie in Zahlenwerten die gesamte im Verbraucher umgesetzte Wirkleistung und den Effektivwert des Stromes im Außenleiter $L_1$.

b) Die Widerstände sind nun wie unten zu sehen verdrahtet. Berechnen Sie in Zahlenwerten die gesamte im Verbraucher umgesetzte Wirkleistung.

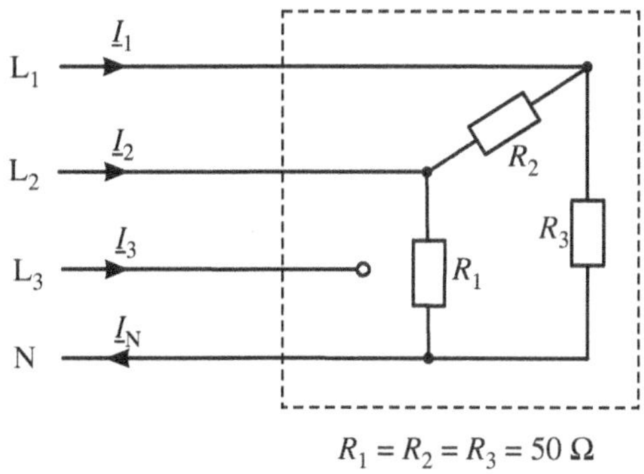


**Bild 10.19.2** Schaltung mit Widerständen

## Lösung zu Aufgabe 10.19

a) Die größere Wirkleistung lässt sich erzielen mit einer:

*symmetrischen Dreieckschaltung.*

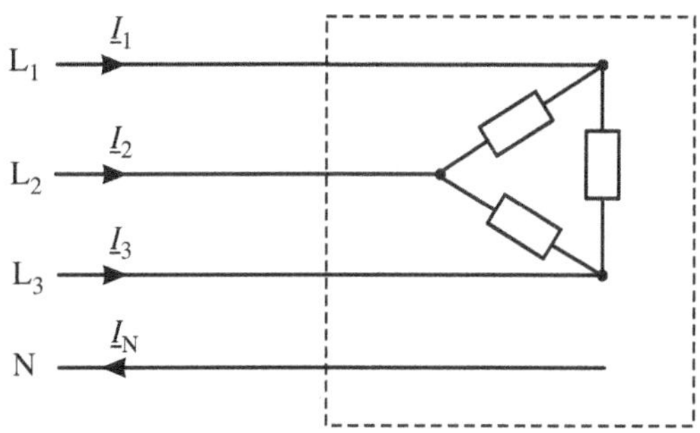


**Bild 10.19.3** Dreieckschaltung

Für die Dreieckschaltung entsprechen die Strangspannungen den Außenleiterspannungen. Die gesamte in den drei Strängen des Verbrauchers umgesetzte Wirkleistung ist dann:

$$P_{\text{ges}} = 3 \cdot P_{\text{str}} = 3 \cdot \frac{U_{\text{str}}^2}{R} = 3 \cdot \frac{U^2}{R} = 3 \cdot \frac{(400)^2}{50}\,\text{W} = \underline{\underline{9{,}6\,\text{kW}}}$$

*Anmerkung:* Für die symmetrische Sternschaltung ergibt sich ein Drittel dieses Wertes.

Die Außenleiterströme (und somit auch der Strom in Phase 1) ergeben sich aus den Strangströmen über $I = \sqrt{3} \cdot I_{\text{str}}$ zu:

$$I = \sqrt{3} \cdot I_{\text{str}} = \sqrt{3} \cdot \frac{U_{\text{str}}}{R} = \sqrt{3} \cdot \frac{U}{R} = \sqrt{3} \cdot \frac{400}{50} = \underline{\underline{13{,}86\,\text{A}}}$$

b) Die gesamte Wirkleistung im Verbraucher ergibt sich aus der Summe der einzelnen Strangleistungen:

$$P_{\text{ges}} = P_{\text{str}-1} + P_{\text{str}-2} + P_{\text{str}-3} = \frac{U_{\text{str}-1}^2}{R_1} + \frac{U_{\text{str}-2}^2}{R_2} + \frac{U_{\text{str}-3}^2}{R_3}$$

Die Strangspannungen 1 und 3 sind hierbei Sternspannungen (230,9 V) und die Strangspannung 2 ist eine Außenleiterspannung (400 V). Damit:

$$P_{\text{ges}} = \frac{1}{50} \cdot \left(230{,}9^2 + 400^2 + 230{,}9^2\right)\,\text{W} = \underline{\underline{5{,}333\,\text{kW}}}$$

# 11 Transistorschaltungen

Transistoren sind die Bausteine der modernen Informationstechnik. Ein grundlegendes Verständnis gehört deshalb zu den Grundlagen der Elektrotechnik. Dem stellen sich mehrere Schwierigkeiten entgegen:

- Transistoren sind dreipolige, manchmal vierpolige Elemente.
- Transistoren verhalten sich im höchsten Maße nichtlinear.
- Transistoren treten in bunter Vielfalt auf und können mannigfach verschiedene Eigenschaften haben.

Dem werden die folgenden Aufgabenstellungen gerecht, indem im Wesentlichen nur zwei Transistor-Grundtypen in einfachen Gleichstromschaltungen untersucht werden. Die Grundtypen sind der selbstsperrende MOS-Feldeffekttransistor (kurz: MOS-Transistor) und der Bipolar-Transistor. Die Schaltzeichen und Namenskonventionen sind in Bild 11.1 dargestellt.

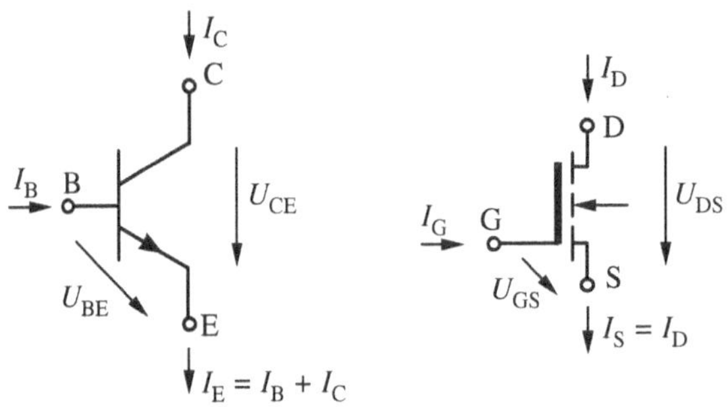


**Bild 11.1** Schaltsymbol des Bipolar-Transistors und des MOS-Transistors

- npn-Bipolar-Transistor: B = Basis, C = Kollektor, E = Emitter
- n-Kanal MOS-Transistor: G = Gate, D = Drain, S = Source

Obwohl sich diese beiden Transistoren in Aufbau und physikalischer Wirkungsweise sehr unterscheiden, agieren sie in vielen Schaltungen zumindest prinzipiell ähnlich.

In diesem Kapitel sind Aufgabenstellungen zu folgenden Themengebieten gesammelt:

1. Bestimmung des Verhaltens von MOS-Transistoren (Aufgaben 11.1 bis 11.6) je nach Beschaltung sowie Berechnung von Schaltungen zur Einstellung eines Arbeitspunktes im Sättigungsbereich und linearen Bereich des Transistors
2. Bestimmung des Arbeitsbereichs und des Arbeitspunktes für Schaltungen mit Bipolar-Transistoren (Aufgaben 11.7 bis 11.15)

Bei der Analyse von Transistorschaltungen macht man in der Regel Gebrauch von Maschengleichungen im Eingangskreis (d. h. über die Spannung $U_{BE}$ beim Bipolar-Transistor bzw. $U_{GS}$ beim MOS-Transistor) und im Ausgangskreis (d. h. über die Spannung $U_{CE}$ beim

Bipolar-Transistor bzw. $U_{DS}$ beim MOS-Transistor). Zusammen mit üblichen Näherungen (z. B. $U_{BE} \approx 0{,}7\,\mathrm{V}$) und Zusammenhängen, die (insbesondere beim MOS-Transistor) vom Arbeitsbereich abhängen, können dann die übrigen Größen und der Arbeitspunkt bestimmt werden.

## Schaltungen mit MOS-Transistoren

### Aufgabe 11.1

Bild 11.1.1 zeigt das Kennlinienfeld eines unbeschalteten MOS-Transistors.

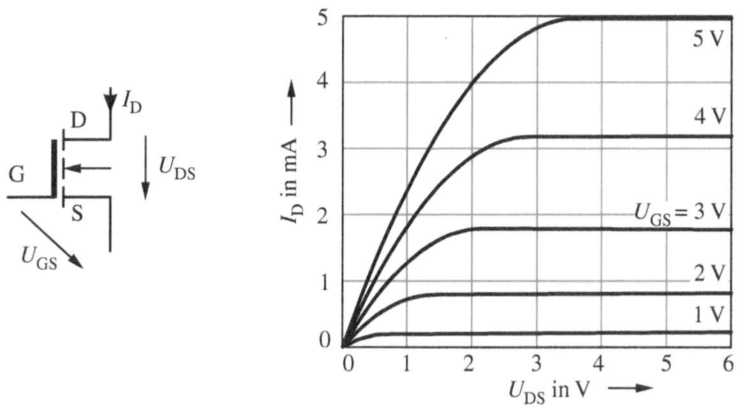


**Bild 11.1.1** Zählpfeile und Kennlinienfeld des MOS-Transistors

a) In integrierten Schaltungen wird statt einer Diode ein MOS-Transistor verwendet, dessen Gate mit Drain verbunden ist. Konstruieren Sie die $U_{DS} - I_D$ Kennlinie des nichtlinearen Zweipols für $0\,\mathrm{V} \leqq U_{DS} \leqq 5\,\mathrm{V}$ und zeichnen Sie diese in das Kennlinienfeld ein.

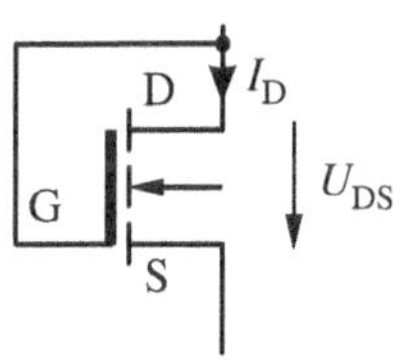


**Bild 11.1.2** Verbindung von Drain und Gate

b) Der MOS-Transistor wird in der Schaltung in Bild 11.1.3 verwendet. Bestimmen Sie die Arbeitsgerade und den Arbeitspunkt $U_{DS}$, $I_D$.

$U_1 = 6\,\mathrm{V}$; $R_1 = 600\,\Omega$; $R_2 = 1200\,\Omega$; $R_3 = 400\,\Omega$

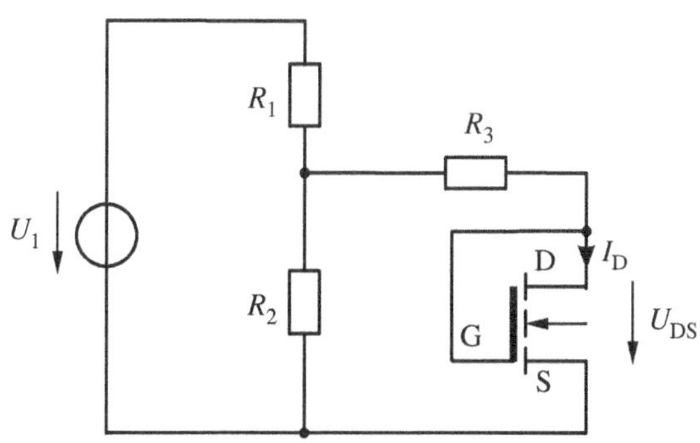


**Bild 11.1.3** Schaltung

## Lösung zu Aufgabe 11.1

a) Entsprechend der Beschaltung gilt $U_{DS} = U_{GS}$. Durch Verbinden der Punkte auf den Kennlinienästen für $U_{GS} = \text{const.}$ erhält man die im Kennlinienfeld als gestrichelt eingezeichnete *Lastkennlinie*.

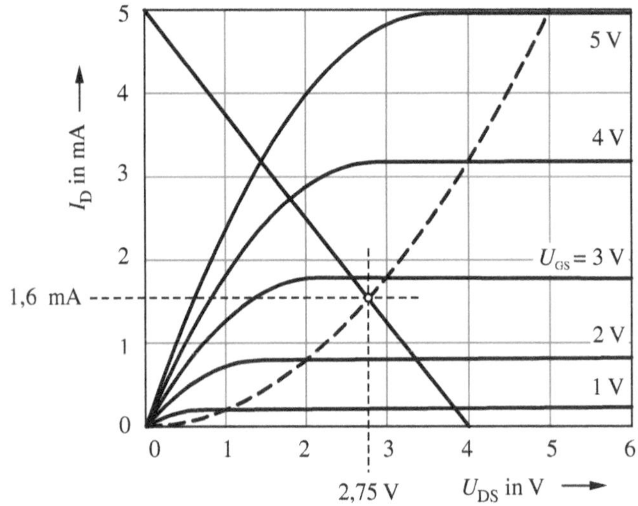


**Bild 11.1.4** Lastkennlinie und Arbeitsgerade

b) Für die Teilschaltung aus der Quelle $U_1$ und den Widerständen $R_1$, $R_2$, und $R_3$ wird die *Arbeitsgerade* aus der Leerlaufspannung $U_0$ und dem Innenwiderstand $R_i$ bzw. dem Kurzschlussstrom $I_K$ ermittelt:

$$\underline{\underline{U_0}} = U_1 \frac{R_2}{R_1 + R_2} = \underline{\underline{4\,\text{V}}}$$

$$R_i = R_3 + R_1 \parallel R_2 = 800\,\Omega$$

Damit folgt der Kurzschlussstrom zu:

$$\underline{\underline{I_K}} = \frac{U_0}{R_i} = \underline{\underline{5\,\text{mA}}}$$

Die Arbeitsgerade ist im Kennlinienfeld eingezeichnet. Der Schnittpunkt mit der Lastkennlinie ergibt den Arbeitspunkt, für den man $\underline{\underline{U_{DS} = 2{,}75\,\text{V}}}$ und $\underline{\underline{I_D = 1{,}6\,\text{mA}}}$ abliest.

## Aufgabe 11.2

Bild 11.2.1 zeigt einen CMOS-Inverter.

Die Daten für den n-Kanal MOS-Transistor sind: $L = 0{,}2\,\mu\text{m}$, $W = 0{,}1\,\mu\text{m}$, $t_{ox} = 4\,\text{nm}$, $\mu = 200\,\frac{\text{cm}^2}{\text{V}\cdot\text{s}}$, $U_{th} = 0{,}5\,\text{V}$.

Die Daten für den p-Kanal MOS-Transistor sind: $L = W = 0{,}2\,\mu\text{m}$, $t_{ox} = 4\,\text{nm}$, $\mu = 100\,\frac{\text{cm}^2}{\text{V}\cdot\text{s}}$, $U_{th} = -0{,}5\,\text{V}$.

Für beide Transistoren gilt: $\varepsilon_0 = 8{,}854 \cdot 10^{-12}\,\frac{\text{A}\cdot\text{s}}{\text{V}\cdot\text{m}}$ und $\varepsilon_{ox} = 3{,}9$.

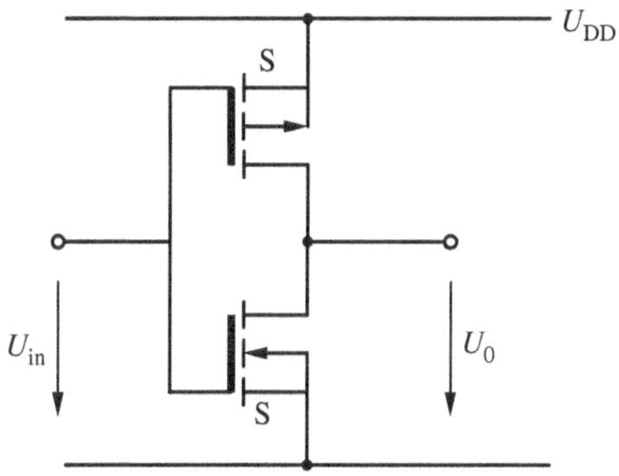


**Bild 11.2.1** CMOS-Inverter

Die Versorgungsspannung ist $U_{DD} = 2\,V$.

a) Nehmen Sie an, dass die Eingangsspannung $U_{in}$ und die Ausgangsspannung $U_o$ gleich groß sind und die Hälfte der Versorgungsspannung betragen. Berechnen Sie für diesen Fall die Ströme durch die MOS-Transistoren.

b) Nehmen Sie an, die Eingangsspannung betrage $U_{in} = 0{,}8\,V$ und der Inverter sei mit einem Lastwiderstand $R_L = 50\,k\Omega$ zwischen Ausgang und Masse abgeschlossen. Berechnen Sie bei ansonsten unveränderten Daten für die MOS-Transistoren die beiden Drainströme.

## Lösung zu Aufgabe 11.2

a) Mit den angegebenen Daten erhält man:

$$K_n = \varepsilon\mu \frac{W}{L \cdot t_{ox}} = 8{,}854 \cdot 10^{-12} \frac{A \cdot s}{V \cdot m} \cdot 3{,}9 \cdot 200 \frac{1}{2 \cdot 4 \cdot 10^{-9}\,m} \frac{cm^2}{V \cdot s} = 8{,}6385 \cdot 10^{-5} \frac{A}{V^2}$$

$$K_p = 8{,}854 \cdot 10^{-12} \cdot 3{,}9 \cdot 100 \frac{1}{1 \cdot 4 \cdot 10^{-9}} \frac{A}{V^2} \frac{cm^2}{m^2} = 8{,}6385 \cdot 10^{-5} \frac{A}{V^2} = K_n$$

Außerdem gilt für den n-Kanal Transistor:

$U_{DS} = 1\,V$; $U_{GS} = 1\,V$ und damit $\begin{matrix} U_{DS} > U_{GS} - U_{th} \\ 1\,V > 1\,V - 0{,}5\,V \end{matrix}$; der Transistor ist also in Sättigung,

und für den p-Kanal Transistor:

$U_{SD} = 1\,V$; $U_{SG} = 1\,V$ und $\begin{matrix} U_{SD} > U_{SG} + U_{th} \\ 1\,V > 1\,V + (-0{,}5\,V) \end{matrix}$; Transistor ist ebenfalls in Sättigung

Für den Drainstrom gilt damit:

$$\underline{\underline{I_{Dn}}} = \frac{K_n}{2}\left(U_{GS} - U_{th}\right)^2 = \underline{\underline{10{,}8\,\mu A}}$$

Der p-Kanal Transistor hat gleichen Strom da $K_p = K_n = K$ gilt.

b) Nun gilt $U_{in} = 0{,}8\,V$. Es ist zunächst zu prüfen, ob die Transistoren noch in Sättigung sind. Unter der Annahme der Sättigung gilt:

n-Kanal: $U_{GS} = 0{,}8\,V$; $\underline{\underline{I_{Dn}}} = \frac{K}{2}(0{,}3\,V)^2 = \underline{\underline{3{,}89\,\mu A}}$

p-Kanal: $U_{SG} = 1{,}2\,V$; $\underline{\underline{I_{Dp}}} = \frac{K}{2}(0{,}7\,V)^2 = \underline{\underline{21{,}1\,\mu A}}$

Durch den Lastwiderstand am Ausgang fließt daher der Strom:

$I_{R_L} = 21{,}1\,\mu A - 3{,}89\,\mu A = 17{,}21\,\mu A$

woraus sich die Spannung $U_{R_L} = 0{,}8605\,V = U_{DSn}$ ergibt.

Nun liefert die Prüfung der Bedingung für *Sättigung*:

n-Kanal: $U_{DS} = 0{,}8605\,V > 0{,}3\,V = U_{GS} - U_{th}$ erfüllt,

p-Kanal: $U_{SD} = 2\,V - 0{,}8605\,V = 1{,}1395\,V > 0{,}7\,V = U_{SG} + U_{th}$ erfüllt.

## Aufgabe 11.3

Für einen MOSFET-Verstärker sind die abgebildeten Schaltungen gegeben.

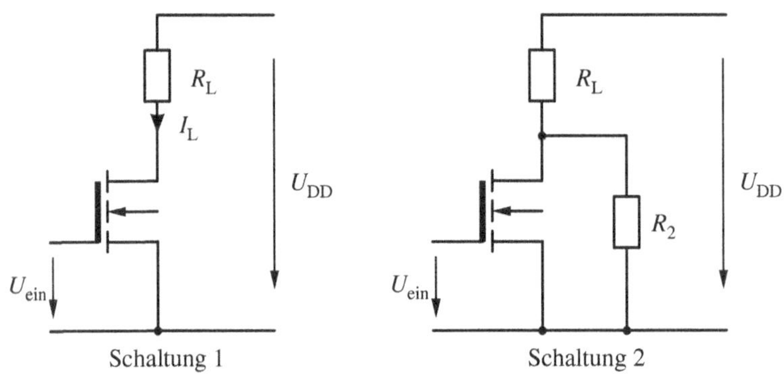


**Bild 11.3.1** MOSFET-Verstärker

Die Daten des n-Kanal MOS-Transistors sind: $K = 0{,}125\,A/V^2$, $U_{th} = 1\,V$. Die Betriebsspannung beträgt $U_{DD} = 12\,V$.

a) Tragen Sie die Arbeitsgerade für $R_L = 3\,\Omega$ und Schaltung 1 in das Diagramm (Bild 11.3.2) ein. Bestimmen Sie den Arbeitspunkt für $U_{ein} = 7{,}5\,V$. In welchem Betriebsbereich befindet sich der Transistor? Bestimmen Sie die im Transistor in Wärme umgesetzte Leistung.

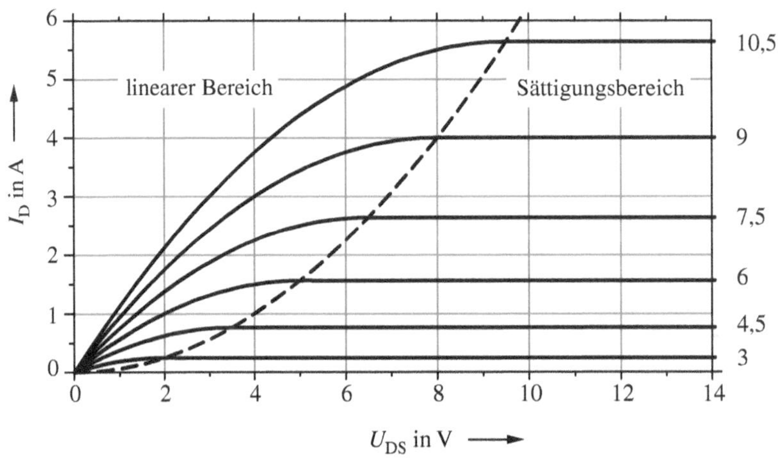


**Bild 11.3.2** Kennlinienfeld

Teilaufgabe b) ist rechnerisch zu lösen.

b) Der Strom $I_L$ durch den Widerstand $R_L = 4\,\Omega$ in Schaltung 1 soll $I_L = 1\,A$ betragen. Berechnen Sie die Eingangsspannung $U_{ein}$. In welchem Betriebsbereich befindet sich der Transistor?

Teilaufgabe c) ist rechnerisch oder grafisch zu lösen.

c) Für $U_{ein} = 4\,V$ und $R_L = 4\,\Omega$ werde ein Widerstand $R_2$ parallel zum Transistor geschaltet, wie in Schaltung 2 gezeigt ist. Wie klein darf der Widerstand sein, sodass der Transistor noch im Sättigungsbereich bleibt?

## Lösung zu Aufgabe 11.3

a) Die Arbeitsgerade ergibt sich aus der Leerlaufspannung $U_{DD} = 12\,V$ und dem Kurzschlussstrom $I_D = U_{DD}/R_L = 12\,V/3\,\Omega = 4\,A$. Am Arbeitspunkt (für $U_{ein} = U_{GS} = 7{,}5\,V$) liest man $\underline{\underline{U_{DS} = 4{,}7\,V}}$ und $\underline{\underline{I_D = 2{,}4\,A}}$ ab (genaue durch Rechnung ermittelte Werte sind: 4,691 V und 2,436 A). Für die im Transistor umgesetzte Leistung folgt damit:

$$\underline{\underline{P = U_{DS}\,I_D = 4{,}7\,V \cdot 2{,}4\,A = 11{,}3\,W}}$$

Der Transistor befindet sich im linearen Bereich.

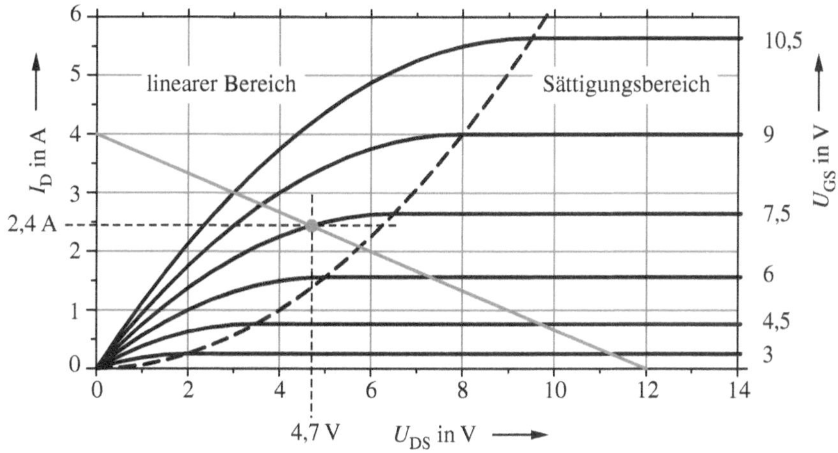


**Bild 11.3.3** Arbeitsgerade im Kennlinienfeld

b) Es wird angenommen, dass sich der Transistor in Sättigung befindet. Dies lässt sich aus dem Kennlinienfeld begründen. Es gilt $I_L = I_D = 1\,A$ und $R_L = 4\,\Omega$ und somit $U_L = I_L R_L = 4\,V$, $U_{DS} = U_{DD} - U_L = 8\,V$. Damit folgt:

$$I_D = \frac{K}{2}\left(U_{GS} - U_{th}\right)^2; \qquad U_{GS} = U_{th} \pm \sqrt{\frac{2I_D}{K}} = 1\,V \pm 4\,V$$

physikalisch sinnvoll ist nur $\underline{\underline{U_{GS} = 5\,V}}$.

Die Überprüfung der Bedingung für *Sättigung*: $U_{GS} - U_{th} = 5\,V - 1\,V \leqq 8\,V = U_{DS}$ bestätigt die Richtigkeit der Annahme.

*Anmerkung:* Ist kein Anhaltspunkt für den Arbeitsbereich vorhanden, so ist es in der Regel günstiger, zunächst Sättigung anzunehmen, da die Gleichung im Sättigungsbereich einfacher ist. Ergibt sich nach Berechnung der Spannungen, bei der Prüfung der

Bedingung $U_{GS} - U_{th} \leqq U_{DS}$, dass dies Annahme falsch war, so ist eine zweite Rechnung für den linearen Bereich vorzunehmen.

c) Für die *rechnerische Lösung* ergibt sich im Sättigungsbereich der Drainstrom zu:

$$I_D = \frac{K}{2}\left(U_{GS} - U_{th}\right)^2 = \frac{0{,}125}{2}\frac{\text{A}}{\text{V}^2}(4\,\text{V} - 1\,\text{V})^2 = 0{,}5625\,\text{A}$$

An der Grenze zum linearen Bereich gilt

$$U_{GS} - U_{th} = 4\,\text{V} - 1\,\text{V} = 3\,\text{V} \leqq U_{DS}$$

und mit der Maschengleichung:

$$U_{RL} = U_{DD} - U_{DS} \leqq 12\,\text{V} - 3\,\text{V} = 9\,\text{V}$$

Damit ergibt sich für die Ströme:

$$I_{RL} = \frac{U_{RL}}{R_L} \leqq \frac{9\,\text{V}}{4\,\Omega} = 2{,}25\,\text{A}$$

$$I_{R2} = I_{RL} - I_D \leqq 2{,}25\,\text{A} - 0{,}5625\,\text{A} = 1{,}6875\,\text{A}$$

Da am Widerstand $R_2$ die Spannung $U_{DS}$ anliegt, folgt der minimale Widerstand zu:

$$R_{2\,\text{min}} = \frac{U_{DS}}{I_{R2}} \geqq \frac{3\,\text{V}}{1{,}6875\,\text{A}} = 1{,}778\,\Omega$$

Für die *grafische Lösung* muss man sich auf der gestrichelten Linie bewegen, damit der Transistor gerade noch im Sättigungsbereich arbeitet. Der Schnittpunkt der Kurve mit $U_{GS} = U_{ein} = 4\,\text{V}$ ist näherungsweise aus dem Kennlinienfeld zu interpolieren.

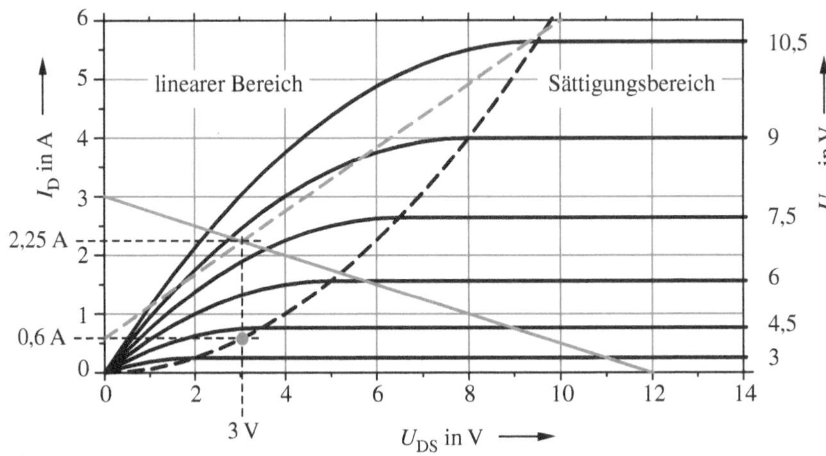


**Bild 11.3.4** Bestimmung des Arbeitspunktes

Damit erhält man die Spannung $U_{DS} \approx 3\,\text{V}$ und den Strom $I_D \approx 0{,}6\,\text{A}$ durch den Transistor. Um auf die Arbeitsgerade für $R_L = 4\,\Omega$ zu gelangen, fehlen also noch $I_{R2} = I_{RL} - I_D \approx 2{,}25\,\text{A} - 0{,}6\,\text{A} = 1{,}65\,\text{A}$. Die Widerstandsgerade ist in Bild 11.3.4 eingezeichnet. Aus der Steigung folgt der Widerstandswert zu

$$R_{2\,\text{min}} = \frac{U_{DS}}{I_{R2}} \approx \frac{3\,\text{V}}{1{,}65\,\text{A}} = 1{,}8\,\Omega$$

## Aufgabe 11.4

Für einen MOSFET-Verstärker ist die abgebildete Schaltung gegeben. Der MOS-Transistor arbeitet im Sättigungsbereich. Als Daten des n-Kanal MOS-Transistors sind $K = 0{,}2\,\mathrm{A/V^2}$, die Schwellenspannung (selbstsperrend) $U_{th} = 1\,\mathrm{V}$ und der Gatestrom $I_G = 0\,\mathrm{A}$ gegeben. Alle Widerstände betragen $R_i = 1\,\Omega$. Die Betriebsspannung beträgt $U_{DD} = 12\,\mathrm{V}$.

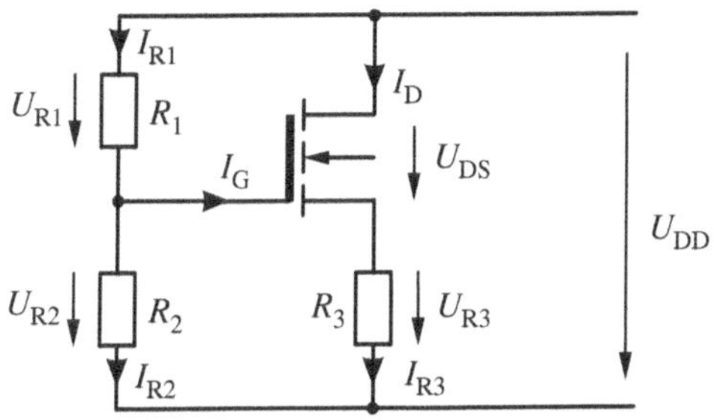


**Bild 11.4.1** Schaltung

a) Zeichnen Sie die Arbeitsgerade der Schaltung in das Kennlinienfeld ein.

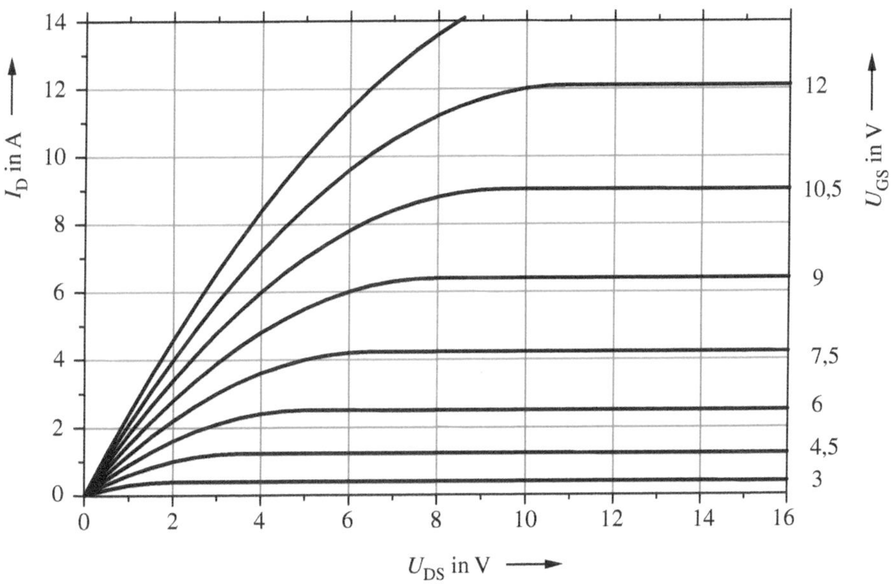


**Bild 11.4.2** Kennlinienfeld

Aufgabenteile b) und c) sind rechnerisch und unabhängig von Aufgabenteil a) zu lösen.

b) Berechnen Sie die eingezeichneten Ströme und Spannungen. Zeigen Sie, dass die Schaltung im Sättigungsbereich arbeitet.

c) Wie lässt sich die Leistungsaufnahme der Schaltung reduzieren ohne den Arbeitspunkt zu verschieben oder den Transistor zu verändern?

### Lösung zu Aufgabe 11.4

a) Für die *Arbeitsgerade* gilt:

$$U_{DS}\,(I_D = 0\,A) = U_{DD} = 12\,V \quad \text{und} \quad I_D\,(U_{DS} = 0\,V) = U_{DD}/R_3 = 12\,A$$

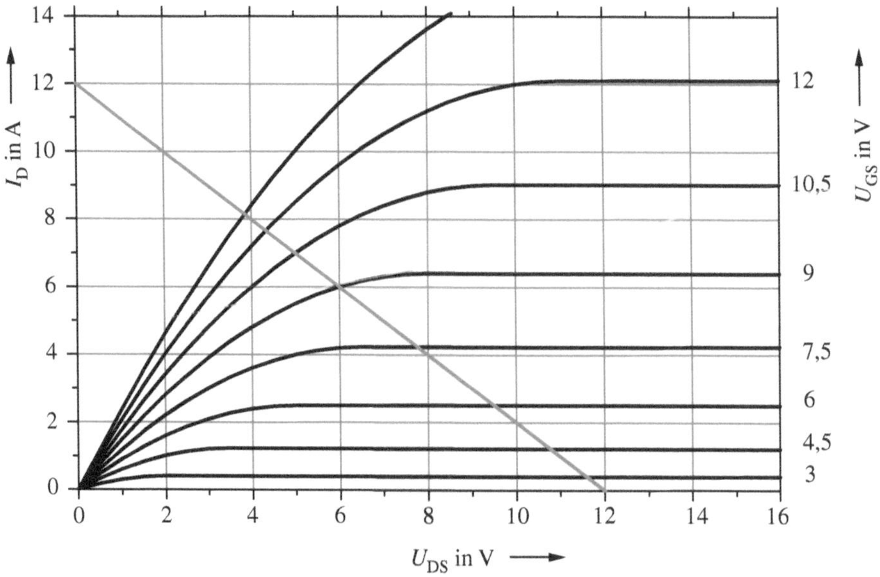


**Bild 11.4.3** Arbeitsgerade

b) Mit $I_G = 0\,A$ folgt für den Gate Spannungsteiler

$$\underline{\underline{U_{R1}}} = \frac{R_1}{R_1 + R_2} U_{DD} = \frac{U_{DD}}{2} = \underline{\underline{6\,V}}$$

$$\underline{\underline{U_{R2}}} = \frac{R_2}{R_1 + R_2} U_{DD} = \frac{U_{DD}}{2} = \underline{\underline{6\,V}}$$

$$I_{R1} = \frac{U_{R1}}{R_1} = I_{R2} = 6\,A$$

Maschenumläufe im Eingangs- und Ausgangskreis liefern:

$$U_{R2} = U_{GS} + U_{R3}$$

$$U_{DD} = U_{DS} + U_{R3}$$

Die Kombination der Gleichungen ergibt:

$$U_{DS} - U_{GS} = U_{DD} - U_{R2} = 6\,V > -1\,V = -U_{th}$$

Also ist die Bedingung für Sättigung $U_{DS} > U_{GS} - U_{th}$ erfüllt und es gilt:

$$I_D = \frac{K}{2}\left(U_{GS} - U_{th}\right)^2 = \frac{U_{R3}}{R_3} = \frac{U_{R2} - U_{GS}}{R_3}$$

Damit ergibt sich eine quadratische Gleichung zur Bestimmung der Gatespannung

$$U_{GS}^2 - 2U_{GS}\left(U_{th} - \frac{1}{KR_3}\right) + U_{th}^2 - \frac{2U_{R2}}{KR_3} = 0$$

$$U_{GS} = U_{th} - \frac{1}{KR_3} \pm \sqrt{\left(U_{th} - \frac{1}{KR_3}\right)^2 - U_{th}^2 + \frac{2U_{R2}}{KR_3}}$$

$$U_{GS} = (-4 \pm 8{,}66)\,\mathrm{V}$$

Sinnvoll ist nur der positive Wert der Gatespannung $\underline{\underline{U_{GS} = 4{,}66\,\mathrm{V}}}$. Nun können die verbleibenden Werte berechnet werden:

$$\underline{\underline{U_{R3}}} = U_{R2} - U_{GS} = \underline{\underline{1{,}34\,\mathrm{V}}}; \qquad I_{R3} = I_D = U_{R3}/R_3 = 1{,}34\,\mathrm{A}$$

$$\underline{\underline{U_{DS}}} = U_{DD} - U_{R3} = \underline{\underline{10{,}66\,\mathrm{V}}}$$

c) Um den Arbeitspunkt unverändert zu belassen, darf der Widerstand $R_3$ im Ausgangskreis nicht verändert werden. Indem $R_1$ und $R_2$ erhöht werden, wobei das Teilerverhältnis unverändert bleibt, wird der Strom $I_{R1} = I_{R2}$ im Eingangskreis und damit die Leistungsaufnahme verringert.

## Aufgabe 11.5

Gegeben ist die in Bild 11.5.1 dargestellte Schaltung mit einem MOS-Transistor und den Daten $K = 0{,}2\,\mathrm{A/V^2}$, $U_{th} = 1\,\mathrm{V}$ sowie den Widerständen $R_1 = 9\,\mathrm{k\Omega}$, $R_2 = 1\,\mathrm{k\Omega}$ und $R_D = 50\,\Omega$.

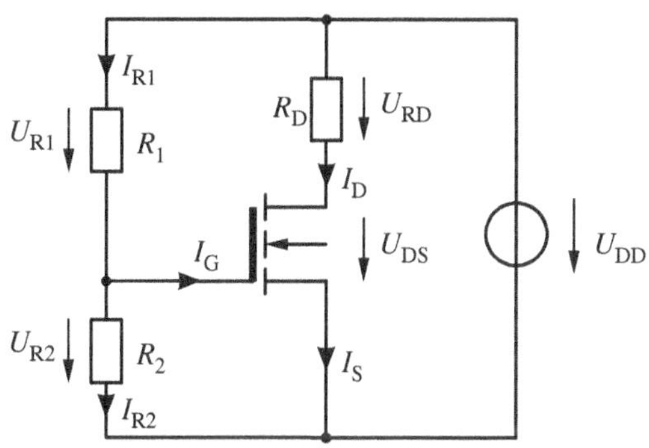


**Bild 11.5.1** Schaltung

a) Wie groß muss $U_{DD}$ sein, damit sich der MOS-Transistor an der Grenze zwischen Widerstands- und Sättigungsbereich befindet?

b) Berechnen Sie für diese Spannung den Strom $I_D$.

c) Wie hoch ist die im Transistor umgesetzte Leistung?

## Lösung zu Aufgabe 11.5

a) An der Grenze zwischen Widerstands- und Sättigungsbereich gilt:

$$U_{DS} = U_{GS} - U_{th} \quad \text{sowie} \quad I_D = \frac{K}{2}\left(U_{GS} - U_{th}\right)^2 = \frac{K}{2}U_{DS}^2$$

Aus dem Gate-Spannungsteiler ergibt sich:

$$U_{R2} = U_{GS} = U_{DD}\frac{R_2}{R_1 + R_2} = \frac{U_{DD}}{10}$$

Für die Masche im Ausgangskreis gilt:

$$U_{DS} = U_{DD} - R_D I_D$$

Mit diesen Gleichungen lässt sich $U_{DD}$ bestimmen:

$$U_{DD} = U_{DS} + R_D I_D = U_{GS} - U_{th} + R_D \frac{K}{2} (U_{GS} - U_{th})^2$$

$$= \frac{U_{DD}}{10} - U_{th} + R_D \frac{K}{2} \left( \frac{U_{DD}}{10} - U_{th} \right)^2$$

$$R_D \frac{K}{200} U_{DD}^2 - 0{,}9 \cdot U_{DD} - R_D \frac{K}{10} U_{DD} U_{th} - U_{th} + R_D \frac{K}{2} U_{th}^2 = 0$$

Nach Einsetzen der Zahlenwerte und Vereinfachen erhält man:

$$U_{DD}^2 - 38\,\text{V} \cdot U_{DD} + 80\,\text{V}^2 = 0$$

Lösen der quadratischen Gleichung liefert die beiden Werte $U_{DD,1} = 2{,}24\,\text{V}$ und $U_{DD,2} = 35{,}76\,\text{V}$. Für den ersten Wert liegt die Gatespannung $U_{GS,1} = U_{DD,1}/10 = 0{,}224\,\text{V}$ jedoch unterhalb der Schwellspannung $U_{GS,1} < U_{th} = 1\,\text{V}$ (Sperrbereich) und damit ist nur der zweite Wert $\underline{\underline{U_{DD,2} = 35{,}76\,\text{V}}}$ zulässig.

b) Für den Drainstrom ergibt sich:

$$I_D = \frac{K}{2} (U_{GS} - U_{th})^2 = \frac{K}{2} \left( \frac{U_{DD}}{10} - U_{th} \right)^2$$

$$\underline{\underline{I_D}} = 0{,}1 \frac{\text{A}}{\text{V}^2} \cdot (2{,}576\,\text{V})^2 = \underline{\underline{663{,}6\,\text{mA}}}$$

c) Mit $U_{DS} = U_{GS} - U_{th}$ wird die Leistung zu:

$$\underline{\underline{P_T = I_D \cdot U_{DS} = 663{,}6\,\text{mA} \cdot 2{,}576\,\text{V} = 1{,}71\,\text{W}}}$$

## Aufgabe 11.6

Gegeben ist die in Bild 11.6.1 dargestellte Schaltung mit einem selbstleitenden MOS-Transistor mit den Daten $K = 10^{-3}\,\text{A/V}^2$, $U_{th} = -0{,}5\,\text{V}$, den Widerständen $R = 10\,\text{k}\Omega$ und der Versorgungsspannung $U_{DD} = 2\,\text{V}$.

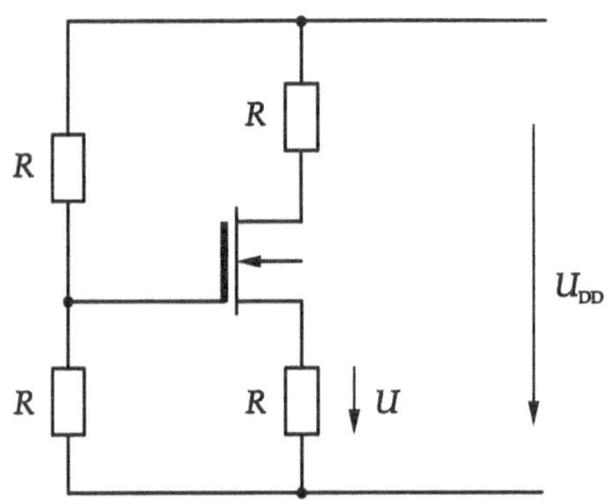


**Bild 11.6.1** Schaltung

a) Zeigen Sie für die angegebene Schaltung, dass sich der selbstleitende MOS-Transistor im Widerstandsbereich befindet und bestimmen Sie die Spannung $U$.

b) Der Widerstandswert $R$ wird nun so geändert, dass der MOS-Transistor in den Sättigungsbereich übergeht. Welchen Wert hat der Widerstand $R$ am Übergang zum Sättigungsbereich?

## Lösung zu Aufgabe 11.6

a) Der Maschenumlauf im Ausgangskreis liefert:

$$U_{DD} = U_{DS} + 2RI_D; \qquad I_D = \frac{U_{DD} - U_{DS}}{2R}$$

und der Maschenumlauf über die Gatespannung:

$$U_{DD} = \frac{1}{2}U_{DD} + U_{GS} + R\,I_D; \qquad U_{GS} = \frac{1}{2}U_{DD} - R\,I_D$$

woraus

$$U_{GS} = \frac{1}{2}U_{DD} - \frac{1}{2}\left(U_{DD} - U_{DS}\right) = \frac{1}{2}U_{DS}$$

folgt. Im Widerstandsbereich gilt:

$$I_D = K\left[\left(U_{GS} - U_{th}\right) \cdot U_{DS} - \frac{1}{2}U_{DS}^2\right]$$

$$\frac{U_{DD} - U_{DS}}{2R} = K\left[\left(\frac{1}{2}U_{DS} - U_{th}\right)U_{DS} - \frac{1}{2}U_{DS}^2\right]$$

Durch Auflösen folgt die Drain-Source-Spannung:

$$\frac{U_{DD} - U_{DS}}{2R} = -KU_{th}U_{DS}$$

$$\underline{\underline{U_{DS}}} = \frac{U_{DD}}{1 - 2RKU_{th}} = \frac{2\,\mathrm{V}}{1 + 10} = \underline{\underline{0{,}182\,\mathrm{V}}}$$

Mit der Gatespannung $U_{GS} = U_{DS}/2 = 0{,}091\,\mathrm{V}$ kann jetzt die Bedingung für den Widerstandsbereich überprüft werden

$$U_{GS} - U_{th} > U_{DS}$$
$$0{,}091\,\mathrm{V} + 0{,}5\,\mathrm{V} = 0{,}591\,\mathrm{V} > 0{,}182\,\mathrm{V}$$

und die Spannung $U$ berechnet werden:

$$2U = U_{DD} - U_{DS}$$

$$\underline{\underline{U = \frac{1}{2}(2\,\mathrm{V} - 0{,}182\,\mathrm{V}) = 0{,}91\,\mathrm{V}}}$$

b) Am Übergang zum Sättigungsbereich gilt $U_{GS} - U_{th} = U_{DS}$ und mit dem Ergebnis $U_{GS} = U_{DS}/2$ aus Teil a) ergibt sich:

$$U_{DS} = -2U_{th} = 1\,\mathrm{V}$$

Mit

$$I_D = \frac{K}{2}\left(U_{GS} - U_{th}\right)^2 = \frac{K}{2}U_{DS}^2 = \frac{U_{DD} - U_{DS}}{2R}$$

folgt:

$$\underline{\underline{R}} = \frac{U_{DD} - U_{DS}}{KU_{DS}^2} = \frac{2\,\mathrm{V} - 1\,\mathrm{V}}{10^{-3}\,\mathrm{A}} = \underline{\underline{1\,\mathrm{k\Omega}}}$$

## Schaltungen mit Bipolar-Transistoren

### Aufgabe 11.7

In Bild 11.7.1 ist ein einfacher Verstärker mit einem Bipolar-Transistor dargestellt. Bestimmen Sie den Arbeitspunkt für diese Schaltung und berechnen Sie den Kollektorstrom $I_C$ und die Kollektor-Emitter-Spannung $U_{CE}$. Die Stromverstärkung ist durch die folgende Beziehung gegeben: $\beta = \frac{I_C}{I_B}$.

$R_1 = 220\,\text{k}\Omega$; $R_2 = 56\,\text{k}\Omega$; $R_C = 6{,}8\,\text{k}\Omega$; $R_E = 2{,}2\,\text{k}\Omega$; $U_{CC} = 20\,\text{V}$; $\beta = 150$

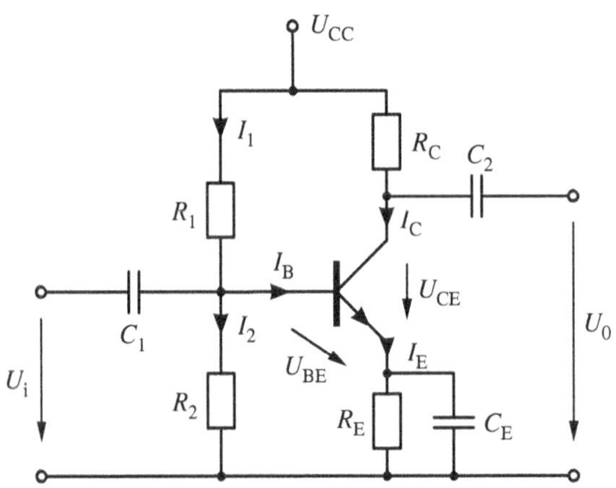


**Bild 11.7.1** Schaltung

Verwenden Sie die folgenden Vereinfachungen: $I_B \ll I_1$, $I_B \ll I_2$, $I_C \approx I_E$ und $U_{BE} = 0{,}7\,\text{V}$.

### Lösung zu Aufgabe 11.7

Für den Spannungsteiler an der Basis ermittelt man mit der Vernachlässigung $I_B \ll I_1, I_2$ den Strom $I_1 \approx I_2$

$$I_1 R_1 + I_2 R_2 = U_{CC}$$

$$I_1 \approx I_2 = \frac{U_{CC}}{R_1 + R_2} = 72{,}46\,\mu\text{A}$$

Aus dem Maschenumlauf im Basiskreis ergibt sich nun der Emitterstrom:

$$I_2 R_2 = I_E R_E + U_{BE}$$

$$I_E = \frac{I_2 R_2 - U_{BE}}{R_E} = \frac{4{,}06\,\text{V} - 0{,}7\,\text{V}}{2{,}2\,\text{k}\Omega} = \underline{\underline{1{,}526\,\text{mA} \approx I_C}}$$

Der Maschenumlauf im Kollektor-Kreis ergibt:

$$I_C R_C + U_{CE} + I_E R_E = U_{CC}$$

Mit $I_C \approx I_E$ berechnet man die Kollektor-Emitter-Spannung:

$$\underline{\underline{U_{CE}}} = U_{CC} - I_E\left(R_C + R_E\right) = 20\,\text{V} - 13{,}74\,\text{V} = \underline{\underline{6{,}26\,\text{V}}}$$

*Anmerkung:* Da der Basisstrom vernachlässigt wird, wurde die Stromverstärkung $\beta$ in der Rechnung nicht benötigt. Die Vernachlässigung ist natürlich nur für $\beta \gg 1$ und $I_B \ll I_2$

eine brauchbare Näherungslösung. Verzichtet man auf diese Näherung, so wird die Stromverstärkung benötigt, um den Basisstrom durch den Kollektorstrom auszudrücken und die Rechnung wird etwas komplizierter (siehe nächste Aufgabe).

## Aufgabe 11.8

Für die angegebene Schaltung ist die Versorgungsspannung $U_{CC} = 10\,V$.

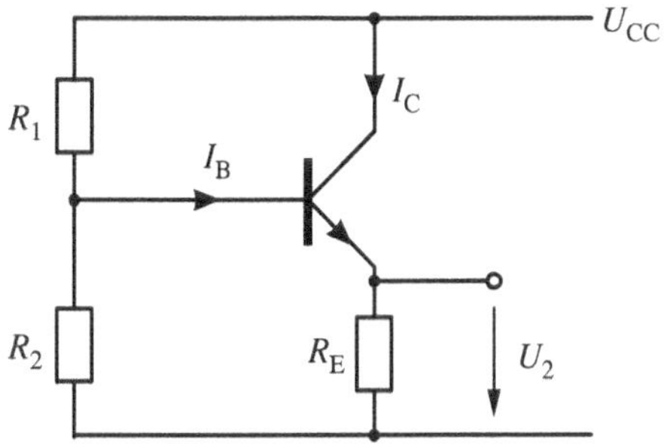


**Bild 11.8.1** Schaltung

Für den Transistor gilt $U_{BE} = 0{,}7\,V$ im aktiv-normalen Bereich und im Sättigungsbereich $U_{CE} = 0{,}3\,V$.

a) Der Arbeitspunkt ist durch $I_C = 10\,mA$, $U_{CE} = 6\,V$ bei einer Stromverstärkung von $I_C/I_B = 50$ festgelegt. Unter der Voraussetzung, dass durch $R_1$ der 5-fache Basisstrom fließt sind die Widerstände $R_1$, $R_2$, $R_E$ zu bestimmen.

b) Bestimmen Sie für $R_1 = 5\,k\Omega$, $R_2 = 5\,k\Omega$, $R_E = 0{,}5\,k\Omega$ und $I_C/I_B = 500$ die Ausgangsspannung $U_2$.

c) Bestimmen Sie näherungsweise die Ausgangsspannung $U_2$ für $R_1 \to 0$. In welchem Zustand befindet sich der Transistor?

## Lösung zu Aufgabe 11.8

a) Der Transistor befindet sich im aktiv-normalen Betrieb. Aus Maschenumläufen im Kollektor- und Basiskreis erhält man:

$$U_2 = U_{CC} - U_{CE} = 4\,V$$
$$U_{R2} = U_2 + U_{BE} = 4{,}7\,V$$
$$U_{R1} = U_{CC} - U_{R2} = 5{,}3\,V$$

Für die Ströme gilt:

$$I_B = I_C/50 = 0{,}2\,mA$$
$$I_{R1} = 5\,I_B = 1\,mA$$
$$I_{R2} = I_{R1} - I_B = 0{,}8\,mA$$
$$I_E = I_B + I_C = 10{,}2\,mA$$

Nun lassen sich die Widerstände bestimmen:

$$\underline{\underline{R_E}} = \frac{U_2}{I_E} = \frac{4\,V}{10{,}2\,mA} = \underline{\underline{392\,\Omega}}$$
$$\underline{\underline{R_1}} = \frac{U_{R1}}{I_{R1}} = \frac{5{,}3\,V}{1\,mA} = \underline{\underline{5{,}3\,k\Omega}}$$
$$\underline{\underline{R_2}} = \frac{U_{R2}}{I_{R2}} = \frac{4{,}7\,V}{0{,}8\,mA} = \underline{\underline{5{,}875\,k\Omega}}$$

b) Die Werte für $R_1$, $R_2$, $R_E$ sind ähnlich denen in Aufgabenteil a), daher ist zu erwarten, dass der Arbeitspunkt bei ähnlichen Werten liegt, aber die Stromverstärkung ist deutlich höher. Aus $\beta = I_C/I_B = 500$ und $I_E = I_C + I_B = (\beta + 1) \cdot I_B$ folgt:

$$U_2 = U_E = R_E I_E = R_E \cdot 501 \cdot I_B$$

Mithilfe der Maschengleichungen ersetzen wir den Basisstrom:

$$I_B = I_{R1} - I_{R2} = \frac{U_{R1}}{R_1} - \frac{U_{R2}}{R_2} = \frac{U_{CC} - U_{R2}}{R_1} - \frac{U_{R2}}{R_2} = \frac{U_{CC}}{R_1} - U_{R2}\left(\frac{1}{R_1} + \frac{1}{R_2}\right)$$
$$= \frac{U_{CC}}{R_1} - (U_2 + 0{,}7\,\mathrm{V})\left(\frac{1}{R_1} + \frac{1}{R_2}\right)$$

Durch Einsetzen und Auflösen nach $U_2$ erhält man nun:

$$U_2 = R_E \cdot 501 \cdot \left(\frac{U_{CC}}{R_1} - (U_2 + 0{,}7\,\mathrm{V})\left(\frac{1}{R_1} + \frac{1}{R_2}\right)\right)$$
$$U_2\left(1 + R_E \cdot 501 \cdot \left(\frac{1}{R_1} + \frac{1}{R_2}\right)\right) = R_E \cdot 501 \cdot \left(\frac{U_{CC}}{R_1} - 0{,}7\,\mathrm{V} \cdot \left(\frac{1}{R_1} + \frac{1}{R_2}\right)\right)$$

und durch Einsetzen der bekannten Werte:

$$\underline{\underline{U_2 = 4{,}26\,\mathrm{V}}}$$

*Anmerkung:* Vernachlässigt man den Basisstrom und verwendet die Näherungen $I_B \ll I_C$, $I_E \approx I_C$, $I_B \ll I_{R1}$ sowie $I_B \ll I_{R2}$, so verkürzt sich die Rechnung und es ergibt sich sofort die Näherungslösung (unbelasteter Basis-Spannungsteiler):

$$U_{R2} = \frac{R_2}{R_1 + R_2} U_{CC} = 5\,\mathrm{V} \quad \text{und damit} \quad U_2 = U_{R2} - U_{BE} = 4{,}3\,\mathrm{V}$$

Offenbar ist die Näherungslösung weder von der Stromverstärkung noch vom Emitterwiderstand abhängig.

c) Nun gilt $U_{R1} = U_{CB} = 0$ und damit $U_{BE} = U_{CE} > 0$. Die Basis-Emitter-Diode ist leitend, die Basis-Kollektor-Diode ist spannungslos (kurzgeschlossen) und daher sperrend, d. h. der Transistor ist im *aktiv-normalen Bereich.* Damit wird die Spannung zu:

$$\underline{\underline{U_2 = U_{CC} - U_{CE} = 9{,}3\,\mathrm{V}}}$$

## Aufgabe 11.9

Für die angegebene Schaltung gelte $U_{CC} = 10\,\mathrm{V}$, $U_{EIN} = 0{,}7\,\mathrm{V}$, $R_B = 2000\,\Omega$ und $R_C = 150\,\Omega$. Der Transistor habe eine Stromverstärkung von $\beta = I_C/I_B = 100$.

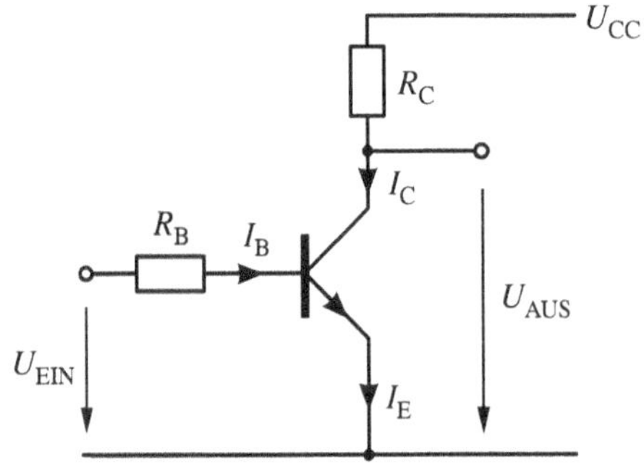


**Bild 11.9.1** Schaltung

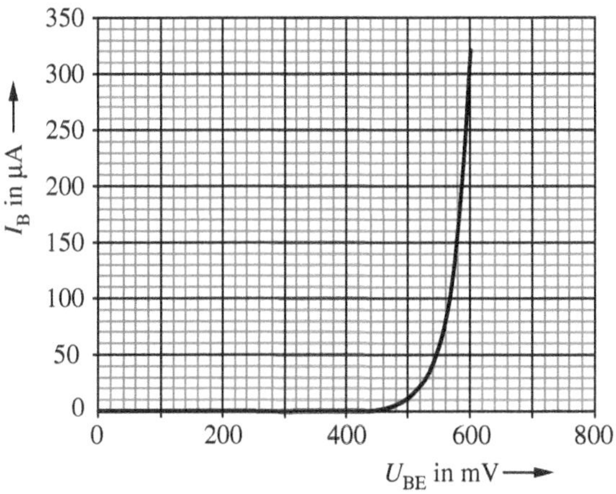


**Bild 11.9.2** Eingangskennlinie

a) Um was für eine Art von Transistorschaltung handelt es sich?

b) Bestimmen Sie grafisch den Arbeitspunkt des Transistors aus der Kennlinie.

c) Bestimmen Sie die Ausgangsspannung $U_{AUS}$.

d) In welchem Zustand befindet sich der Transistor?

e) Ersetzen Sie den Widerstand $R_B$ durch einen Spannungsteiler zwischen $U_{CC}$ und Masse mit den Widerständen $R_1$, $R_2$ und bestimmen Sie diese mit der Annahme, dass der Strom durch $R_1$ zu $I_1 = 100 \cdot I_B$ gewählt wird und der Arbeitspunkt unverändert bleibt.

## Lösung zu Aufgabe 11.9

a) Es handelt sich um eine *Emitterschaltung*, da der Emitter des Transistors am Massepotenzial liegt.

b) Die Maschengleichung im Eingangskreis liefert:

$$U_{BE} = U_{EIN} - R_B I_B$$

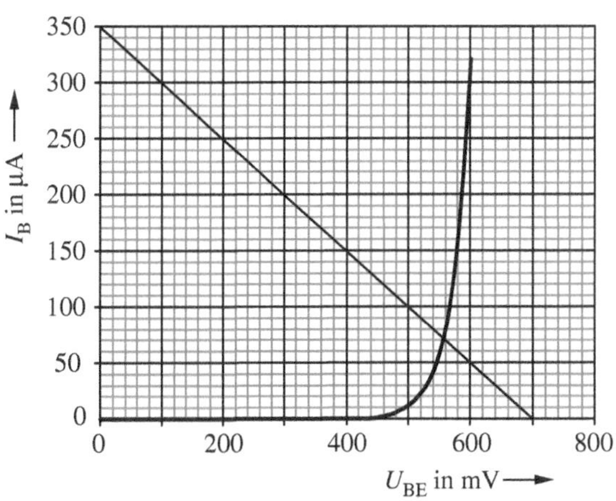


**Bild 11.9.3** Bestimmung des Arbeitspunktes

Die Arbeitsgerade (der Spannungsquelle $U_{EIN}$ und des Widerstandes $R_B$) ist durch die Leerlaufspannung $U_{BE}(I_B = 0) = U_{EIN} = 0{,}7\,V$ und den Kurzschlussstrom $I_B(U_{BE} = 0) = U_{EIN}/R_B = 0{,}35\,mA$ festgelegt.

Durch Ablesen ermittelt man am Schnittpunkt der Arbeitsgeraden mit der Kennlinie der Basis-Emitter-Diode den Arbeitspunkt des Transistors.

$$\underline{\underline{I_B = 70\,\mu A}}; \qquad \underline{\underline{U_{BE} = 550\,mV}}$$

c) Die Ausgangsspannung ergibt sich aus dem Maschenumlauf im Ausgangskreis:

$$\underline{\underline{U_{AUS}}} = U_{CC} - R_C I_C = U_{CC} - R_C \beta\, I_B = 10\,V - 150\,\Omega \cdot 100 \cdot 70\,\mu A = \underline{\underline{8{,}95\,V}}$$

d) Die Basis-Emitter-Diode ist leitend ($U_{BE} > 0$) und die Basis-Kollektor-Diode sperrt:

$$U_{BC} = U_{BE} - U_{AUS} = -8{,}4\,V; \qquad U_{CE} = U_{AUS}$$

Daher befindet sich der Transistor im *aktiv-normalen Betrieb.*

e) Um in der Schaltung die Widerstände $R_1$ und $R_2$ festzulegen, sind die Spannungen und Ströme zu bestimmen, wobei laut Aufgabenstellung $I_1 = 100 \cdot I_B$ gelten soll:

$$U_2 = U_{EIN} = 0{,}55\,V$$
$$U_1 = U_{CC} - U_2 = 9{,}45\,V$$
$$I_1 = 100\,I_B = 7\,mA$$
$$I_2 = I_1 - I_B = 99\,I_B = 6{,}93\,mA$$

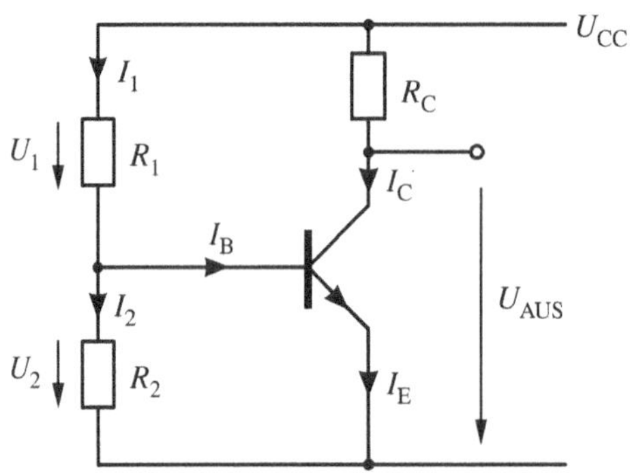


**Bild 11.9.4** Schaltung mit Basis-Spannungsteiler

Nun lassen sich die Widerstandswerte ermitteln:

$$\underline{\underline{R_1}} = \frac{U_1}{I_1} = \underline{\underline{1{,}35\,k\Omega}}; \qquad \underline{\underline{R_2}} = \frac{U_2}{I_2} = \underline{\underline{79{,}37\,\Omega}}$$

## Aufgabe 11.10

Ein bipolarer Transistor wird wie in dem unten skizzierten Schaltbild betrieben. Folgende Größen sind bekannt:

| | |
|---|---|
| Versorgungsspannung | $U_{CC} = -10\,V$ |
| Basisstrom | $I_B = -100\,\mu A$ |
| Kollektorstrom | $I_C = -1\,mA$ |
| Widerstände | $R_2 = 10\,k\Omega$, $R_3 = 1\,k\Omega$ |

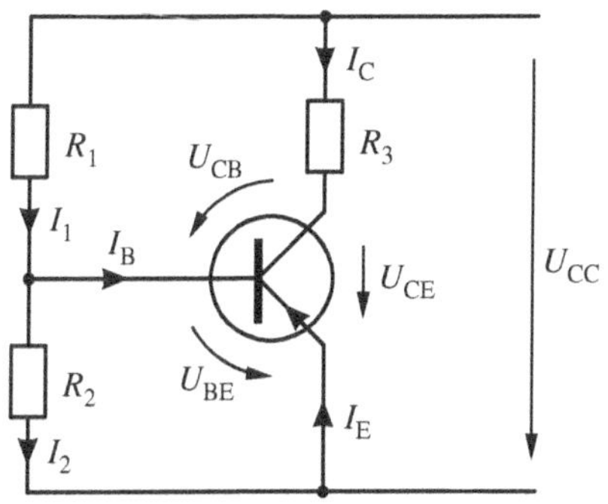


**Bild 11.10.1** Schaltung

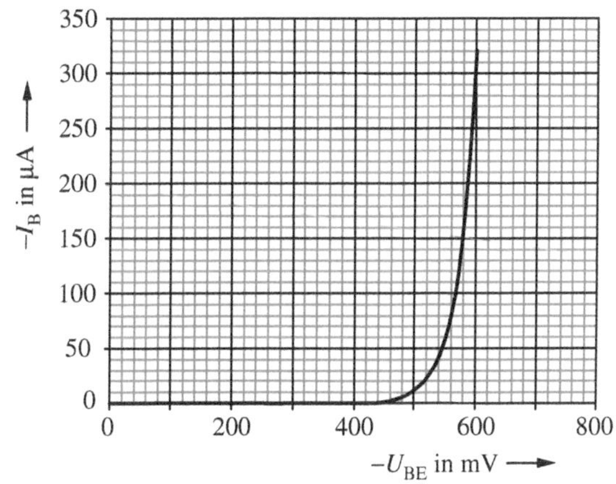


**Bild 11.10.2** Eingangskennlinie

a) Um welchen Transistortyp handelt es sich in der Schaltung?

b) Ermitteln Sie die sich einstellende Kollektor-Emitter-Spannung $U_{CE}$.

c) Ermitteln Sie die sich einstellende Basis-Emitter-Spannung $U_{BE}$.

d) Ermitteln Sie den Strom $I_2$ durch den Widerstand $R_2$.

e) Ermitteln Sie den zur Einstellung des Arbeitspunktes zu wählenden Widerstand $R_1$.

f) Ermitteln Sie die sich einstellende Kollektor-Basisspannung $U_{CB}$.

g) Wie groß ist die im Transistor umgesetzte Leistung als Funktion von $U_{BE}$, $U_{CE}$, $I_C$ und $I_B$ für den oben eingestellten Arbeitspunkt?

## Lösung zu Aufgabe 11.10

a) Es handelt sich um einen *bipolaren pnp-Transistor.*

b) Aus dem Maschenumlauf folgt sofort:

$$\underline{\underline{U_{CE}}} = U_{CC} - I_C\, R_C = -10\,\text{V} + 1\,\text{mA} \cdot 1\,\text{k}\Omega = \underline{\underline{-9\,\text{V}}}$$

c) Aus der Eingangskennlinie kann man für den Basisstrom von $I_B = -100\,\mu\text{A}$ die Basis-Emitterspannung $U_{BE}$ direkt ablesen: $\underline{\underline{U_{BE} \approx -560\,\text{mV}}}$

d) $$\underline{\underline{I_2}} = \frac{U_{BE}}{R_2} = -\frac{0{,}56\,\text{V}}{10\,\text{k}\Omega} = \underline{\underline{-56\,\mu\text{A}}}$$

e) Der zur Einstellung des Arbeitspunktes zu wählende Widerstand $R_1$ kann aus dem durch $R_1$ fließenden Strom und der Spannung $U_{CC} - U_{BE}$ an $R_1$ ermittelt werden:

$$\underline{\underline{R_1}} = \frac{U_{CC} - U_{BE}}{I_2 + I_B} = \frac{-10\,\text{V} + 560\,\text{mV}}{-156\,\mu\text{A}} = \underline{\underline{60{,}51\,\text{k}\Omega}}$$

f) $$\underline{\underline{U_{CB}}} = U_{CE} - U_{BE} = \underline{\underline{-8{,}44\,\text{V}}}$$

g) $$\underline{\underline{P}} = I_B\, U_{BE} + I_C\, U_{CE} = 0{,}056\,\text{mW} + 9\,\text{mW} = \underline{\underline{9{,}056\,\text{mW}}}$$

## Aufgabe 11.11

Gegeben sei folgende Schaltung:

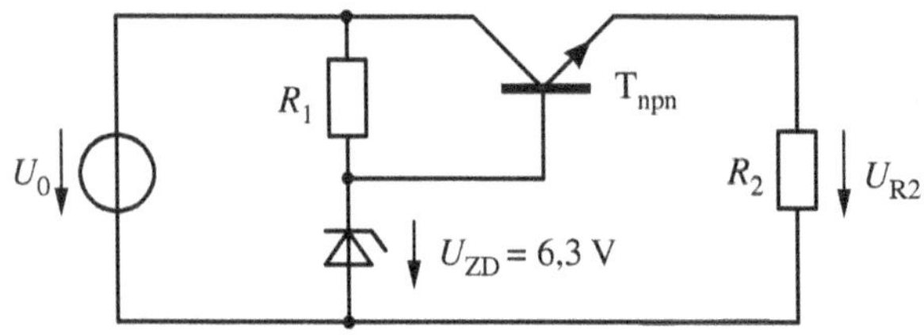


**Bild 11.11.1** Schaltung

Die Zenerdiode wird als ideal, mit einer Durchbruchsspannung von $U_{ZD} = 6{,}3\,\text{V}$ angenommen. Weiterhin sind folgende Werte bekannt: $R_1 = 1\,\text{k}\Omega$, $R_2 = 100\,\Omega$, $U_0 = 10\,\text{V}$, $B = I_C/I_B = 100$, $U_{BE} = 0{,}7\,\text{V}$

a) Berechnen Sie die Spannungen $U_{R2}$ und $U_{R1}$ sowie die Ströme $I_{R1}$, $I_{R2}$ und den Basisstrom $I_B$.

b) Wie groß ist die minimale Versorgungsspannung $U_{0\,\text{min}}$, bei der noch die volle Ausgangsspannung $U_{R2}$ erreicht wird? Es soll weiterhin $U_{BE} = 0{,}7\,\text{V}$ gelten.

c) Die Zenerdiode wird durch einen Widerstand $R_3$ ersetzt. Bleibt die Ausgangsspannung $U_{R2}$ bei schwankender Eingangsspannung $U_0$ stabil?

## Lösung zu Aufgabe 11.11

a) Die Spannungen ergeben sich aus den Maschengleichungen:

$$\underline{\underline{U_{R1}}} = U_0 - U_{ZD} = 10\,\text{V} - 6{,}3\,\text{V} = \underline{\underline{3{,}7\,\text{V}}}$$

$$\underline{\underline{U_{R2}}} = U_{ZD} - U_{BE} = 6{,}3\,\text{V} - 0{,}7\,\text{V} = \underline{\underline{5{,}6\,\text{V}}}$$

Mit $R_1 = 1\,\text{k}\Omega$ und $R_2 = 100\,\Omega$ ergibt sich daraus:

$$\underline{\underline{I_{R1}}} = U_{R1}/R_1 = \underline{\underline{3{,}7\,\text{mA}}}$$

$$\underline{\underline{I_{R2}}} = U_{R2}/R_2 = \underline{\underline{56\,\text{mA}}}$$

Aus $I_E = I_{R2} = I_C + I_B$ und der Stromverstärkung $I_C = 100 I_B$ folgt der Basisstrom

$$\underline{\underline{I_B}} = \frac{I_E}{101} = \underline{\underline{0{,}5545\,\text{mA}}}$$

Weiterhin lassen sich die folgenden Werte ermitteln:

$$I_{ZD} = I_{R1} - I_B = 3{,}154\,\text{mA} \quad \text{und} \quad U_{CE} = U_0 - U_{R2} = 4{,}4\,\text{V}$$

b) Um die Ausgangsspannung $U_{R2}$ konstant zu halten, muss für den Strom durch die Zenerdiode $I_{ZD} \geqq 0$ gelten. Wie in Aufgabenteil a) ermittelt, muss dabei der Strom $I_{R2} = 56\,\text{mA}$ betragen und daher muss $I_B = 0{,}5545\,\text{mA}$ sein. Aus $I_{ZD} = I_{R1} - I_B \geqq 0$ folgt im Grenzfall $I_{R1} = I_B$. Der Strom durch $R_1$ muss also wenigstens so groß wie der Basisstrom sein. Damit ergibt sich die minimale Spannung zu:

$$\underline{\underline{U_{0\,\text{min}}}} = U_{R1} + U_{ZD} \geqq R_1 I_B + U_{ZD} = 1\,\text{k}\Omega \cdot 0{,}5545\,\text{mA} + 6{,}3\,\text{V} = \underline{\underline{6{,}854\,\text{V}}}$$

c) Die Zenerdiode sorgt bei schwankender Eingangsspannung ($U_0 > U_{0\,\mathrm{min}}$) dafür, dass die Ausgangsspannung konstant bleibt. Wird die Zenerdiode durch einen Widerstand ersetzt, so ist dies nicht mehr gegeben und *die Ausgangsspannung ändert sich* proportional zur Eingangsspannung.

## Aufgabe 11.12

Gegeben ist die folgende Schaltung zur Gleich-Vorspannung (Arbeitspunkteinstellung) eines npn-Bipolar-Transistors:

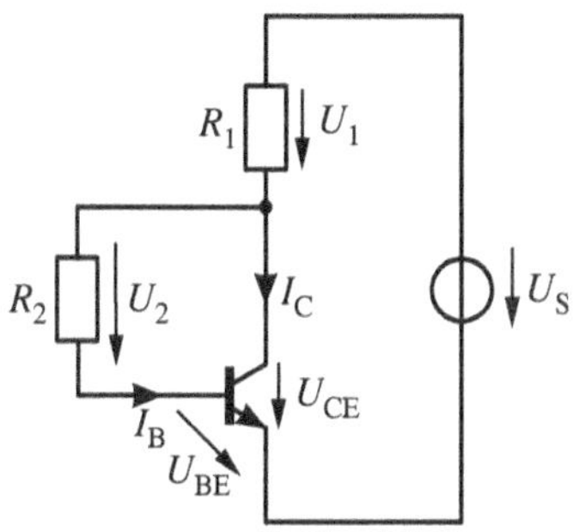


**Bild 11.12.1** Schaltung

Es gilt:

$$U_{BE} = 0{,}6\,\mathrm{V}; \quad U_S = 12\,\mathrm{V}; \quad U_{CE} = 8\,\mathrm{V}; \quad I_B = 2\,\mathrm{mA}; \quad B = I_C/I_B = 100$$

Berechnen Sie aus den angegebenen Daten die Größe der Widerstände $R_1$ und $R_2$ und die *gesamte* Leistung, die diese Schaltung aufnimmt!

## Lösung zu Aufgabe 11.12

Aus den Kirchhoffschen Gesetzen folgt für die Widerstände:

$$R_1 = \frac{U_1}{I_C + I_B} = \frac{U_S - U_{CE}}{100 I_B + I_B} = \frac{4\,\mathrm{V}}{202\,\mathrm{mA}} = \underline{\underline{19{,}80\,\Omega}}$$

$$R_2 = \frac{U_2}{I_B} = \frac{U_{CE} - U_{BE}}{I_B} = \frac{7{,}4\,\mathrm{V}}{2\,\mathrm{mA}} = \underline{\underline{3700\,\Omega}}$$

Über $P = U \cdot I$ folgt für die Leistungsaufnahme der gesamten Schaltung:

$$P_{ges} = U_S \cdot (I_C + I_B) = 12\,\mathrm{V} \cdot 202\,\mathrm{mA} = \underline{\underline{2{,}424\,\mathrm{W}}}$$

*Anmerkung:* Die Widerstände nehmen die Leistung

$$P_1 = U_1 \cdot (I_C + I_B) = 4\,\mathrm{V} \cdot 202\,\mathrm{mA} = 808{,}0\,\mathrm{mW} \quad \text{und}$$

$$P_2 = U_2 \cdot I_B = 7{,}4\,\mathrm{V} \cdot 2\,\mathrm{mA} = 14{,}80\,\mathrm{mW}$$

auf.

## Aufgabe 11.13

Gegeben ist folgende Beschaltung eines Transistors zur Arbeitspunkteinstellung:

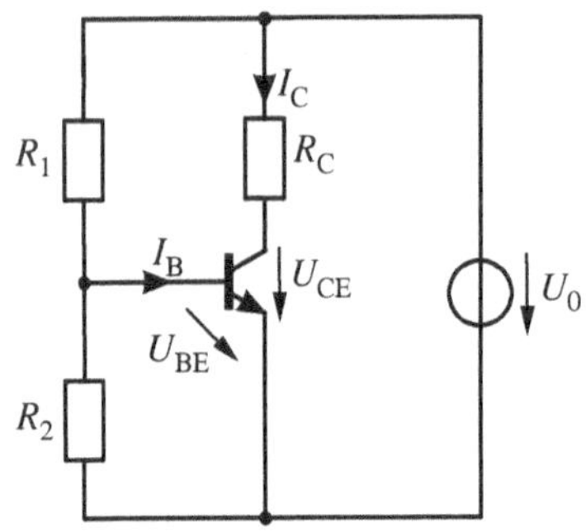


**Bild 11.13.1** Schaltung

Es gilt:

$$U_0 = 10\,\text{V};\quad U_{BE} = 0{,}7\,\text{V};\quad U_{CE} = 8\,\text{V};\quad I_B = 2\,\text{mA};\quad B = I_C/I_B = 100;\quad R_2 = 7\,\Omega$$

Berechnen Sie aus den gegebenen Daten in Zahlenwerten die Widerstände $R_1$ und $R_C$ und außerdem die gesamte Leistung, die in den Widerständen umgesetzt wird.

## Lösung zu Aufgabe 11.13

Berechnung des Widerstands $R_C$ (mit $I_C = 100 \cdot I_B = 200\,\text{mA}$):

$$U_0 = U_{RC} + U_{CE} = I_C \cdot R_C + U_{CE} \quad \rightarrow \quad R_C = \frac{U_0 - U_{CE}}{I_C} = \frac{10\,\text{V} - 8\,\text{V}}{200\,\text{mA}} = \underline{\underline{10\,\Omega}}$$

Berechnung von $I_{R2}$ (wird später benötigt):

$$U_{BE} = R_2 \cdot I_{R2} \quad \rightarrow \quad I_{R2} = \frac{U_{BE}}{R_2} = \frac{0{,}7\,\text{V}}{7\,\Omega} = 100\,\text{mA}$$

Berechnung des Widerstands $R_1$:

$$U_0 = U_{R1} + U_{BE} = (I_{R2} + I_B) \cdot R_1 + U_{BE}$$

$$\rightarrow \quad R_1 = \frac{U_0 - U_{BE}}{I_{R2} + I_B} = \frac{10\,\text{V} - 0{,}7\,\text{V}}{100\,\text{mA} + 2\,\text{mA}} = \underline{\underline{91{,}18\,\Omega}}$$

Für die in den Widerständen umgesetzte Leistung ergibt sich:

$$P_{R1} = U_{R1} \cdot I_{R1} = (U_{DD} - U_{BE}) \cdot (I_{R2} + I_B) = 9{,}3\,\text{V} \cdot 102\,\text{mA} = 0{,}9486\,\text{W}$$

$$P_{R2} = U_{R2} \cdot I_{R2} = U_{BE} \cdot I_{R2} = 0{,}7\,\text{V} \cdot 100\,\text{mA} = 0{,}07\,\text{W}$$

$$P_{RC} = U_{RC} \cdot I_{RC} = (U_{DD} - U_{CE}) \cdot I_C = 2\,\text{V} \cdot 200\,\text{mA} = 0{,}4\,\text{W}$$

$$\rightarrow \quad P_{R,ges} = P_{R1} + P_{R2} + P_{RC} = 0{,}9486\,\text{W} + 0{,}07\,\text{W} + 0{,}4\,\text{W} = \underline{\underline{1{,}4186\,\text{W}}}$$

## Aufgabe 11.14

Gegeben ist die folgende Gleichstrombeschaltung eines npn-Bipolar-Transistors zur Einstellung des Arbeitspunktes:

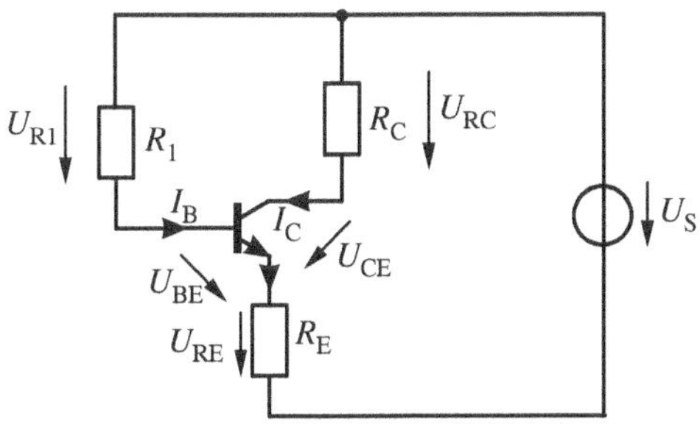


**Bild 11.14.1** Schaltung

Hier gilt:

$$U_S = 10\,\text{V}; \quad U_{BE} = 0{,}7\,\text{V}; \quad R_E = 2\,\Omega; \quad R_C = 10\,\Omega; \quad I_B = 2\,\text{mA}; \quad B = I_C/I_B = 100$$

Berechnen Sie aus den gegebenen Werten den Widerstand $R_1$, die Summe der Leistungen, die in allen Widerständen verbraucht wird und die Leistung, die im Transistor selbst verbraucht wird.

## Lösung zu Aufgabe 11.14

Zunächst Berechnung des Spannungsabfalls an $R_E$:

$$U_{RE} = R_E \cdot I_E = R_E \cdot (I_C + I_B) = R_E \cdot I_B \cdot 101 = 404\,\text{mV}$$

Damit Berechnung des Widerstandes:

$$R_1 = \frac{U_{R1}}{I_B} = \frac{U_S - U_{BE} - U_{RE}}{I_B} = \underline{\underline{4{,}448\,\text{k}\Omega}}$$

Die Summe der Leistungen in den Widerständen ist dann:

$$P_R = R_1 \cdot I_B^2 + R_C \cdot I_C^2 + R_E \cdot (I_C + I_B)^2 = 17{,}79\,\text{mW} + 400\,\text{mW} + 81{,}61\,\text{mW} = \underline{\underline{499{,}4\,\text{mW}}}$$

Der Leistungsverbrauch der gesamten Schaltung ist:

$$P_{ges} = (I_C + I_B) \cdot U_S = 101 \cdot I_B \cdot U_S = 2020\,\text{mW}$$

Damit entfällt folgende Leistung auf den Transistor:

$$P_{npn} = P_{ges} - P_R = \underline{\underline{1521\,\text{mW}}}$$

### Aufgabe 11.15

Gegeben ist die folgende Beschaltung eines npn-Bipolar-Transistors mit idealer Gleichspannungs- und idealer Gleichstromquelle zur Einstellung des Arbeitspunktes:

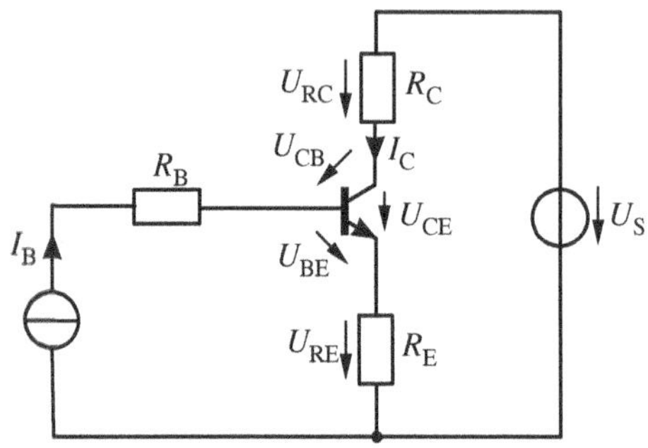


**Bild 11.15.1** Schaltung

Es gilt:

$$R_C = 1\,\mathrm{k\Omega};\quad I_B = 50\,\mu\mathrm{A};\quad U_{CE} = 5{,}8\,\mathrm{V};\quad U_{BE} = 0{,}7\,\mathrm{V};\quad U_S = 10\,\mathrm{V};\quad U_{RC} = 4\,\mathrm{V}$$

a) Bestimmen Sie die Stromverstärkung $B = I_C/I_B$, den Widerstand $R_E$ und die Spannung $U_{CB}$ in Zahlenwerten.

b) Bestimmen Sie die Leistungen, die in den beiden Widerständen $R_E$ und $R_C$, im Transistor und in der Quelle $U_S$ jeweils umgesetzt werden.

### Lösung zu Aufgabe 11.15

a) Für $B$ ergibt sich:

$$I_C = \frac{U_{RC}}{R_C} = 4\,\mathrm{mA} \quad \text{und daraus} \quad B = \frac{I_C}{I_B} = \frac{4\,\mathrm{mA}}{50\,\mu\mathrm{A}} = \underline{\underline{80}}$$

Für $R_E$ ergibt sich:

$$U_{RE} = U_S - U_{RC} - U_{CE} = 0{,}2\,\mathrm{V} \quad \text{und daraus} \quad R_E = \frac{U_{RE}}{I_B + I_C} = \frac{0{,}2\,\mathrm{V}}{4{,}05\,\mathrm{mA}} = \underline{\underline{49{,}38\,\Omega}}$$

Für $U_{CB}$ ergibt sich:

$$U_{CB} = U_{CE} - U_{BE} = \underline{\underline{5{,}1\,\mathrm{V}}}$$

b) Leistung in den Widerständen:

$$P_{RC} = I_C \cdot U_{RC} = \underline{\underline{16\,\mathrm{mW}}} \quad \text{und} \quad P_{RE} = (I_C + I_B) \cdot U_{RE} = \underline{\underline{0{,}81\,\mathrm{mW}}}$$

Leistung im Transistor:

$$P_{\text{Transistor}} = U_{BE} \cdot I_B + U_{CE} \cdot I_C = 35\,\mu\mathrm{W} + 23{,}2\,\mathrm{mW} = \underline{\underline{23{,}235\,\mathrm{mW}}}$$

Leistung der Spannungsquelle:

$$P_{US} = U_S \cdot I_C = \underline{\underline{40\,\mathrm{mW}}}$$

*Anmerkung:* Die Summe der Leistungen in den Widerständen und im Transistor ist etwas größer als die Leistung der Spannungsquelle. Die verbleibende Leistung:

$$U_{BE} \cdot I_B + U_{RE} \cdot I_B = 35\,\mu\mathrm{W} + 10\,\mu\mathrm{W} = \underline{\underline{45\,\mu\mathrm{W}}}$$

wird von der Stromquelle aufgebracht.

# 12 Übertrager

Übertrager, auch Transformatoren oder Umspanner genannt, stellen zusammen mit dem Drehstromsystem (symmetrisches Dreiphasensystem) die beiden wichtigsten Komponenten der elektrischen Energieversorgung dar. Sie dienen dem Wechseln der Spannungsebenen bzw. Stromstärken im Stromkreis zwischen Erzeuger und Verbraucher und erlauben damit eine verlustarme Übertragung elektrischer Energie. Wie schon für den Drehstrom ist auch in diesem Bereich das Beherrschen der komplexen Wechselstromrechnung unabdingbar für das Lösen von Aufgaben.

In diesem Kapitel sind Aufgabenstellungen zu folgenden Themengebieten gesammelt:

1. Schaltungen mit idealen Übertragern (Aufgaben 12.1 bis 12.5), wobei hier das Schaltsymbol aus Bild 12.1 verwendet wird.

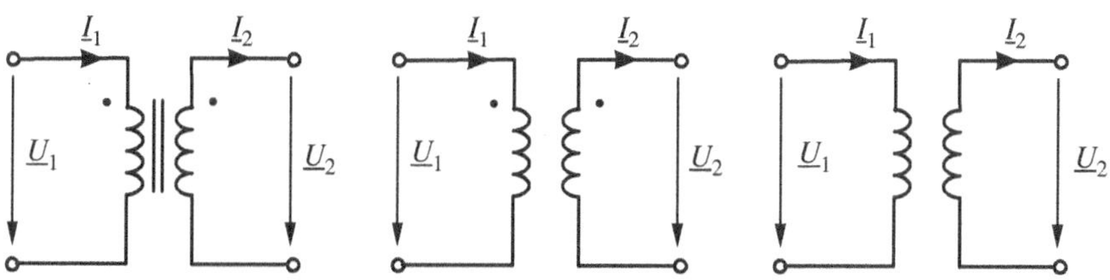


**Bild 12.1** Äquivalent verwendete Schaltsymbole des idealen Übertragers bei gleichsinniger Wicklung von Primär- und Sekundärseite (angedeutet durch die Position der beiden Punkte)

   Es gelten die folgenden Bauteilgleichungen:

$$\underline{U}_1 = \ddot{u} \cdot \underline{U}_2; \qquad \underline{I}_1 = \frac{1}{\ddot{u}} \cdot \underline{I}_2; \qquad \ddot{u} = \frac{N_1}{N_2}$$

   Hierbei wird die mit dem Index „1" versehene Seite als Primärseite, die mit dem Index „2" versehene Seite als Sekundärseite bezeichnet. $N_1$ und $N_2$, die Wicklungszahlen der jeweiligen Übertragerseite, bestimmen zusammen das Übertragungsverhältnis $\ddot{u}$. Die meisten Schwierigkeiten, die bei der Berechnung eines solchen vierpoligen Elementes auftreten, können elegant gelöst werden, indem die Wirkung der Sekundärseite über die Formel $\underline{Z}_1 = \ddot{u}^2 \cdot \underline{Z}_2$ auf die Primärseite transformiert wird. $\underline{Z}_1$ ist hierbei der komplexe Widerstand, der primärseitig der Zusammenschaltung von idealem Übertrager und sekundärer Lastimpedanz $\underline{Z}_2$ entspricht und diese in der weiteren Analyse ersetzt. Ideale Übertrager können in der Realität aufgrund vielfältiger physikalischer Effekte nicht existieren, man spricht dann von realen Übertragern. Für diese Übertrager finden sich in der Literatur eine Reihe von Ersatzschaltungen, die hier mit Ausnahme des folgenden Spezialfalles nicht weiter ausgeführt werden sollen.

2. Schaltungen mit nichtidealen Übertragern. Diese weisen keine Leistungsverluste auf, zeigen aber Streuungen des Magnetfeldes. Die Aufgaben 12.6 bis 12.12 sind von diesem Typ.

Die Berechnung erfolgt am einfachsten durch Umformung in das folgende äquivalente T-Ersatzschaltbild, das mit den gängigen Regeln analysiert werden kann.

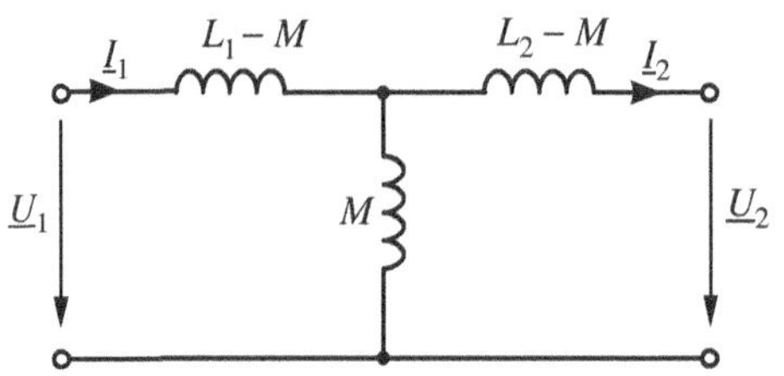


**Bild 12.2** T-Ersatzschaltbild des nichtidealen Übertragers

Hierbei wird die mit dem Index „1" versehene Seite wieder als Primärseite, die mit dem Index „2" versehene Seite wieder als Sekundärseite bezeichnet. $L_1$ und $L_2$ werden Leerlaufinduktivitäten, $M$ wird Koppelinduktivität genannt.

Ein Nachteil des einfachen T-Ersatzschaltbildes ist, dass die Längsinduktivitäten $L_1 - M$ und $L_2 - M$ keine direkte physikalische Entsprechung haben und auch negativ werden können. Aus diesem Grund sind auch weitere, komplizierte Ersatzschaltbilder verbreitet, die dieses Manko beheben. Sieht man von diesem Manko ab, so ist das einfache T-Ersatzschaltbild jedoch ideal für die Berechnung geeignet.

## Schaltungen mit idealen Übertragern

### Aufgabe 12.1

Ein Übertrager wird zum Zweck der Leistungsanpassung zwischen eine Spannungsquelle und einen ohmsch-induktiven Verbraucher geschaltet. Die Feinabstimmung des Quelleninnenwiderstandes soll nun mit einer (komplexen) Impedanz $\underline{Z}_x$ erfolgen.

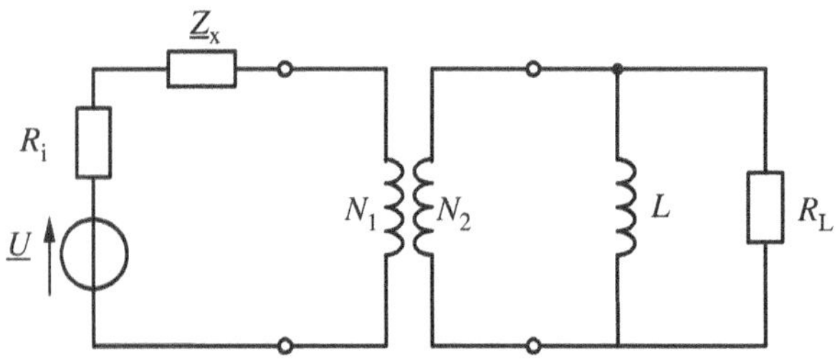


**Bild 12.1.1** Schaltung

Mit den Werten:

$$L = 0{,}1\,\text{H};\quad R_i = 50\,\Omega;\quad R_L = 100\,\Omega;\quad N_1 = 750;\quad N_2 = 300;\quad f = 50\,\text{Hz};\quad k = 1$$

a) Berechnen Sie die Größe der nötigen Zusatzimpedanz $\underline{Z}_x$ für den Fall einer größtmöglichen Wirkleistung am Verbraucherwiderstand.

b) Geben Sie eine möglichst einfache Realisierung von $\underline{Z}_x$ an und bestimmen Sie die Größe der Bauelemente.

### Lösung zu Aufgabe 12.1

a) Die Lastimpedanz ist:

$$\underline{Z}_L = \frac{R_L\,\mathrm{j}\,\omega L}{R_L + \mathrm{j}\,\omega L} = \frac{\omega^2 L^2 R_L + \mathrm{j}\,\omega L R_L^2}{R_L^2 + \omega^2 L^2} = (8{,}983 + \mathrm{j}\,28{,}594)\ \Omega$$

Für den idealen Übertrager wird die primärseitige Impedanz zu:

$$\underline{Z}_1 = \ddot{u}^2 \underline{Z}_\mathrm{L} = \left(\frac{N_1}{N_2}\right)^2 \underline{Z}_\mathrm{L} = \left(\frac{750}{300}\right)^2 \cdot (8{,}983 + \mathrm{j}\,28{,}594)\ \Omega = (56{,}14 + \mathrm{j}\,178{,}71)\ \Omega$$

Die größtmögliche Leistung $P_\mathrm{L} = I^2\ \mathrm{Re}\{\underline{Z}_1\}$ am Verbraucherwiderstand wird erreicht, wenn der Laststrom maximal wird. Um dies mit einer Anpassung der Zusatzimpedanz $\underline{Z}_\mathrm{x}$ zu erreichen, muss der Betrag der sich ergebenden Gesamtimpedanz minimal werden $\left|R_\mathrm{i} + \underline{Z}_\mathrm{x} + \ddot{u}^2 \underline{Z}_\mathrm{L}\right| \rightarrow \min$. Dies ist gegeben, wenn der Imaginärteil zu null wird (der Realteil kann nicht verringert werden):

$$\underline{\underline{\underline{Z}_\mathrm{x} = -\mathrm{j}\ \mathrm{Im}\left\{\ddot{u}^2 \underline{Z}_\mathrm{L}\right\} = -\mathrm{j}\,178{,}71\,\Omega}}$$

*Anmerkung:* Es wäre falsch, hier die Bedingung für Leistungsanpassung anzuwenden und $\left(R_\mathrm{i} + \underline{Z}_\mathrm{x}\right)^* = \ddot{u}^2 \underline{Z}_\mathrm{L}$ zu fordern. Denn hier wird nicht die Lastimpedanz, sondern die Innenimpedanz variiert, um das Leistungsmaximum zu erzielen.

b) $\underline{Z}_\mathrm{x}$ besteht nur aus einer Kapazität $C_\mathrm{x}$.

$$X_\mathrm{C} = \frac{1}{\omega C_\mathrm{x}} = 178{,}71\,\Omega$$

$$\underline{\underline{C_\mathrm{x}}} = \frac{1}{2 \cdot \pi \cdot 50\,\mathrm{Hz} \cdot 178{,}71\,\Omega} = \underline{\underline{17{,}81\ \mu\mathrm{F}}}$$

## Aufgabe 12.2

Gegeben ist die Schaltung aus Bild 12.2.1 mit einem idealen Übertrager:

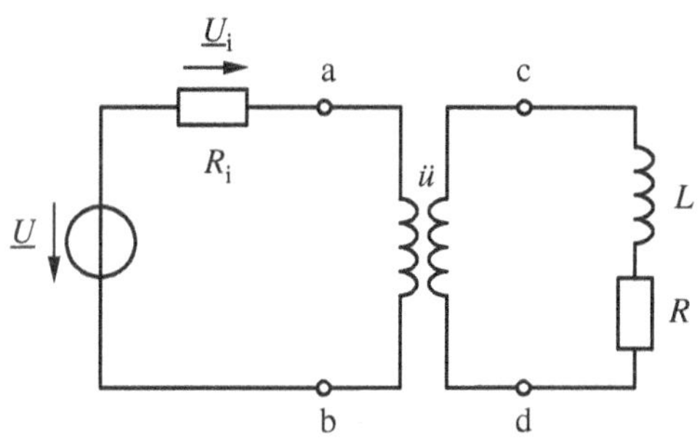


**Bild 12.2.1** Schaltung

Bekannt sind folgende Größen:

$$R = 2\,\Omega; \quad \omega L = 1\,\Omega \quad \text{und} \quad R_\mathrm{i} = 100\,\Omega$$

a) Wie groß muss das Übertragungsverhältnis $= N_1/N_2$ sein, damit der Betrag des Spannungsabfalls am Innenwiderstand $R_\mathrm{i}$ der Quelle höchstens 10 % des Quellspannungsbetrags $U$ beträgt (d. h. $U_\mathrm{i} = 0{,}1 \cdot U$)?

b) Zwischen den eingangsseitigen Klemmen a und b soll eine Impedanz $\underline{Z}_\mathrm{x}$ zur Blindleistungskompensation angeschlossen werden. Leiten Sie, in allgemeiner Form, den Ausdruck für $\underline{Z}_\mathrm{x}$ her.

## Lösung zu Aufgabe 12.2

a) Durch Transformation der Lastimpedanz $\underline{Z}_\mathrm{L} = R + \mathrm{j}\,\omega L$ auf die Primärseite erhält man:

$$\underline{Z}_1 = \ddot{u}^2 \underline{Z}_\mathrm{L} = \left(\frac{N_1}{N_2}\right)^2 \underline{Z}_\mathrm{L} = \ddot{u}^2 R + \ddot{u}^2\,\mathrm{j}\,\omega L$$

Für die Spannung am Innenwiderstand folgt mit dem Spannungsteiler

$$\left|\frac{\underline{U}_\mathrm{Ri}}{\underline{U}}\right| = 0{,}1 = \left|\frac{R_\mathrm{i}}{R_\mathrm{i} + \ddot{u}^2 R + \ddot{u}^2\,\mathrm{j}\,\omega L}\right|$$

$$0{,}1 = \frac{R_\mathrm{i}}{\sqrt{\left(R_\mathrm{i} + \ddot{u}^2 R\right)^2 + \left(\ddot{u}^2 \omega L\right)^2}} = \frac{100\,\Omega}{\sqrt{\left(100\,\Omega + \ddot{u}^2 2\,\Omega\right)^2 + \left(\ddot{u}^2 1\,\Omega\right)^2}}$$

Dies führt auf eine biquadratische Gleichung für das Übersetzungsverhältnis

$$\ddot{u}^4\left(R^2 + \omega^2 L^2\right) + \ddot{u}^2 2 R_\mathrm{i} R - 99 R_\mathrm{i}^2 = 0$$

mit der Lösung:

$$\ddot{u}^2 = -\frac{R_\mathrm{i} R}{R^2 + \omega^2 L^2} \pm \sqrt{\left(\frac{R_\mathrm{i} R}{R^2 + \omega^2 L^2}\right)^2 + \frac{99 R_\mathrm{i}^2}{R^2 + \omega^2 L^2}}$$

Nur das positive Vorzeichen liefert einen sinnvollen Wert

$$\ddot{u}^2 \approx 406{,}8$$

$$\ddot{u} = 20{,}17$$

$$\underline{\underline{\ddot{u} \geqq 21}}$$

b) Da die Last induktiv ist, wird Blindleistungskompensation mit einem Kondensator erreicht $\underline{Z}_\mathrm{x} = 1/\mathrm{j}\,\omega C$. Die Gesamtadmittanz an den Klemmen a und b wird dann:

$$\underline{Y}_\mathrm{ges} = \mathrm{j}\,\omega C + \frac{1}{\ddot{u}^2 R + \ddot{u}^2\,\mathrm{j}\,\omega L}$$

$$\underline{Y}_\mathrm{ges} = \mathrm{j}\,\omega C + \frac{\ddot{u}^2 R}{\left(\ddot{u}^2 R\right)^2 + \left(\ddot{u}^2 \omega L\right)^2} - \mathrm{j}\,\frac{\ddot{u}^2 \omega L}{\left(\ddot{u}^2 R\right)^2 + \left(\ddot{u}^2 \omega L\right)^2}$$

Der Imaginärteil wird zu null $\mathrm{Im}\{\underline{Y}_\mathrm{ges}\} = 0$ für:

$$\frac{1}{\underline{Z}_\mathrm{x}} = \mathrm{j}\,\frac{\ddot{u}^2 \omega L}{\left(\ddot{u}^2 R\right)^2 + \left(\ddot{u}^2 \omega L\right)^2} = \mathrm{j}\,\omega C$$

$$\underline{\underline{\underline{Z}_\mathrm{x} = \mathrm{j}\,\ddot{u}^2 \frac{R^2 + (\omega L)^2}{\omega L} = \frac{1}{\mathrm{j}\,\omega C}}}$$

## Aufgabe 12.3

Gegeben ist folgende Schaltung mit idealem Übertrager:

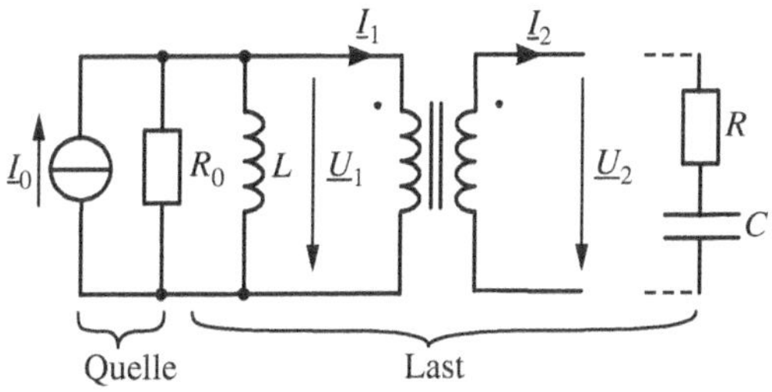


**Bild 12.3.1** Schaltung

Hierbei:

$$R_0 = 100\,\Omega; \quad L = 0{,}5\,\text{mH}; \quad R = 25\,\Omega; \quad n_1 = 20; \quad n_2 = 100; \quad \omega = 10^5 \cdot 1/\text{s}$$

$n_1$ und $n_2$ bezeichnen hierbei die Windungszahlen auf Primärseite 1 bzw. Sekundärseite 2.

a) Die Sekundärseite des Übertragers befindet sich zunächst im Leerlauf, wobei $\underline{I}_0 = 10\,\text{mA} \cdot e^{j\,0}$ sein soll. Berechnen Sie für diesen Fall die Spannung $\underline{U}_2$ zwischen den Klemmen des Übertragers auf der Sekundärseite als Zahlenwert mit Real- und Imaginärteil.

Für den Aufgabenteil b wird nun die in der Abbildung gezeigte Schaltung bestehend aus den Elementen $R$ und $C$ zusätzlich zwischen den Klemmen des Übertragers auf der Sekundärseite angeschlossen.

b) Bestimmen Sie einen Zahlenwert für die Kapazität $C$, der zu einer vollständigen Blindleistungskompensation in der Last führt.

## Lösung zu Aufgabe 12.3

Formeln für den idealen Übertrager ($\ddot{u} = 20/100 = 0{,}2$ hier):

$$\ddot{u} = \frac{n_1}{n_2} = \frac{\underline{U}_1}{\underline{U}_2} = \frac{\underline{I}_2}{\underline{I}_1} \quad \text{bzw.} \quad \frac{\underline{Z}_1}{\underline{Z}_2} = \frac{\underline{U}_1 \cdot \underline{I}_2}{\underline{I}_1 \cdot \underline{U}_2} = \ddot{u}^2 \quad \text{(Impedanztransformation)}$$

a) Leerlauf auf der Sekundärseite bedeutet $\underline{I}_2 = 0$ und damit auch $\underline{I}_1 = \underline{I}_2/\ddot{u} = 0$. Der Strom $\underline{I}_0$ fließt also nur durch die Parallelschaltung aus $R_0$ und $L$. Für diese gilt:

$$\underline{Z}_{\text{RL}} = \frac{1}{\dfrac{1}{R_0} + \dfrac{1}{j\,\omega L}} = \frac{1}{0{,}01 - j\,0{,}02}\,\Omega = \left(20 + j\,40\right)\,\Omega$$

Für $\underline{U}_1$ folgt somit: $\underline{U}_1 = \underline{Z}_{\text{RL}} \cdot \underline{I}_0 = \left(20 + j\,40\right)\,\Omega \cdot 10\,\text{mA} = (0{,}2 + j\,0{,}4)\,\text{V}$. Daraus:

$$\underline{U}_2 = \frac{\underline{U}_1}{\ddot{u}} = \frac{(0{,}2 + j\,0{,}4)\,\text{V}}{0{,}2} = \underline{\underline{(1 + j\,2)\,\text{V}}}$$

b) Zunächst Berechnung der primärseitigen Impedanz der $RC$-Reihenschaltung:

$$\underline{Z}_{\text{RC}} = R + \frac{1}{j\,\omega C} = \frac{j\,\omega RC + 1}{j\,\omega C} \quad \Rightarrow \quad \underline{Z}'_{\text{RC}} = \ddot{u}^2 \cdot \frac{j\,\omega RC + 1}{j\,\omega C}$$

Deren Admittanz ist:

$$\underline{Y}'_{\text{RC}} = \frac{1}{\ddot{u}^2} \cdot \frac{j\,\omega C}{j\,\omega RC + 1} = \frac{1}{\ddot{u}^2} \cdot \frac{j\,\omega C\,(1 - j\,\omega RC)}{\omega^2 R^2 C^2 + 1}$$

Da $L$ und $\underline{Y}'_{\text{RC}}$ parallel geschaltet sind, müssen sich ihre Admittanzen so addieren, dass der resultierende Imaginärteil zu null wird (damit dann rein reelle Last). Es ist also zu fordern:

$$-\frac{1}{\omega L}+\frac{1}{ü^2}\cdot\frac{\omega C}{\omega^2R^2C^2+1}=0$$

Daraus folgt eine quadratische Gleichung für $C$:

$$\frac{-\omega R^2}{L}\cdot C^2+\frac{\omega}{ü^2}\cdot C-\frac{1}{\omega L}=0 \quad \text{bzw.} \quad \omega^2R^2\cdot C^2-\frac{\omega^2 L}{ü^2}\cdot C+1=0$$

Lösungen:

$$C=\frac{-\frac{\omega^2L}{ü^2}\pm\sqrt{\left(\frac{\omega^2L}{ü^2}\right)^2-4\omega^2R^2}}{2\omega^2R^2}=\underline{\underline{19{,}99\,\mu\text{F oder }8{,}003\,\text{nF}}}$$

*Anmerkung:* Die größere Kapazität ist die in der Praxis sinnvollere Wahl.

## Aufgabe 12.4

Gegeben ist folgende Schaltung mit zwei idealen Übertragern:

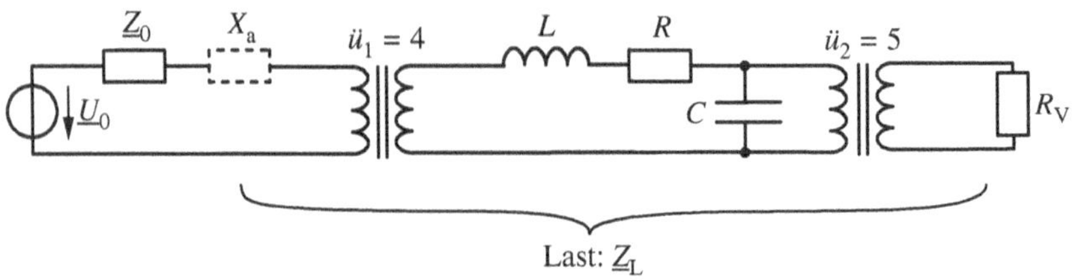


**Bild 12.4.1** Schaltung

a) Berechnen Sie als Formel die gesamte Impedanz $\underline{Z}_L$ der Last (inkl. der beiden Übertrager) nach *Real- und Imaginärteil.*

Nehmen Sie für die Teilaufgabe b) Folgendes an:

$$\omega=400\cdot 1/\text{s};\quad \underline{Z}_0=5\,\Omega;\quad R=10\,\Omega;\quad R_V=40\,\Omega;\quad L=250\,\text{mH};\quad C=10\,\mu\text{F}$$

a) Berechnen Sie als *Zahlenwert* die sich ergebende Lastimpedanz. Des Weiteren soll eine Blindleistungskompensation durchgeführt werden. Dafür wird ein rein reaktives Bauteil $X_a$ (wie oben eingezeichnet) verschaltet. Handelt es sich um einen Kondensator oder eine Spule? Bestimmen Sie die Kapazität oder Induktivität des Bauteils als *Zahlenwert.*

## Lösung zu Aufgabe 12.4

a) Die gesuchte Impedanz ergibt sich aus der Anwendung der Rechenregeln für Reihen- und Parallelschaltungen unter Beachtung der Impedanztransformation durch die Übertrager:

$$\underline{Z}_L=ü_1^2\cdot\left(\text{j}\,\omega L+R+\frac{1}{\text{j}\,\omega C+\frac{1}{ü_2^2R_V}}\right)=ü_1^2\cdot\left(\text{j}\,\omega L+R+\frac{\frac{1}{ü_2^2R_V}-\text{j}\,\omega C}{\frac{1}{ü_2^4R_V^2}+\omega^2C^2}\right)$$

$$\underline{Z}_\mathrm{L} = \left( \ddot{u}_1^2 \cdot R + \frac{\ddot{u}_1^2 \cdot \dfrac{1}{\ddot{u}_2^2 R_\mathrm{V}}}{\dfrac{1}{\ddot{u}_2^4 R_\mathrm{V}^2} + \omega^2 C^2} \right) + \mathrm{j} \left( \ddot{u}_1^2 \cdot \omega L - \frac{\ddot{u}_1^2 \cdot \omega C}{\dfrac{1}{\ddot{u}_2^4 R_\mathrm{V}^2} + \omega^2 C^2} \right)$$

b) Der gesuchte Impedanzwert kann entweder aus dem Ergebnis der Teilaufgabe a) berechnet werden oder (einfacher) durch Einsetzen in den entsprechenden Ansatz:

$$\underline{Z}_\mathrm{L} = \ddot{u}_1^2 \cdot \left( \mathrm{j}\omega L + R + \frac{1}{\mathrm{j}\omega C + \dfrac{1}{\ddot{u}_2^2 R_\mathrm{V}}} \right) = 16 \cdot \left( \mathrm{j}\,100 + 10 + \frac{1}{\mathrm{j}\,0{,}004 + 0{,}001} \right)\,\Omega$$

$$= 16 \cdot (\mathrm{j}\,100 + 10 + 58{,}82 - \mathrm{j}\,235{,}3)\,\Omega = \underline{\underline{(1101 - \mathrm{j}\,2165)\,\Omega}}$$

Dies ist ein ohmsch-kapazitives Verhalten, das durch eine Spule kompensiert werden kann:

$$X_\mathrm{a} = 2165\,\Omega = \omega L \quad \Rightarrow \quad \underline{\underline{L = 5{,}411\,\mathrm{H}}}$$

## Aufgabe 12.5

Gegeben ist die folgende Schaltung mit idealen Übertragern und idealer Wechselspannungsquelle $\underline{U}_0$:

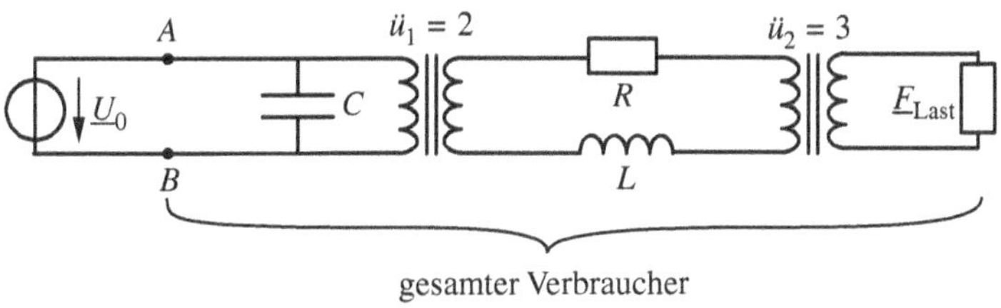


**Bild 12.5.1** Schaltung

a) Bestimmen Sie die Eingangsimpedanz $\underline{Z}$ des gesamten Verbrauchers an den Klemmen A und B in Abhängigkeit von $R$, $L$ und $C$ für $\underline{Z}_\mathrm{Last} = R$ und bringen Sie diese auf folgende Form (die Parameter $A_i$ sind reell und ungleich null):

$$\underline{Z} = \frac{A_1 + \mathrm{j}\omega A_2}{A_3 + \mathrm{j}\omega A_4 + (\mathrm{j}\omega)^2 A_5}$$

Im Folgenden seien:

$R = 50\,\Omega$; $L = 100\,\mathrm{mH}$; $C = 30\,\mathrm{nF}$; $\underline{Z}_\mathrm{Last} = (10 + \mathrm{j})\,\Omega$; $\underline{U}_0 = 10\,\mathrm{V}\,\mathrm{e}^{\mathrm{j}\,0°}$ und $f = 50\,\mathrm{Hz}$

b) Berechnen Sie in Zahlenwerten die Wirk- und Blindleistung in $\underline{Z}_\mathrm{Last}$.

c) Der Kondensator $C$ soll nun so ausgelegt werden, dass in der Schaltung keine Blindleistung umgesetzt wird. Bestimmen Sie den neuen Wert der Kapazität $C$.

## Lösung zu Aufgabe 12.5

a) Zur Berechnung der Eingangsimpedanz verwendet man sinnvollerweise folgende Formel für die Transformation einer sekundärseitigen Last auf die Primärseite durch ideale Übertrager:

$$\underline{\underline{Z}}_{\text{Primär}} = \ddot{u}^2 \cdot \underline{Z}_{\text{Sekundär}}$$

Diese muss hier für beide Übertrager angewendet werden. Es folgt also unter Beachtung der Reihen- und Parallelschaltungen:

$$\underline{Z} = \cfrac{1}{\mathrm{j}\,\omega C + \cfrac{1}{\ddot{u}_1^2 \cdot \left(R + \mathrm{j}\,\omega L + \ddot{u}_2^2 \cdot Z_{\text{Last}}\right)}}$$

Mit $\underline{Z}_{\text{Last}} = R$ und $\ddot{u}_1 = 2$ bzw. $\ddot{u}_2 = 3$ wird dies zu:

$$\underline{Z} = \cfrac{1}{\mathrm{j}\,\omega C + \cfrac{1}{4 \cdot \left(R + \mathrm{j}\,\omega L + 9R\right)}} = \underline{\underline{\frac{40R + \mathrm{j}\,\omega \cdot 4L}{1 + \mathrm{j}\,\omega \cdot 40RC + (\mathrm{j}\,\omega)^2 \cdot 4LC}}}$$

mit:

$$A_1 = 40R; \quad A_2 = 4L; \quad A_3 = 1; \quad A_4 = 40RC; \quad A_5 = 4LC$$

b) Da die Spannungsquelle parallel zur Kapazität liegt, ergibt sich auf der Sekundärseite des ersten Übertragers die Spannung $\underline{U}_0/\ddot{u}_1 = 5\,\text{V}$. Mithilfe der Spannungsteilerregel ergibt sich daraus die Spannung auf der Primärseite des zweiten Übertrages zu:

$$\frac{\underline{Z}'_{\text{Last}}}{R + \mathrm{j}\,\omega L + \underline{Z}'_{\text{Last}}} \cdot 5\,\text{V} \quad \text{mit} \quad \underline{Z}'_{\text{Last}} = \ddot{u}_2^2 \cdot \underline{Z}_{\text{Last}}$$

Einsetzen von $R = 50\,\Omega$, $L = 100\,\text{mH}$, $\underline{Z}_{\text{Last}} = \left(10 + \mathrm{j}\right)\,\Omega$, $\ddot{u}_2 = 3$ und $f = 50\,\text{Hz}$ ergibt:

$$\frac{90 + \mathrm{j}\,9}{50 + \mathrm{j}\,31{,}42 + 90 + \mathrm{j}\,9} \cdot 5\,\text{V} = 0{,}6207\,\text{V} \cdot \exp(-\mathrm{j}\,10{,}39^0)$$

Zur Berechnung der Leistung ist der Nullphasenwinkel nicht nötig. Auf der Sekundärseite des zweiten Übertragers liegen dann $0{,}6207\,\text{V}/\ddot{u}_2 = 0{,}2069\,\text{V}$ an.

$$\underline{S}_{\text{Last}} = \frac{(0{,}2069\,\text{V})^2}{\underline{Z}^*_{\text{Last}}} = \frac{0{,}2069^2}{10 - \mathrm{j}}\,\text{W} = \left(4{,}238 \cdot 10^{-3} + \mathrm{j}\,4{,}238 \cdot 10^{-4}\right)\,\text{W}$$

Somit:

$$\underline{\underline{P = 4{,}238\,\text{mW}}} \quad \text{und} \quad \underline{\underline{Q = 0{,}4238\,\text{mV} \cdot \text{A}}}$$

c) Anwenden der Transformationsformeln und Beachtung der Reihenschaltung liefert (vergleiche Teilaufgabe a)):

$$\underline{Z}'_{\text{Last}} = \ddot{u}_2^2 \cdot \underline{Z}_{\text{Last}} = \left(90 + \mathrm{j}\,9\right)\,\Omega$$
$$\underline{Z}_{\text{Reihe}} = R + \mathrm{j}\,\omega L + \underline{Z}'_{\text{Last}} = \left(140 + \mathrm{j}\,40{,}42\right)\,\Omega$$
$$\underline{Z}'_{\text{Reihe}} = \ddot{u}_1^2 \cdot \underline{Z}_{\text{Reihe}} = \left(560 + \mathrm{j}\,161{,}7\right)\,\Omega$$

Der Kondensator liegt parallel zu dieser Impedanz:

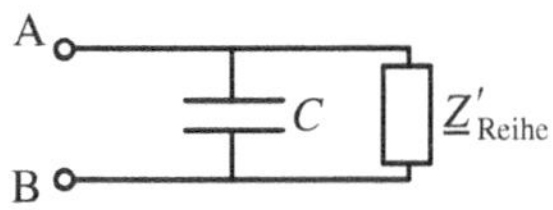


**Bild 12.5.2** Parallelschaltung von Kondensator und Impedanz

Die entsprechende Admittanz ist $\underline{Y}'_{\text{Reihe}} = 1/\underline{Z}_{\text{Reihe}} = (1{,}648 - \text{j}\,0{,}4759)$ mS, deren Imaginärteil durch den Imaginärteil der Admittanz des Kondensators kompensiert werden muss:

$$\text{Im}\{\underline{Y}_{\text{C}}\} = \omega C = -\text{Im}\{\underline{Y}_{\text{Reihe}}\} \quad \Rightarrow \quad \underline{\underline{C = 1{,}515\,\mu\text{F}}}$$

## Schaltungen mit nichtidealen Übertragern

### Aufgabe 12.6

Gegeben sei folgende Transformatorschaltung mit idealem Übertrager:

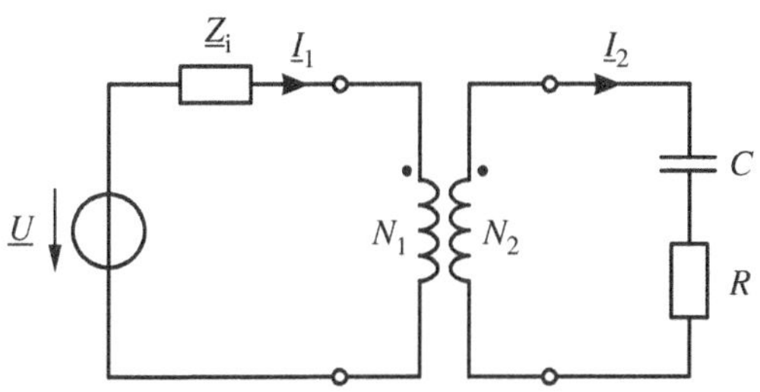


**Bild 12.6.1** Schaltung

a) Bestimmen Sie allgemein die Impedanz $\underline{U}/\underline{I}_1$.

Der Transformator soll nun durch ein Ersatzschaltbild dargestellt werden, das die Streuung berücksichtigt. Die Kupfer- und Eisenverluste des Transformators sollen weiterhin vernachlässigt werden.

b) Zeichnen Sie die Schaltung mit dem entsprechenden Übertragerersatzschaltbild.

c) Bestimmen Sie in allgemeiner Form das Verhältnis $\underline{I}_1/\underline{I}_2$.

d) Bestimmen Sie in allgemeiner Form, nun für den Fall der Streuung, die Impedanz $\underline{U}/\underline{I}_1$.

Die Schaltung wird bei einer Frequenz von $f = 50$ Hz betrieben. Die Lastimpedanz, bestehend aus Widerstand und Kapazität, sei mit $\underline{Z}_{\text{L}} = 1\,\Omega - \text{j}\,10\,\Omega$ gegeben.

e) Berechnen Sie die Werte der Gegeninduktivität $M$ und der ausgangsseitigen Leerlaufinduktivität $L_2$ so, dass sich ein komplexer Quotient $\underline{I}_1/\underline{I}_2 = 2 - 0{,}2 \cdot \text{j}$ als Verhältnis des Eingangsstromes zum Ausgangsstrom ergibt.

### Lösung zu Aufgabe 12.6

a) Für den idealen Übertrager gilt Impedanztransformation der Lastimpedanz $\underline{Z}_{\text{L}}$ und damit:

$$\underline{Z}_1 = \frac{\underline{U}}{\underline{I}_1} = \underline{Z}_{\text{i}} + \ddot{u}^2 \cdot \underline{Z}_{\text{L}} = \underline{\underline{\underline{Z}_{\text{i}} + \left(\frac{N_1}{N_2}\right)^2 \cdot \left(R + \frac{1}{\text{j}\,\omega C}\right)}}$$

b) Für den streuungsbehafteten, verlustlosen Übertrager wird das T-Ersatzschaltbild verwendet.

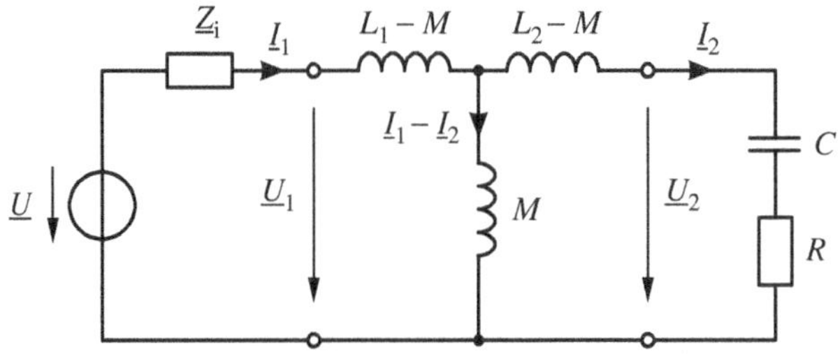


**Bild 12.6.2** Schaltung mit T-Ersatzschaltbild des Übertragers

c) Die Maschengleichung der Sekundärseite liefert:

$$0 = \underline{Z}_L \underline{I}_2 + \mathrm{j}\,\omega(L_2 - M)\underline{I}_2 - \mathrm{j}\,\omega M(\underline{I}_1 - \underline{I}_2)$$

Damit folgt für das Verhältnis der Ströme:

$$\underline{\underline{\frac{\underline{I}_1}{\underline{I}_2} = \frac{\mathrm{j}\,\omega L_2 + \underline{Z}_L}{\mathrm{j}\,\omega M}}}$$

d) Die Maschengleichung der Primärseite lautet:

$$\underline{U} = \underline{Z}_i \underline{I}_1 + \mathrm{j}\,\omega L_1 \underline{I}_1 - \mathrm{j}\,\omega M \underline{I}_2$$

durch Einsetzen des Ergebnisses aus c) erhält man:

$$\underline{\underline{\frac{\underline{U}}{\underline{I}_1} = \underline{Z}_i + \mathrm{j}\,\omega L_1 + \frac{(\omega M)^2}{\mathrm{j}\,\omega L_2 + \underline{Z}_L}}}$$

e) Ausgehend vom Resultat aus c) und mit $\underline{I}_1/\underline{I}_2 = 2 - 0{,}2 \cdot \mathrm{j}$ ergibt sich die Forderung:

$$\frac{\underline{I}_1}{\underline{I}_2} = 2 - 0{,}2 \cdot \mathrm{j} = \frac{\mathrm{j}\,\omega L_2 + \underline{Z}_L}{\mathrm{j}\,\omega M}$$

Um die Induktivitäten $M$ und $L_2$ zu bestimmen, wird nach Real- und Imaginärteil aufgetrennt ($\underline{Z}_L = R - \mathrm{j}\,X_C = 1\,\Omega - \mathrm{j}\,10\,\Omega$).

$$2 - 0{,}2 \cdot \mathrm{j} = \frac{L_2}{M} + \frac{R - \mathrm{j}\,X_C}{\mathrm{j}\,\omega M} = \underbrace{\frac{1}{M}\left(L_2 - \frac{X_C}{\omega}\right)}_{\mathrm{Re}} - \mathrm{j}\underbrace{\frac{R}{\omega M}}_{\mathrm{Im}}$$

Aus dem Vergleich der Imaginärteile ergibt sich die Gegeninduktivität:

$$0{,}2 \cdot \omega M = R$$

$$\underline{\underline{M}} = \frac{R}{0{,}2\,\omega} = \frac{1\,\Omega}{0{,}2 \cdot 100\,\mathrm{Hz} \cdot \pi} = \frac{1}{20\pi}\,\mathrm{H} = \underline{\underline{15{,}9\,\mathrm{mH}}}$$

Der Vergleich der Realteile ergibt die ausgangsseitige Leerlaufinduktivität:

$$2M = L_2 - \frac{X_C}{\omega}$$

$$L_2 = 2M + \frac{X_C}{\omega} = \frac{1}{10\pi}\,\mathrm{H} + \frac{10\,\Omega}{100\,\mathrm{Hz} \cdot \pi} = \frac{1}{5\pi}\,\mathrm{H} = \underline{\underline{63{,}7\,\mathrm{mH}}}$$

## Aufgabe 12.7

Ein verlustbehafteter Übertrager hat die folgenden Daten:

$$L_1 = 5\,\text{mH}; \quad R_1 = 4\,\Omega; \quad L_2 = 20\,\text{mH}; \quad R_2 = 10\,\Omega; \quad k = 0{,}5$$

$$\underline{Z}_S = 4\,\Omega + \text{j}\,4\,\Omega; \quad \underline{U} = 10\,\text{V}; \quad \omega = 1\,000\,\text{s}^{-1}$$

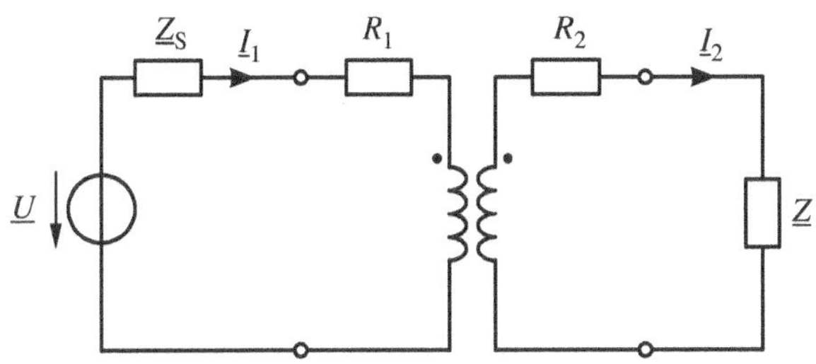


**Bild 12.7.1** Schaltung

a) Bestimmen Sie für die Lastimpedanz $\underline{Z}$ als Reihenschaltung aus einem Ohmschen Widerstand der Größe 40 Ω und einer Kapazität von 50 µF, den Primärstrom $I_1$ und den Sekundärstrom $I_2$.

b) Berechnen Sie die von der Spannungsquelle abgegebene Wirkleistung $P_1$ und die in der Lastimpedanz $\underline{Z}$ umgesetzte Wirkleistung $P_2$.

c) Wie ändert sich das Verhältnis $P_2/P_1$, wenn die Spannung $U$ verdoppelt wird?

## Lösung zu Aufgabe 12.7

a) Es wird das T-Ersatzschaltbild verwendet, womit sich die beiden Maschenumläufe ergeben:

$$\underline{U} = \underline{I}_1\left(R_1 + \underline{Z}_S\right) + \underline{I}_1\left(\text{j}\,\omega L_1\right) - \text{j}\,\omega M \underline{I}_2$$
$$\left(R_2 + \underline{Z}\right)\underline{I}_2 = \text{j}\,\omega M \underline{I}_1 - \text{j}\,\omega L_2 \underline{I}_2$$

Auflösen der zweiten Gleichung und Einsetzen in die erste Gleichung liefert:

$$\underline{I}_2 = \frac{\text{j}\,\omega M}{R_2 + \underline{Z} + \text{j}\,\omega L_2}\underline{I}_1$$
$$\underline{U} = \underline{I}_1\left[R_1 + \underline{Z}_S + \text{j}\,\omega L_1 + \frac{(\omega M)^2}{R_2 + \underline{Z} + \text{j}\,\omega L_2}\right]$$

Nun sind die Zahlenwerte einzusetzen, wozu zunächst die Gegeninduktivität aus dem Koppelfaktor bestimmt werden muss.

$$k = \frac{M}{\sqrt{L_1 L_2}} = 0{,}5; \qquad M = \frac{1}{2}\sqrt{L_1 L_2} = 5\,\text{mH}$$

Damit erhält man für die Impedanzen:

$$\omega L_1 = 5\,\Omega; \qquad \omega L_2 = 20\,\Omega; \qquad \omega M = 5\,\Omega$$

$$\underline{Z} = 40\,\Omega - \text{j}\,\frac{10^3}{50}\,\Omega = 40\,\Omega - \text{j}\,20\,\Omega$$
$$R_2 + \underline{Z} + \text{j}\,\omega L_2 = 50\,\Omega$$
$$R_1 + \underline{Z}_S + \text{j}\,\omega L_1 = (8 + \text{j}\,9)\,\Omega$$

Durch Einsetzen erhält man die Effektivwerte der Ströme:

$$\underline{I}_1 = \frac{10}{(8+\mathrm{j}\,9)+5^2/50}\frac{\mathrm{V}}{\Omega} = \frac{10}{8{,}5+\mathrm{j}\,9}\frac{\mathrm{V}}{\Omega}; \qquad \underline{\underline{I_1 = |\underline{I}_1| = 0{,}8078\,\mathrm{A}}}$$

$$\underline{I}_2 = \mathrm{j}\,\frac{5\,\Omega}{50\,\Omega}\underline{I}_1 = \frac{\mathrm{j}}{10}\underline{I}_1; \qquad \underline{\underline{I_2 = 0{,}08078\,\mathrm{A}}}$$

b) Aus dem Resultat in Aufgabenteil a) erhält man:

$$\underline{\underline{P_2}} = \mathrm{Re}\,\{\underline{Z}\}\,I_2^2 = 40\,\Omega \cdot (0{,}08078\,\mathrm{A})^2 = \underline{\underline{0{,}261\,\mathrm{W}}}$$

$$\underline{\underline{P_1}} = \mathrm{Re}\,\{\underline{U} \cdot \underline{I}_1^*\} = \frac{100 \cdot 8{,}5}{8{,}5^2+9^2}\,\mathrm{W} = \underline{\underline{5{,}546\,\mathrm{W}}}$$

c) Das Verhältnis ändert sich nicht, da alle Bauelemente linear sind.

## Aufgabe 12.8

An einem Transformator werden folgende Größen gemessen:

| | |
|---|---|
| Eingangsspannung | $U_1 = 230\,\mathrm{V}$ |
| Frequenz | $f = 50\,\mathrm{Hz}$ |
| Eingangsstrom | $I_1 = 1{,}5\,\mathrm{A}$ |
| Phasenwinkel 1 | $\varphi_1 = 35^\circ$ ($I_1$ eilt $U_1$ nach) |
| Ausgangsspannung | $U_2 = 24\,\mathrm{V}$ |
| Ausgangsstrom | $I_2 = 9\,\mathrm{A}$ |
| Gegeninduktivität | $M = \frac{1}{\pi}\,\mathrm{H}$ |
| Phasenwinkel 2 | $\varphi_2 = 11^\circ$ ($I_1$ eilt $I_2$ nach) |

Für die Beschreibung des Transformators verwenden Sie folgendes Ersatzschaltbild:

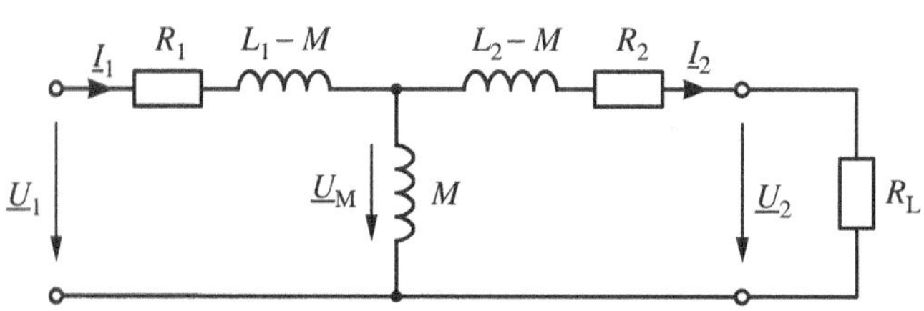


**Bild 12.8.1** Ersatzschaltbild

a) Berechnen Sie die Größen $R_L$ und $\underline{U}_M$.

b) Leiten Sie die Größen $R_1$, $L_1$ allgemein in Abhängigkeit der gegebenen Größen her (keine Zahlenwerte).

c) Berechnen Sie die Leistung, die in den Wicklungen des Transformators in Wärme umgesetzt wird.

d) Kompensieren Sie den Blindstromanteil, der eingangsseitig dem Netz entnommen wird, ohne die Spannung $\underline{U}_1$ zu ändern. Skizzieren Sie die Kompensationsschaltung und geben Sie Art und Größe des verwendeten Bauelementes an.

## Lösung zu Aufgabe 12.8

a) Der Lastwiderstand ergibt sich aus der sekundärseitigen Spannung und dem Strom, die beide (betragsmäßig) bekannt sind:

$$\underline{\underline{R_L}} = \frac{U_2}{I_2} = \frac{24\,\text{V}}{9\,\text{A}} = \underline{\underline{2{,}67\,\Omega}}$$

Für die Spannung an der Gegeninduktivität gilt:

$$\underline{U}_M = (\underline{I}_1 - \underline{I}_2)\,\text{j}\,\omega M$$

Wir nehmen an, dass die Spannung $U_1$ in der reellen Achse liegt. Dann folgt aus der Angabe $I_1 = 1{,}5\,\text{A}$ eilt $U_1$ um $\varphi_1 = 35^\circ$ nach:

$$\underline{I}_1 = 1{,}5\,\text{A}\left[\cos(-\varphi_1) + \text{j}\,\sin(-\varphi_1)\right] = 1{,}229\,\text{A} - \text{j}\,0{,}8604\,\text{A}$$

und aus $I_1$ eilt $I_2 = 9\,\text{A}$ um $\varphi_2 = 11^\circ$ nach

$$\underline{I}_2 = 9\,\text{A}\left[\cos(-\varphi_1 + \varphi_2) + \text{j}\,\sin(-\varphi_1 + \varphi_2)\right] = 8{,}222\,\text{A} - \text{j}\,3{,}661\,\text{A}$$

Mit dem Strom $\underline{I}_M = \underline{I}_1 - \underline{I}_2 = -6{,}993\,\text{A} + \text{j}\,2{,}8\,\text{A}$ folgt dann für die Spannung $\underline{U}_M$:

$$\underline{\underline{\underline{U}_M}} = \text{j}\,100\pi \cdot \frac{1}{\pi} \cdot (-6{,}993 + \text{j}\,2{,}8)\,\frac{\text{V}\cdot\text{s}}{\text{A}}\,\frac{1}{\text{s}}\,\text{A} = \underline{\underline{-280\,\text{V} - \text{j}\,699{,}3\,\text{V}}}$$

b) Für die Impedanz gilt:

$$\underline{Z}_1 = \frac{\underline{U}_1 - \underline{U}_M}{\underline{I}_1} = R_1 + \text{j}\,\omega(L_1 - M)$$

Sind $\underline{U}_1$, $\underline{U}_M$, und $\underline{I}_1$ nach Betrag und Phase bekannt, können $R_1$ und $L_1$ bestimmt werden.

$$R_1 = \text{Re}\left\{\underline{Z}_1\right\} = \text{Re}\left\{\frac{\underline{U}_1 - \underline{U}_M}{\underline{I}_1}\right\}$$

$$L_1 = \text{Im}\left\{\underline{Z}_1\right\}\frac{1}{\omega} + M = \text{Im}\left\{\frac{\underline{U}_1 - \underline{U}_M}{\underline{I}_1}\right\}\frac{1}{\omega} + M$$

Sind nur die Effektivwerte von $\underline{U}_1$, $\underline{U}_M$ und $\underline{I}_1$ bekannt, so muss zunächst umgeformt werden:

$$\frac{\underline{U}_1 - \underline{U}_M}{\underline{I}_1} = \frac{\underline{U}_1 - \text{j}\,\omega M(\underline{I}_1 - \underline{I}_2)}{\underline{I}_1} = \frac{\underline{U}_1}{\underline{I}_1} + \text{j}\,\omega M\frac{\underline{I}_2}{\underline{I}_1} - \text{j}\,\omega M$$

Wir legen nun den Strom $\underline{I}_1$ in die reelle Achse und verwenden die relativen Phasen für $\varphi_1 = \varphi(\underline{U}_1) - \varphi(\underline{I}_1)$ und $\varphi_2 = \varphi(\underline{I}_2) - \varphi(\underline{I}_1)$, woraus man erhält:

$$\frac{\underline{U}_1}{\underline{I}_1} = \frac{U_1}{I_1}(\cos\varphi_1 + \text{j}\,\sin\varphi_1) \quad \text{und} \quad \frac{\underline{I}_2}{\underline{I}_1} = \frac{I_2}{I_1}(\cos\varphi_2 + \text{j}\,\sin\varphi_2)$$

sowie

$$R_1 = \text{Re}\left\{\frac{\underline{U}_1 - \underline{U}_M}{\underline{I}_1}\right\} = \underline{\underline{\frac{U_1}{I_1}\cos\varphi_1 - \omega M\frac{I_2}{I_1}\sin\varphi_2}}$$

$$L_1 = \text{Im}\left\{\frac{\underline{U}_1 - \underline{U}_M}{\underline{I}_1}\right\}\frac{1}{\omega} + M = \underline{\underline{\frac{U_1}{I_1}\frac{\sin\varphi_1}{\omega} + M\frac{I_2}{I_1}\cos\varphi_2}}$$

c) Die Kupferverluste setzen sich aus den Verlusten der Primär- und Sekundärseite zusammen.

$$P_W = R_1 I_1^2 + R_2 I_2^2$$

Am einfachsten berechnet man sie mit den gegebenen Größen aus der Leistungsbilanz, indem von der Generatorwirkleistung die Wirkleistung an der Last subtrahiert wird.

$$\underline{\underline{P_W}} = U_1 I_1 \cos(\varphi_1) - U_2 I_2 = \underline{\underline{66{,}6\,\mathrm{W}}}$$

d) Da die Eingangsspannung unverändert bleiben soll, ist zur Kompensation der induktiven Last eine Kapazität parallel zu schalten.

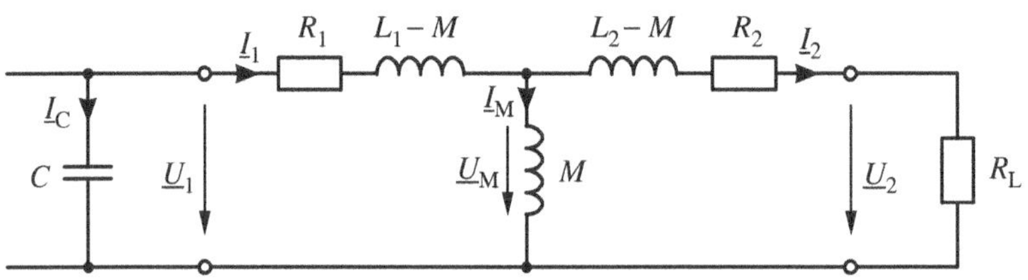


**Bild 12.8.2** Ersatzschaltbild mit der Kompensationsschaltung

Mit $\underline{I}_1 = |I_1|\cos(-35°) + \mathrm{j}\,|I_1|\sin(-35°)$ ist der zu kompensierende Blindstrom:

$$I_C = 1{,}5\,\mathrm{A} \cdot \sin 35° = 0{,}8604\,\mathrm{A} = U_1\,\omega C \quad \text{(kapazitiv)}$$

$$\underline{\underline{C = \frac{I_C}{U_1\,\omega} = 11{,}9\,\mu\mathrm{F}}}$$

## Aufgabe 12.9

Ein ohmsch-induktiver Verbraucher wird zur galvanischen Trennung über einen symmetrischen, verlustlosen, streuungsbehafteten Transformator betrieben.

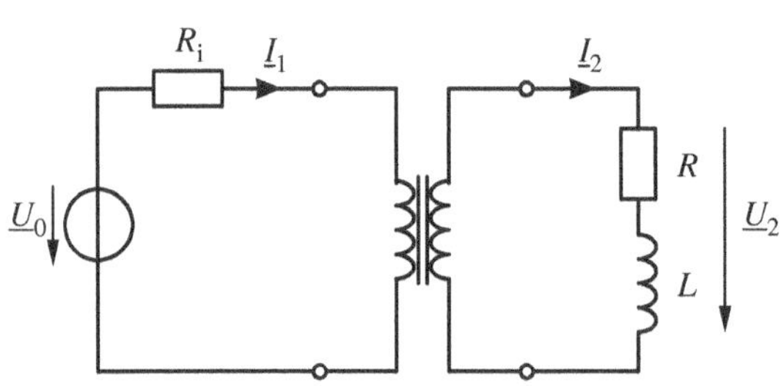


**Bild 12.9.1** Schaltung

$k = 0{,}8$; $M = 120\,\mathrm{mH}$; $R_i = 40\,\Omega$; $\underline{U}_0 = 100\,\mathrm{V}$; $\omega = 200\,\mathrm{s}^{-1}$

$L = 50\,\mathrm{mH}$; $R = 30\,\Omega$

a) Bestimmen Sie den Primärstrom $I_1$ und den Sekundärstrom $I_2$.

b) Berechnen Sie die von der Spannungsquelle abgegebene Wirkleistung $P_0$ und die im Verbraucher umgesetzte Wirkleistung $P_2$.

## Lösung zu Aufgabe 12.9

a) Da der Transformator symmetrisch ist, gilt $L_1 = L_2$. Aus dem Koppelfaktor $k = M/\sqrt{L_1 L_2}$ ergibt sich dann:

$$L_1 = L_2 = \frac{M}{k} = \frac{120\,\text{mH}}{0{,}8} = 150\,\text{mH}$$

Mit dem T-Ersatzschaltbild erhält man die beiden Maschengleichungen:

$$\underline{U}_0 = R_\text{i}\,\underline{I}_1 + \underline{U}_1 = (R_\text{i} + \text{j}\,\omega L_1)\,\underline{I}_1 - \text{j}\,\omega M\,\underline{I}_2$$
$$\underline{U}_2 = (R + \text{j}\,\omega L)\,\underline{I}_2 = \text{j}\,\omega M\,\underline{I}_1 - \text{j}\,\omega L_2\,\underline{I}_2$$

Auflösen der zweiten Gleichung nach $\underline{I}_2$ und Einsetzen in die erste Gleichung ergibt:

$$(R + \text{j}\,\omega L + \text{j}\,\omega L_2)\,\underline{I}_2 = \text{j}\,\omega M\,\underline{I}_1$$

$$\underline{U}_0 = (R_\text{i} + \text{j}\,\omega L_1)\,\underline{I}_1 - \text{j}\,\omega M \frac{\text{j}\,\omega M}{R + \text{j}\,\omega(L + L_2)}\underline{I}_1 = \left[R_\text{i} + \text{j}\,\omega L_1 + \frac{(\omega M)^2}{R + \text{j}\,\omega(L + L_2)}\right]\underline{I}_1$$

Für die Impedanzen erhält man:

$$\omega L_1 = \omega L_2 = 150\,\text{mH} \cdot 200\,\text{s}^{-1} = 30\,\Omega$$
$$\omega M = 120\,\text{mH} \cdot 200\,\text{s}^{-1} = 24\,\Omega$$
$$\omega L = 50\,\text{mH} \cdot 200\,\text{s}^{-1} = 10\,\Omega$$

Nach Einsetzen der Zahlenwerte lässt sich der Primärstrom bestimmen:

$$\underline{U}_0 = 100\,\text{V} = \left[40\,\Omega + \text{j}\,30\,\Omega + \frac{(24\,\Omega)^2}{30\,\Omega + \text{j}\,40\,\Omega}\right]\underline{I}_1$$
$$= \left[40\,\Omega + \text{j}\,30\,\Omega + \frac{24^2}{50^2}(30\,\Omega - \text{j}\,40\,\Omega)\right]\underline{I}_1$$
$$\underline{U}_0 = 100\,\text{V} = [46{,}912\,\Omega + \text{j}\,20{,}784\,\Omega]\,\underline{I}_1$$
$$\underline{\underline{I_1 = \frac{100\,\text{V}}{51{,}31\,\Omega} = 1{,}949\,\text{A}}}$$

Damit erhält man für den sekundärseitigen Strom:

$$\underline{I}_2 = \frac{\text{j}\,\omega M}{R + \text{j}\,\omega(L + L_2)}; \qquad \underline{I}_1 = \frac{24\,\Omega}{30\,\Omega + \text{j}\,40\,\Omega}\underline{I}_1$$
$$\underline{\underline{I_2 = \frac{24\,\Omega}{50\,\Omega} I_1 = 0{,}9355\,\text{A}}}$$

b) Für die Leistung am Verbraucher gilt:

$$\underline{\underline{P_2 = I_2^2 R = 26{,}25\,\text{W}}}$$

Aus der Bilanz der Wirkleistungen $P_0 = P_2 + P_\text{i}$ folgt nun mit der Wirkleistung am Innenwiderstand $P_\text{i} = I_1^2 R_\text{i} = 151{,}94\,\text{W}$:

$$\underline{\underline{P_0 = (26{,}25 + 151{,}94)\,\text{W} = 178{,}19\,\text{W}}}$$

*Anmerkung:* Die Quellenwirkleistung lässt sich ebenso aus der primärseitigen Scheinleistung $S_0 = U_0 I_1 = 194{,}9\,\text{W}$ und dem Leistungsfaktor berechnen:

$$\cos\varphi = \cos\left(\arctan\left(20{,}784/46{,}912\right)\right) = 0{,}9143$$
$$P_0 = S_0 \cos\varphi = 178{,}2\,\text{W}$$

## Aufgabe 12.10

An einem Kraftwerkstransformator sind die folgenden Größen bekannt:

| | |
|---|---|
| primärseitige Spannung | $U_1 = 5\,\text{kV}$ |
| sekundärseitige Spannung | $U_2 = 110\,\text{kV}$ |
| primärseitige Scheinleistung | $S_1 = 50\,\text{MVA}$ |
| Phasenwinkel der Lastimpedanz | $\cos\varphi = 0{,}8$ (induktiv) |

a) Berechnen Sie unter der Annahme eines idealen, verlustlosen Transformators den primärseitigen Strom $I_1$ und den sekundärseitigen Strom $I_2$ und geben Sie die sekundärseitige Lastimpedanz nach Real- und Imaginärteil an.

b) Nehmen Sie nun an, dass der Transformator sekundärseitige Kupferverluste aufweist und bestimmen Sie den Kupferwiderstand so, dass in der Wicklung höchstens 0,5 % der Wirkleistung umgesetzt wird.

c) Geben Sie in allgemeiner Form die sekundärseitige Spannung $\underline{U}_2$ eines streuungsbehafteten Transformators (siehe Bild 12.10.1) in Abhängigkeit der Größen $L_1$, $L_2$, $M$, $\underline{U}_1$, $\underline{I}_1$ und der Kreisfrequenz an.

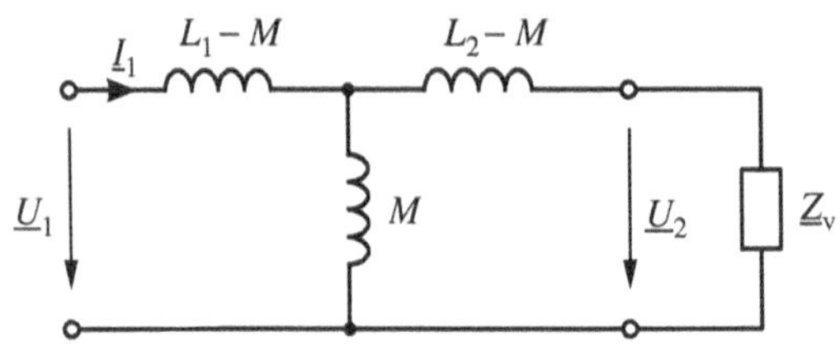


**Bild 12.10.1** Schaltung

## Lösung zu Aufgabe 12.10

a) Den primärseitigen Strom erhält man aus der Angabe der Scheinleistung und der Spannung.

$$S_1 = U_1 I_1$$
$$\underline{\underline{I_1}} = S_1/U_1 = 50\,\text{MVA}/5\,\text{kV} = \underline{\underline{10\,\text{kA}}}$$

Für die Annahme eines idealen Transformators sind die primär- und sekundärseitigen Scheinleistungen gleich, womit folgt:

$$U_2 I_2 = S_2 = S_1$$
$$\underline{\underline{I_2}} = S_1/U_2 = 50\,\text{MVA}/110\,\text{kV} = \underline{\underline{454{,}5\,\text{A}}}$$

Für die Lastimpedanz gilt dann:

$$Z_\text{v} = \frac{U_2}{I_2} = \frac{110\,\text{kV}}{454{,}5\,\text{A}} = 242\,\Omega$$
$$\underline{\underline{\underline{Z}_\text{v}}} = Z_\text{v}\,(\cos\varphi + \text{j}\,\sin\varphi) = 242\,\Omega \cdot (0{,}8 + \text{j}\,\sqrt{1 - 0{,}8^2}) = \underline{\underline{(193{,}6 + \text{j}\,145{,}2)\,\Omega}}$$

b) Da Wirkleistungsverbraucher nur auf der Sekundärseite vorhanden sind, gilt für den Kupferwiderstand $R_2$:

$$\frac{P_2}{P} = \frac{P_2}{P_2 + P_\text{v}} = \frac{I_2^2\,R_2}{I_2^2 R_2 + I_2^2\,\text{Re}\{\underline{Z}_\text{v}\}} = \frac{R_2}{R_2 + \text{Re}\{\underline{Z}_\text{v}\}} \leqq 5 \cdot 10^{-3}$$

$$\underline{\underline{R_2 \leqq 0{,}973\,\Omega}}$$

c) Aus den Transformatorgleichungen

$$\underline{U}_1 = \mathrm{j}\,\omega L_1 \underline{I}_1 - \mathrm{j}\,\omega M \underline{I}_2$$
$$\underline{U}_2 = -\mathrm{j}\,\omega L_2 \underline{I}_2 + \mathrm{j}\,\omega M \underline{I}_1$$

ist der Strom $\underline{I}_2$ zu eliminieren. Auflösen der ersten Gleichung

$$\underline{I}_2 = \frac{1}{\mathrm{j}\,\omega M}(\mathrm{j}\,\omega L_1 \underline{I}_1 - \underline{U}_1)$$

und Einsetzen in die zweite Gleichung liefert das Resultat.

$$\underline{U}_2 = -\frac{\mathrm{j}\,\omega L_2}{\mathrm{j}\,\omega M}(\mathrm{j}\,\omega L_1 \underline{I}_1 - \underline{U}_1) + \mathrm{j}\,\omega M \underline{I}_1$$
$$\underline{\underline{\underline{U}_2 = \frac{L_2}{M}\underline{U}_1 + \mathrm{j}\,\omega M \left(1 - \frac{L_1 L_2}{M^2}\right) \underline{I}_1}}$$

## Aufgabe 12.11

Gegeben ist folgendes Schaltbild für einen verlustlosen Übertrager:

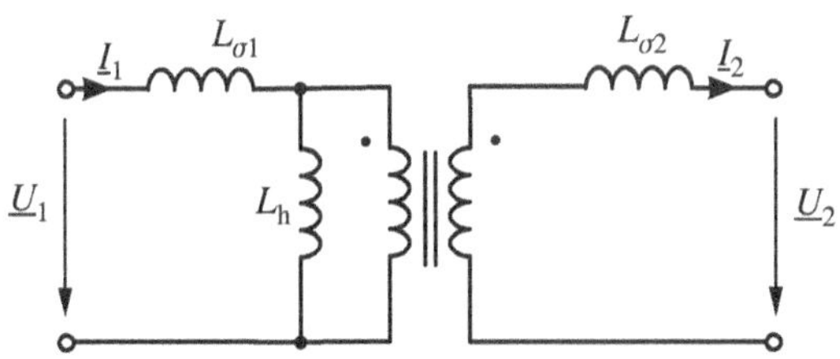


**Bild 12.11.1** Schaltung

Die Windungszahlen sind $N_1$ für die Primärseite und $N_2$ für die Sekundärseite. Im Folgenden sollen Sie *exakt*, d. h. ohne Vernachlässigung von einzelnen Schaltkreiselementen rechnen.

a) Berechnen Sie als Funktion des Übertragungsverhältnisses (Übersetzungsverhältnisses) $\ddot{u} = N_1/N_2$ und der Haupt- und Streuinduktivitäten

- die primärseitige Impedanz $\underline{Z}_1^{\mathrm{L}}(\omega) = \underline{U}_1/\underline{I}_1$, wenn die Sekundärseite im Leerlauf („offen") betrieben wird,
- die sekundärseitige Impedanz $\underline{Z}_2^{\mathrm{L}}(\omega) = -\underline{U}_2/\underline{I}_2$, wenn die Primärseite im Leerlauf („offen") betrieben wird,
- die primärseitige Impedanz $\underline{Z}_1^{\mathrm{K}}(\omega) = \underline{U}_1/\underline{I}_1$, wenn die Sekundärseite im Kurzschluss betrieben wird, und
- die sekundärseitige Impedanz $\underline{Z}_2^{\mathrm{K}}(\omega) = -\underline{U}_2/\underline{I}_2$, wenn die Primärseite im Kurzschluss betrieben wird!

b) Eine rein Ohmsche Last mit dem Widerstand $R = 100\,\Omega$ wird an der Sekundärseite angeschlossen. Berechnen Sie in Zahlenwerten die primärseitige Impedanz $\underline{Z}_1^{\mathrm{R}} = \underline{U}_1/\underline{I}_1$ für $N_1 = 10$, $N_2 = 100$, $\omega = 300 \cdot 1/\mathrm{s}$, $L_{\sigma 1} = 0{,}1\,\mathrm{H}$ und $L_{\mathrm{h}} = 1\,\mathrm{H}$.

## Lösung zu Aufgabe 12.11

a) Unter Beachtung der die Impedanz transformierenden Eigenschaft des idealen Übertragers ergeben sich folgende Ergebnisse. Dabei ist zu beachten, dass bei Transformation der Sekundär- auf die Primärseite der Faktor $ü^2$, in der Gegenrichtung der Fakor $1/ü^2$ anzuwenden ist.

Primärseitige Impedanz $\underline{Z}_1^{\mathrm{L}}(\omega) = \underline{U}_1/\underline{I}_1$, wenn die Sekundärseite im Leerlauf („offen") betrieben wird:

$$\underline{Z}_1^{\mathrm{L}}(\omega) = \mathrm{j}\,\omega \cdot (L_{\sigma 1} + L_{\mathrm{h}})$$

Sekundärseitige Impedanz $\underline{Z}_2^{\mathrm{L}}(\omega) = -\underline{U}_2/\underline{I}_2$, wenn die Primärseite im Leerlauf („offen") betrieben wird:

$$\underline{Z}_2^{\mathrm{L}} = \mathrm{j}\,\omega \cdot \left(L_{\sigma 2} + \frac{1}{ü^2} \cdot L_{\mathrm{h}}\right)$$

Primärseitige Impedanz $\underline{Z}_1^{\mathrm{K}}(\omega) = \underline{U}_1/\underline{I}_1$, wenn die Sekundärseite im Kurzschluss betrieben wird:

$$\underline{Z}_1^{\mathrm{K}} = \mathrm{j}\,\omega \cdot L_{\sigma 1} + \frac{1}{\dfrac{1}{\mathrm{j}\,\omega \cdot L_{\mathrm{h}}} + \dfrac{1}{ü^2 \cdot \mathrm{j}\,\omega \cdot L_{\sigma 2}}} = \mathrm{j}\,\omega \cdot \left(L_{\sigma 1} + \frac{ü^2 \cdot L_{\mathrm{h}} \cdot L_{\sigma 2}}{L_{\mathrm{h}} + ü^2 \cdot L_{\sigma 2}}\right)$$

Sekundärseitige Impedanz $\underline{Z}_2^{\mathrm{K}}(\omega) = -\underline{U}_2/\underline{I}_2$, wenn die Primärseite im Kurzschluss betrieben wird:

$$\underline{Z}_2^{\mathrm{K}} = \mathrm{j}\,\omega \cdot L_{\sigma 2} + \frac{1}{ü^2} \cdot \frac{1}{\dfrac{1}{\mathrm{j}\,\omega \cdot L_{\sigma 1}} + \dfrac{1}{\mathrm{j}\,\omega \cdot L_{\mathrm{h}}}} = \mathrm{j}\,\omega \cdot \left(L_{\sigma 2} + \frac{1}{ü^2} \cdot \frac{L_{\mathrm{h}} \cdot L_{\sigma 1}}{L_{\mathrm{h}} + L_{\sigma 1}}\right)$$

b) Mit $N_1 = 10$, $N_2 = 100$ folgt $ü = 1/10 = 0{,}1$ und somit erscheint die gesamte Sekundärseite (Last + Streuinduktivität) auf der Primärseite als:

$$\underline{Z}_2 = ü^2 \cdot (R + \mathrm{j}\,\omega L_{\sigma 2}) = 0{,}01 \cdot (100 + \mathrm{j}\,30)\,\Omega = 1 + \mathrm{j}\,0{,}3\,\Omega$$

Diese Impedanz liegt parallel zur Hauptinduktivität. Der entsprechende Ersatzwiderstand ist ($\mathrm{j}\,\omega L_{\mathrm{h}} = \mathrm{j}\,300\,\Omega$):

$$\begin{aligned}
\underline{Z}_{\mathrm{E}} &= \frac{1}{\dfrac{1}{\mathrm{j}\,\omega L_{\mathrm{h}}} + \dfrac{1}{\underline{Z}_2}} = \frac{\mathrm{j}\,\omega L_{\mathrm{h}} \cdot \underline{Z}_2}{\underline{Z}_2 + \mathrm{j}\,\omega L_{\mathrm{h}}} = \frac{\mathrm{j}\,300 \cdot (1 + \mathrm{j}\,0{,}3)}{(1 + \mathrm{j}\,0{,}3) + \mathrm{j}\,300}\,\Omega = \frac{-90 + \mathrm{j}\,300}{1 + \mathrm{j}\,300{,}3}\,\Omega \\
&= \frac{(-90 + \mathrm{j}\,300) \cdot (1 - \mathrm{j}\,300{,}3)}{(1 + \mathrm{j}\,300{,}3) \cdot (1 - \mathrm{j}\,300{,}3)}\,\Omega = \frac{-90 + \mathrm{j}\,300 + \mathrm{j}\,27\,027 + 90090}{90181{,}09}\,\Omega \\
&= (0{,}9979 + \mathrm{j}\,0{,}3030)\,\Omega
\end{aligned}$$

Dieser Ersatzwiderstand liegt in Reihe mit der primärseitigen Streuinduktivität und es folgt ($\mathrm{j}\,\omega L_{\sigma 1} = \mathrm{j}\,0{,}3\,\Omega$):

$$\underline{Z}_1^{\mathrm{R}} = (0{,}9979 + \mathrm{j}\,0{,}6030)\,\Omega$$

## Aufgabe 12.12

Gegeben ist folgendes Ersatzschaltbild für einen verlustlosen Übertrager:

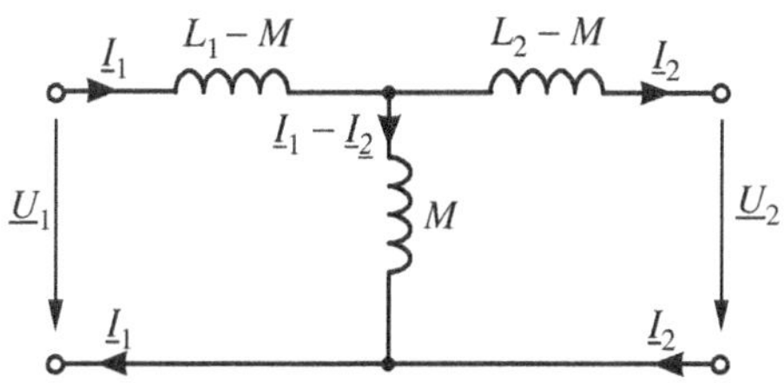


**Bild 12.12.1** Schaltung

Hierbei bezeichnet der Index „1“ die Primärseite, der Index „2“ die Sekundärseite. Die Frequenz sei im Folgenden $f = 50\,\text{Hz}$.

a) Bei Anlegen einer Wechselspannung mit dem Effektivwert $U_1 = 10\,\text{V}$ an der *Primärseite* wird auf der Sekundärseite im Leerlauf ein Effektivwert der Spannung von $U_2 = 5\,\text{V}$ gemessen. Bei Anlegen einer Wechselspannung mit $U_2 = 10\,\text{V}$ an der *Sekundärseite* wird auf der Primärseite im Leerlauf $U_1 = 15\,\text{V}$ gemessen. Berechnen Sie aus diesen Angaben in Zahlenwerten den sogenannten Kopplungsfaktor $k = M/\sqrt{L_1 L_2}$.

Gehen Sie für die folgenden Teilaufgaben von $L_1 = 0{,}6\,\text{H}$, $L_2 = 0{,}2\,\text{H}$, $M = 0{,}5\,\text{H}$ aus.

b) Am Ausgang des Übertragers wird nun ein Widerstand $R = 10\,\Omega$ angeschlossen. Berechnen Sie für diese Schaltung den Betrag des Verhältnisses von Sekundärstrom zu Primärstrom, $|\underline{I}_2/\underline{I}_1|$, als Zahlenwert.

c) Berechnen Sie die primärseitige komplexe Impedanz $\underline{Z}_1$ (Impedanz am Eingang des Übertragers) für die in Teilaufgabe b) beschriebene Schaltung in Zahlenwerten (Real- und Imaginärteil).

## Lösung zu Aufgabe 12.12

a) Leerlauf auf der Sekundärseite:

$$\frac{U_1}{U_2} = \left| \frac{\mathrm{j}\,\omega(L_1 - M) + \mathrm{j}\,\omega M}{\mathrm{j}\,\omega M} \right| = \frac{L_1}{M} = \frac{10}{5} = 2 \qquad (*)$$

Leerlauf auf der Primärseite:

$$\frac{U_1}{U_2} = \left| \frac{\mathrm{j}\,\omega M}{\mathrm{j}\,\omega(L_2 - M) + \mathrm{j}\,\omega M} \right| = \frac{M}{L_2} = \frac{15}{10} = 1{,}5 \qquad (**)$$

Division von (**) durch (*) ergibt:

$$\frac{M}{L_2} : \frac{L_1}{M} = \frac{M^2}{L_1 L_2} = 1{,}5 : 2 = 0{,}75$$

Aus der Formel für den Kopplungsfaktor $k = M/\sqrt{L_1 \cdot L_2}$ folgt dann:

$$k = \sqrt{0{,}75} = \underline{\underline{0{,}8660}}$$

b) Berechnung aus Maschengleichung auf der Sekundärseite:

$$-(\underline{I}_1 - \underline{I}_2) \cdot \mathrm{j}\,\omega M + \underline{I}_2 \cdot \mathrm{j}\,\omega(L_2 - M) + \underline{I}_2 \cdot R = 0$$

Daraus:

$$-\underline{I}_1 \cdot \mathrm{j}\,\omega M + \underline{I}_2 \cdot \mathrm{j}\,\omega L_2 + \underline{I}_2 \cdot R = 0$$

$$\underline{I}_2 \cdot (\mathrm{j}\,\omega L_2 + R) = \underline{I}_1 \cdot \mathrm{j}\,\omega M$$

$$\frac{\underline{I}_2}{\underline{I}_1} = \frac{\mathrm{j}\,\omega M}{R + \mathrm{j}\,\omega L_2}$$

Berechnung des Zahlenwertes:

$$\frac{I_2}{I_1} = \left| \frac{\mathrm{j}\,\omega M}{R + \mathrm{j}\,\omega L_2} \right| = \frac{2\pi \cdot 50 \cdot 0{,}5}{\sqrt{(10)^2 + (2\pi \cdot 50 \cdot 0{,}2)^2}} = \underline{\underline{2{,}469}}$$

c) Ansatz für Impedanz am Eingang des Übertragers:

$$\underline{Z}_1 = \mathrm{j}\,\omega(L_1 - M) + \underbrace{\frac{(R + \mathrm{j}\,\omega(L_2 - M)) \cdot \mathrm{j}\,\omega M}{R + \mathrm{j}\,\omega(L_2 - M) + \mathrm{j}\,\omega M}}_{\text{Parallelschaltung } M \| (L_2 - M) + R}$$

Berechnung nach Vereinfachung:

$$\begin{aligned}
\underline{Z}_1 &= \mathrm{j}\,\omega(L_1 - M) + \frac{(R_\mathrm{L} + \mathrm{j}\,\omega(L_2 - M)) \cdot \mathrm{j}\,\omega M}{R_\mathrm{L} + \mathrm{j}\,\omega(L_2 - M) + \mathrm{j}\,\omega M} \\
&= \mathrm{j}\,\omega(L_1 - M) + \frac{\omega^2(M - L_2)M + \mathrm{j}\,\omega R_\mathrm{L} M}{R_\mathrm{L} + \mathrm{j}\,\omega L_2} \\
&= \mathrm{j}\,31{,}42\,\Omega + \frac{14804{,}41 + \mathrm{j}\,1570{,}80}{10 + \mathrm{j}\,62{,}83}\,\Omega \\
&= \mathrm{j}\,31{,}42\,\Omega + \frac{14887{,}51 \cdot \mathrm{e}^{\mathrm{j}\,6{,}06^\circ}}{63{,}62 \cdot \mathrm{e}^{\mathrm{j}\,80{,}96^\circ}}\,\Omega \\
&= \mathrm{j}\,31{,}42\,\Omega + 234{,}01 \cdot \mathrm{e}^{-\mathrm{j}\,74{,}90^\circ}\,\Omega \\
&= (\mathrm{j}\,31{,}42 + 60{,}96 - \mathrm{j}\,225{,}93)\,\Omega = \underline{\underline{(60{,}69 - \mathrm{j}\,194{,}5)\,\Omega}}
\end{aligned}$$

# Index